Der Bau des Dieselmotors

Von

Ing. Kamillo Körner

o. ö. Professor an der k. k. deutschen technischen Hochschule
in Prag

Mit 500 Textfiguren

Springer-Verlag Berlin Heidelberg GmbH
1918

Copyright 1918 by Springer-Verlag Berlin Heidelberg
Ursprünglich erschienen bei Julius Springer in Berlin 1918

ISBN 978-3-662-42307-3   ISBN 978-3-662-42576-3 (eBook)
DOI 10.1007/978-3-662-42576-3

Vorrede.

Wenn ich der Aufforderung des Verlags Julius Springer vor mehreren Jahren folgte, indem ich es unternahm, das nun vorliegende Buch über den Bau von Dieselmotoren zu verfassen, so lag meine Absicht darin, weniger ein wissenschaftliches als ein konstruktiv praktisches Werk zu veröffentlichen, wonach das Bedürfnis rege zu sein schien. Der Wert solcher Bücher wird deshalb leicht unterschätzt, weil sich der Maschinenbau im Übergangstadium zu einer höheren Stufe, zu einer quantitativen Wissenschaft befindet. In der Tat ist man dank der Zusammenarbeit der bedeutenden Fachgenossen mit gelehrten Theoretikern dahin gelangt, sehr viele Fragen einer genaueren rechnerischen Behandlung unterwerfen zu können, die früher in höchst unsicherer Weise dem sogenannten „Gefühl“ überlassen werden mußten, das freilich auch durch Einzelerfahrungen geschult war. Bei der Verwickeltheit der Formen und Vorgänge sind ja auch jetzt noch viele rein empirische Erfahrungszahlen und Angaben nötig, meist aber kann man doch wenigstens vergleichende Überschlagsrechnungen bei entsprechenden, vereinfachenden Annahmen durchführen, deren richtige Wahl übrigens oft großes Verständnis und weiten Überblick erfordert. In vielen Fällen muß man sich wenigstens eine möglichst genaue Vorstellung des Vorgangs, gegebenenfalls unter Festlegung von Grenzfällen, zu machen suchen, womit gewissermaßen die erste Grundlage für die weitere wissenschaftliche Behandlung und die Vorbereitung des Fortschritts geschaffen wird; es ist oft genug gezeigt worden, daß die rein empirisch entstandenen Konstruktionen genau den später gefundenen theoretischen Erwägungen entsprochen haben, man darf also die Objektivität des Gefühls der Konstrukteure nicht immer anzweifeln.

Diese Umstände bilden jedoch nicht den eigentlichen Zweck einer Konstruktionslehre. Er besteht vielmehr darin, die einzelnen verschiedenartigen Grundlagen des Baues, die an sich als bekannt vorausgesetzt werden müssen, gegeneinander zu stellen und miteinander zu verbinden. Räumliche Verhältnisse, Zugänglichkeit, Auswechselbarkeit, einfache und billige Herstellung, Betriebsicherheit, bequeme Bedienung, also Fragen der Anschauung, der Geometrie und des Materials stehen jenen über Festigkeit, Erwärmung, Wärmedehnung, Möglichkeit der Schmierung und den wärmetechnischen Forderungen gegenüber; es kommt also häufig genug zu einem Konflikt zwischen Vor- und Nachteilen einer Anordnung. Hier versagt vorläufig die Verallgemeinerung nach Regeln und Gesetzen, da sich allzu viele verschiedene Kombinationen ergeben, und gerade hier hat die Lehre vom Bau einer Maschine einzusetzen, die freilich vielfach nur Anregungen und Bestrebungen bieten kann.

Dem eben Gesagten nach kann man von einem Buch, das solche Absichten verfolgt, keine Vollständigkeit verlangen, besonders dann nicht, wenn die Entwicklung einer Maschinengattung in einem so raschen Schritte vor sich geht, wie jetzt der Bau des Dieselmotors. In diesem besonderen Falle ist noch zu berücksichtigen, daß das Buch schon vor Ausbruch des Krieges im Druck fertig war und die Herausgabe nur durch die Einberufung des Verfassers ins Feld verzögert worden ist. Es konnten daher auch alle inzwischen erschienenen Veröffentlichungen und alle sonst entstandenen Neuerungen nicht aufgenommen werden, und dies muß einer späteren Ergänzung vorbehalten bleiben. Dieser Umstand ist um so schwerwiegender, als es für die Absicht des Buches erforderlich war, ein möglichst umfassendes Material zu überblicken. Deshalb hing das Zustandekommen desselben wesentlich von der Zustimmung und dem Entgegenkommen der ausführenden Maschinenfabriken ab, um so mehr, als es ja fast unmöglich ist, auch nur den einfachsten Teil ohne Beigabe einer Ausführungszeichnung zu besprechen. Es gebührt also allen Anstalten, die die Unterlagen für solche Zeichnungen und Angaben zur Verfügung gestellt haben, nach Maßgabe ihres Interesses an der Sache der wärmste Dank.

Es war beabsichtigt, hier einen geschichtlichen Überblick über die Entwicklung des Dieselmotors einzuschalten. Aber inzwischen erschienene Veröffentlichungen lassen dies wohl unnötig erscheinen.

Ob die weitere Absicht verwirklicht werden kann, in einer Fortsetzung die für die Verwendung des Dieselmotors zu Sonderzwecken erforderlichen Rücksichten aufzunehmen, dann aber auch die Durchführung von Versuchen und deren Ergebnisse, die Grundlagen für die Projektierung von Anlagen mit Angaben über Wirtschaftlichkeit, Wahl der Größen, Gewichte, Preise, Raumbedarf usw. zu besprechen und endlich auch die Behandlung der Motoren im Betrieb und theoretische Betrachtungen, die teilweise schon durchgearbeitet sind, darzustellen, muß bei der Unsicherheit der Lage offen gelassen werden.

Zum Schlusse habe ich noch meinem Assistenten und Konstrukteur, Herrn Ing. Josef Schoenecker, für seine außerordentlich gewissenhafte und bei den gegebenen Umständen entscheidende Mithilfe und ebenso auch der Verlagsfirma für ihr Entgegenkommen besten Dank zu sagen.

Prof. Ing. Körner
k. k. Hauptmann i. d. E.

Inhaltsverzeichnis.

A. Viertaktmaschinen.

B. Zweitaktmaschinen.

A. Viertaktmaschinen.

I. Das Zylinderrohr.

Sind nach unserer Voraussetzung Zylinderdurchmesser, Hub und Drehzahl der Maschine gegeben, so bedarf man zur Konstruktion des Zylinderrohres nur noch der Länge des Kolbens, die natürlich bei Anwendung von Tauchkolben mit gleich-

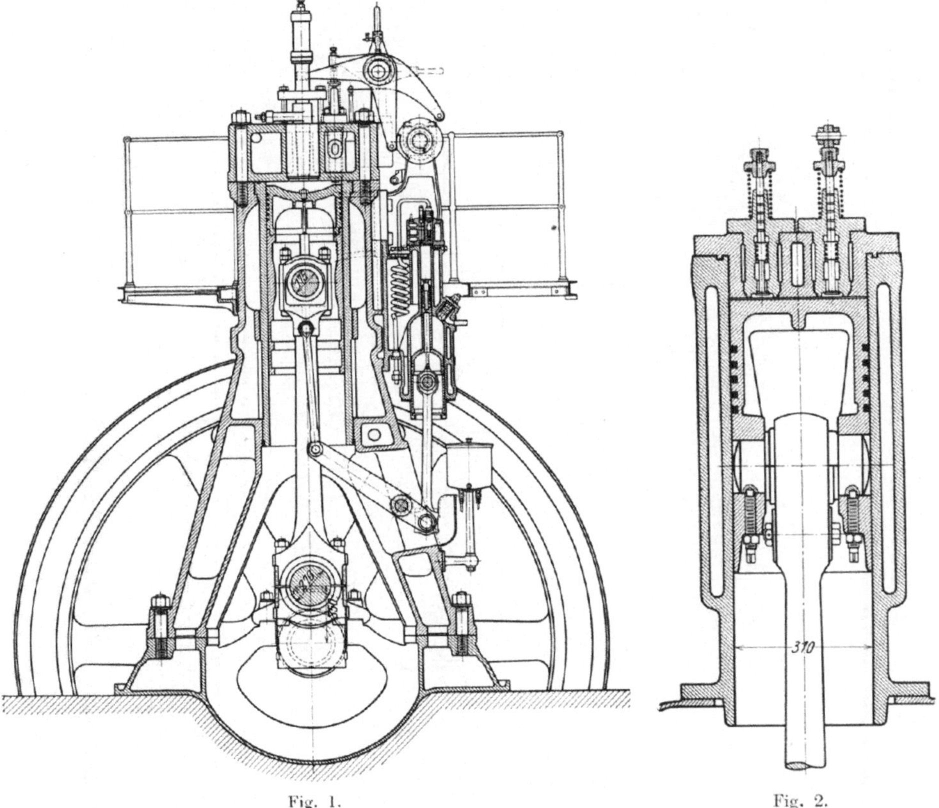

Fig. 1.   Fig. 2.

zeitiger Bestimmung als Kreuzkopf viel größer ist, als bei Scheibenkolben und besonderer Kreuzkopfführung. Tauchkolben treten meist in ihrer innersten Lage um etwa ein Fünftel ihrer Länge aus der Büchse heraus.

In den meisten Fällen wird das Zylinderrohr von einer glatten, gesonderten Büchse aus besonderem Material, dichtem und hartem Gußeisen oder auch gehärtetem Schmiedestahl gebildet (Fig. 1, 6, 10 u. a.). Dabei ist dasselbe von achsialen

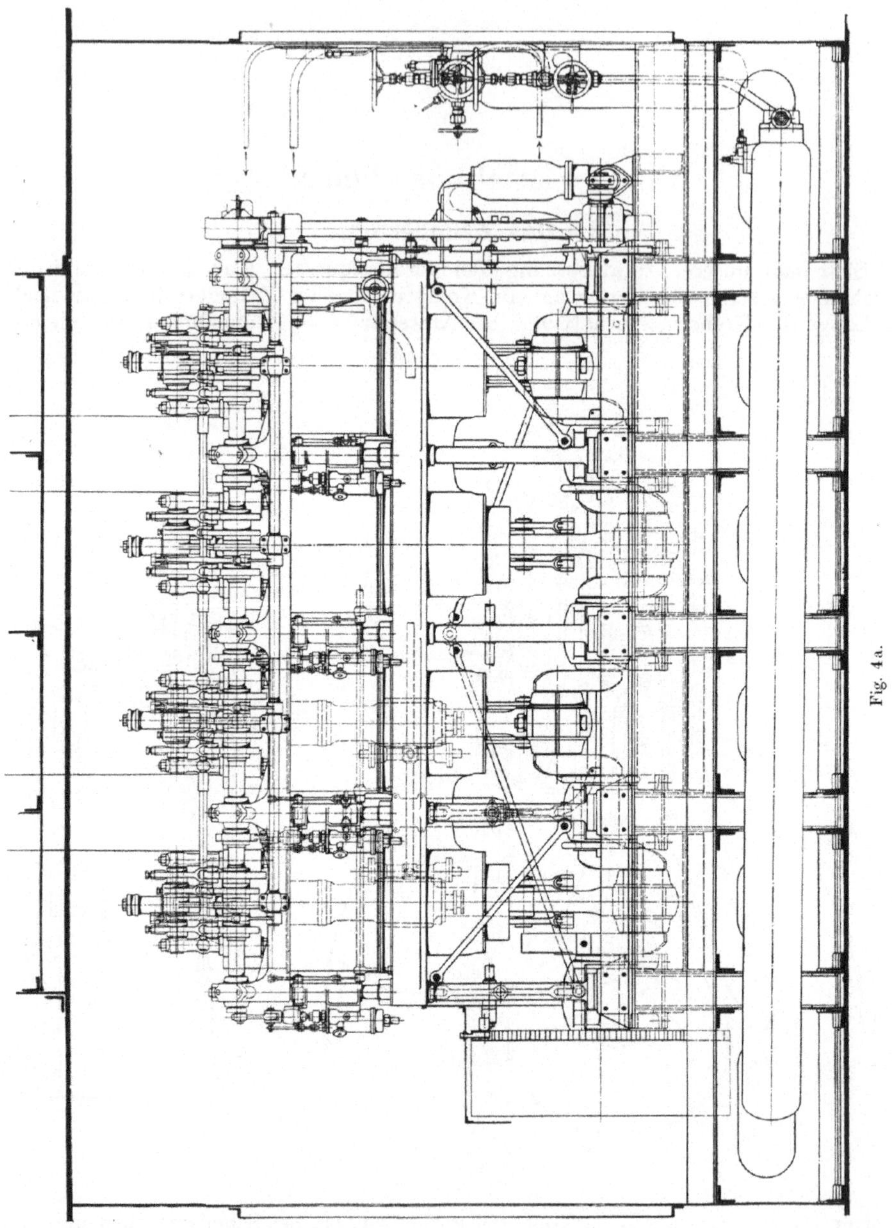

Kräften bis auf die Kolbenreibung vollständig entlastet, da die Kolbendrücke selbst durch den Kühlmantel oder andere Teile übertragen werden.

Insbesondere bei Schnelläufern wird das Zylinderrohr auch mit dem Kühlmantel (Fig. 2), oder auch mit dem Deckel zusammengegossen (Fig. 3, vgl. auch

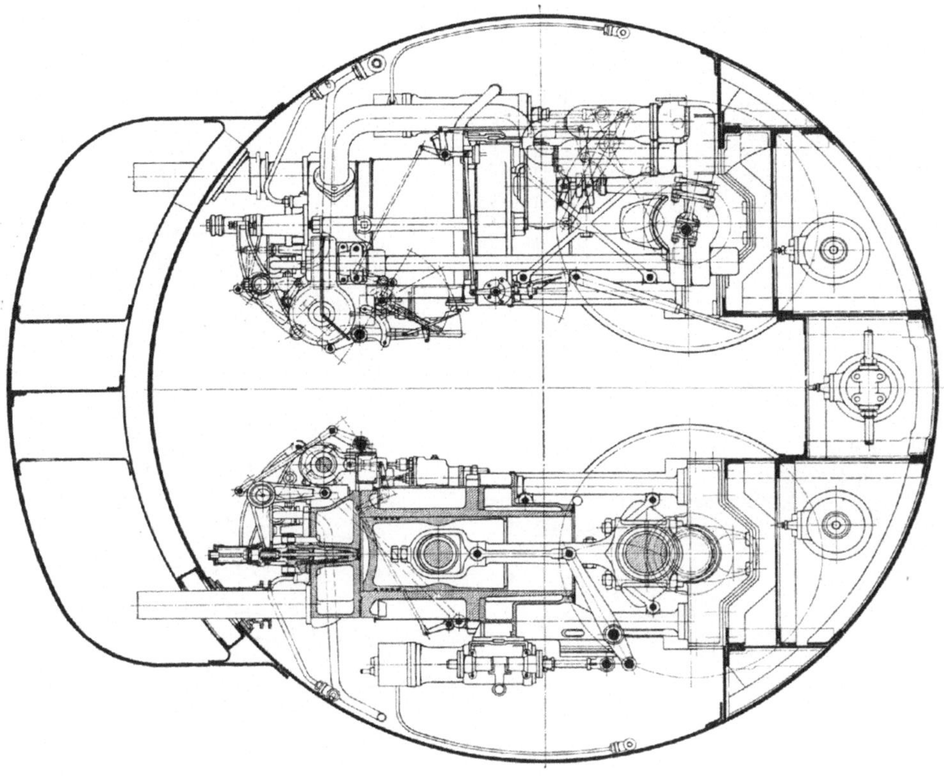

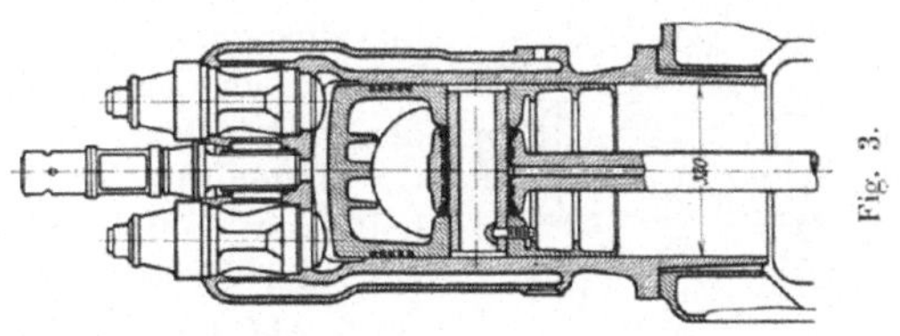

Fig. 20). In letzterem Falle muß natürlich für das Ausnehmen des Kolbens nach unten vorgesorgt werden. Bei leichten Schiffsmaschinen wird auch die Büchse einfach zylindrisch ausgeführt, mit Flansch an den oberen Gestellrahmen befestigt, in dem ein Teil des Kühlmantels liegt, während die äußere Wand des oberen Teils aus Blech hergestellt und an den Zylinderflanschen dicht angebracht wird (Fig. 4), oder auch als schwache gußeiserne Kappe ausgebildet ist[1]). Diese Anordnungen haben den Vorteil sehr guter Zugänglichkeit der innern Wandoberflächen zur Reinigung und zur Aufbringung eines Anstrichs.

Die gesonderten Büchsen werden am äußern Ende in den Kühlmantel eingesetzt und entweder durch Einpressen, Verstemmen oder durch Dichtungsringe aus leinöl- und firnisgetränktem Papier oder auch Asbestpappe und Flockengraphit gegen den Kühlraum des Mantels hin abgedichtet. Am innern Ende dienen hierzu meist ein oder zwei in dreieckige Nuten der Büchse eingelegte Gummi-

---

[1]) Westinghouse, vgl. Engineer Bd. 115, S. 485.

1*

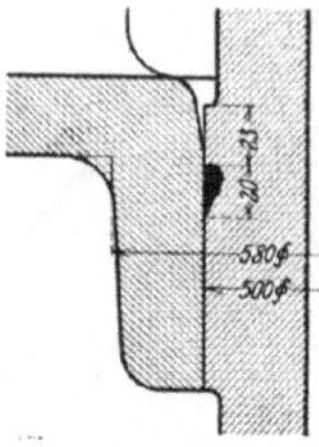

Fig. 5.

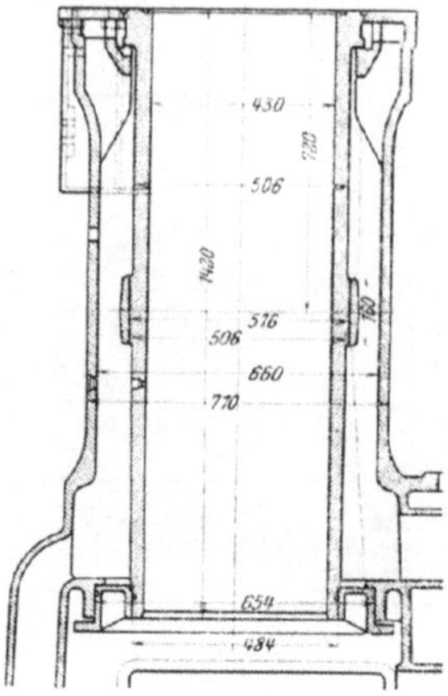

Fig. 6.

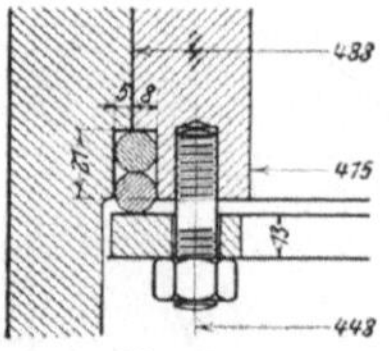

Fig. 7.

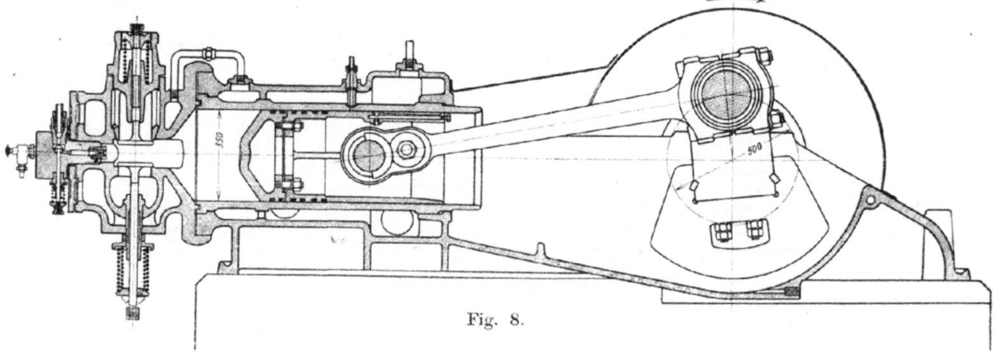

Fig. 8.

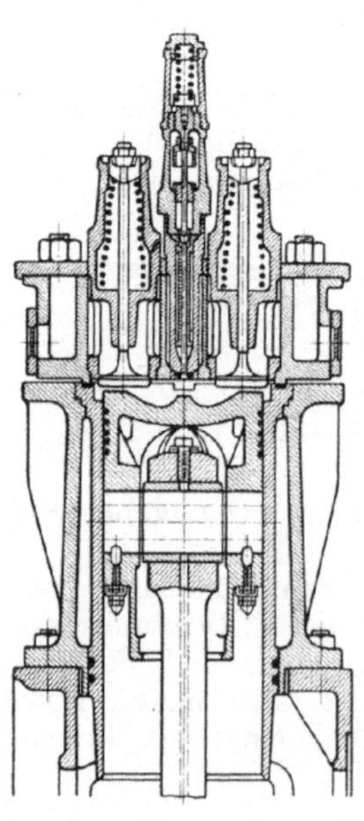

Fig. 9.

ringe (Fig. 5), oder ein besonders eingelegter Abschlußring, der
außen und innen Gummiringe trägt (Fig. 6) oder auch eine
Art kurzer Stopfbüchse (Fig. 7). Auch eine vom Zylinderrohr
selbst gebildete Stopfbüchse (Fig. 8) oder Kolbenringe (Fig. 9)
werden angewendet, sowie auch einfache verstemmte Weiß-
metallringe (Fig. 12). Bei besonders genauer Bearbeitung
kann auch jegliche besondere Dichtung weggelassen werden (Fig. 10).

Jedenfalls ist die Möglichkeit der Ausdehnung des
heiß werdenden Zylinders gegenüber dem Kühlmantel in
achsialer Richtung zu sichern, aber es soll auch dafür gesorgt werden, daß in der Nähe der Anpaßstellen, soweit als
tunlich, nur kreissymmetrische Formänderungen bei Schwankungen der Temperaturen des Gestells eintreten können.
In der Nähe dieser Stellen sind also Rippen oder Angüsse
womöglich zu vermeiden, da sonst auch die Verstärkung der
Wände nicht vollständig ausreicht. Die äußere Flanschen-
verstärkung des Zylinderrohres selbst darf keine allzu große
Materialanhäufung verursachen, daher wird manchmal
dort eine Ausnehmung angebracht (Fig. 11, 12, 30). Hie
und da findet man statt dieser Verstärkung auch eine

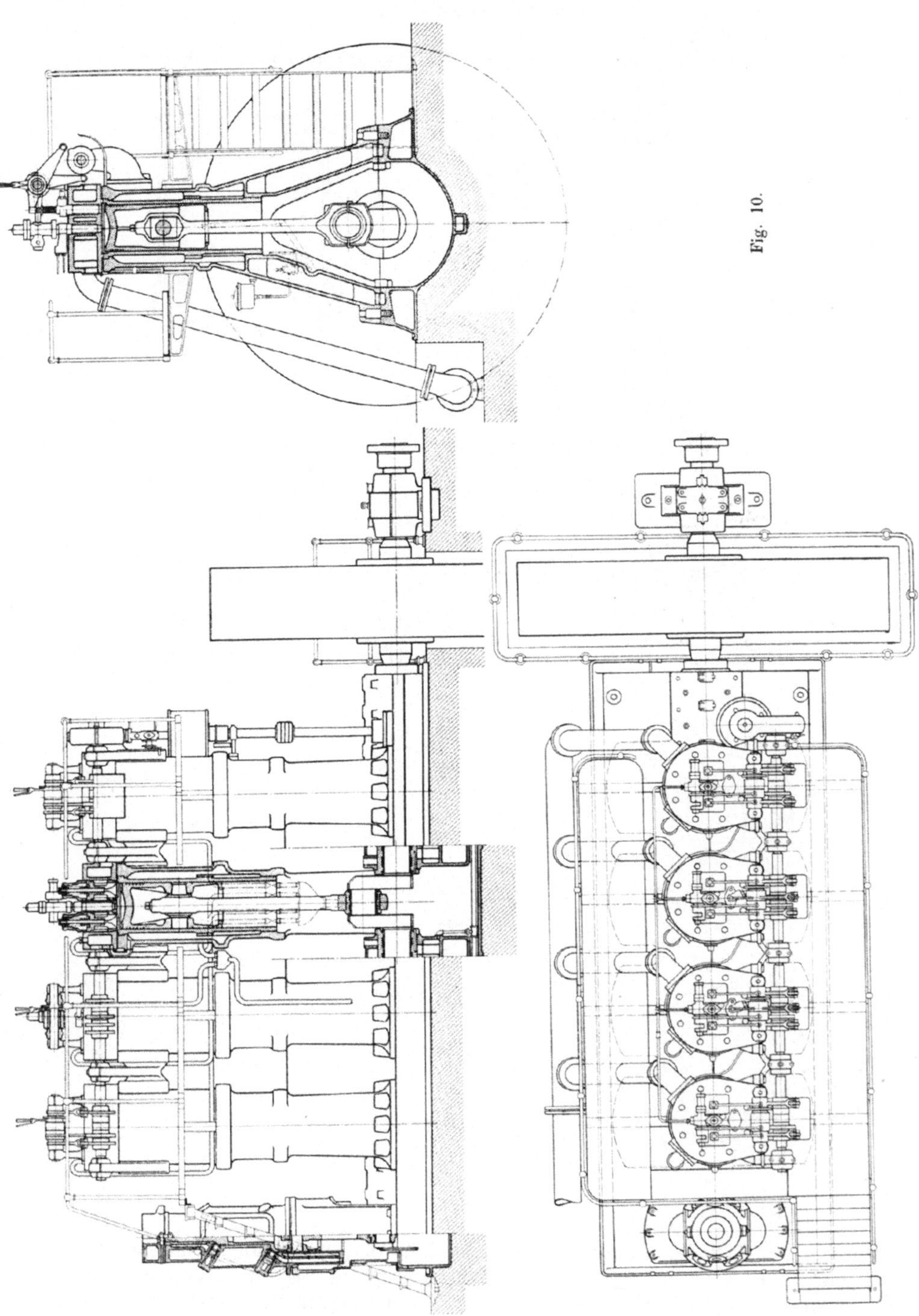

Fig. 10.

Doppelflansche (Fig. 14, 34). Vereinzelt werden außen am Zylinderrohr auch Kühlrippen angebracht (Fig. 13).

Wenn Tauchkolben ohne gesonderte Kreuzkopfführung angewendet werden,

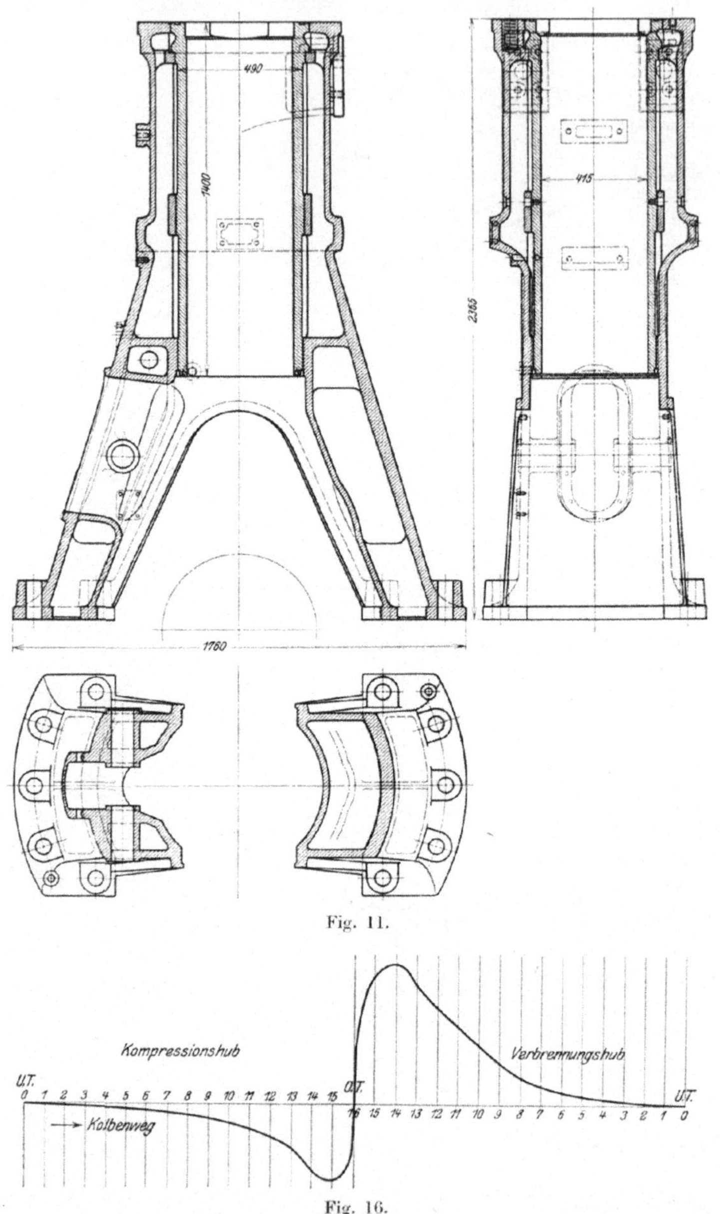

Fig. 11.

Fig. 16.

bekommt der Zylinder infolge der Schrägstellung der Pleuelstange seitliche Drücke,
die nach einer Richtung stark überwiegen, wie der in Fig. 16 dargestellte Verlauf
dieser Kräfte längs des Kolbenhubes zeigt. Um die hierdurch entstehenden, immer-

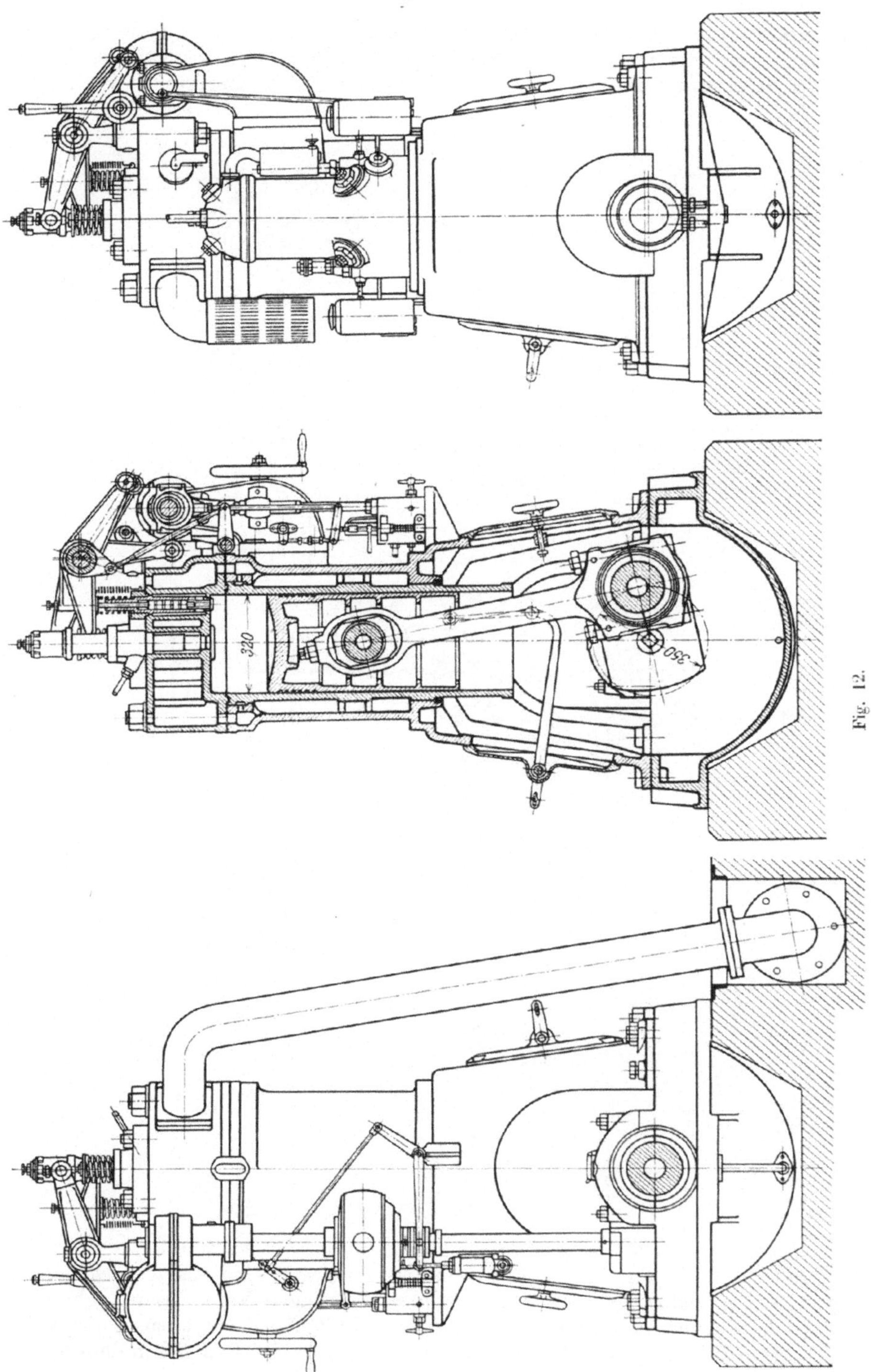

Fig. 12.

hin beträchtlichen Beanspruchungen der Zylinderbüchse ohne bedeutende Formänderungen aufzunehmen, wird die Büchse gewöhnlich noch in der Nähe der Mittellage des Kolbenzapfens von einem im Kühlmantel mit Längsrippen befestigten

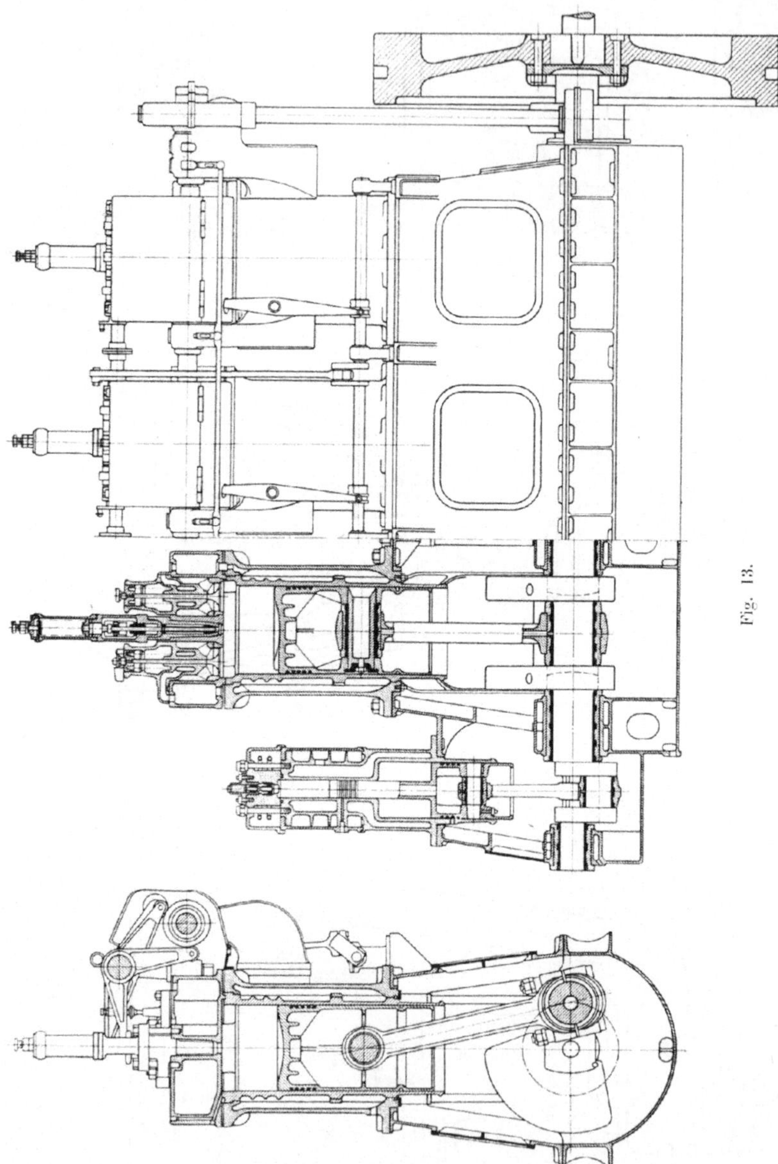

Fig. 13.

Ring gestützt (z. B. Fig. 11, 24, 29); auch zwei Tragringe sind angewendet worden.
(Fig. 17.) Der außen gekühlte Ring kann zu Störungen Veranlassung geben, da
er einen Druck von außen auf das warmwerdende Zylinderrohr ausübt, der wegen
der Tragrippen nicht einmal kreissymmetrisch ausfällt; das Rohr kann dadurch die

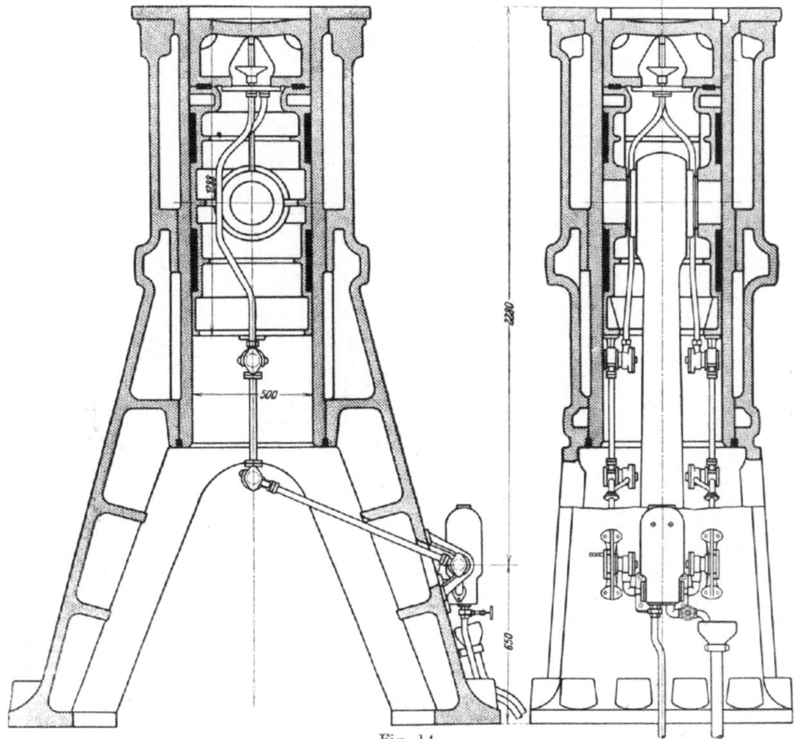

Fig. 14.

genaue Kreisform verlieren
und an dieser Stelle ein
Verreiben des etwa zu
knapp passenden Kolbens
hervorrufen oder wenig-
stens zu Undichtheiten
Veranlassung geben. Es
ist also eine gewisse Er-
fahrung nötig, den Spiel-
raum zwischen Tragring,
Büchse und Kolbenkörper
so zu wählen, daß kein
Anstand eintritt und doch
der Tragring wirksam
bleibt. Das ist der Grund,
warum in neuerer Zeit
manche Firmen den Trag-
ring vollständig weglassen
(Fig. 15, 33), während dies
bei kurzhubigen Schnell-
läufern (Fig. 18, 45, 51, 83)
und liegenden Maschinen
(Fig. 19), sowie auch dort,
wo ein besonderer Kreuz-
kopf vorgesehen ist (Fig. 20)
bereits vielfach gebräuch-

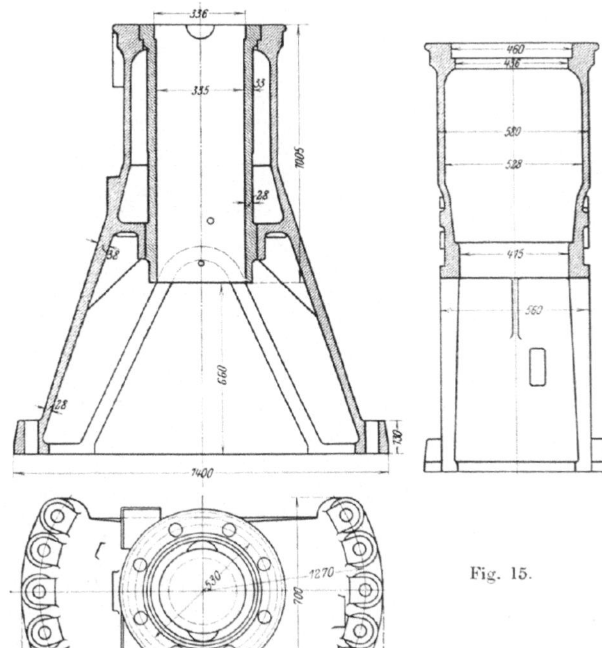

Fig. 15.

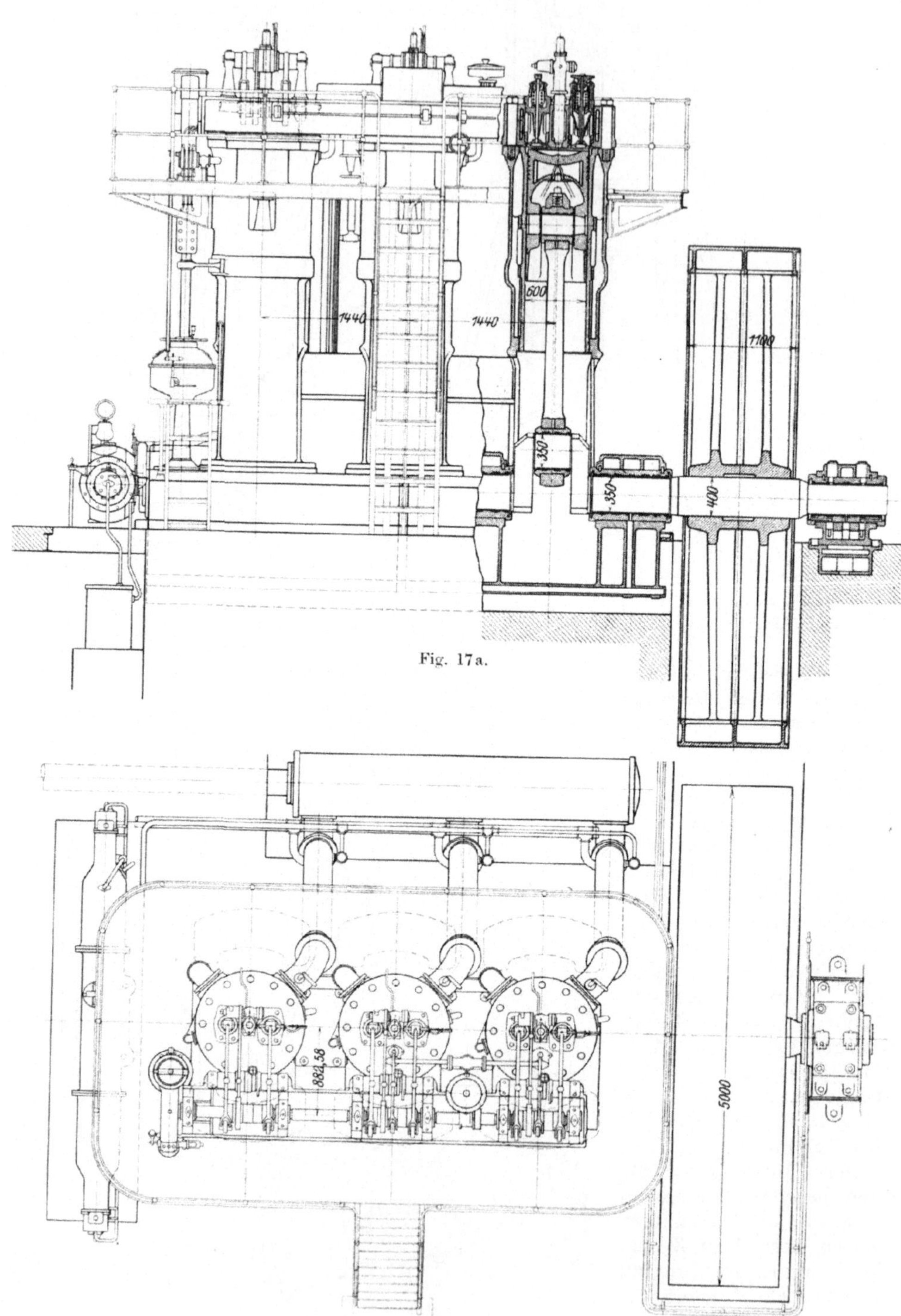

Fig. 17a.

Fig. 17b.

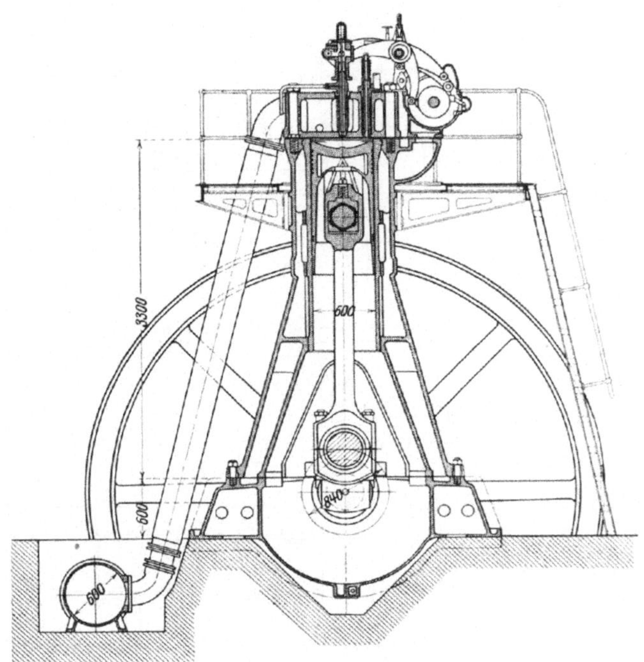

Fig. 17 c.

lich ist. Statt des vollen Tragrings werden auch einzelne Angüsse am Kühlmantel
angebracht (Fig. 12, 138). Die oben erwähnten Formänderungen entstehen auch am
äußeren Ende der Büchse, sind dort aber trotz der größeren Temperaturunterschiede
nicht so schädlich, weil nur ein kleiner Teil des Kolbens in das beeinflußte Gebiet
eintritt.

An Anbohrungen des Zylinderrohres sind nur die Schmierstellen für den Kolben
und gegebenenfalls für den Kolbenzapfen nötig, meist auch noch der Indikator-
anschluß. Die Schmierlöcher sollen natürlich nahe an die meistbeanspruchten
Stellen gelegt werden, also mehr gegen die Ebene des Kolbendruckes hin. Gewöhnlich werden sie etwa dort angebracht, wo der erste Kolbenring bei innerster Kolbenstellung sich befindet.

Die Wandstärke der Zylinderbüchse kann wegen der stets nahe gleichen größten
Diagrammspannung einfach im Verhältnis zum Kolbendurchmesser angegeben werden. Sie beträgt am äußeren Ende etwa ein Zehntel bis ein Vierzehntel, im Mittel
etwa ein Zwölftel des Zylinderdurchmessers, was bei 35 at Innendruck etwa einer
Beanspruchung von 180 bis 250 kg/cm² entspricht. Die Biegungsbeanspruchung auch
bei Hinweglassung des Tragrings ist verhältnismäßig gering, es handelt sich mehr um
unliebsame Formänderungen des Querschnitts, als um die Festigkeit; immerhin
wird die Wandstärke dann etwas höher gewählt. Die äußere Endfläche der
Büchse trägt meist einen Ring für einen am Zylinderdeckel befindlichen Zahn,
der manchmal halb in die Büchse, halb in den Kühlmantel eingreift und dann
gleichzeitig zur Abdichtung des Kühlwassers nach außen dient. Wenn der Kolben
nach innen ausnehmbar sein soll, wird manchmal die Büchse der Länge nach geteilt. (Fig. 20, 34.)

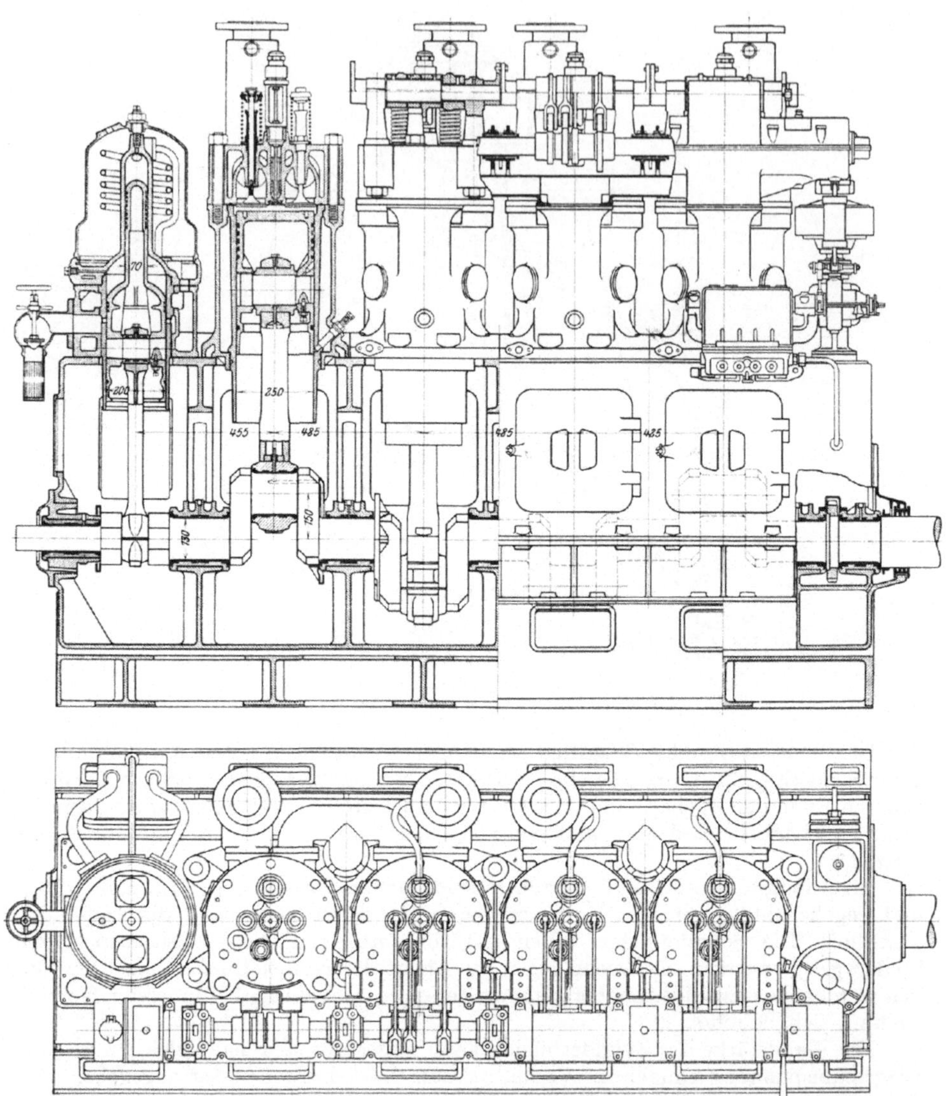

Fig. 18a.

Besondere Aufmerksamkeit erfordert die Stärke des äußeren Flansches, sie hängt vom Hebelarm für das beanspruchende Moment ab. Die Kolbenreibung und der vom Deckel ausgeübte Druck ergeben die in Betracht kommenden Kräfte, die aber durch die Einpreßreibung teilweise aufgenommen werden. Die Flanschstärken variieren zwischen einem Sechstel und einem Achtel des Kolbendurchmessers.

Im allgemeinen ist die Ausbildung der Zylinderbüchse bei liegenden Maschinen die gleiche wie bei stehenden (z. B. Fig. 8, 19). Nur bei doppeltwirkenden Zylindern

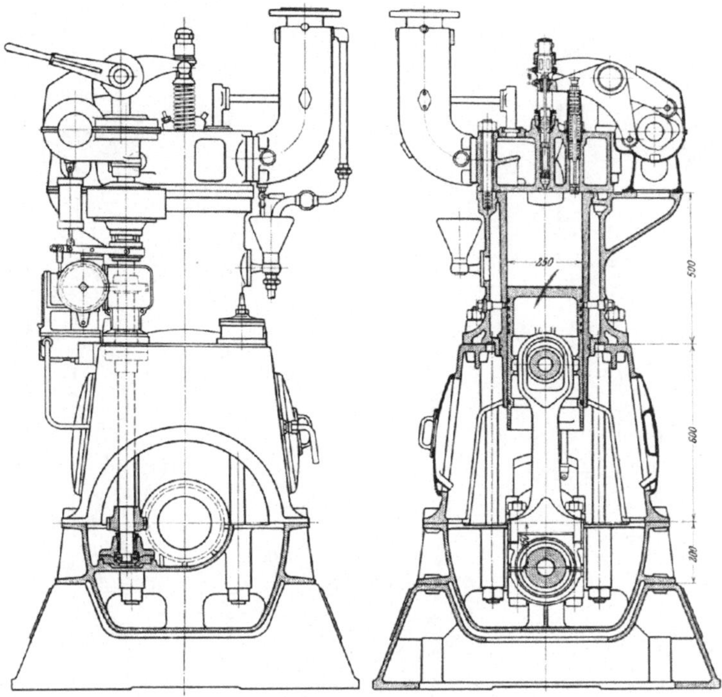

Fig. 18 b.

wird meist die Büchse mit dem Kühlmantel zu einem Gußstück vereinigt und die Ventilgehäuse werden unmittelbar angegossen. Fig. 21 zeigt einen solchen Zylinder mit seitlich angeordneten Ventilen, Fig. 22 mit zentrisch angeordneten Ventilen.

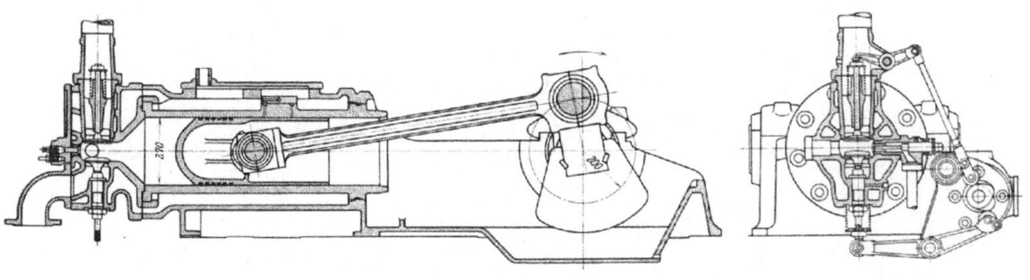

Fig. 19.

Der Kolben wird hier von der auf Gleitschuhen laufenden Kolbenstange vollständig getragen, wodurch die Laufbüchse und auch die hier erforderlichen Stopfbüchsen ganz entlastet sind. Auch bei stehenden Maschinen hat man versucht, doppelt wirkende Zylinder zu bauen (Fig. 23).

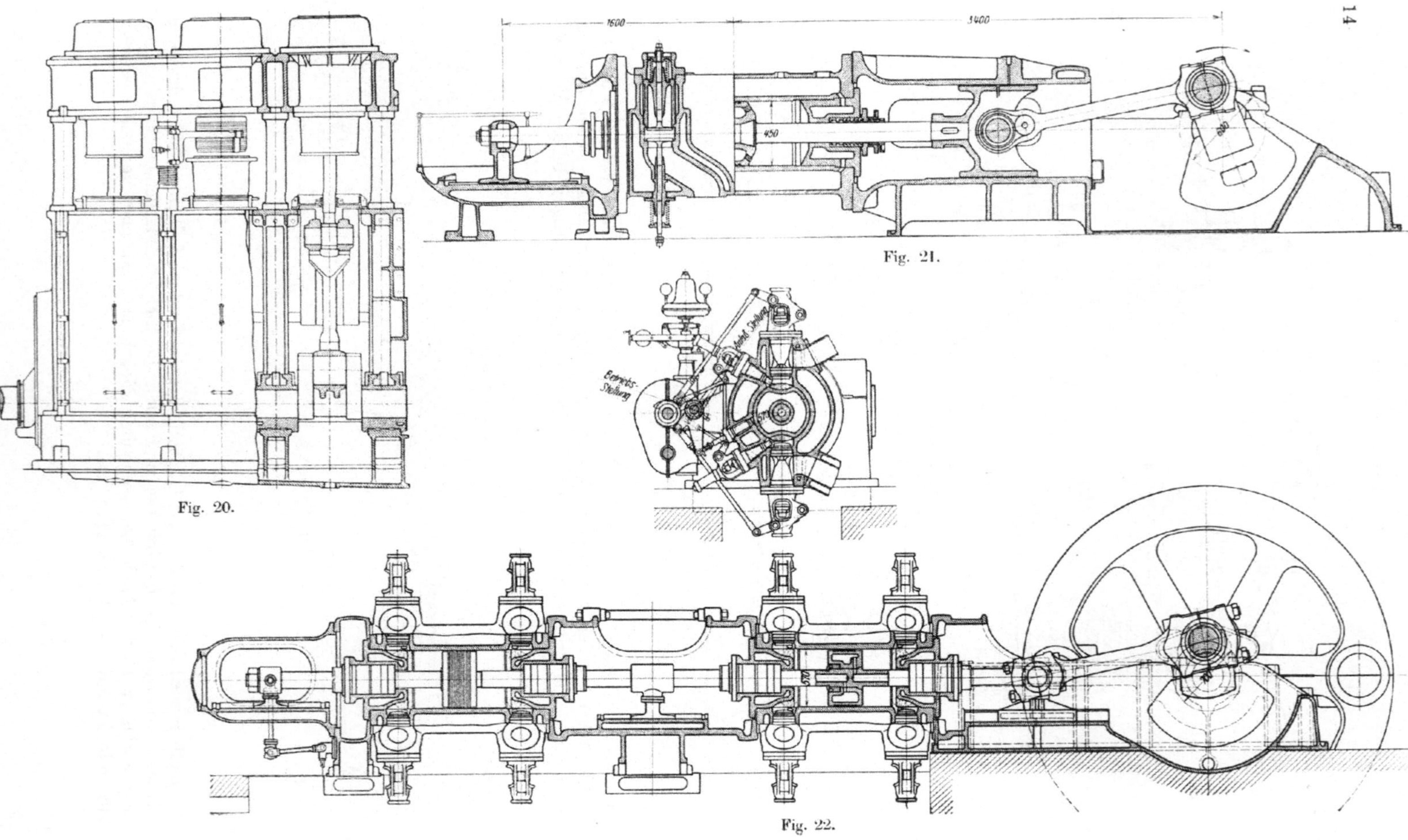

Fig. 20.

Fig. 21.

Fig. 22.

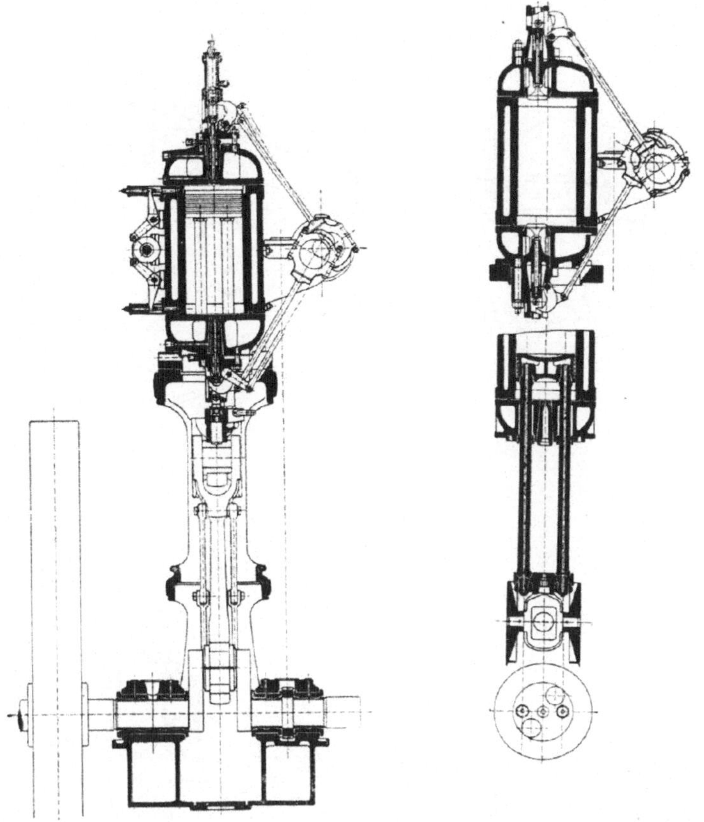

Fig. 23.

II. Der Kühlmantel und das Gestell.

Das Gestell ist naturgemäß für die verschiedenen Ausführungs- und Bauformen sehr verschieden.

Für stehende Maschinen kleinerer Umdrehungszahl werden meist die ursprünglich verwendeten A-Ständer in Hohl- oder Rippenguß verwendet (Fig. 10, 14, 17, 24 bzw. 30), die oben als zylindrischer Kühlmantel mit den bereits erwähnten Anpaßflächen für das Zylinderrohr ausgebildet sind. Die Innenrippen dieses Kühlmantels gehen entweder alle oder nur teilweise der ganzen Länge entlang, oder sie sind auch nur zur Befestigung des Mittelstegs angebracht (Fig. 10), so daß die achsialen Drücke ganz vom zylindrischen Teil aufgenommen werden müssen. Manchmal werden die Längsrippen auch außen angebracht. Bei ganz kleinen Ausführungen werden die Ständer mit der Grundplatte auch aus einem Gußstück hergestellt (Fig. 25), sonst werden sie unten bearbeitet und an der Grundplatte verschraubt. Wegen etwaiger Federung wird die Beanspruchung der meist kurzen Befestigungsschrauben sehr gering gewählt, auf den Kerndurchmesser bezogen mit nur 200 bis 350 kg/cm². Manchmal werden die Schrauben im Bolzen auf den Kerndurchmesser abgedreht (Fig. 59). Am Ständer werden gewöhnlich Butzen für die Verbindungsschrauben angegossen, in neuerer Zeit zieht man häufig wegen

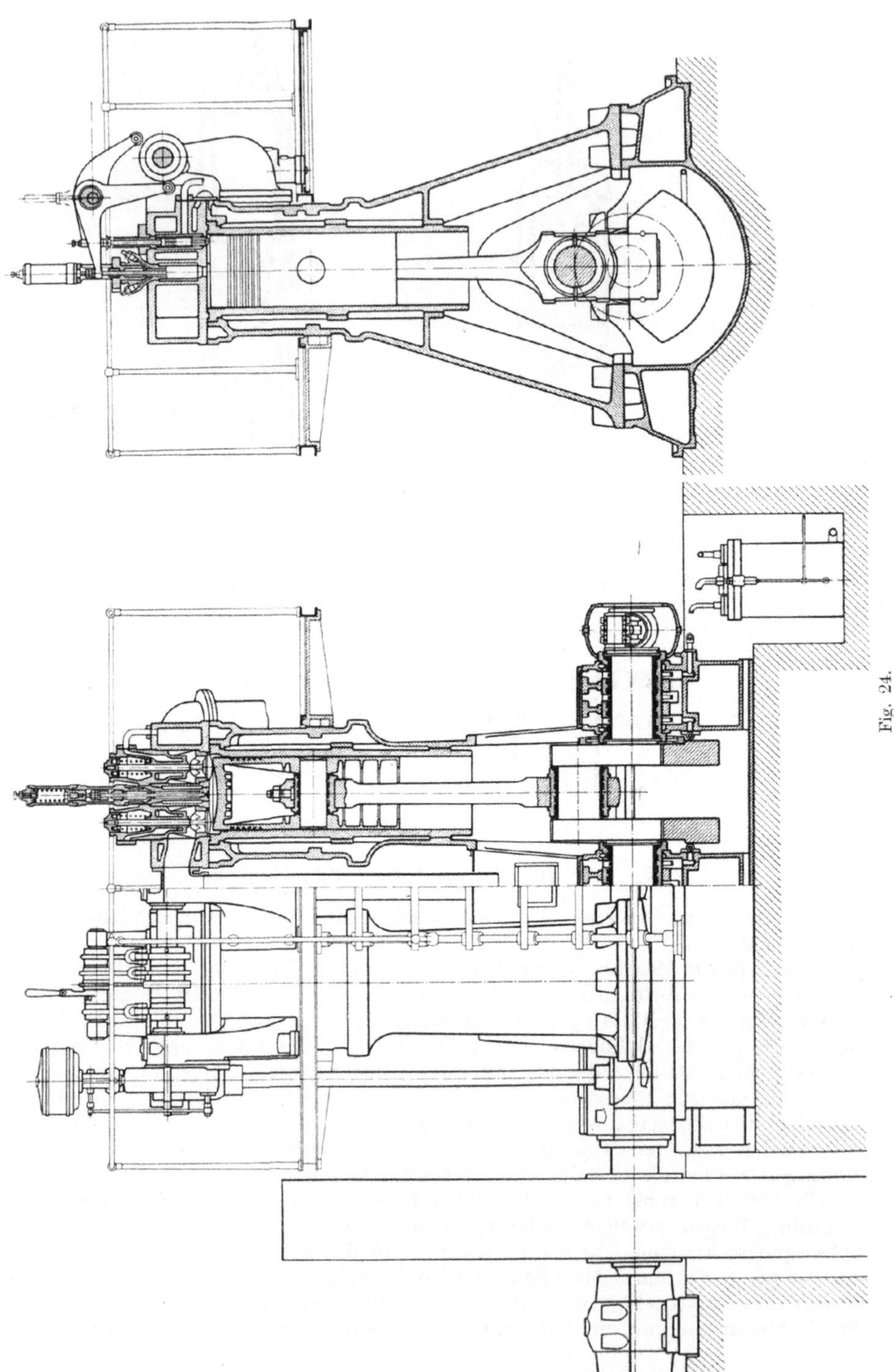

Fig. 24.

einfacherer Herstellung und der Möglichkeit, die Stifte unabhängig vom Ausfall des Gusses der Ständer anordnen zu können, und wohl auch wegen glatteren Aussehens, entsprechend starke Flanschen mit Einfräsungen für die Muttern vor.

Fig. 25.

Die sehr breiten Anpaßflächen werden durch nachträglich eingebohrte Paß-stifte gegeneinander festgehalten. Die obere Flansche des Kühlmantels trägt die Deckelschrauben als Stifte entweder in angegossenen Pfeifen (Fig. 26, 27), oder besser in vollständig runder Verstärkung (Fig. 15, 28); zur Vermeidung von Materialanhäufung und zur voll-

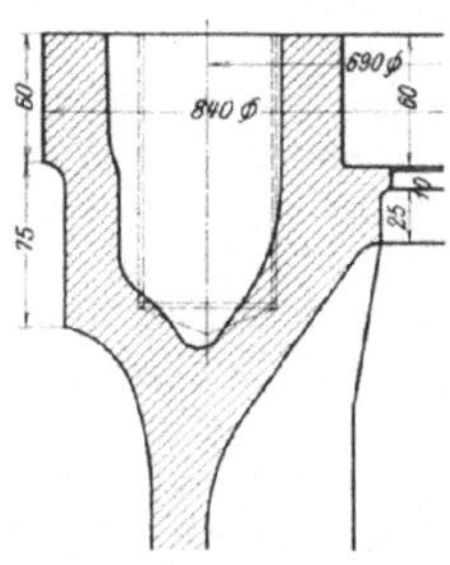

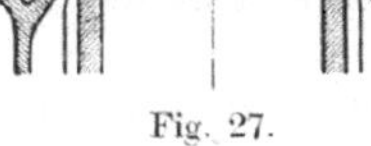

Fig. 27.

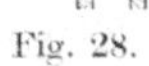

Fig. 26.

Fig. 28.

kommeneren Kühlung der Zylinderflansche sind manchmal Ausnehmungen vorgesehen (Fig. 13, 18, 29 u. a.), oder die eigentlichen Tragflanschen sind überhaupt nur an Rippen gehalten (Fig. 6, 12, 30). Auch wird der Kühlmantel oben ganz offen ausgeführt und nur durch die Schraubenbutzen mit dem Tragring verbunden (Fig. 12), gewöhnlich aber erfolgt die Verbindung des Zylinder- und Deckelkühlraums durch seitlich angesetzte Rohre (Fig. 24), oder durch Rohrstifte im Flansch (Fig. 11, 33, 34 u. a.).

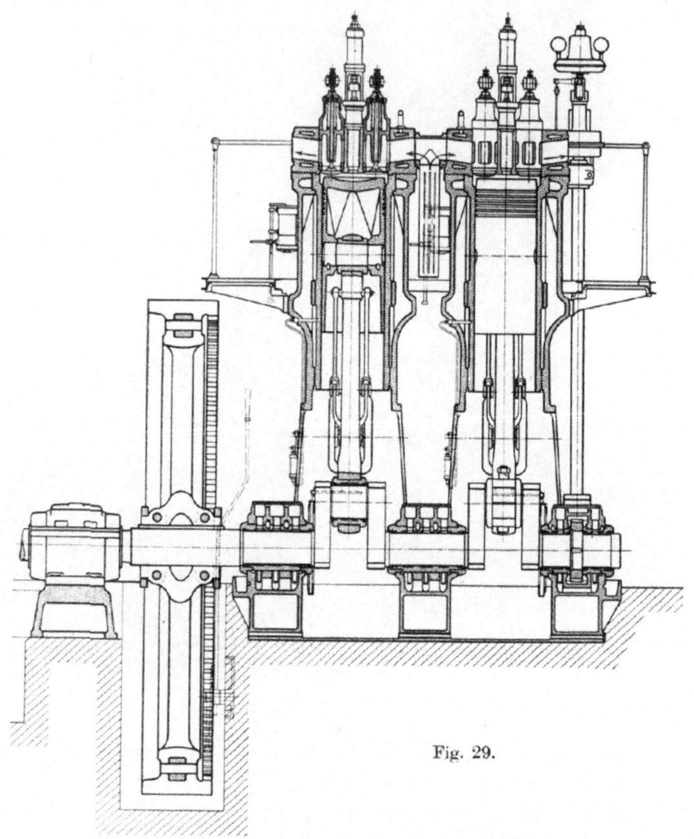

Fig. 29.

Für den in Fig. 26 dargestellten Fall kann die Kühlwasserverbindung durch einen besonderen Kanal hergestellt werden (Fig. 27); für den Fall der Fig. 6 zeigt auch Fig. 84 die Rohrverbindung.

Die ursprünglichen Ausführungen der A-Ständer zeigen an der Stelle, wo sich die Arme an den zylindrischen Kühlmantel anschließen, außen einen hohlen Wulst (Fig. 24). In neuerer Zeit vermeidet man des ruhigeren Aussehens wegen gern auch die hierdurch entstehenden Trennungslinien (Fig. 15, 31, 84). Die Fig. 32 und 33 zeigen eine neuere Ausführung mit einseitigem Gußständer und Säule. Diese kann ohne weitere Demontierung abgenommen werden und gestattet daher auch in beengten Räumen das Ausnehmen der Schubstange und der Kurbelwelle. Auch zwei Säulen für jeden Zylinder werden zum leichteren Ausbau der Pleuelstange und des Kolbens nach unten angewendet, dabei ergibt sich auch eine bessere Stützung der Zylinder an drei Punkten, jedoch erfordert diese Ausführung für Mehrzylinder-

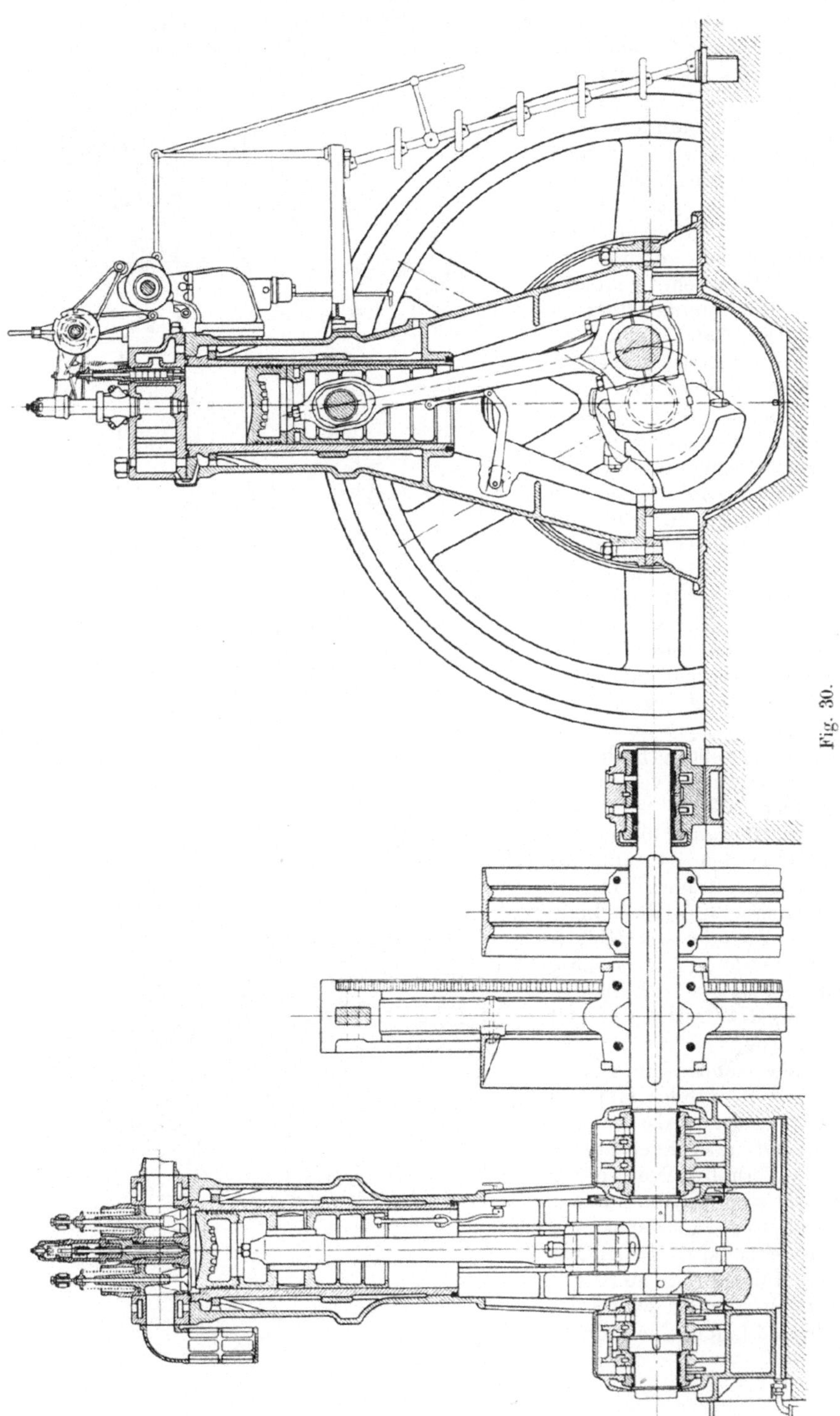

Fig. 30.

maschinen entweder zweimal so viel Säulen als Zylinder (Fig. 34), oder Modell-
änderungen, wenn die Säulen zwischen den Zylindermitten angebracht werden sollen.

Die freien seitlichen Öffnungen der A-Ständer werden oft mit Blech verschalt, um
abspritzendes Öl aufzufangen.

Wenn die Luftpumpe an der Seite des Ständers angebracht ist und mittels doppel-
armigen Schwinghebels angetrieben wird, wie z. B. in
Fig. 31, wird gewöhnlich der
betreffende Arm entsprechend
ausgespart und ein Drehpunkt
für den Hebel unmittelbar an-
gebaut (Fig. 35). Auch auf der
dem Kompressor entgegen-
gesetzten Seite werden manchmal Ausnehmungen ausgespart,
die dann die Zugänglichkeit
der Kurbelzapfen erhöhen sollen. Auch werden derartige
Ausnehmungen für die Ein-
bringung der Kolbenkühlung
erforderlich (Fig. 14). Der
Kompressor liegt an der Steuerseite, aber auch auf der entgegengesetzten Seite; zur Befestigung desselben dienen ge-
hobelte Anpässe. Solche sind
stets für die Lager der liegenden Steuerwelle erforderlich,
ihre Anordnung ist verschieden
(vgl. Kap. XI).

An Rohranschlüssen sind
solche für den Zu- und Ablauf des Kühlwassers, für den
Schlammablaß, für die Schmierung der Zylinder- und Kolbenzapfen, für den Indikator nötig,
weitere Angüsse für die Anbringung der Gallerien und Ölgefäße usw.

Eine rechnerische Bemes-
sung der A-Ständer läßt sich
schwer geben. Als Anhalts-
punkt und zum Vergleich diene,
daß das Verhältnis Kolbenkraft
für 35 at zum unteren Ständerquerschnitt etwa 35 bis 65 kg/cm²
für Gußeisen beträgt. Der Quotient Kolbenkraft zu Kühlmantelquerschnitt wird rund
65 bis 85 kg/cm² ausgeführt.

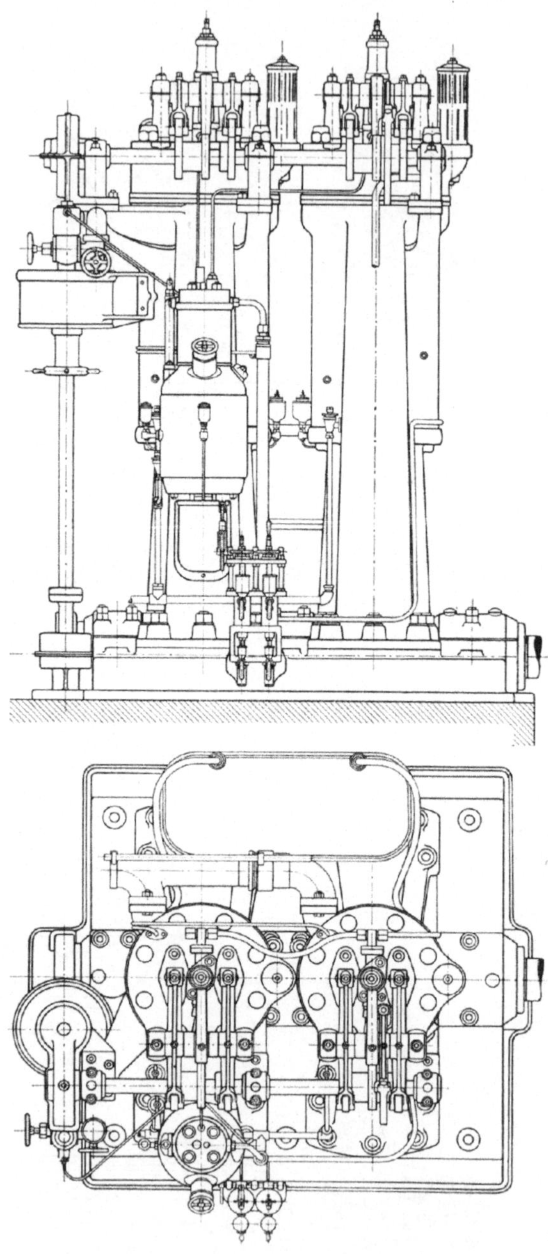

Fig. 31.

Einige Firmen sind nach amerikanischem Muster auch bei sogenannten Normalläufern von der ursprünglichen A-Form des Ständers abgegangen und verwenden auch hier Kastengestelle (Fig. 36). Die Kästen hier sind mit den Kühlmänteln zusammengegossen, bei großen Ausführungen werden sie der Länge nach in mehrere Teile zerlegt und auch zu zwei Kühlmänteln miteinander vereinigt (Fig. 53).

Im Falle der Fig. 36 ist auch der Ständer für die Einblaseluftpumpe mit angegossen. Bei Mehrzylindermaschinen befinden sich innerhalb der Kastenhülle zwischen

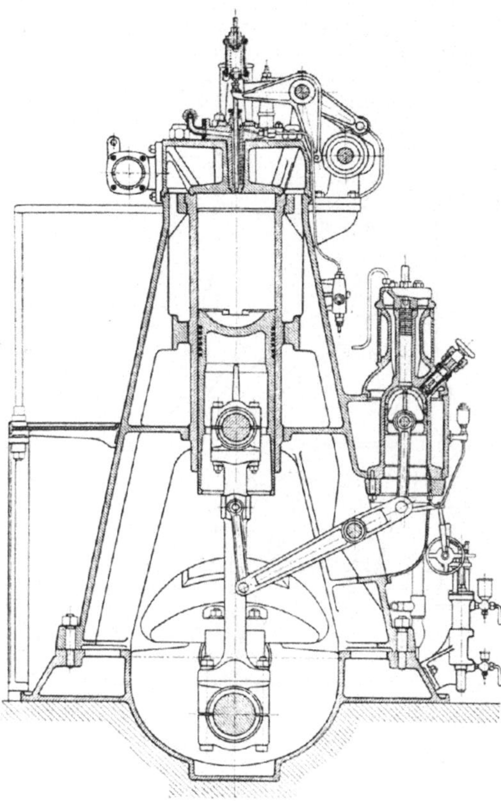

Zu Fig. 31.

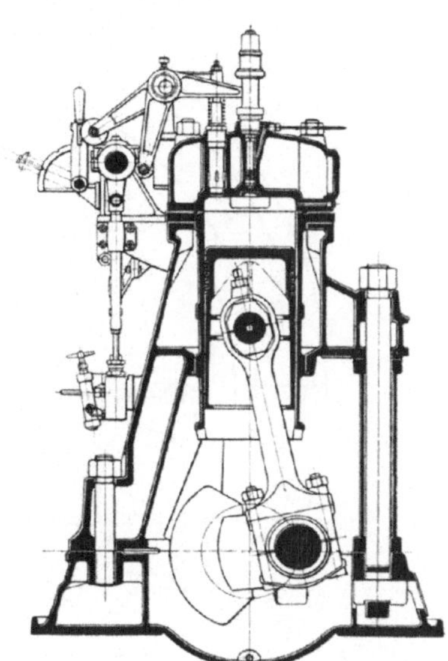

Fig. 32.

den Zylinderachsen A-förmige Ständer in Rippenguß. Sie tragen einen starken Querrahmen zur Aufnahme der nach oben wirkenden Kolbenkräfte; derselbe wird an den Enden noch durch kräftig verrippte Abschlußwände gehalten. In den Verschalungswänden befinden sich gegenüber den Kurbelmitten große, rechteckige, mit Deckeln verschließbare Öffnungen, die die Kurbelzapfen und Schubstangen, sowie auch die Hauptlager gut zugänglich machen. Die Arbeitsluft kann hier ganz oder teilweise durch die Ständerhohlräume angesaugt werden, indem das Ansaugerohr oben in die Kammer einmündet.

Die Kühlräume der Zylinder sind hier (Fig. 36) miteinander verbunden, deutlich sind die hier horizontal angeordneten Anpaßflächen für die Lagerung der Steuerung zu erkennen. Das Zusammengießen des großen Kastens mit den Kühlmänteln erfordert von vornherein eine hervorragend gute Gießerei, hat aber immer den Nachteil, daß bei Schadhaftwerden eines solchen Stückes die ganze Maschine unbrauchbar wird, was bei getrennten Ständern nicht der Fall ist.

Ein weiteres Beispiel dieser Art bietet Fig. 37 (s. a. Fig. 329); die glatten Kühlräume der einzelnen Zylinder stehen auch hier miteinander in Verbindung, be-

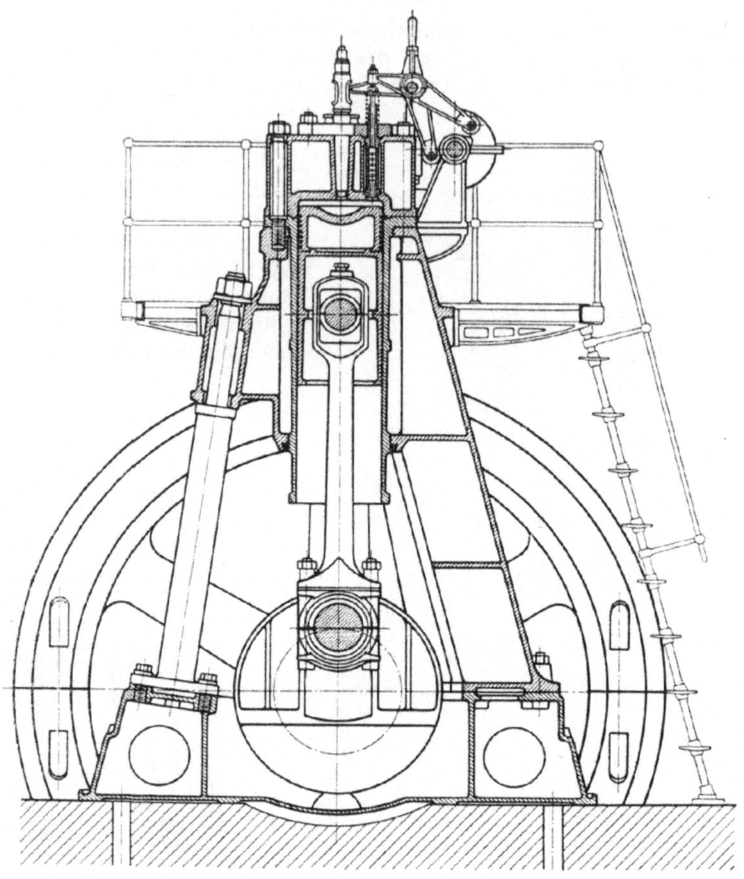

Fig. 33.

merkenswert ist hier auch die Verbindung zwischen Gestell und Grundplatte durch
zwei Reihen von Schrauben, außen und innen gelegen.

Eine ähnliche Form zeigt auch Fig. 38 für große Abmessungen. Hier sind jedoch sowohl der auf dem Kasten liegende, ungemein kräftige Querbalken als auch
die Kühlmäntel gesondert ausgeführt, und es sind, um das gußeiserne Gestell von
den Kolbenkräften zu entlasten, Stahlsäulen zur Aufnahme derselben eingebaut, die
den genannten Querbalken mit der Grundplatte unmittelbar verbinden. Der Kasten
enthält hier eine besondere Kreuzkopfführung, das Querstück trägt Stopfbüchsen
für die Kolbenstangen, um das bei Undichtheiten etwa abfließende Kolbenkühlwasser vom Gestänge und der Welle abzuhalten.   Der verhältnismäßig leicht gebaute Kasten selbst, der nur zum Tragen der Zylindergewichte bestimmt ist, zeigt
wieder A-Ständer in Rippenguß, die durch quer angeordnete Einsätze aus Stahlguß
zusammengehalten werden.

Eine eigentümliche Ausbildung zeigt der Ständer der Société des Moteurs Sabathé, der einerseits mit den Kühlmänteln aus einem Stück gegossen ist, andererseits
aber nur durch eine abnehmbare Längswand, die durch Rippen entsprechend versteift
wird, gebildet ist. Dadurch wird die Demontierung der Kolben, Schubstangen
und sogar der Hauptwelle nach der Seite hin ermöglicht, ohne daß der Zylinder-

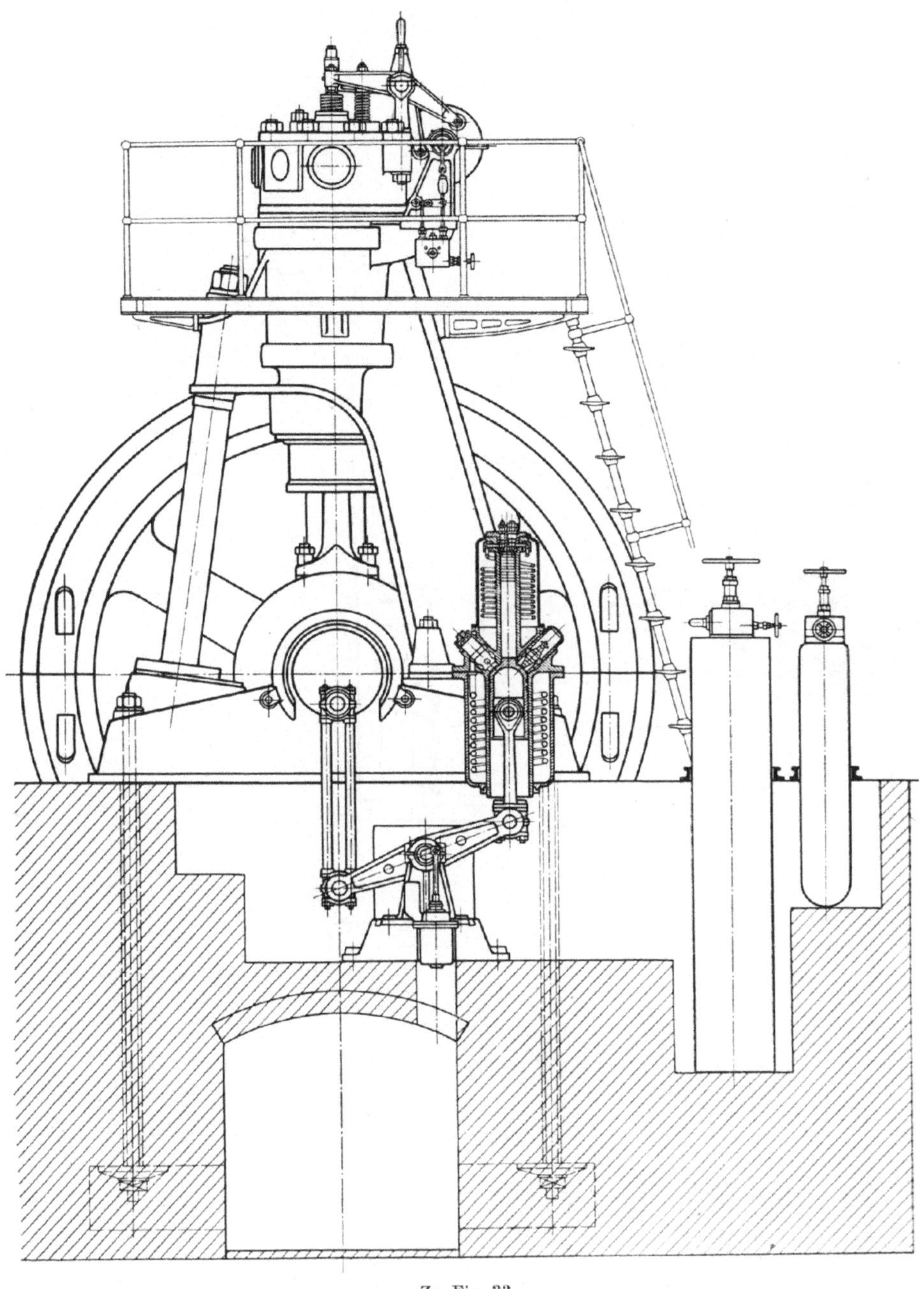

Zu Fig. 33.

kopf oder die Steuerung abgenommen werden müßten (Fig. 39). Die gleiche Ausführung zeigt Fig. 83; hier sind sowohl Gestell als auch Grundplatte aus Stahlguß hergestellt.

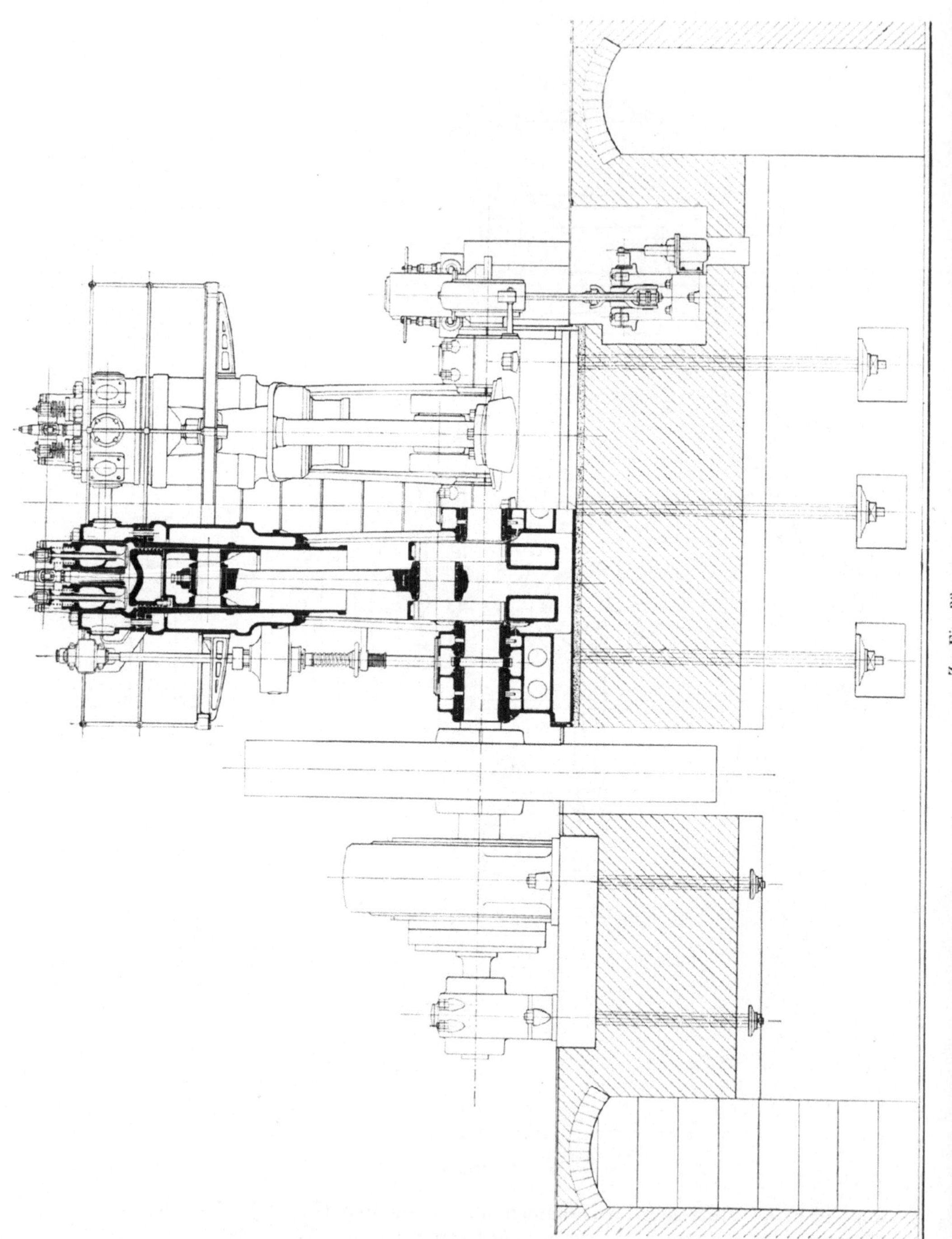

Zu Fig. 33.

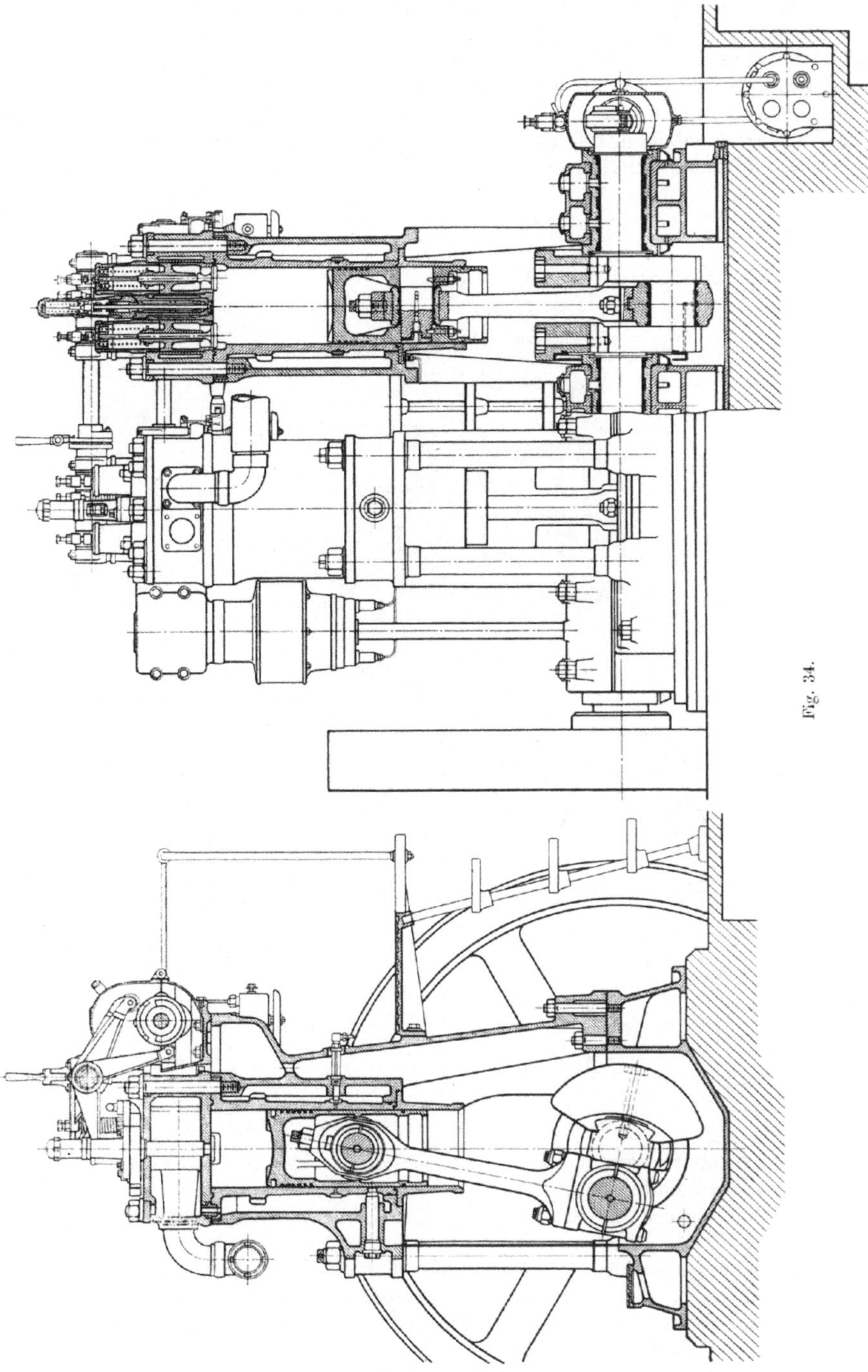

Fig. 34.

Auch bei kleineren Schiffsmaschinen werden manchmal je zwei Arbeitszylinder mit Kurbelgehäusen und Kühlmänteln zusammengegossen, wie z. B. Fig. 40, 41 darstellt. Hier ist das Gestell zweiteilig aus Bronze, der Kühlmantel auch mit Innenwand gegossen, so daß die gußeisernen Zylinderbüchsen keine Dichtung gegen Kühlwasser erfordern. Durch die geringe Achsenentfernung der zusammengegossenen Zylinder wird es möglich, das Lager zwischen den betreffenden Kurbeln zu ersparen. Es finden sich auch Ausführungen wie Fig. 42, bei denen die Zylinder gesondert in

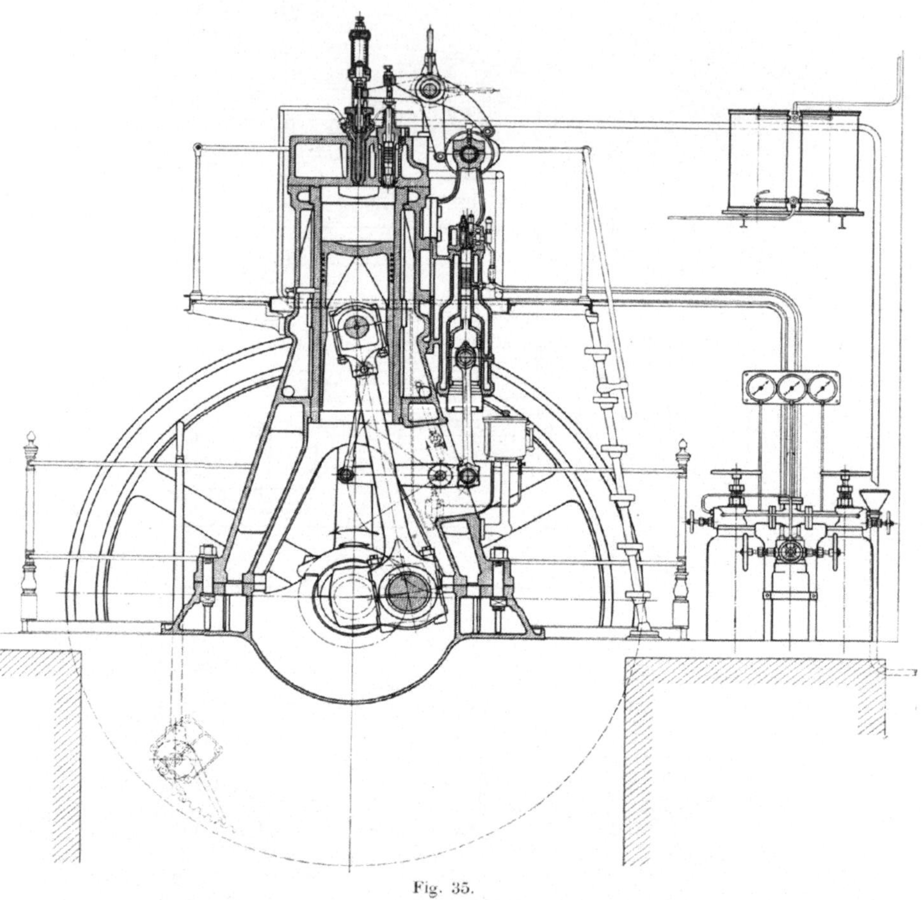

Fig. 35.

das Kastengestell eingesetzt sind, wobei sie in der oberen Hälfte ihrer Länge von den angegossenen Kühlmänteln umschlossen werden.

Bei Schnelläufern ist der geschlossene Kurbelkasten allgemein gebräuchlich. So zeigt Fig. 43 das Bild eines Schnelläufers der Maschinenfabrik Augsburg-Nürnberg, aus dem die rechteckige Form des Kastens mit dem angegossenen Kompressorgestell, sowie die Anordnung der Schauöffnungen ersichtlich ist. Die Kühlmäntel für die Zylinder sind hier mit Flanschen angeschraubt. Ähnlich ist auch die Ausbildung der Schnelläufer von Sulzer (Fig. 44, 45) und Tosi (Fig. 54) bezüglich der Ständer. Die Fig. 46 zeigt ein Schnelläuferkastengestell im Schnitt, Fig. 18 die formschöne Ausführung der Grazer Waggon- und Maschinenfabrik; Fig. 47 jene von Friedrich Krupp, Germaniawerft, wo jeder Zylinder ein besonderes Gestell erhält, das die innen liegenden A-Ständer in den Zylinderebenen enthält. Diese sind jedoch einerseits mit großen Öffnungen versehen. Das Gestell ist aus Gußeisen sehr leicht ausgeführt, so daß das gesamte Motorgewicht nur 120 bis 160 kg für die PS beträgt.

Eine andere Anordnung ist aus Fig. 20 ersichtlich, bei der die Kühlmäntel für alle drei Zylinder einen gemeinsamen rechteckigen Kasten bilden, in dem die Zy-

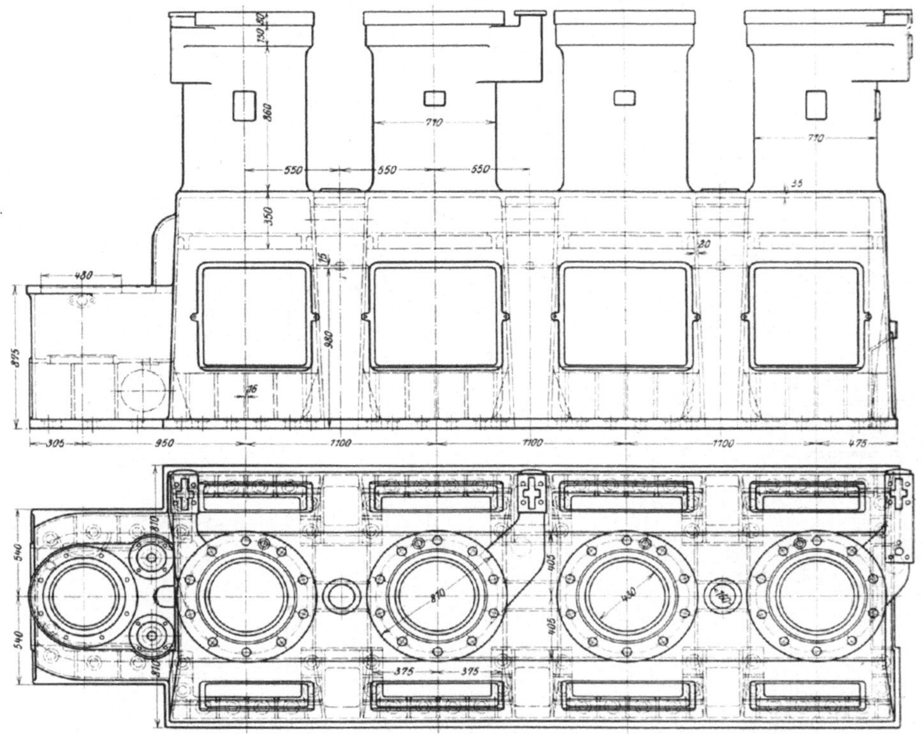

Fig. 36.

linderbüchsen eingesetzt sind. Derartige Kreuzkopfmaschinen führt die Fabrik Werkspoor Amsterdam bei Einheiten von mehr als 80 PS in einem Zylinder und mindestens drei Zylindern aus. Das Gestell ist aus Gußeisen mit der Kreuzkopfführung gemeinsam gegossen, die Vorderseite ist ganz offen und kann durch Türen verschlossen werden (Fig. 48). Die Kraftverbindung zwischen Grundplatte und Zylindern wird durch die zwischen den Zylindermitten befindlichen Hohlgußständer und durch Stahlstangen erzielt, die die Grundplatte unmittelbar mit einem Querträger verbinden, der seinerseits den Kühlmantel für alle Zylinder bildet und gegen das Gestell durch Distanzrohre aus Gußeisen abgestützt wird. In diesen Querbalken sind die mit den Deckeln zusammengegossenen Zylinderrohre eingesetzt. Das Gestell ist

---

[1] Vgl. Z. d. V. d. I. 1899, S. 1285. P. Straube, Die Standfestigkeit der stehenden Dampfmaschinen.

Schnitt e-f
Mitte Kurbelwelle
Mitte Zyl.
Längsschnitt
Kühlwasser=eintritt
Mitte Luftp.
Schnitt i-k
Wasser=übertritt
Mitte Zyl.
Mitte Kurbel=welle u. Luftp.
Grundriß
Indikator=Anstich
Wasserübertritt
Schnitt a-b
Zylindermitte
Wellenmitte
Schnitt l-m
Schnitt n-o
Schnitt c-d

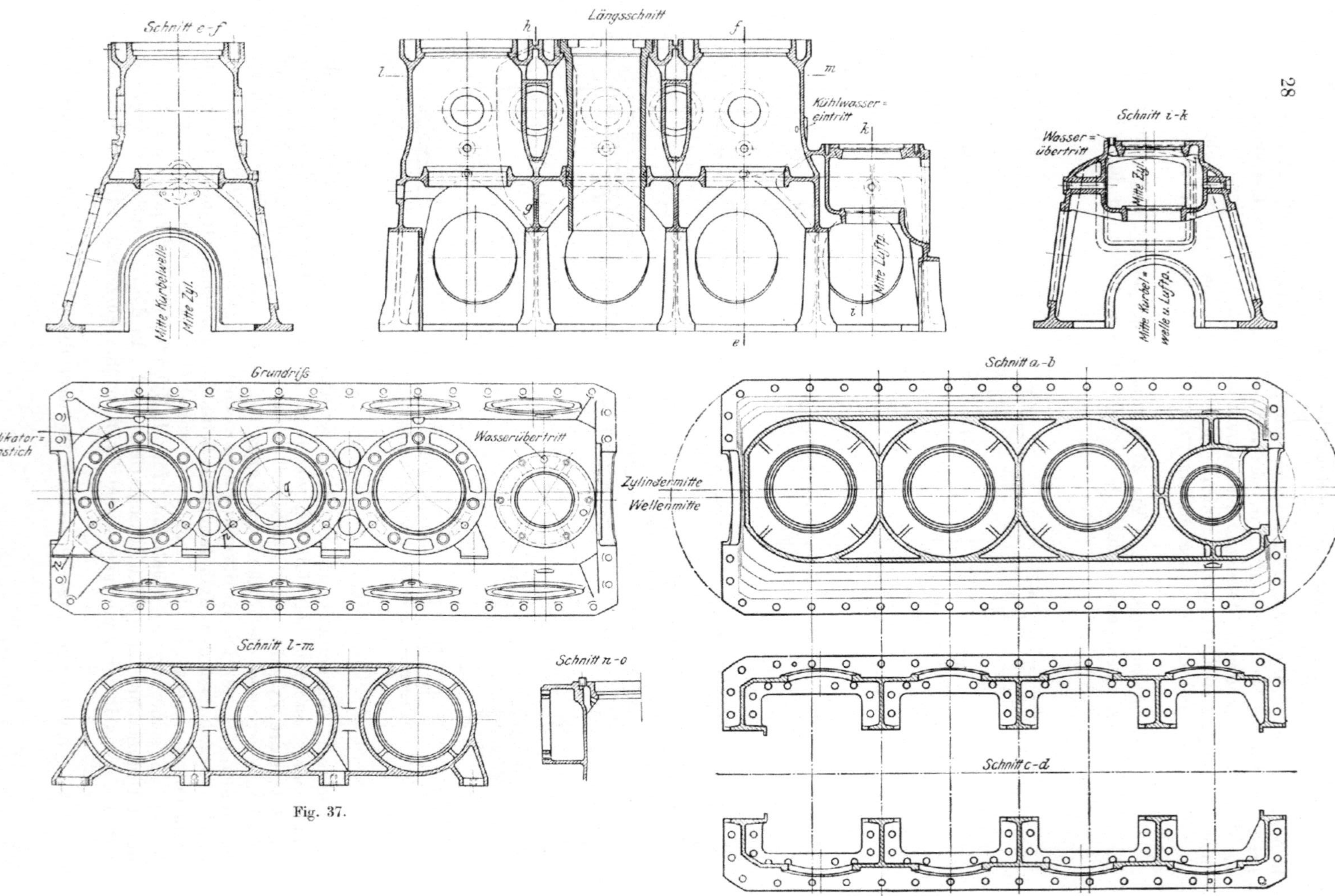

Fig. 37.

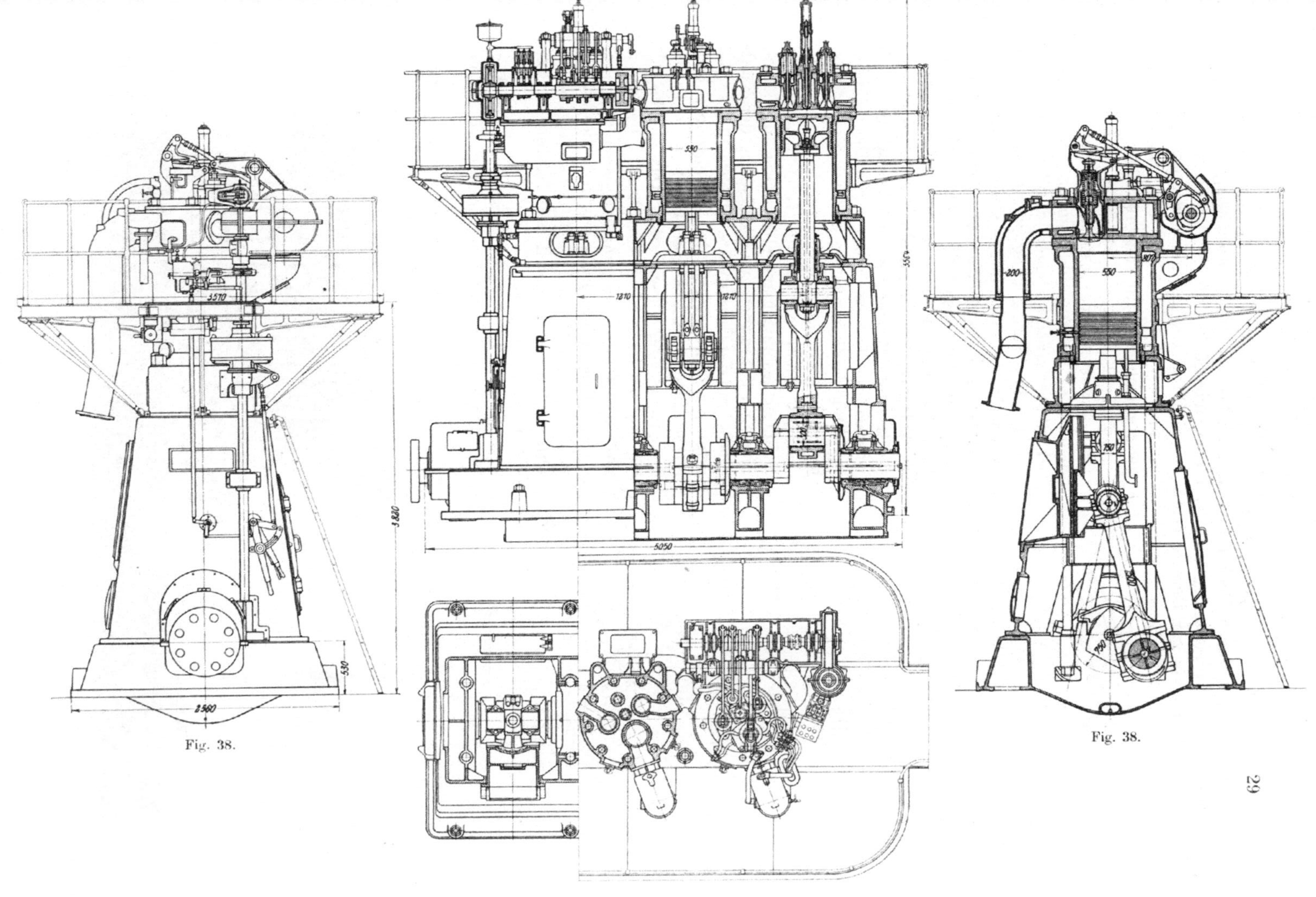
Fig. 38.
Fig. 38.

nach oben hin durch Deckel und Stopfbüchsen für die Kolbenstange abgedichtet.
Wie bereits früher angegeben, ist die Zylinderbüchse durch Flanschen geteilt, der
untere Teil kann zur Demontierung des Kolbens weggenommen werden, die durch
ein kleines, an einer Säule angebrachtes Hebe-
zeug erleichtert wird (Fig. 49).

Fig. 50 zeigt ein mit den Zylinderkühl-
mänteln zusammengegossenes Kastengestell, bei
dem alle *Materialanhäufungen, und daher
schädliche Gußspannungen, durch entsprechend
abgerundete Formgebung vermieden sind. Die
Wandstärke ist durchwegs gleich gewählt; die
elliptischen Zugangsöffnungen für den Kurbeltrieb sind hier gegen die Regel zwischen den
Zylindern angeordnet, um die Kräfte von den
Deckelschrauben unmittelbar auf die Grundplatte zu übertragen. Auch hier sind die Kühlwasserräume untereinander verbunden; die Zylinderbüchse dichtet gegen den Kühlraum unten
durch eingestemmte Bleiringe.

Manchmal werden die Kasten für jeden
Zylinder gesondert ausgeführt (Fig. 51). Auch
hier sind Schrauben zur Verbindung der Kühlmänteln mit der Grundplatte angebracht. Fig. 52
zeigt ein Kastengestell, das aus einzelnen gleichen Teilen zusammengeschraubt ist, nur die
Endstücke sind verschieden. Das gleiche gilt
für Fig. 53, eine neue Ausführung, bei der je
zwei Kühlmäntel zusammengegossen sind.

Bei kleinen Maschinen geschieht dies manchmal, wie bereits bei Fig. 40 erwähnt (Fig. 55,
56), auch werden Gestell und Laufbüchse aus
einem Stück gegossen.

Eine etwas andere Form zeigt die Ausführung Fig. 83, die jener in Fig. 31 ähnelt.

Fig. 40.

Bemerkenswert sind die stark ausgebildeten Flanschen für die Befestigung des Zylinderdeckels, wodurch Stiftschrauben, und wegen der Kürze merkliche Längenänderungen der Verbindungsbolzen vermieden werden. Bei leicht gebauten Schnellläufern benützt man·statt des Gußeisens auch Tiegelgußstahl oder Bronze für die Kurbelkästen.

Endlich werden von Sulzer auch Gestelle aus Stahlsäulen und Streben verwendet, bei denen zur unmittelbaren Aufnahme der Kolbenkräfte Grundplatte und Deckel nach dem Schema der Fig. 57 verbunden sind. Auch Fig. 4 zeigt die Anordnung von Stahlsäulen als Gestellgerüst; bei ihrer Konstruktion sind die bekannten, für Dampfmaschinen geltenden Regeln ebenfalls zu befolgen. Die Verbindungssäulen sind in allen Fällen so zu bemessen, daß ihre Dehnung für 1 m Länge nur einige Hundertstel von mm beträgt, was einer sehr niedrigen Rechnungs-

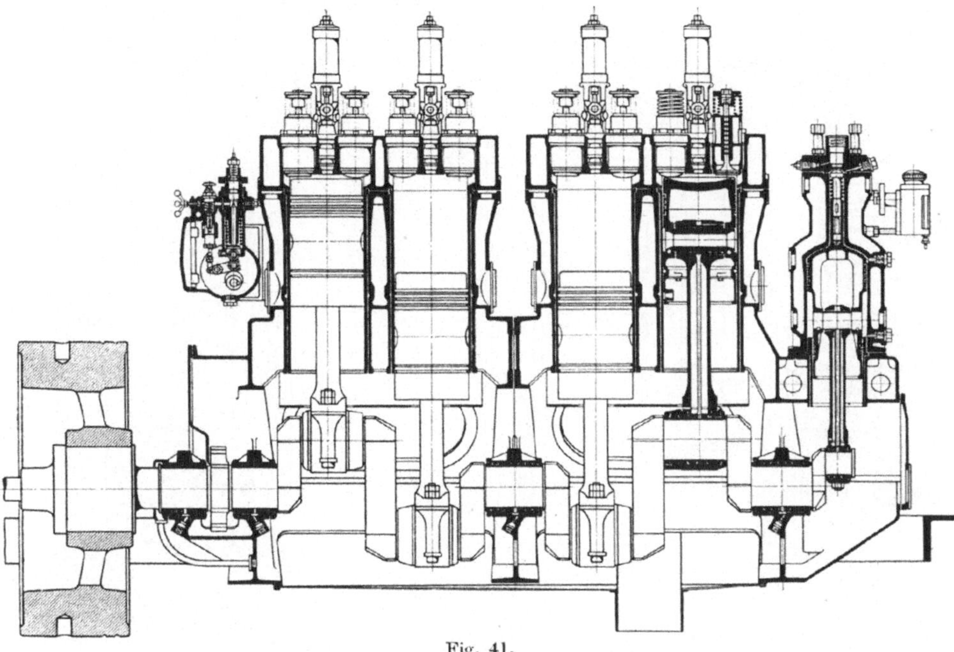

Fig. 41.

spannung von 200 bis 300 kg/cm² entspricht. Neben der Entlastung der gußeisernen Gestell- und Zylinderteile ist hier als Vorteil anzuführen, daß die Ständer verhältnismäßig kühl bleiben und daher die Formänderungen und die Verschiebung der Steuerwellen gering sind, um so mehr, als die Verschiebung der an den Zylindern angebrachten Teile nach abwärts stattfindet.

Das vom Kolben ablaufende Öl ist meist mehr oder weniger verbrannt und kann nicht wieder verwendet werden, es ist also möglichst sorgfältig vom Kurbel- und Lageröl getrennt zu halten, damit dieses nicht verunreinigt wird. Dies ist besonders bei geschlossenem Gestellkasten zu beachten, wenn Druckschmierung angewendet wird. Das vom Zylinder abfließende Öl kann manchmal als Zusatz zum Brennstoff noch ausgenutzt werden. Um aber doch einen Luftwechsel im Innern des Kurbelkastens zu erzielen und als Sicherung gegen Schmierölexplosionen sind stets Öffnungen frei zu lassen, oder mit gelochten Blechen zu decken. Statt dessen wird manchmal auch in eine Zweigleitung des Auspuffrohrs ein Strahlapparat

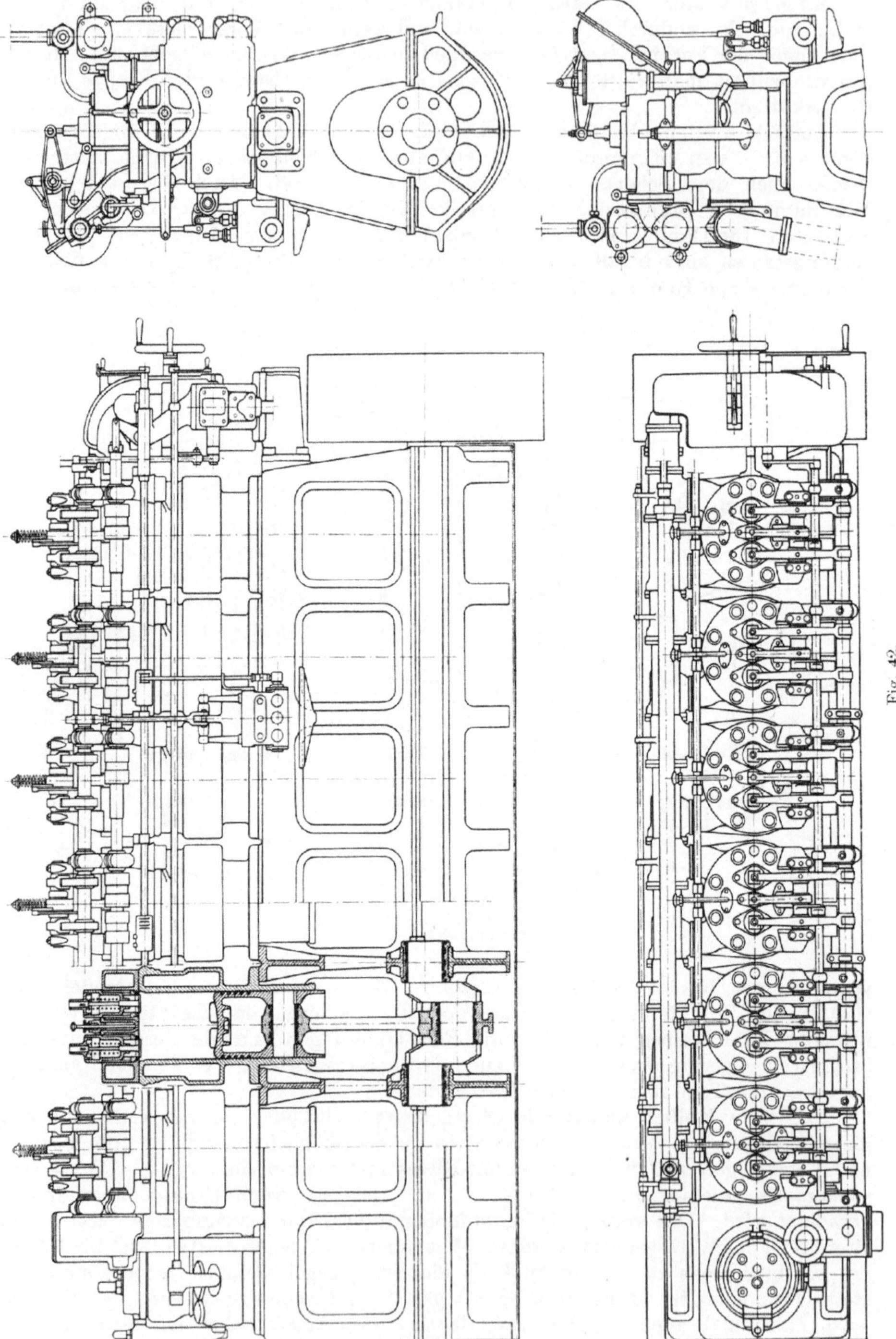

Fig. 42.

Fig. 43.

Fig. 44.

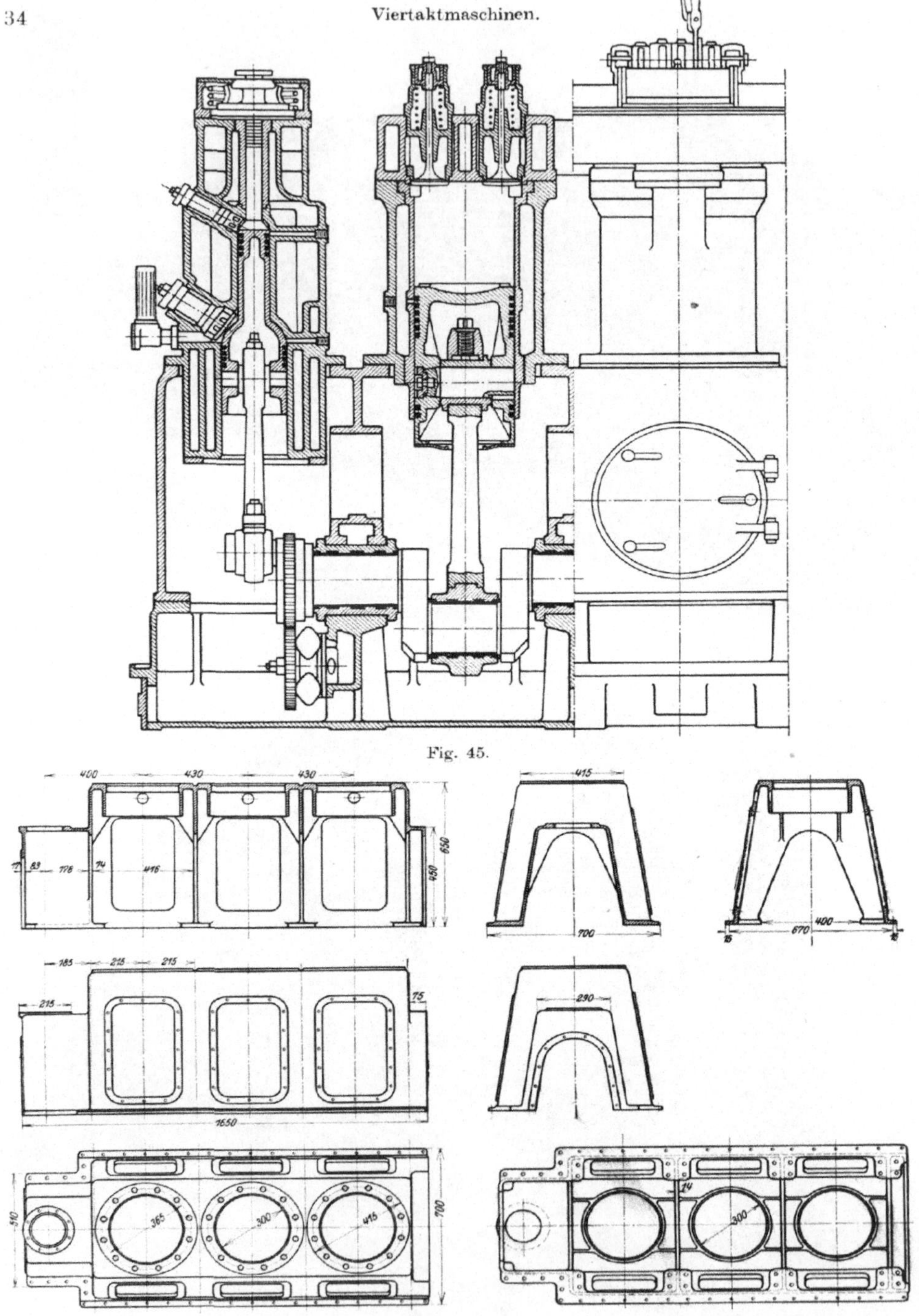

Fig. 45.

Fig. 46.

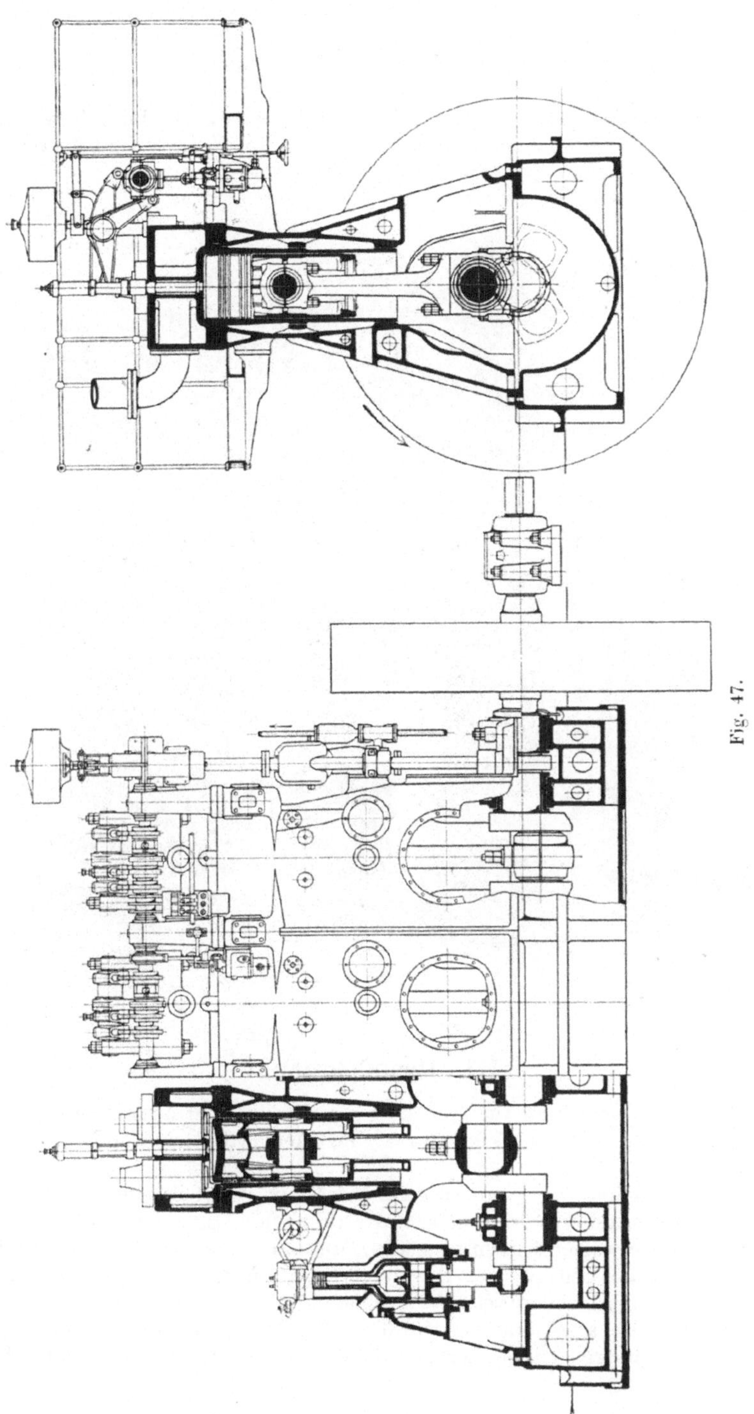

Fig. 47.

eingeschaltet, der die Luft aus dem Kasten absaugt, oder auch ein besonderes Kapselgebläse angebracht. Dann wird auch eine besonders im Gehäuse verteilte Saugleitung verwendet, die die gefährlichen Stellen bei den Plungern von Öldämpfen befreit. Diese Luft wird durch einen Ölabscheider und von da in das Auspuffrohr geführt.

Bei normalen Maschinen ist die Höhe von Wellenmitte bis Oberkante überschlägig etwa mit dem sechs bis sechseinhalbfachen des Hubes zu schätzen; letzterer Wert gilt für kleine, der erstere für größere Maschinen.

Fig. 48.

III. Grundplatten.

Die Normalkonstruktion für stehende Einzylinder-Viertaktmaschinen geht aus Fig. 58 hervor, oder auch aus Fig. 35 u. a., für Mehrzylindermaschinen aus Fig. 59, 10, 29 u. a.

Zur Konstruktion ist vorauszusetzen, daß die Kurbelwelle vollständig festgelegt ist. Zur Beurteilung des Querschnitts unter der Lagermitte diene, daß unter Vernachlässigung etwaiger Einwirkung des Fundamentmauerwerks und der Trägerkrümmung, sowie der Mithilfe der Ölwannen etwa eine Beanspruchung von 150 bis 200 kg/cm² für Gußeisen zuzulassen ist, wobei als Stützpunkte die Schwerpunkte der Ständerauflagflächen angenommen wurden. Bei Stahlguß oder Bronze ist diese Beanspruchung entsprechend höher zu wählen. Diese Berechnung kann natürlich nur zum Vergleich dienen, nicht aber Anspruch darauf machen, die wirkliche Materialbelastung auch nur annähernd darzustellen. Die Höhe der Querschnitte unter den Lagerschalen ist für den Entwurf etwa zwei- bis dreimal dem Wellendurchmesser anzunehmen; bei Schnellläufern findet man diesen Verhältniswert bis etwa 1·8.

Bei gewöhnlichen Ausführungen sind die Hauptlager aus Gußeisen und meist mit Weißmetall ausgegossen und als Ringschmierlager ausgebildet; ihre Konstruktion geht aus den Fig. 60 und 61 hervor. Aber auch Stahl- und Bronzeschalen mit Weißmetallausguß werden verwendet. Statt der kleinen Nuten zum Auffangen des aus den Lagern ausfließenden Schmieröls und statt der Bohrungen zu dessen Rückleitung in die Ölkammern werden besser große Ölschalen mit eingegossenen Öffnungen verwendet (Fig. 30).

Fig. 49.

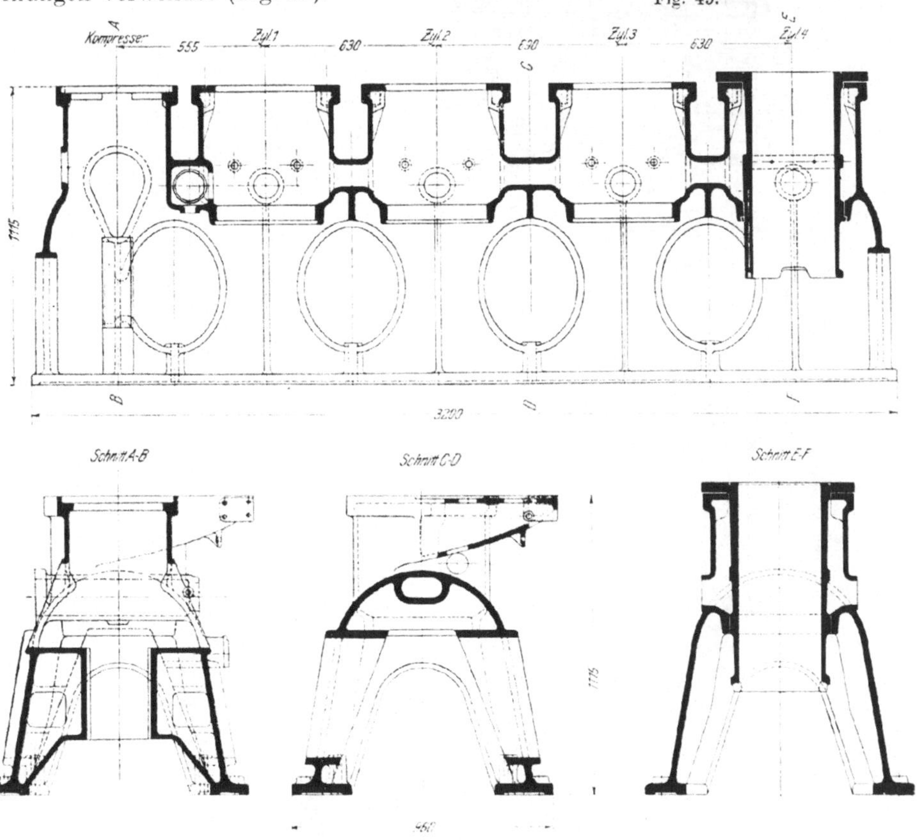

Fig. 50.

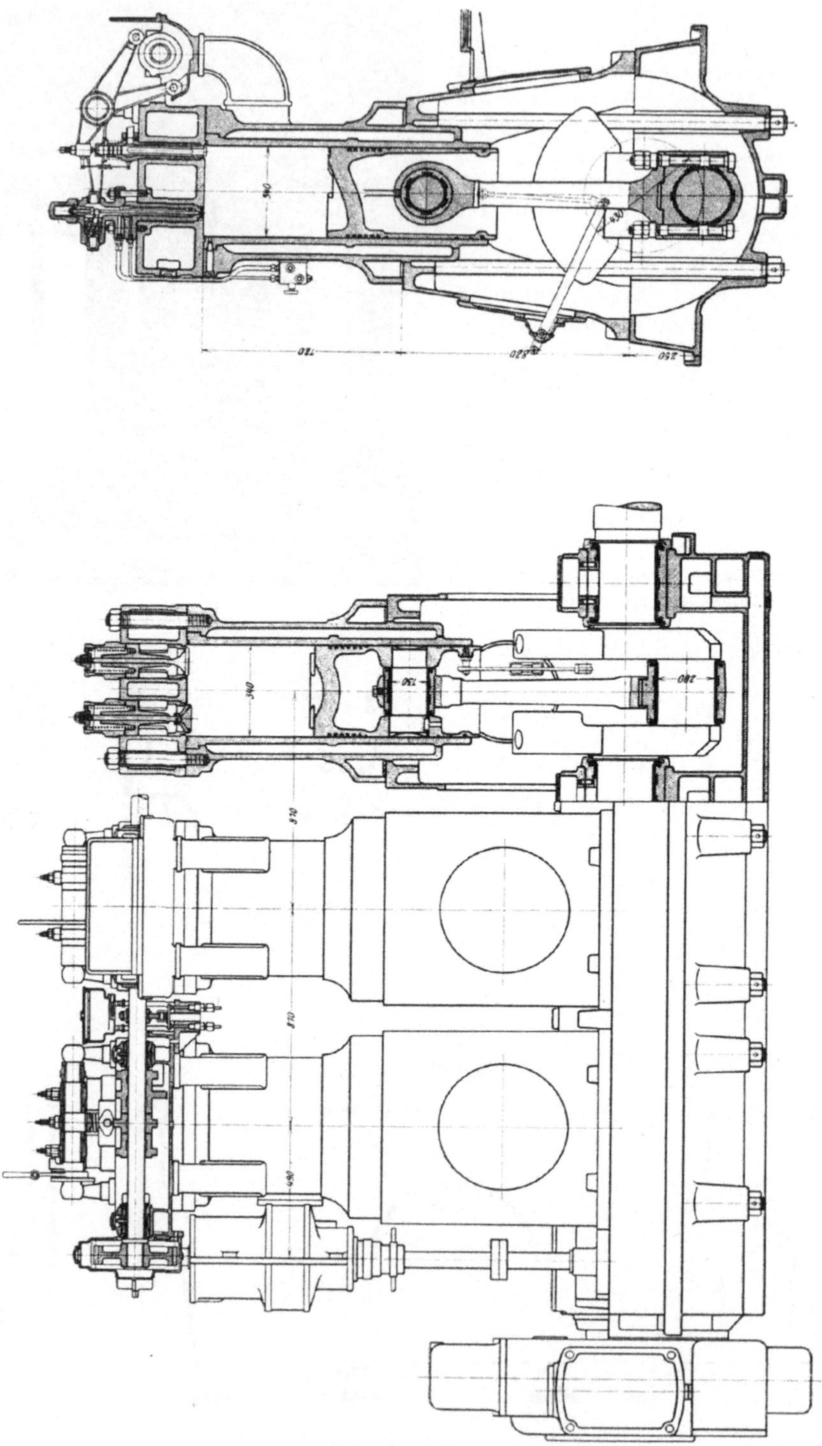

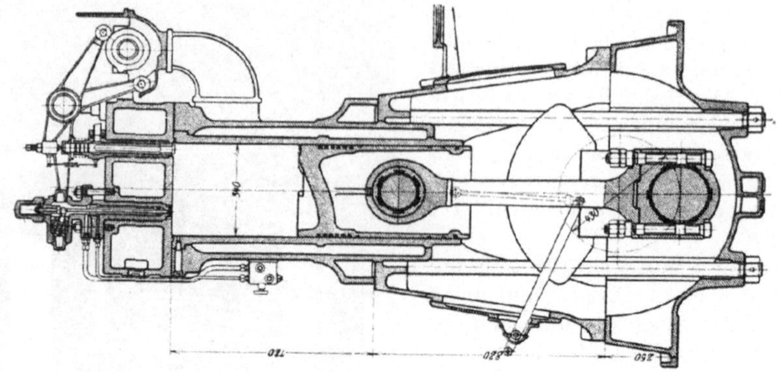

Fig. 51.

Bei stark beanspruchten Lagern wird häufig Druckschmierung angewendet. Auch kühlt man, um die entstehende Reibungswärme wirksam abzuführen, die unteren oder beide Lagerschalen mit Wasser, was meist durch eingegossene Wasserkanäle in der Grundplatte und in den Lagerdeckeln geschieht (Fig. 13, 38, 75), oder auch durch Kühlung mit Ansaugeluft, wobei die Lagerschalen auch aus Bronze oder Stahlguß bestehen, gewöhnlich aber mit Weißmetall ausgegossen sind. Es ist zu beachten, daß die Ausnehmungen für das Weißmetall in den Lagerschalen überall von der Gußhaut befreit werden und daß das Weißmetall gut anliegt, damit die Wärmeabfuhr gesichert ist. Die Lagerdeckel sind entweder in Hohlguß oder aus vollem Stahlguß, oder aus Bronze, bei Schiffsmaschinen auch aus Schmiedestahl hergestellt, bei großen und langen Lagern auch in der Länge zweiteilig. Die Beanspruchung im Falle ausbleibender Kompression durch den Verzögerungsdruck ist

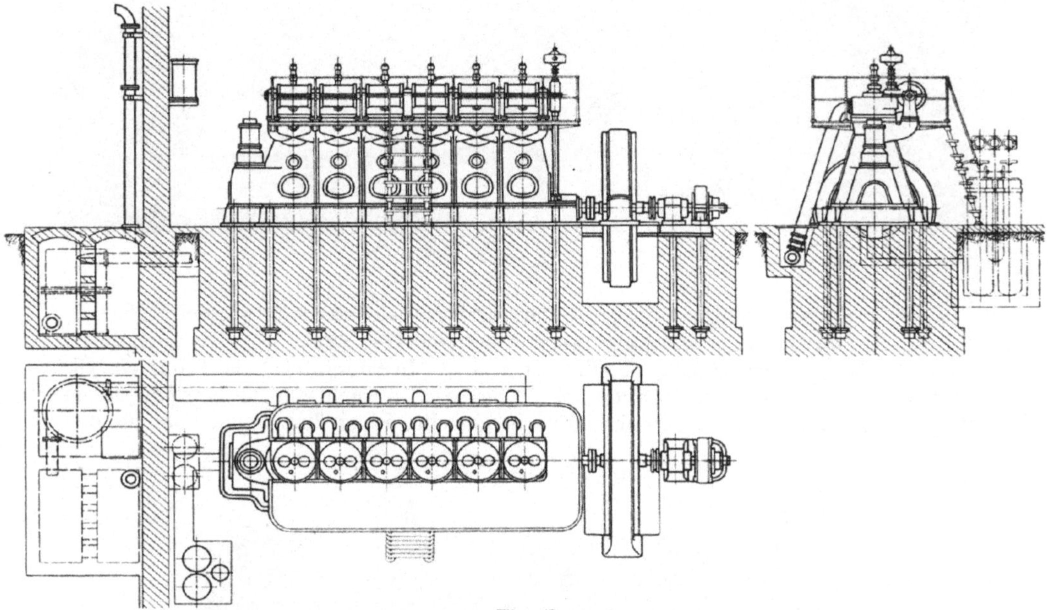

Fig. 52.

etwa mit 200 bis 250 kg/cm² für Gußeisen, 600 bis 700 kg/cm² für Stahlguß oder Bronze zu wählen. Manchmal werden die Deckel nicht mit besonderen Schalen ausgerüstet, sondern nur mit Weißmetall ausgegossen. Die unteren Lagerschalen sollen durch Herausdrehen ausnehmbar sein, sind also mit entsprechenden Stiften an der Teilungsfuge zu sichern. Zwischen den Lagerschalen liegen Messingpaßbleche.

Bei den meisten Konstruktionen findet man eines der außen liegenden Lager zur Aufnahme des Antriebschraubenrades für die stehende Steuerwelle der Länge nach geteilt (Fig. 62). Die Grundplatte hat dann auch unmittelbar das Spurlager für diese Welle aufzunehmen (Fig. 63, 366), und es werden besondere Lagerdeckel erforderlich. Fig. 18 zeigt ein als Kugellager ausgebildetes Spurlager.

Manchmal ist der Steuerungsantrieb auch der besseren Zugänglichkeit wegen außerhalb des Spurlagers angebracht (Fig. 64). Die Schmierung des Spurlagers geschieht meist ganz gesondert und auch der Ölablaß ist abgetrennt (Fig. 62). Jedenfalls ist der Ölstand in den beiden Teilen des betreffenden Ringschmierlagers durch ein Verbindungsrohr gleich zu halten. Dies kann vorteilhaft auch für alle Lager

Fig. 53.

geschehen, die Verbindung kann entweder durch Kanäle oder eingegossene Rohre erfolgen, die außerhalb der Ölwannen angeordnet sind (Fig. 58, 59, 66) oder auch durch eine besondere Rohrleitung (z. B. Fig. 24 u. a.). Hierdurch wird dann nur ein Ölstandszeiger für alle Lager erforderlich. Ebenso wird auch eine Verbindung des in den Wannen angesammelten Schmieröls hergestellt, wozu diese manchmal für den

Fig. 54.

besseren Ablaß etwas geneigt ausgeführt sind oder auch besondere vertiefte Öl-
sammelgefäße erhalten (Fig. 67, gehört zu Fig. 37). In dem gezeigten Falle besorgt ein Filtersieb die Reinigung des gebrauchten Öles.

Das Spurlager für die stehende Steuerwelle soll in der Grundplatte nicht zen-

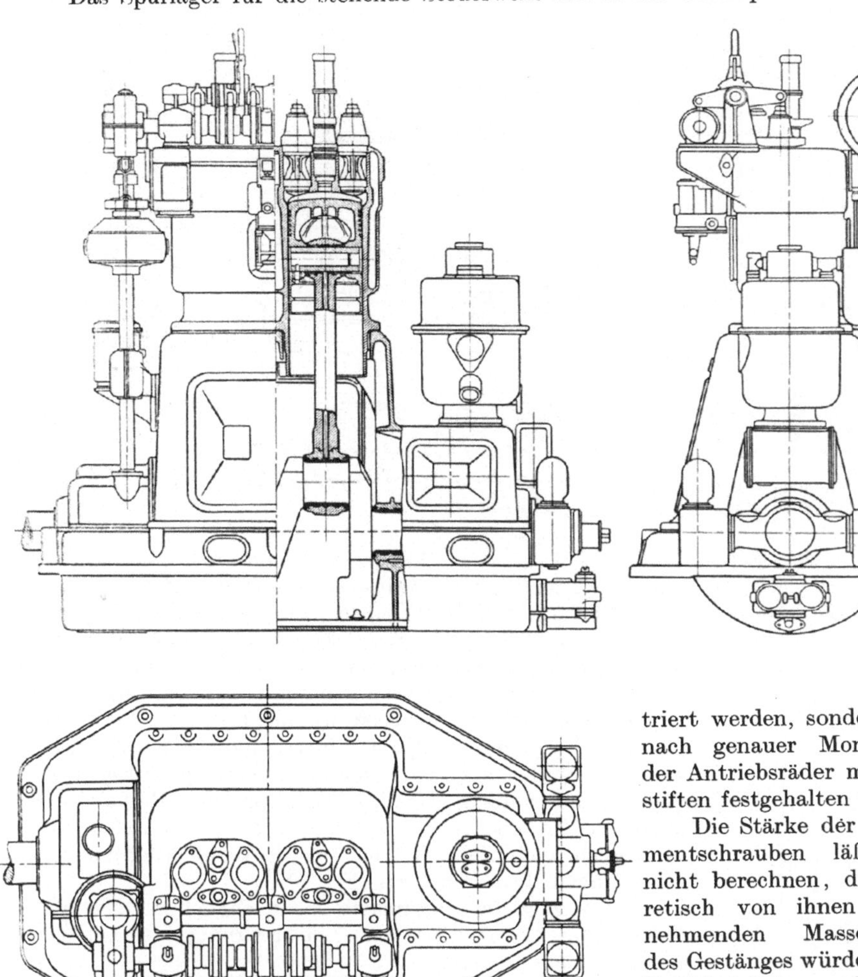

Fig. 55.

triert werden, sondern erst
nach genauer Montierung
der Antriebsräder mit Paßstiften festgehalten werden.

Die Stärke der Funda-
mentschrauben läßt sich
nicht berechnen, die theoretisch von ihnen aufzu-
nehmenden Massenkräfte
des Gestänges würden unter
Berücksichtigung des Ma-
schinengewichts und der
Reibungen viel zu ge-
ringe Abmessungen ergeben.

Rechnet man vergleichsweise die volle Kolbenkraft als Zug, so ergibt sich nach
guten Ausführungen eine Beanspruchung von 500 bis 800 kg/cm² für den Kerndurchmesser.

Die Butzen für die Muttern sind vorteilhaft bis zur Höhe der Anpaßflächen
der Ständer zu führen, um die Bearbeitung zu vereinfachen und mehr Platz für
das Anziehen der Muttern zwischen den Ständerfüßen zu gewinnen. Die Höhe
dieser Anpaßflächen kann manchmal aus denselben Gründen so hoch genommen
werden, wie die oberen Arbeitsflächen des Lagers (Fig. 65), häufig kann aber aus

konstruktiven Rücksichten dieser Vorteil nicht erreicht werden. Einfache Bearbeitung bietet auch die Grundplatte Fig. 67, obzwar hier die Fundamentschraubenbutzen tiefer gelegt sind. Die Füße passen im Guß nicht leicht genau mit den Anpässen der Grundplatte zusammen, daher werden die betreffenden Teile oft nach

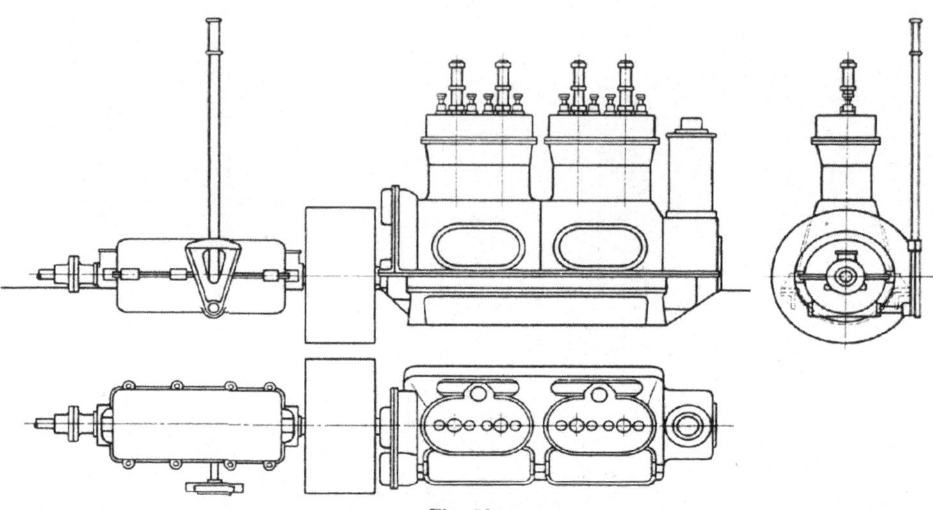

Fig. 56.

Fig. 68 oder 69 ausgeführt, um nachträgliche Bearbeitung mit der Hand zu vermeiden. Die Verbindung geschieht mit Stiftschrauben oder auch mit Bolzen und zwei Muttern (Fig. 35). Die Beanspruchung der Schrauben, bezogen auf den vollen Kolbendruck und den Kerndurchmesser, beträgt etwa 200 bis 350 kg/cm².

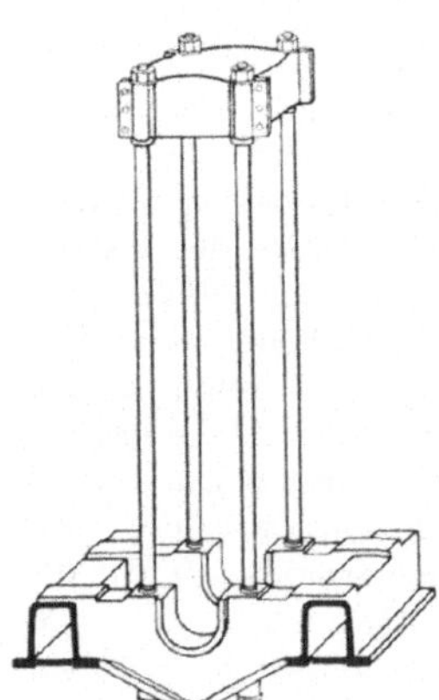

An der Unterseite der Grundplatte werden manchmal Leisten zur besseren Bearbeitung angebracht, derart, daß dieser Teil an den Arbeitsmaschinen genau befestigt werden kann, gewöhnlich auch ein Ölrand zum Auffangen abspritzenden Öls und zum Schutz des Zementputzes. Deshalb sind auch alle Kernlöcher im Boden gut zu verschrauben und womöglich auch die Stiftlöcher für die Verbindung mit dem Gestell nicht durchzubohren (Fig. 10).

Fig. 70 zeigt die Grundplatte eines leicht gebauten Schnellläufers, Fig. 258 die Verbindung einer Grundplatte mit dem Rahmen eines Generators.

Bei sehr großen Ausführungen, wo die Herstellung der Gußstücke in der Gießerei oder die Bearbeitung derselben Schwierigkeiten machen würden, werden die Grundplatten auch der Länge nach geteilt und die Teile durch Flanschen und Schrauben miteinander verbunden. Wo je zwei Zylinder in einem gemeinsamen Kühlmantel untergebracht sind, also

Fig. 57.

sehr nahe aneinanderliegen, können die Wellen zwischen je zwei Lagern doppelt gekröpft sein, wodurch die Mittellager erspart werden.

Für liegende Maschinen werden durchwegs Grundplatten mit zwei Lagern für gekröpfte Wellen benutzt, die genau so ausgebildet werden, wie für Gasmaschinen, so daß gegebenenfalls die gleichen Modelle verwendet werden können. Fig. 71 zeigt eine solche voll aufliegende Grundplatte mit Ringschmierlagern im Detail. Sie enthält den angegossenen Kühlmantel mit den Bohrungen für die Zylinderbüchse. Ebenso stellt Fig. 19 eine solche Grundplatte dar. Sie zeigt an der Oberseite des Kühlmantels eine große Öffnung mit Flanschen für die etwaige Anbringung eines Verdampfungskühlers. Fig. 72 zeigt endlich die Ansichten einer Grundplatte für Mehrzylindermaschinen mit einer Verschalung zum Auffangen des vom Gestänge abspritzenden Öls und der Anordnung der Steuerung und des Kompressors, für die entsprechende Angüsse anzubringen sind. Bei Fig. 73 ist die Büchse mehrfach gestützt.

Die Fig. 21, 22 und 220 stellen Grundplatten für doppeltwirkende Maschinen dar und zwar einmal mit gekühlter Tischführung oder mit Rundführung.

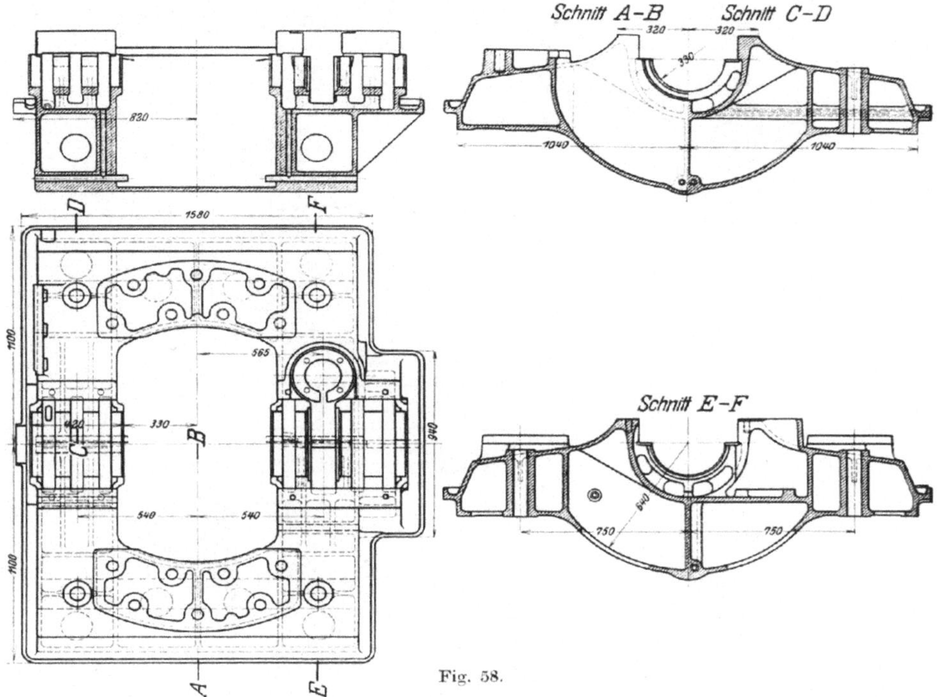

Fig. 58.

Häufig erfolgt das Ansaugen der Verbrennungsluft durch die Hohlräume der Grundplatte hindurch (Fig. 74), wodurch das Geräusch beim Durchtritt der Luft nicht so merklich wird. Dadurch wird auch verhindert, daß Öldämpfe in das Maschinenhaus austreten und im Kolbeninnern tritt durch die fortwährende Lufterneuerung auch eine gewisse Kühlung ein.

Zur Abhaltung des verbrauchten Zylinderöls von dem von der Kurbel abspritzenden Schmieröl, das nach entsprechender Reinigung wieder verwendet werden kann, dient eine Querrippe, vor der sich das verbrannte Öl ansammelt und wo es gesondert abgeleitet werden kann.

Zur Auflage der Schubstange bei Öffnung des Kurbelkopfes dienen Pfosten, die in besondere Falze eingelegt werden können (Fig. 71, 100).

Die Wasserführung in den Kühlmänteln wird manchmal durch Rippen gesichert. Auch wird für die Arbeitszylinder Verdampfungskühlung verwendet, die

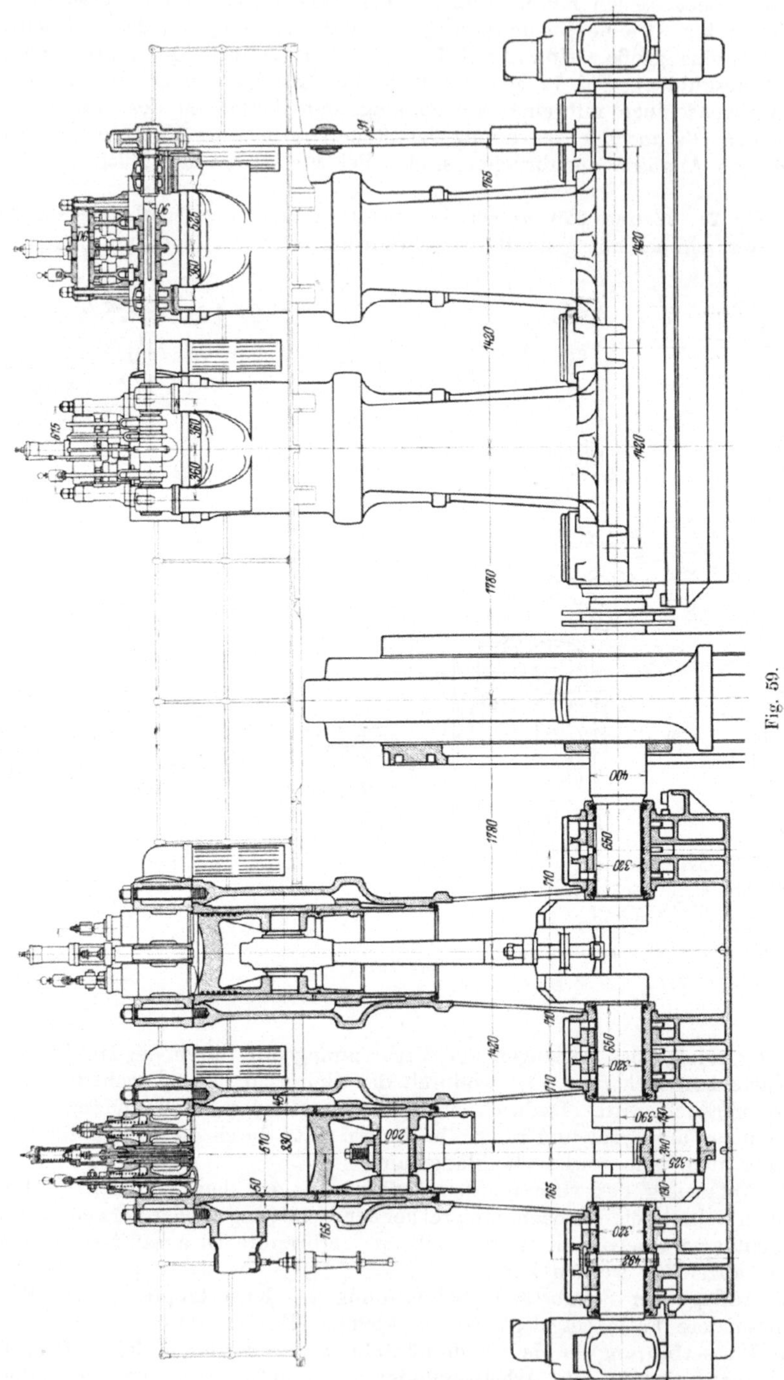

Fig. 59.

aber mit Durchflußkühlung für die Luftverdichter verbunden sein muß, da für
diese die Verdampfungskühlung wegen zu geringer Temperaturunterschiede nicht
ausreicht. Das Abflußrohr für das Kühlwasser des Kompressors wird in den unteren Teil des Zylindermantels geführt, wobei die Wassertemperatur an dieser Stelle

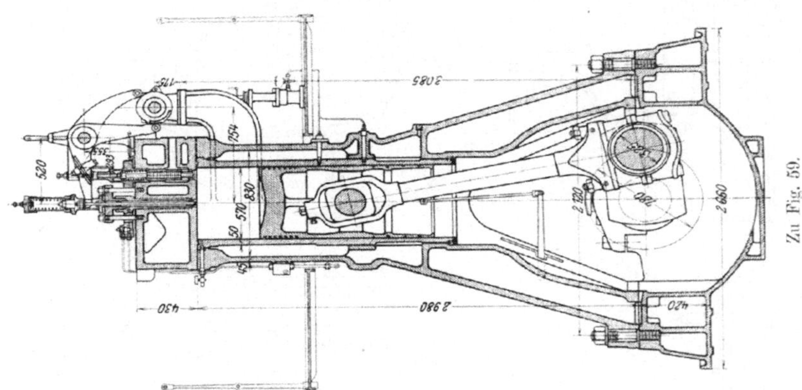

bis 40° C zugelassen werden kann. Vom Kühlmantel des Arbeitszylinders fließt
dabei noch ein Teil des Kühlwassers ab, da nicht die ganze Menge verdampft wird.
Auf diese Weise wird jedoch das ganze verwendete Wasser teils bis 100° C erwärmt,
teils verdampft, es ergibt sich demnach die größtmögliche Wasserersparnis bei noch

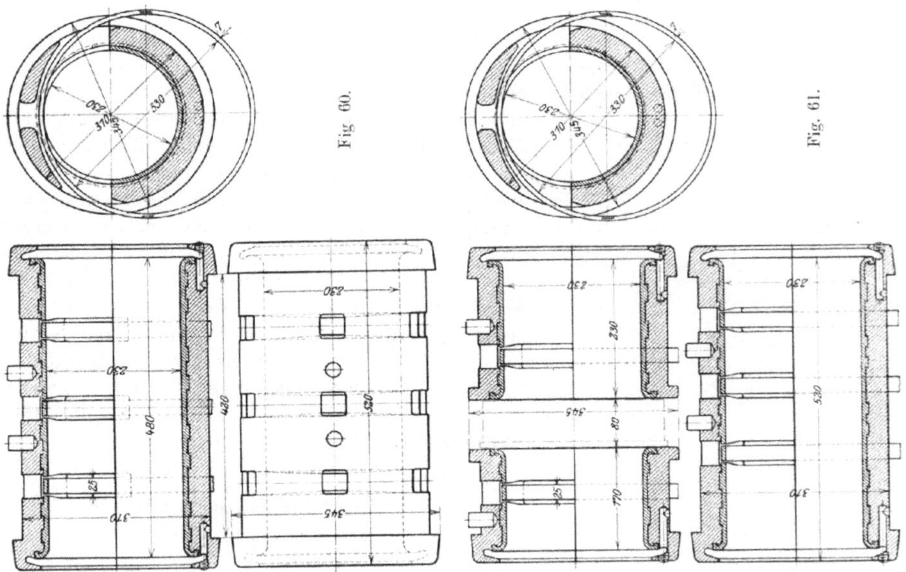

ausreichender Wärmeabfuhr. Man hat allerdings auch versucht, die überschüssige,
gekühlte Verdichterluft unter Ausdehnung zur Kühlung heranzuziehen (Daimler).

Bei der Lagerung der Grundplatte ist stets auf die Wärmeausdehnung Rücksicht zu nehmen. Dies ist besonders dort der Fall, wo die Zylinder außer in der

Grundplatte noch auf besonderen Füßen aufruhen. Diese müssen die Längsverschiebung gestatten und derart angebracht sein, daß sich die Zylinderachse möglichst wenig in vertikaler Richtung verschiebt. Es empfiehlt sich daher, den der

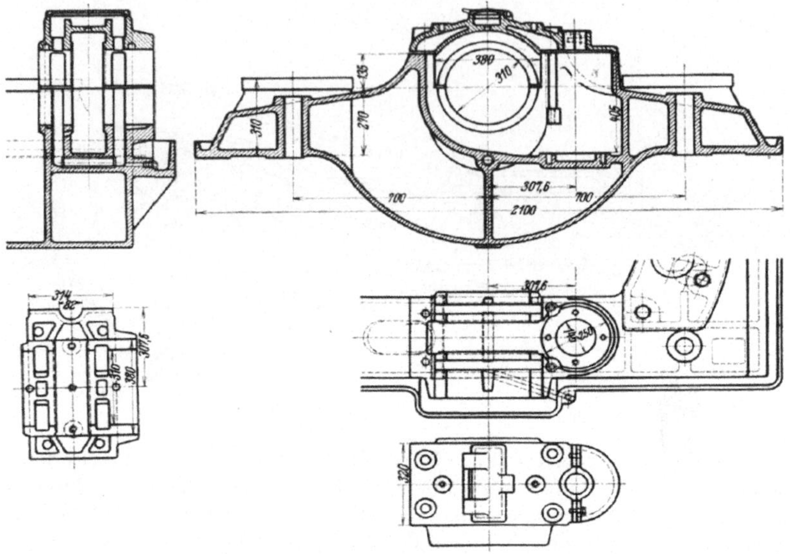

Fig. 62.

Wärmeausdehnung am stärksten unterliegenden Zylinder auf dem infolge der geringen Erwärmung sich weniger ausdehnenden Fuß nicht aufruhen zu lassen, sondern ihn in einem Zahn desselben aufzuhängen.

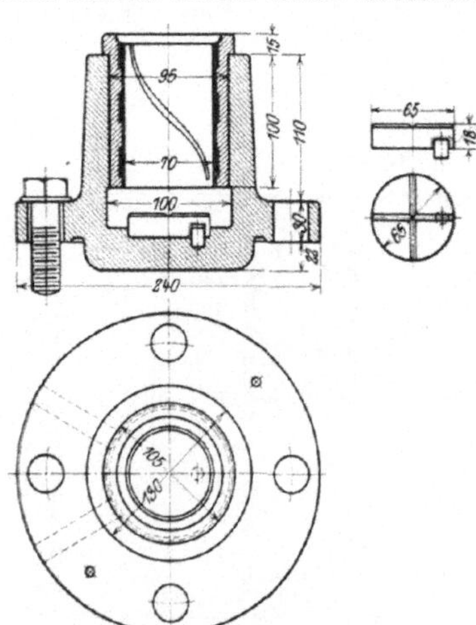

Fig. 63.

Die Kurbelwannen für stehende oder liegende Maschinen können als Kühlgefäße für das Öl unmittelbar verwendet werden, indem man Kühlwasser durch eingebaute Rohrschlangen sendet. Insbesondere wo Druckschmierung verwendet wird, ist dieser Vorgang anwendbar. Oft werden auch die Ölfilter in den Ölmulden untergebracht. Diese sind jedenfalls mit gutem Anstrich zu versehen, um das Durchsickern von Öl zu verhindern. Bei Schiffsmaschinen kann man auf Ölmulden unter den Lagerungen verzichten, wenn man das Maschinenfundament selbst als Ölbehälter ausführt (Fig. 75).

IV. Der Verbrennungsraum.

Der Verbrennungs- bzw. Verdichtungsraum wird von den Enden der Zylinderbüchse und den Böden des Kolbens und Zylinderdeckels umschlossen. Die Größe desselben ist dadurch begrenzt, daß die bei der Verdichtung der Arbeitsluft entstehende Endtemperatur für die Selbstzündung des eingespritzten Petroleums ausreichen muß; diese Temperatur hängt im wesentlichen vom Kompressionsverhältnis und der Wirksamkeit der Kühlung der Wände auf die Arbeitsluft ab, während die Selbstzündung von der Art und Zusammensetzung des Brennstoffs und der Vollkommenheit der Zerstäubung bestimmt wird. Hierbei sind noch andere Umstände mitwirkend. Die Kompressionsendtemperatur steigt beträchtlich mit der Anfangstemperatur der Ansaugeluft und wegen des Einflusses der Verdichtungszeit auf die Kühlung auch mit der Umlaufzahl der Maschine. Sie ist auch an verschiedenen Stellen des Verdichtungsraumes verschieden, wenn nicht starke Wirbelungen vorhanden sind, da dann der Kern dieses Raumes nicht merklich gekühlt wird und auch, weil schon beim Eintritt der Luft die an heißen Wänden vorüberstreichenden Teile höhere Temperaturen annehmen. Es wäre demnach erwünscht, diese wärmeren Partien in den Kern des Verdichtungsraumes zu bringen und hier auch die Einspritzung zu bewirken. Die Einwirkung der Wasserkühlung auf die Verbrennungsluft ist natürlich bei großen Zylindern kleiner, weil hier das Verhältnis des Volumens zur Oberfläche größer ist. Auch die Undichtheiten des Kolbens spielen hier eine Rolle. Man wird demnach bei großen Maschinen und solchen mit verhältnismäßig langem Hub, d. h. bei gleicher Drehzahl mit hoher Kolbengeschwindigkeit, ein kleineres Verdichtungsverhältnis nötig haben als bei kleinen Maschinen und kleinem Hub. Es ist zu beachten, daß die Selbstzündung schon nach wenigen Hüben, also in der noch kalten Maschine erfolgen muß, worauf besonders bei schwer entzündlichen Ölen Rücksicht zu nehmen ist.

Die Erhöhung der Ansaugelufttemperatur etwa durch Heizung von den Abgasen ist im allgemeinen nur in geringem Grade anwendbar, weil damit das angesaugte Luftgewicht und die Leistungsfähigkeit der Ma-

Fig. 64.

schine sinken müssen[1]), wenn auch wegen des vielleicht geringer notwendigen Luftüberschusses nicht im vollen Maß. Demgegenüber muß die selbsttätig regelnde Erwärmung der Arbeitsluft, die für die größte Leistung verschwindet, für kleinere Belastungen vorteilhaft sein, ohne die größte zu vermindern (Pat. Reichenbach, Nr. 126 402; Z. d. V. d. I. 1902).

Naturgemäß vermindert sich diese größte Leistungsfähigkeit auch mit dem Druck der Ansaugeluft, also auch mit dem Barometerstand und der Meereshöhe, vielleicht auch hier nicht im vollen Maße.

Übermäßige Erhöhung des Verdichtungsdruckes ist demgegenüber auch zu vermeiden, weil sie die Abmessungen des Gestänges vergrößert, ohne in gleichem Maße

---

[1]) Vgl. Nougier, Génie Civil 1912, Nr. 17; Gasmotorentechnik 1912, S. 34.

auch die Leistung zu erhöhen. Zur Ausnutzung der Zylinderwandstärken und des
Gestängegewichts und auch zur Erzielung gleichmäßigen Ganges ist ein großes
Verhältnis zwischen mittlerem und größtem Kolbendruck erwünscht. Endlich ist
zu beachten, daß die an das Kühlwasser abgegebene Wärmemenge um so schädlicher auf den Wirkungsgrad Einfluß nimmt, bei je höherer
Temperatur diese Wärme abgegeben wird. Es ist also nicht
allein wegen des bei der Verbrennung größten Temperatur-
unterschiedes und Druckes an sich, sondern auch mit Rücksicht auf die dann ungünstigste Art des Wärmeverlustes
richtig, die Oberfläche des Verbrennungsraumes im Verhältnis
zu seinem Inhalt so klein als möglich zu machen,
was einen gegen den Kolbendurchmesser verhältnismäßig großen Kolbenhub erfordern
würde, wenn man am Kolbenboden gleiche
Wärmeabfuhrverhältnisse annimmt wie beim
Deckel und den Seitenwänden.

Als Konstruktionsregeln ergeben sich demnach: möglichste Kon-
zentration des Verdich-
tungsraumes und mög-
lichst gute Zerstäubung,
sowie Einspritzung an
der heißesten Stelle des
Raumes, Vermeidung von
Undichtheit des Kolbens,
unbedingt dichtes Brenn-
stoffventil, damit keine
kalte Druckluft nach-
strömen kann. Es ist
ungünstig, den Strahl des
eingespritzten Brennstof-
fes auf eine gekühlte Wand
auftreffen zu lassen, da
er sich dort niederschlägt
und schlecht verbrennt.
Ungekühlte Wände, die
vom Brennstoff getroffen
werden, erhitzen sich
hingegen außerordentlich
stark.

Wirbelungen wäh-
rend der Verdichtung sind
aus dem Grunde für die
Erzeugung hoher End-
temperaturen schädlich,
weil sie den Wärmeüber-

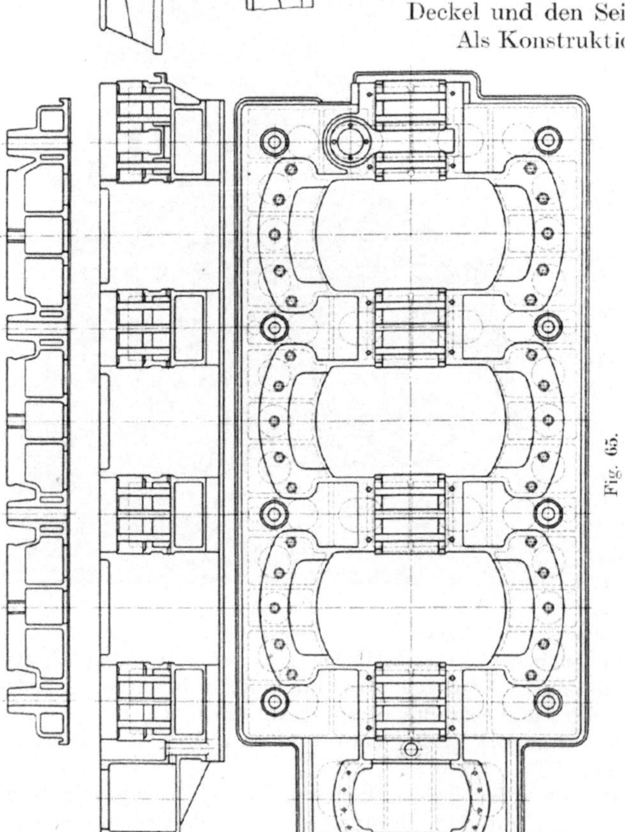

gang an die Zylinderwände beträchtlich erhöhen[1]), und auch wegen der Temperatur-
ausgleichung durch Mischung. Es sollte daher die Luftzuführung in den Zylinder
möglichst ruhig erfolgen, was freilich infolge der Beschleunigungen des Kolbens
wieder teilweise illusorisch werden dürfte. Dementgegen bewirkt die Wirbelung

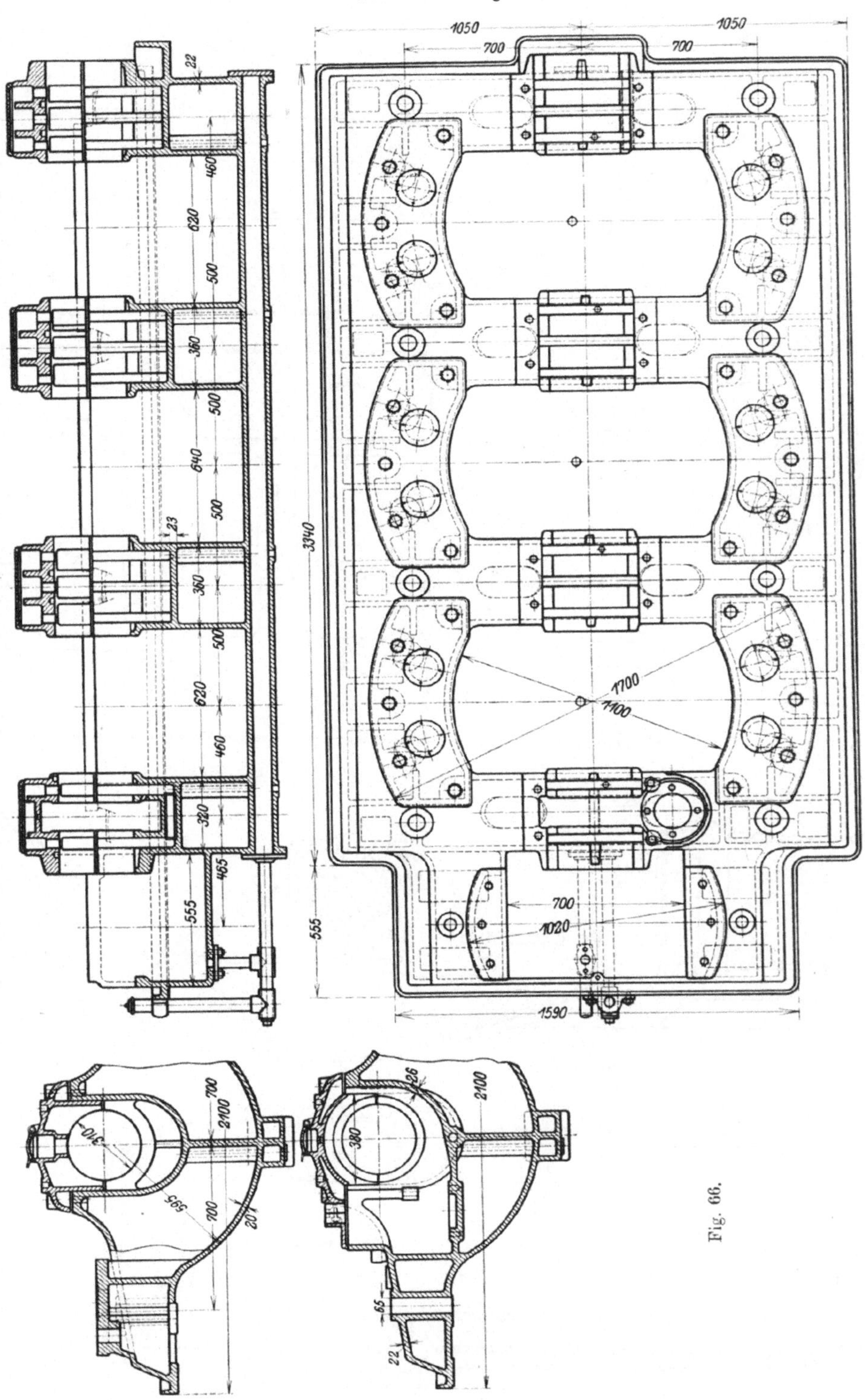

Fig. 66.

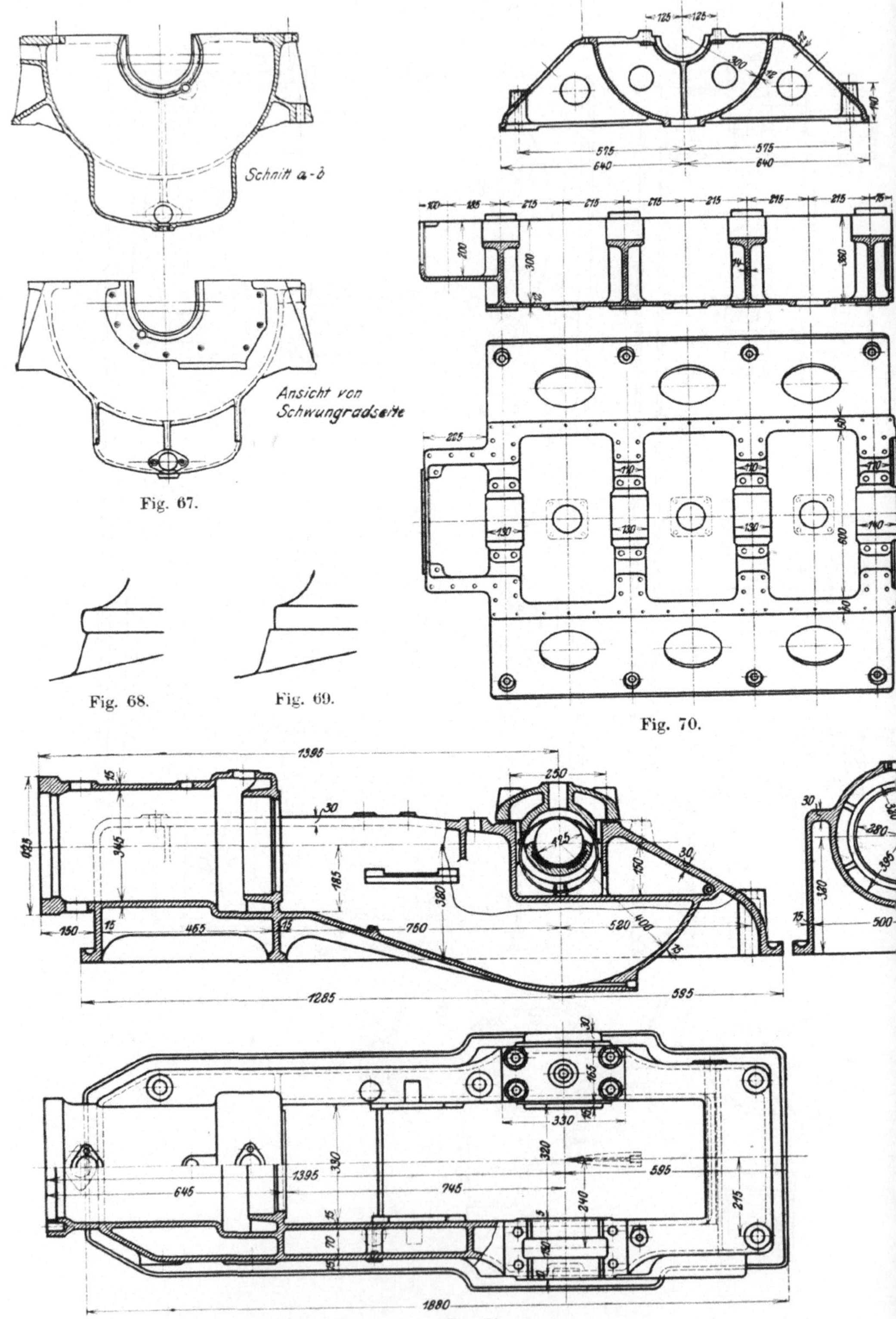
Schnitt a-b
Ansicht von
Schwungradseite
Fig. 67.
Fig. 68.
Fig. 69.
Fig. 70.
Fig. 71.

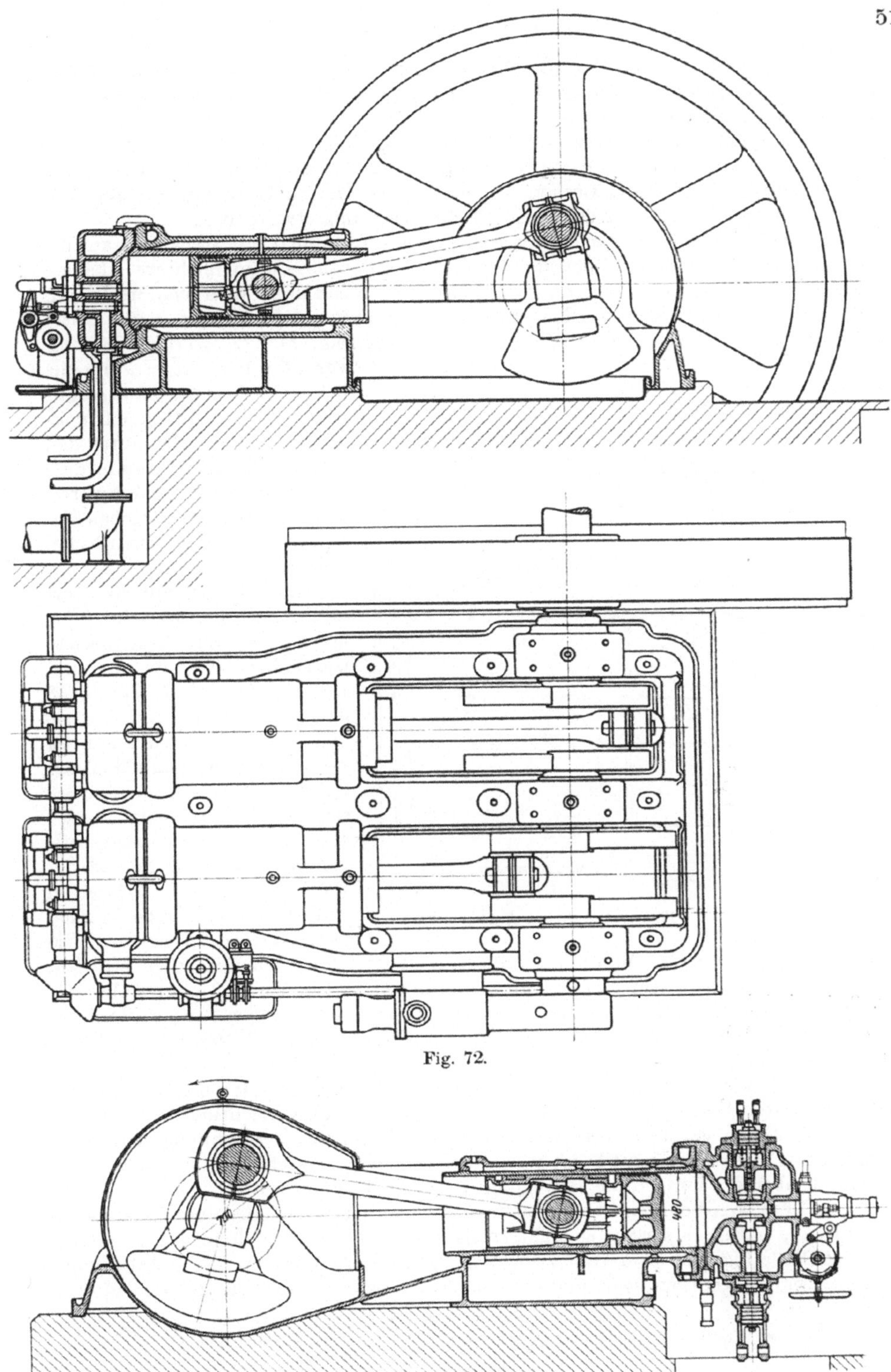

Fig. 72.

Fig. 73.

während der Verbrennung, daß die Öltropfen stets mit neuen Sauerstoffteilen umgeben sind, wirkt also hier fördernd mit, ebenso auch durch die rasche Durchsetzung des ganzen Raumes mit Brennstoffteilchen.

Die zur Entzündung notwendige Temperatur dürfte etwa 500 bis 800° C betragen und demgemäß der Kompressionsenddruck 32 bis 35 at. Die Größe des Verdichtungsraumes wird zwischen $6^{1}/_{2}$ und $8^{1}/_{2}$ v. H. des Hubvolumens gewählt, im Mittel bei Zylindern für 50 bis 60 PS Leistung mit etwa 8 v. H.

Bei größeren Zylinderabmessungen sieht man manchmal mit Rücksicht auf die gleichmäßige Zerstäubung über den ganzen Verdichtungsraum mehrere kleinere statt eines gemeinsamen Verbrennungsraumes vor, so daß dann auch mehrere Brennstoffventile so angeordnet werden, daß sie den Brennstoff möglichst in die Mitte dieser Räume bringen. Eine Ausführung dieser Art zeigt Fig. 22, wo die Einspritzventile schräg liegen, um die beiden Verbrennungsräume gut zu bestreichen. Etwaige Druckunterschiede werden durch den scheibenförmigen Raum ausgeglichen, der beim Vorwärtsgang des Kolbens zwischen diesem und dem Zylinderdeckel sich bildet[1]).

Es sei hier auf die verschiedenen Formen der Verbrennungsräume hingewiesen, wie sie bei ebenen Kolben- und Deckelböden, z. B. Fig. 2, 18 u. a., entstehen, und wie sie dann bei konkav oder konvex gekrümmten Kolbenböden ausfallen, Fig. 1, 4 u. a., wie sie sich endlich bei seitlich oder schräg gestellten Brennstoffventilen gestalten, Fig. 22, 51, 135. Die Fig. 143, 207 zeigen endlich die Formen bei seitlich angeordneten Ventilen, die Fig. 8, 73 bei liegenden Maschinen mit vertikal und zentrisch liegenden Ventilen. Eine besondere und sehr vorteilhafte Anordnung ist in Fig. 138 dargestellt, wo die schräg nebeneinanderliegenden Ventile eine sehr konzentrierte Form des Verbrennungsraumes gestatten und der Brennstoff gut in die Mitte desselben eingespritzt werden kann.

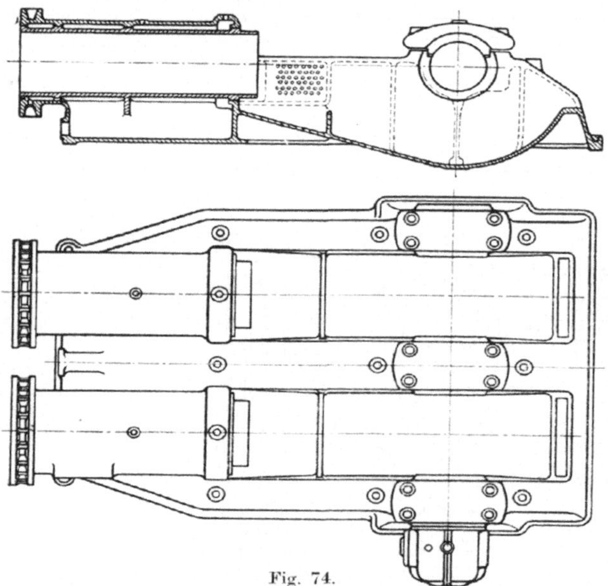

Fig. 74.

Die liegende Bauart der Motoren hat gegenüber der stehenden den Vorteil, daß an der tiefsten Stelle des Verbrennungsraumes eine Ablaßvorrichtung für Verbrennungsrückstände vorgesehen werden kann. Die Form des Verbrennungsraumes ist ungünstiger, wenn die Ventile nicht wie bei stehenden Maschinen angeordnet sind, wodurch aber die horizontale Bewegung derselben bedingt wird.

An Bord von Schiffen verwendet man für die Arbeitszylinder auch Sicherheitsventile, die natürlich sorgfältig dicht zu halten sind, sich aber dann gut bewähren.

Im Falle Fig. 143 ist darauf zu achten, daß der größte Teil des Verbrennungsraumes an den Ventilen liegt, und der Spielraum zwischen Kolben und Deckel klein

---

[1]) Vgl. Pat. Nr. 219 919. S. Barth, Düsseldorf, Z. d. V. d. I. 1911, S. 160.

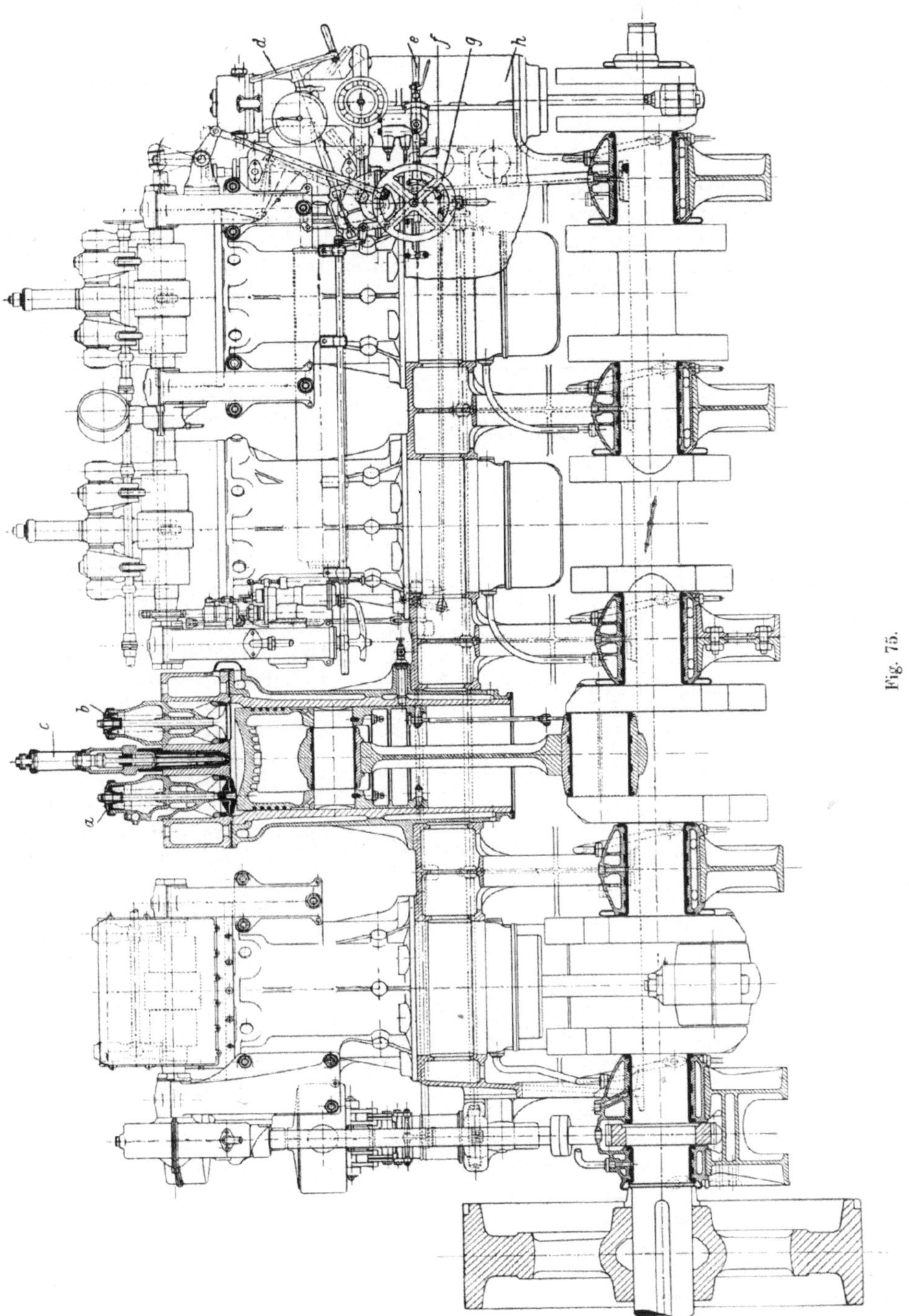

Fig. 75.

bleibt, so daß dadurch die erwünschte Konzentration des Verdichtungsraumes erhalten bleibt.

Wird der Spielraum aber gar zu klein, so ist die Gefahr des Ölschlags vorhanden, wenn Öl während des Stillstands der Maschine in den Zylinder eintreten kann.

V. Kolben.

Die Konstruktion der Arbeitskolben ist natürlich für Maschinen mit oder ohne besondere Kreuzkopfführung verschieden, ebenso für einfach- oder doppeltwirkende Zylinder. Der Kolbenboden wird eben (Fig. 18) oder konkav ausgebildet, um eine günstige Form des Verbrennungsraumes zu erhalten (Fig. 10, 76), oder auch mit einer mittleren Spitze (Fig. 77), die manchmal durch einen Stahleinsatz gebildet wird.

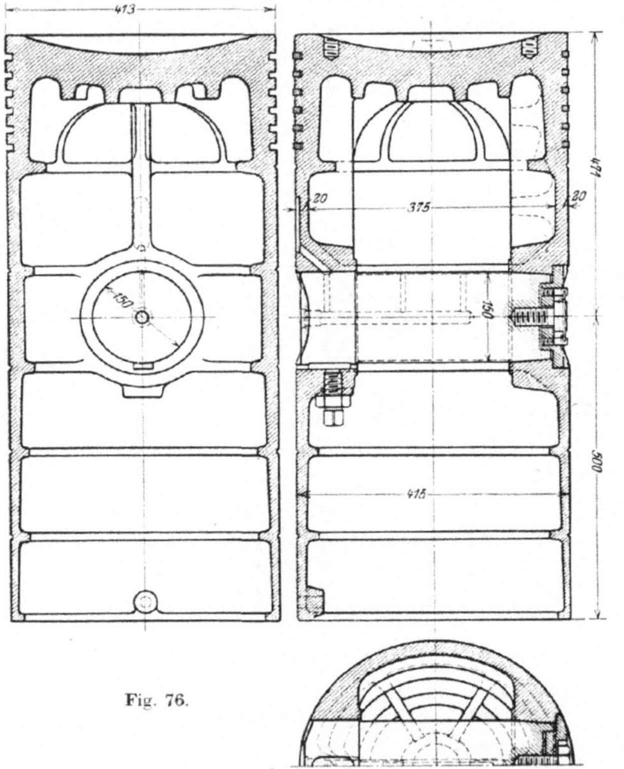

Fig. 76.

Auch nach außen gewölbte Kolben kommen vor (Fig. 3). Für die freie Beweglichkeit der im Deckel angeordneten Ventile sind manchmal im Kolben entsprechende Aussparungen anzubringen.

Bei einfach wirkenden Normalmaschinen bis zu etwa 500 mm Bohrung ist keine besondere Kolbenkühlung vorgesehen, der Kolben wird sehr heiß und leicht zerstörbar. Um ihn einigermaßen kühl zu halten, werden gewöhnlich Rippen im Innern des Tauchkolbens angebracht, manchmal hat man auch besondere auswechselbare Bodeneinsätze aus Stahl angebracht, die in verschiedener Weise, z.B. mittels Bajonettverschluß oder Bügel, festgehalten werden (Fig. 78, 79, 100). Größere Kolbenlängen vergrößern die Oberfläche und erleichtern infolgedessen die Kühlung.

Bis etwa zu Größen von 80 bis 100 PS in einem Zylinder werden bei Normalläufern meist einteilige Kolben verwendet, oft auch bis zu viel größeren Einheiten. Darüber hinaus oder bei schnellgehenden Maschinen werden die eigentlichen Kolbenkörper von den Kreuzkopfführungen getrennt (Fig. 80). Die Flanschenschrauben sind meist im Kolbenkörper befestigte Stifte, die Muttern entweder innen (Fig. 80), oder in äußeren, gut zugänglichen Taschen (Fig. 81, 82) untergebracht. Diese Schrauben müssen natürlich sorgfältig angebracht und aus gutem Material hergestellt sein, damit sie nicht durch Formänderungen der Kolbenteile oder durch Hängenbleiben des Kolbenkörpers zu stark beansprucht werden und reißen. In neuerer Zeit versucht man die Teilung auch in den Querschnitt beim Kolbenzapfen zu verlegen

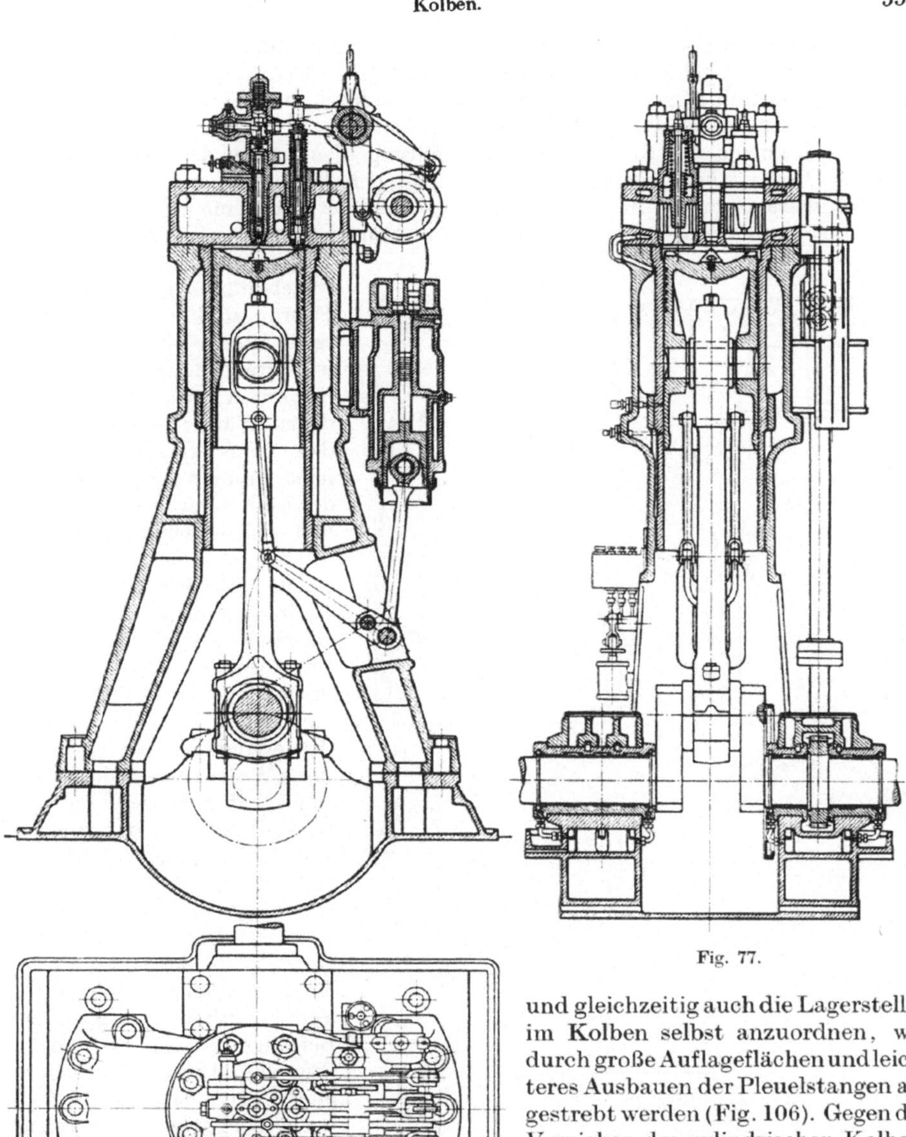

Fig. 77.

und gleichzeitig auch die Lagerstellen im Kolben selbst anzuordnen, wodurch große Auflageflächen und leichteres Ausbauen der Pleuelstangen angestrebt werden (Fig. 106). Gegen das Verziehen des zylindrischen Kolbenteils oder der Führung werden meist ringförmige Querrippen, aber auch Längsrippen zwischen Boden und Zapfennabe verwendet (Fig. 76), letztere Anordnung führt aber leicht zu ungünstigen Formänderungen, wenn auch zwischen Kolben und Büchse wegen der größeren Wärmeausdehnung des ersteren im kalten Zustand ohnehin etwas Luft gelassen werden muß (vgl. Fig. 76; 0,3 mm Luft). Der Führungsteil wird außerdem gewöhnlich quer zur Druckrichtung noch etwas abgenommen, so daß jederseits nur etwa 120° Auflagefläche übrigbleibt. Fig. 76 zeigt auch die zur Bearbeitung des Kolbens nötige Körnerwarze, die nachträglich glatt abgenommen werden muß. Manchmal wird die Wandstärke gegen den Kolbenzapfen hin bedeutend vergrößert (Fig. 59, 83, 84), auch wird der Kolbenoberteil gegen den Boden hin etwas konisch ausgeführt, so daß am Verdichtungsraum das größte Spiel eintritt (Fig. 76).

Die Trennung des Kolbens von der Führung dient neben der Auswechselbarkeit des Oberteils bei eingetretenem Verschleiß auch dazu, gegebenenfalls die Größe des Verdichtungsraumes in weiteren Grenzen verändern zu können (Fig. 85)[1]). Sie hat ferner den Zweck, geeignetes Material wählen zu können. Der Kopf mit den Ringen wird aus besonders hitzebeständigem Material, der Führungsteil hingegen aus hartem und gegen Abnutzung widerstandsfähigem Gußeisen hergestellt. Auch die verschiedenen Wärmedehnungen werden ohne Verziehen ermöglicht, weshalb auch gewöhnlich der Zahn derart angebracht ist, daß sich der Oberteil frei dehnen kann.

Gewöhnlich werden 5 bis 7 selbstspannende Kolbenringe verwendet; doch finden sich als Ausnahme auch Ausführungen, wo bis 12 Ringe im Kolben angebracht werden (Nederlandsche Fabriek Werkspoor Works, Amsterdam). Bezüglich der Berechnung der Kolbenringe für den Betrieb und das Überziehen über den Kolbenkörper sei auf die Abhandlung von Reinhardt verwiesen[2]), ebenso auch betreffs Herstellung der Ringe. Die Rohre, aus denen sie geschnitten werden, erhalten Lappen zur Befestigung an der Planscheibe (Fig. 78). Die Beanspruchung beim Überziehen über den Kolbenkörper kann mit 1200 kg/cm²

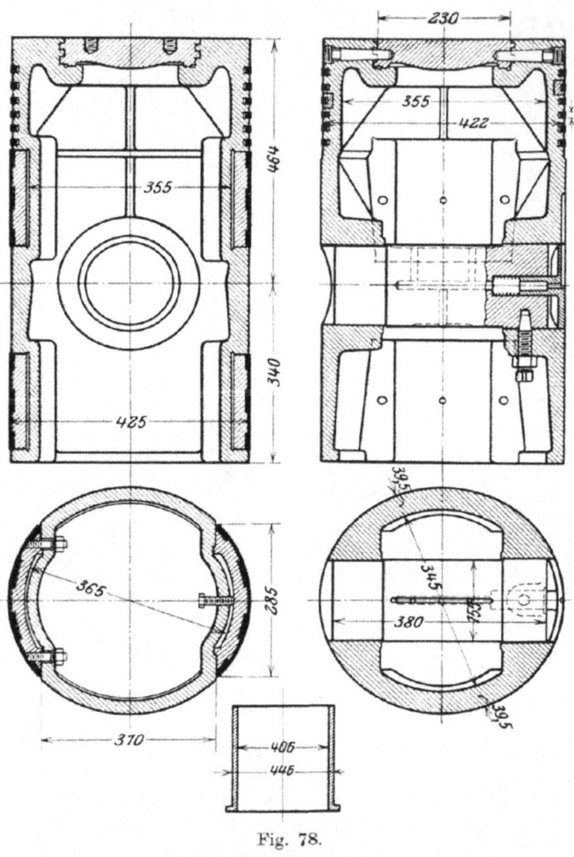

Fig. 78.

gewählt werden. Als überschlägige Annahme kann für die Ringstärke ein Dreißigstel bis ein Fünfunddreißigstel des Zylinderdurchmessers gelten, die größeren Werte sind für kleine, die kleineren für größere Zylinder zu wählen. Der meist überlappte Ausschnitt für das Zusammenpressen der Ringe ist rund ein Fünfundsiebzigstel des Zylinderdurchmessers zu nehmen. Die Ringe erhalten meist nahe quadratischen Querschnitt, um die Massenwirkung auf die Dichtungsflächen im Kolben gering zu halten. Besondere Sorgfalt ist natürlich dem Ringe zuzuwenden, der dem Verbrennungsraum am nächsten liegt, da dieser besonders leicht festbrennt und verreibt. Gegen Ver-

---

[1]) Vgl. Pat. Nr. 216 050 Z. d. V. d. I. 1910, S. 1459.
[2]) Vgl. Z. d. V. d. I. 1901, S. 232.

drehung der Ringe sichert gewöhnlich nur ein Stift; die
ersten Ringe erhalten manchmal Schlösser (Fig. 86). — Die
von den Kolbenringen verzehrte
Reibungsarbeit ist außerordentlich groß, weil bei dem hohen
Druck stets Gase hinter die
Ringe treten und diese an die
Zylinderwand pressen. Die Reibungsarbeit des innersten Rin-
ges kann etwa dreimal so hoch
angenommen werden wie die des
äußersten. Die Ringe müssen
deshalb sehr gut eingepaßt und
mit sehr engen Spielräumen an
den Verbindungsstellen versehen
werden, um diesen Übelstand
zu vermeiden; gegebenenfalls
könnten auch Ringe mit federn-
den Schlössern verwendet oder
die Räume hinter den Ringen
durch entsprechende Öffnungen
nach dem geringeren Druck zu
vom Überdruck befreit werden.
— Das Ausglühen der Kolbenringe ist wegen erhöhter Abnutzung im Betriebe nicht günstig.

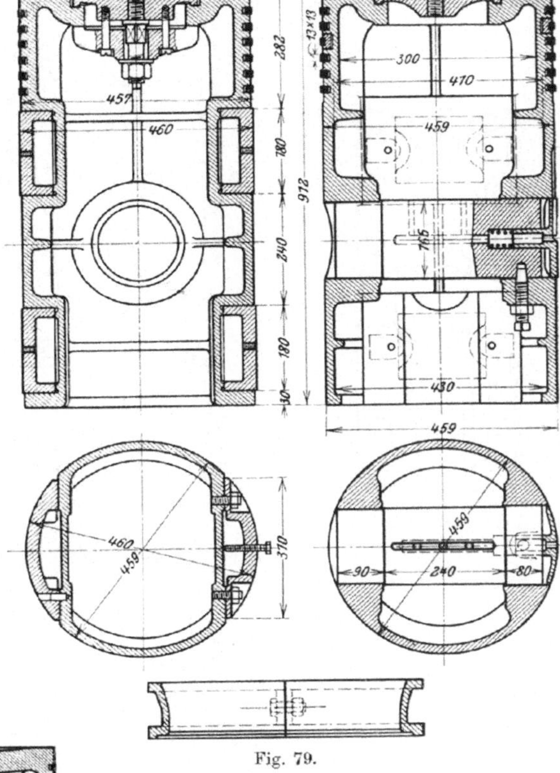

Fig. 79.

Wenn sie nahe auf das richtige Maß bearbeitet sind, sollen sie nur einige Zeit
aufbewahrt werden, bevor sie endgültig
geschliffen werden.

Die Kolbenschmierung geschieht meist
zwischen dem ersten und dritten Kolbenring bei innerster Kolbenstellung. Die
Schmierlöcher sollen auch bei äußerster
Stellung nicht vom Kolben freigegeben
werden, um das Verspritzen von Öl zu
vermeiden.

Häufig findet man noch nahe am
äußeren Kolbenende einen Dichtungsring,
der hauptsächlich zum Abstreifen des
Schmieröls dient, oder auch noch eine Anzahl von Nuten mit nach innen führenden Abflußlöchern zu gleichem Zweck
(Fig. 84); auch werden hierzu besondere
Abstreifungen am Ende des Kolbens verwendet. Zum Herausnehmen des Kolbens
nach außen dienen im Boden eingeschnittene

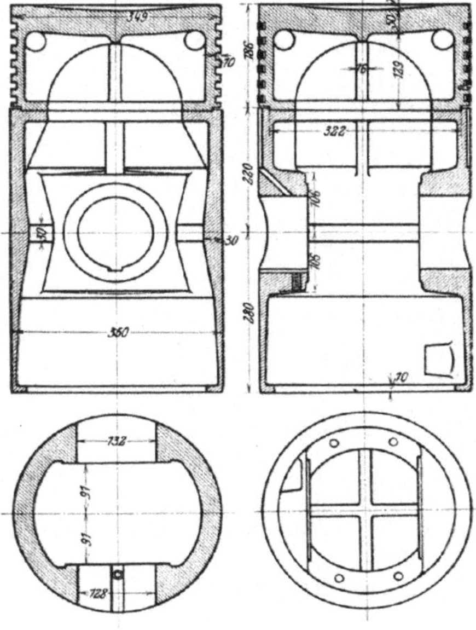

Fig. 80.

Gewinde für die Ausziehhaken. Ist nur ein solches Gewinde in der Mitte angebracht,
so reißt der Kolben leicht, da hier die stärkst beanspruchte Stelle liegt. Man macht

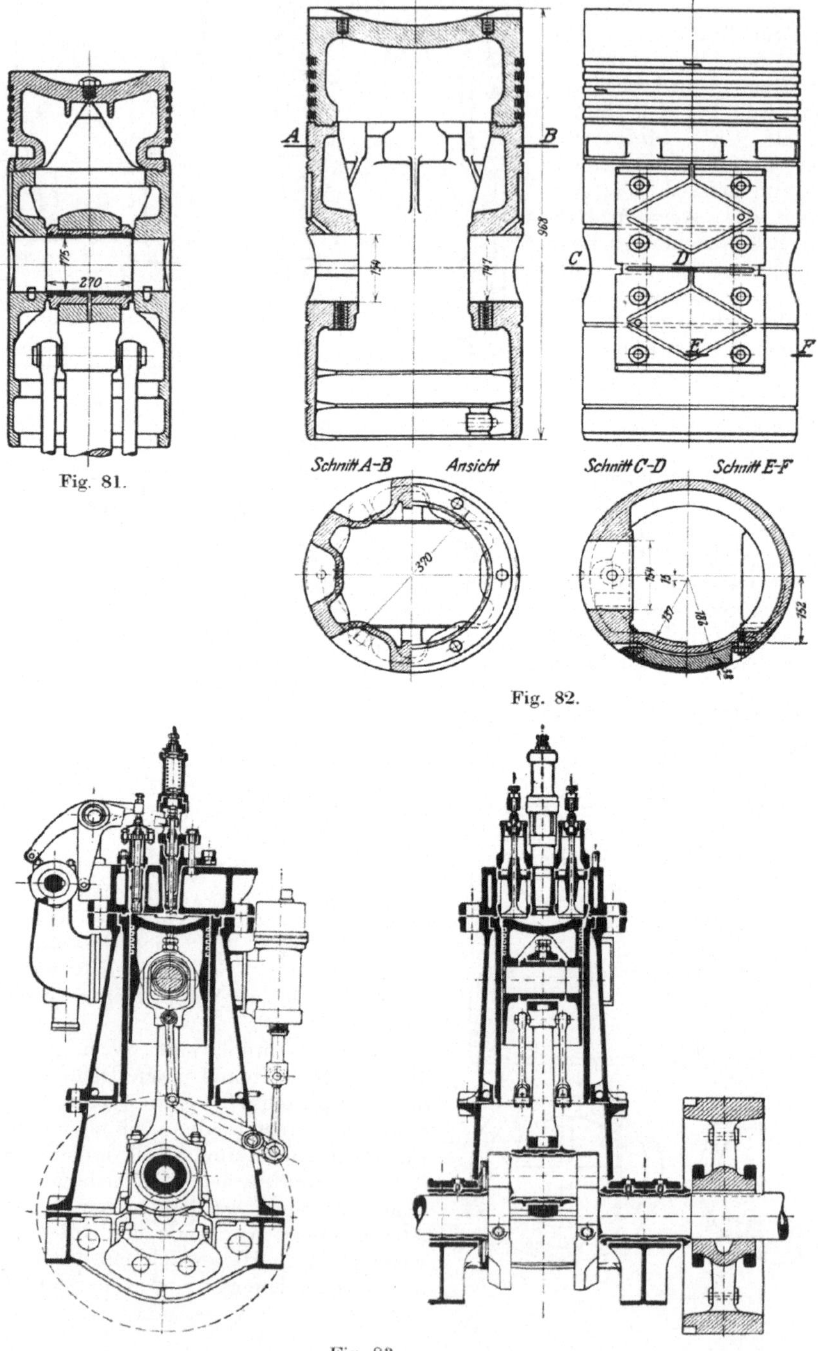

Fig. 81.

Fig. 82.

Fig. 83.

daher besser zwei nahe am Umfang gelegene Gewinde (Fig. 82). Man kann auch die Anbringung solcher Löcher ganz vermeiden, wenn der Kolben in seiner höchsten

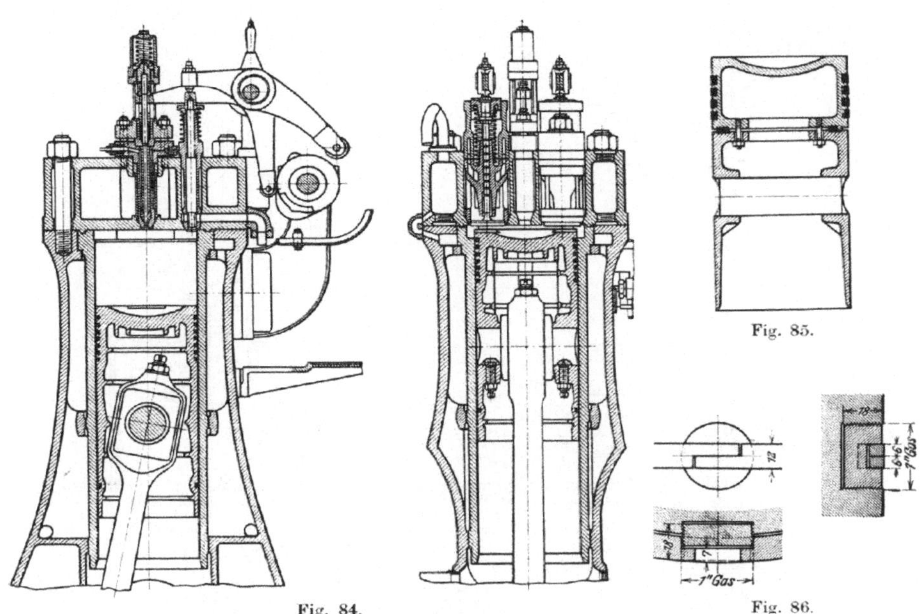

Fig. 84.

Fig. 85.

Fig. 86.

Stellung so weit aus dem Zylinder herausragt, daß der oberste Ring abgenommen werden kann; dies ist wegen leichten Nachsehens jedenfalls angenehm, es kann aber auch ein zweiteiliger Ring, der in die oberste Nut eingelegt wird, zum Ausnehmen des Kolbens Verwendung finden. Zum leichteren Einbringen des Kolbens dient oft ein eigenes kegelförmiges Einführungsstück (Fig. 79). Zur Vermeidung gußharter Stellen sollen die Kolben ohne Kernstützen gegossen werden.

Die Wärmeabfuhr durch den Kolbenboden verursacht ein beträchtliches Temperaturgefälle von der inneren Oberfläche nach außen, wodurch bei Verhinderung freier Formänderung bedeutende Spannungen auftreten müssen, die bei Löchern in der Wand stellenweise noch bedeutend zunehmen. Diese Spannungen werden um so gefährlicher werden, je höher die mittlere Temperatur steigt; es ist also notwendig, bei großen Maschinen und insbesondere bei Schnellläufern die Kolben mit Wasser oder Öl zu kühlen

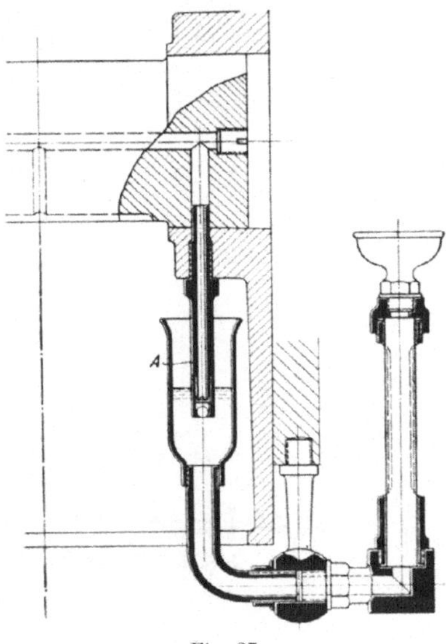

Fig. 87.

(Fig. 14, 97, vgl. auch Fig. 128), trotzdem diese Wärmeabfuhr natürlich den Wirkungsgrad etwas erniedrigen muß. Dafür gewinnt man an Sicherheit des Betriebes und an

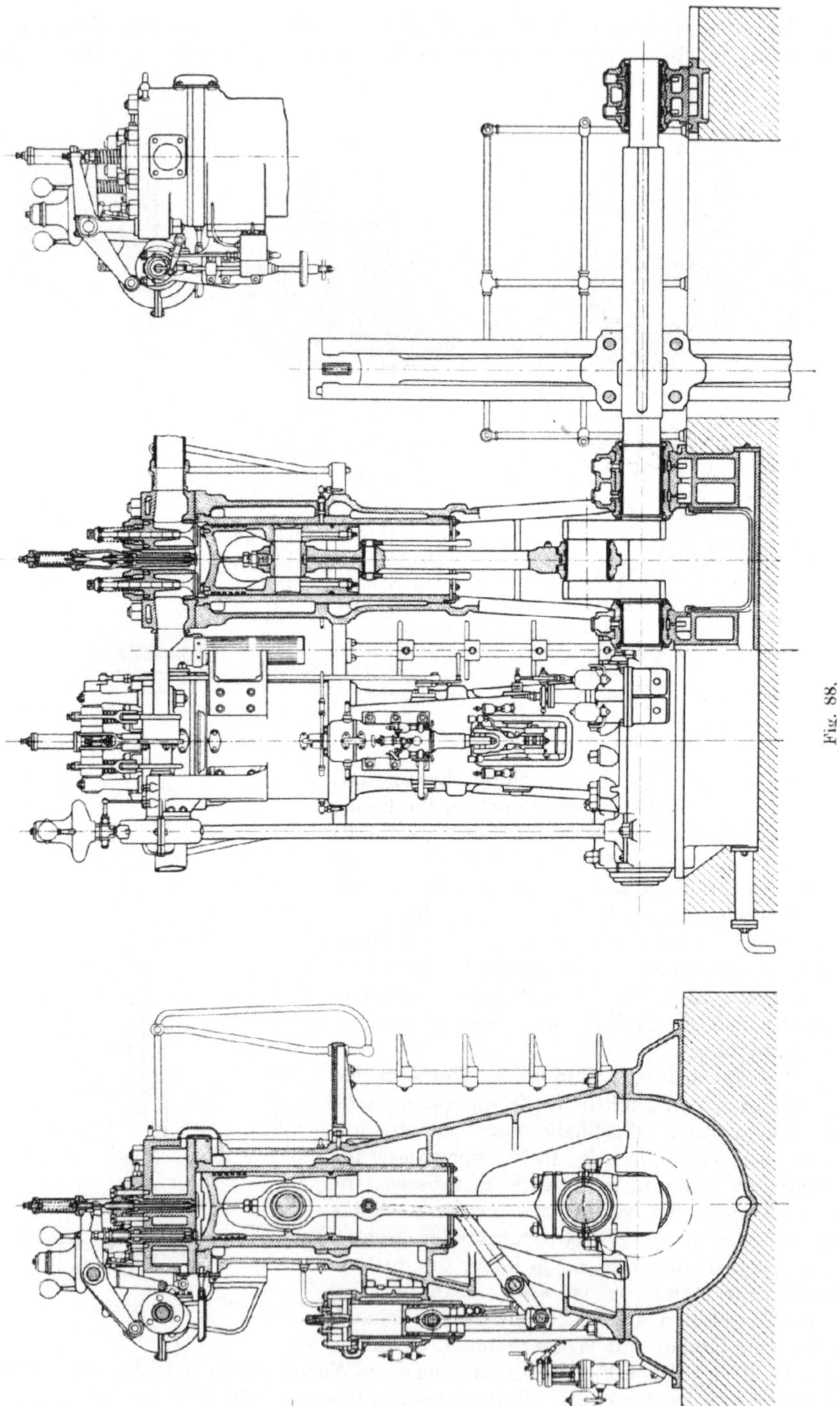

Fig. 88.

der Möglichkeit, die Maschine höher zu belasten. Bei kleineren Maschinen und langsamem Gang genügt meist die Kühlung durch Luftzutritt, die durch Anbringung von Kühlrippen erhöht werden kann (Fig. 88). Radiale Rippen hindern die freie Formänderung, aus diesem Grunde sind ringförmige Rippen allein vorzuziehen (Fig. 84, 138). Die Abkühlung der Kolben wird auch durch bedeutende Verstärkung der Kolbenwand in der Nähe des Bodens merklich verbessert (Fig. 10, 32). Zum Schutze des Kolbenbodens gegen Abnützung wird manchmal gegenüber dem Brennstoffventil eine Stahl- oder Nickelplatte eingegossen.

Die hohe Temperatur des Kolbenbodens bringt natürlich auch eine erhöhte Abnützung mit sich, sie kann insbesondere bei geschlossenem Kurbelkasten zur Entzündung der im Innern desselben sich bildenden Öldämpfe und zur Zerstörung des Gestelles führen. Besonders bei Anwendung von Preßschmierung ist eine genaue Einstellung der Ölzufuhr nicht leicht möglich; das herum-

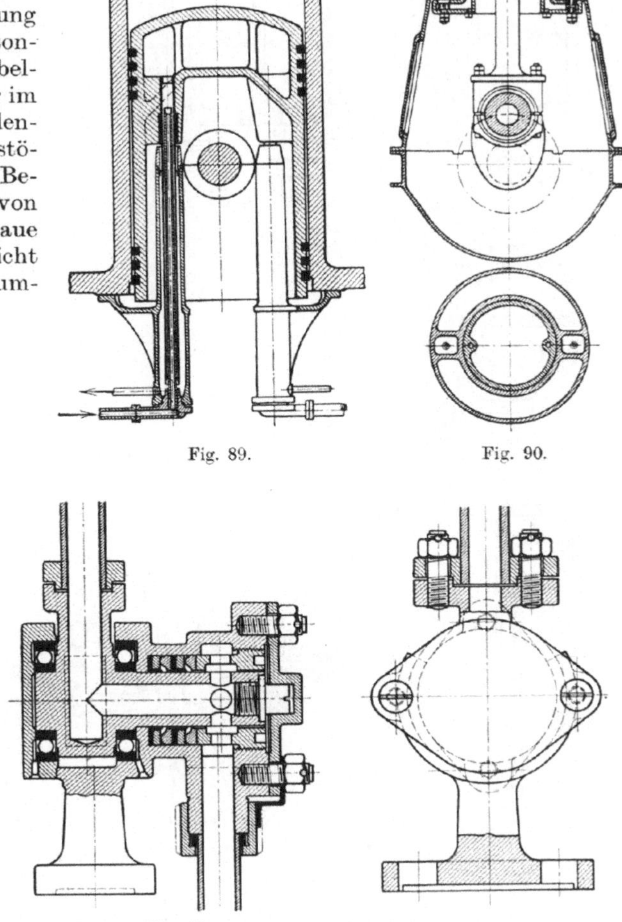

Fig. 89.

Fig. 90.

Fig. 91.

spritzende Öl gelangt auch an den heißen Kolbenboden, verdampft dort und bildet ein explosives Gemisch, das sich am glühenden Kolben entzünden kann. Daher wird oft die ganze oder ein Teil der Verbrennungsluft aus dem Kurbelgehäuse

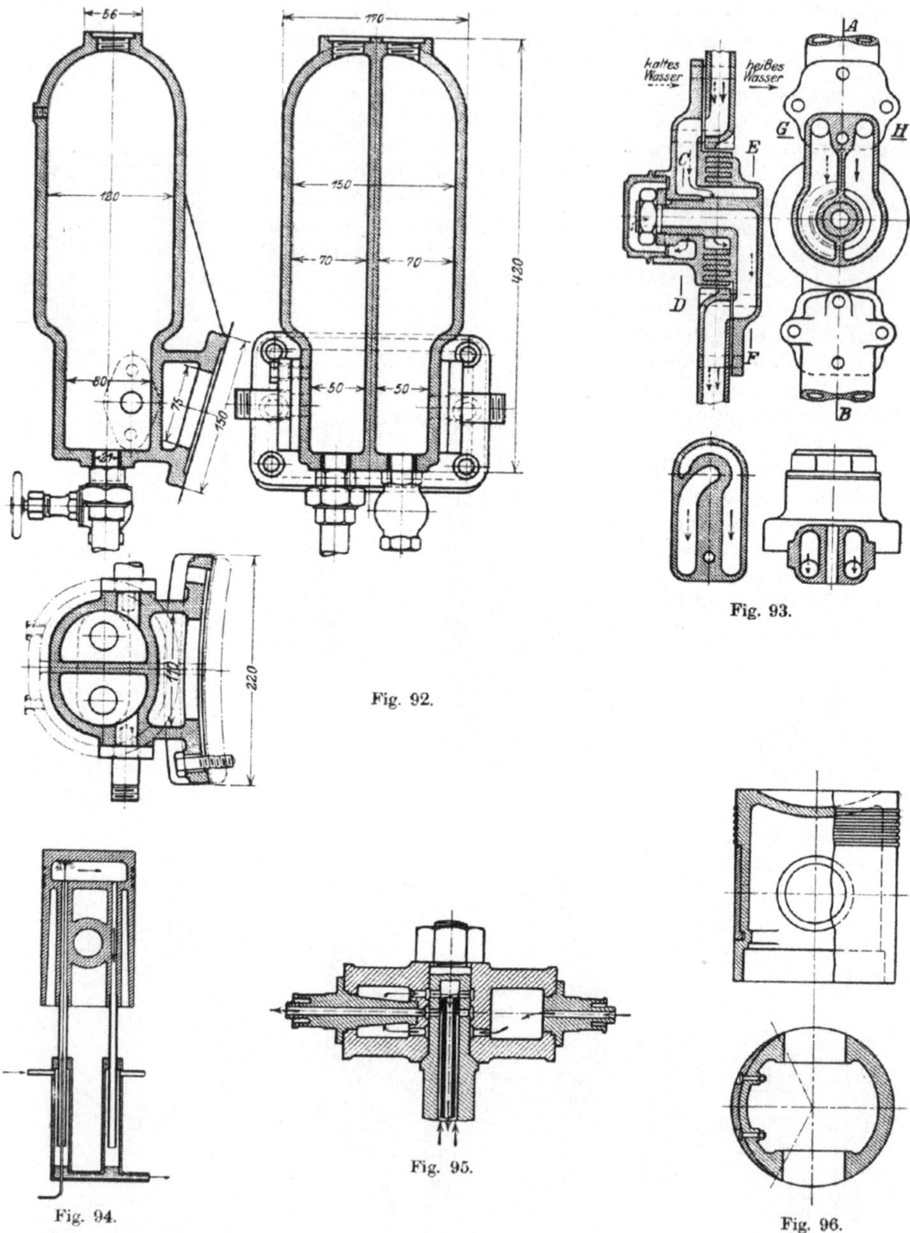

Fig. 93.

Fig. 92.

Fig. 94.

Fig. 95.

Fig. 96.

angesaugt (Fig. 372), oder durch Rohre, die ins Freie führen, für Luftwechsel im
Kurbelgehäuse gesorgt. Bei offenen Gestellen werden Schutzvorrichtungen gegen
das Abspritzen von Öl an den Kolbenboden verwendet, und zwar in Form eines
teilweise offenen Kolbenbodens (Fig. 17), oder durch Querrippen am Kolbenende
(Fig. 10), oder endlich durch Bleche an dieser Stelle.

Die Schmierung der Kolbenzapfen wird durch ihre Unzugänglichkeit recht erschwert. Neben der gebräuchlichen Preßschmierung zeigt Fig. 87 eine Ausführung, die die Schmierölpresse umgeht, und trotzdem dem Zapfen stets reines Öl zuführt: beim Abwärtsgang des Kolbens dringt dessen Rohr A in den durch einen Höhenstandmesser außen kontrollierbaren Ölbehälter und entnimmt diesem Schmieröl, beim Aufwärtsgang ist dann dieses Rohr mittels Kugelventil unten geschlossen; die bei jedem Hub nachdringende Ölmenge fördert das Öl zum Zapfen.

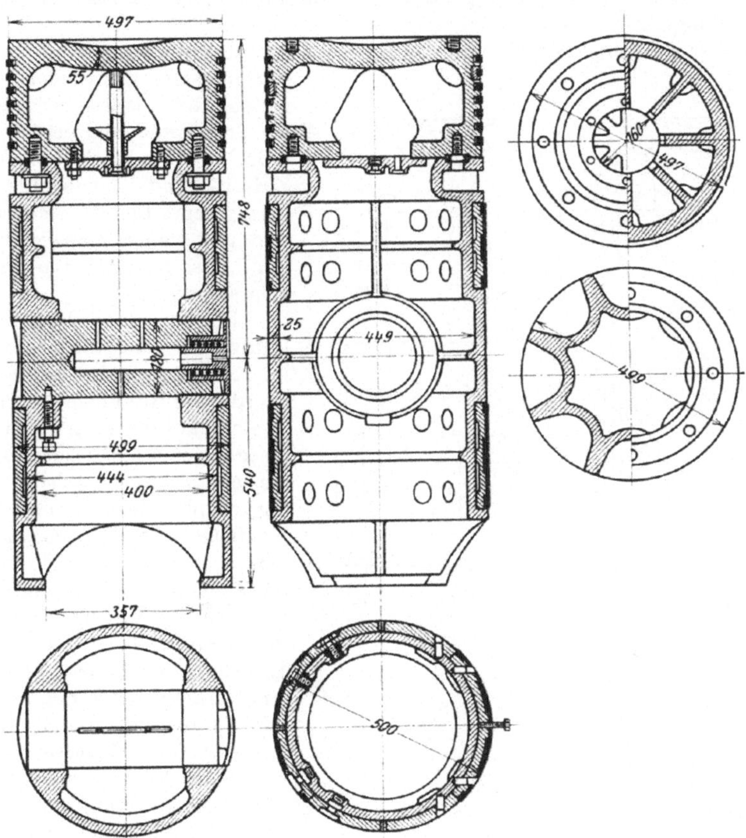

Fig. 97.

Die künstliche Kühlung der Kolben bietet einige Schwierigkeiten. Sie wird sowohl durch Kühlwasser als auch durch Öl bewirkt, wobei letzteres Kühlmittel eine merklich geringere Wirkung ausübt. Der Vorteil besteht darin, daß eine Mischung etwa austretenden Kühlwassers mit dem in den Kurbelgehäusen sich sammelnden Öl und dadurch das Absetzen von Schlamm und das Rosten der Kolbeninnenwände vermieden werden. Außer dem bereits erwähnten kleineren spezifischen Wärmeübergang ist als Nachteil zu betrachten, daß das Öl an den heißen Wänden leicht verbrennt und sich dort ansetzt, wodurch die Kühlung neuerdings verschlechtert wird. Dies ist besonders nach dem Stillsetzen der Maschine beobachtet worden, wenn der Kolbenboden noch heiß, der Öleinlauf aber schon unterbrochen ist. Getrennte, länger laufende Ölpumpen oder Vergrößerung des Kühlraumes im

Kolben, wodurch die übermäßige Erwärmung des Öls vermieden wird, bieten Gegenmittel.

Die Zuführung von Wasser oder Öl zum Kühlraum erfolgt entweder durch Tauchrohre, die am Kolben befestigt sind, oder durch Gelenkrohre an Kolben und Ständer. Auch Tauchrohre mit Rückschlagventilen werden verwendet, die durch den Aufprall auf eine Wasseroberfläche geöffnet werden. Bei Ölkühlung kann die Zuführung durch die hohle Schub- oder Kolbenstange geschehen. Jedenfalls ist überall für sorgfältige Abdichtung zu sorgen, damit kein Leckwasser in die Kühlwannen gelangt.

In der Ausführung Fig. 89 wird das feste Wasserzuführungsrohr vom Tauchrohr umschlossen, das wieder in einem festen Rohr läuft. Dieses wirkt als Tropfgefäß und erhält ein Ablaßrohr. Der Spielraum zwischen Zufluß- und Tauchrohr ist so gering und bleibt stets so lang, daß nur wenig Wasser austreten kann, das aus dem Tropfrohr abgelassen wird.

Bei Fig. 90 wird das Kolbenkühlwasser aus einem besonderen im Kühlmantel des Zylinders angeordneten Raum entnommen und in einen auf der entgegengesetzten Seite liegenden ebensolchen Raum zurückgeführt. Dabei können die Stopfbüchsen außerhalb des Kurbelgehäuses angeordnet werden, so daß etwaiges Tropfwasser nicht in dasselbe gelangt.

Die Fig. 91 zeigt Einzelheiten der Gelenkrohre, die hier mit Kugellagern ausgestattet sind, für Anordnungen nach Fig. 14 und 97. Die Pump- und Massenwirkungen erfordern für die Kühlrohrleitungen reichliche Windkessel (Fig. 92 und 14), die Regelung der Wassermenge wird durch Ventile mit

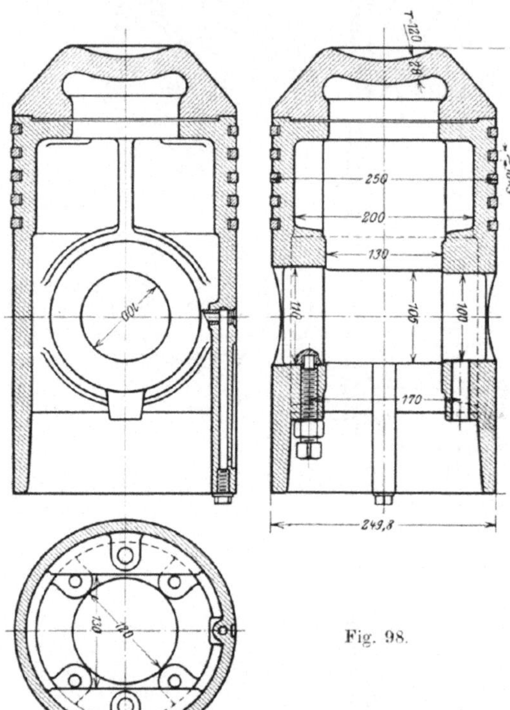

Fig. 98.

Schlitzschiebern bewirkt. Auch Fig. 93 zeigt Einzelheiten solcher Gelenkrohre, bei denen die Abdichtung durch eine Art Labyrinth versucht ist.

Auch Kühlung durch Druckluft allein ist verwendet worden (Fig. 20), indem diese durch den engen Spalt eines Tauchrohres ausströmt. Endlich verwendet Sulzer eine kombinierte Luft- und Wasserkühlung (Fig. 94), bei der Wasser unter Zutritt von Luft gegen den Kolbenboden gespritzt wird. Hier läuft dieses Wasser durch Tauchrohre in Tropfgefäße ab, so daß Stopfbüchsen vermieden werden. Ebenso kann auch hier Verdampfungskühlung zur Anwendung kommen.

Die Grenze, bis zu der noch ungekühlte Kolben ausgeführt werden, ist neben dem Zylinderdurchmesser auch von der Drehzahl abhängig. Von etwa 450 bis 500 mm Zylinderdurchmesser an muß schon bei niedriger Drehzahl zur Kühlung des Kolbenbodens geschritten werden. Höhere Tourenzahlen gestatten ungekühlte Kolben bloß bei kleinem Zylinderdurchmesser.

Wenn besondere Kreuzköpfe vorhanden sind, wird das Kühlwasser oft durch die hohle und mit Einlegerohr versehene Kolbenstange zugeführt. Wenn hierbei die Zuleitung an einem, die Ableitung am zweiten hohlen Kreuzkopfzapfen geschieht, erhalten diese verschiedene Temperaturen. Nach Fig. 95 wird daher das Kühlwasser zuerst durch beide Hohlzapfen und dann in die Kolbenstange geführt, von wo es durch ein in der Achse des Zapfens liegendes Rohrstück abgeleitet wird, wodurch beide Zapfen gleich gekühlt werden. Man leitet das Kühlwasser auch unmittelbar der Kolbenstange zu.

Fig. 22 und 102˙ zeigen die Anordnung von Kolbenkühlungen für liegende Maschinen.

Bei Anwendung besonderer Kreuzköpfe werden die Kolben behufs Zentrierung zuerst genau auf den Zylinderdurchmesser, und erst nach erfolgter Montierung noch entsprechend kleiner abgedreht.

Bei der Konstruktion der Tauchkolben ist auch auf die Erwärmung des Kolbenzapfens Rücksicht zu nehmen. Er darf deshalb bei Kolben mit Luftkühlung nicht zu nahe an dem heißen Kolbenboden liegen, da er sonst durch Strahlung zu sehr erwärmt würde. Liegt er hingegen zu weit gegen das Kolbenende zu, so ist die Übertragung des seitlichen Druckes nicht so gleichmäßig. Die Anbringung einer vollen Zwischenwand ist hingegen nur bei besonderer Kolbenkühlung gebräuchlich, weil sonst leicht der Kolbenboden verbrennt. Deshalb wird manchmal als weiterer Schutz gegen strahlende Wärme ein durchbrochener Blechschirm angewendet (Fig. 73, 101 u. a.), der die Luftkühlung nicht wesentlich beeinträchtigt. Außerdem verhindert der Blechschirm, daß Öl von dem Kolbenbolzenlager an den heißen Kolbenboden spritzt und dort zur Bildung unangenehmer Dämpfe Veranlassung gibt. Der Zwischenraum wird hier und da auch mit Asbest ausgefüllt, um die Kolbenzapfen vor strahlender Wärme zu schützen.

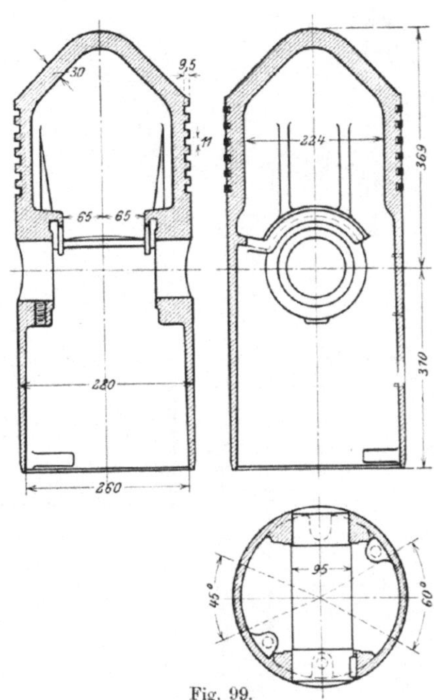

Fig. 99.

Unsymmetrische Einspritzung des Brennstoffes erfordert auch mit Rücksicht auf die günstige Form des Verbrennungsraumes eine besondere Form des Kolbens (Fig. 51).

Tauchkolben haben neben dem Zylinderabschluß auch noch die Aufgabe, die vom Gestänge herrührenden Querkräfte aufzunehmen und auf die Zylinderbüchse als Führung zu übertragen. Um die Abnützung möglichst klein zu halten, werden daher die Tauchkolben entweder sehr lang ausgeführt, soweit dies die Gewichtserhöhung der hin- und hergehenden Massen und die Verteuerung der Maschine zulassen, oder man begnügt sich damit, die Auswechselbarkeit der abgenützten Teile möglichst zu erleichtern. Dies geschieht zumeist durch besondere Einlagen aus Gußeisen oder Stahlguß, die ihrerseits oft mit Weißmetall ausgegossen sind. Zwei solche Einlagen werden gewöhnlich zu beiden Seiten des Kolbenzapfens angeordnet, und zwar manchmal nur an der Seite des größeren Seitendrucks. Die entsprechenden Aussparungen im Kolben müssen natürlich bearbeitet werden, sie werden entweder zentrisch (Fig. 97) oder exzentrisch (Fig. 96) abgedreht, oder durch-

gehobelt (Fig. 79) oder in zwei Teilen gestoßen. Im erstgenannten Fall müssen Füll-
stücke eingesetzt werden; überall erfolgt die Nachstellung durch Blechbeilagen
unter Verwendung von Abpreßschrauben. Manchmal wird auch die ganze äußere

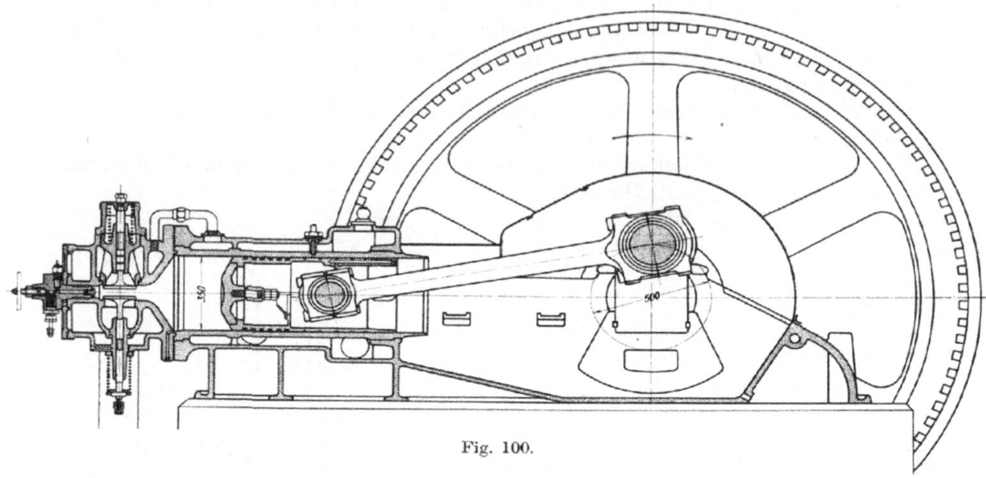

Fig. 100.

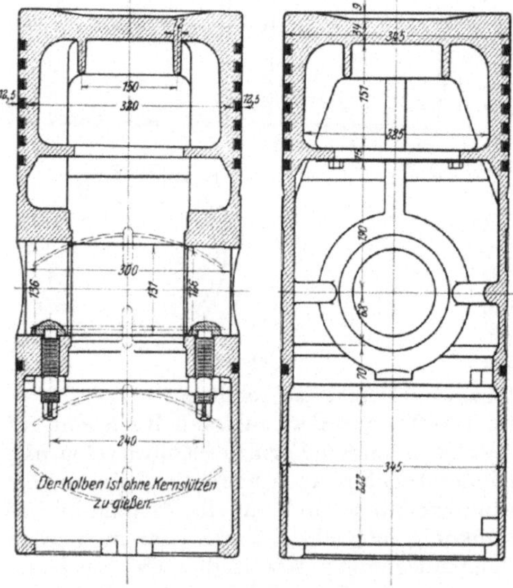

Fig. 101.

Führungsfläche aus Weißmetall ausgegossen und im Falle merklicher
Abnützung erneuert, indem man auf
eine Nachstellung verzichtet.

Alle diese Mittel können natürlich die Nachstellung bei gesonderter
Kreuzkopfführung nicht voll er-
setzen. Ist ein solcher Kreuzkopf
vorhanden, so wird die Führung
entweder zentrisch gedreht (Fig. 107)
oder eben gehobelt. Trotz der einfacheren Herstellung der gebohrten
Führung wird letzteres häufig vorgezogen, weil hier eine ganz genaue
Einstellung der Welle in der Richtung ihrer Achse nicht notwendig
ist, was insbesondere bei Schiffsmaschinen, deren Hauptwellen sich
durch Abnützung der Drucklager
etwas verschieben, in Betracht
kommt. Diesem Umstand kann
auch durch entsprechend bieg-
same Ausführung der Schubstange
(Fig. 106) oder auch der Kolbenstange bei gesonderten Kreuzköpfen Rechnung getragen werden.

Die Befestigung des Kolbenzapfens in den Tauchkolben wird verschieden ausgeführt. Der Zapfen wird entweder zylindrisch geformt und mit Querkeilen festgehalten (Fig. 29), oder es werden Längsfedern und Fixierungsschrauben angewendet
(Fig. 80), was auch bei kegelförmigen Zapfenlagern möglich ist. Manchmal werden

nur Druckschrauben verwendet (Fig. 98, 101). Es kann auch eine Zapfenmutter zur Befestigung dienen, insbesondere werden schwach konische Muttern verwendet, die das geschlitzte Zapfenende etwas auseinanderpressen.

Manche Konstrukteure legen Wert darauf, die Zapfen nur einseitig in der Längsrichtung festzuhalten, damit sie bei etwaiger Erwärmung die Kolben nicht auseinandertreiben und zum Reiben bringen. Andererseits nimmt man aus gleichem Grunde die Kolben in der Zapfenrichtung etwas ab, nachdem der Zapfen in demselben fest gemacht ist.

Die Fixierschrauben für die Querkeile können bei entsprechender Formgebung der Kolben auch außen liegen (Fig. 9). Jene Konstruktionen, bei denen die Lösung des Kolbenzapfens von außen möglich ist, gestatten den Ausbau des Kolbens auch ohne Herausnahme der Schubstange[1]).

Bei liegenden Maschinen werden Tauchkolben fast genau so ausgeführt wie bei stehenden (Fig. 8, 99, 100), nur die Kolbenzapfenschmierung ändert sich. Bei kleinen Maschinen erfolgt sie auch durch eine Bohrung vom Zylinderumfang aus, bei größeren Maschinen durch einen besonderen Abstreifer. Die Nachstellung bei Abnützung geschieht durch Einlagen an der unteren Lauffläche oder durch Druckstücke an der oberen Seite (Fig. 73). Hier sind auf der unteren Kolbenseite nachstellbare Gleitschuhe nicht vorgesehen. Beachtenswert ist der Ölfänger in Fig. 99 (vgl. auch Fig. 329). Fig. 101 zeigt einen Blechschutz gegen das vom Kolbenzapfen in der Richtüng des Kolbenbodens abspritzende Schmieröl, ferner die Verstärkung der Kolbenwand zur besseren Wärmeabfuhr vom Kolbenboden. Auch die Einteilung der Ringschlitze ist dort ersichtlich. Das abspritzende Öl kann unten nach der Grundplatte hin abfließen. Ähnlichen Ölschutz zeigt auch Fig. 100, und in Fig. 73 ist die gelochte Blechwand mit geeignetem Ölabfluß ersichtlich, die gleichzeitig auch den Kolbenzapfen von der strahlenden Wärme des Kolbenbodens schützt, ohne die Luftkühlung desselben zu verhindern. Die entsprechend dem Verbrennungsraum manchmal spitzere Form des Kolbenbodens erfordert wegen der Wärmeabführung größere Wandstärken.

Die Fig. 22 und 102 bieten Beispiele gekühlter, doppeltwirkender Kolben. Bei liegenden, einfach wirkenden Maschinen ist gewöhnlich für die Ausnehmbarkeit der Kolben gegen die Hauptwelle zu gesorgt, so daß Zylinderköpfe und Steuerteile nicht berührt werden. Der häufig am Ende des Kolbens befindliche Ring hat hier den Zweck, das Schmieröl in der Bohrung gut zu verteilen und nicht vorzeitig nach außen kommen zu lassen.

Die Durchbildung des Kolbens bei Maschinen mit besonderen Kreuzköpfen ist beispielsweise in Fig. 38 dargestellt. Die Verbindung des Kolbenkörpers mit der Kolbenstange ist hier in der meist gebräuchlichen Weise mittels Flanschen und Schrauben durchgeführt. Aus der Abbildung ist auch die Kühlung des Kolbenbodens bei derartigen Kolbenbauarten ersichtlich.

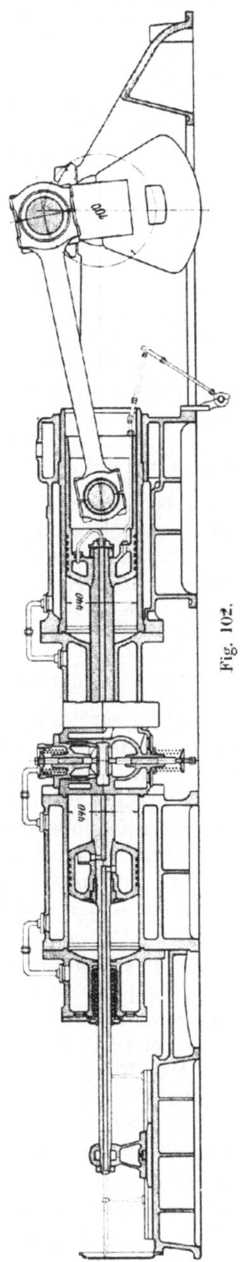

---

[1]) Siehe z. B. Pat. Lietzenmayer Nr. 176 988, Z. d. V. d. I. 1907, S. 358.

VI. Gestänge und Welle.

Zur Bestimmung der Abmessungen des Gestänges ist die Kenntnis des Druckverlaufes während der einzelnen Hübe erforderlich. Derselbe ist beispielsweise in Fig. 103 dargestellt, und zwar in Kurve a mit, in Kurve b ohne Berücksichtigung der Beschleunigungsdrücke des Kolbens und der Pleuelstange. Der Verlauf der im Kreuzkopf während des Verdichtungs- und Arbeitshubes auftretenden Querkräfte ist bereits in Fig. 16 gezeigt, Fig. 104 stellt die in die Schubstange kommenden Kräfte dar. Zur Festigkeitsrechnung ist jedesmal die größte auftretende Kraft, für die Bestimmung der Auflagdrücke nur die im ständigen Betriebe vorkommende Maximalkraft zu verwenden. Für die Bestimmung der Reibungsarbeit in den Zapfen genügt eigentlich der Mittelwert der Kräfte im Betriebe, da dieser jedoch mit dem größten immer etwa in gleichem Verhältnis steht, kann dieser Höchstwert hier ebenfalls zugrunde gelegt werden, wodurch sich nur eine andere Merkzahl ergibt.

Bei gußeisernen Tauchkolben kann der Auflagdruck $\dfrac{P'}{F}$ mit P' als größter im Betrieb auftretender Kraft und F als Produkt von Kolbendurchmesser und Länge etwa rund 1,2 kg/cm² angenommen werden. Bei Ausfütterung mit Weißmetall geht man auf $\dfrac{P'}{F}$ bis rund 1,4 kg/cm², wobei hier mit dem beim Expansionshub auftretenden größten seitlichen Kolbendruck von rund 3,25 kg auf 1 cm² Kolbenfläche gerechnet wurde.

Das Gewicht des Tauchkolbens kann je nach der Bauart bei einteiliger Ausführung dem Hubvolumen proportional und zwar etwa 4 bis 5 V. gesetzt werden, wenn V in Litern genommen wird, und die größeren Werte für kleinere Maschinen gelten.

Der Auflagdruck auf den Kolbenzapfen im Betriebe ist etwa mit $\dfrac{P'}{f} = 100$ bis 140 kg/cm² zuzulassen, mit f als Produkt aus Durchmesser und Länge des Zapfens. Da das Verhältnis der Zapfenlänge zum Durchmesser etwa 1,4 bis 1,6 beträgt, kommt die Festigkeit des Zapfens kaum sehr in Frage, die zulässige Beanspruchung beträgt rund 700 bis 750 kg/cm². Die Zapfen werden aus naturhartem Stahl oder aus zähem Flußstahl mit eingesetzten, gehärteten oder geschliffenen Laufflächen hergestellt. Auch Mannesmannverbundstahl mit glasharter Oberfläche wird verwendet.

Bei getrennten Kreuzköpfen werden etwa die gleichen Werte verwendet, hingegen kann der Auflagdruck des Kreuzkopfes insbesondere bei gekühlter Führung bis auf 3,5 kg/cm² während des Betriebes steigen.

Zur Verminderung des Auflagdruckes im Kolbenzapfen ohne übermäßige Vergrößerung der Bohrungen im Kolben dient die Konstruktion Fig. 105, bei der ein hartes Stahlrohr als Lauffläche über den Zapfen gezogen ist, oder die Verlegung der Zapfen in den Kolben Fig. 106.

Fig. 107 zeigt ein Beispiel eines gesonderten Kreuzkopfes, andere Bauarten sind in den Fig. 21, 38 u. a. ersichtlich.

Die Kurbelzapfen werden meist mit der Länge nahe gleich dem Durchmesser ausgeführt und dieser gleich dem Wellendurchmesser in den Hauptlagern gemacht. Wenn man die Auflagerpunkte der Welle und des Zapfens in den Lagermitten annimmt, was zum Vergleich genügt, ergibt sich eine kombinierte Biegungsbeanspruchung von 800 bis 1000 kg/cm². Der maximale Flächendruck $\dfrac{P'}{f}$ beträgt 60 bis 90 kg/cm² mit f als volle Auflagefläche. Die zulässige Reibungsarbeit in der früher angegebenen Weise gerechnet, beträgt für den Kurbelzapfen 10 bis 12 kgm/sec.

Zur vorläufigen Bestimmung der Wellenstärke kann die Entfernung zweier Lagermitten für die Hauptwelle bei Ringschmierung etwa die $2^1/_2$ fache, bei Druckschmierung die doppelte Zylinderbohrung angenommen werden, bei Schnelläufern wäre für die gleichen Voraussetzungen etwa das $2^1/_4$ bzw. 1,8 fache Verhältnis einzuführen. Dabei fällt das größte Drehmoment für einen Zylinder etwa in den Kurbelwinkel von 34°, so daß das größte Drehmoment rund $0,5\,F \cdot p \cdot R$ wird, mit F als Kolbenfläche, p als höchstem Gasdruck, R als Kurbelradius, wobei Massendrücke berücksichtigt sind. In der betreffenden Kurbelstellung ist die Stangenkraft dann mit rund $0,8\,F \cdot p$ anzunehmen.

Der Wellendurchmesser fällt für Einzylindermaschinen etwa proportional der Zylinderbohrung D aus, wenn das Verhältnis der Lagerlängen zu ihren Durchmessern gleichbleibt. Ist dieses bei Ringschmierung rund 2 bis 2,4, so wird der Wellendurchmesser angenähert mit 0,55 bis 0,58 D anzunehmen sein, bei Druckschmierung und dem Verhältnis 1,5 bis 1,8 zwischen Lagerlänge und Durchmesser etwa mit 0,5 bis 0,55 D.

Bei der Wahl der Beanspruchungen ist überall zu beachten, daß Druckwechsel stattfinden, die die zulässigen Spannungsgrößen vermindern.

Bei der Konstruktion der Hauptwellen sind außer der Festigkeit noch andere Rücksichten geltend zu machen. Die Kurbeln sollen bei Mehrzylindermaschinen so angeordnet sein, daß das Drehmoment am Übertragungsende der Welle möglichst gleichmäßig wird, um an Schwungmoment zu sparen. Die Winkelabstände der Kurbeln werden deshalb meist gleichmäßig gewählt. Damit kann man schon bei vier Zylindern und symmetrischer Anordnung der Kurbeln auch die vollkommene Längsbalanzierung erzielen, wobei die etwaigen Kurbeln für die Luftpumpen gesondert auszugleichen wären. Auch bei Dreizylindermaschinen werden oft die Balanzierungsgegengewichte an den Kurbeln schon weggelassen.

Bei der Schiffsmaschine Fig. 108 (s. a. Fig. 329) sind die 3 Arbeitskurbeln nicht unter 120° gesetzt, sondern die Winkel betragen 114°, 118° und 128°: hier ist nämlich auch der Kompressor, ferner die Kühlwasser- und Lenzpumpe zum Massenausgleich herangezogen, so daß die Kräfte ganz ausgeglichen sind und die Momente sehr gering ausfallen. Wie aus dem Grundriß dieser Figur ersichtlich, fallen hier die Zylinderachsen mit der Kurbelwelle nicht in eine Ebene, was zur möglichsten Ausgleichung der Querkräfte entlang des Kolbenhubes geschieht[1]).

Um die Belastung der Hauptlager zu finden, ist der unter Berücksichtigung der Massendrücke berechnete Stangendruck mit den von den unbalanzierten Kurbeln herrührenden Fliehkräften zu kombinieren; diejenigen Lager, die zwischen zwei Kurbeln liegen, werden von beiden etwa mit der Hälfte der betreffenden Resultierenden belastet, ihre Summe ergibt angenähert den der Berechnung zugrunde zu legenden Druck. Man hat daher die Reihenfolge der Arbeitshübe möglichst so einzurichten, daß nicht gleichzeitig zwei nebeneinanderliegende Zylinder hohe

---

[1]) Vgl. Westinghouse, Engineer Bd. 115, S. 485.

Drücke abgeben und das dazwischenliegende Lager übermäßig belasten. Das wird natürlich gleichgültig, wenn zwischen den betreffenden Kurbeln eine Kupplung der Welle und zwei gesonderte Lager liegen. Aus dem gleichen Grunde wäre es womöglich zu vermeiden, nebeneinanderliegende unbalanzierte Kurbeln in die gleiche Richtung zu legen, weil dann die seitlichen Drücke auf das zwischenliegende Lager recht hoch werden.

Selbstverständlich sollen nirgends die größten Drehmomente mit den höchsten Biegungsmomenten zeitlich zusammentreffen, damit das kombinierte Moment keine zu hohen Werte erreicht.

Bei der Bestimmung der Kurbelwellen bei Mehrzylindermaschinen ist zu beachten, daß es ohne genaue Messungen der wirklichen an den Lagerenden auf-

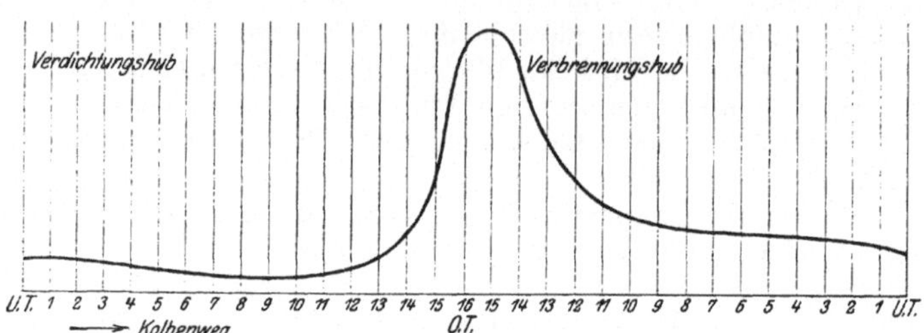

Fig. 104.

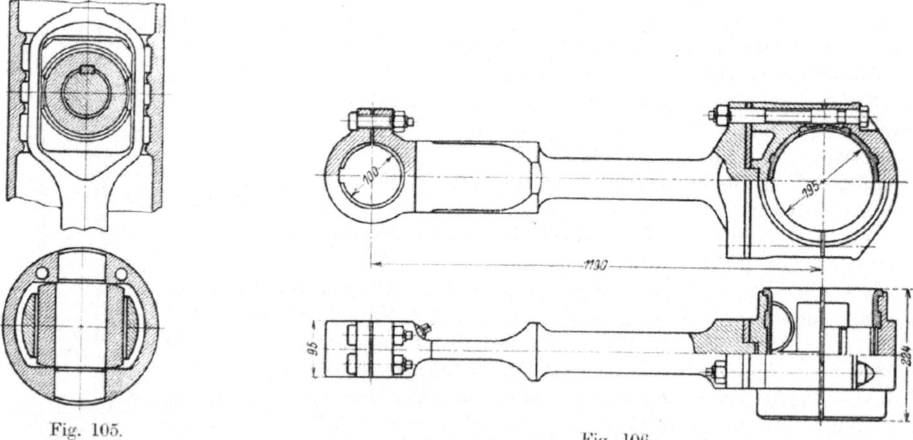

Fig. 105.   Fig. 106.

tretenden Formänderungen nicht möglich ist, die Spannungen zu bestimmen. Dies hat seinen Grund darin, daß die Art der Auflagerung der Welle an ihrem Stützpunkt unbestimmt ist; denn die einfachste Annahme, daß die Welle in den Lagern eingespannt sei, ist wohl unzulässig, und die Ölhülle zwischen Welle und Lager muß als etwas nachgiebig angesehen werden. Gewöhnlich sind die Hauptlager so lang, daß man annehmen kann, daß von einer Kröpfung keine merklichen Biegungsmomente auf die nächste übertragen werden; hierdurch wird die Rechnung insofern wesentlich vereinfacht, als man jeden Wellenabschnitt für sich betrachten kann und nur die Torsion zu berücksichtigen hat, die durch denselben hindurchgeht.

Bezeichnet M_d das in einen zwischen zwei Lagern liegenden Wellenabschnitt eingeleitete, durch die Welle weiter zu leitende Drehmoment, R den Kröpfungsradius, l die Länge, r den Halbmesser des Kurbelzapfens, b und h die Breite und

Höhe der Kurbelschenkel, so läßt sich, bei Vernachlässigung der stets vorhandenen Formänderungen der Welle in den Lagern, das von dem Kurbelzapfen übertragene Torsionsmoment M_{dz} aus der Beziehung bestimmen:

$$M_{dz} = \frac{M_d \left(\dfrac{r^2}{E\,\Theta} + \dfrac{lr}{G J_p} \right) r}{\dfrac{2}{3} \dfrac{r^3}{E\,\Theta} + 3{,}6 \dfrac{b^2 + h^2}{G b^3 h^3} + \dfrac{l^3}{12 E J} + \dfrac{lr^2}{G J_p}}$$

hierin bedeutet:

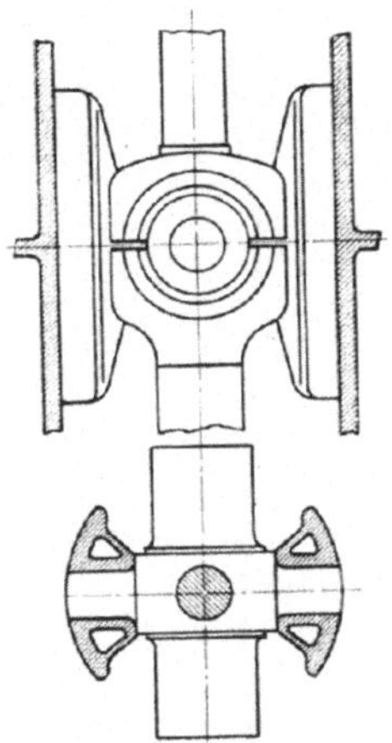

Fig. 107.

Θ das Trägheitsmoment des Kurbelarmes $= \dfrac{b\,h^3}{12}$; J das äquatoriale, J_p das polare Trägheitsmoment des Kurbelzapfens, bestimmt durch die Gleichungen

$$J = \frac{\pi r_4}{4} \quad \text{und} \quad J_p = \frac{\pi r^4}{2};$$

E den Elastizitäts-, G den Gleitmodul des Materials.

Die Größe des Torsionsmomentes in der Mitte des Kurbelzapfens hängt wesentlich von der gegenseitigen Verschiebung der Enden der Hauptlagerzapfen zu beiden Seiten der Kurbelarme ab. Da diese unbestimmt ist, bzw. durch Versuche festgestellt werden müßte, soll hier als Vergleichsannahme gelten, daß im Kurbelzapfen zu dem eingeleiteten Drehmoment noch die Hälfte des in diesem Zylinder erzeugten Drehmomentes hinzukommt, d. h. also, daß im Kurbelzapfen das arithmetische

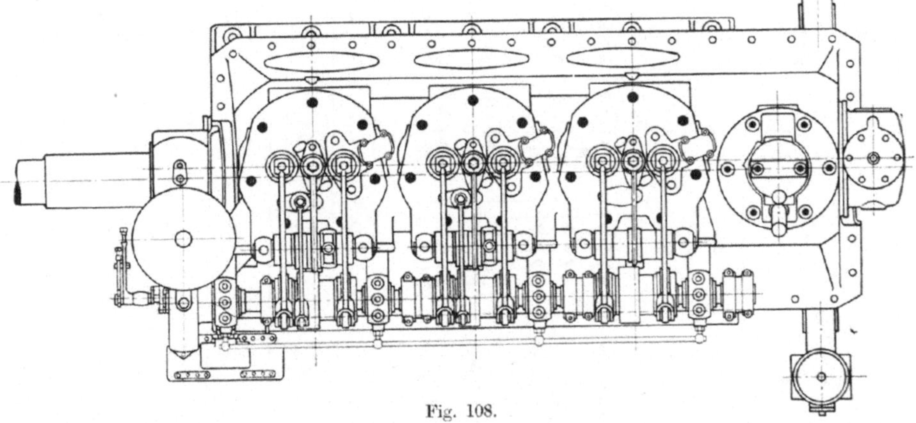

Fig. 108.

Mittel der in den beiden angrenzenden Lagern auftretenden Drehmomente auftritt; dieses muß dann mit dem im Kurbelzapfen auftretenden Biegungsmoment kombiniert werden. Durch eine Winkelverschiebung der Lagerenden wird zwar auch das Biegungsmoment beeinflußt; hier soll das volle Moment auf die Lagermitten bezogen zugrunde gelegt werden.

Unter diesen Annahmen ist die beigegebene Tabelle zusammengestellt, die die gebräuchlichsten Zylinderanordnungen bei Viertaktmaschinen nebst Angabe der Reihenfolge der Zündungen enthält[1]). Wenn man die Schaulinien Fig. 118 einer gleichdimensionierten Maschine für alle Zylinder zugrunde legt (einmal ohne, das andere

---

[1]) Vgl. Shannon, Engineering 1912 I, S. 605.

1	2	3	4	5	6	7	8	9	10	11	12	13
Nr.	Kurbelzahl	Kurbelwinkel Grad	Kurbelschema ↶ Drehrichtung	Reihenfolge der Zündungen in den einzelnen Zylindern	Drehmomentschema für das aufeinanderfolgende Hauptlager von der 1. Kurbel gegen das Schwungrad hin	Größt. M_d (Lager) / mittl. result. M_d		$M_{d\,max}$ hinter der letzt. Kurbel / mittl. result. M_d		Größt. komb. Mom. Kurbelzapfen / mittl. result. M_d		Größt. unausgeglich. Arbeitsfl. / Arbeitsfl. des ges. Drehmomentes
						ohne Maßdr.	mit Maßdr.	ohne Maßdr.	mit Maßdr.	ohne Maßdr.	mit Maßdr.	
1	1	0	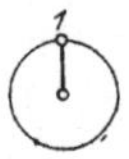	1	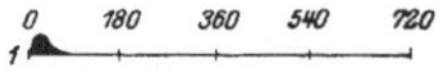	17,1 (1)	15,4 (1)	17,1	15,4	23,4 (1)	20,6 (1)	1,19
2	2	360	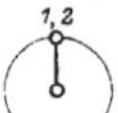	1, 2		8,62 (2)	7,21 (1)	8,62	6,72	11,7 (1)	10,3 (1)	0,512
3	2	180	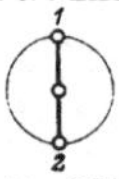	1, 2		8,62 (2)	7,21 (1)	8,62	6,98	11,7 (1)	10,3 (1)	0,537
4	3	120	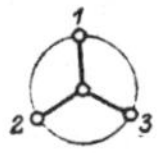	1, 2, 3	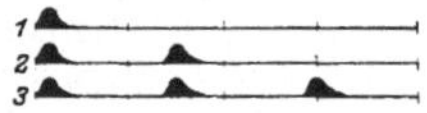	5,74 (3)	5,42 (2)	5,74	5,24	7,80 (3)	7,03 (1)	0,31
5	4	180	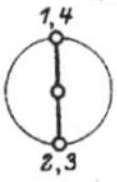	1, 2, 4, 3	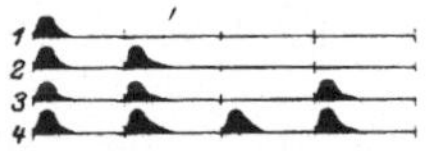	4,27 (4)	3,85 (1)	4,27	2,58	5,86 (4)	516 (2)	0,075
6	4	90	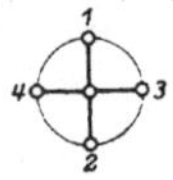	1, 2, 4, 3		5,84 (4)	4,80 (4)	5,84	4,80	5,86 (2)	5,38 (4)	0,075
7	5	72	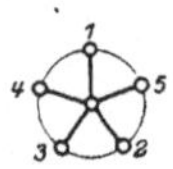	1, 3, 5, 4, 2	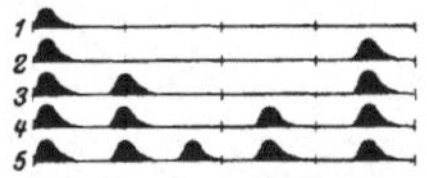	3,41 (5)	3,79 (4)	3,41	3,54	4,73 (3)	4,36 (4)	0,138
8	6	120	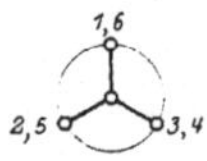	1, 2, 3, 6, 5, 4	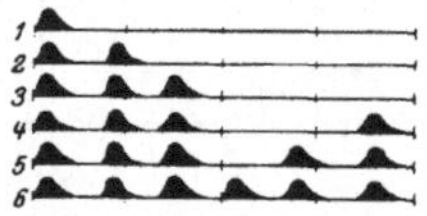	2,87 (5)	2,91 (3)	2,79	2,63	3,94 (3)	3,61 (2)	0,07
9	6	120	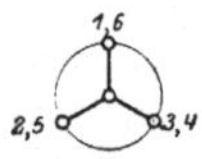	1, 5, 3, 6, 2, 4	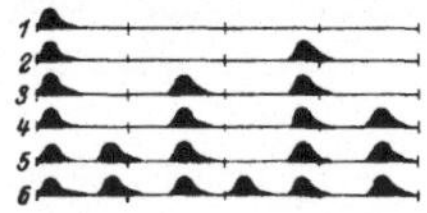	3,03 (4)	2,86 (4)	2,79	2,63	3,94 (4)	3,85 (2)	0,07
10	8	90	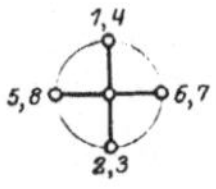	1, 5, 2, 6, 4, 8, 3, 7	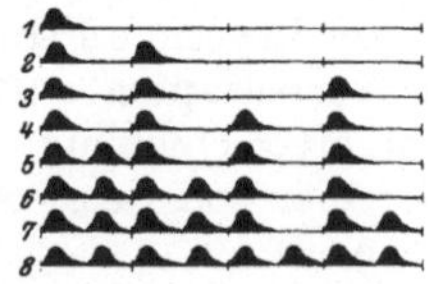	2,38 (5)	2,51 (5)	1,81	2,07	2,95 (5)	2,76 (5)	0,0415
11	8	90	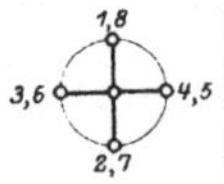	1, 6, 2, 4, 8, 3, 7, 5	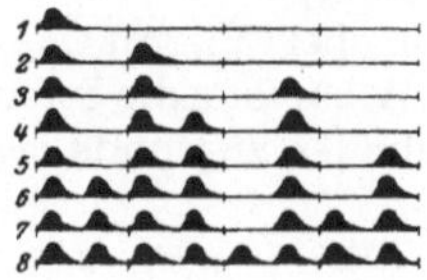	2,38 (4)	2,62 (5)	1,81	2,07	2,93 (7)	2,78 (7)	0,0415

Mal mit Berücksichtigung der Massendrücke), so kann in bekannter Weise für jede Stelle der Hauptwelle die Linie der Drehmomente in der Zeit gefunden werden; hierbei ist das Schwungrad stets an einem Ende der Maschinenwelle angenommen. Reihe 7 gibt das Verhältnis des überhaupt größten in einem Lager auftretenden Torsionsmomentes zum mittleren Gesamtmoment, wobei die in Klammern beigesetzte Zahl die Kurbel angibt, hinter der das maximale Drehmoment auftritt. — Die nach den früheren Erwägungen ermittelten Drehmomente in den Kurbelzapfen wurden mit dem in diesem augenblicklich auftretenden Biegungsmomente zusammengesetzt: damit ergibt sich das kombinierte Moment für die Kurbelzapfen und ein Verhältnis seines Höchstwertes zum mittleren Drehmoment, das in der Reihe 11 angegeben ist. Hier bezeichnen die Zahlen in der Klammer diejenige Kurbel, in der das größte kombinierte Moment auftritt. Die Mittelentfernung der Lager ist dabei der Ausführung entsprechend 2,25 mal dem Zylinderdurchmesser. Aus den Zahlenwerten der Tabelle ersieht man, daß sowohl das größte Drehmoment als auch das größte kombinierte Moment nicht immer hinter bzw. in der letzten Kurbel auftritt; so tritt z. B. für die behandelten beiden Achtzylinderanordnungen bei Berücksichtigung der Massendrücke das größte Drehmoment bereits hinter der 5. Kurbel auf.

In der Reihe 9 ist dann noch das Verhältnis des höchsten Drehmomentes hinter der letzten Kurbel zum mittleren Drehmoment angegeben, um die Abmessungen der an die Maschine anzuschließenden Treibwelle zu bestimmen. Endlich sind die

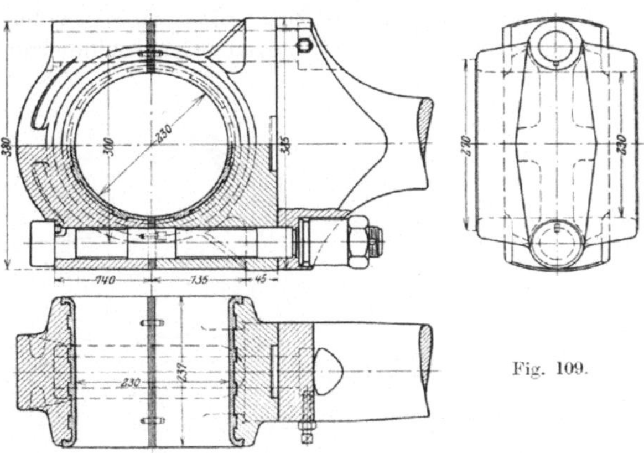

Fig. 109.

für die Schwungradberechnung erforderlichen Überarbeiten in Reihe 13 eingetragen, und zwar als Verhältnis der auftretenden größten unausgeglichenen Arbeitsfläche des Drehkraftdiagrammes im Verhältnis zur Fläche des erzeugten Gesamtdrehmomentes.

Die Reihen 8, 10 und 12 geben die betreffenden Momentenverhältnisse unter Berücksichtigung der Massendrücke, wobei sich ergibt, daß in manchen Fällen, wie z. B. bei den behandelten Fünf- und Achtzylinderanordnungen zu große hin- und hergehende Massen eine Erhöhung der Beanspruchung erzeugen können, besonders wirken bei größeren Zylinderzahlen schon mäßige Massen ungünstig.

In Wirklichkeit können die Beanspruchungen beim Anlassen auch bedeutend größer werden, als die Reihen 7 bis 12 erkennen lassen, wenn die Anlaßluft mit großer Füllung gesteuert wird. Läßt man z. B. den größten Hebelarm der Kurbel noch unter vollem Druck auftreten und nimmt z. B. 35 at Anlaßluftdruck, so ergibt sich bei einer Einzylindermaschine schon ein kombiniertes Moment von rund 23 mal dem mittleren Drehmoment. Durch höhere Anlaßdrücke oder bei Hängenbleiben der Brennstoffnadel oder auch bei zu kleinen Drehgeschwindigkeiten beim Beginn des Einspritzens können auch noch bedeutend höhere Drücke auftreten.

Keinesfalls darf daher beim Anlassen zu viel Brennstoff im Ventil vorgelagert sein.

Mit Hilfe dieser Überlegungen, die natürlich für jeden Fall besonders durchgeführt werden müssen, kann man wenigstens vergleichsweise die Beanspruchung, bzw. die Stärke der Wellen berechnen.

Bei großen Maschinen wäre noch zu berücksichtigen, daß die Biegungsbeanspruchung der Wellen im Lager beträchtlich kleiner ist, als im Kurbelzapfen, daher werden diese dann stärker zu halten sein.

Bei der behandelten Maschine beträgt der aufwärts wirkende Druck infolge der Massenwirkungen und des Gestängegewichts bei Vernachlässigung der Reibungen im Verhältnis zur vollen Kurbelkraft rund ein Siebentel der letzteren. Er dient zur Bestimmung der Lager, der Deckelstärke und der Bolzen für Lager und Kurbelkopf. Bei den Hauptlagern sind noch das Gewicht und die Fliehkraft der Kurbeln und Stangenköpfe mit zu berücksichtigen.

Für die Wellenlager ist ein Auflagdruck von 20 bis 25 kg/cm², eine Reibungsarbeit von 2 bis 4 kgm/sec zuzulassen. Die reine Drehungsbeanspruchung kann 160 bis 180 kg/cm² betragen.

Die Schmierung der Kurbelzapfen wird gewöhnlich durch Fliehkraftschmierringe eingeleitet, bei Anwendung von Druckschmierung wird das unmittelbar in die

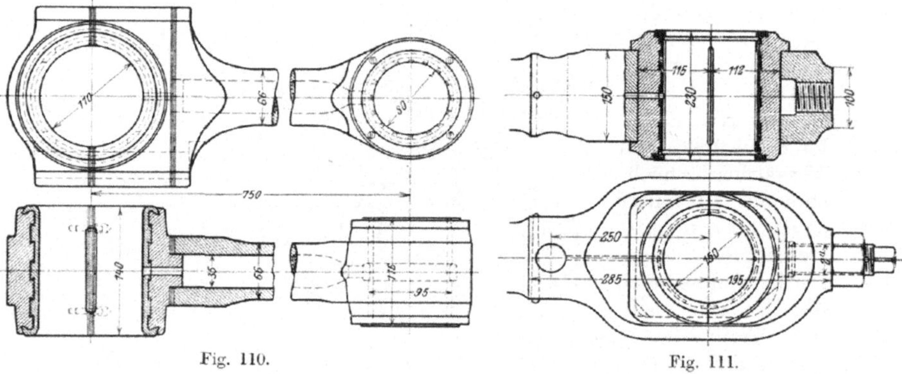

Fig. 110.   Fig. 111.

Hauptlager gedrückte Schmieröl teilweise zur Schmierung derselben verwendet. Dieser Teil fließt von den Enden der Lager in das Gehäuse, der Rest gelangt durch Bohrungen in den Kurbeln unter Druck zu den Kurbelzapfen und teilweise durch eine Bohrung in der Schubstange auch zum Kurbelzapfen.

Für die Wellen wird hochwertiger Stahl von 4500 bis 5000 kg/cm² Zugfestigkeit und 20 v. H. Dehnung verwendet, für die Pleuelstange zäher Flußstahl. Der Kopf für den Kolbenzapfen ist am besten geschlossen auszuführen, die Nachstellung kann durch zweiteilige Schalen mit Andruckschraube (Fig. 59) mit oder ohne Stahlbeilage oder durch Keil (Fig. 143) geschehen. Bei geteilten Köpfen ist es nur an großen Maschinen möglich, genügend starke Schrauben unterzubringen; wenn es auch gelingt, sie zur Aufnahme der Verzögerungsdrücke des Kolbens ausreichend zu bemessen, so liegt doch die Gefahr des Festklemmens des Kolbens, insbesondere nach dem Anlassen des Motors vor, der die Schrauben meist nicht gewachsen sind. Immerhin würde das Nachstellen der Schalen dabei etwas einfacher werden. Dieselbe Schwierigkeit gilt wohl auch für die Bolzen des Kurbelkopfes, wo aber schon leichter entsprechende Abmessungen untergebracht werden können. So verwendet man bei sehr großen Maschinen auch vier Schrauben, damit die Breite des Kopfes nicht übermäßig ausfällt, wobei auch zu beachten ist, daß er beim Ausbau der Stange durch die Zylinderbohrung gezogen werden muß. Fig. 109 zeigt die Ausführung einer Pleuelstange mit Marinekopf für die Kurbel, der zwar ein geringes Gewicht und den Vorzug leichter Verstellbarkeit des Verdichtungsraumes aufweist, aber in der Herstellung teurer wird als der normale offene Kopf nach Fig. 35. Die Beanspruchung der Verbindungsschrauben soll 800 bis 900 kg/cm² nicht übersteigen; der Quotient der vollen Kolbenkraft durch ihren Querschnitt beträgt etwa

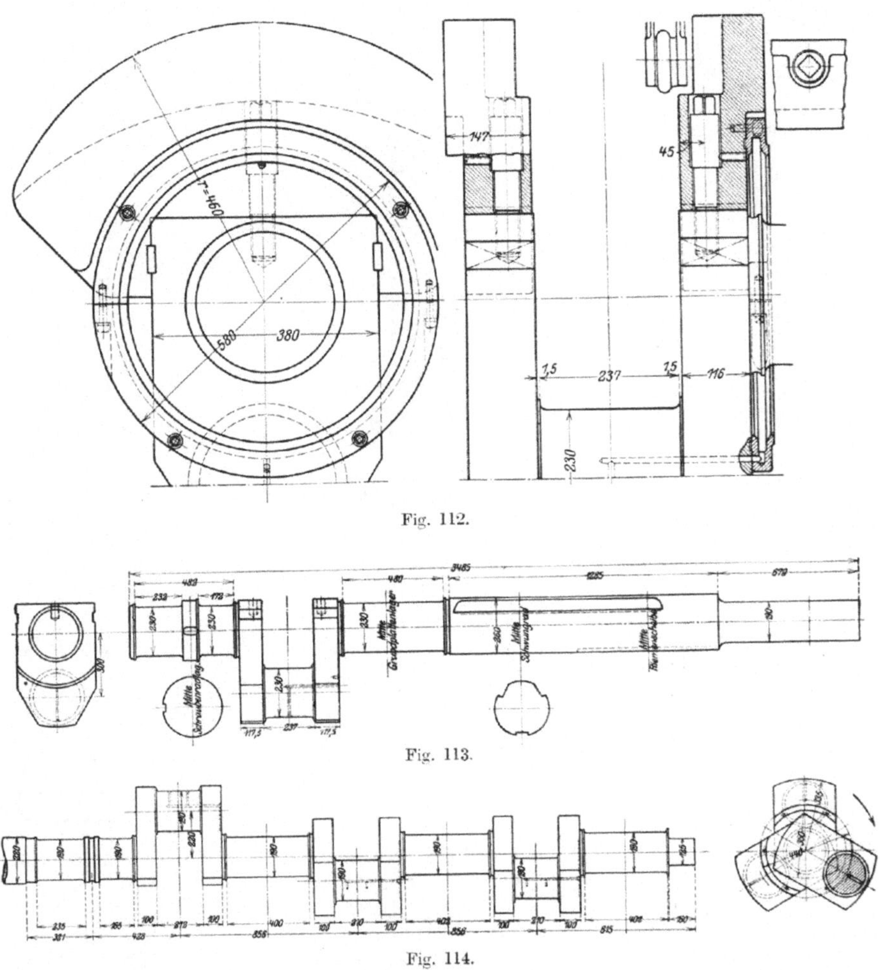

Fig. 112.

Fig. 113.

Fig. 114.

200 bis 300 kg/cm². Die Schrauben werden mit feinem Gewinde versehen, um große Querschnittsübergänge aus Festigkeitsgründen zu vermeiden, wobei sie manchmal zur Aufnahme größerer Dehnungsarbeit außen auf den Kerndurchmesser abgedreht werden, es ist aber zu beachten, daß die Schrauben oft auch die Querbeanspruchungen durch die Massenwirkungen des Lagerdeckels aufzunehmen haben, und dann besonders gut eingepaßt sein müssen. Verzahnte Deckel sind demnach vorzuziehen, und statt der abgedrehten Bolzen kann man auch Rohre längs derselben verwenden.

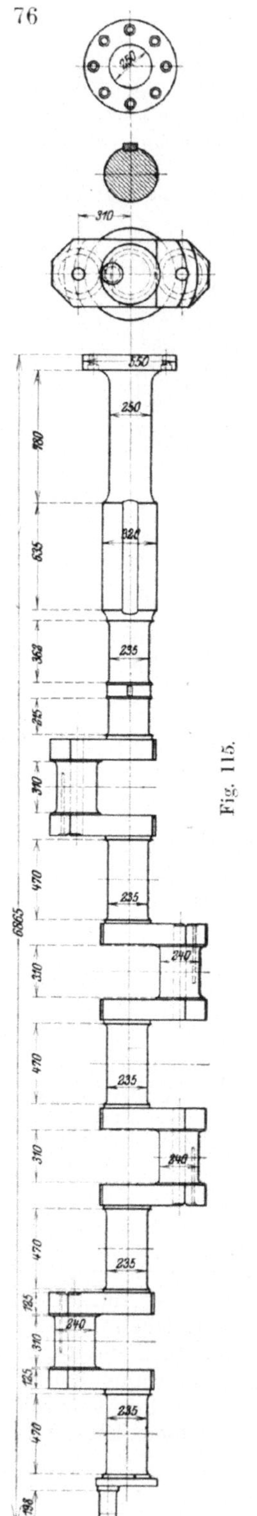

Fig. 115.

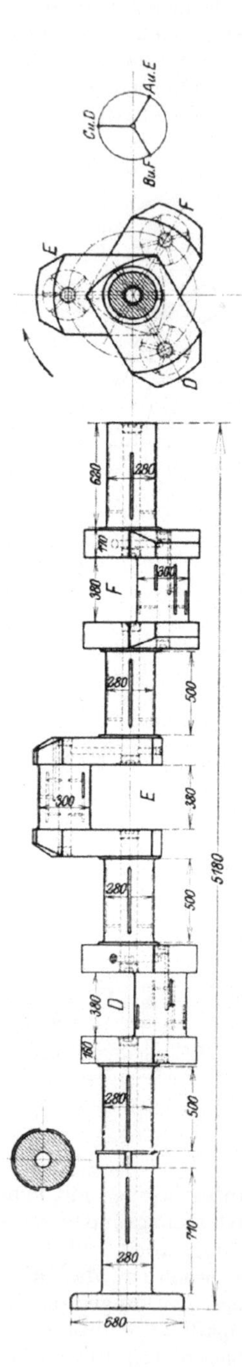

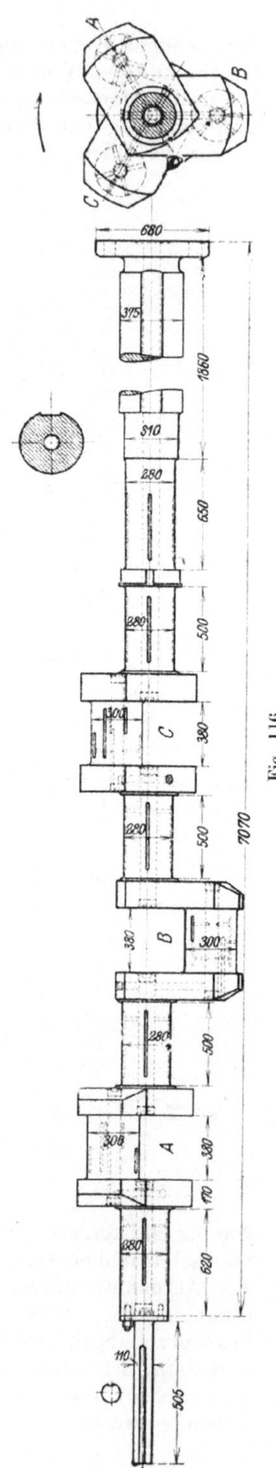

Fig. 116.

Die Schalen des Kolbenzapfens werden aus Phosphorbronze oder Stahlguß mit Weißmetallfutter und zwar zentrisch rund oder auch exzentrisch und rechteckig ausgeführt (Fig. 111 und 17); gekühlte Kolben verhindern bei Weißmetallausguß jede Gefahr des Auslaufens des Futters. Bei kleineren Maschinen, wo man auf eine besondere Nachstellung verzichtet, werden auch volle einteilige Büchsen angewendet (Fig. 110). Die Kurbelzapfenschalen sind gewöhnlich Stahlguß mit Weißmetallfutter.

Bei großen Maschinen wird die Hauptwelle zum Zweck der Prüfung des Materials oder auch um außerdem das Gewicht zu vermindern und endlich auch zur

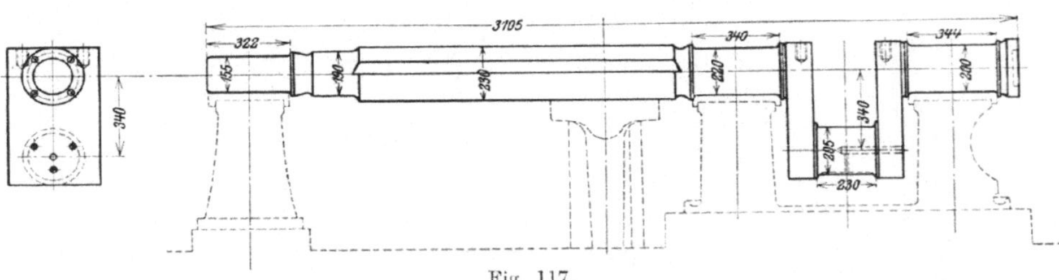

Fig. 117.

Ölzuführung durchbohrt (Fig. 329). Häufig wird sie an den Lagerstellen oder auch in den Kurbelzapfen geschliffen, da auch feine Späne zum Verziehen der Achse Anlaß geben können. Bei größeren Längen werden die Wellen auch mit angeschmiedeten Flanschen gekuppelt. Beispiele bieten Fig. 116, 128.

Wichtig ist, daß beim Übergang von den zylindrischen Zapfen der Welle zu den Kurbelarmen möglichst große Abrundungen eingeschaltet werden. Denn in der Nähe dieser Abrundungen steigern sich insbesondere die Torsionsspannungen ganz bedeutend und um so stärker, je schärfer die einspringenden Ecken sind[1]).

Die Länge des Kurbelarmes (gleich dem halben Kolbenhub) ist durch das Verhältnis des Kolbenhubes s zur Zylinderbohrung D bestimmt, das zwischen den Werten 1 und 1,8 schwankt, wobei die der unteren Grenze sich nähernden Werte die Schnelläufer kennzeichnen. Die für diese Werte auftretenden mittleren Kolbengeschwindigkeiten liegen zwischen 3 und 5 m/sec.

Das Verhältnis der Kurbelarmstärke zum Wellendurchmesser kann etwa mit 0,5 bis 0,6 angenommen werden, wobei die Breite des Kurbelarmes etwa 1,3 bis 1,7 mal dem Wellendurchmesser ausgeführt wird. Damit ergibt sich dann die Lager-

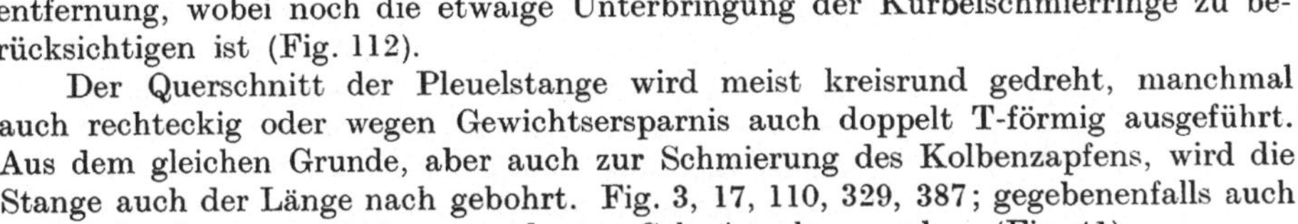

Fig. 118.

entfernung, wobei noch die etwaige Unterbringung der Kurbelschmierringe zu berücksichtigen ist (Fig. 112).

Der Querschnitt der Pleuelstange wird meist kreisrund gedreht, manchmal auch rechteckig oder wegen Gewichtsersparnis auch doppelt T-förmig ausgeführt. Aus dem gleichen Grunde, aber auch zur Schmierung des Kolbenzapfens, wird die Stange auch der Länge nach gebohrt. Fig. 3, 17, 110, 329, 387; gegebenenfalls auch noch mit einem zentrisch angeordneten Schmierrohr versehen (Fig. 41).

Die Länge der Pleuelstange beträgt 4 bis 6 mal den Kurbelradius; die größere Länge wird oft bei liegenden Maschinen benützt, um den Normaldruck des Kolbens auf die Gleitbahn ebenso gering zu halten, wie bei gleich großen stehenden Typen; die kleinere

---

[1]) Siehe Föppl, Die Beanspruchung auf Verdrehen an einer Übergangsstelle mit scharfer Abrundung. Z. 1906, S. 1032.

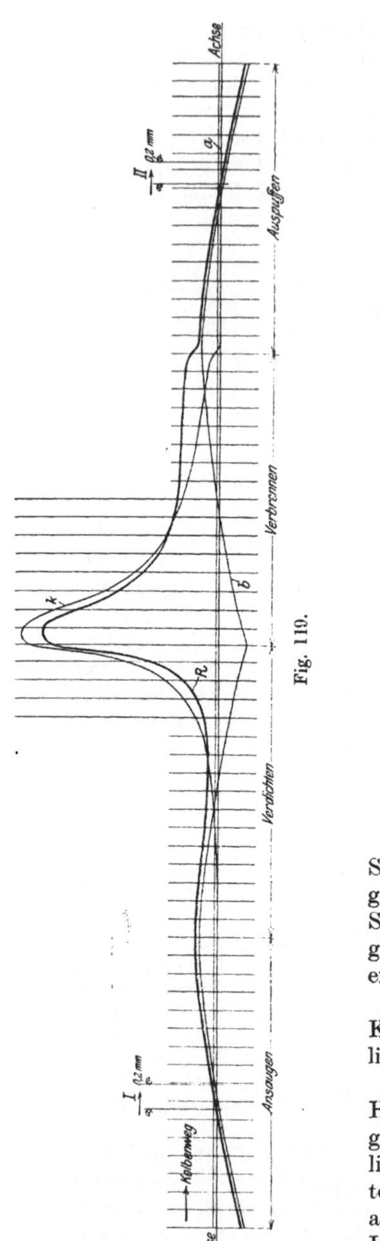

Fig. 119.

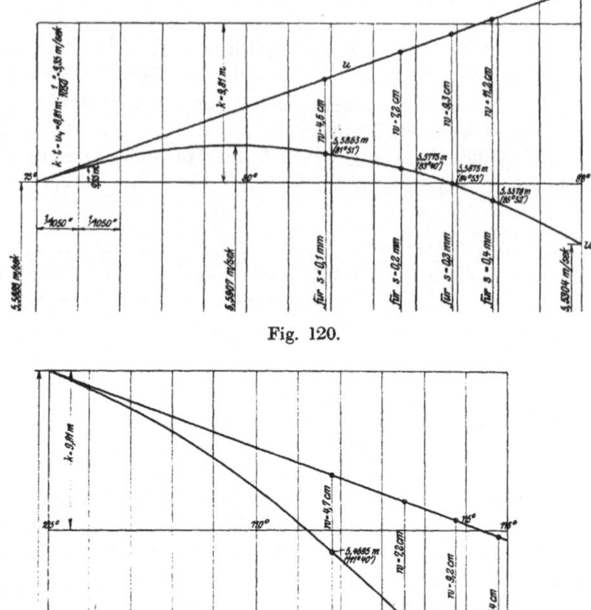

Fig. 120.

Fig. 121.

Schubstangenlänge wird meist bei Schiffsmaschinen ausgeführt. Die Stärke der Stange ist mit 16- bis 25 facher Sicherheit zu rechnen, wenn die Eulersche Knickformel vergleichsweise zugrunde gelegt wird. Auf Druck gerechnet, ergibt sich etwa eine Beanspruchung von 750 kg/cm².

Bei Normalmaschinen betragen die Gewichte von Kolben und Stange etwa 8 bis 9,5 kg für ein dm³ Zylinderinhalt.

Die Fig. 113 bis 117 zeigen die Ausführung und die Hauptabmessungen einiger Wellen unter Angabe der zugehörigen Maschinengrößen[1]), und zwar für stehende und liegende Maschinen. Als Beispiel einer Z-förmig gekröpften Welle dient Fig. 41. Zur Sicherung der Lager in axialer Richtung dient gewöhnlich ein Bund im geteilten Lager, der auch den Seitenschub auf das Steuerwellenantriebsrad aufzunehmen hat, z. B. Fig. 113.

Um ein Bild über den Vorgang beim Druckwechsel im Kurbeltrieb zu erlangen, wurde eine Maschine von 415 mm Zylinderbohrung, 600 mm Kolbenhub und 175 Uml/Min. als Beispiel gewählt[2]). Die Länge der Schubstange beträgt 5,33 mal

---

[1]) Vgl. Übersicht der Abbildungen am Schlusse des Buches.
[2]) Vgl. F. Döhne, Heft 118 d. Mitteilungen über Forschungsarbeiten.

jener der Kurbel, der Arbeitskolben hat ein Gewicht von rund 350, die Treibstange rund 300 kg, von denen für die Beschleunigungsdrücke 200 kg in Rechnung gezogen wurden. Der Ungleichförmigkeitsgrad des Ganges beträgt ein Siebzigstel; die mittlere Geschwindigkeit des Kurbelzapfens rund 5,5 m/sec.

Fig. 118 stellt das Arbeitsdiagramm, Fig. 119 den Verlauf der Kolbenkräfte für 1 cm² Kolbenfläche, bezogen auf den Kurbelzapfenweg, dar (k); hierzu kommt das gleichbleibende Gewicht des Kolbens (a) und die Beschleunigungsdrücke der hin und her gehenden Massen (b), wodurch man die resultierenden Stangendrücke (R) auf den Kurbelzapfen erhält, freilich wegen der Massenkräfte des Kurbelkopfes und der Reibungen nur angenähert.

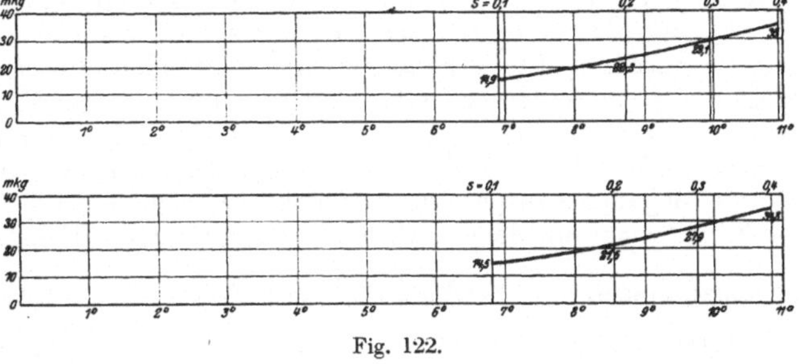

Fig. 122.

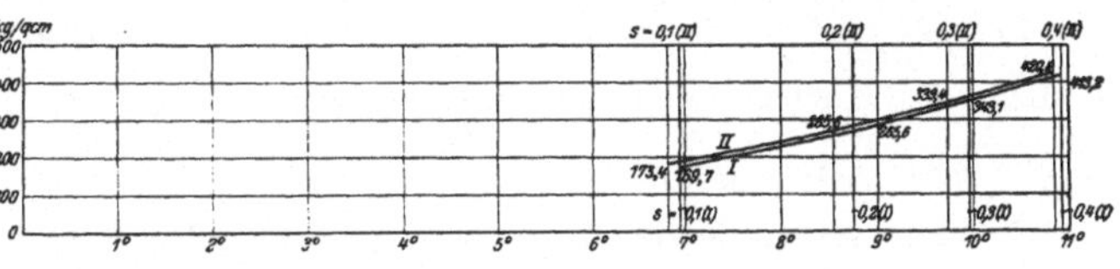

Fig. 123.

Die Linie der so gefundenen Stangendrücke schneidet die Abszissenachse dort, wo ein Druckwechsel beginnt. Aus dem Verlauf dieser Linie ist ersichtlich, daß während der vier Halbhübe eines Spiels zwei Schalenwechsel auftreten. Fig. 120 und 121 zeigen die denselben entsprechenden Stoßdiagramme, die durch die wirklichen Geschwindigkeitskomponenten u des Stangenkopfes und die des Kurbelzapfens u' mit der Zeit als Abszissenachse gebildet werden. Hier ist der

Fig. 124.

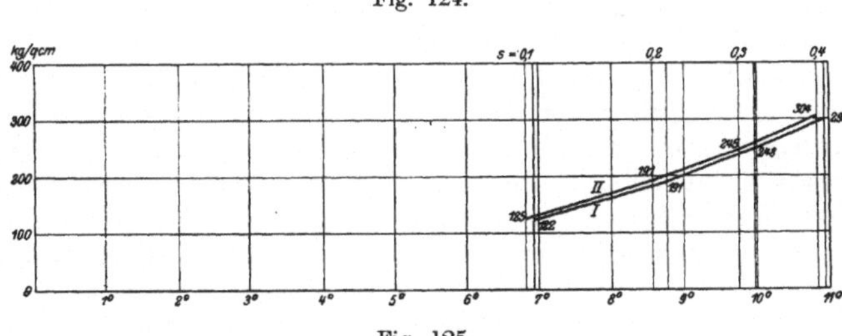

Fig. 125.

Einfachheit halber die Umfangsgeschwindigkeit des Kurbelzapfens gleichbleibend angenommen.

Bezeichnet t_0 die Zeit, in der das Lagerspiel s zurückgelegt wird, so ist

$$s = \int_0^{t_0} (u - u')\, dt,$$

ein Wert, der sich aus der Messung der betreffenden Fläche in der Figur ergibt. Damit kann man den Zeitpunkt des Stoßbeginnes und auch die relative Stoßgeschwindigkeit $w = u_0 - u_0'$ finden. Die so für einen angenommenen Wert von s gefundenen Zeiten t_0 ergeben auch die zugehörigen Kurbelstellungen, die entsprechende Diagrammfläche im Überdruckdiagramm mißt unmittelbar die während des Schalenwechsels auftretende Stoßarbeit: $L_0 = \dfrac{G}{2g}\,(u^2 - u'^2)$ mit $G = 550$ kg.

In Fig. 119 ist die Dauer des Schalenwechsels für 0,2 mm Lagerspiel kenntlich gemacht; Fig. 122 zeigt für beide Druckwechsel das Anwachsen der in m/kg ausgedrückten absoluten Stoßarbeiten für die Lagerspielräume $s = 0,1,\ 0,2,\ 0,3,\ 0,4$ mm bezogen auf die entsprechenden Kurbelwinkel während des Schalenwechsels als Abszissen.

Der größte ideelle Stoßdruck und Flächendruck am Kurbelzapfen und die zugehörige Biegungsbeanspruchung sind für beide Schalenwechsel in Fig. 123 bis 125 dargestellt, jedesmal mit dem Kurbelwinkel als Abszisse. Fig. 123 zeigt die ideellen Biegungsspannungen $\sigma = 3{,}464\,w\sqrt{E\dfrac{M}{V}}$ in kg/cm² mit $E = 2\,200\,000$ kg/cm², $V = \dfrac{\pi d^2}{4}\,l$ als Volumen des Kurbelzapfens, wobei $d = 23$ cm, $l = 24$ cm.

Fig. 124 gibt die ideellen Stoßdrücke $P = 8\,\dfrac{W\sigma}{l}$ mit W als äquatorialem Trägheitsmoment des Kurbelzapfenquerschnittes. Fig. 125 endlich gibt die ideellen Flächendrücke $p = \dfrac{P}{dl}$ in kg/cm².

Zu den schwierigsten Aufgaben gehört endlich die Betrachtung der Drehschwingungen der Kurbelwellen[1]). Bekanntlich ist vor allen Dingen darauf zu achten, daß die Eigenschwingung des aus Welle und Schwungrädern bestehenden Systems nicht mit den vom Tangentialdiagramm herrührenden Impulsen übereinstimmt, wodurch Resonanz und damit eine große Beanspruchung eintreten müßte[2]).

VII. Zylinderdeckel.

In den meisten Fällen enthält der Zylinderdeckel die Steuerventile, also Einsauge- und Auspuffventile, Brennstoff- und Anlaßventil. Bei stehenden Schnellläufern sind die Ventile auch nach amerikanischem Muster seitlich angebracht (z. B. Fig. 143), wobei aber auf die wünschenswerte Konzentration des Verbrennungsraumes verzichtet werden muß. Auch bei doppeltwirkenden liegenden Maschinen werden die Ventile statt im Deckel auch seitlich oder oben und unten am Zylinder angebracht (Fig. 102 und 22). Bei Wahl der Anordnung hat man natürlich in erster Linie die allgemein für den Verbrennungsraum geltenden Rücksichten zu beachten, noch mehr als beim Kolbenboden ist hier aber auf die Einwirkung der hohen Temperaturen zu achten. Befinden sich nämlich die Steuerteile im Deckel, so ist die freie Formänderung desselben bei den großen Temperaturunterschieden noch mehr gehindert als dort, weil die Ventilräume durch steife Wände gebildet werden und auch weil die verhältnismäßig kühl bleibende Verbindungsflansche entgegenwirkt. Dazu kommt die Ungleichmäßigkeit der Kühlung an den verschiedenen Stellen, deren Einfluß so ziemlich unberechenbar ist und daher möglichst zu vermeiden sein wird.

Bei stehenden Maschinen ist der Zylinderkopf seiner Hauptform nach meist ein zylindrischer Hohlgußkörper (Fig. 10, 126), mit ebenen Endflächen, die durch

---

[1]) Siehe Lorenz, Dynamik der Kurbeltriebe 1901.

[2]) Siehe Frahm, Neue Untersuchungen über die dynamischen Vorgänge in den Wellenleitungen von Schiffsmaschinen mit bes. Berücksichtigung der Resonanzschwingungen. Z. d. V. d. I. 1902, S. 797, auch in den Mitteilungen über Forschungsarbeiten Heft 6.

die erwähnten Pfeifen für die Steuerventile und sonstige Rippen gegeneinander und mit den Zylinderwänden versteift sind. Diese Rippen haben gewöhnlich zur Vermeidung von Gußspannungen und Anhäufung von Material ausgenommene Ecken, oder verbinden überhaupt nur die ebenen Böden (Fig. 10). In die Ventilrohre münden seitlich die Anschlüsse für Luftzufuhr und Auspuff. Da wegen des Steuerungsantriebes nicht nur die Zentrierung des Deckels, sondern auch die genaue Lage der einzelnen Ventile gesichert sein muß, wird ein Stift eingebohrt, der die Verdrehung des Deckels hindert. Die innere Abschlußwand des Deckels ist manchmal gegen den Flansch zurückgezogen, was sowohl die Ausdehnung als auch das Ausnehmen des Kolbens erleichtert (Fig. 12). Wenn die Ventilöffnungen über den Durchmesser des Zylinders hinausragen, können auf diese Weise auch eine kleinere, abzudichtende Fläche und damit kleinere Drücke auf die Deckelschrauben erzielt werden.

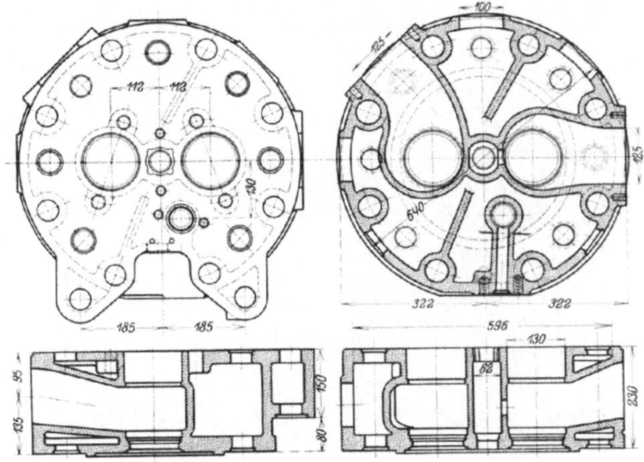

Fig. 126.

Der Hohlraum des Deckels dient als Kühlraum für das Wasser, das den Deckelboden und die Wände der Ventilkästen möglichst vollständig und gleichmäßig umspülen soll. An den der Wärmezufuhr am meisten ausgesetzten Stellen oder solchen, wo die Ableitung der Wärme schwieriger ist, soll ein möglichst energischer Wasserumlauf vorgesehen werden. Gewöhnlich wird das Kühlwasser dem Deckel aus dem Kühlmantel zugeführt, und zwar entweder durch seitlich angebrachte U-förmige Rohre (Fig. 10, 77) oder durch Bohrungen in den Verbindungsflanschen mit eingesetzten Rohrstücken, die durch Gummiringe abgedichtet sind (Fig. 11, 34), oder auch durch größere Ausnehmungen im Guß dieser Flanschen (Fig. 31). Hier ist natürlich beim Abdichten besondere Vorsicht nötig, damit nicht im Stillstand Wasser in den Zylinder eindringen kann und dort beim Anlassen Wasserschläge verursacht. Die doppelte Abdichtung nach innen und außen ist aber bei entsprechender Sorgfalt wohl möglich. Fig. 132 zeigt einen besonderen seitlichen

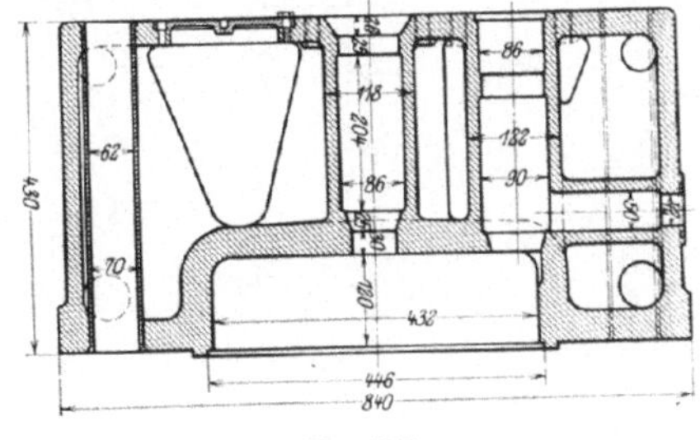

Fig. 127.

Deckel zum Anschluß der Kühlrohre für das Auslaßventil und einen zweiten zur Reinigung (s. a. Fig. 329).

Eine gut gekühlte Deckelkonstruktion zeigt Fig. 133. Das Auspuffrohr ist hier bis zu seinem Austritt aus dem Deckel allseitig gekühlt. Seine Krümmung gestattet den verbrannten Gasen einen stoßfreien Austritt. Die Kühlung wird hier durch die außerordentlich geringe Wandstärke von 12 mm wesentlich wirksamer gemacht.

Die Befestigungsschrauben für den Deckel haben nicht nur die Kolbenkraft aufzunehmen, sondern auch noch den Abdichtungsdruck. Sie werden gewöhnlich innerhalb der äußeren Zylinderwand des Kopfes angeordnet und durch denselben hindurchgezogen. Sie entlasten so diese Wand, indem sie die von den verhältnismäßig größeren Ausdehnungen der Ventilkastenwände, insbesondere jener beim Auspuffventil, herrührenden Spannungen teilweise aufnehmen. Diese sind freilich

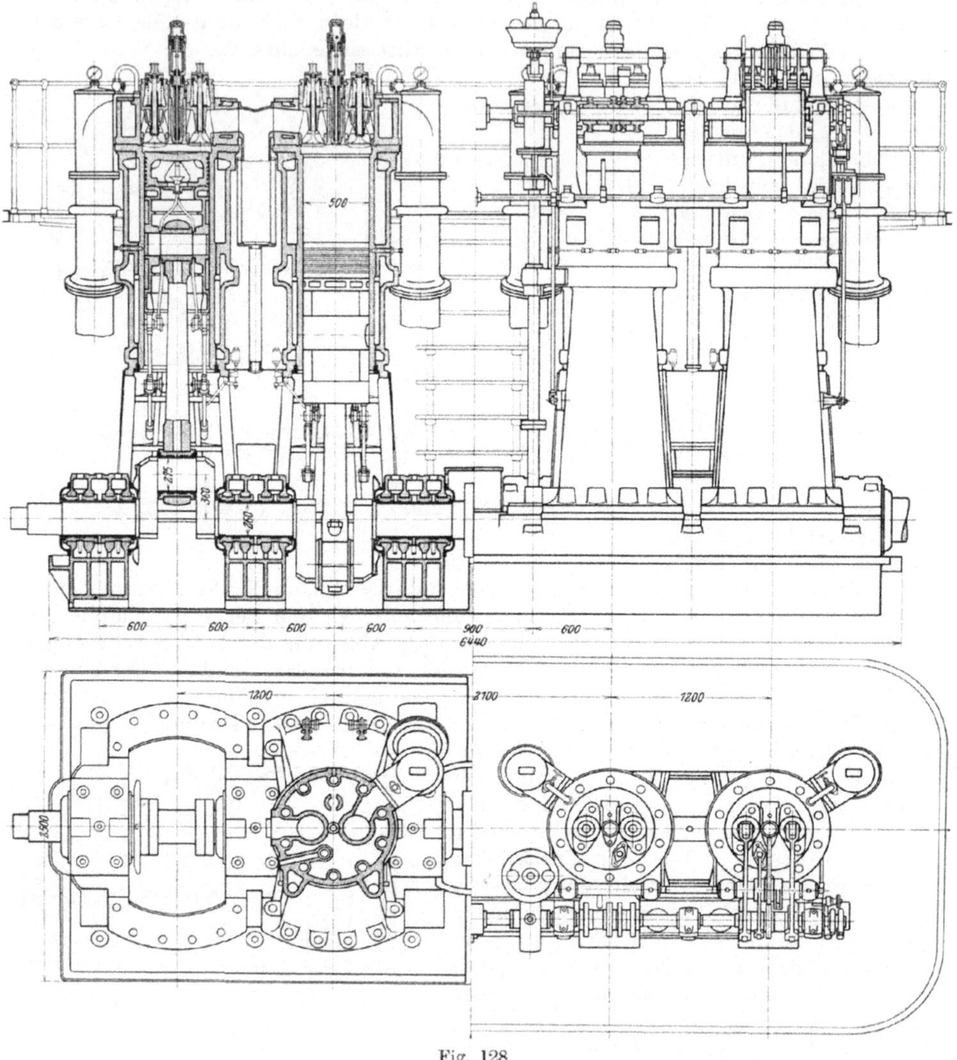

Fig. 128.

bei ebenen Abschlußwänden dadurch in mäßigen Grenzen zu halten, daß diese Wände an den betreffenden Stellen etwas nachgeben. Die Deckelschrauben gehen durch angegossene Pfeifen (Fig. 57) oder sind durch beiderseits verstemmte Schmiedeeisenrohre gegen das Kühlwasser abgedichtet (Fig. 127). Die Stärke dieser Schrauben wird mit Rücksicht auf Festigkeit und Dehnung bemessen und zwar ziemlich reichlich, um auch noch für etwa auftretende höhere Drücke auszureichen, und auch um Federungen der Hebelwellenlager, die am Deckel angebracht sind, zu vermeiden. Bei Annahme von 35 at Pressung im Zylinder gehen manche Konstrukteure nur bis 300 kg/cm², andere bis 600 und sogar 800 kg/cm², freilich unter Verwendung besonders guten Materials. Um die Federung recht klein zu halten, werden wohl auch Außenflanschen benützt (Fig. 39), wodurch aber die Entlastung der äußeren Deckelwände und auch teilweise die Nachgiebigkeit der Abschlußwand verloren gehen.

Die Abdichtung der Flanschen geschieht entweder durch Aufschleifen am Zahn der Zylinderbüchse oder im Fall einer offenen Verbindung von Kühlmantel und Deckelkühlraum durch leinöl- oder firnisgetränktes Papier, Kupfer oder auch Klingerit. Letzteres ist deshalb nicht empfehlenswert, weil durch die Nachgiebigkeit sich die am Deckel angebrachten Steuerteile nach jeder Demontierung verschieben. Gegen das Festbrennen der Teile wird ein Anstrich von Graphit verwendet. Um den Hohlraum nach dem Guß sicher von allem Formsand zu befreien und auch zum Reinigen von Schlamm und Kesselstein, werden oft die Deckel am Flansch mit Öffnungen versehen und solche auch am äußern Ende des Kühlmantels angebracht (Fig. 31), so daß das vom Mantel kommende Kühlwasser zum Deckel freien Zutritt findet. Aus demselben Grunde und um eine Reinigung gegebenenfalls auch ohne Demontierung der Steuerung wenigstens teilweise vornehmen zu können, läßt man auch den Deckelhohlraum im Guß oben offen, um

Zu Fig. 128.

ihn dann mit einer besonderen schmiedeeisernen oder gußeisernen Platte, die von Deckelschrauben angezogen wird, zu schließen (Fig. 128, 34). Auf diese Weise erhält man auch ein sehr spannungsfreies Gußstück, an dem zur Reinigung von Sand an einzelnen Stellen noch seitliche Putzöffnungen angebracht werden können, sowie auch Kernlöcher unterhalb der Anlaß-, Einlaß- und Auspuffbutzen.

Bei größeren Kolbengeschwindigkeiten ist das Unterbringen der Ventilgehäuse schwierig, ihre Wände kommen dann so nahe aneinander, daß eine sichere Kühlung bei der erhöhten Wärmezufuhr nicht mehr einfach ist, und auch eine etwaige Erweiterung des Verdichtungsraumes (Fig. 129) nicht mehr ausreicht.

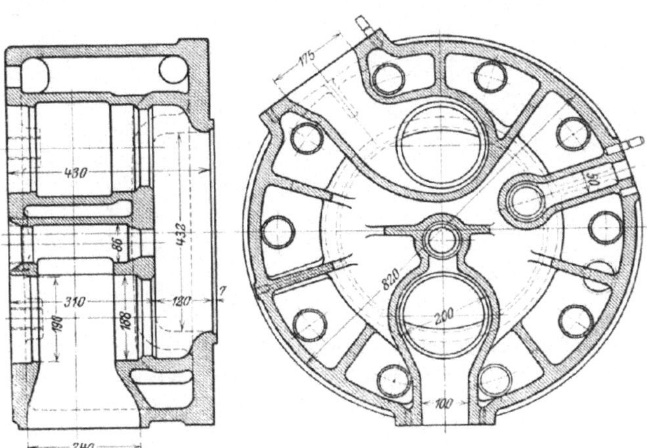

Fig. 129.

6*

Es entstehen so leicht ungekühlte Stellen insbesondere am Brennstoffventil, wo auch Bohrungen durch die zwischen den Pfeifen auftretenden Gußanhäufungen nicht mehr genügenden Wasserdurchfluß ergeben (Fig. 130).

Deshalb läßt man manchmal die Pfeife für das Brennstoffventil ganz weg, wodurch aber die Gefahr des Durchsickerns von Kühlwasser in den Verbrennungsraum im Stillstand der Maschine auftritt und damit die Möglichkeit eines Wasserschlags beim Anlassen entsteht, wenn die Dichtung nicht ganz vollkommen ist. Das tritt um so leichter ein, als der Brennstoffventileinsatz dann auch außen abdichten muß. Man walzt aus diesem Grunde auch ein Kupferrohr in den Deckel ein, das wenig Raum beansprucht (Fig. 3), oder benützt ein verzinntes Stahlrohr mit Stopfbüchse (Fig. 131). Undichtheiten zwischen Kühlmantel und Zylinderinnern erkennt man während des Betriebes oft an dem stoßweisen Austreten des Kühlwassers.

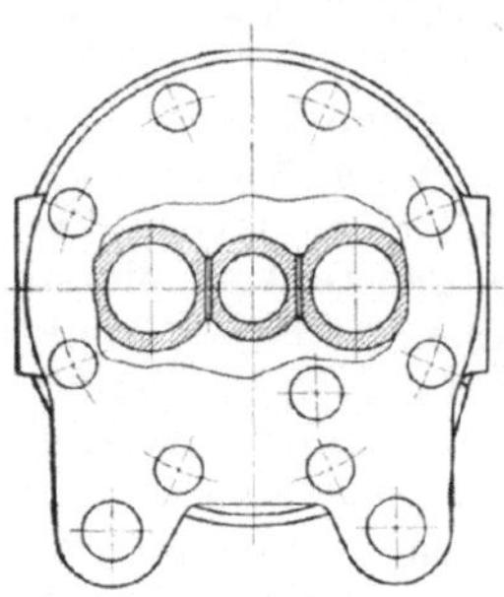

Fig. 130.

Manche Firmen legen das Brennstoffventil mehr gegen das Einlaßventil hin, um das Auspuffgehäuse für die Kühlung ringsum frei zu halten (Fig. 129), oft werden auch die Gehäuse für das Einlaß- und Brennstoffventil miteinander verbunden, so daß die Arbeitsluft auch zur Kühlung des Gehäuses für das letztere verwendet wird. Auch wird das Brennstoffventil aus der Verbindungslinie zwischen Einlaß- und Auspuffventil verschoben,

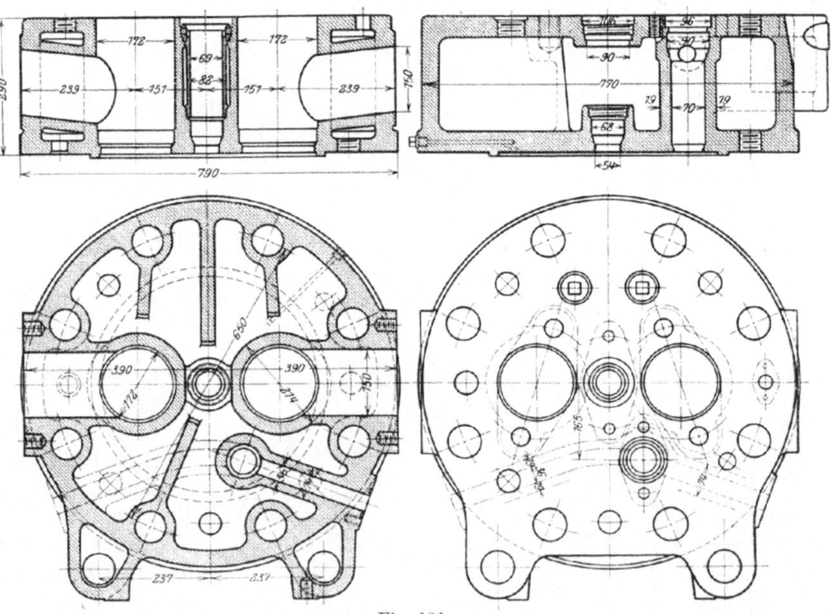

Fig. 131.

während die Lage des Anlaßventils wenigstens in einer Richtung gegen das Brennstoffventil mit Rücksicht auf Antrieb und Ausschaltung nahe festgelegt ist. Um Platz zu gewinnen, wird auch der Einsatz für das Einlaßventil weggelassen und nur eine einfache Büchse als Führung für die Ventilspindel verwendet. (Fig. 132; vgl. auch Fig. 151.)

Der Abfluß des Kühlwassers erfordert einen besonderen Anschluß. Die Zufuhr von Brennstoff- und Einspritzluft geschieht meist unmittelbar am Brennstoffventileinsatz, erfordert also dann keine Angüsse am Deckel; solche sind nur für die Anlaß- und die Ansaugeluft und den Auspuff nötig, sowie für den Indikatorenanschluß und die Kern- und Putzlöcher und endlich für die Lagerung der Steuerhebel. Trotz der etwas weniger günstigen Gestaltung des Verbrennungsraumes ist es manchmal nötig, die Brennstoffdüse seitlich (Fig. 133, 51) oder schräg (Fig. 134, 135) anzuordnen, wenn sie nicht überhaupt statt im Zylinderdeckel am Zylinder selbst angebracht ist (Fig. 143).

Bei der Konstruktion der Ventilgehäuse ist natürlich darauf zu sehen, daß die Gasgeschwindigkeiten an keiner Stelle ein größtes Maß überschreiten und womöglich auch stetig verlaufen. Manchmal ist dies durch exzentrische Anordnung der Ventile in den Gehäusen leichter zu erreichen (Fig. 126). Auch durch zweckmäßige Krümmung der Zu- und Ableitung wird diese Anforderung erfüllt.

Bei großen Ausführungen müssen manchmal wegen zu großer Ventilabmessungen oder auch wegen besserer Verteilung der Steuerorgane im Deckel statt eines Einlaß- oder Auspuffventils zwei Stück angeordnet werden. So

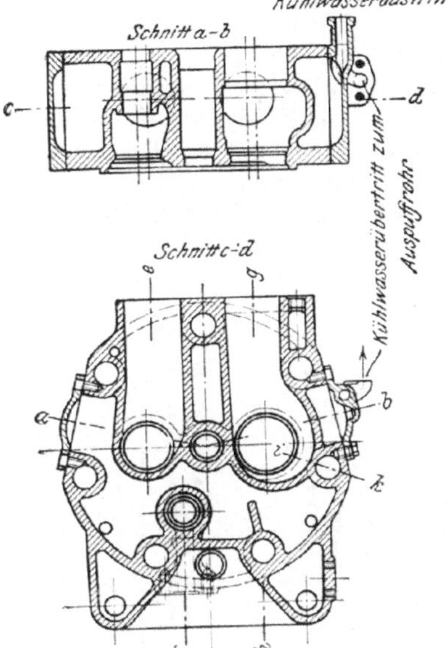
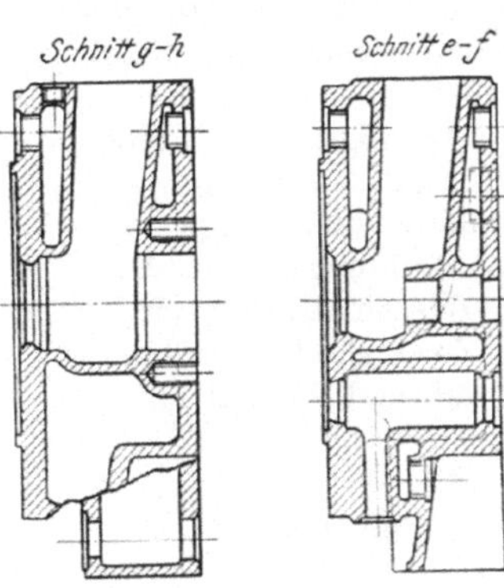

Fig. 132.

zeigt z. B. Fig. 38 bei einem Zylinder über 125 PS Leistung zwei Einlaßventile und ein Auspuffventil, wobei letzteres in abweichender Weise gesteuert wird, was auch in der leichteren Demontierbarkeit seine Ursache hat.

Eine Anordnung des Anlaßventils bei Mehrzylindermaschinen zeigt das Schema Fig. 136, manchmal werden nicht alle Zylinder mit Anlaßventilen ausgestattet, z. B. in Fig. 53 nur zwei nebeneinander befindliche Zylinder. Die Deckel erfordern je nach der Lage der Maschine gegebenenfalls verschiedene, gegeneinander symmetrische Modelle.

Bei kleinen Maschinen werden auch beide Ventilsitze unmittelbar in den Deckel ohne Einsatz verlegt (Fig. 18).

Für die Ausbildung des Kühlwasserraumes ist natürlich auch die Lage der Rohranschlüsse für Ein- und Auslaß und für die Einblaseluft wichtig, die ihrerseits von der Ausgestaltung des Rohrplanes abhängig ist.

Bei liegenden Maschinen ist die gleich günstige Formgebung des Verbrennungsraumes nur durch horizontal oder schräg bewegte Steuerventile und die hierzu erforderliche Anordnung von hinter den Zylinderdeckeln liegenden Quersteuerwellen ermöglicht (Fig. 137, 138). In Fig. 137 ist die Versteifung des Deckels durch eine kreisförmige Rippe erzielt, das Kühlwasser umströmt unmittelbar das Brennstoffventilgehäuse. Fig. 139 zeigt die Ansicht des Deckels nebst Angabe der Rohrleitungen für das Kühlwasser und den Angüssen für die Steuerwelle. Fig. 140 zeigt die genaue Darstellung des zu Fig. 138 gehörigen Deckels mit der eigentümlichen, dem Verbrennungsraum für die schräge Lage der Ventile angepaßten Form des inneren Bodens, der nur am Rand bearbeitet ist, um die Gußhaut für den übrigen Teil beizubehalten. Der Wasserraum wird hier mit 15 at auf Dichtheit geprüft. Die Befestigungsschrauben sind hier wie bei stehenden Maschinen längs der Außenwand des Deckels durchgeführt und bieten so die früher besprochenen Vorteile.

Häufig findet man die Ein- und Auslaßventile senkrecht angeordnet, um einseitige Abnutzung der Führungen zu vermeiden, dadurch ergibt sich aber ein weniger einfacher, in der Hauptsache flacher Verbrennungsraum. Die beiden großen Ventile liegen dabei übereinander, nur Anlaß- und Einspritzventil liegen horizontal, ersteres meist seitlich, letzteres zentral (Fig. 141).

Gewöhnlich wird nur für das oben liegende Einlaßventil ein besonderer Einsatz vorgesehen, während das Auspuffventil unbeschadet der leichten Montierung nach oben hin unmittelbar in den Deckelkühlraum eingebaut werden kann. Dieser ist hier nach außen hin offen gegossen und mit einem besonderen Deckel, der auch die Luftsteuerung aufnimmt, abgeschlossen. Der Hohlraum des Deckels ist unmittelbar mit dem Kühlmantel des Zylinders verbunden, das Kühlwasser fließt zuerst dem Deckel zu. Fig. 218 hingegen zeigt einen ganz geschlossenen Deckel, dessen Kühlung unabhängig von der Mantelkühlung erfolgt. Auch hier liegt das Anlaßventil seitlich bei der Zweizylinderanordnung außen, während die Luftansaugung innen geschieht. Für das Anlaßventil ist hier ein besonderer Sitz eingepreßt.

Fig. 19 zeigt die Luftansaugung durch die Ventilhaube hindurch, bei Fig. 142 ist sie seitlich angebracht. Der betreffende Stutzen wird besser der Steuerung gegenüber angeordnet, damit er sie nicht behindert. In Fig. 138 ist eine Rohrverbindung zum Hohlraum der Grundplatte angelegt, so daß die Luftdurch diese hindurchgesaugt wird.

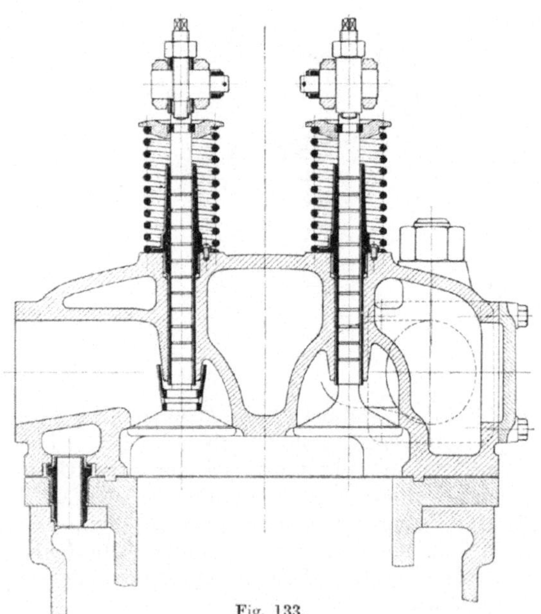

Fig. 133.

Die gleiche Anordnung der Ventile ist in Amerika auch für stehende Maschinen versucht worden, Einlaß- und Auspuffventil liegen hier horizontal[1]).

Zum Ausschalten der Kompression beim Anlassen, sowie auch zum Ablassen und Ausblasen von Rückständen während des Ganges dient ein besonderes Ventil Fig. 73.

---

[1]) Vgl. Engineer 1913, II. Bd., S. 189.

Die Verbindung des Deckels mit dem Zylinder wird meist durch freie Flanschen hergestellt, manchmal liegen die Muttern auch im Innern des Ansaugeraumes. Über die Nachteile der freien Flanschen ist bereits gesprochen worden,

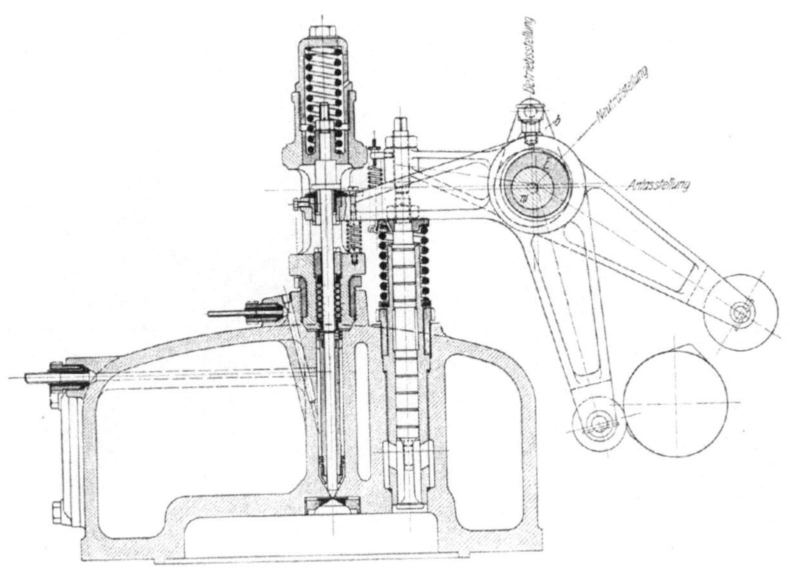

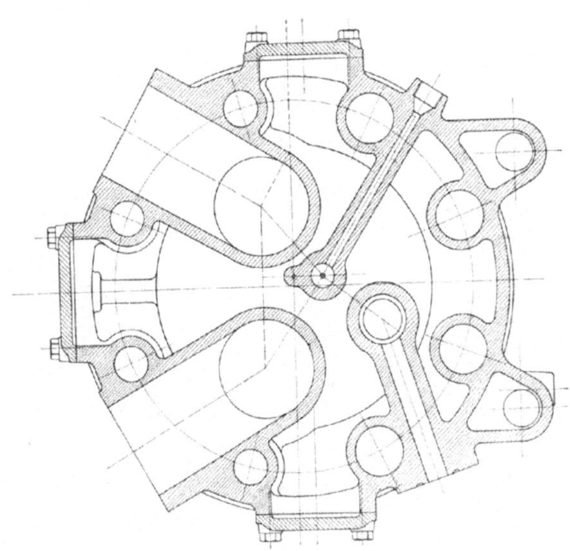

Zu Fig. 133.

sie können zur Rißbildung Anlaß geben.

Auch hier benötigt man für die verschiedenen Aufstellungsarten ein Rechts- und ein Linksmodell. Bei doppeltwirkenden Maschinen werden die Gehäuse für die Steuerventile entweder mit den Zylindern zusammengegossen oder in besonderen Kopf- und Verbindungsstücken untergebracht (Fig. 102). In ersterem Falle, wie auch bei stehenden Maschinen mit seitlich angeordneten Steuerungsteilen (Fig. 143) sind die Deckel einfache Hohlkörper, in denen nur das Anlaß- und eventuell das Brennstoffventil untergebracht sind. Bei doppeltwirkenden Maschinen haben sie die Stopfbüchseneinsätze für die Kolbenstangen aufzunehmen.

Die Wandstärken werden je nach den Zylinderdurchmessern sehr verschieden gewählt. Die äußere zylindrische Wand ist für Gußeisen etwa ein Zwölftel bis ein

Sechzehntel des Zylinderdurchmessers, die Bodenstärke innen ein Achtel bis ein Zwölftel, der äußere Boden ist etwas schwächer zu nehmen. Der Kühlraum wird gewöhnlich auf 15 bis 20 at geprüft, die dem Kolbendruck ausgesetzten Teile unter

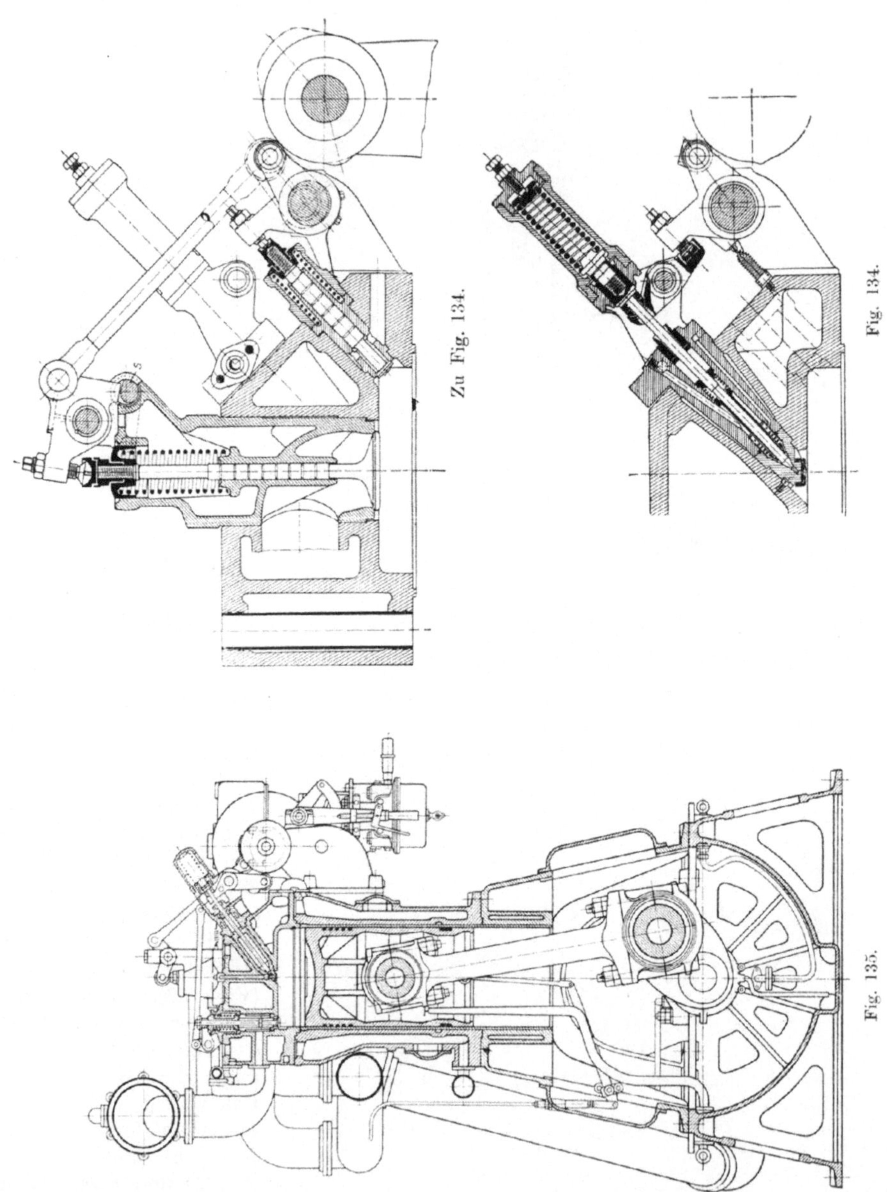

Verwendung besonderer Deckel auf 100 bis 105 at, und zwar möglichst vor voller Bearbeitung, so weit diese nicht zur Abdichtung für die Probe notwendig ist, und bei eingebauten Ventilen. Außerdem sind die Deckel zur Verminderung der Gußspannungen gut auszuglühen.

Bei stehenden Maschinen oder überhaupt, wo die Deckelschrauben die äußere Wand fassen, ist der äußere Durchmesser etwa doppelt so groß als der Zylinderdurchmesser, die Höhe etwa 0,7 bis 0,8 des Zylinderdurchmessers. Die Anzahl der Deckelschrauben beträgt 8 bis 12 und mehr.

Die Putzöffnungen sind derart zu legen, daß Formsand und etwaige Kesselsteinbildung möglichst leicht und vollkommen beseitigt werden können, insbesondere von den heißesten Stellen, wie etwa dem Gehäuse des Auspuffventils.

Die Ursache der Rißbildung der Wände des Verbrennungsraumes kann in zu geringen Wandstärken liegen, aber auch darin, daß der Ausdehnung der Wände durch kalt bleibende und sie umgebende Teile, wie Flanschen, nicht genügend Rechnung getragen wird. Auch die allzu leichte Formänderung, also mangelnde Steifigkeit den Innendrücken gegenüber, kann die Ursache von Zerstörungen sein, insbesondere ist dies dann der Fall, wenn die äußere Wand des Deckels durch aufgeschraubte Platten gebildet wird. Dementgegen würden allzu starke Böden wegen verminderter Kühlwirkung schädlich sein. Risse bei den Auslaßventilsitzen können durch Anfressungen derselben und auch durch mangelhafte Kühlung dieser Stellen entstehen, sowie auch durch ungleichmäßige Materialverteilung.
Häufig sind auch Risse in den äußeren Mänteln

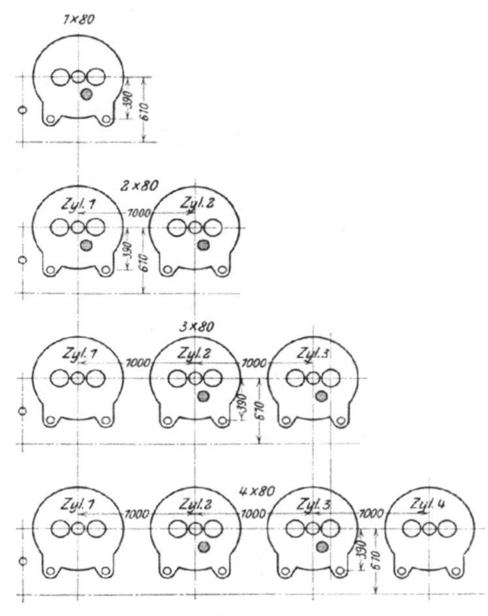

Fig. 136.

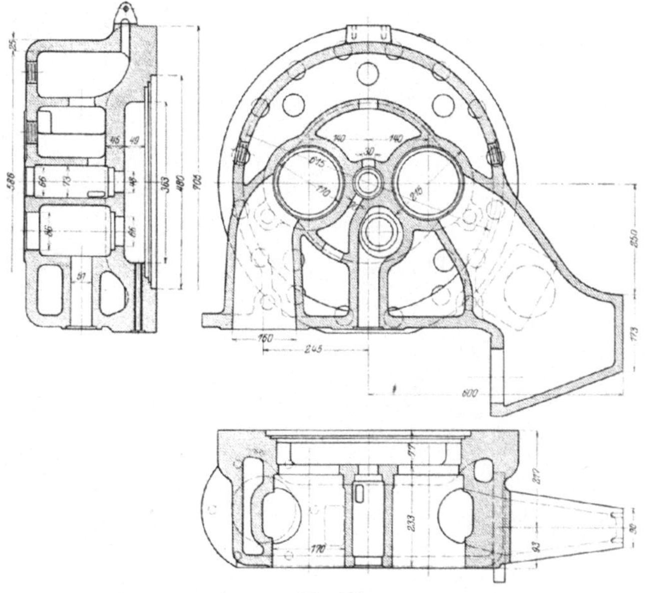

Fig. 137.

des Kühlraumes, deren Ursachen zum Teil schon erwähnt wurden. Besonders bei den gewöhnlichen Ausführungen liegender Maschinen ist die Gefahr groß, daß durch die Ausdehnung des im Verbrennungsraum liegenden Deckelteils starke Zugkräfte auf den äußeren Mantel und Biegungen in die Bodenfläche gelangen. Will man diesen Einwirkungen möglichst begegnen, so muß man einerseits dafür sorgen, daß die axial gelegenen

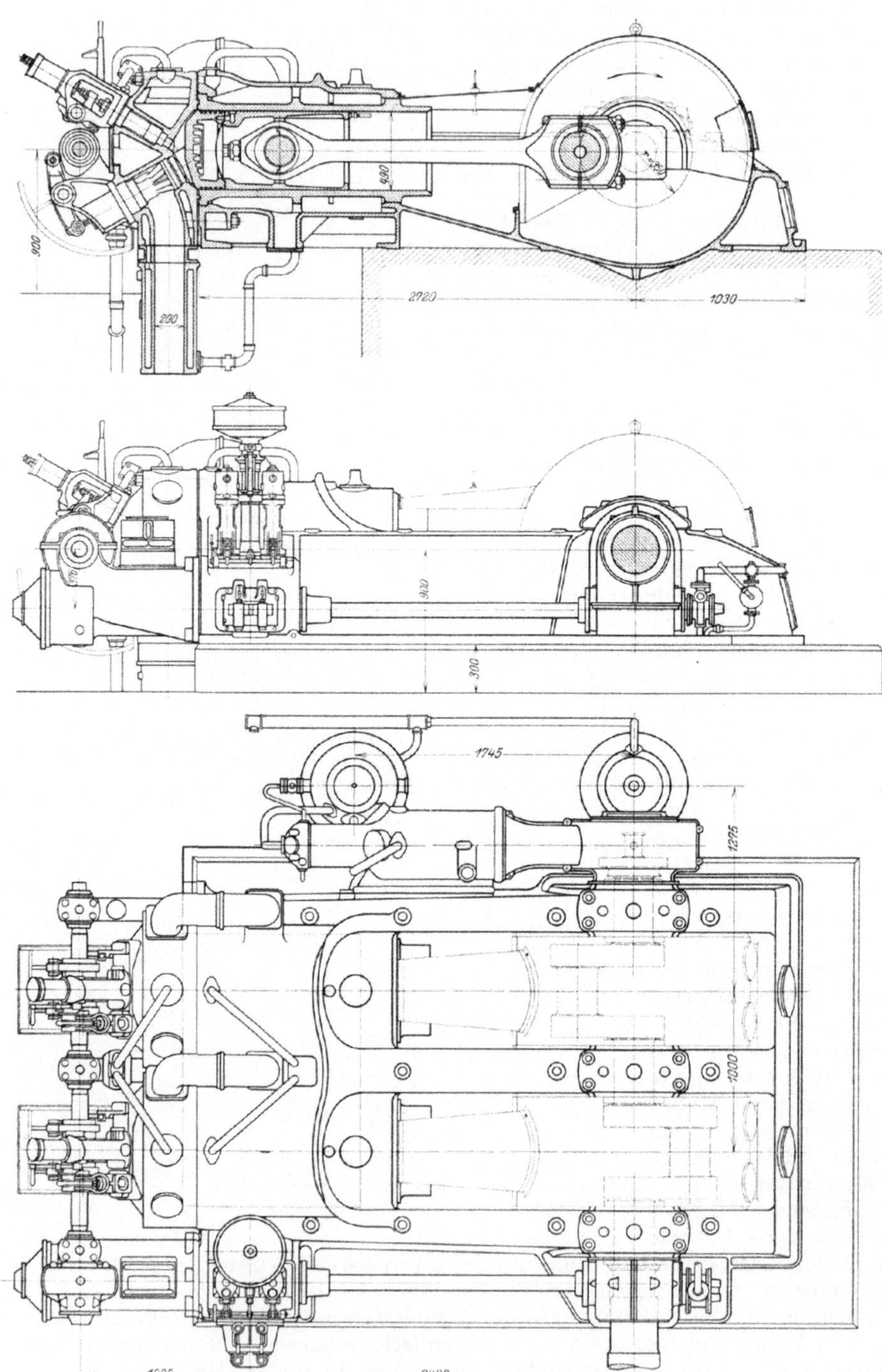

Fig. 138.

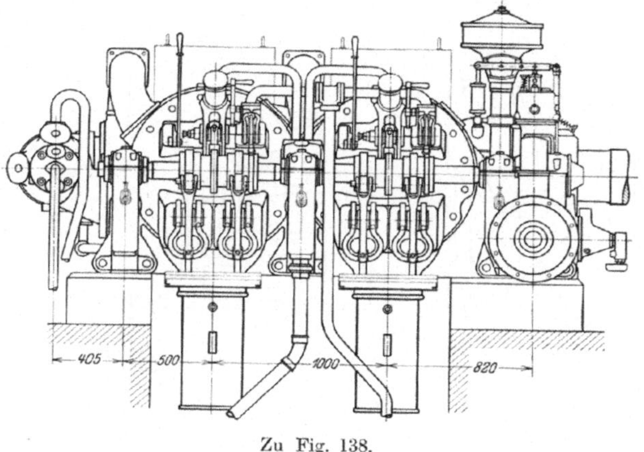

Zu Fig. 138.

und stark erwärmten Wände des Verbrennungsraumes möglichst leicht gegen die Außenwände verlängerbar sind, was unter Voraussetzung eines vollen Außenbodens nur durch große Durchmesser des Deckels erreichbar ist, sonst aber durch besondere Deckelringe. Der große Durchmesser bedingt aber auch den ungünstig großen Deckelflansch, der die freie Ausdehnung des inneren Deckelbodens stört. Dieser Flansch soll also möglichst gleiche Kühlungsverhältnisse haben, wie der Boden, soll also nicht zu stark sein und nicht zu große Entfernung zwischen Dichtungsring und Befestigungsschrauben zeigen, damit die Biegungsbeanspruchung nicht zu groß wird. Andererseits soll der Dichtungsdurchmesser so klein als möglich sein, damit der Kolbendruck auf die Deckelschrauben nicht zu groß wird. Deshalb ist es vorteilhaft, auch bei liegenden Maschinen die Deckelschrauben durch den Zylinderkopf durchgehen zu lassen, wodurch sich auch die bei stehenden Maschinen erwähnten

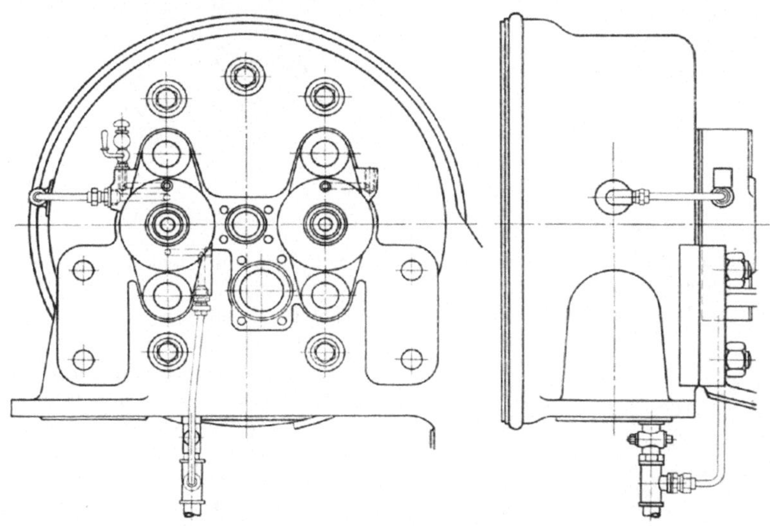

Fig. 139.

Vorteile ergeben. Jedenfalls sind besonders bei übereinanderliegenden Ventilen die Formen des Verbrennungsraumes überall rund zu begrenzen, scharfe Ecken bilden stets aus Gründen der Festigkeit und der mangelnden Kühlung eine Gefahr.

Im Betriebe endlich sind plötzliche Änderungen der Temperaturverhältnisse unter allen Umständen zu vermeiden, insbesondere auch plötzliche Änderungen in der Kühlwasserzuführung, da auch durch die rasch eintretende Abkühlung zu stark erwärmter Teile Risse im Zylinderdeckel eintreten können. Naturgemäß muß jedes Verziehen des Deckels mit den Dichtungsschrauben vermieden werden. Dies spricht

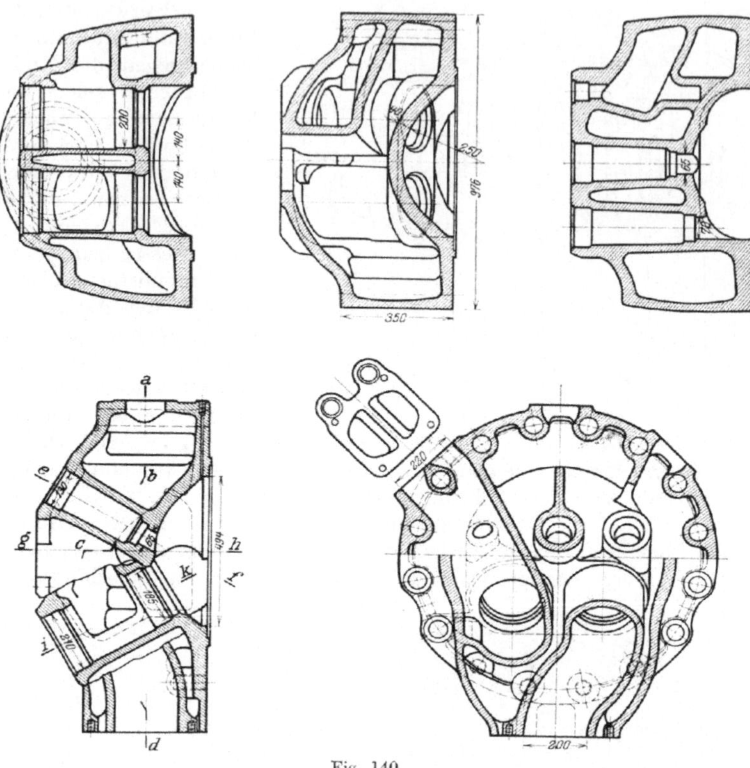

Fig. 140.

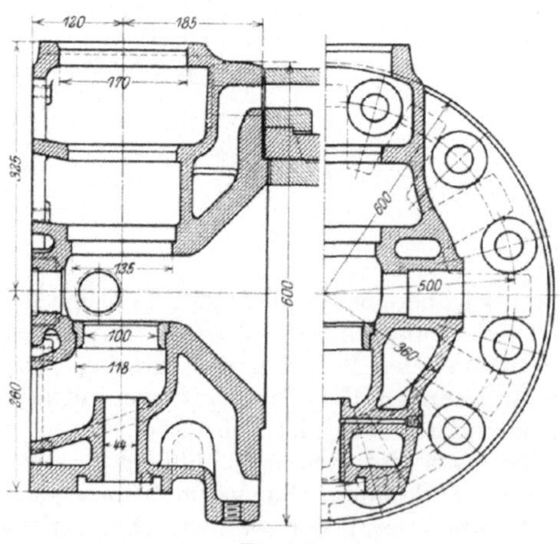

Fig. 141.

ebenfalls dafür, keine Flanschen anzuwenden, sondern die Deckelschrauben durch die Deckel durchzuführen.

Als Herstellungsmaterial für die Zylinderdeckel dient feinkörniges Gußeisen. Doch kann auch Gußeisen in der für Dampfmaschinen gebräuchlichen Zusammensetzung verwendet werden, sobald auf das Gießen selbst besondere Sorgfalt gelegt wird: so wird das flüssige Eisen nach Ausfüllung der Form durch Pumpen in Bewegung gehalten und so gezwungen, alle Hohlräume gut auszufüllen und in gleichmäßiger Masse zu erstarren.

Bei Schnelläufern, besonders solchen leichter Bauart, werden die Deckel trotz ihrer verwickelten Form auch aus Stahlguß hergestellt, z. B. in Fig. 135 u. a. Vielfach sind damit gute, oft auch schlechte Erfahrungen gemacht worden.

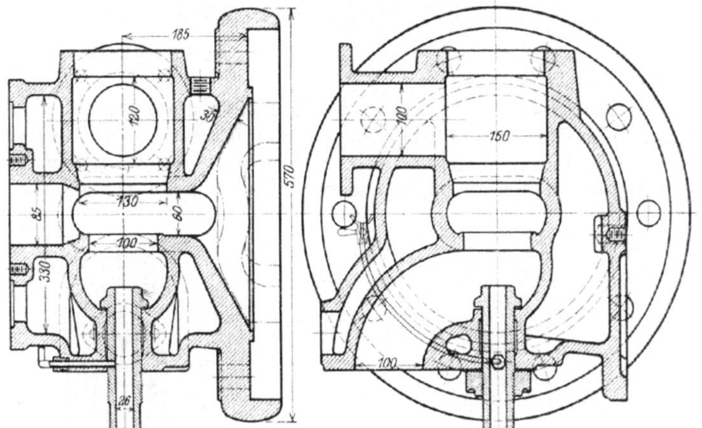

Fig. 142.

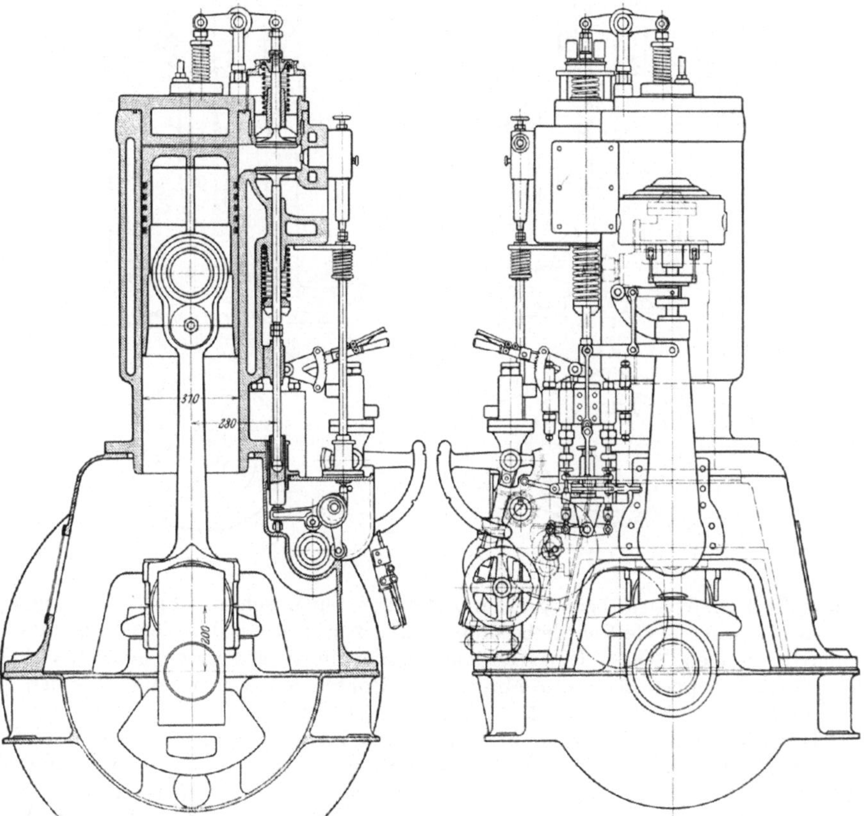

Fig. 143.

VIII. Ein- und Auslaßventil.

Nachdem die eigentlichen kraftaufnehmenden und unmittelbar arbeitenden Teile besprochen sind, gelangen wir zu jenen, die diese Arbeit beherrschen, der Steuerung. Der zeitgerechte Abschluß des Zylinderraumes gegen die Außenluft geschieht durch das Ein- und Auslaßventil. Wie bereits gesagt, liegen diese bei stehenden und liegenden einfach wirkenden Maschinen meist im Deckel, die Einlaßventile sind bei stehenden Maschinen manchmal unmittelbar eingebaut (Fig. 132),

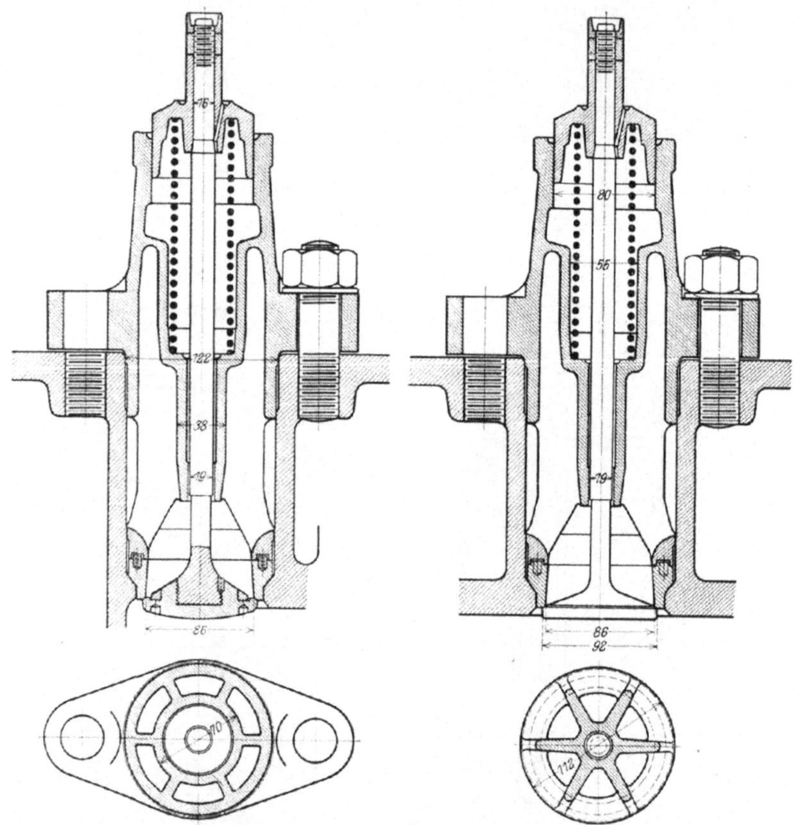

Fig. 144.

ebenso die Auslaßventile bei liegenden und stehenden Maschinen (Fig. 8, 133), gewöhnlich aber erhalten beide Ventile besondere Einsatzstücke mit den Ventilsitzen und den Spindelführungen. Diese Einsatzstücke werden in zwei Formen gebaut, entweder mit radialen Rippen oder durchbrochenen Rohren als Verbindung zwischen Führung und Ventilsitz (Fig. 144, 145, 146, 51, 77 u. a.).

Diese Ventilkörbe werden oft kegelförmig in die Zylinder eingesetzt und eingeschliffen. Bei ihrer Konstruktion ist dafür zu sorgen, daß durch Temperaturänderungen kein Verziehen der Sitzflächen eintritt. Da sie meist von außen her mittels besonderer Ventilaufsätze festgehalten werden, also eine bedeutende Druckkraft zu übertragen haben und insbesondere beim Auspuffventil ziemlich heiß werden, sich daher noch gegen den Ventilkasten genommen zu verlängern suchen, drücken sie sich am kegelförmigen Sitz leicht radial zusammen und verderben die eingeschliffene Sitzfläche des Ventils, wenn das Einschleifen nicht bereits im warmen Zustand erfolgt. Hierzu dient übrigens ein besonderes Werkzeug (Fig. 147). Durch diese Beanspruchungen reißen auch leicht die Rippen beim Auspuffventil, die auch von Gußspannungen frei zu halten sind.

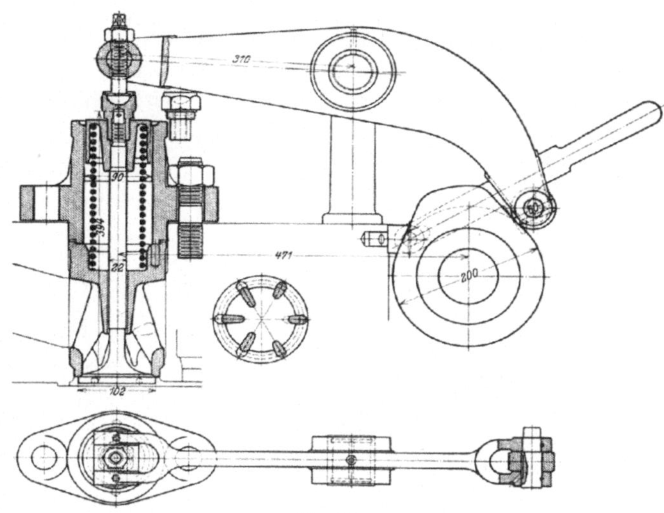

Fig. 145.

Diese Rippen können bei unvorteilhafter Wahl der Abmessungen auch eine ungleiche Formänderung der Sitze hervorrufen, was bei Rohren weniger zu fürchten ist, wenn die Durchbrechungen nur symmetrisch angeordnet werden, sich also gegenüber der Zu- bzw. Abströmungsöffnung eine entsprechende Ausnehmung befindet. Außerdem werden manchmal auch noch quer dazu Durchbrechungen angebracht (Fig. 148).

Um diese Schwierigkeiten ganz zu umgehen, macht man auch ebene Anpaßflächen für Ventilkorb und Ventilsitz, derart, daß ersterer ein wenig radiales Spiel hat. Dadurch macht man sich auch von den unvermeidlichen Formänderungen des Zylinderdeckels selbst unabhängig, die sonst leicht ungünstige Einflüsse auf die Dichtheit der Ventile ausüben (Fig. 149).

In den meisten Fällen werden bei axialer Anordnung der Ventile im Deckel die Einsätze für Einlaß- und Auspuffventil ganz gleich ausgeführt, um gleiche Modelle verwenden zu können. Dies ist sogar noch der Fall, wenn für das Auslaßventil eine Kühlung des Ventilkorbs vorhanden ist, wie es für Maschinen über 60 bis 80 PS pro Zylinder oder für Schnelläufer gebräuchlich ist. Beim Einlaßventil werden die Anschlüsse für die Zu- und Ableitung des Kühlwassers dann mit Pfropfen verschlossen (Fig. 150, auch 13), während dort für das

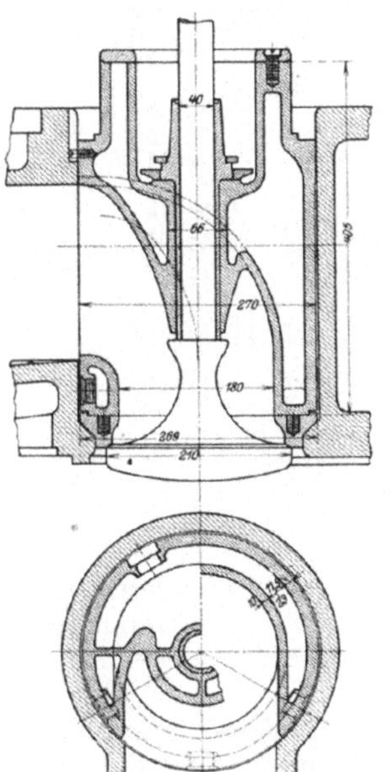

Fig. 146.

Fig. 147.

Auslaßventil Kühlrohre angeschlossen werden. Hier ist der Korb mit dem Ventilaufsatz in einem Stück hergestellt und nur ein besonderer Ventilring eingesetzt, der im Falle der Abnützung ausgewechselt werden kann. Solche gekühlte Ventilkörbe werden auch derart ausgeführt, daß das Kühlwasser unmittelbar der tiefsten und heißesten Stelle zugeführt wird (Fig. 153). Wird kein Ventilkorb angewendet, so

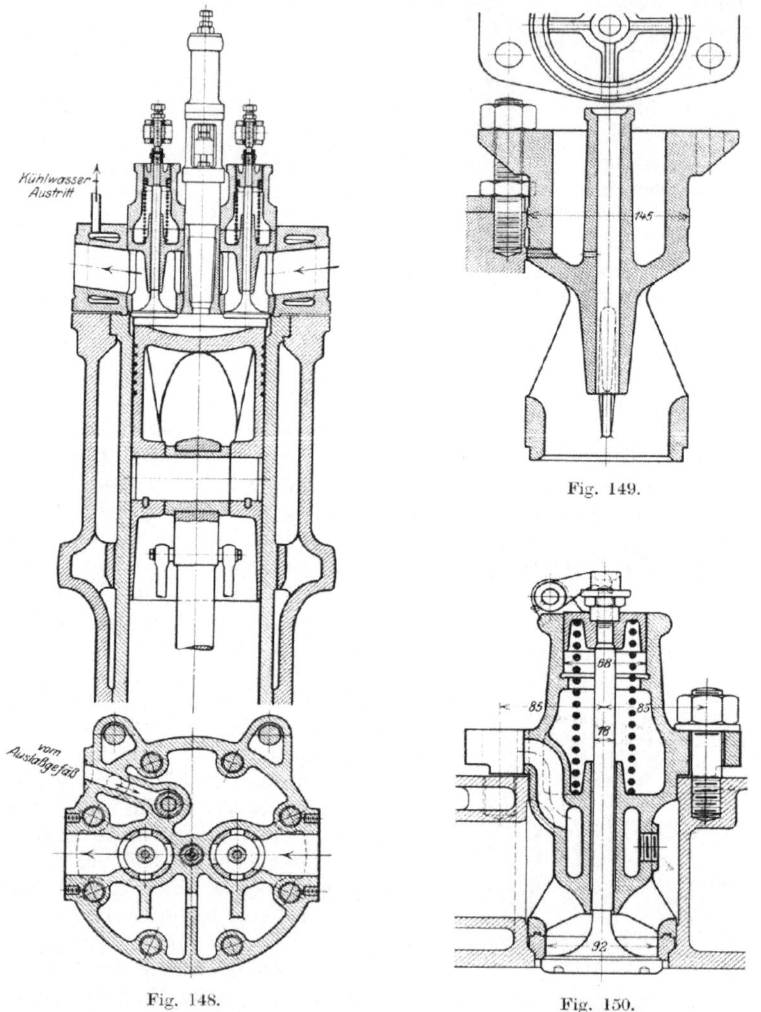

Fig. 148.   Fig. 149.   Fig. 150.

sitzt das Ventil unmittelbar auf dem Zylinderguß oder auf besonderen, auswechselbaren Ringen, was auch im Interesse der Dichtheit bei Temperaturänderungen vorzuziehen ist; die Spindelführung wird dann durch ein besonderes Rohr gebildet (Fig. 8, 18, 73, 133, 151, 152).

Die Befestigungsflanschen müssen sehr kräftig ausgeführt werden, um etwaiges Verziehen der Ventilführungen auszuschließen, die Schrauben erhalten etwa einen Querschnitt von ein Zehntel bis ein Achtzehntel des Ventilquerschnitts.

Die Ventile selbst werden meist aus Stahl angefertigt, nur werden gewöhnlich die Auspuffventile mit gußeisernen Armierungsringen oder ganzen Ventilplatten versehen, weil der Stahl von den Auspuffgasen leicht angegriffen wird. Die Auslaßventile werden auch mit hohlen Ventiltellern aus Spezialguß ausgeführt, um eine größere Dauerhaftigkeit der Ventilsitze zu erreichen. Bis zu Auspufftemperaturen von 380° C ist aber die Abnutzung des Auspuffventils nicht bedeutend.

Die Verbindung des Dichtungsringes mit der Spindel ist von Wichtigkeit. Fig. 154 zeigt eine einfache Verbindung, bei der das gußeiserne Ventil mit der Spindel durch ein strammgehendes Gewinde verschraubt und dann vernietet wird (vgl. auch Fig. 151). Eine ähnliche Ausführung zeigt Fig. 144; das am verstärkten Ende der Spindel befindliche Schraubengewinde geht hier nicht durch den gußeisernen Ventilteller hindurch, dieser ist durch einen seitlichen Stift gegen Drehung gesichert. Damit bei einem etwaigen Bruch des Ventiltellers nicht zu große Teilstücke in den Verdichtungsraum gelangen können, ist in eine Nut des Tellers an der Innenseite ein stählerner Schrumpfring eingelegt.

Häufiger bildet die eigentliche Ventilplatte mit der Spindel ein Stück, während

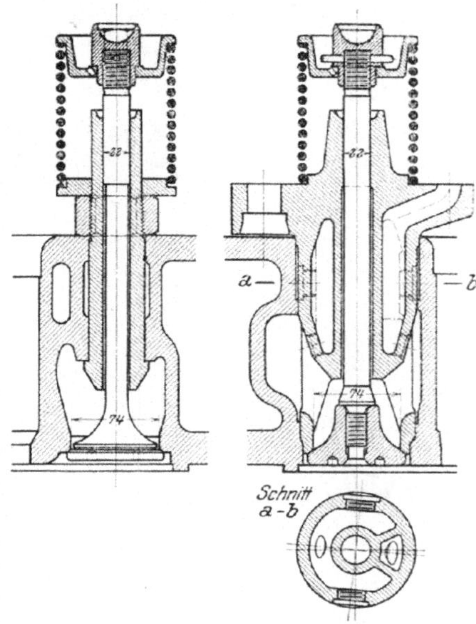

Fig. 151.

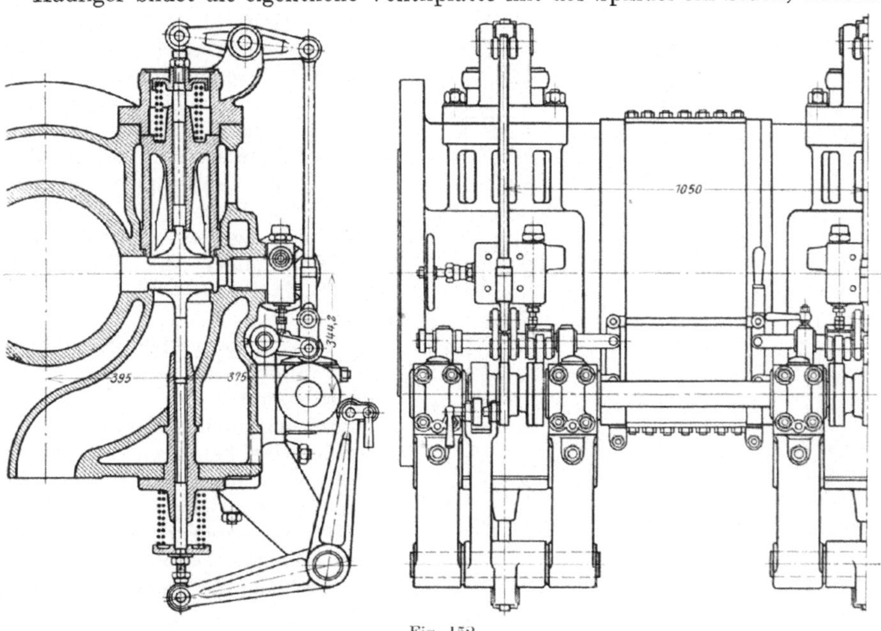

Fig. 152.

der Dichtungsring über diese aufgeschoben wird und in einen Zentrierungszahn paßt. Fig. 51 und 155 zeigt diese Ausführung mit Verschraubung durch eine ver-

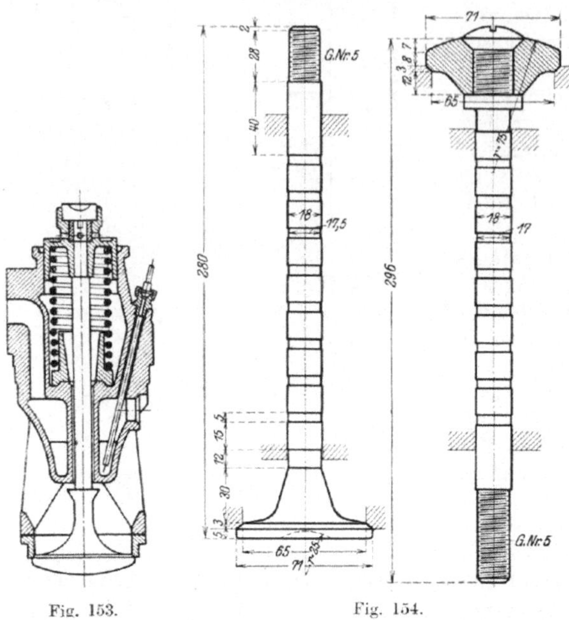

Fig. 153.   Fig. 154.

bolzte Mutter, in Fig. 156 bildet der Ventilring selbst die Mutter, die durch einen seitlichen Stift gesichert ist. Auch bei den letztgenannten Konstruktionen ist das Hineinfallen größerer Bruchstücke des Ventilkörpers nicht möglich. Jedenfalls ist der Verbindung des gußeisernen Sitzes mit der Spindel große Sorgfalt zu widmen, weshalb die Firma Sulzer auch die gußeisernen Ventile an die Stahlspindel angießt. Die größte Gefahr eines Bruches besteht in der Ventilspindel selbst. Um auch hier ein Hineinfallen des Ventils in den Zylinder zu verhüten, kann eine Nut in die Spindel eingedreht und deren Hub durch einen Stift beschränkt werden (Fig. 158).

Größere Auspuffventile werden gekühlt (Fig. 17, 157), die Kühlwasserzu- und Ableitung geschieht durch feststehende Rohre, die in die hohle Ventilspindel passen oder durch Schläuche. Fig. 160 zeigt die Detailkonstruktion der Kühlung durch zwei seitlich angebrachte Stopfbüchsenrohre. Die Zuleitung und Ableitung des Kühlwassers zu den Kühlräumen des Ventilkorbes ist z. B. in Fig. 150 bzw. 153 zu ersehen.

Bei Zylindern über 200 PS Leistung werden auch oft die Einlaßventile gekühlt.

Bei liegenden Maschinen werden neben vertikal bewegten auch liegende Ventile verwendet, ein Auspuffventil mit gekühltem Gehäuse dieser Art ist in Fig. 161 dargestellt. Neben den Bohrungen für das Kühlwasser sind auch jene für die Spindelschmierung

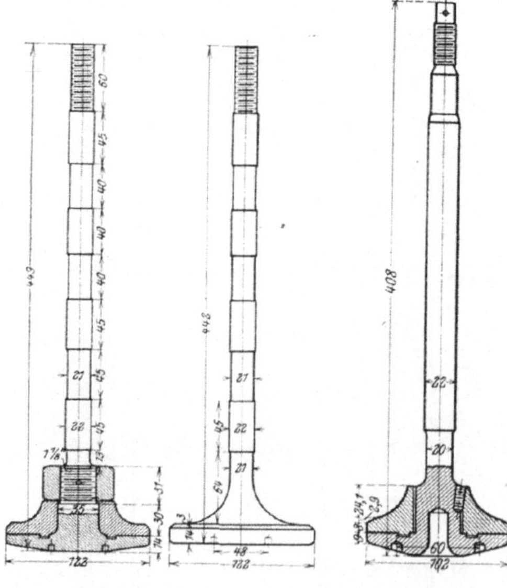

Fig. 155.   Fig. 156.

ersichtlich. Um dem Verbrennungsraum den richtigen Inhalt zu geben, werden manchmal die Ventilteller besonders verstärkt.

Ein schräg liegendes ähnliches Ventil nebst Antrieb zeigt Fig. 162. An das Gehäuse ist hier das Lager für die Hebelwelle unmittelbar angegossen, die kräftige Ventilspindel ist gebohrt und außen mit Eindrehungen für die Schmierung versehen.

Wie Fig. 151 zeigt, wird die Spindelführung manchmal nur außen angebracht, damit das Ventil selbst seitlich frei beweglich ist. Die Form des Ventilkörpers wird sehr stark gewählt, so daß Brüche sicher vermieden werden, insbesondere die Abrundung beim Übergang zur Spindel wird sehr groß ausgeführt.

Zur Bestimmung der Abmessungen der Ventile gehört die Annahme einer gewissen mittleren Luftgeschwindigkeit, bezogen auf den bestrichenen Zylinderraum, entsprechend der Gleichung $f = \dfrac{Fc}{u}$ mit f und F als Flächen des Ventilquerschnittes und des Kolbens, u und c als zugehörige mittlere Geschwindigkeiten. Wird der Ventilhub nahe so groß, daß der Spaltquerschnitt dem Sitzquerschnitt gleich wird, so hat man unter f nur den letzteren zu verstehen. Dann wird u etwa mit 30 bis 45 m/sec gewählt. Die wirklich auftretende Höchstgeschwindigkeit ist in der Mitte des Kolbenhubes etwa $1\frac{1}{2}$ mal so groß und im Auspuffventil gleich nach dem

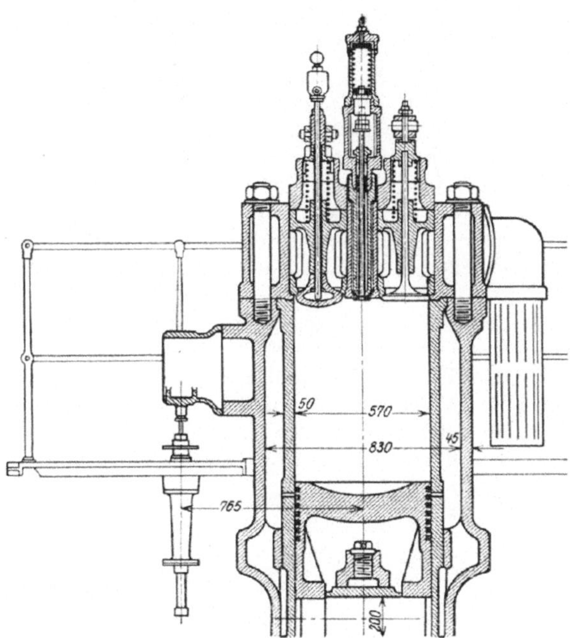

Fig. 157.

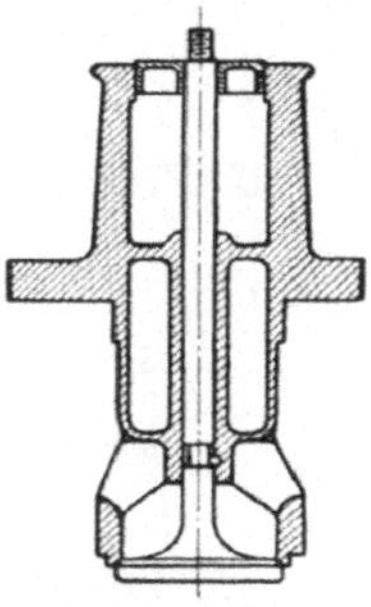

Fig. 158.

Öffnen von der Kolbengeschwindigkeit unabhängig. Der Ventilhub wird meist bei kegelförmigen Sitzflächen bis zu einem Drittel des Ventildurchmessers gewählt, und zwar etwa zwischen 20 und 50 mm, womöglich aber nicht über 30 mm. Der Kegelwinkel ist etwa mit 30 oder 45° gebräuchlich. Die gußeisernen Sitzflächen sind mit einem Auflagdruck von rund 200 bis 300 kg/cm² zu bestimmen.

Die zur Befestigung des Ventilkorbes dienenden Schrauben sind mit Beanspruchungen von 250 bis 500 kg/cm² im Kern belastet, wenn man die innere freie Fläche mit 35 at Druck annimmt. Die auf Druck beanspruchten Ventilspindeln werden nicht auf Knickung zu rechnen sein, wenn sie in langen Führungen eingeschliffen sind. Dann erhalten sie Quernuten zur Aufnahme von Petroleum als Schmiermittel. Manchmal werden die Auslaßventilspindeln mit Druckschmierung mittels einer Schmierpresse ausgestattet, wobei das abfließende überschüssige Schmieröl am besten zur Schmierung der Wälzhebelflächen und Gelenkbolzen der Auslaßsteuerung verwendet werden kann, doch ist bei Anwendung der Ventil-

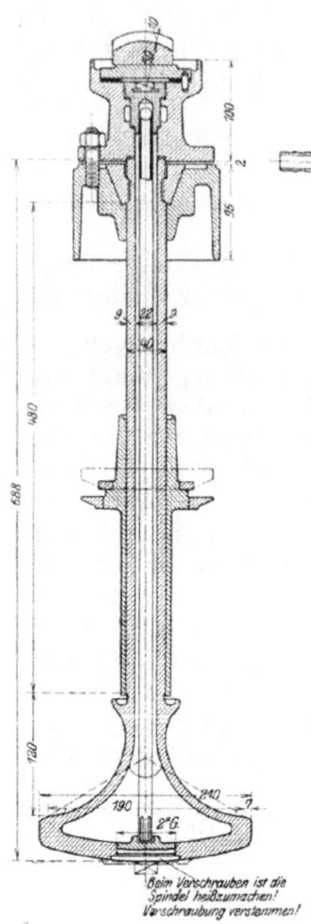

Fig. 159.

spindelschmierung Vorsicht am Platze, da das Schmieröl leicht festbrennt. Häufig werden die Ventilspindeln nicht eingepaßt, sondern mit ein wenig Luft in den Führungen gelassen, wodurch das Aufsitzen der Ventile gesichert wird. Natürlich müssen dann die Enden der Spindeln geführt werden.

Bei einem angenommenen Expansionsenddruck von 5 at werden die Auspuffspindeln etwa mit 110 bis 130 kg/cm² beansprucht, was einem Verhältnis des Spindeldurchmessers zu dem des Ventils von 1 : 4 bis 1 : 6 entspricht. Sind die Spindeln nicht der ganzen Länge nach geführt, käme Knickung in Frage.

Die Spindeln tragen meist am äußeren Ende auf Gewinde geschraubte nachstellbare Kugeldruckstücke oder auch zylindrische Lager (Fig. 145, 159, 160, 162) mit 30 bis 50 kg/cm² Auflagedruck. Die daran befestigten Ventilteller bilden manchmal noch Führungen, die Federn werden zur Kühlhaltung derselben aber auch ganz frei gelassen (Fig. 2, 151, 163, 329 u. a.), wodurch auch die Möglichkeit der Verwendung größerer Federdurchmesser und die Verhinderung des Schiefziehens der Spindelführung erreicht wird. Auch verwendet man für das Ein- und Auslaßventil je zwei Federn von geringer Drahtstärke und großem Windungsdurchmesser, um der infolge der häufigen und starken Beanspruchung drohenden Bruchgefahr der Feder vorzubeugen. (Fig. 163.)

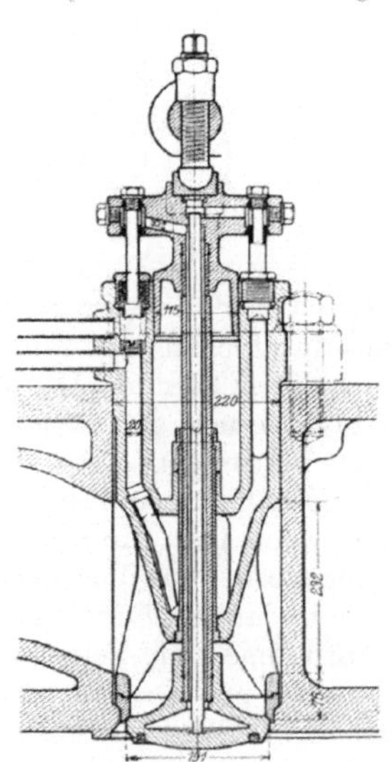

Fig. 160.

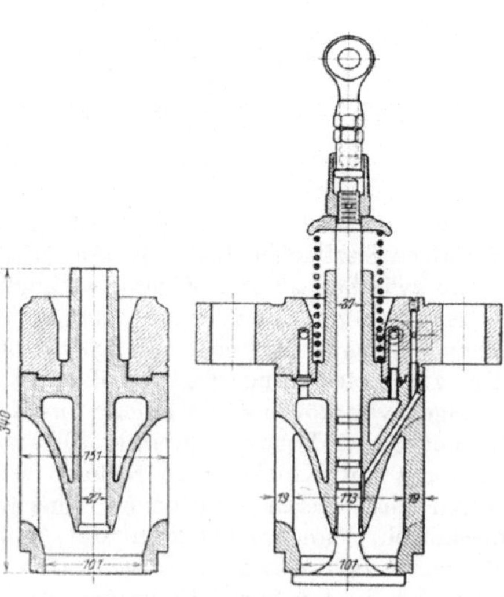

Fig. 161.

Zum Schutz gegen Eintreten von Verbrennungsrückständen in die Spindelführung wird häufig ein Rußschützer in Form einer am Ventil befindlichen Erweiterung angebracht (Fig. 153, 133).

Hier und da findet man auch beim Einlaßventil einen zylindrischen Ansatz, der als teilweise Absperrung wirkt (Fig. 151), manchmal werden bei leicht gebauten Schnelläufern die Ventilkörbe auch aus Bronze hergestellt, erhalten aber dann gußeiserne Spitze für die Ventile.

IX. Das Anlaßventil.

Das Anlaßventil hat etwa wie das Einlaßventil einer Dampfmaschine zu arbeiten, nur wird es hier für jeden zweiten Hub nur einmal in Tätigkeit gesetzt, damit die Steuerung von Lufteinsaug- und Auspuffventil nicht geändert zu werden braucht. Zum Anlassen muß daher die Welle einer Einzylindermaschine so weit gedreht werden, daß das Anlaßventil geöffnet ist und das von der Druckluft ausgeübte Drehmoment zum Andrehen der unbelasteten Maschine ausreicht. Bei diesem Andrehen wäre auch der Kompressionsdruck zu überwinden, wenn nicht Ein- oder Auslaßventil während dieser Funktion durch eine besondere Vorrichtung geöffnet bleiben. Bei Mehrzylindermaschinen kann man natürlich das Anlassen erleichtern, und bei entsprechender Füllung kann man schon bei Drei- und Mehrzylindermaschinen von jeder Stellung aus anlassen. Die größte in Betracht kommende Füllung ist etwa 120 bis 130°, so daß Dreizylindermaschinen mit Kurbelwinkeln von 120° schon von jeder Lage aus im Zweitakt angelassen werden können. Das Anlaßventil wird als entlastetes Ventil ausgeführt, das nach innen öffnet; die Druckluftleitung ist während des Betriebes abgesperrt. Die Entlastung wird durch eine kolbenförmige Spindel (Fig. 164) bewirkt, die von innen in das Gehäuse eingeschoben wird, und zwar oft für den innern Ventildurchmesser, besser aber entsprechend dem äußeren Durchmesser mit Hilfe einer aufgeschobenen Kolbenbüchse (Fig. 166, 188), so daß der Überdruck von außen das Ventil keinesfalls öffnen kann,

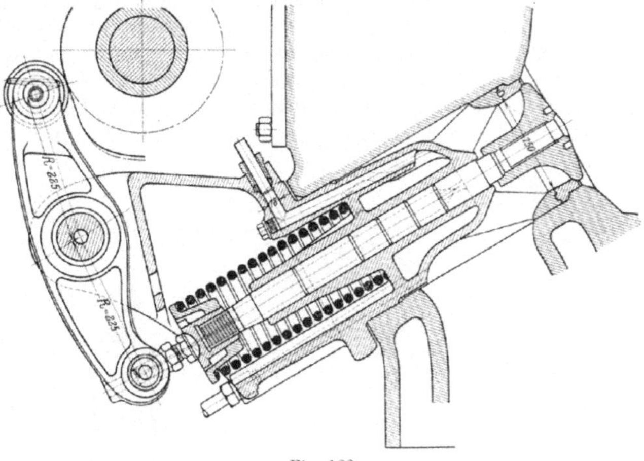

Fig. 162.

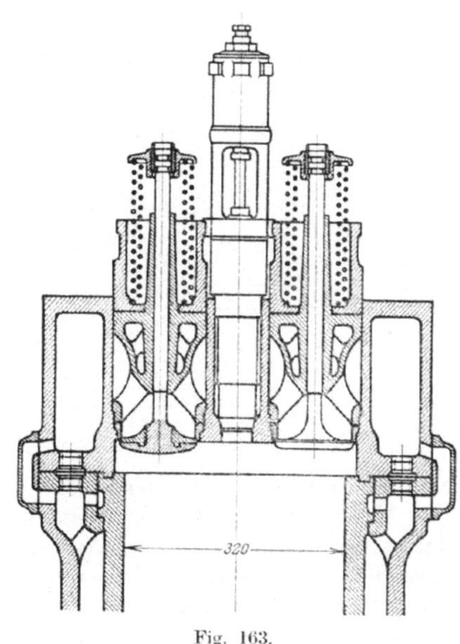

Fig. 163.

auch wenn der Sitz zufällig nur am äußeren Durchmesser anliegt und die Schlußfeder zu schwach wäre. Die Undichtheit des Ventils zeigt sich im Betriebe durch Warmwerden der Anlaßrohrleitung.

Das Ventil wird ganz aus Stahl hergestellt, der Entlastungskolben manchmal eingeschliffen, manchmal auch mit Kolbenringen versehen (Fig. 165). Diese Anordnungen sind der Verwendung von Stopfbüchsen mit Weichpackung vorzuziehen, da diese allzu leicht ein Hängenbleiben des Ventils hervorrufen. Eingeschliffene Spindeln haben nur den Nachteil, daß bei verschiedener Ausdehnung des Entlastungskolbens und Gehäuses leichter Hängenbleiben und Undichtheiten vorkommen als bei Verwendung von Kolbenringen. Das Ventilgehäuse mit dem Sitz bildet ein guß-

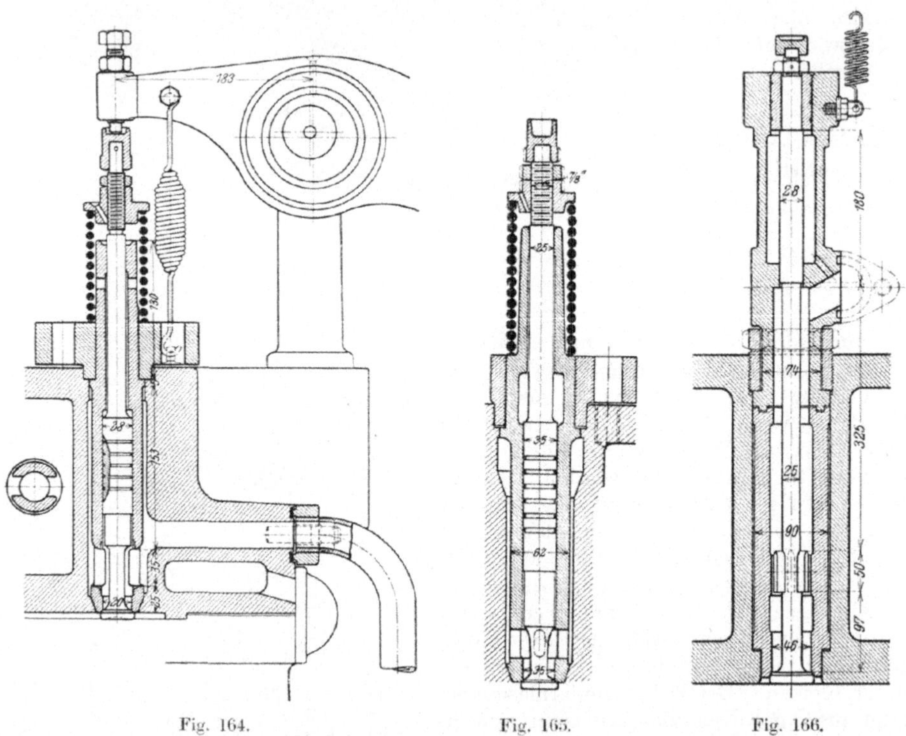

Fig. 164.   Fig. 165.   Fig. 166.

eisernes Rohr, das mit einer besonderen Flansche im Zylinderdeckel festgehalten ist. Die Abdichtung der Druckluft nach innen erfolgt durch eine kegelförmige Schleiffläche, nach außen mittels Asbest, Klingerit oder ähnlichem Dichtungsmaterial (Fig. 165). Der Raum oberhalb des Entlastungskolbens wird durch eine Bohrung mit der Außenluft verbunden, die Zuführung der Druckluft geschieht durch zwei oder vier Schlitze im unteren Teil des Rohres.

Die Ventilspindel trägt am Ende eine Mutter zur Befestigung des aufgeschobenen Federtellers. Das Verhältnis des Spindeldurchmessers zum Ventildurchmesser beträgt 1:2,2 bis 1:2,5; die Auflagfläche des Ventils ist meist kegelförmig mit rund 30° Neigung; der Hub 7 bis 9 mm zwischen 35 bis 150 PS pro Zylinder, der Auflagdruck zwischen 100 und 150 kg/cm².

Fig. 18, 77 und 166 zeigen die Anordnung des Entlastungskolbens am oberen Ende des Gehäuses, ebenso auch Fig. 51, wobei die Druckluft von oben her unter

Vermeidung eines Kanals im Deckel zugeführt wird. In Fig. 59 liegt die Schlußfeder in der Mitte der Spindel und innerhalb eines Gehäuses.

Aus Fig. 167 ist die Konstruktion für eine liegende Maschine ersichtlich. Die Entlastung wird hier durch den als Stopfbüchsenkolben mit Burgmannpackung ausgebildeten äußeren Federteller bewirkt, der seinerseits unmittelbar vom Steuerhebel betätigt wird. Es kann nur dann Luft in den Zylinder gelangen, wenn der Druck außen größer ist, als der Kompressionsdruck, es kann also niemals brennbares Gemisch in die Anlaßleitung treten, auch wenn der Antrieb des Anlaßventils noch nicht ausgerückt wäre.

Zu beachten ist die Spindelschmierung. Die Größe des Anlaßventils bestimmt sich etwa mit ein Sechstel bis ein Zehntel des Zylinderdurchmessers, der Hub mit ein Viertel bis ein Fünftel des Ventildurchmessers.

Bei offenen Brennstoffdüsen kann gegebenenfalls von einem besonderen Anlaßventil abgesehen werden, indem es mit dem Einblaseventil vereinigt und nur zum Anlassen besonders gesteuert wird.

Bei Mehrzylindermaschinen wird entweder an jedem Zylinder angelassen oder nur an einzelnen. Im ersteren Fall kann die Anlaßluft zuerst für einen Teil der Maschine abgesperrt und Brennstoff gegeben werden, oder dies auch gleichzeitig für alle Zylinder geschehen. Im zweiten Fall bleiben die Zylinder ohne Anlaßventil stets auf Brennstoff geschaltet, so daß sie durch die sich ausdehnende

Preßluft beim Anlassen nicht abgekühlt werden. In diesem Falle ist es nun auch für Mehrzylindermaschinen nicht immer möglich, von jeder Stellung der Kurbel anzufahren, sondern die Maschine muß in die entsprechende Stellung gedreht werden.

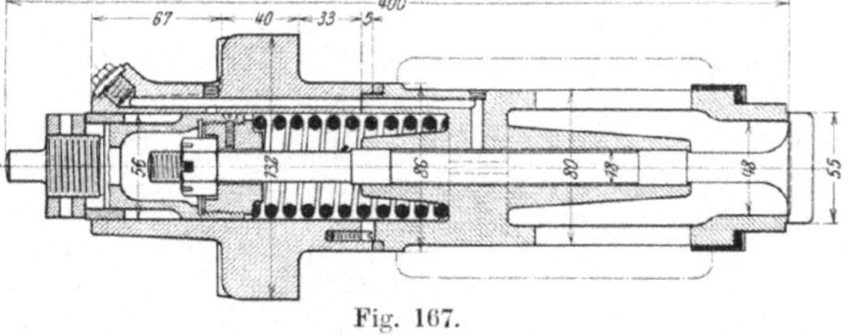

Fig. 167.

Wenn alle Zylinder mit Anlaßventilen ausgestattet sind, teilt man manchmal die Umstellwelle, so daß man dann auch einen Teil auf Brennstoff, den zweiten auf Anlaßluft stellen kann. Bei Schiffsmaschinen hat die Teilung den Vorteil, daß man mit dem einen Teil der Maschine kleinere Drehzahlen erreichen kann, da die Belastung der einzelnen Zylinder dann nicht so gering wird, wie wenn alle Zylinder arbeiten.

Um das bei Mehrzylindermaschinen oft verwickelte Gestänge zur Anlaßsteuerung zu ersparen, können insbesondere bei Schiffsmaschinen Druckluftsteuerungen verwendet werden; so ist in Fig. 168 das Anlaßventil mit einem federbelasteten Kolben verbunden, der von außen her mit Druckluft betätigt werden kann, während seine Innenfläche stets durch eine Bohrung mit der Außenluft in Verbindung steht. Die Druckluftzufuhr und der Auslaß derselben aus dem Druckraum wird von einem Kolbenschieber gesteuert, der wieder durch Rollenhebel und unrunde Scheibe betätigt wird. Man kann beliebig viele Steuerstellen nebeneinander anordnen, deren Phasen entsprechend den Kurbelstellungen der Zylinder versetzt sind. Den Zufluß von Druckluft zum Steuerschieber und damit die Einschaltung der Anlaßsteuerung vermittelt der Hahn h.

Die Konstruktion Fig. 169 wirkt in ähnlicher Weise. Die unrunde Scheibe g bewegt den hohlen Stempel h, der einen Bund trägt und als Sitz für das Ventil b dient. Dieses sitzt auf der durch eine Feder von der Nockenscheibe weggezogenen Hülse d, die wiederum einen Ventilsitz e bildet. Ist der zur Luftflasche führende Hahn n geschlossen, so befindet sich das Rohr d in seiner höchsten Stellung, wodurch das Ventil a und der Stempel h soweit angehoben sind, daß letzterer vom

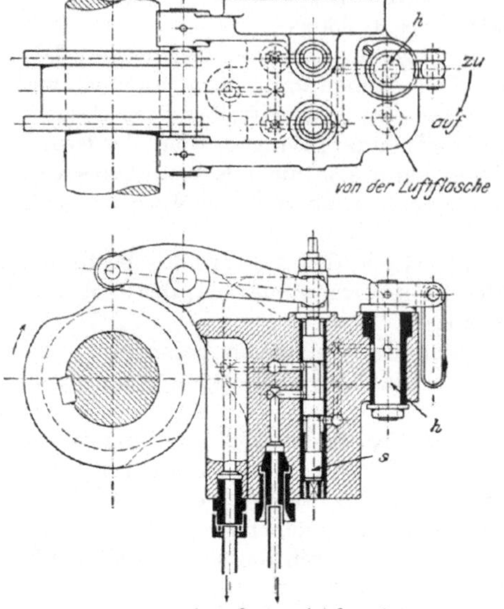

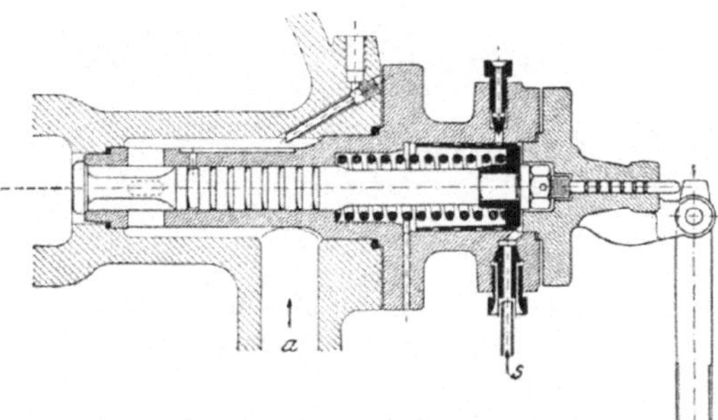

Fig. 168.

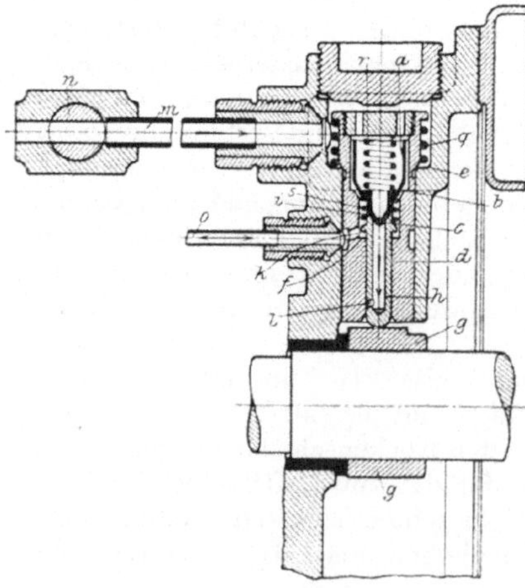

Fig. 169.

Steuernocken nicht berührt wird. Öffnet man n, so wird d durch den Luftdruck nach abwärts auf den Sitz e gedrückt, wodurch h frei wird und nun der Einwirkung der Nockenscheibe folgt. Dadurch wird beim Anhub das Ventil a vom Sitz abgehoben und Luft in das zum Zylinder oder zu einem pneumatisch gesteuerten Anlaßventil führenden Rohr o gebracht. Sinkt der Stempel bis auf den Sitz f, so setzt sich auch das Ventil a auf b, die im Zylinder befindliche Luft kann aber jetzt durch den Sitz c und die Öffnung l ins Freie abströmen.

Auch in Fig. 177 erfolgt das Ein- und Ausschalten des Anlaßventils auf pneumatischem Wege. Der federbelastete Kolben in dem auf der Ventilspindel sitzenden Zylinder wird beim Anlassen durch die auf seine Unterseite durch die hohle Ventilspindel wirkende Druckluft gehoben, wodurch gewissermaßen die Gesamtlänge der Einlaßventilspindel verlängert wird, so daß der Ventilhebel mit dem Einlaßnocken in Verbindung gebracht wird und betätigt werden kann, wogegen bei Brennstoffbetrieb der Preßluftkolben unten anliegt und durch die Federbelastung die Antriebsrolle vom Nocken abhebt.

Bei Umsteuerungen werden solche Druckluft-Anlaßvorrichtungen auch nur verwendet, um die Preßluft während des Betriebes von den Anlaßventilen abzuhalten und erst für die Anlaßstellung des Umsteuerhebels dahin gelangen zu lassen. In Fig. 170 ist die Betriebsstellung gezeichnet. Das Ventil a ist durch eine Feder b verschlossen, während die unmittelbar unter den federbelasteten Steuerkolben c gelangende Druckluft durch das geöffnete Ventilchen d auch an die Oberseite kommen kann und das Kolbenventil schließt, wodurch die Absperrung gegen die Anlaßventile hin erzielt wird. In der Mittelstellung des Steuerhebels wird d geschlossen, bei weiterer Drehung das Ventil e geöffnet, wodurch die Luft oberhalb des Kolbens entweicht und durch den sich öffnenden Steuerkolben c zum Anlaßventil gelangt.

Die Anlaßventile bei Druckluftsteuerungen

flattern leicht, weshalb manchmal zwischen Steuerkolben und
Ventil ein Entlastungskolben
eingebaut wird.

Manchmal geschieht das Anlassen im Zweitakt, wobei dann
die Anlaßnocken (s. Kap. XI)
zwei gegenüberliegende Erhebungen bekommen, eine gleiche
Anordnung muß dann für das
Auspuffventil in der Anlaßstellung vorgesehen sein, da ja dieses dann auch im Zweitakt gesteuert werden muß; auch kann
zu diesem Zwecke neben dem
Hauptanlaßventil, das immer
im Viertakt arbeitet, ein kleineres Hilfsauslaßventil vorgesehen
sein, das beim Anlassen im Zweitakt arbeitet: es bleibt dann

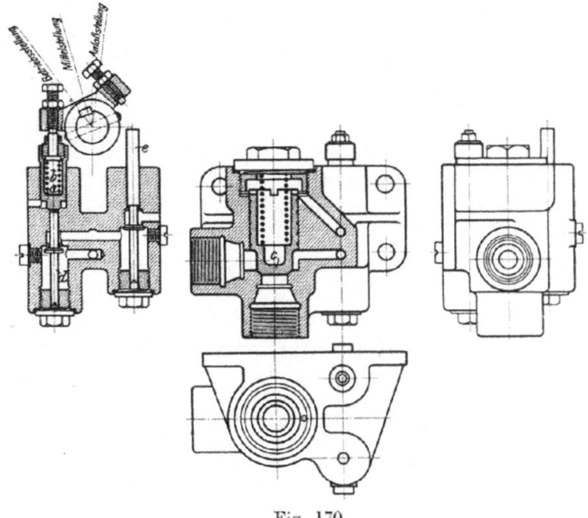

Fig. 170.

während des Anlassens das Einsauge- und das Brennstoffventil geschlossen, wogegen
neben dem Hilfsauspuffventil das Anlaß- und Auspuffventil betätigt werden.

Das Anlassen erfolgt oft nur mit etwa 15 at Luftdruck, daher ist dann auch
hier ein Hilfsauspuff zur Verminderung der Kompression erforderlich, der während
des Anlassens besonders zu steuern ist. (Vgl. z. B. Fig. 246 und S. 150.)

X. Das Brennstoffventil.

Das Brennstoffventil bildet einen dem Dieselverfahren ganz eigentümlichen
Bestandteil. Es hat die doppelte Aufgabe, den flüssigen Brennstoff in einem zeitlich
günstig verteilten Verlauf in den Verbrennungsraum zu bringen, und ihn entsprechend zu zerstäuben, so daß die Verbrennung in einer geregelten Weise und in
dem kurzen Zeitabschnitt auch vollkommen bewirkt wird.

Da die Temperatur im Zylinder während der Verbrennung steigt, handelt es
sich besonders darum, die Zündung im ersten Augenblick der Einspritzung zu
sichern, also noch vor dem Eintritt kalter Druckluft schon ein wenig ungekühltes
Öl einzuführen, an dessen Flamme sich die folgenden Tropfen dann leicht entzünden. Die Menge des in jedem Zeitteilchen eingespritzten Brennstoffes ist nicht nur
von der entsprechenden Luftmenge, also vom Überdruck der Einspritzluft und der
Ventilerhebung des Einspritzventils abhängig, sondern wesentlich auch von den
Widerständen, also von der Form und Oberfläche des Ölbehälters im Brennstoffventil, von der Zeit der Ölzuführung dahin und damit der augenblicklichen Verteilung des Brennstoffes und endlich den physikalischen Eigenschaften desselben.
Es ist erforderlich, daß das Ventil vollkommen dicht hält, sonst können etwas Luft
und Brennstoff zu früh eintreten, wodurch Vorzündungen und unvollkommene
Verbrennung eintreten; es scheint, daß der Öldampf schwerer zündet, als fein zerstäubtes flüssiges Öl. Auch die Regelung wird bei undichtem Brennstoffventil
oder gar bei Hängenbleiben desselben sehr schwankend und der Motor stößt auffallend, so daß aus diesen Erscheinungen auf Mängel in der Dichtheit oder Steuerung des Brennstoffventils geschlossen werden kann.

Die Verteilung der Brennstoffzuführung in den Zylinder in der Zeit wird in
verschiedener Weise erzielt; die ursprüngliche Art besteht darin, daß eine ent-

sprechend große Oberfläche von Öl benetzt wird, das man außerdem im Luftstrom in einzelne Fäden verteilt. Die an den Wänden vorbeistreichende, rasch bewegte Druckluft fegt diese allmählich ab und reißt auch Teile der genannten Fäden unmittelbar mit sich. Bei einer zweiten Art wird das Öl durch den im Luftstrom entstehenden Unterdruck angesaugt und allmählich mitgerissen. In beiden Fällen wird zuletzt das Öl-Luftgemisch noch durch enge Kanäle zerteilt und endlich durch das hinter dem Verteiler liegende Luftventil gegen den Verbrennungsraum abgeschlossen, weshalb die Düse dann eine „geschlossene" genannt wird. Eine vorgebaute Düsenplatte bewirkt die endgültige Zerstäubung, indem die kegelförmig nach der Mitte zuströmenden, getrennten Luft- und Ölstrahlen sich nahe in einer Spitze treffen und aneinanderprallen. Die Größe und Form der Düsenöffnung ist natürlich sehr genau zu erproben. Ist dieselbe zu klein oder verschmutzt, so rußt der Motor, ist sie zu groß, so stößt er im Betriebe.

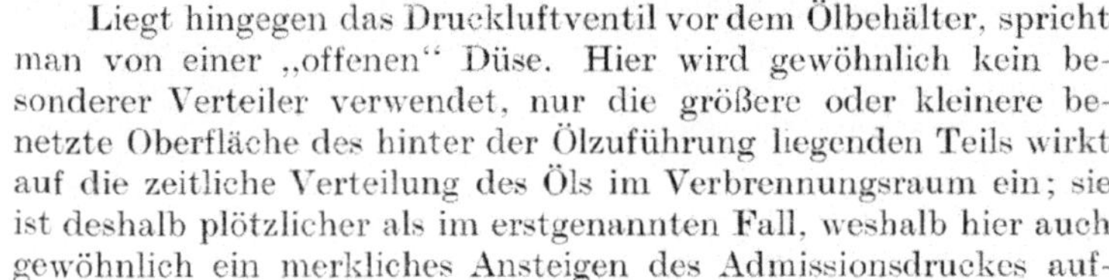
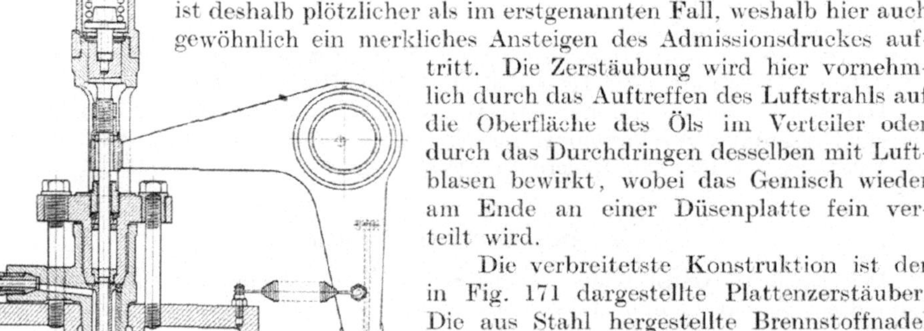

Liegt hingegen das Druckluftventil vor dem Ölbehälter, spricht man von einer „offenen" Düse. Hier wird gewöhnlich kein besonderer Verteiler verwendet, nur die größere oder kleinere benetzte Oberfläche des hinter der Ölzuführung liegenden Teils wirkt auf die zeitliche Verteilung des Öls im Verbrennungsraum ein; sie ist deshalb plötzlicher als im erstgenannten Fall, weshalb hier auch gewöhnlich ein merkliches Ansteigen des Admissionsdruckes auftritt. Die Zerstäubung wird hier vornehmlich durch das Auftreffen des Luftstrahls auf die Oberfläche des Öls im Verteiler oder durch das Durchdringen desselben mit Luftblasen bewirkt, wobei das Gemisch wieder am Ende an einer Düsenplatte fein verteilt wird.

Die verbreitetste Konstruktion ist der in Fig. 171 dargestellte Plattenzerstäuber. Die aus Stahl hergestellte Brennstoffnadel hat am inneren Ende einen kegelförmigen Ventilsitz, der manchmal gesondert ausgeführt wird und zwar wenn mit Teeröl gearbeitet werden soll. Die Spindel wird mit etwas Luft in der Zerstäuberhülse geführt, die hier aus Rotguß hergestellt und außen mit Zentrierungsflügeln gehalten wird

Fig. 171.

und auch den Zweck hat, den Brennstoff von der Spindel selbst abzuhalten. Diese dehnt sich in der Temperaturerhöhung, wenn aus Stahl, mehr aus als die Hülse, weshalb sie nicht streng passen darf; daher machen manche Fabriken die Spindel trotz der Empfindlichkeit aus Gußeisen. Die Spindeln werden auch manchmal aus Flußeisen hergestellt und gehärtet, insbesondere, wo sie in der Stopfbüchse laufen und am Ventilsitz. Der Ventilkegel schließt mit einer kleinen Rundung an den zylindrischen Teil an und ragt über den Sitz an der Spitze hinaus, damit beim Einschleifen dort kein Grat entsteht. Die Spindelabdichtung nach außen wird durch eine im Ventilaufsatz untergebrachte Stopfbüchse erzielt, deren Packung aus Asbest und Vulkabestonringen oder auch aus Blei- oder Weißmetallspänen unter Zusatz von Flockengraphit gebildet wird. Auch Bachsche Bleiringe mit Asbest- und Graphiteinlagen werden verwendet. Die Schmierung erfolgt selbsttätig durch das von der Druckluft emporgetriebene Öl, bei größeren Maschinen auch durch konsistentes Fett, das besonderen Schmierringen zugeführt wird. Bleispäne als Dichtungsmaterial erfordern sehr sorgfältiges Einstampfen und Schleifen. Das

Nachziehen der Stopfbüchsen darf nur nach dem Abstellen der Maschine im warmen Zustand geschehen, und nur so stark, daß sich die Nadeln leicht bewegen lassen. Ein etwa eingelegter Schmierring kann zur Zuführung von Petroleum verwendet werden, andere Schmiermittel sind zu vermeiden, da Schmieröl festbrennt. Dies gilt auch für die übrigen Ventilspindeln. Zum Festhalten des Spindelführungsrohres dient manchmal eine zwischen Ventilaufsatz und ihm eingeschaltete Spiralfeder (z. B. Fig. 176).

Oberhalb des Angriffes des Steuerhebels wird die Spindel im Ventilaufsatz nochmals geführt und durch die in einer Hülse untergebrachte Druckfeder belastet. Der Ventilaufsatz ist hier kegelförmig in das Gehäuse eingepaßt und hält gleichzeitig die Zerstäuberhülse fest. Diese trägt an ihrem inneren Ende, durch Distanzringe in der gewünschten Lage festgehalten, die Zerstäuberplatten, die eine Anzahl von kleinen Bohrungen enthalten und zwar auf abwechselnd größeren und kleineren Kreisen, so daß die Durchgänge nirgends direkt sind. Für Gasölbetrieb werden die Platten gewöhnlich aus Bronze, für Teeröl aus Gußeisen oder Stahl hergestellt, da Bronze von Teeröl angegriffen wird. Die Platten sind etwa 3 bis 5 mm stark und in etwa demselben Abstand voneinander angebracht. Die erste Platte hat ebene Endflächen, die übrigen haben abwechselnd außen und innen eine kleine Nut, so daß diese bei der letzten Scheibe außen liegt, während dort die Bohrungen auf dem kleineren Kreis angebracht sind. Die Scheibchen und die dazwischenliegenden Distanzringe werden von einer kegelförmigen Mutter mit außen eingearbeiteten engen Nuten zusammengehalten und diese durch das passende Gehäuse zu Kanälen ergänzt. Diese Nuten werden auch schraubenförmig ausgearbeitet, wodurch das Luftölgemisch einen Wirbel mit rasch wachsender Drehgeschwindigkeit bildet, der durch Einwirkung der Fliehkräfte die kegelförmige Erweiterung des austretenden Strahls unterstützt.

Das rohrförmige Gehäuse, aus dichtem Gußeisen oder Stahl, trägt innen die stählerne Düsenplatte, die eine zylindrische oder außen und innen abgerundete Bohrung trägt und sich außen gewöhnlich flachkegelförmig erweitert. Eine Überwurfmutter aus Stahl oder aus Rotguß hält die Düsenplatte am Gehäuse fest. Dieses ist kegelförmig in den Deckel eingesetzt und wird mittels Flanschenschrauben am Ventilaufsatz festgehalten. Das Gehäuse ist je nach dem Herstellungsmaterial verschieden geformt und nimmt die Bohrungen für die Zuführung des Brennstoffs und der Einspritzluft auf. Jener wird durch eine kleine Längsbohrung in der zylindrischen Wand des Gehäuses in die Nähe der Zerstäuberplatten gebracht, während die Druckluft den Ringraum zwischen Gehäusebohrung und Führung tangential zuströmt und sich daher in demselben etwa in einer Schraubenlinie bewegt. Manchmal geschieht die Ölzuführung statt durch die schwer herzustellende kleine Bohrung von außen her in das Gehäuse, dann muß aber natürlich die Abdichtung desselben gegen den Verbrennungsraum und die Außenluft sehr sorgfältig sein (Fig. 176). Hier sind auch statt der Distanzringe zwischen den Düsenplatten diese selbst winklig ausgeführt. Ein Prüfventil am Gehäuse dient zur Sicherstellung des richtigen Ölzuflusses, bzw. zur Ableitung etwa in der Leitung noch vorhandener Luft (Fig. 175 zu Fig. 172).

Da der Ventilaufsatz nur einen kleinen Anpaßdurchmesser erhalten kann, ist er zylindrisch im Gehäuse eingepaßt, um seine Lage zu sichern. Da er meist auch zur oberen Führung der Spindel dient, ist er oft dort mit Bronze ausgebüchst. Manchmal ist die Ventilspindel mit einer besonderen, aufgeschrumpften Mutter als Spitze versehen.

Die Hülse für die nachspannbare Feder wird mit so langem Gewinde versehen, daß die ersten Windungen schon bei geringer Federspannung fassen, was das Einbringen sehr erleichtert.

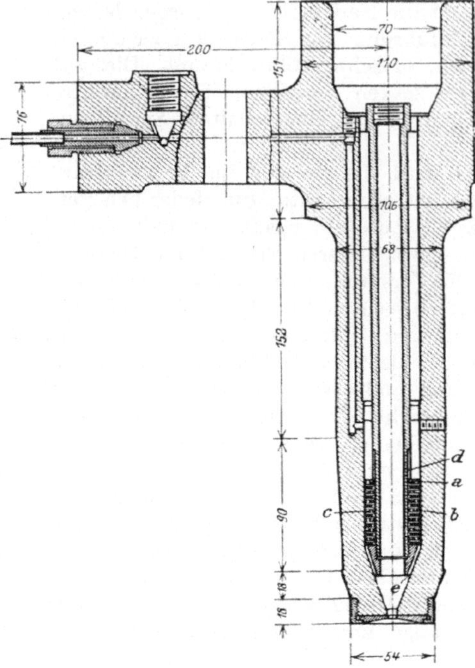

Fig. 172.

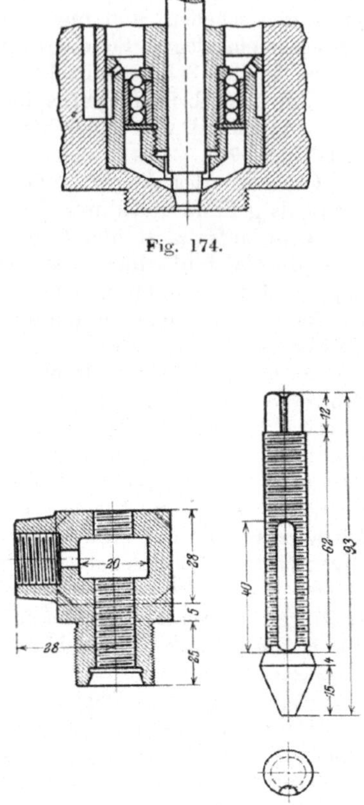

Fig. 174.

Fig. 175.

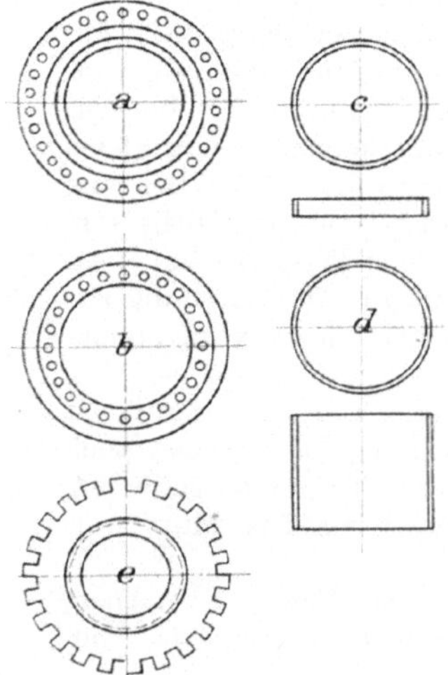

Fig. 173.

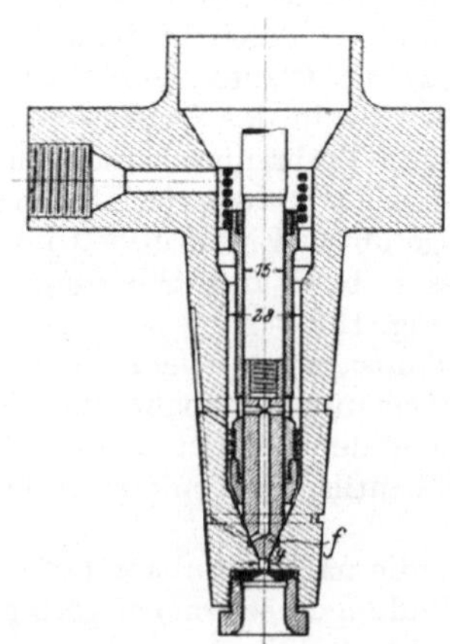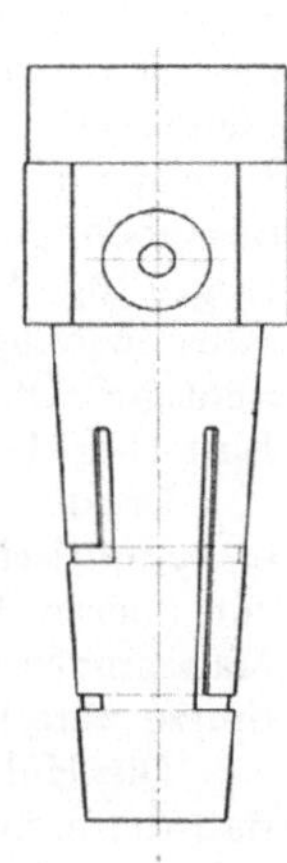

Fig. 176.

Ganz ähnlich ist die Ausführung Fig. 172, nur ist hier das Nadelführungsrohr aus Gußeisen hergestellt, dagegen die Zerstäuberplatten und Muttern aus Nickelstahl. Auch die Anordnung der Zentrierungsflügel ist etwas anders gelöst. Die Bohrungen in den Scheibchen und die Nuten in der Nadelmutter sind in Fig. 173 besonders dargestellt. Im Zuführungsröhrchen für den Brennstoff ist wieder das oben genannte Prüfventil angebracht. Abweichend von den gebräuchlichen Ausführungen bildet Burmeister & Wain in Kopenhagen bei seinen Schiffsmaschinen das Brennstoffventil als regelmäßig nach unten öffnendes Kegelventil aus (Fig. 177).

In Fig. 174 ist ein Zerstäuber dargestellt, bei dem die Ölzuführung möglichst zentrisch erfolgt und die gelochten Platten durch eingelegte Kugeln ersetzt sind, die bei gleicher Oberfläche geringeren Luftwiderstand bieten dürften.

Die Zuführung der für jeden Doppelhub nötigen Ölmenge geschieht entweder während der Verdichtungsperiode, also knapp vor der Einspritzung, oder auch schon während des Luftansaugens oder Ausschiebens. Das in den unteren Teil des Gehäuses eingeführte Öl rinnt längs der Bohrung bis zur ersten Verteilscheibe, wo es sich über den ganzen Ring verbreitet und durch die Bohrungen auf den nächsten Teller tropft. Auf diese Weise wird eine große Oberfläche benetzt, insbesondere bleibt der Brennstoff auch in den Eindrehungen der Scheiben stehen, bis ihn der Luftstrom, in einzelne Tropfen zerteilt, mit sich reißt. Die verwickelten Ablenkungen des Stromes bewirken eine Auflösung desselben in Wirbel, die das Abfegen der Wände an einzelnen Stellen verzögern und die Mischung der Öltropfen mit der Luft bewirken. Hinter dem Brennstoffventil entsteht ein etwas erweiterter Raum, in dem

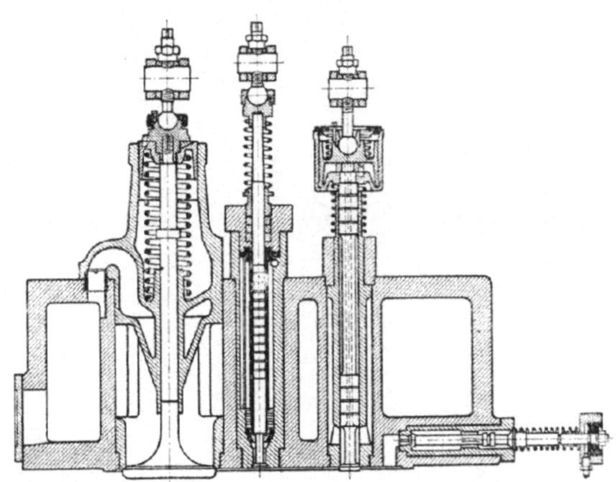

Fig. 177.

sich neuerlich Wirbel bilden, so daß das Öl- und Luftgemisch aus der engen Düsenöffnung in verhältnismäßig stark erweitertem Kegel ausströmt. Wenn die Strömung aufhört, sammelt sich das immer noch an den Wänden teilweise anhaftende und auch neues aus der Bohrung im Gehäuse nachströmendes Öl vor dem Ventil, so daß bei neuerlicher Öffnung desselben dort schon etwas Brennstoff vorhanden ist, der zuerst in den Verbrennungsraum gelangt, und an dessen Flamme sich der übrige Teil entzündet. Das Aufsteigen von Luftblasen in der Bohrung des Gehäuses soll dabei vermieden werden, da hierdurch die Regelmäßigkeit der Ölzuführung leiden muß, deshalb werden die in das Innere führenden Bohrungen auch schräg nach aufwärts angebracht (Fig. 179). Auch ein in die Bohrung eingesetztes Stäbchen dient durch Verkleinerung des Durchgangsquerschnitts demselben Zwecke (Fig. 181).

Man kann die mittelbare Zuführung von Brennöl zum Ventil auch durch eine besondere Zuleitung erzwingen, wobei das Verhältnis des unmittelbar und über die Verteilerplatten zugeführten Brennstoffes geregelt werden kann. Die Düsenplatte hat hier einen kugelförmigen Ansatz mit mehreren radialen Bohrungen.

Für sehr schwer entzündliche Brennstoffe, wie Teeröl oder Teer, verwendet man entweder erhöhte Verdichtung oder besondere Ölzuleitungen vor oder in das Ventil, indem der Zündtropfen nicht vom gleichen Öl, sondern von sogenanntem

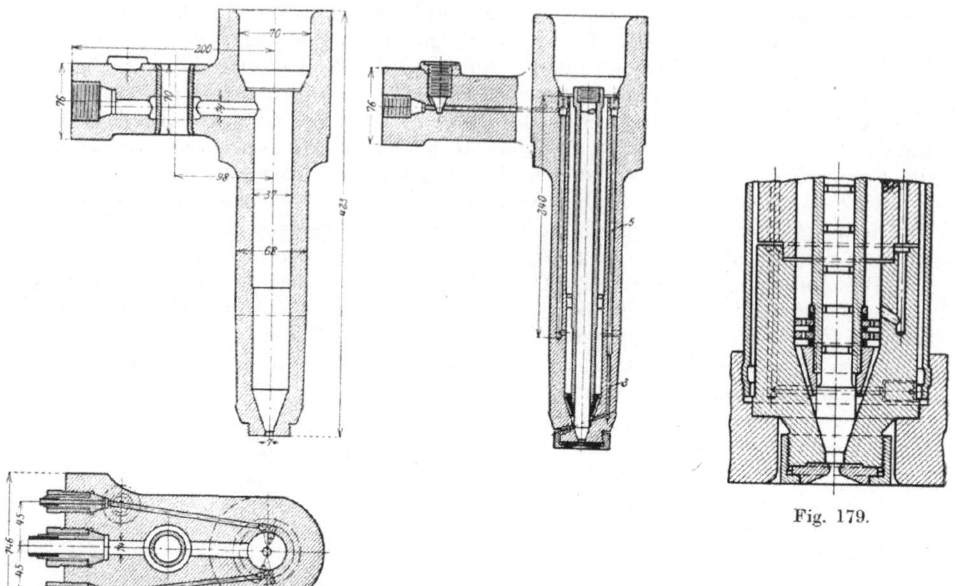

Fig. 178.

Fig. 179.

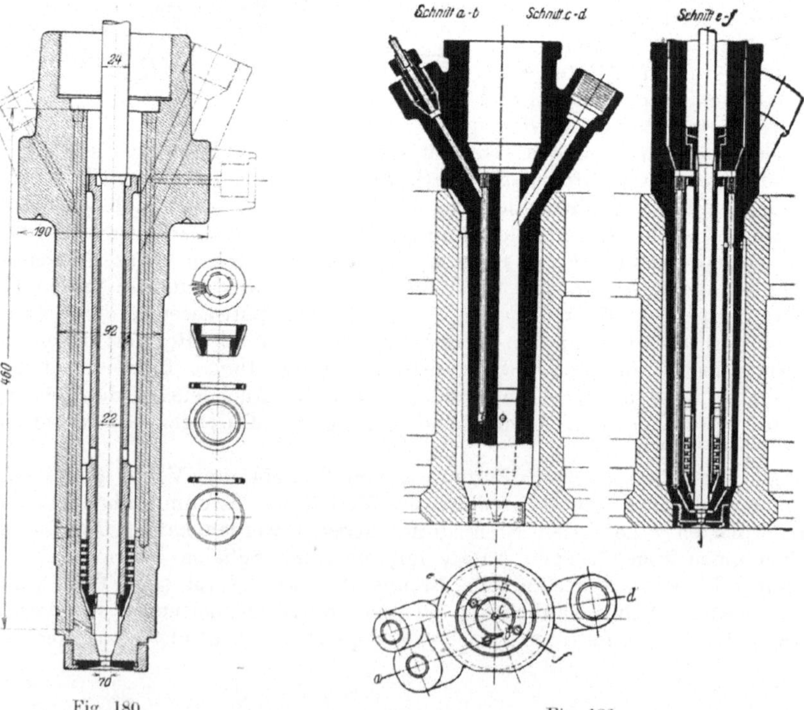

Fig. 180.

Fig. 181.

Zündöl, das leichter zündet, gebildet wird. Fig. 178 gibt ein Beispiel. Die horizontale Bohrung im Flansch für die Druckluft ist hier zentral angeordnet, zu beiden Seiten liegen die Bohrungen für das Brenn- und Zündöl. Letztere mündet knapp über dem Ventil in das Gehäuse ein.

Ganz ähnlich ist auch die Bauart Fig. 179 durchgebildet, hier ist auf das Herausnehmen der Ventilspindel allein verzichtet, der Verteiler wird gemeinsam damit entfernt. Beachtenswert ist auch die ebene Abdichtungsfläche des Gehäuses mit einem Kupferdichtungsring, die auch aus Fig. 180 ersichtlich ist.

Der Ventilhub für Zylinder zwischen 35 und 150 PS Leistung beträgt etwa 5 bis 7 mm bei normalen Geschwindigkeiten.

Nach Fig. 181 wird das Zündöl auch in einen Ringraum an der Ventilsitzfläche gebracht und so dem Verdichtungsraum noch näher gerückt, wobei auch die vorherige Mischung von Brenn- und Zündöl unmöglich gemacht wird. Der Zündtropfen wird erst durch die die Verteilerplatten passierende Druckluft eingeblasen, und da diese schon Tropfen von Teeröl mit sich führt, ist doch noch vor dem Eintritt in den Verbrennungsraum eine Mischung der Ölsorten denkbar, die den Zweck der doppelten Ölzuführung und ihre Wirkung vermindern könnte.

Daher haben sich manche Konstrukteure bemüht, den Zündtropfen ganz gesondert einzuspritzen. So zeigt z. B. Fig. 182 sowie auch 176 eine Konstruktion mit besonderer Luftzuführung zum Ringraum *f* an der Sitzfläche des Ventils, die viel weniger Widerstand bietet, als die für das Brennöl und daher den Zündtropfen sicher zuerst einführt, ohne daß eine Mischung stattfinden könnte. Die Mischung von Teer- und Zündöl kann auch insofern schädlich sein, als sich dabei der im Teeröl enthaltene Asphalt ausscheidet und die Kanäle verschmutzt.

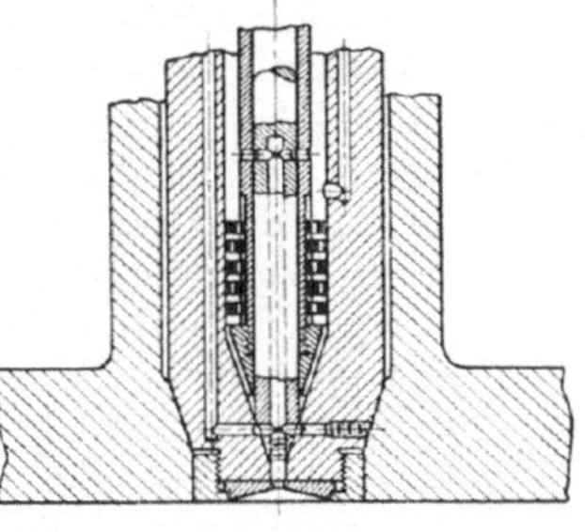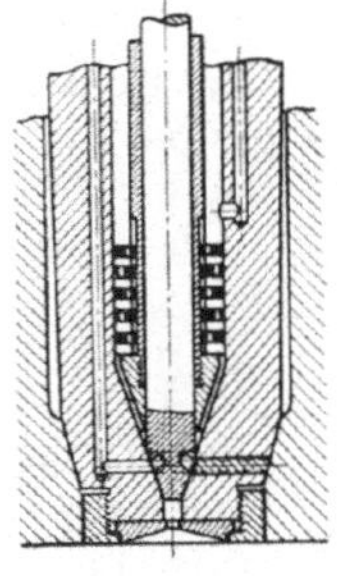

Fig. 182.   Fig. 183.

Bei Fig. 182 wird bei vollem Hub des Brennstoffventils der Luftzuführungskanal zum Zündöl abgesperrt, während bei Fig. 176 die durch die innere Bohrung nachströmende Luft in dem Ventilspalt eine weitere Zerstäubung hervorbringen kann. Eine solche doppelte Zerstäubung ist auch dadurch erzielt worden, daß ein besonders gesteuerter Zweig einen Teil der Druckluft unmittelbar in den Zylinder fördert, und zwar in einem hohlkegelförmigen Strahl, der von dem gesondert eingespritzten Brennstoff durchdrungen werden muß. (Patent Nr. 242 171 von Gebr. Sulzer).

Ähnlich ist auch die Anordnung Fig. 183, bei der ein etwas vergrößerter Ringraum geschaffen ist, in dem bei der Zuführung von Zündöl die noch vom vorhergehenden Spiel vorhandene Druckluft verdichtet wird und so viel Energie aufspeichert, um sicher den Zündtropfen in den Verbrennungsraum zu spritzen.

Eine andere Art, schwer entzündbare Öle verwendbar zu machen, besteht darin, daß man mit Hilfe einer Umschaltung für kleinere Belastung oder für das Anlassen andere leicht entzündliche Brennstoffe, wie Gasöl oder Paraffin, verwendet. (Vgl. Fig. 290.)

Die Plattenverteiler haben einige Eigenschaften, die sie nicht überall verwendbar erscheinen lassen, so sind sie nicht ohne weiteres für die horizontale Lage ihrer Achse zu benützen. Ferner kann man zwar den Verlauf der Ölzuführung leicht durch Veränderung der Oberfläche, also der Zahl der Platten und der Lochzahl in denselben usw. regeln, aber verschiedene Ölmengen verlangen bei gleichbleibender

Bauart auch verschieden hohen Luftüberdruck. Eine Änderung der Belastung im Betriebe, also auch eine Änderung in der zugeführten Ölmenge erfordert demnach auch eine entsprechende Regelung des Einblasedruckes. Würde derselbe für die betreffende Ölmenge zu hoch, so würde das Petroleum zu rasch eingespritzt, und die Wände des Gehäuses durch die noch folgende, jetzt wegen der geringeren Widerstände noch rascher und in größerer Menge vorbeistreichende Luft so weit von anhaftendem Öl befreit, daß sich bis zur nächsten Verbrennungsperiode kein Zündtropfen bilden kann und leicht Versager oder Spätzündungen eintreten können. Wenn die Ölpumpe schon beim Ansaugehub oder noch früher fördert, kann wohl das Abfließen des neuen Öles über den Verteiler so geregelt werden, daß auch bei kleinen Belastungen der Brennstoff am Ventil angelangt ist, wenn der Luftzutritt beginnt, es wird aber ohne besondere Vorsichtsmaßregeln leicht die an der Spitze befindliche Ölmenge bei größeren Belastungen auch zu groß. Durch Anwendung einer Abzweigleitung für die unmittelbare Ölzuführung zum Ventil wird dieser Nachteil vermieden, freilich verlangt die vollständige Entlastung einen sehr kleinen Zündtropfen.

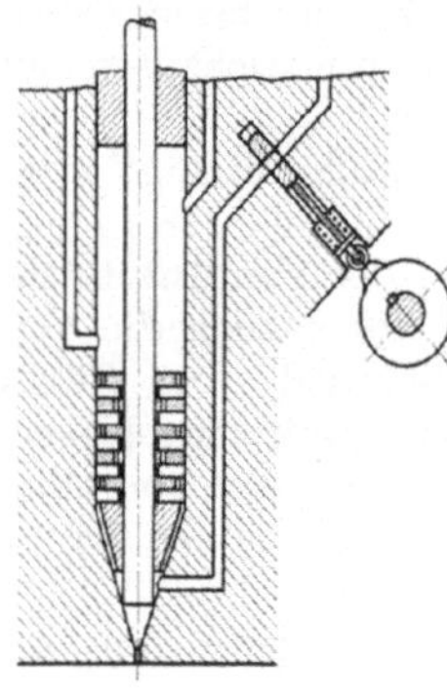

Fig. 184.

Die Konstruktion Fig. 184 sucht diesem Übelstand dadurch abzuhelfen, daß der Ringraum zur Aufnahme des Zündtropfens bei kleinen Belastungen vor der Einspritzung einen Augenblick durch einen gesteuerten Abschluß mit der Außenluft verbunden wird, wodurch infolge der Druckluft eine plötzliche Bewegung des Brennstoffs gegen das Ventil hin eingeleitet und das zur Erzeugung der ersten Flamme nötige Öl an dieses Ventil herangebracht wird. Es wird also hier ohne Anwendung eines leicht brennbaren Öles die Zündung gesichert. Leicht zündliches Paraffin- oder Gasöl wird hier nur für das Anfahren des Motors verwendet, ehe die Maschine die genügende Erwärmung aufweist.

Nach Fig. 185 kann zum gleichen Zwecke auch das Einspritzventil selbst verwendet werden, wenn man es vor der Einspritzung einen Augenblick öffnet und den Brennstoffraum mit dem unter niedrigerem Druck stehenden Zylinderinnern verbindet. Durch Verschieben des Steuernockens wird diese Voröffnung bei größeren Belastungen, wo die Gefahr der Vorzündung vorliegen würde, ausgeschaltet.

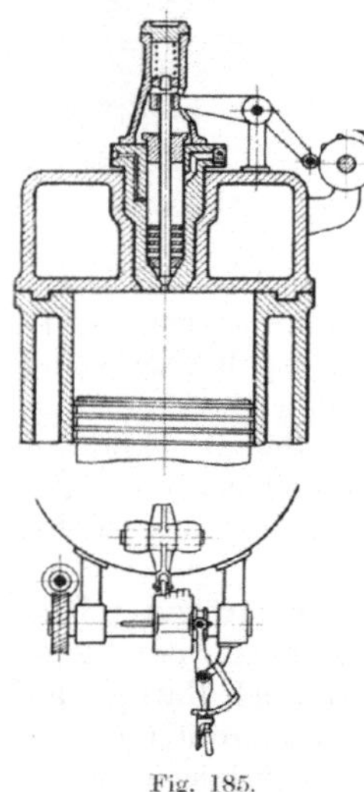

Fig. 185.

Bei geringen Belastungen kommt hinzu, daß die kleine Brennstoffmenge rasch verdampft und sich mit der zu großen Luftmenge durch die von der Einspritzung herrührenden starken Wirbel zu einem nicht mehr zündfähigen Gemisch verdünnt. Wenn der Einblasedruck und damit die Heftigkeit der Wirbel abnimmt, bleibt der Brennstoff mehr geschlossen und zündfähig.

Infolge dieser eigentümlichen Vorgänge ist man bei Plattenverteilern gezwungen, für verschiedene Belastungen auch den Luftüberdruck zu verändern, was gewöhnlich von Hand aus geschieht, indem man die Luftzuführung zum Verdichter drosselt. Ein anderer Weg besteht auch darin, die Verteilung nicht durch die Oberfläche des Ölgefäßes zu bewirken, sondern durch den Druckabfall der strömenden Luft und den Flüssigkeitsdruck des Brennöls.

Der erste ganz befriedigende derartige Spaltverteiler ist der in Fig. 186 dargestellte Verteiler von Hesselmann.

Der Brennstoff wird nahe dem Ventil zugeführt, und zwar in schmalen, gegen
den Ausfluß ansteigenden Kanälen gegen eine ringförmige Strahldüse hin, in der
die Luft ihre höchste Geschwindigkeit erreicht, wenn das Ventil ganz geöffnet ist.
Während vor diesen Kanälen der volle Luftdruck herrscht, nimmt beim Öffnen
des Brennstoffventils die Luft an der Ausmündung der genannten Kanäle eine
allmählich wachsende Geschwindigkeit an
und vermindert daher an diesen Stellen
ihren Druck, der Brennstoff wird vom
Luftstrahl nach und nach mitgerissen und

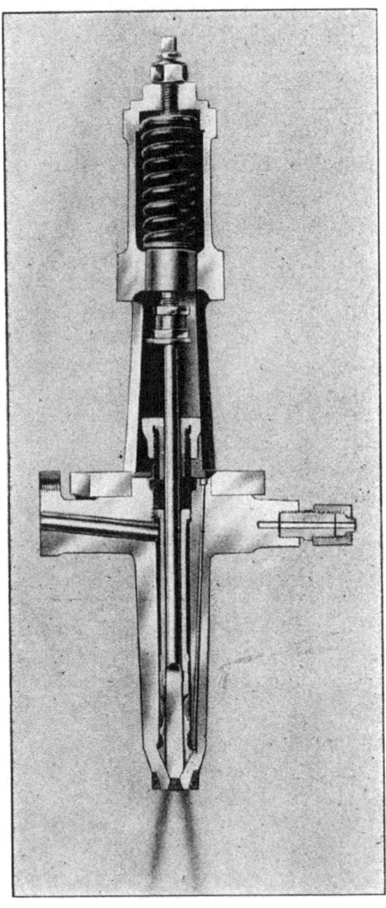

Fig. 186.

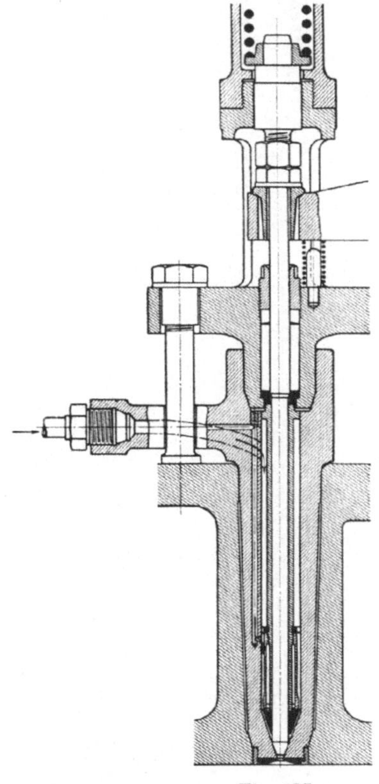

Fig. 187.

in einer hier mit krummen, im Kreis angeordneten Düsenöffnungen versehenen
Düsenplatte zerstäubt. Da die Bewegung des Ventils und die Querschnitte der Luft-
und Ölkanäle unverändert bleiben, würde hierin keine Regelung liegen, diese wird
jedoch dadurch erzielt, daß bei kleinerer Ölzufuhr von der Pumpe der äußere Öl-
spiegel nicht so hoch ansteigt und dadurch der fördernde Überdruck von Anfang
an kleiner wird. Die Bildung eines Zündtropfens scheint hier nicht nötig zu sein,
da bei gleichbleibendem Luftdruck alle Belastungen bis zu den kleinsten zulässig
sein sollen. Der meist aus Bronze hergestellte Zerstäuber kann ohne Schwierigkeit
ausgebaut werden.

Das in Fig. 187 dargestellte Brennstoffventil wirkt als Verteiler wieder hauptsächlich durch die vom Öl benetzte Oberfläche, hier wird jedoch durch die zwei gegeneinandergerichteten Luftströme, von denen der äußere Öl mitführt, und denen wegen ihrer gegenüber der Ventilöffnung kleinen Querschnitte eine große Luftgeschwindigkeit zukommt, schon vor der Düsenplatte eine Art Zerstäubung bewirkt.

Die Verteilung wird auch dadurch hervorgerufen, daß die kegelförmige Spitze der Spindelführung eine große Anzahl kleiner Querrillen erhält, die die Oberfläche beträchtlich vergrößern und beim Vorüberstreichen der Luft diese in Wirbelung versetzen, wodurch das an ihnen anhaftende Öl nach und nach an die Luft abgegeben wird (Fig. 188). Hier geht ein Teil des Luftstroms unmittelbar an der Ventilspindel mit großer Geschwindigkeit vorbei

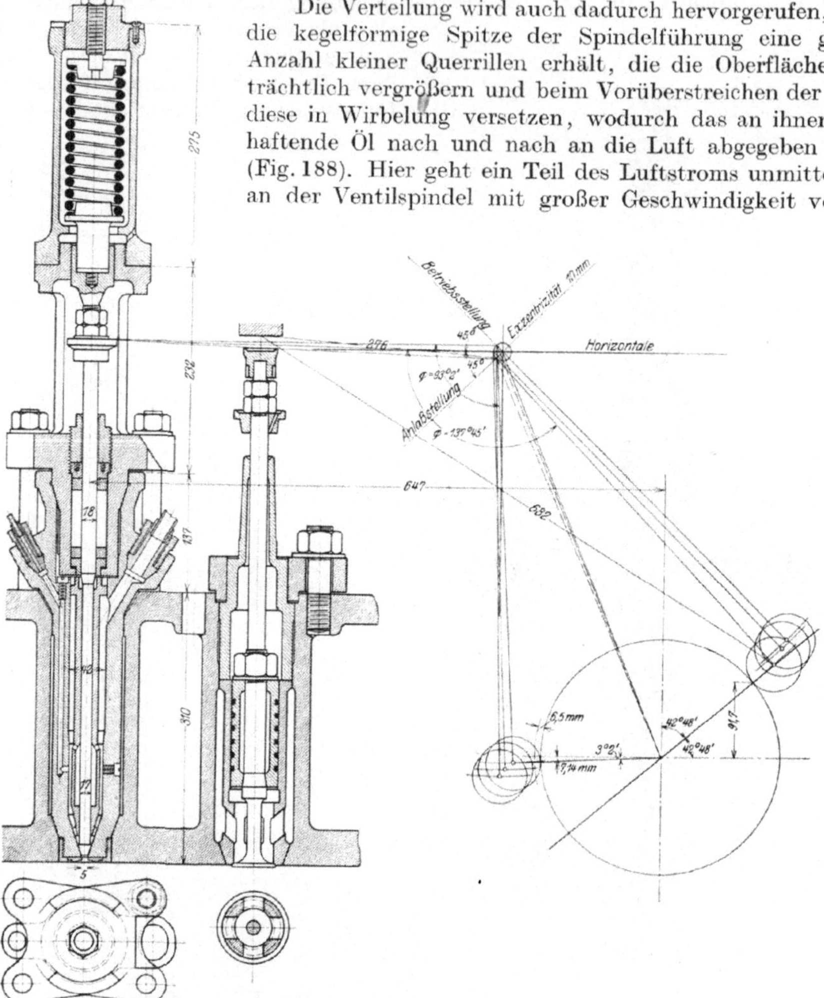

Fig. 188.

und wirkt als Saugdüse für das außen in den Längsrillen des kegelförmigen Führungsrohres befindliche Brennöl. Fig. 189 zeigt die gleiche Ausführung für Teer- und Zündöl. Die letztgenannten Konstruktionen haben den Vorteil sehr guter Reinigungsmöglichkeit.

Wie bereits erwähnt, kann man die Plattenverteiler bei liegender Anordnung nicht unverändert verwenden, da das einfließende Öl die Platten nicht ganz benetzt und die Bohrungen derselben auch keine richtige Verteilung ergeben. Erst durch den Luftstrom selbst wird die unten sich ansammelnde Flüssigkeit natürlich nicht gleichmäßig an die Oberflächen geschleudert und von diesen zurückgehalten. So ist z. B. Fig. 182 auch wagrecht anwendbar, es ist nur eine besondere Zuführung des Zündtropfens notwendig, da hier kein Zusammenfließen des zurückgebliebenen Brennstoffs gegen die Ventilspindel hin stattfindet.

Soweit geschlossene Düsen für liegende Maschinen zur Anwendung kommen, geschieht dies mehr mit Spaltzerstäubern, deren Ausführung Fig. 190 zeigt. Die durch eine Ringdüse strömende Luft reißt allmählich den aus einem ihn umschließenden, ebenfalls ringförmigen Ölzuführungsraum durch feine Bohrungen zuströmenden Brennstoff mit. Soll bei Teerölbetrieb ein besonderer Zündtropfen verwendet werden, so ist dies auch hier möglich; die Fig. 192 zeigt eine derartige Ausführung.

Bei allen diesen Ringzerstäubern ist es Aufgabe des Versuchs, den richtigen Druckunterschied festzustellen, was durch versuchsweise Änderung

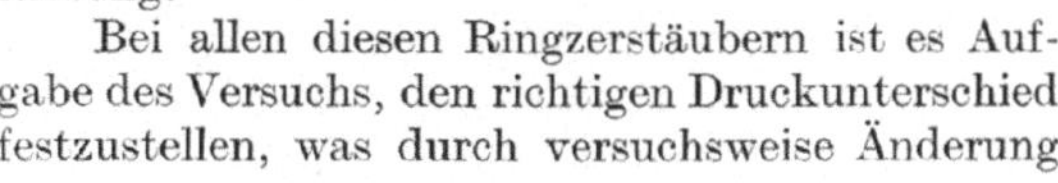

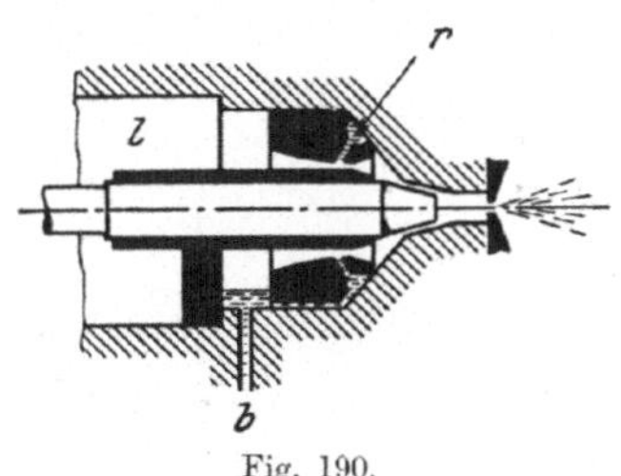

Fig. 190.

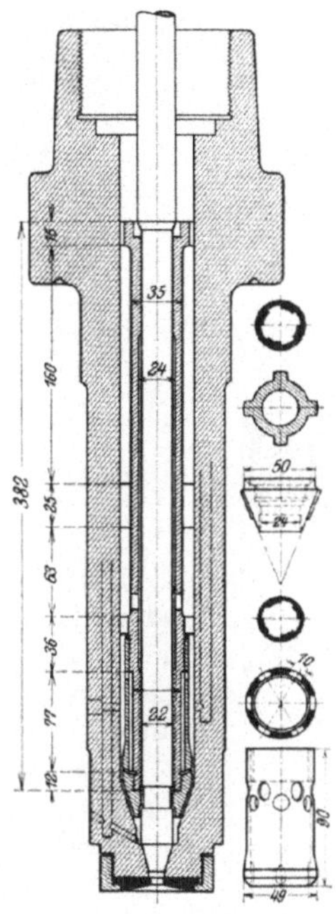

Fig. 189.

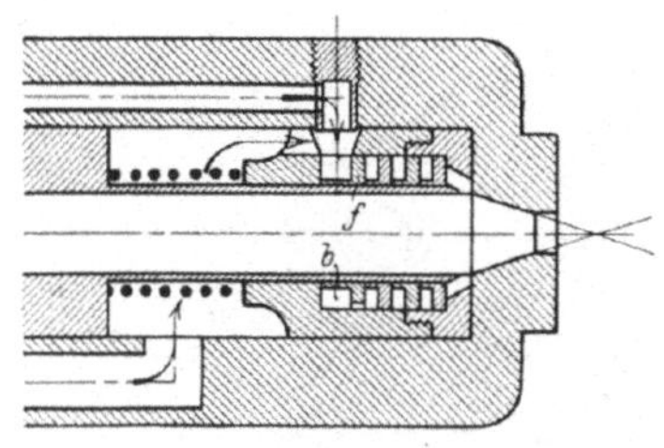

Fig. 191.

der Querschnittsverhältnisse geschehen kann. Insbesondere ist zu beachten, daß bei Abnahme der Belastung der Verteilraum rasch genug ausgeblasen wird, da sonst dort zu viel Brennstoff zurückbleibt und die Regelung verspätet, wodurch leicht ein Pendeln eintritt. Die Abmessungen des Düsenraums dürfen demnach nicht allzu groß gewählt werden.

Es können aber auch Zerstäuberplatten angewendet werden, wenn nur mit Rücksicht auf die Einwirkung der Schwere für die gleichmäßige Verteilung des Brennstoffes am Umfang der Platten gesorgt wird. Dies kann durch entsprechende Anordnung der Löcher in den Zerstäuberplatten erzielt werden, indem abwechselnd die ersten Platten nur unten oder nur oben solche Öffnungen erhalten, während erst nach und nach die Austeilung derselben gleichmäßiger und zuletzt am ganzen Umfang gleich wird.

Eine andere Konstruktion zeigt Fig. 191. Um zu verhindern, daß die Einspritzluft dem Brennstoff voreilt, wird dieser von oben her in den Ringraum b gebracht. Auch die Einspritzluft wird von oben zugeführt. Dieser Ringraum wird durch eine Platte f abgeschlossen, die an der unteren Seite mit schräg nach aufwärts gerichteten Bohrungen versehen ist. Durch diese kleinen Löcher wird der unten

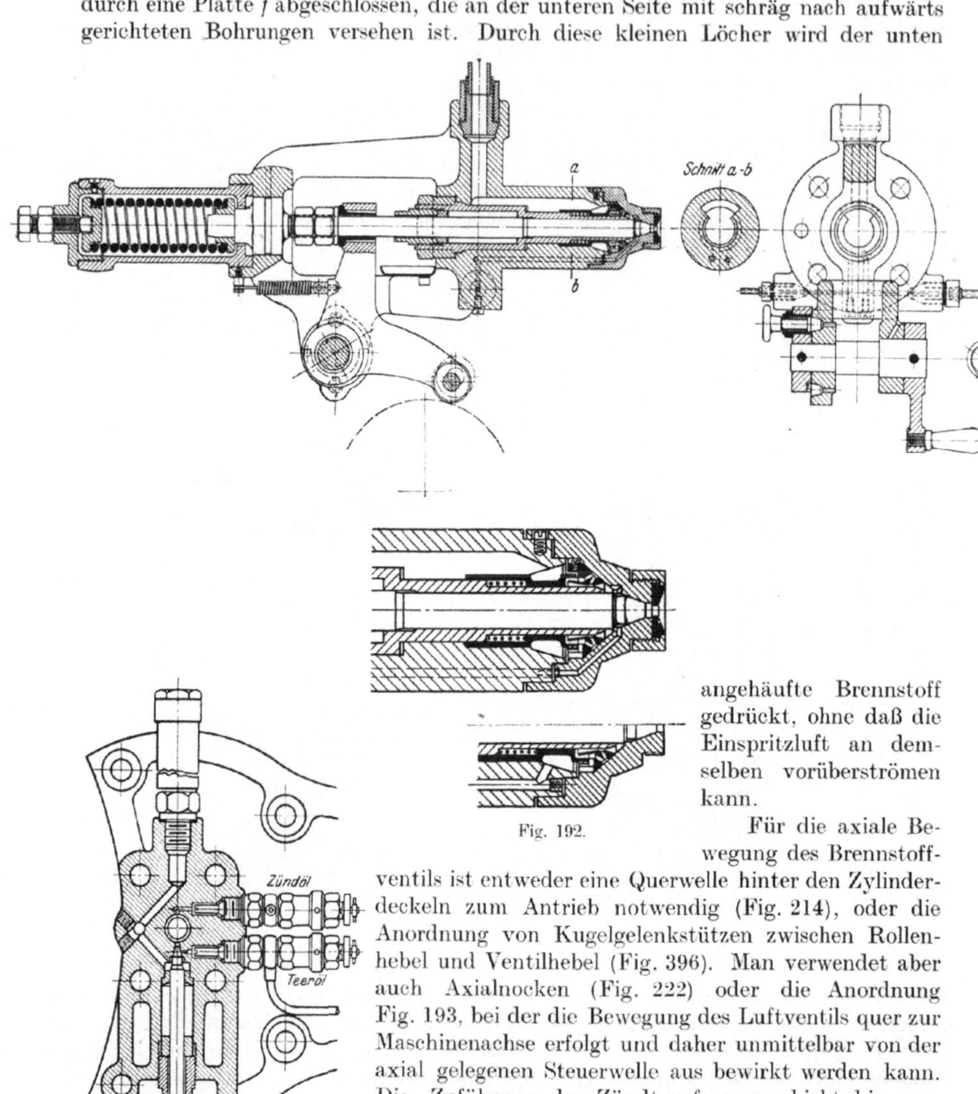

Fig. 192.

Fig. 193.

angehäufte Brennstoff gedrückt, ohne daß die Einspritzluft an demselben vorüberströmen kann.

Für die axiale Bewegung des Brennstoffventils ist entweder eine Querwelle hinter den Zylinderdeckeln zum Antrieb notwendig (Fig. 214), oder die Anordnung von Kugelgelenkstützen zwischen Rollenhebel und Ventilhebel (Fig. 396). Man verwendet aber auch Axialnocken (Fig. 222) oder die Anordnung Fig. 193, bei der die Bewegung des Luftventils quer zur Maschinenachse erfolgt und daher unmittelbar von der axial gelegenen Steuerwelle aus bewirkt werden kann. Die Zuführung des Zündtropfens geschieht hier unmittelbar hinter dem Einblaseventil, wie in einer offenen Düse.

Diese Bauart bildet somit einen Übergang zur offenen Düse überhaupt, die sich insbesondere bei liegenden Maschinen eingebürgert hat. Wie bereits kurz erwähnt, wird der Brennstoff hier hinter dem Luftzuführungsventil eingeführt, so daß die Ventilöffnung nur von reiner Luft durchströmt wird. Der hinter derselben liegende Brennstoffkanal ist in steter Verbindung mit dem Verdichtungs- und Verbrennungsraum, der

darin herrschende Druck stimmt also auch mit diesem etwa überein, so daß es
möglich wird, den Brennstoff während der Ausschub- oder Ansaugeperiode ohne
nennenswerten Überdruck einzuführen, was für die Brennstoffpumpe natürlich eine
Vereinfachung und Entlastung bedeutet. Die Verteilung und Zerstäubung des Brennstoffes wird hier dadurch bewirkt, daß der Luftstrom auf die Oberfläche desselben
auftrifft oder auch durch dasselbe hindurchgeht. Dabei hängt die zeitliche Verteilung der Einspritzung von der Länge, Oberfläche und Form des Kanals ab,
sowie natürlich auch vom Verlauf der Bewegung des Luftventils. Der für die Aufnahme des Brennstoffs bestimmte Raum muß natürlich so groß bemessen werden,
daß auch bei größter Ölzuführung kein Überfließen in den Zylinder stattfindet.

Ein Unterschied in der Wirkung dieser offenen Düse gegenüber der geschlossenen Düse besteht auch darin, daß der Öltropfen im Zuführungskanal bei der Verdichtung mit erwärmt wird und schon teilweise verdampft. Durch die Erwärmung
wird wohl die leichtere Zerstäubung und Entzündung der Tropfen gesichert, die
Verdampfung scheint aber eher
ein Nachteil zu sein. Außerdem
wird immerhin die Gefahr einer
Vorzündung beträchtlich erhöht.
Die Verdichtung für die sichere
Zündung von Teeröl wird bei der
offenen Düse merklich kleiner,
insbesondere bei kleinen Belastungen. Die offenen Düsen wurden zuerst bei Maschinen ohne
Verdichter angewendet, indem
gegen Hubende ein Ansatz am
Kolben in eine entsprechende
Ausnehmung des Deckels gelangt und dort eine höhere Verdichtung erzeugt. Diese hochgespannte Druckluft, die jedoch
noch verbrannte Gase enthält,
wurde unmittelbar zur Einspritzung des in einer Ölkammer

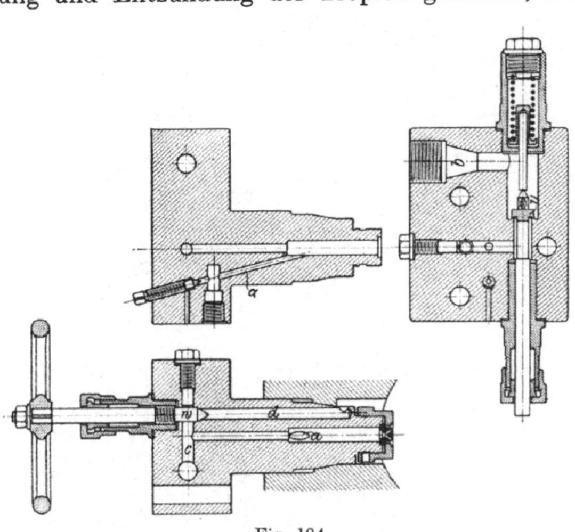

Fig. 194.

vorgelagerten Brennstoffes verwendet. Sie hat aber sowohl durch ihre Unreinheit, als
auch durch die nicht ganz richtige Zeit der Einspritzung zur Verschmutzung der
Düse geführt, da sie die Kammer nicht genügend vor Nachbrennen noch darin befindlichen Öls schützen konnte. Erst die Zuführung reiner Druckluft und eine besondere Steuerung derselben haben die offene Düse verwendbar gemacht. Freilich
ist auch hier auf unbedingte Dichtheit des Luftventils zu achten, da sonst sehr rasch
Verkrustungen durch unvollständige Verbrennung eintreten. Bei entsprechender
Wahl der Abmessungen kann auch die Neigung zu Vorzündungen vermieden werden,
aber auch hierzu ist die Dichtheit des Luftventils erstes Erfordernis. Man erkennt
hieraus erst die Bedeutung der Einführung einer besonderen Luftsteuerung auf die
Verwendbarkeit der offenen Düse. Dabei ist es selbstverständlich, daß hier noch
mehr als bei geschlossenen Düsen dafür gesorgt werden muß, daß während des
Stillstandes kein Öl in den Zylinder gelangen kann, da die Möglichkeit, die Ölzuleitung durch Schließen des Brennstoffventils vom Zylinder zu trennen, hier nicht
vorhanden ist.

Fig. 194 zeigt eine Konstruktion dieser Art. Das Brennöl tritt hier von unten
her bei *a* in die Düsenkammer ein und breitet sich hier der Länge nach aus, bis das
Druckventil geöffnet wird. Die bei *b* zugeführte hochgespannte Luft geht durch

dieses Ventil v und gelangt seitlich bei c in den Düsenkanal. Das Ventil v wirkt hier gleichzeitig als Anlaßventil, wenn die Brennstoffzufuhr abgestellt und das von Hand zu betätigende Ventil w geöffnet wird, das durch einen Kanal d unmittelbar zum Verdichtungsraum führt. Die stählerne Düsenplatte zeigt hier kleine Bohrungen, die kegelförmig nach außen münden. Im Einblasekopf, der aus Stahl hergestellt ist, sind sämtliche Rohranschlüsse angebracht, u. a. auch ein Prüfventil für das Brennöl. Der ganze Kopf ist kegelförmig in den Zylinderdeckel eingesetzt und abgedichtet, die Bewegung des Luftventils erfolgt von unten her, während es von oben mit einer Feder belastet ist.

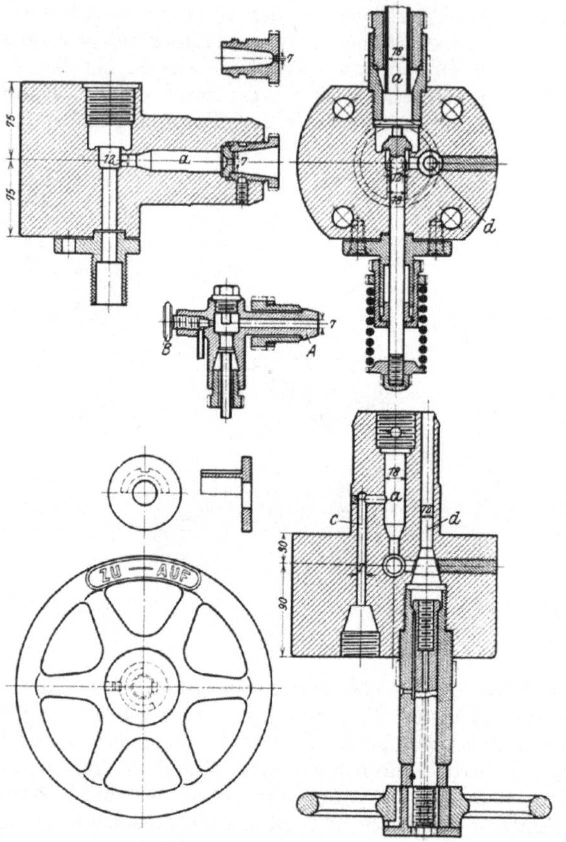

Ganz ähnlich ist auch Fig. 195 durchgebildet. Die Zuführung der Einblaseluft in den Zylinder ist bei a, der Anlaßluft bei d, das Öl tritt bei c seitlich in den Düsenkanal ein, nachdem es das Zuführungsstück A mit Rückschlagventil und Prüfventil B passiert hat. Die Düsenplatte hat nur eine zentrale Öffnung hinter einer paraboloidischen Bohrung. Zur Vermeidung unzukömmlicher Handhabung ist das Handrad für das Anlassen abnehmbar.

Fig. 196 zeigt eine zur Kühlung mit Rippen vergrößerte Düsenoberfläche. Auch hier zeigt sich, daß bei undichtem Luftventil Störungen auftreten, indem mangelhafte Zündung und unvollkommene Verbrennung eintreten. Die Kühlung der Düse hat den Zweck, übermäßige Verdampfung des Brennöls zu verhindern, scheint aber bei dichten Einblaseventilen nicht erforderlich zu sein.

Fig. 195.

In Fig. 197 ist eine offene Düse für Zünd- und Teeröl dargestellt, das Zündöl gelangt bei c_2 in den Zylinder, indem es von einer Abzweigung des Luftstromes bei b_2 zerstäubt wird.

Das Zündöl wird ganz getrennt vom Teeröl eingeführt, so daß vor der Einspritzung keine Mischung eintritt; durch die gemeinsame Luftsteuerung gelangen sie aber gleichzeitig und unter gleichen Verhältnissen in den Verbrennungsraum. Die Mischung von Teer- und Zündöl ist aus den früher angegebenen Gründen zu vermeiden. Manchmal wird die Anordnung derart getroffen, daß die beiden aus der Teeröl- und Zündöldüse kommenden Luftölgemischstrahlen sich im Verbrennungsraum treffen, wodurch eine weitere Zerstäubung und Wirbelung auftritt.

Bei Fig. 198 ist das Anlaßventil nicht im gleichen Einsatz wie Düse und Luftventil untergebracht, sondern ganz getrennt. Der Ölraum hat hier eine eigentümliche winkelig gebogene Form; die Luft soll von oben her auf die Oberfläche des Öls auftreffen und dieses verteilen. Die Brennstoffzuführung ist hier nahe der Düse angeordnet, wozu eine Längsbohrung im Einsatz dient, die mit einem am Ende eingesetzten Rückschlagventil versehen ist. Fig. 199 zeigt eine Ausbildung für größere Leistungen. Der Ventilkörper hat eine verschließbare Ölkammer, die vor jedesmaliger Inbetriebsetzung mit Öl zu füllen ist. Es ist besonders auf leichte Demontierbarkeit bei Undichtwerden der Ventilspindel geachtet worden.

Ähnlich ist auch die Ausführung Fig. 200, nur sind hier hinter dem Knick im Düsenkanal noch Düsenplatten eingeschaltet, die als Verteiler mitwirken. Das Anlassen ist hier wieder mit der Einblaseluftsteuerung vereinigt, wodurch natürlich ein größeres Volumen des Einblasekopfes bedingt ist. Aus der Figur ist auch die Anordnung der Brennstoffpumpe ersichtlich.

Fig. 201 und 202 zeigen sehr kompendiöse Düsen, von denen die letztere für Teer- und Zündölbetrieb gebaut ist. Das Zündöl wird hier unmittelbar in den Verbrennungsraum gedrückt und durch den aus der Hauptdüse kommenden Luftstrom zerstäubt. Wenn das Zündöl oberhalb dieser Düse ausströmt, fließt es unmittelbar an derselben vorbei, muß also vom Luftstrom mitgerissen werden. Statt der einfachen Düsenöffnung werden auch kleine kegelförmig angeordnete Bohrungen verwendet. Der Ventilantrieb stimmt mit dem nach Fig. 193 überein; vgl. auch Fig. 199.

Die folgenden Ausführungen deuten etwa die Richtung neuerer Ideen an. Fig. 203 ist dadurch interessant, daß die Verwendung einer besonderen Ölpumpe überhaupt unnötig wird. Die Regelung wird dadurch bewirkt, daß der aus einem Brennstoffbehälter während des Ansaugens unmittelbar in die Kammer b fließende Brennstoff, dessen Rückschlagventil auch die feine Bohrung d abschließen kann, durch verschieden

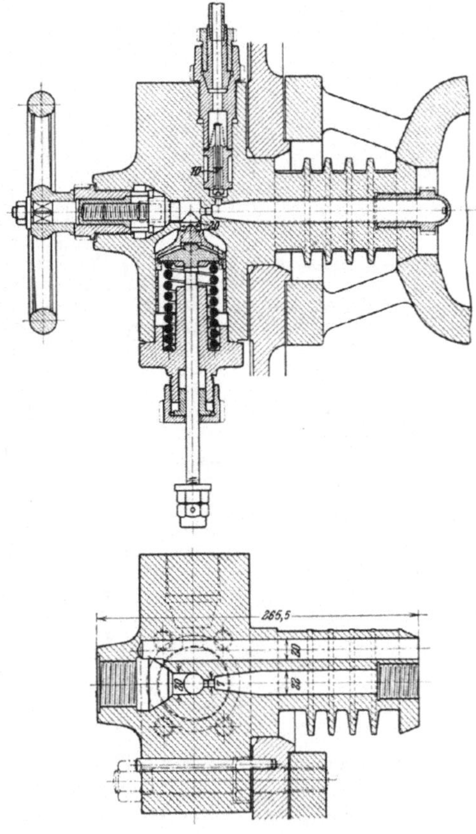

Fig. 196.

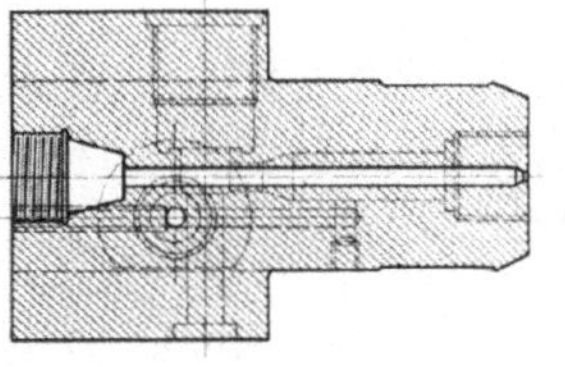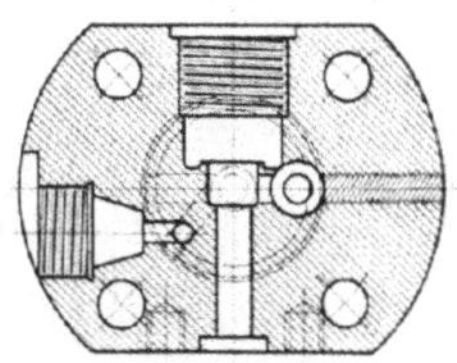

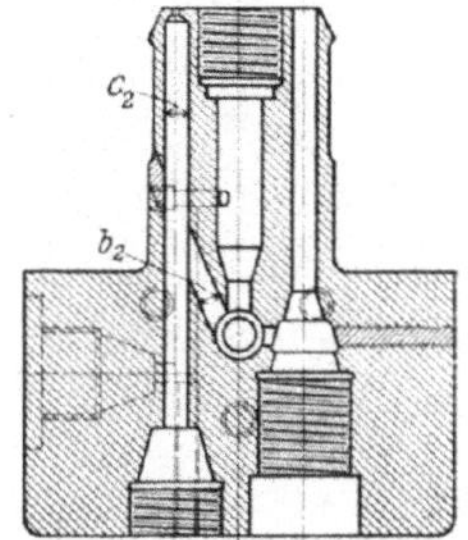

Fig. 197.

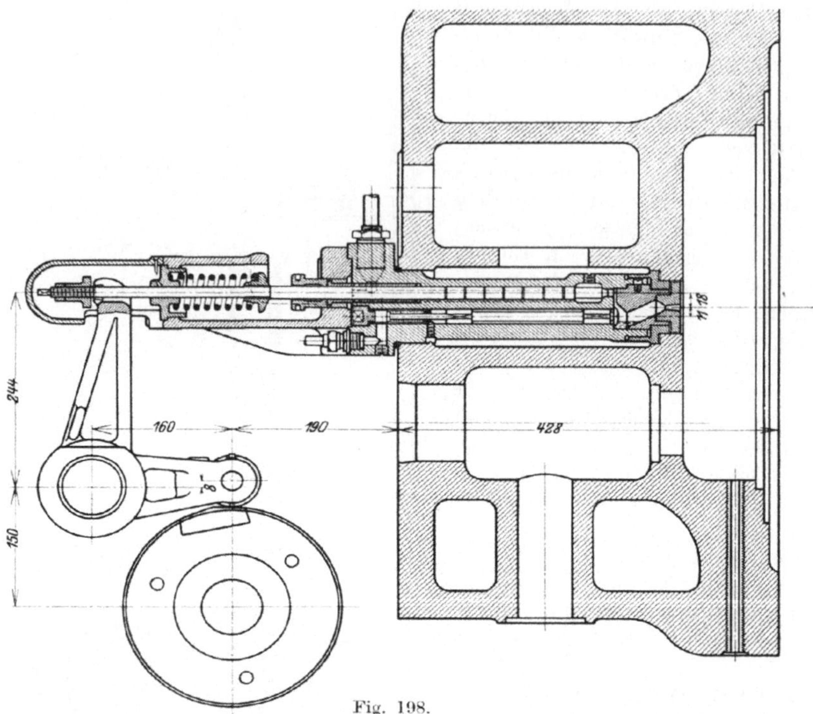

Fig. 198.

lange Öffnungsdauer des Ventilchens *k* in wechselnder Menge in den Brennstoffkanal *i* und *h* gelangt. Wird das Einspritzventil *l* geöffnet, tritt Luft in die Brenn-
stoffkammer und treibt den Brennstoff in den genannten Kanal. Bei *g* strömt die
Luft rasch aus und zerstäubt den Brennstoff durch die Düsenwirkung.

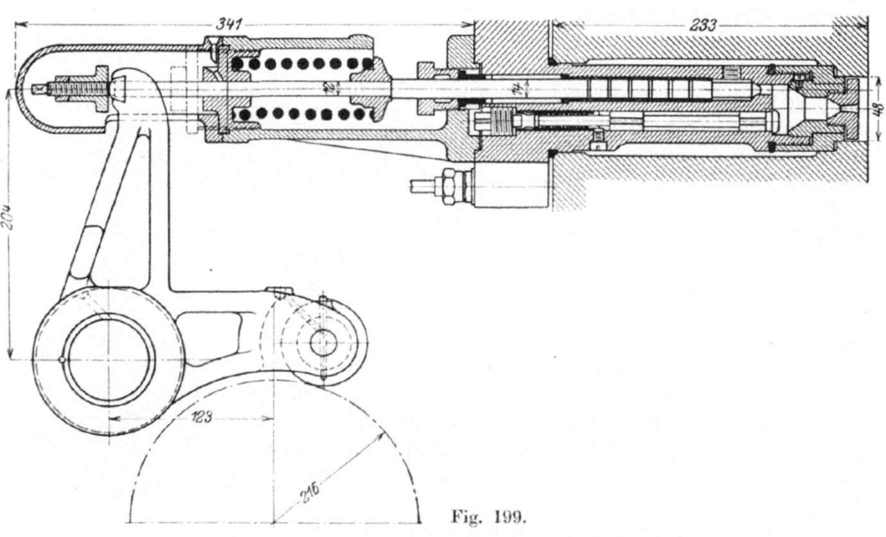

Fig. 199.

Eine neuere Bauart, bei der die Regelung wieder einer Pumpe zufällt, ist in Fig. 204 dargestellt, die nun ohne weiteres verständlich ist.

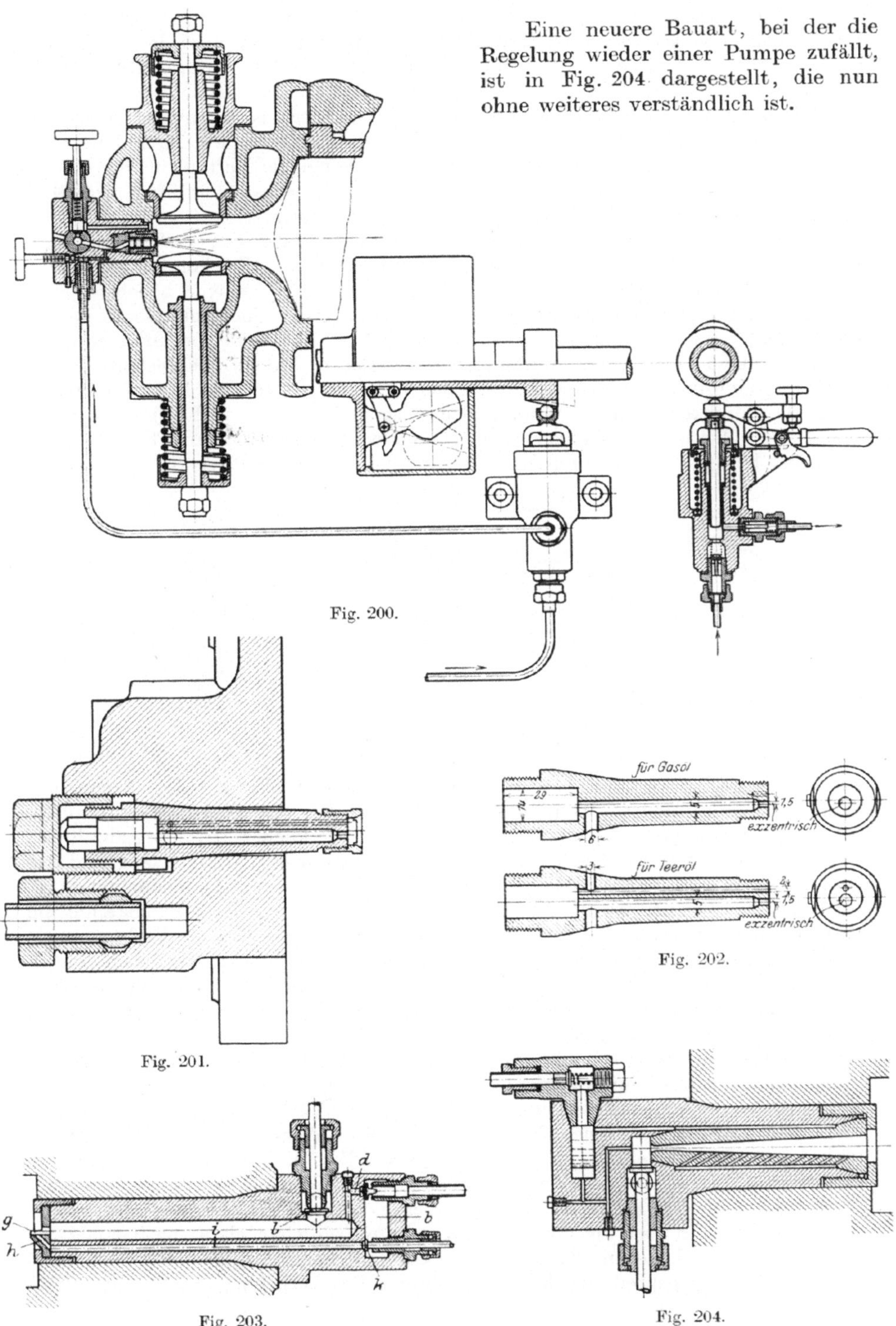

Fig. 200.

Fig. 201.

Fig. 202.

Fig. 203.

Fig. 204.

In Fig. 205 wird der Brennstoff während des Saughubes in den Düsenkanal gebracht, den er vollständig verschließt. Beim Verdichtungshub wird der Ölpfropfen zurückgeschoben und dann bei Öffnung des Einspritzventils l durch die Düsen g zerstäubt und in den Verbrennungsraum geschleudert.

Hierher gehört auch die Konstruktion Fig. 206, bei der das Öl durch einen schmalen Ringkanal fließt, der das rohrförmige Ventilgehäuse umgibt. Der Luftstrahl zerstäubt das Öl beim Austritt in den Zylinder, wobei die Luft nicht wie bei geschlossenen Düsen abgekühlt zu sein braucht, da ein Zusammentreffen derselben mit dem Brennstoff erst im Augenblick der Einspritzung erfolgt.

Offene Düsen können natürlich bei entsprechender Ausbildung des Verbrennungsraumes auch bei stehenden Maschinen angewendet werden. Hier kommt der Vorzug dieser Konstruktion zur Geltung, daß das Druckluftventil an eine beliebige, auch von der Düse entfernte Stelle gesetzt werden kann, was freilich mit Rücksicht auf die Vorgänge im Verbindungsrohr den Steuerungsantrieb etwas beeinflussen muß, sonst aber keine schädlichen Wirkungen hat. Der in Fig. 207 dargestellte Kleinmotor zeigt ein mit dem Zylinder zusammengegossenes Gestell mit liegender Steuerwelle, die unmittelbar in der Grundplatte gelagert ist. Das Anlaß- und Einspritzventil A ist durch einen Kolben entlastet und wird unmittelbar durch einen Daumenhebel bewegt. Die Umstellung wird durch Verschieben einer Rolle in axialer

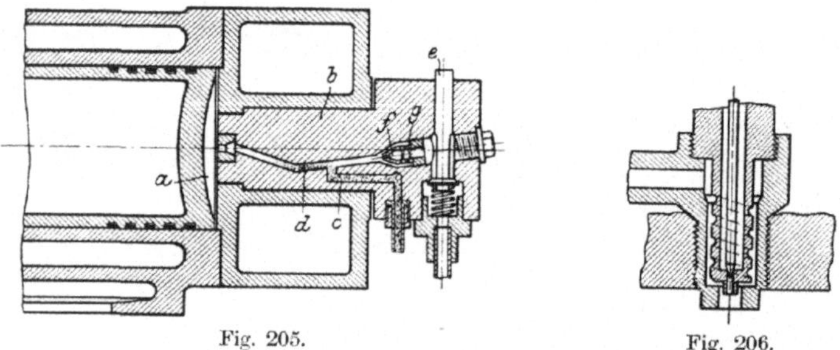

Fig. 205. Fig. 206.

Richtung bewirkt, wodurch diese mit dem Anlaßdaumen oder mit dem Brennstoffdaumen zusammentrifft. Wenn das verhältnismäßig große Druckluftventil plötzlich geöffnet wird, tritt hinter demselben ein sehr merklicher Spannungsabfall ein, wenn die Zuleitung zwischen Kompressor oder Luftflasche und Düse lang und eng ist und wenn kein Windkessel in der Nähe des Einspritzventils angebracht wird. Auch im Düsenkanal wurde durch die Geschwindigkeiten und Widerstände ein beträchtlicher Druckabfall festgestellt, es zeigte sich, daß auch die im Verbrennungsraum auftretende Verdichtung im Düsenkanal nicht voll auftritt, so daß im Augenblick der Öffnung des Einblaseventils dort der Druckunterschied noch größer wird. Auf die im Düsenkanal ermittelten Diagramme wird später eingegangen werden, es zeigt sich aber schon durch die hier dargestellten Verhältnisse, daß die Abmessungen desselben mit besonderer Sorgfalt gewählt werden müssen, wenn nicht unnötiger Luftverbrauch und Verdichterdruck auftreten sollen.

Um sich im allgemeinen eine Vorstellung vom Verlauf der Luftbewegung in der Brennstoffdüse zu machen, beachte man, daß im Augenblick der Ventilöffnung und gleich darauf jedenfalls an der Ventilspitze selbst der engste Durchgangsquerschnitt liegt. Dabei ist das Verhältnis der Gasdrücke innen und außen vielleicht etwas größer als das kritische, von ihm aber nicht weit verschieden. Druckänderungen wirken also noch auf die Luftmenge ein, um so mehr, als wenigstens bei den sogenannten geschlossenen Düsen auch mit der Luft noch Flüssigkeitsteilchen durch die Ventilöffnung gepreßt werden. Bei weiterer Ventilerhebung wächst die durch-

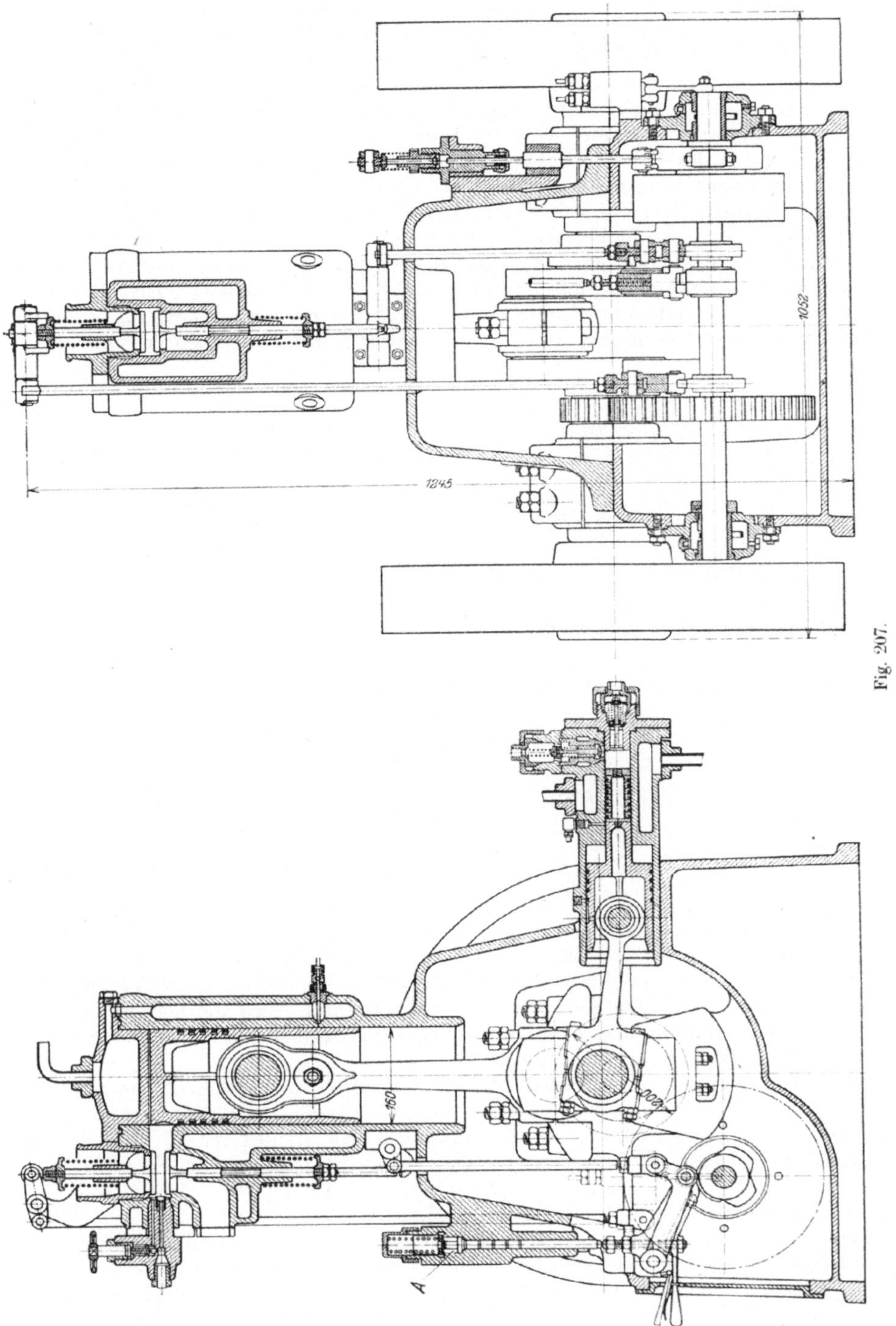

Fig. 207.

tretende Luftmenge, in der Düsenöffnung wird ein Durchfluß erzeugt, so daß im Raum zwischen Ventil und Düsenplatte ein mittlerer Druck herrscht, und die Luftgeschwindigkeit im Ventil sinkt. Die in der Zeiteinheit durchströmende Luftmenge wächst also von dem Moment an, wo die Ventilöffnung gleich der Düsenöffnung wird, durchaus nicht mehr im gleichen Verhältnis, wie die Ventilöffnung, sondern weit langsamer und dies wird durch die Widerstände vor dem Ventil und etwaiges Ansteigen des Druckes im Verbrennungsraum noch merklicher. Dabei ist freilich zu berücksichtigen, daß zuerst die Verengung aller Querschnitte durch das Brennöl am stärksten ist; nur bei offenen Düsen, wo reine Luft durch das Ventil strömt, kommt dies nicht in Betracht, daher dürfte es auch kommen, daß hier die Einspritzung viel plötzlicher geschieht als bei geschlossenen Düsen, wie aus dem Druckanstieg im Indikatordiagramm zu ersehen ist. Bei geschlossenen Düsen hingegen bietet ganz besonders im Beginn der Ventilöffnung der vorgelagerte und auch vor den Plattenzerstäubern angesammelte Brennstoff durch seine noch zusammen-

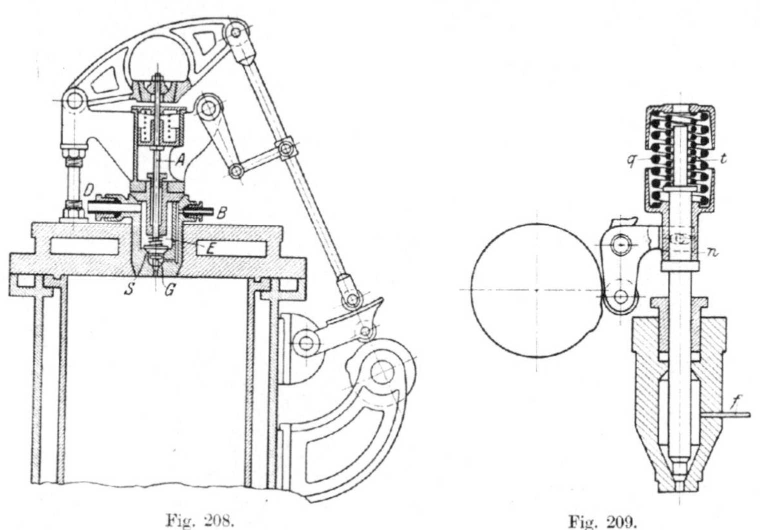

Fig. 208.   Fig. 209.

hängende Masse einen derartigen Widerstand, daß die Bewegung der Luft nur allmählich beginnen kann. Daher ist insbesondere bei Schnelläufern sehr großes Voröffnen erforderlich, großer Ventilhub aber eher schädlich für die Gleichförmigkeit der Verbrennung im Zylinder. Natürlich spielen die Öffnungen in den Verteilerplatten oder die engsten Querschnitte bei Strahlverteilern etwa die gleiche Rolle wie die Düsenplattenöffnung. Eine quantitative Verfolgung dieser Vorgänge ist wohl ohne Versuchsmaterial nicht möglich.

Wenn das Anlassen statt mittels Hebels mit Druckluft geschieht, muß das Brennstoffventil natürlich auch geschlossen sein, damit die Anlaßluft nicht in die Brennstoffleitung eintreten kann. Die Steuerung für das Brennstoffventil muß deshalb auch hier ausgeschaltet werden; um eine besondere mechanische Vorrichtung unnötig zu machen, dient die Konstruktion Fig. 209 (Ausführung der M. A. N.; D. R. P. Nr. 248 708).

Die Brennstoffnadel ist abgesetzt; auf die hierdurch entstehende Ringfläche wirkt der Druck der bei f eintretenden Einblaseluft und drückt die Nadel entgegen der Spannung der Feder t mit ihrem Bunde o an die verschiebbare Federhülse n an. Wird aber die Hülse n vom Steuerhebel angehoben, so folgt ihr auch die Brennstoffnadel. Für den Schluß des Ventils sorgt die Feder q. Beim Anlassen wird die Einblaseluft abgestellt.

Die Feder t ist nunmehr stark genug, die Nadel entgegen dem Druck der auf den unteren Konus wirkenden Anlaßluft geschlossen zu halten. Die Hülse n macht nach wie vor ihren Hub.

Zu erwähnen wäre noch die Bauart Fig. 208, die zur Ersparnis an Einblaseluft bei kleinen Belastungen dient. Auf der eigentlichen gesteuerten Ventilspindel A gleitet ein Ventil S, das durch eine Feder niedergedrückt wird und seinen Sitz im Gehäuse hat, wie die Hauptspindel. Dieses Ventil wird von der Spindel mit Anschlägen angehoben, wenn der Spindelhub ein gewisses Maß überschreitet. Das Brennöl tritt bei B ein, erfüllt zuerst die Kammer G unter dem Ventil S, während die Druckluft bei D zutritt und durch Einkerbungen in S an der Spindel ebenfalls in die Kammer G gelangt. Bei größeren Belastungen wird auch noch der Raum E oberhalb S vom Petroleum teilweise beansprucht. Dann gelangt zuerst der Teil in G zur Einspritzung, der Ventilhub wird aber dann derart vergrößert, daß auch S angehoben wird und auch das oberhalb befindliche Öl je nach der Form des Steuernockens zur Verbrennung kommt. Es ist also eine Änderung des Ventilhubes erforderlich, deren Einleitung unmittelbar aus der Figur hervorgeht. Bei kleinen Belastungen wird dementsprechend nur weniger Luft verbraucht.

Bei Verwendung von besonderem Zündöl ist für den Fall des Leerlaufs ein Sicherheitsregler vorteilhaft, wenn nicht der Zündölzufluß selbsttätig geregelt bzw. bei Leerlauf abgestellt wird.

Was die zu wählenden Abmessungen für normale Plattenverteiler anlangt, kommt es auf den Durchmesser und den Hub der Ventilspitze, sowie auf den Kegelwinkel derselben an, um die Durchgangsöffnung zu bestimmen. Diese ist mit dem Produkt aus Kolbenfläche und Kolbengeschwindigkeit zu vergleichen, so daß sie durch $f_1 = \dfrac{F\,c}{k_1}$ gegeben ist. Mit F in cm² und c in m schwankt bei den Ausführungen k_1 zwischen 8000 und 20 000. Auch für die Düsenöffnung finden sich sehr verschiedene Werte. In $f_2 = \dfrac{F\,c}{k_2}$ wird k_2 zwischen 18 000 und 30 000 ausgeführt. Die Ursache dieser großen Differenzen liegt in der Verschiedenheit der Anzahl der Düsenplatten und des Querschnitts ihrer Bohrungen. Die innere Bohrung im Gehäuse des Brennstoffventils ist meist etwas größer als die der Düsenplatte.

Wenn die Form des Verbrennungsraumes von der normalen Zylinderform abweicht, hat man bei der Konstruktion der Düsenplatte hierauf Rücksicht zu nehmen. Dies kann durch Wahl länglicher Düsenöffnung oder durch Anordnung mehrerer kleiner Bohrungen erzielt werden. (Vgl. D. R. P. Anmeldung 42 152 der M. A. N.)

Bei offenen Düsen ergeben sich für das Druckluftventil für k_1 Werte zwischen 300 und 600, für die Düsenöffnung k_2 zwischen 15 000 und 20 000.

XI. Die äußere Steuerung.

Die Funktionen der Steuerung sind für die Zeit des Anlassens und des regelmäßigen Betriebes unter Belastung verschieden. Für den Betrieb einer einfach wirkenden Maschine sind folgende Tätigkeiten zu erfüllen:

Öffnen des Einlaßventils: etwas vor dem äußeren Totpunkt des Kolbens im ersten Halbhub, das Voröffnen beträgt etwa 10° bis 20°.

Schließen des Einlaßventils: am inneren Totpunkt des Kolbens, oder auch bis zu 30° hinter demselben.

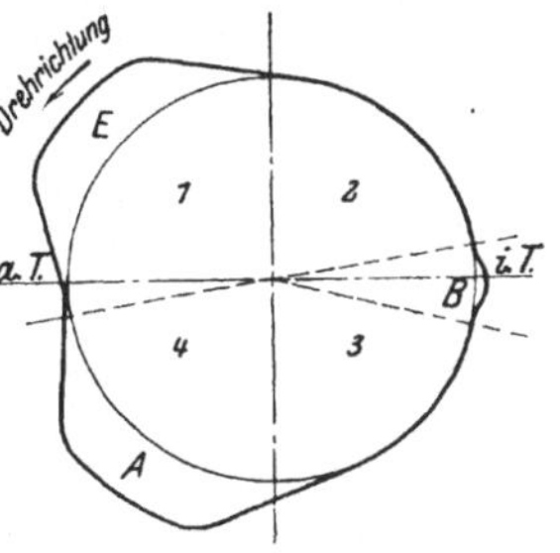

Fig. 210.

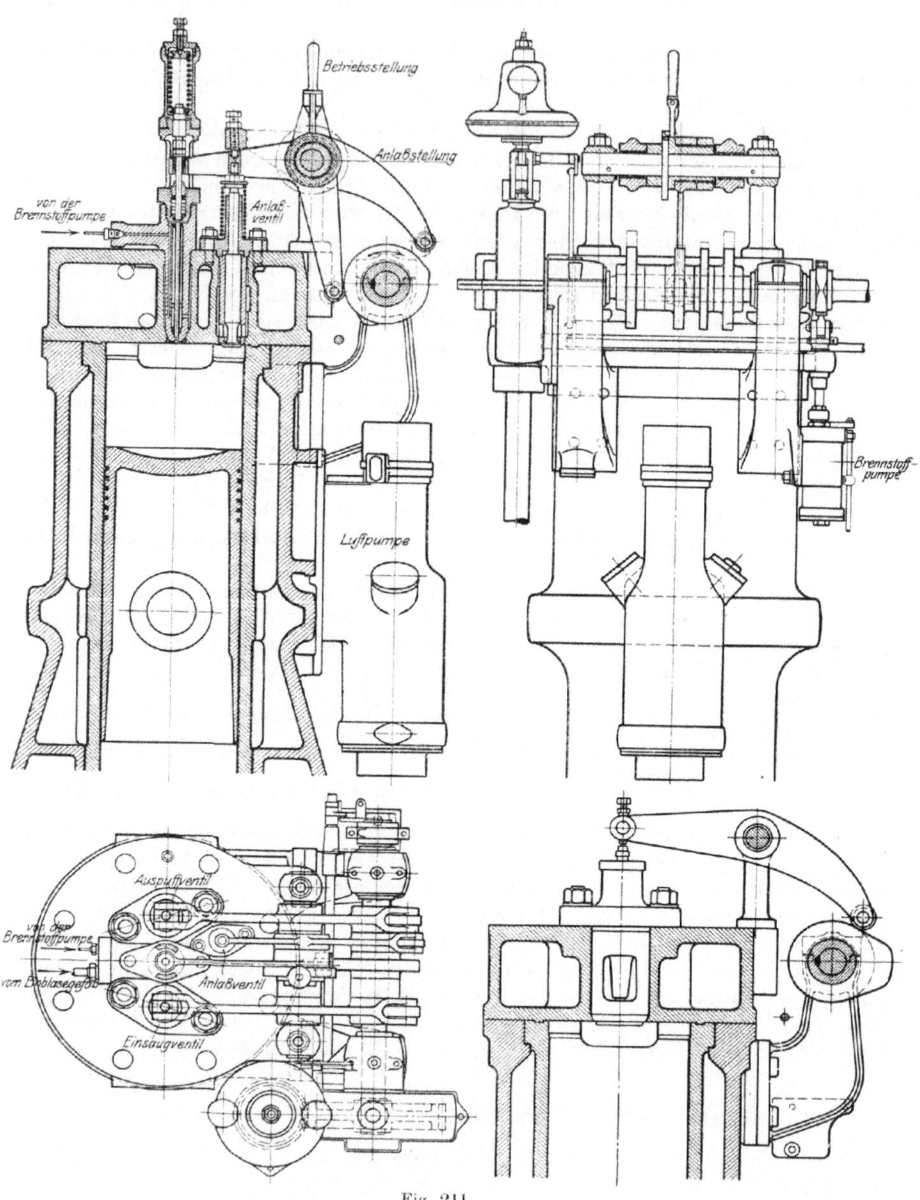

Fig. 211.

Öffnen des Brennstoffventils: etwas vor dem äußeren Kolbentotpunkt des
dritten Halbhubes, bei Langsamläufern 1° bis 4°, bei Schnelläufern 6°
bis 8°, aber unter Umständen auch mehr.

Schließen des Brennstoffventils nach 5 bis 10 v. H. Kolbenweg oder nach
25° bis 35° Kurbelwinkel des dritten Halbhubes.

Öffnen des Auspuffventils etwa 30° bis 50° vor dem inneren Totpunkt des
vierten Halbhubes.

Schließen des Auspuffventils am äußeren Totpunkt des ersten Halbhubes
oder auch bis 15° später.

Da die volle Leistung der Steuerung in je vier Halbhüben geschieht, kann man
die gestellten Bedingungen dadurch darstellen, daß man jeden Halbhub durch einen
Quadranten eines Kreises bezeichnen läßt (Fig. 210).

Da die Regelung in den meisten Fällen nur die Brennstoffmenge beeinflußt,
bleiben die einzelnen Be-
wegungen der Ventile für
alle Belastungen diesel-
ben, wodurch die Steue-
rung sehr einfach aus-
fällt und keinerlei kine-
matische Schwierigkeiten
bietet. In überwiegender
Mehrzahl werden die Ven-
tilbewegungen durch dre-
hende Daumen und Rol-
len unter Vermittlung
von Hebeln und Druck-
stangen bewirkt, seltener
werden auch Exzenter
mit Wälzhebeln oder
schwingende Daumen
verwendet. Gleiches gilt
meist auch für die An-
laßsteuerung. Für diese
wird gewöhnlich ein eige-
nes Anlaßventil verwen-
det, bei offenen Düsen
wird dies, wie bereits
erwähnt, auch mit dem
Einblaseventil vereinigt;
ist letzteres nicht der Fall
und wird für das Anlas-
sen die Brennstoffpumpe
nicht ausgeschaltet, so
muß für die Zeit des An-
lassens die Bewegung des
Brennstoffventils unter-

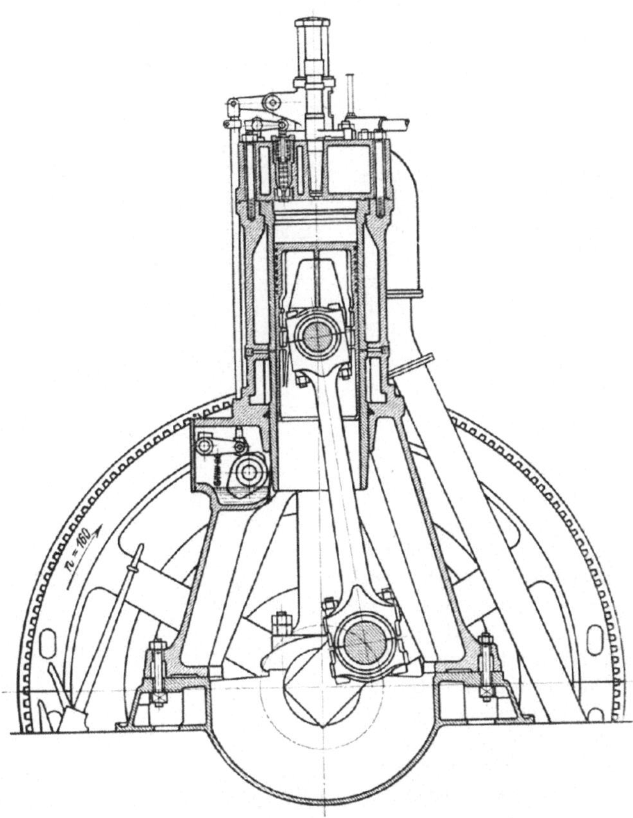

Fig. 212.

bleiben, es muß demnach eine Einrichtung getroffen sein, die gleichzeitig das Anlaßventil ein- und das Brennstoffventil ausschaltet, während eine Zwischenstellung die
Maschine überhaupt stillsetzt. Während des Anlassens sammelt sich hier Brennstoff
im Einblaseventil an. Gewöhnlich besteht diese Einrichtung in der Verschiebung des
Drehpunktes der beiden Zwischenhebel für die genannten Ventile, indem diese auf
einem drehbaren Exzenter gelagert sind. Diese Einrichtung kann dann wegbleiben,
wenn beim Anlassen die Brennstoffpumpe ausgeschaltet wird. In diesem Falle kann
das Brennstoffventil mitlaufen. Um das Anlassen zu erleichtern, was besonders bei
Umsteuerungen erforderlich ist, wird hierbei manchmal auch die Bewegung des
Auspuffventils oder Einlaßventils geändert oder ein besonderes Hilfsauspuffventil
angebracht, um die Verdichtung, die Arbeitsaufwand erfordert, zu vermindern.

Dies ist notwendig, wenn mit geringerem Druck angelassen wird, als der Verdichtung entspricht. Man kann hierzu auch den Auslaßhebel auf das Exzenter setzen, oder axiale Verschiebung der Rollen für den Antrieb anwenden und diese dadurch auf verschiedene Nockenscheiben treffen lassen. Zumeist wird bei feststehenden Maschinen nur das Auspuffventil abgehoben (vgl. S. 150). Für die stehende Maschine kann die in Fig. 211 dargestellte Anordnung als normal gelten. Da bei Mehrzylindermaschinen meist nicht jeder Zylinder ein Anlaßventil erhält, ist die Anordnung etwa in Fig. 136 gegeben. Hier und da ist auch nur ein Anlaßventil vorhanden (Fig. 258).

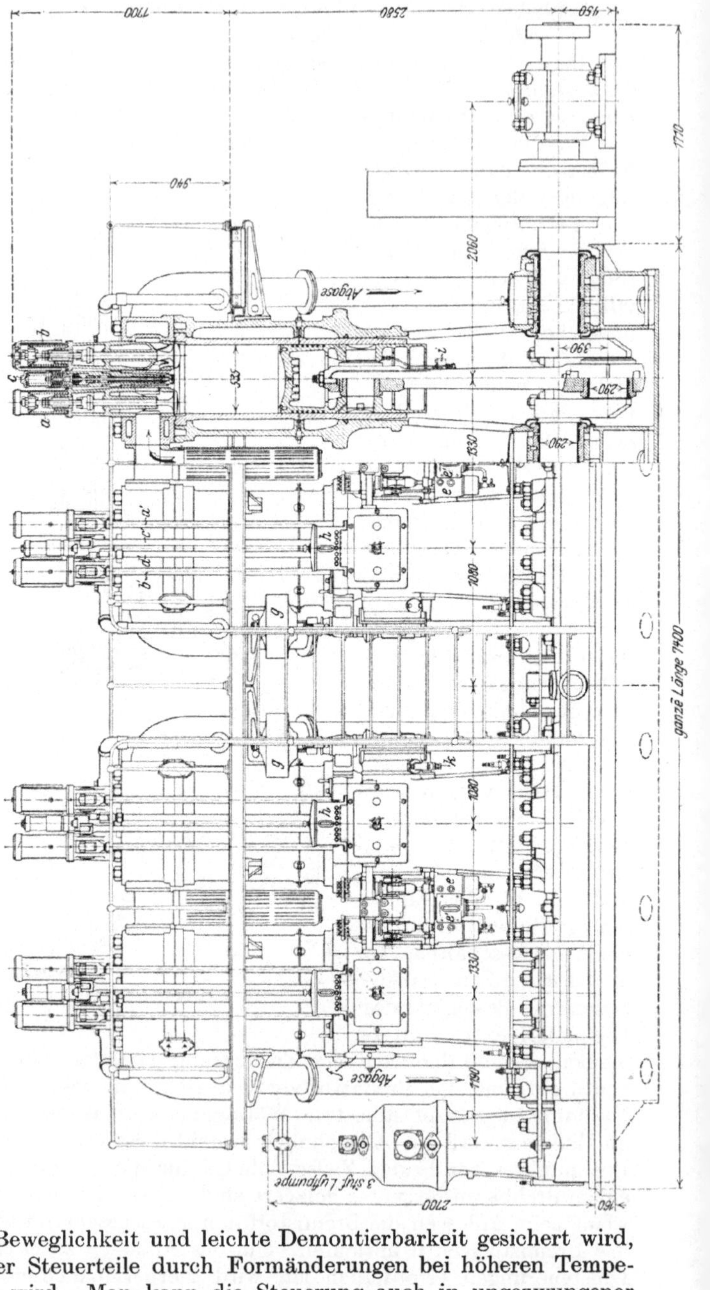

Wenn die Ein- und Auslaßventile nicht im Deckel, sondern seitlich am Zylinder angeordnet sind, liegt manchmal die Steuerwelle auch tief, unter Verwendung von Steuerdruckstangen, gegebenenfalls auch bei Weglassung der stehenden Steuerwelle (Fig. 143, 207, 212 u. a., s. a. Zeitschrift Ölmotor 1912, S. 103 sowie Engineer 1913, I, S. 484 u. a).

Dies hat den Vorteil einfacheren Antriebs der eigentlichen Steuerwelle bei Vermeidung der Schraubenräder, die Zylinder und Deckel bleiben ganz frei von Anpässen für die Steuerteile, wodurch ihre freie Beweglichkeit und leichte Demontierbarkeit gesichert wird, während die Lagerung der Steuerteile durch Formänderungen bei höheren Temperaturen wenig beeinflußt wird. Man kann die Steuerung auch in ungezwungener Weise vor Staub schützen und in Öl laufen lassen, sie liegt samt der Regelung in einer leicht zugänglichen Höhe, kann also etwas leichter bedient werden als bei der Lagerung der Steuerwelle an den Zylindern. Hier hingegen kommt man mit kleinerer Anzahl von Steuerteilen aus, nachdem die Steuerstangen ganz wegfallen. Da diese immerhin mehr Gelenke erfordern und die Massenwirkung des Steuergestänges erhöhen, gleichen sich Vor- und Nachteile etwas aus, um so mehr als auch die Erschütterungen bei den unvermeidlichen Stößen merkbarer werden. Die Druckstangen werden in Hebeln oder Geradführungen geführt, in letzterem Falle ist sorgfältige Schmierung der betreffenden Stellen erforderlich. Die Lager für die Ventilhebel können mit den Ventilgehäusen zusammengegossen werden und sind dann leicht demontierbar. — Fig. 213 zeigt dieselbe Ausführung für eine größere Maschine von 700 PS.

Bei liegenden Maschinen mit wagerecht bewegten Ventilen liegt gewöhnlich quer hinter den Zylinderdeckeln eine Steuerwelle (Fig. 214).

Fig. 215 zeigt die Anbringung der Nocken auf der Steuerwelle und die Steuerungseinstellung in einem bestimmten Fall. Die Rollen für Anlaß- und Auslaßventil sind auf ihren Bolzen verschiebbar, jene zur Einschaltung des Anlaßventils beim Anlassen, diese zur gleichzeitigen Einstellung geringer Verdichtung.

Die gleiche Anordnung wird auch für schrägliegende Ventile verwendet (Fig. 138).

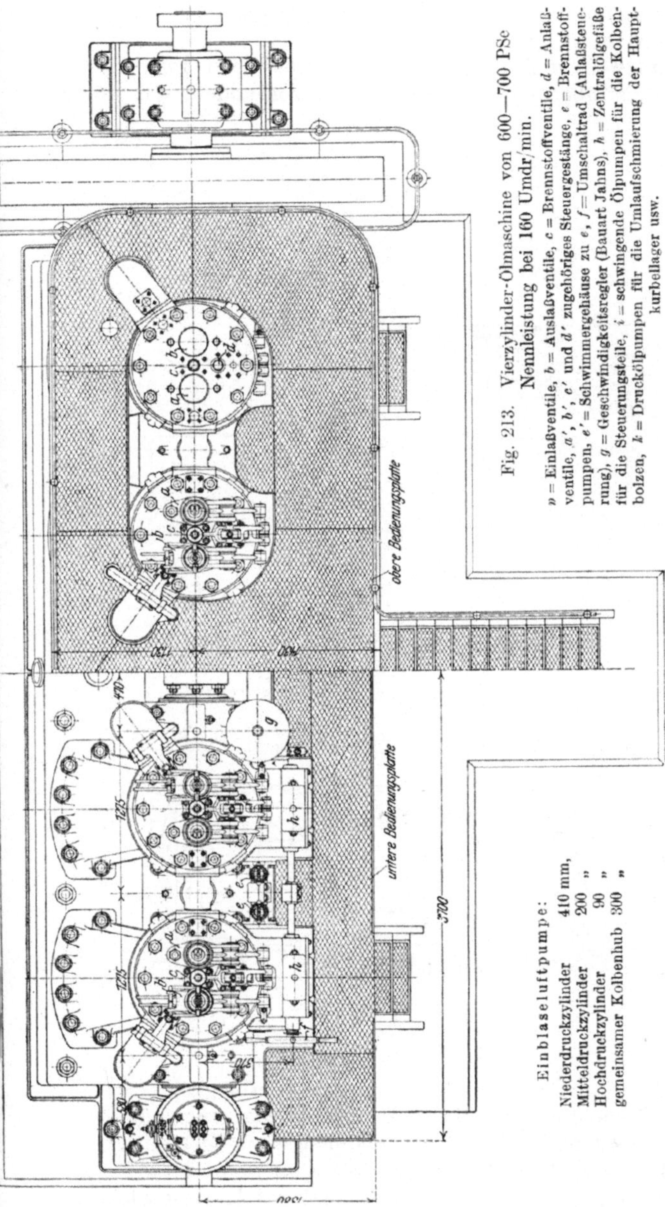

Fig. 213. Vierzylinder-Ölmaschine von 600—700 PSe Nennleistung bei 160 Umdr/min.

a = Einlaßventile, b = Auslaßventile, c = Brennstoffventile, d = Anlaßventile, a', b', c' und d' zugehöriges Steuergestänge, e = Brennstoffpumpen, e' = Schwimmergehäuse zu e, f = Umschaltrad (Anlaßsteuerung), g = Geschwindigkeitsregler (Bauart Jahns), h = Zentralölgefäße für die Steuerungsteile, i = schwingende Ölpumpen für die Kolbenbolzen, k = Drucköllpumpen für die Umlaufschmierung der Hauptkurbellager usw.

Einblaseluftpumpe:

Niederdruckzylinder	410 mm,
Mitteldruckzylinder	200 „
Hochdruckzylinder	90 „
gemeinsamer Kolbenhub	300 „

Werden die Ventile am Zylinderkopf oben und unten achsial angeordnet, kommen Steuerungsanordnungen nach Fig. 216, 217, 218 in Betracht. Bei Fig. 218 dient die Querwelle nur zum Antrieb des Brennstoffventils, während für die zwei Ein- und Auslaßventile der Zwillingsmaschine eine gemeinsame Steuerwelle mit Exzenter- und Wälzhebelantrieb vorgesehen ist.

Das Umschalten von Anlaß- und Brennstoffventil erfordert hier zwei Handgriffe. In den Fig. 216 und 217 ist überhaupt keine Querwelle vorhanden, was durch

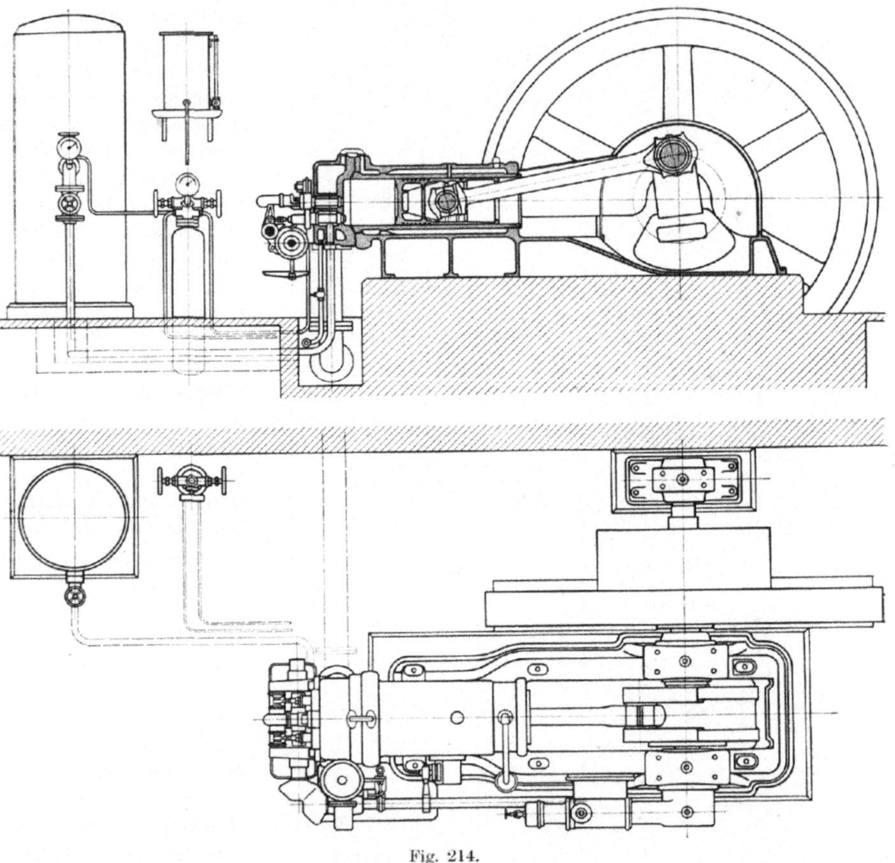

Fig. 214.

die Verwendung offener Düsen mit gesondertem Luftventil ermöglicht ist. In den Fig. 316 und 396 wird das Brennstoffventil ebenfalls unter Weglassung einer Querwelle unmittelbar von einer Nockenscheibe auf der Hauptsteuerwelle betätigt, indem der Brennstoffhebel mittels Kugelgelenkstangen auf den die Spindel des Brennstoffventils fassenden Winkelhebel einwirkt. Abb. 222 bringt den Horizontalschnitt einer derartigen Steuerung. Aus der Figur 396 ist auch die vereinfachte Steuerung zweier Zylinder von einer Steuerwelle aus ersichtlich.

Die Fig. 222, 219, 220 und 221 endlich zeigen Anordnungen für Steuerventile im Zylinder.

Die Einstellung der Steuerung richtet sich natürlich nach der Drehzahl bzw. den Kolbengeschwindigkeiten. Je größer diese sind, desto größer muß auch das Voröffnen des Auspuff- und Brennstoffventils sein. Angaben für bestimmte Fälle sind in den Fig. 215, 238 u. a. enthalten.

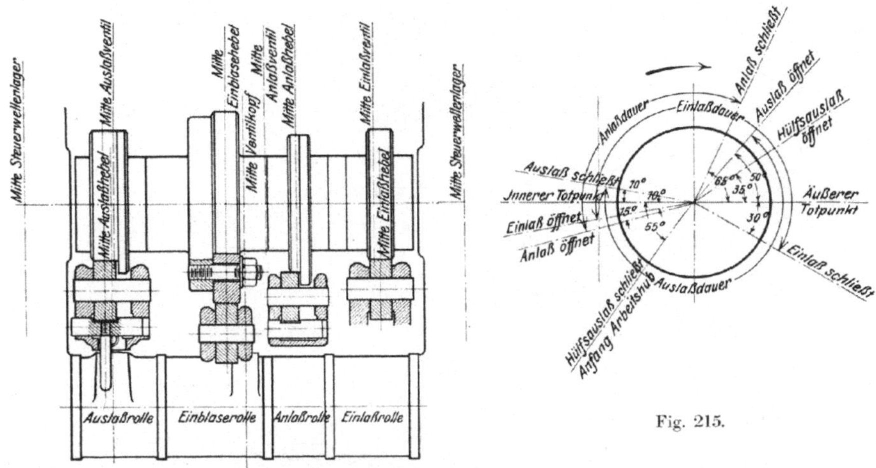

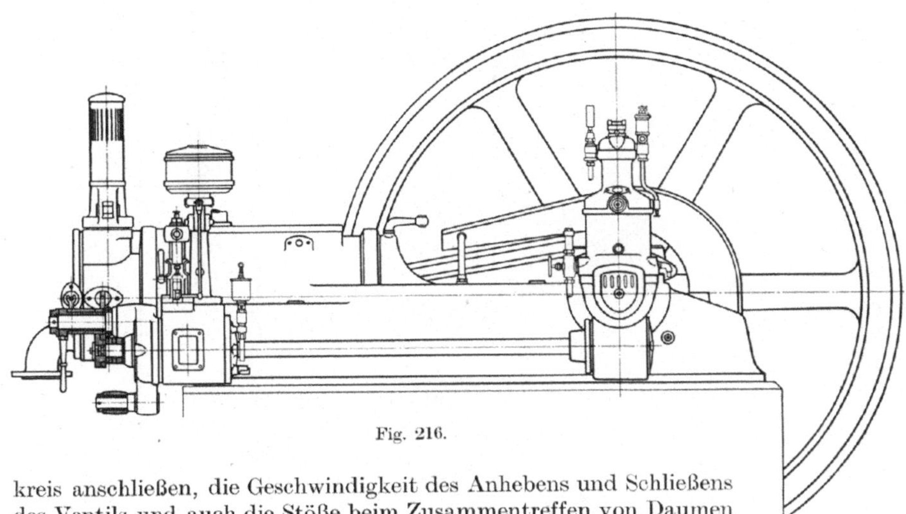

Fig. 215.

An Einzelheiten der Steuerungsantriebe sind besonders die umlaufenden Nocken zu besprechen. Während des Ventilschlusses laufen sie mit kleinem Abstand von 0,1 bis 1 mm an den Antriebsrollen vorbei. Von diesem Abstand sind bei der gewöhnlichen Ausführung, wo die Anlauf- und Ablauflinien tangential an den Naben-

Fig. 216.

kreis anschließen, die Geschwindigkeit des Anhebens und Schließens des Ventils und auch die Stöße beim Zusammentreffen von Daumen und Rolle abhängig. Abgesehen vom eigentlichen Auftreffen fester Teile sollen natürlich Anhub und Schluß rasch geschehen, um Drosselungen zu vermeiden, die um so mehr eintreten, je größer die Kolbengeschwindigkeit in dem betrachteten Zeitpunkt ist. Da Öffnung und Schluß des Ein- und Auslaßventils verhältnismäßig nahe an den Totpunkten zu bewirken sind, ist die Gefahr der

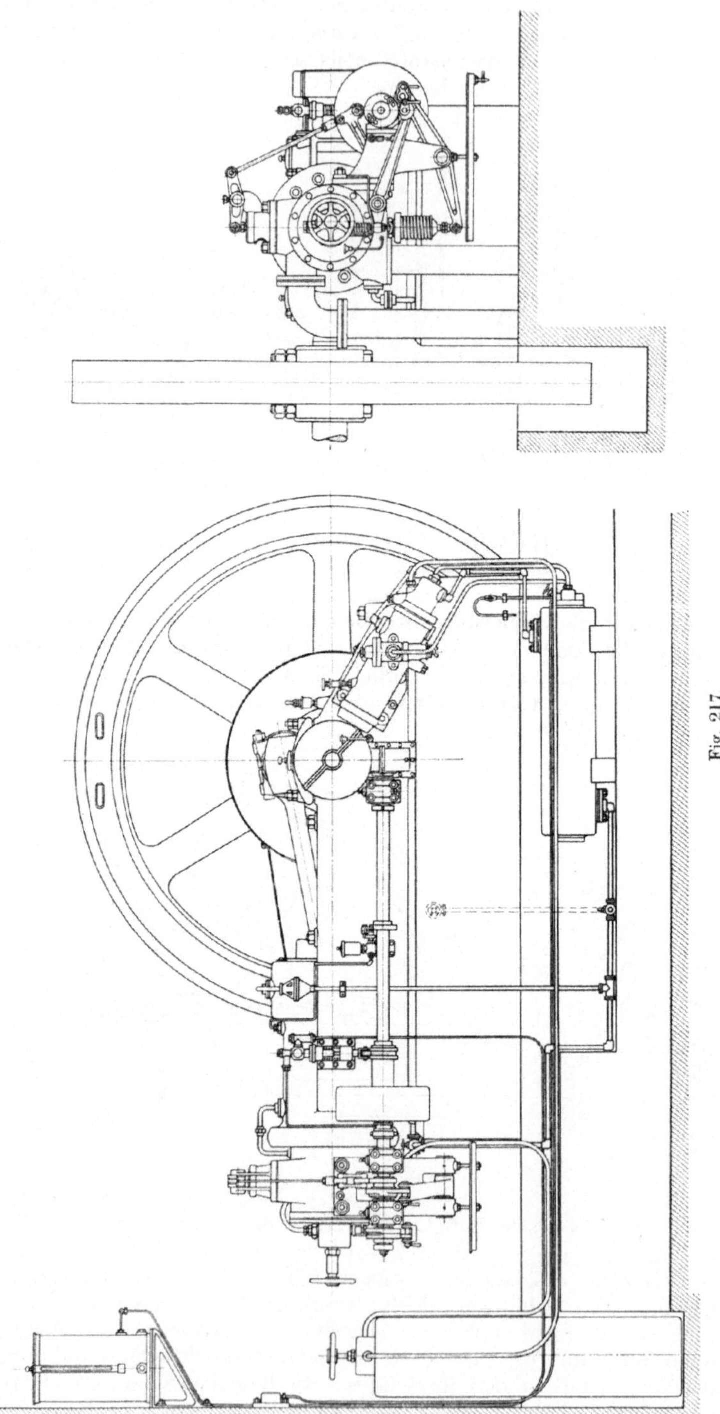

Fig. 217.

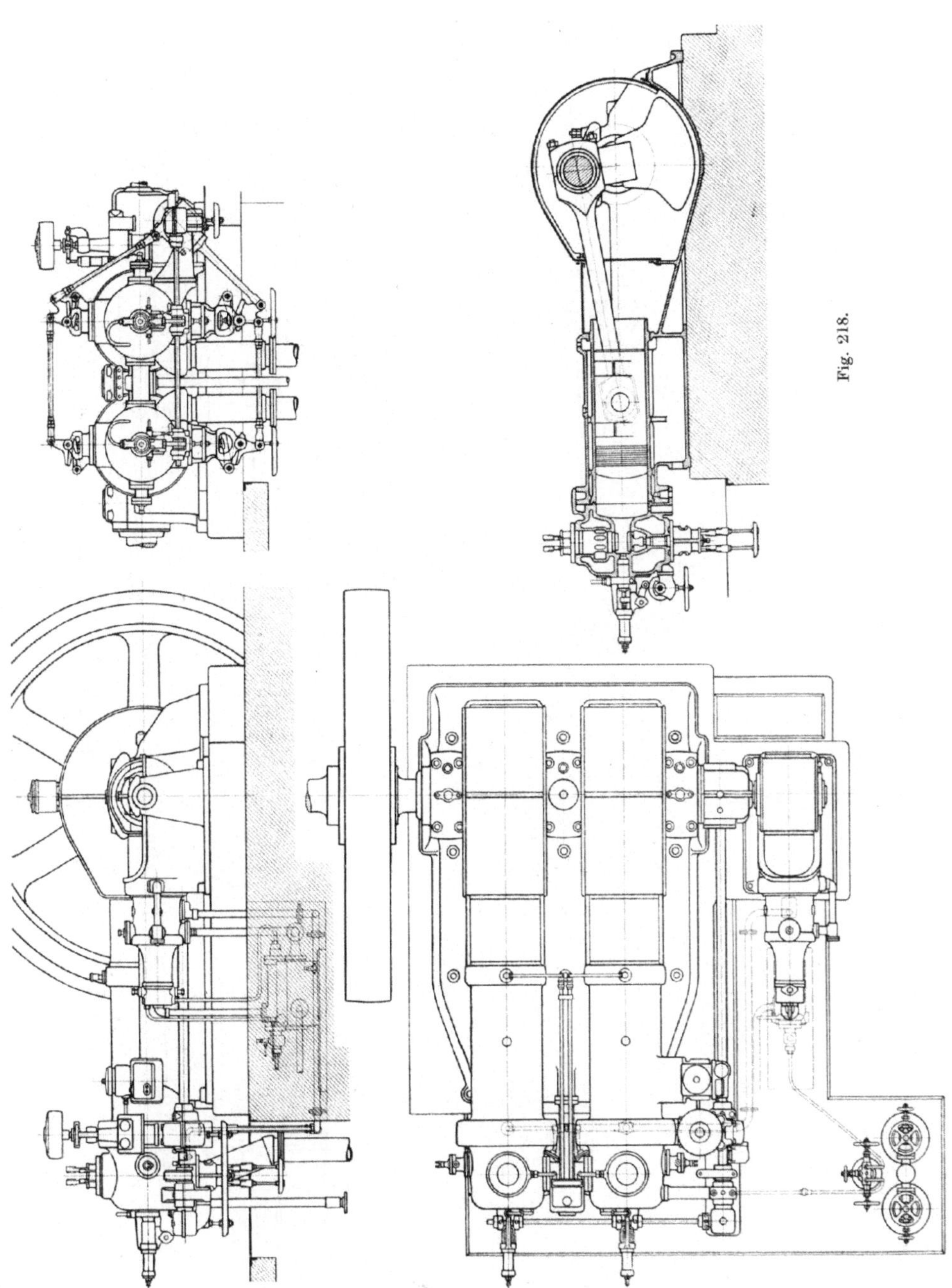

Fig. 218.

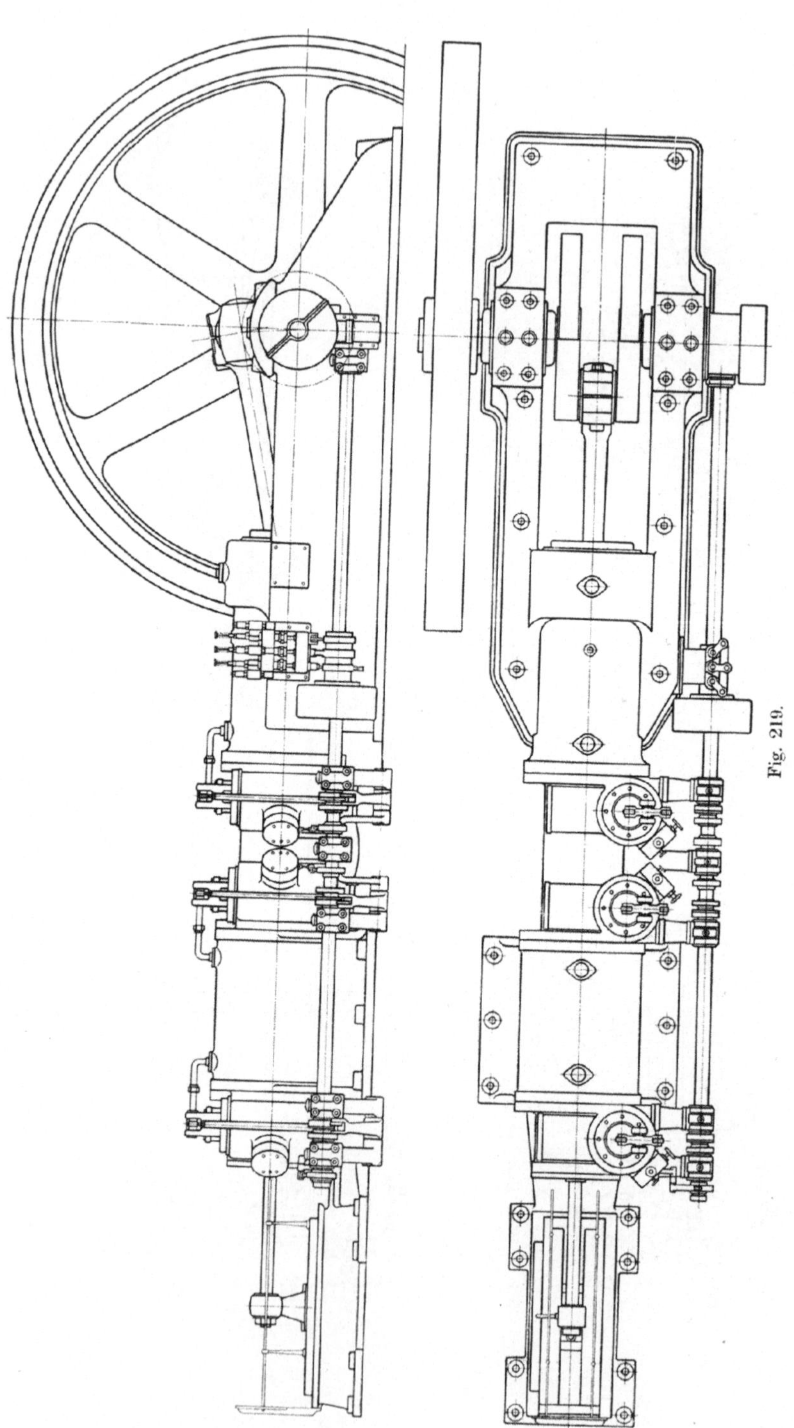

Fig. 219.

Drosselung gering. Beim Brennstoffventil sind, wie schon früher erörtert, andere Bedingungen für die Bewegung vorhanden; hier handelt es sich um die Erzielung eines günstigen Brennverlaufes, also um die Zuführung der jeweils entsprechenden

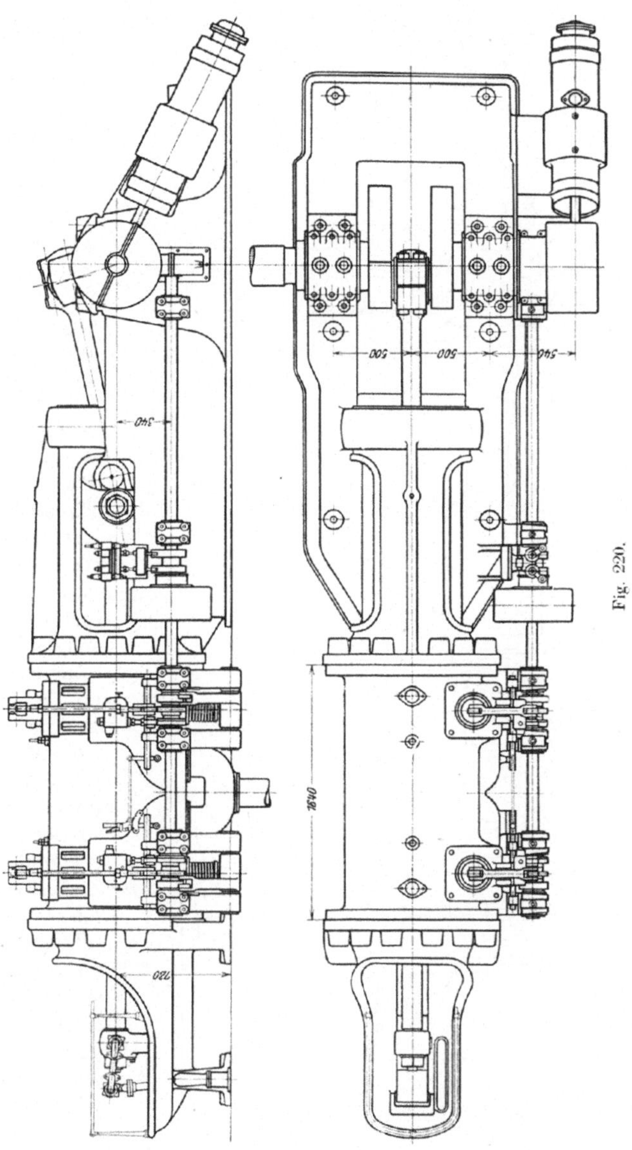

Brennstoffmenge in gut zerstäubtem Zustande, die vorläufig nur erfahrungsmäßig bewirkt werden kann.

Zur Darstellung der erzielten Ventilbewegungen und der dazu nötigen Kräfte dienen Weg-, Geschwindigkeits- und Beschleunigungsdiagramme, die sowohl unter

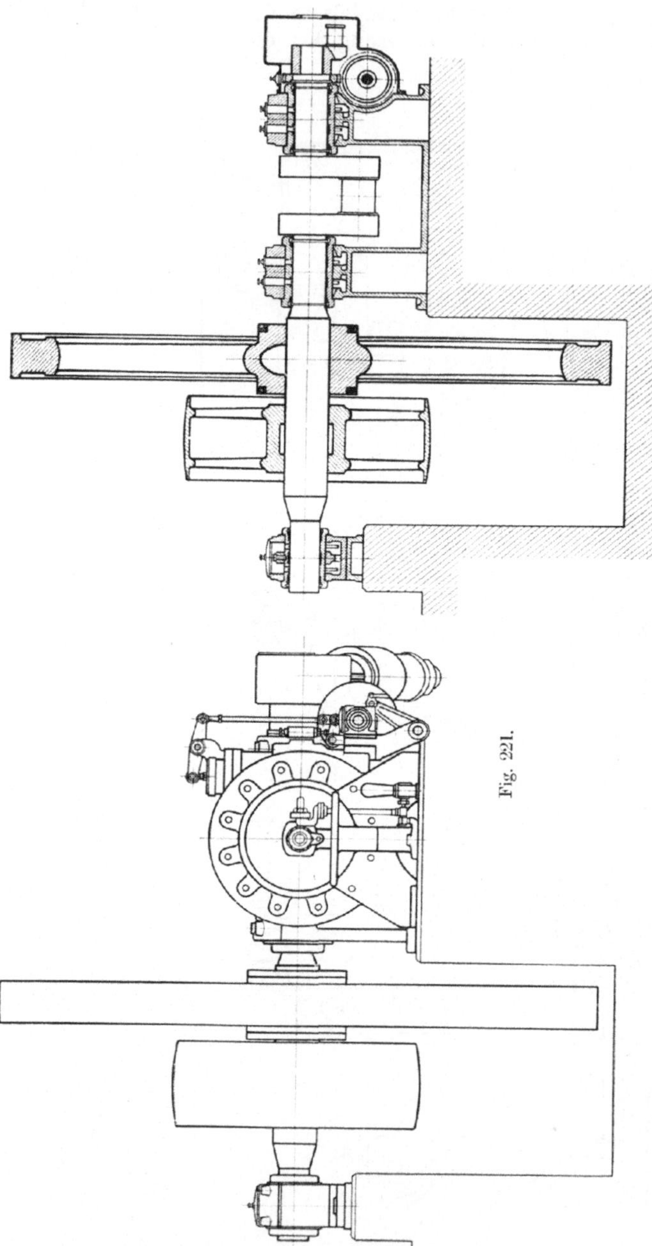

Fig. 221.

Vernachlässigung von Formänderungen der beanspruchten Teile und der Geschwindigkeitsänderungen während des Umlaufes aus der Nockenform und der relativen Bewegungsrichtung der Rolle konstruiert, als auch aus unmittelbar an der Maschine abgenommenen Wegzeitdiagrammen abgeleitet werden können. Sieht man auch hierbei von den Änderungen der augenblicklichen Drehgeschwindigkeit ab, so genügt die Abnahme von Ventilerhebungslinien, bezogen auf den Kolbenweg, wie solche in den Fig. 223, 224, 225 für Einlaß-, Auspuff- und Brennstoffventil dargestellt sind. Die Fig. 226, 227 und 228 geben die entsprechenden Weg-, Geschwindigkeits- und Beschleunigungsdiagramme auf die Zeit bezogen. Zur Bestimmung dieser Linien ist entweder große Genauigkeit der Zeichnung notwendig, oder ein besonderes Verfahren, das geeignet ist, die beim Ziehen von Tangenten an die Weg-Zeit oder Geschwindigkeits-Zeit-Kurve unvermeidlichen Fehler zu beseitigen[1]). Hier ist die schöne Methode von Poeschl[2]) angewendet worden, die in sehr einfacher Weise für jeden Punkt die Geschwindigkeit und Beschleunigung zu finden gestattet, freilich genau genommen nur für geradlinige Bewegung der Rolle[3]).

[1]) Vgl. Z. d. V. d. I. 1905, S. 1627.
[2]) Vgl. Poeschl, Z. d. öst. Ing. u. Arch.-Vereins 1912, S. 297.
[3]) Vgl. Körner, Z. d. öst. Ing. u. Arch.-Vereins 1915, S. 390.

Für den allgemeinen Fall, daß die Richtung der als geradlinig vorausgesetzten Hubbewegung der Rolle nicht durch den Drehpunkt der Daumenscheibe geht, ist die Konstruktion der reduzierten Geschwindigkeiten und Beschleunigungen während des Ventilhubes in Fig. 230 (zu Fig. 227 gehörig) vorgeführt und hier speziell für

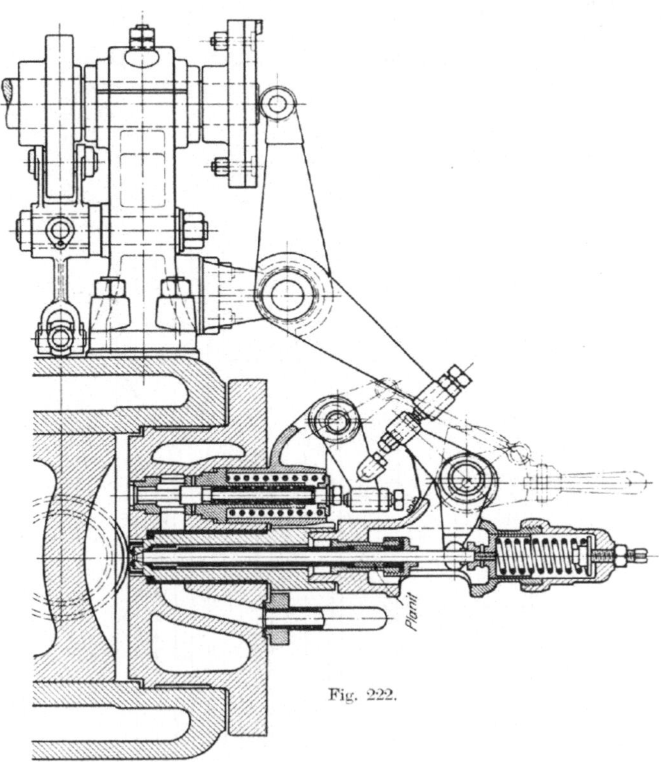

Fig. 222.

eine Stellung in der beschleunigten Bewegung (A), sowie für eine Stellung in der verzögerten Bewegung (A') die Ermittlung der reduzierten Geschwindigkeiten sowie Beschleunigungen bzw. Verzögerungen eingezeichnet. Hierbei ist die Rollenbewegung durch die Bewegung des Rollenmittels im Abstand des Rollenhalbmessers

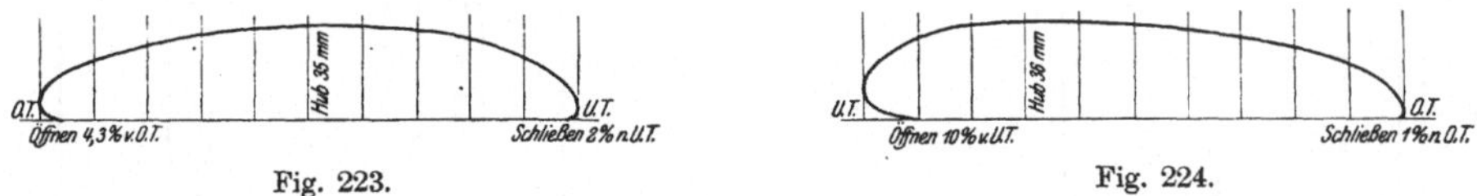

Fig. 223.   Fig. 224.

von der Führungsbahn der Daumenscheibe ersetzt. Die reduzierten Geschwindigkeiten (c_r) sind dann durch die Bahn (G) des Geschwindigkeitspoles, die reduzierten Beschleunigungen (b_r) durch die Bahn (B) des Beschleunigungspoles bestimmt; hierbei liegt der Ursprung für die Geschwindigkeiten im Drehpunkt (O) der Scheibe, während er für die Beschleunigungen auf dem durch die Richtung des Rollenhubes bestimmten Kreise um O wandert, indem er bei den verschiedenen Nockenstellungen stets in den Berührungspunkt der in der Rollenrichtung an den Kreis gezogenen Tangente fällt.

Für den besonderen Fall, daß die Rollenhubrichtung durch den Drehpunkt der Nockenscheibe geht (Fig. 229 und 231, zu 226 und 228 gehörig) vereinfacht sich die Ausmittlung insofern, als sowohl die reduzierten Geschwindigkeiten als auch die reduzierten Beschleunigungen unmittelbar vom Drehpunkt (O) als Ursprung in Polarkoordinaten meßbar sind.

In den Fig. 226 bis 228 sind die aus den zugehörigen polaren Ausmittlungen (Fig. 229 bis 231) gewonnenen reduzierten

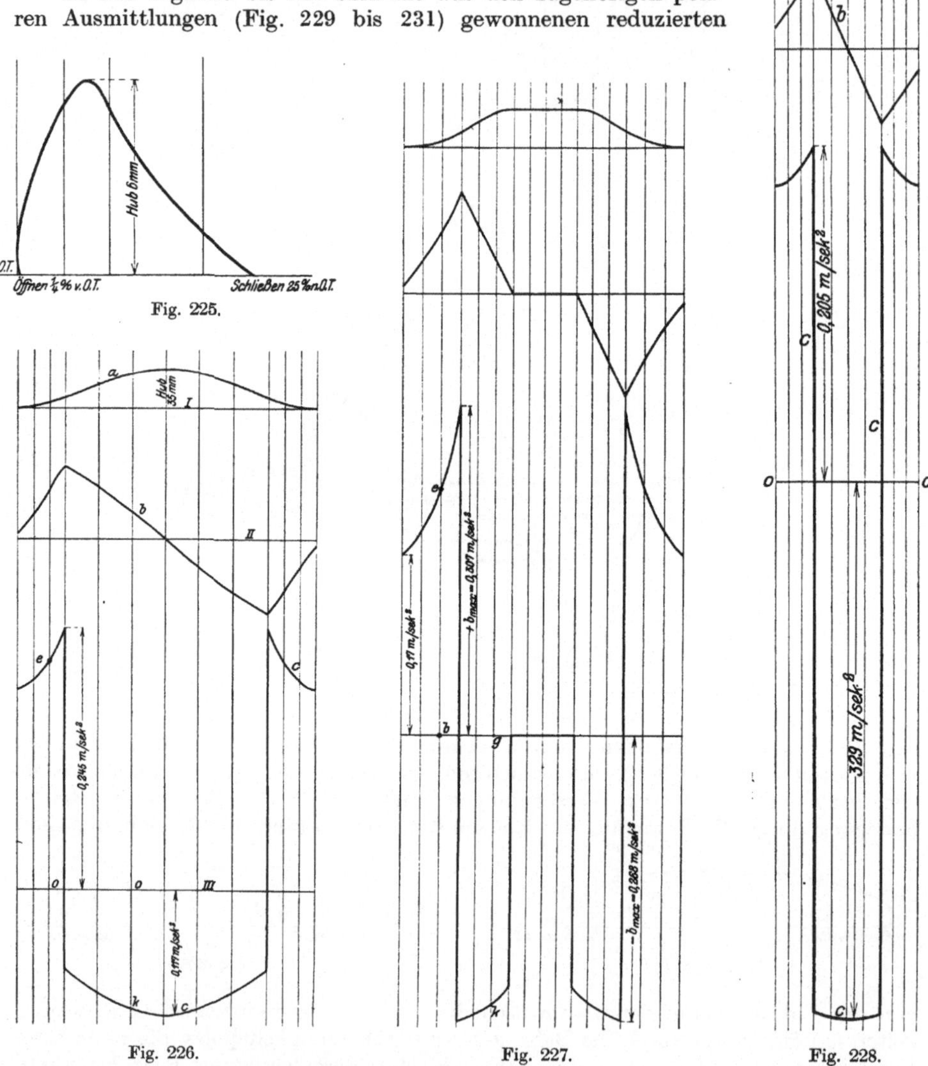

Fig. 225.

Fig. 226.   Fig. 227.   Fig. 228.

Geschwindigkeiten bzw. Beschleunigungen durch einfache Beziehung auf die Zeit, d. i. den als gleichmäßig fortschreitend angenommenen Drehwinkel der Scheibe als Abszisse in den zugehörigen Ordinaten aufgetragen.

Die Ausmittlungen geschehen am besten in der wahren Größe der Nockenscheibe. Die Größe der wirklich auftretenden Geschwindigkeit c (in m/sek), bzw. Beschleunigung b (in m/sek²) folgt bei bekannter Winkelgeschwindigkeit w des Systems (= der halben Winkelgeschwindigkeit der Hauptwelle) aus:

$$c = c_r\,w \qquad \text{und} \qquad b = b_r\,w^2\,.$$

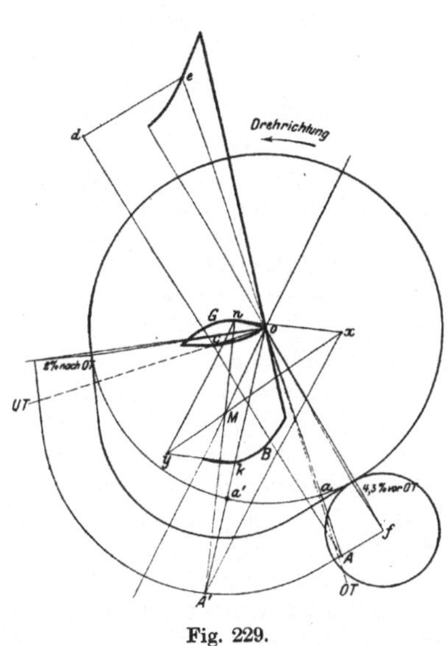

Fig. 229.

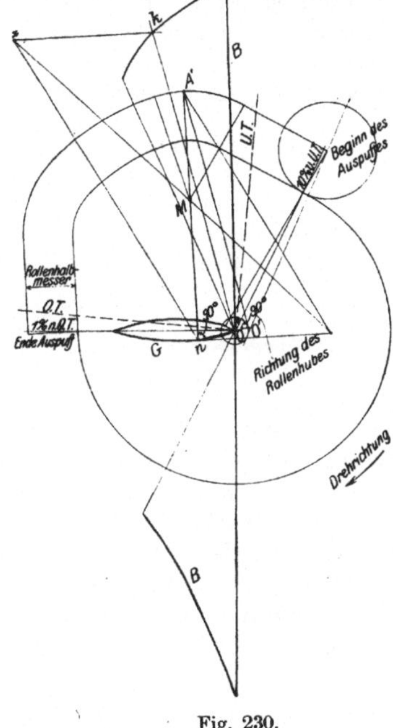

Fig. 230.

Die Ermittlung der Geschwindigkeiten des Einlaß- und Auspuffventils kann dazu dienen, die relativen, augenblicklichen Gasgeschwindigkeiten angenähert zu finden, unter Vernachlässigung von Änderungen der Drücke und der übrigens beträchtlichen Temperaturänderungen. Dabei kann die Verdrängung der Ventile selbst nach der Formel von Westphal[1]) berücksichtigt werden.

Wichtiger noch ist die Bestimmung der Beschleunigungsdrücke, da sie sowohl für die Stärke der Ventilfeder als auch für die Abmessungen der Nocken, Rollen und Hebel und deren Zapfen maßgebend ist. Damit sich nämlich die Rolle vom Daumen nicht abheben kann, muß die Ventilfeder eine der größten Ver-

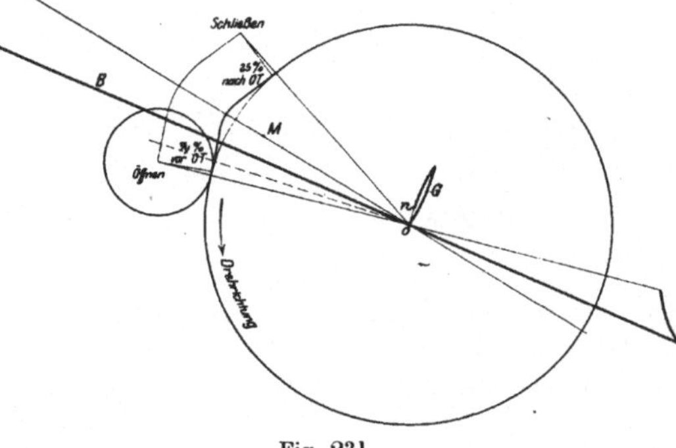

Fig. 231.

zögerung proportionale Kraft ausüben, die außer von der Verzögerung noch vom Trägheitsmoment des Ventilhebels bezüglich des Drehpunktes und der Masse der mit dem Ventil verbundenen oder zwischen Rolle und Hebel befindlichen Teile abhängt.

---

[1]) Vgl. Z. d. V. d. I. 1893, S. 381.

Für die Ermittlung dieser Verzögerungs- sowie auch der Beschleunigungsdrücke wurden die Massen sämtlicher bewegter Steuerungsteile (Ventil, Hebel usw.) in bekannter Weise auf den Mittelpunkt der Antriebsrolle reduziert, und die resultierende Masse schließlich mit den zugehörigen negativen bzw. positiven Beschleunigungen multipliziert.

Außerdem sind noch Reibungen und eventuell Klemmungen zu berücksichtigen, so daß die Federkraft etwa 2 bis 4 mal so groß zu machen ist als der Rechnung entspricht.

In dem in Fig. 226 gezeichneten Fall z. B. ergibt sich die errechnete Federkraft bei einem Hub des Ventils von 35 mm mit 34 kg, die wirklich ausgeübte Kraft beträgt 103 kg.

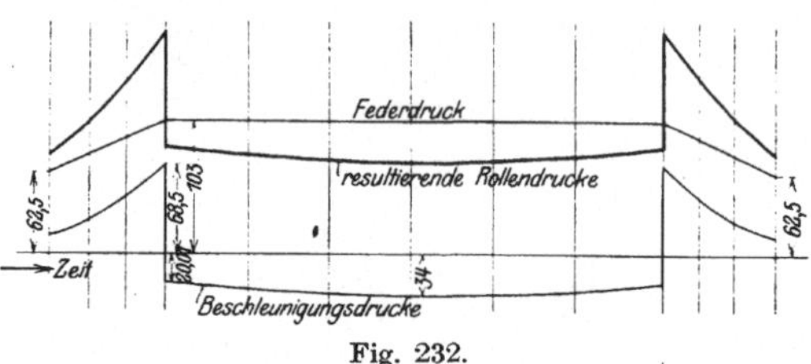

Fig. 232.

Während bei Ein- und Auslaßventil die Feder in der Regel nicht bedeutend überdimensioniert wird, sind bei den Brennstoffventilen zur Erhöhung der Sicherheit meist sehr starke Federn im Gebrauch.

Zu den Widerständen ist auch der Überdruck und der Druck des strömenden Gases auf den Ventilteller zu rechnen, beim Einlaßventil wirkt er in der Richtung des Ventilöffnens, also ungünstig, beim Auspuffventil in jener des Schließens, während die Reibungen stets der Bewegungsrichtung entgegenwirken.

Die Kenntnis der Beschleunigungen dient auch zur Bestimmung der größten Drücke zwischen Rolle und Daumen, die beim Einlaßventil mit der größten Beschleunigung zusammenfallen. Beim Auspuffventil kommt hingegen im Moment der Öffnung ein beträchtlicher Überdruck von innen auf das Ventil hinzu, der bei der größten Belastung der Maschine seinen größten Wert erreicht, so daß der größte Rollendruck hier im Moment des Anhubs auftritt. Der Verlauf der gesamten an der Rolle auftretenden Kräfte ist für Ein- und Auslaßventil unter Zugrundelegung des Indikatordiagrammes Fig. 118 und Vernachlässigung des Druckunterschiedes beim Ansaugen in den Fig. 232, 233 dargestellt.

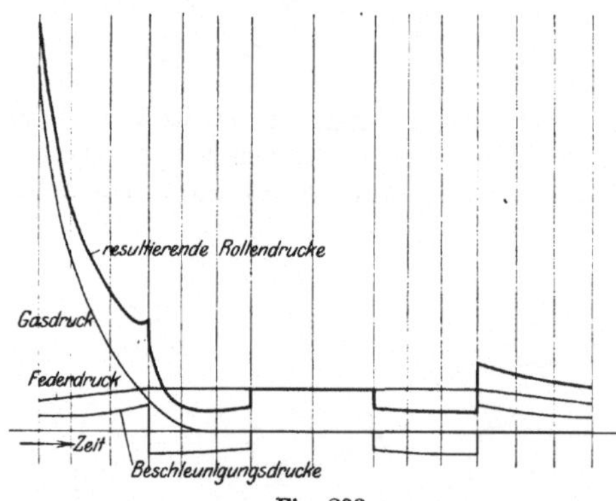

Fig. 233.

In gleicher Weise sind auch Anlaß- und Brennstoffventil zu behandeln.

Hiernach bestimmt sich die Daumenbreite aus der Formel $b = \dfrac{P}{kD}$, worin P den größten Rollendruck, D den Durchmesser der Rolle und k eine Konstante bedeuten, die zwischen 6 und 10 bei Einlaß- und Brennstoffventil, und bis 40 beim Auslaßventil gewählt wird. Genau genommen wäre auch der kleinste Krümmungshalbmesser der Nockenscheibe oder wenigstens der dem größten Druck entsprechende Krümmungshalbmesser derselben einzuführen.

Für die Erhebungen der Ventile wäre ein kleiner Rollendurchmesser vorteilhaft, jedoch ist die Wahl desselben durch die Breite b und dadurch begrenzt, daß die Zapfenreibung verhältnismäßig nicht zu groß ausfallen darf, also ein Mindestverhältnis von etwa 2,2 zwischen Rollen- und Zapfendurchmesser eingehalten werden muß. Die Zapfen sind für den größten Druck (beim Auslaßventil) etwa mit Beanspruchungen bis 150 kg/cm² auszuführen; der Auflagdruck beträgt 5 bis 20 kg/cm²; beim Auslaßventil steigt er mitunter bis 80 kg/cm². Die Rollengrößen im Verhältnis zu ihrem Hub betragen 2 bis 2¹/₂, die Nockenscheibendurchmesser bei Ein- und Auslaßventil rund 6 bis 7 mal den Hub, während sich beim Brennstoffventil dieses Verhältnis natürlich bedeutend vergrößert.

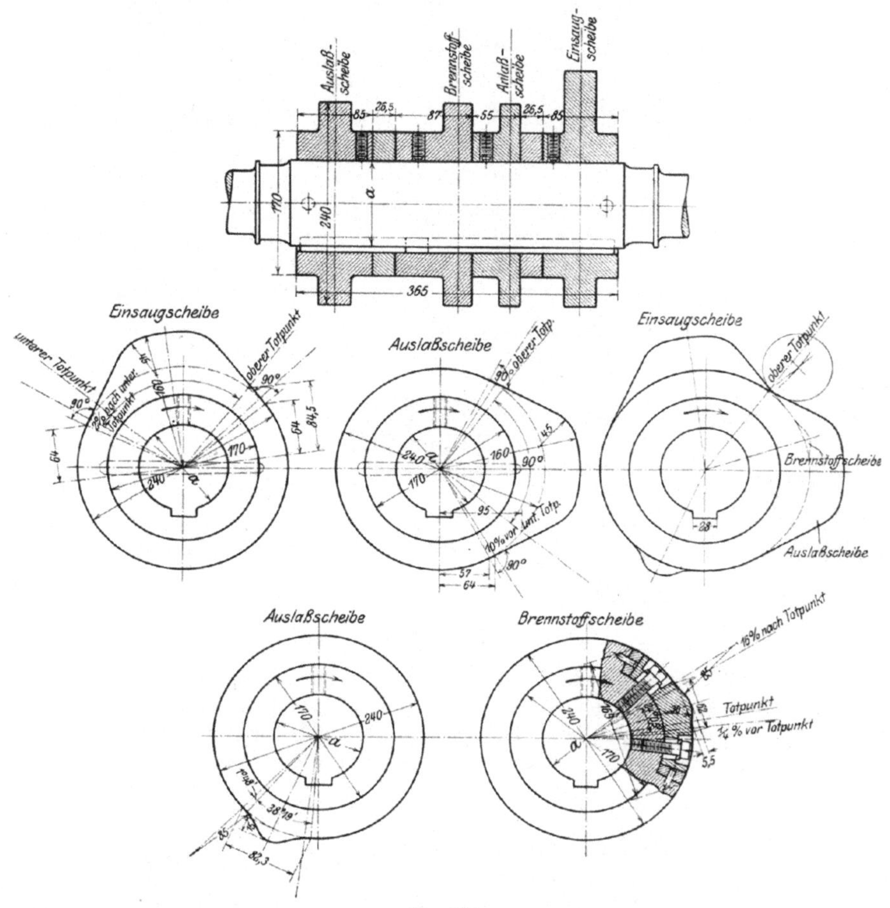

Fig. 234.

Bekanntlich[1]) wird die Ventilerhebung etwas günstiger, wenn die Bewegungsrichtung der Rolle nicht genau radial, sondern mehr gegen die Anlaufkurve hin gelegt wird, wie z. B. in Fig. 230. Freilich treten dann auch größere Querdrücke auf, die die Hebel und deren Drehachse belasten, was aber erst bei bedeutender Abweichung von der radialen Bewegungsrichtung der Rolle merklich wird.

Die Ausführung der Nocken ist ziemlich verschieden. Jene für Ein- und Auslaßventil sowie für das Anlaßventil, die von vornherein genauer eingestellt werden können, werden gewöhnlich aus Stahl (Fig. 234, 237) oder Schalenhartguß (Fig. 235)

---

[1]) Proell, Z. d. V. d. I. 1907, S. 136, vgl. Körner, Z. d. öst. Ing.- u. Arch.-Ver. 1915, S. 391.

hergestellt und unmittelbar aufgekeilt. Ihre Bearbeitung geschieht zweckmäßig mit Kopierfräse- und Kopierschleifapparat, manchmal erst nach Aufkeilung auf der Welle, damit kein nachträgliches Verziehen eintritt. Originell ist eine Anordnung, bei der die aufgekeilten gußeisernen Scheiben dreieckig ausgeschnitten und mit

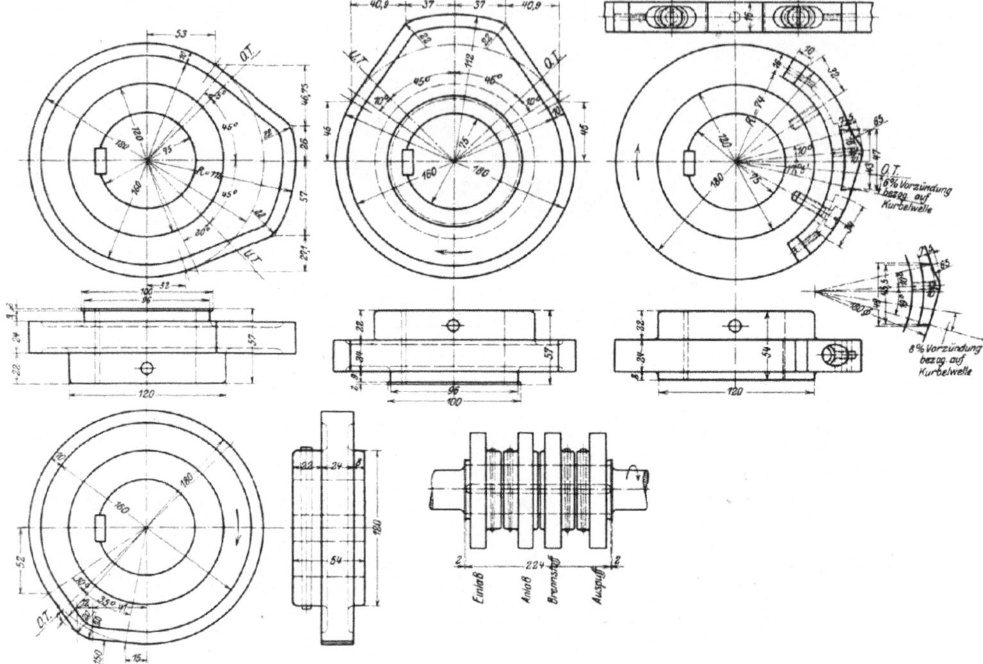

Fig. 235.

einem Zentrierungszahn versehen sind. In diesen Ausnehmungen werden die eigentlichen aus Stahl angefertigten Nocken untergebracht, indem sie von der Seite her eingeschoben und mit Schrauben befestigt werden. Auch der Brennstoffventilnocken kann so ausgeführt sein, hier werden zur Einstellung wieder einzulegende Keilstücke

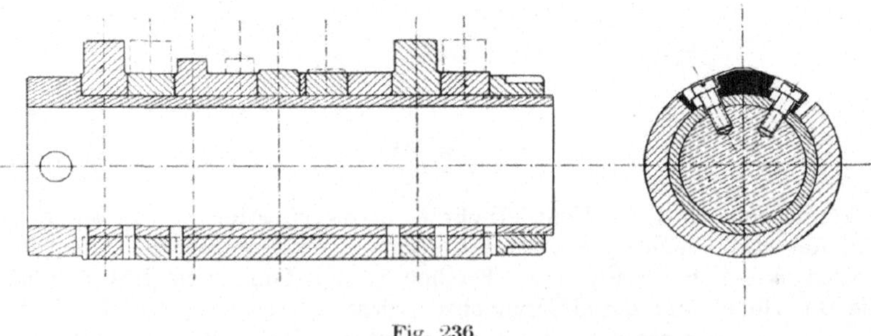

Fig. 236.

und Schlitzschrauben verwendet. Gegebenenfalls können mehrere Stahleinlagen miteinander aus einem Stück gefräst und erst dann geteilt werden.

Die Brennstoffnocken werden stets besonders eingesetzt (Fig. 234, 237), mit Keilen gegen entsprechende Vorsprünge in den Scheiben abgestützt und mit Schlitzschrauben befestigt. Die Keile werden schwalbenschwanzförmig und mit Zahn ausgebildet (Fig. 237) oder mit Stiften achsial gehalten (Fig. 234). Manchmal wird in das so verschiebbare Stahlstück noch ein gehärtetes Nockenstück eingesetzt (Fig. 235). Neben der Aufkeilung werden für die leichtere Einstellung auch noch Stellschrauben verwendet, sowie kegelförmige Stifte zur Feststellung der Lage in achsialer Richtung, wo diese nicht durch Zwischenringe gesichert erscheint.

Bei der Ausführung Fig. 236 sind sämtliche Steuerscheiben mittels Paßstiften und Anziehmutter auf einer mit der Steuerwelle versplinteten Büchse befestigt. Der Scheibendurchmesser kann klein gehalten werden, wodurch die Umfangsgeschwindigkeit der Scheibe und das Maschinengeräusch abnehmen.

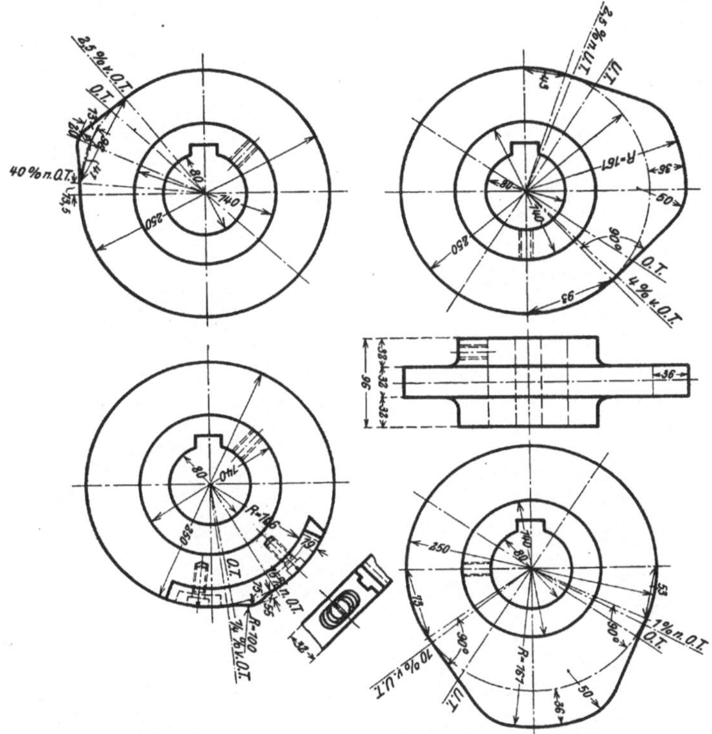

Fig. 237.

Wenn auf der Welle nicht genügend Platz für die Ausbildung entsprechend langer Naben vorhanden ist, kann auch eine andere Verbindung hergestellt werden (Fig. 238). Hier ist die Auspuffscheibe zweiteilig, der Arbeitsnocken aus Stahl, der übrige Teil aus Gußeisen. Beide Teile sind mit Schrauben in einer kegelförmigen Nut eines der beiden Einlaßnocken befestigt.

Die Antriebshebel werden gewöhnlich aus Stahlguß oder Temperguß mit elliptischem oder bei größeren Maschinen auch I-Querschnitt ausgeführt, im letzteren Falle auch mit Aussparungen im Steg. So zeigt Fig. 162 einen Hebel mit I-Querschnitt, das verwendete Material ist Temperguß von 5500 kg/cm² Festigkeit und 20 % Dehnung.

Die Antriebsrollen sind in Gabeln der Hebel gelagert, ihre Bolzen werden durch einfache Stifte befestigt. Die Rollen für Ein- und Auslaß, meist auch für das Brennstoffventil, werden trotz der verschiedenen Beanspruchungen oft gleich breit ausgeführt, nur die zeitweilig in Betrieb befindliche Anlaßrolle wird gewöhnlich schmäler

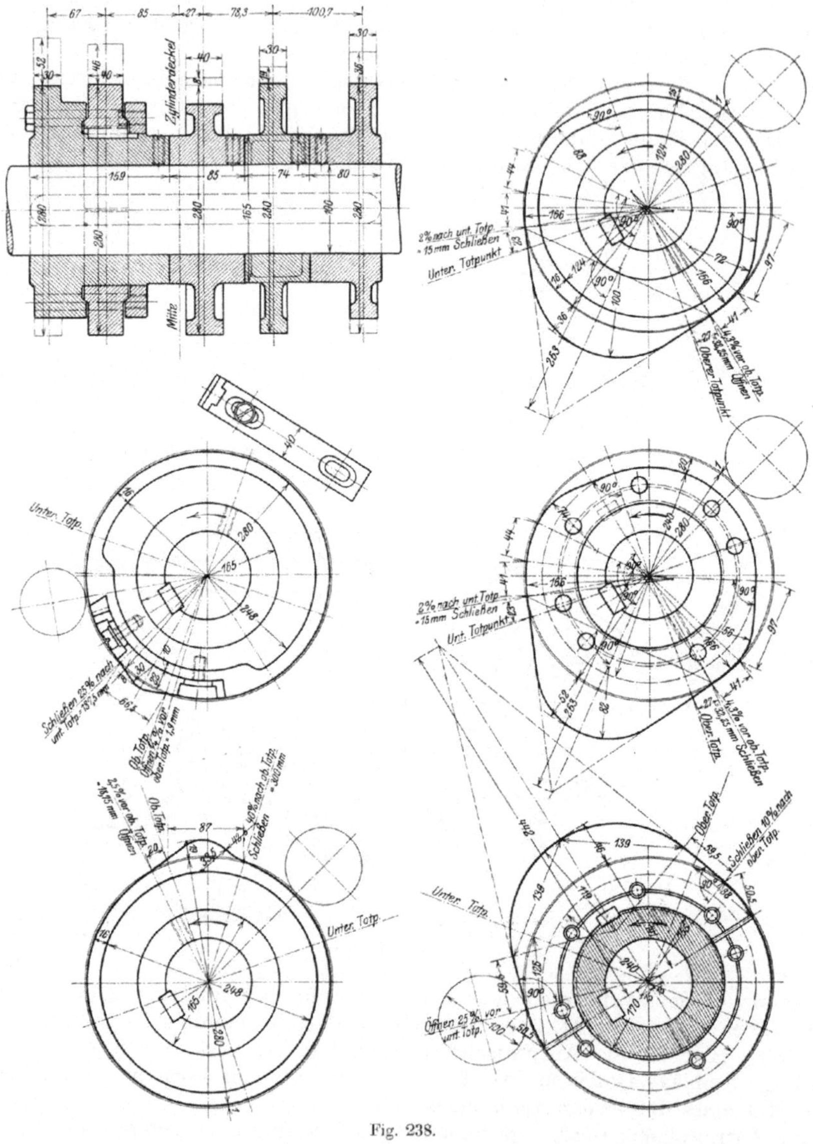

Fig. 238.

gemacht. Bolzen und Rollen werden gehärtet, manchmal auch seitlich ausgenommen (Fig. 162); auf dieser Figur ist auch die Schmierung des Rollenzapfens ersichtlich. Bei der normalen Anordnung (z. B. Fig. 211) sind Ein- und Auslaßhebel unmittelbar um eine feste Achse drehbar gelagert und dort mit Rotgußbüchsen

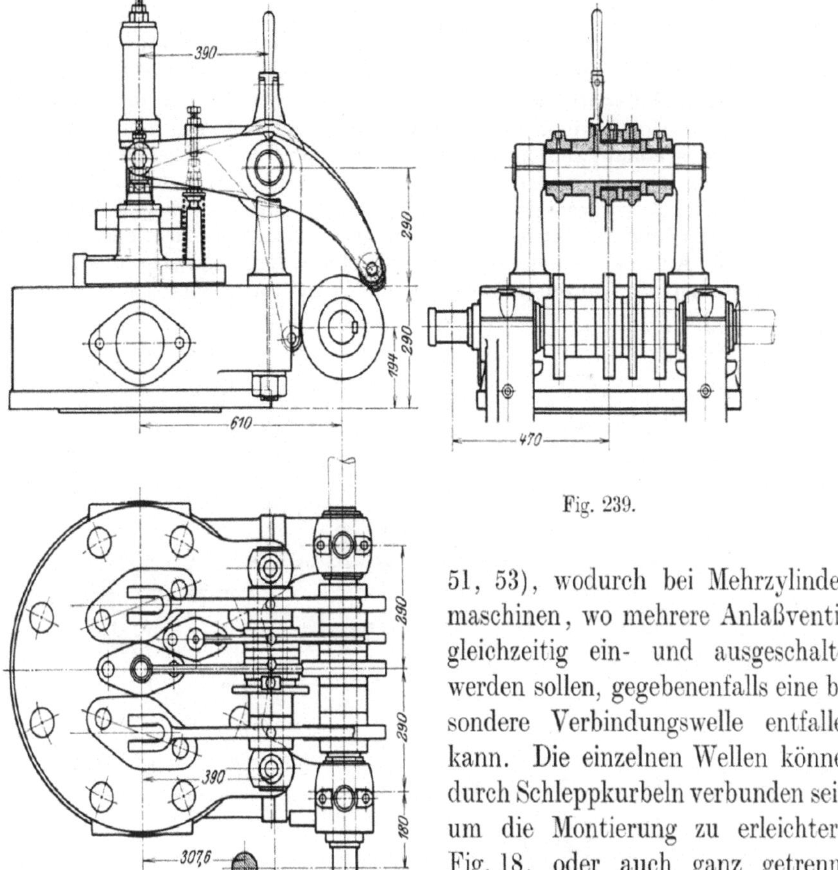

Fig. 239.

51, 53), wodurch bei Mehrzylindermaschinen, wo mehrere Anlaßventile
gleichzeitig ein- und ausgeschaltet
werden sollen, gegebenenfalls eine besondere Verbindungswelle entfallen
kann. Die einzelnen Wellen können
durch Schleppkurbeln verbunden sein,
um die Montierung zu erleichtern,
Fig. 18, oder auch ganz getrennt,
wenn nur einige Zylinder mit Anlaßventilen versehen sind (Fig. 53).

Statt der einfachen nebeneinanderliegenden Hebel kommen auch Gabelhebel
vor, Fig. 258. Wird nämlich das Anlaßventil wegen beschränkter Raumverhältnisse
in die Mittelebene des Zylinderdeckels gelegt, so muß der zugehörige Antriebshebel zwischen den gegabelten Brennstoffhebel gelegt werden und symmetrisch
zwei Rollen für die geteilte Daumenscheibe erhalten (Fig. 303).

Die Achse für die Lagerung der Steuerhebel ist gewöhnlich in zwei schmiedeeisernen Säulen, die auf dem Zylinderdeckel stehen, durch starke Schrauben festgehalten (Fig. 239). Auch gußeiserne Säulen mit Augen oder geteilten Lagern werden verwendet (Fig. 10, 59, 258), oder es werden auch die Augen für die Exzenterwelle mit den Lagerkonsolen für die Steuerwelle zusammengegossen (Fig. 53, 241),
wodurch die Montierung vereinfacht und der Ventilausbau erleichtert wird. Hier
braucht man die Hebelwelle nicht abzunehmen, sondern nur die Hebel seitlich zu
verschieben. Die Hebelwellen können auch in den Ventilhauben gelagert werden

(Fig. 135, 212 u. a.), besonders dort, wo Druckstangen zur Übertragung verwendet sind.

In den meisten Fällen wirken die Ventilhebel unmittelbar auf die Ventilspindeln nur unter Zwischenschaltung kurzer Druckstücke oder Rollen (Fig. 211, 145, 157) für Ein- und Auslaßventil, sowie für das Anlaßventil. Da man demnach bei dieser Anordnung die Hebel nicht so weit von den Ventilspindeln abheben kann, daß die Ventile ausgebaut werden könnten, muß dann die Hebelachse abgenommen werden. Beim Brennstoffventil, das angehoben wird, kann durch Ausnehmungen im Zylinderdeckel vorgesorgt werden (Fig. 30)[1]). Hier wird gewöhnlich eine als Kugellager ausgebildete Büchse verwendet, die so viel Spiel hat, daß die beim Umschalten auf Anlassen entstehende Verschiebung ungehindert möglich ist. Um das Wegnehmen der ganzen Hebelachse zu erleichtern, wird sie manchmal nach

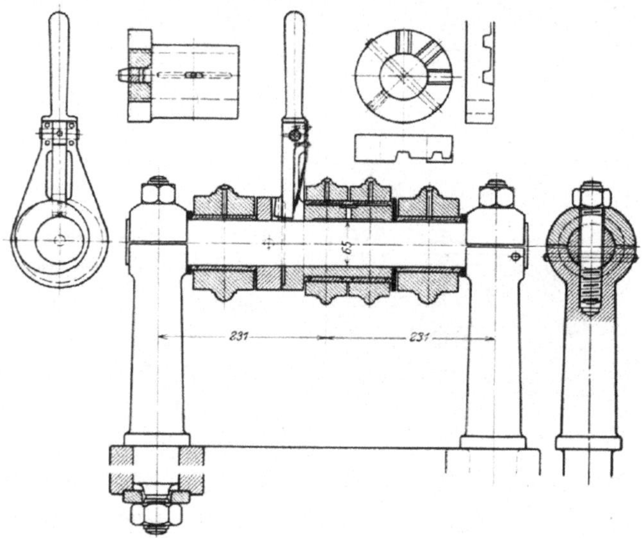

Fig. 240.

Fig. 33 gelagert. Man kann aber auch die Ventilhebel zweiteilig ausführen, um die Demontierung der Hebelwelle zu vermeiden, derart, daß das Hebelende gesondert abgenommen werden kann (Fig. 59, 242), oder man kann auch den Hebel in einen einarmigen und einen doppelarmigen teilen und diese durch seitlich ausziehbare Bolzen oder durch Druckschrauben miteinander verbinden, wodurch sich auch eine bequeme Nachstellung des Brennstoffventils ergibt. Ebenso wurde die Einschaltung eines zweiten Hebels für das Brennstoffventil angewendet (Fig. 243), was aus später angegebenen Gründen trotz der Vermehrung der Teile gewisse Vorteile bietet.

Bei der Ventilanordnung Fig. 38 braucht man für das Anlaßventil keine besonderen Vorkehrungen, da es mit Wälzhebeln angetrieben wird, ebensowenig überall dort, wo Zugstangen verwendet werden, z. B. bei Fig. 212. Gleiches gilt auch für den Wälzhebelantrieb (Fig. 208 oder für Fig. 244).

---

[1]) Vgl. auch Willans u. Robinson, Engineer 1913, Bd. 1, S. 546, Fig. 18.

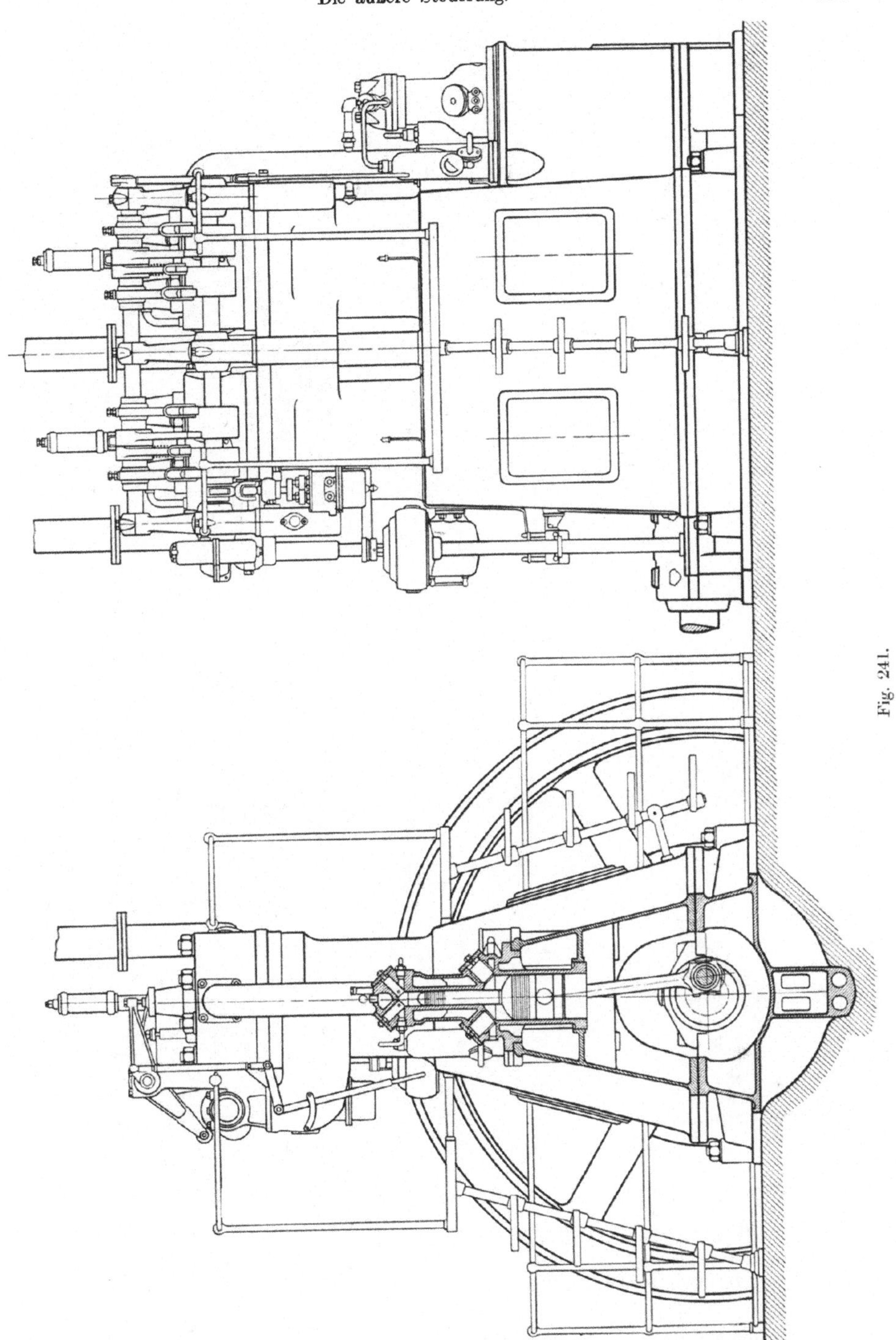

Fig. 241.

Beispiele für die Verwendung von Wälzhebeln für liegende Maschinen bieten Fig. 22, 218[1]).

Zum Antrieb des Brennstoffventils verwenden Gebrüder Sulzer und nach ihnen auch andere die Anordnung Fig. 245, bei der die Spindelführung nicht als Dichtung wirkt. Die zugehörige Steuerungsanordnung zeigt Fig. 10. Die Dichtung ist in vorteilhafter Weise in die Stopfbüchse der Querwelle verlegt. Die Düsennadel a wird hier durch den auf der drehbaren Welle c festsitzenden Hebel b bewegt; am äußeren Ende dieser Welle ist eine Büchse d aufgekeilt, die auf dem Halse e des feststehenden Ventilgehäuses drehbar gelagert ist.

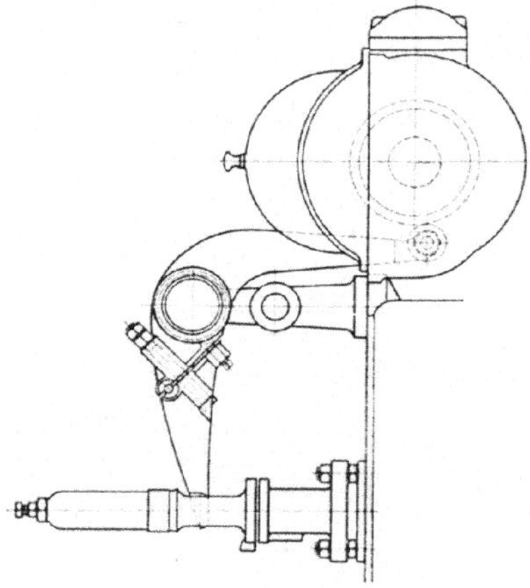

Fig. 242.

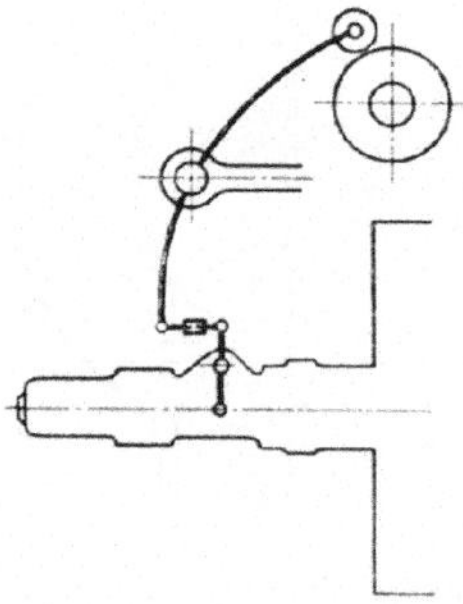

Fig. 243.

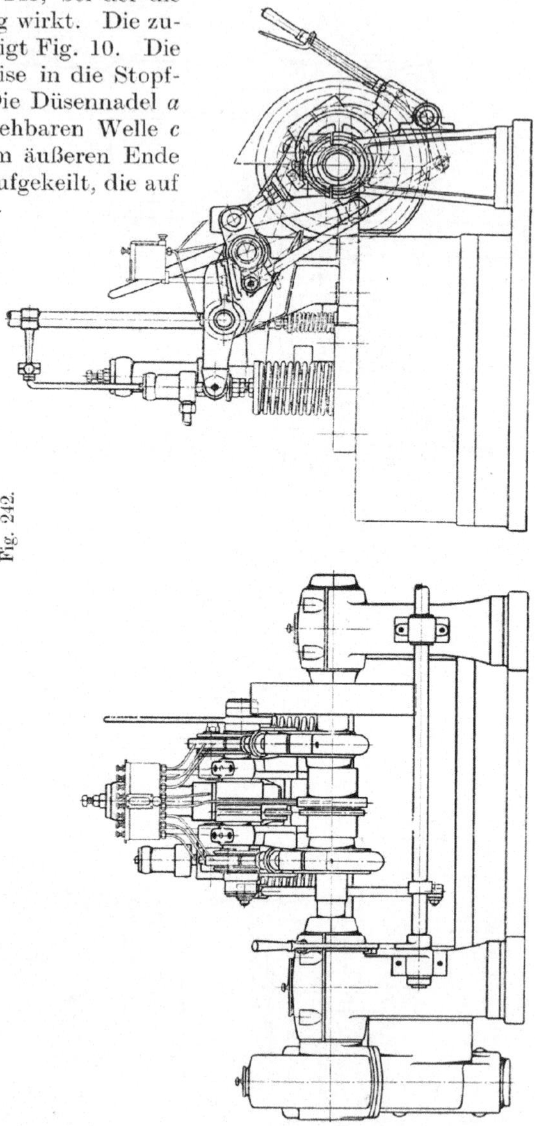

Fig. 244.

Das Freilegen der Ventile kann manchmal übrigens auch einfach durch seitliche Verschiebung der Antriebshebel auf der Achse unter Abnahme zwischengelegter zweiteiliger Distanzringe bewirkt werden (Fig. 53).

---

[1]) Über die Konstruktion der Wälzhebel vgl. Holzer, Z. d. V. I. 1908, S. 2034 und Dubbel, Großgasmaschinen, S. 69.

Bei geschlossenen Ventilen beträgt der Spielraum zwischen Nockenscheibe und Rolle im warmen Zustand oft nur 0,1 mm, um den Auftreffstoß recht klein zu bekommen. Insbesondere muß beim Auspuffventil, dessen Spindel sich durch die Temperaturerhöhung stark dehnt, im kalten Zustand ein größerer Spielraum gelassen werden, der sich natürlich nach der Größe der Maschine richtet. Dabei wirkt freilich auch in ausgleichendem Sinne die Verschiebung des Hebeldrehpunktes mit. Diese bewirkt beim Einlaßventil sogar eine Vergrößerung des Spielraumes, die bei der gewöhnlichen Anordnung der Hebel beim Brennstoffventil beträchtlich wird. Theoretisch wäre daher für den Brennstoffventilhebel die Lage der Rolle gegen den Nocken wie beim Auspuffventil vorzuziehen, wie dies auch in Fig. 243 und anderen Fällen trotz der geringeren Einfachheit wirklich ausgeführt wird. Haeder gibt für die Größe des Spielraums beim Einlaßventil 0,4 mm, beim Auslaßventil 0,5 bis 0,8 mm an, während das Spiel bei Anlaß- und Brennstoffventil nur 0,2 bis 0,3 mm beträgt.

Um recht sanftes Auftreffen der Rolle und auch des Ventils zu erhalten, ohne den Spielraum allzusehr zu verringern, kann man natürlich von der gewöhnlichen tangentialen Lage der Anlauf- und Ablaufkurve abgehen, etwa in der in Fig. 260 dargestellten Weise. Auch kann der unwirksame Teil etwas exzentrisch bearbeitet sein (Fig. 259).

Zur Einstellung der Steuerung ist jedenfalls die Veränderlichkeit der Spindelstange der Ventile oder die Verstellung der Druckstücke an den Hebeln oder anderer zwischengeschalteter Antriebsteile erforderlich. Um insbesondere die Bauhöhe beim Brennstoffventil zu beschränken, wird dort die Verstellung auch in den Hebelkopf verlegt, der Federteller wird gleichzeitig als Führungsstück ausgebildet, z. B. in Fig. 30.

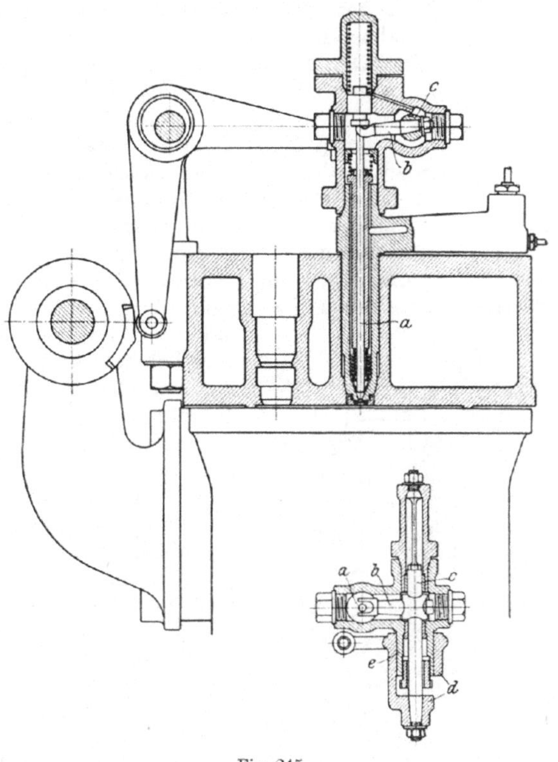

Fig. 245.

Die Schmierung der Nocken und Rollen erfolgt gewöhnlich mit konsistentem Fett.

Zum Andrehen der Maschine vor der Inbetriebsetzung wird die Kompression durch Anheben des Einlaßventils oder auch des Auspuffventils ausgeschaltet; hierzu dient ein einfacher Hebel mit Schlitz, der sich an einen Bolzen des Auslaßhebels stützt (Fig. 145), oder auch insbesondere bei Mehrzylindermaschinen eine einfache Exzenterscheibe, die das betreffende Ventil anhebt (Fig. 12). Diese Einrichtung verfolgt gleichzeitig den Zweck, das Hin- und Herpendeln der Maschine nach dem Abstellen zu vermeiden.

Wie bereits auf S. 105 erwähnt, wird manchmal eine Dekompressionseinrichtung angewendet, um das Anlassen zu erleichtern. Dies ist eine Steuerung, die während eines Teiles der Verdichtungsperiode eines der Ventile offen hält, um die Luft ins Freie ausströmen zu lassen. Diese Steuerung kann unmittelbar mit der Verstellung der Anlaßsteuerung verbunden sein und bei entsprechend voreilender Abnahmerichtung sogar mit demselben Nocken geschehen wie diese. Eine neuere Ausgestaltung ist in Fig. 246 dargestellt. Sie zeigt bei t die Übertragung zum Anlaß-

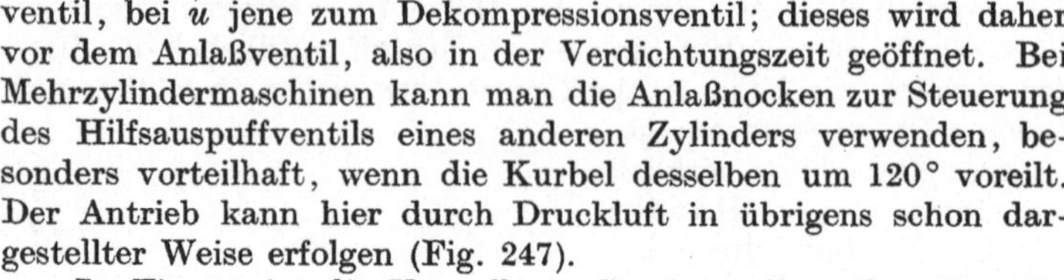

ventil, bei u jene zum Dekompressionsventil; dieses wird daher vor dem Anlaßventil, also in der Verdichtungszeit geöffnet. Bei Mehrzylindermaschinen kann man die Anlaßnocken zur Steuerung des Hilfsauspuffventils eines anderen Zylinders verwenden, besonders vorteilhaft, wenn die Kurbel desselben um 120° voreilt. Der Antrieb kann hier durch Druckluft in übrigens schon dargestellter Weise erfolgen (Fig. 247).

Fig. 246.

In Fig. 18 ist die Verstellung des Auspuffventils selbst für einen Hilfsauspuff verwendet, indem der Ventilhebel mit Brennstoff- und Anlaßventil gemeinsam exzentrisch gelagert ist.

Geschieht das Anlassen im Zweitakt unter Verwendung eines Hilfsauspuffventils, so sind alle Steuerhebel mit Ausnahme derjenigen für den Anlaß exzentrisch gelagert, so daß die zugehörigen Rollen in der Haltstellung der Maschine von ihren Nocken weggerückt werden können. Das Auspuffventil wird dann mittels einer mit einem elastischen Zwischenglied versehenen Vorrichtung niedergedrückt, so

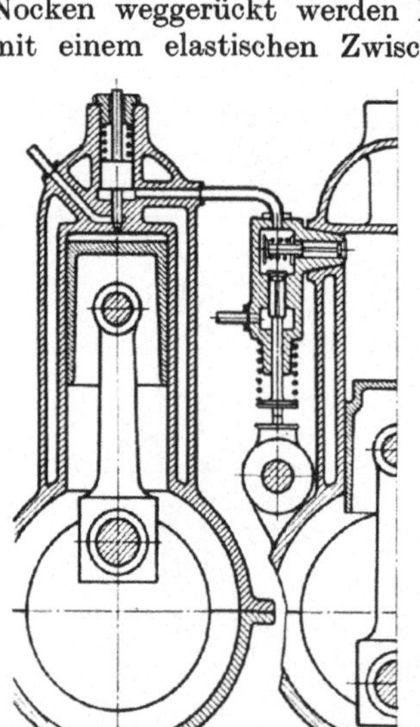

daß dann die Steuerscheiben in die Anlaßvorrichtung verschoben werden können.

Bei jeder Ausschaltung der Verdichtung ist darauf zu achten, daß diese rechtzeitig wieder eintritt, um die erste Zündung zu sichern. Wird daher mit zunehmender Drehgeschwindigkeit des Motors die Anlaßfüllung vermindert, so muß gleichzeitig die Verdichtung eingeschaltet werden. Eine Vorrichtung, die die abhängige Betätigung des Anlaß- und Dekompressionsventils bewirkt, ist von Gebrüder Sulzer patentiert (D. R.-P. Nr. 252 675).

Wie oben dargestellt, kann man mit Hilfe der Beschleunigungsdrücke der mit den Ventilen bewegten Massen die Ventilfedern berechnen; indem man sie entsprechend stärker ausführt, berücksichtigt man auch die Widerstände. Die Ausführungen zeigen gewöhnlich Federbelastungen von rund 0,5 bis 0,6 kg/cm² bezogen auf 1 cm² der freien Ventilfläche bei geschlossenem Ventil.

Fig. 247.

Die Beanspruchung der Hebel, die aus Stahl- oder Temperguß von hohen Festigkeitszahlen, etwa 5500 kg/cm² Bruchfestigkeit bei 20 v. H. Dehnung hergestellt werden, ist mit Rücksicht auf Formänderungen gering zu wählen und beträgt rund 200 bis 250 kg/cm² bei Stahlguß; der Auflagerdruck in den Hebeldrehpunkten rund 3 bis 5 kg/cm² für Einlaß- und Brennstoffventil, während er beim Auslaßventil bis 30 kg/cm² und auch höher steigt, wobei die Stärke der Hebelwellen etwa ein Fünftel bis ein Sechstel des Zylinderdurchmessers beträgt. Der Auflagdruck auf den kugelig ausgeführten Druckstücken an der Ventilspindel kann 30 bis 50 kg/cm² gewählt werden, Stahl auf Stahl angenommen; beim Auslaßventil geht man noch höher. Für die Auspuffspindeln ergibt sich eine Druckbeanspruchung von 110 bis 130 kg/cm².

Bei liegenden Maschinen gelten im allgemeinen etwa die gleichen Zahlenwerte.

Wo Anlaß- und Brennstoffventil getrennt sind, geschieht die Umschaltung meist ähnlich wie bei stehenden Maschinen (z. B. Fig. 216), wo sie gemeinsam sind, wird meist die Antriebsrolle auf einem verlängerten Zapfen zum Eingriff in eine zweite Nockenscheibe verschoben (z. B. Fig. 217). In

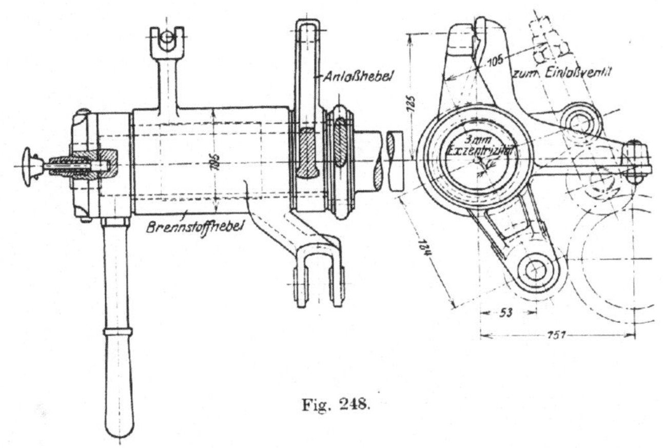

Fig. 248.

gleicher Weise wird auch das Auspuffventil umgesteuert (Fig. 215). Hier öffnet der Hilfsauslaß etwa 35° vor dem inneren und schließt 55° vor dem äußeren Totpunkt. Fig. 248 zeigt eine Hebelkonstruktion und die Umschaltung mit Exzenter im Detail.

Die Lagerung der eigentlichen Steuerwelle geschieht gewöhnlich in Ringschmierlagern aus Gußeisen mit Weißmetallausguß oder aus Bronze. Bei stehenden Maschinen werden diese in Konsol- oder Stehlagern untergebracht und an die

Fig. 249.

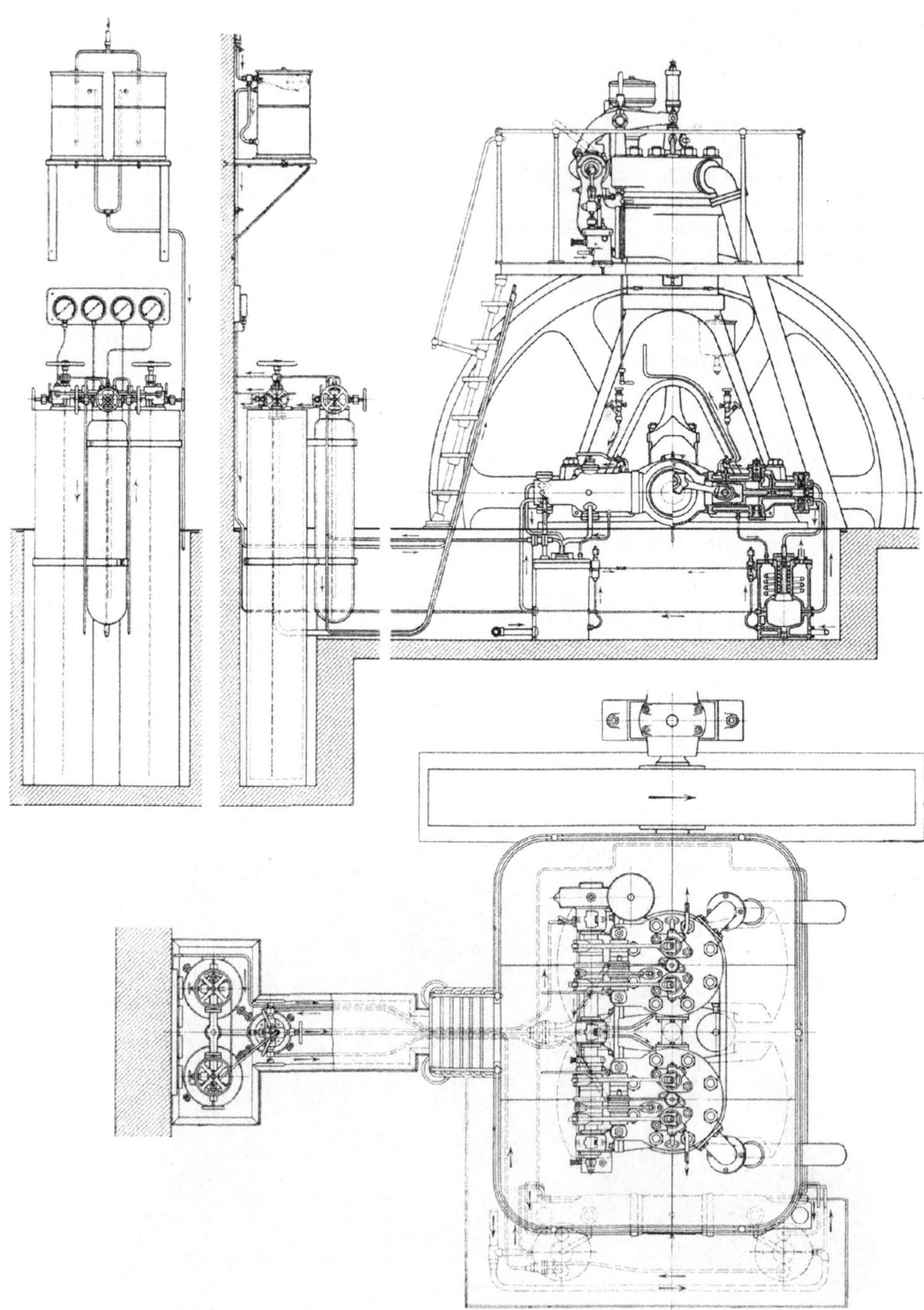

Fig. 250.

Kühlmäntel oder auch an die Zylinderköpfe angeschraubt. Letzteres erschwert jedoch die Demontierung des Zylinderkopfes, die ohnehin schon recht umständlich ist. Wo kein gesonderter Zylinderdeckel vorhanden ist, kann die Steuerwelle höher liegen, wodurch die Antriebshebel gerade werden (z. B. Fig. 258).

Ursprünglich waren für jeden Zylinder zwei Lager vorgesehen, um jede Modelländerung bei Verwendung mehrerer Zylinder zu vermeiden. Da so viele Lager jedoch nicht erforderlich sind, macht man jetzt gewöhnlich nur ein Lager für jeden Zylinder und außerdem nur noch den besonderen Lagerbock für den Antrieb der liegenden Steuerwelle. Die Lager können dabei seitlich an jedem Zylinder (Fig. 13) oder an gemeinsamen Paßflächen von je zwei nebeneinanderliegenden Zylindern angebracht sein, wobei die Konsolen dann die Verbindung zwischen diesen herstellen (Fig. 10, 249, 250).

Einzelheiten eines Konsollagers zeigt Fig. 251, in den Fig. 18, 31 und 38 sind Beispiele eines Stehlagers gegeben, die natürlich entsprechende Formen der Angüsse am Kühlmantel erfordern. Manchmal wird die Ausladung der Stehlager-

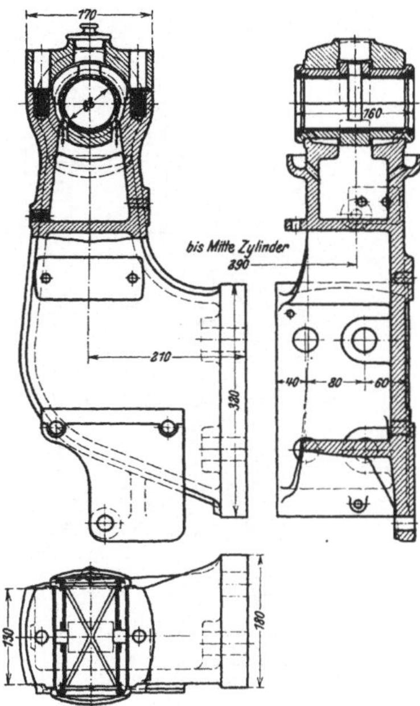

Fig. 251.

konsolen kürzer gehalten, so daß eine Form Fig. 34 entsteht. Fig. 241 zeigt die Vereinigung der Steuerwellenlager mit jenen für die Hebelwellen, ebenso auch

Fig. 254.

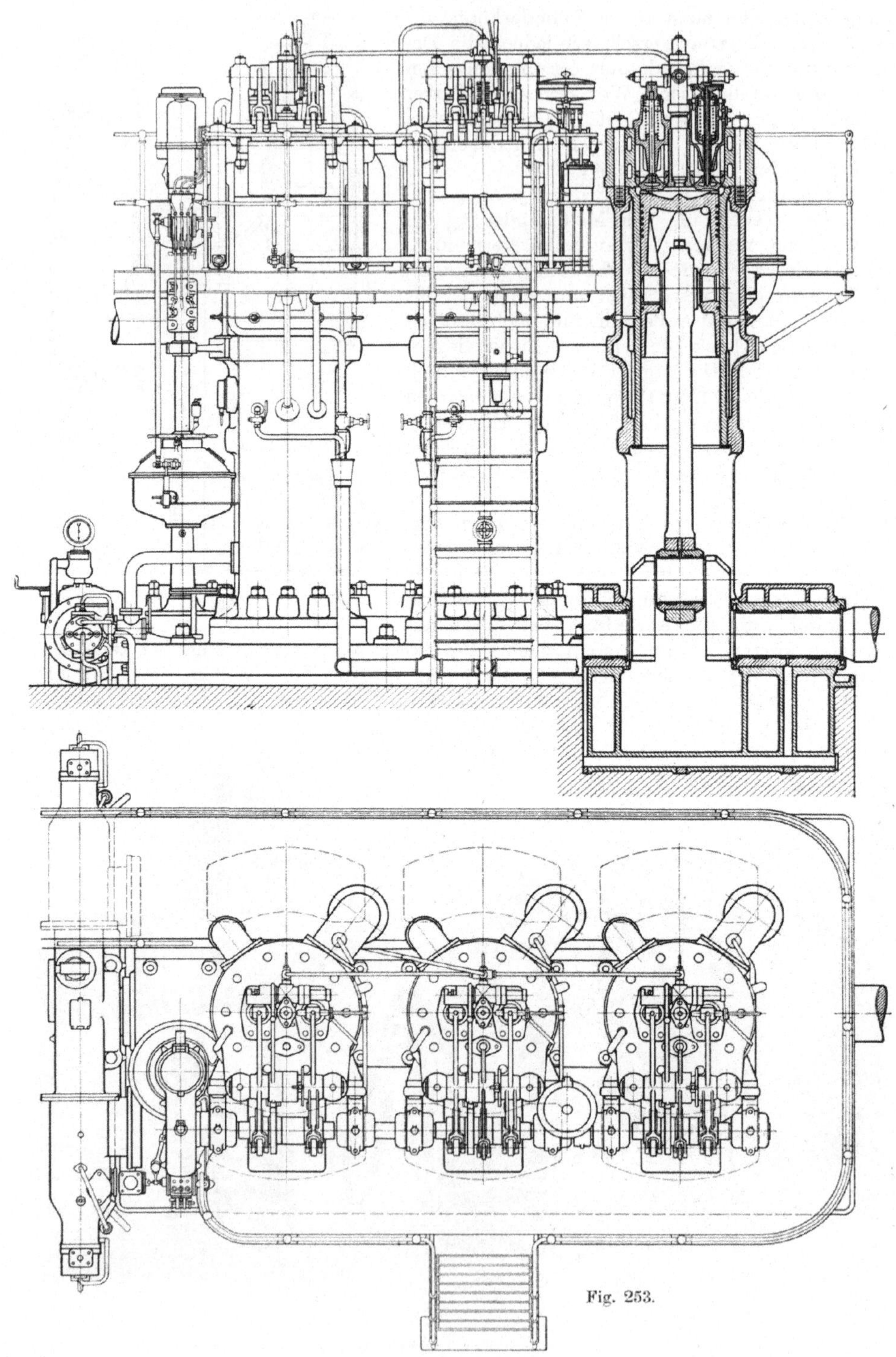

Fig. 253.

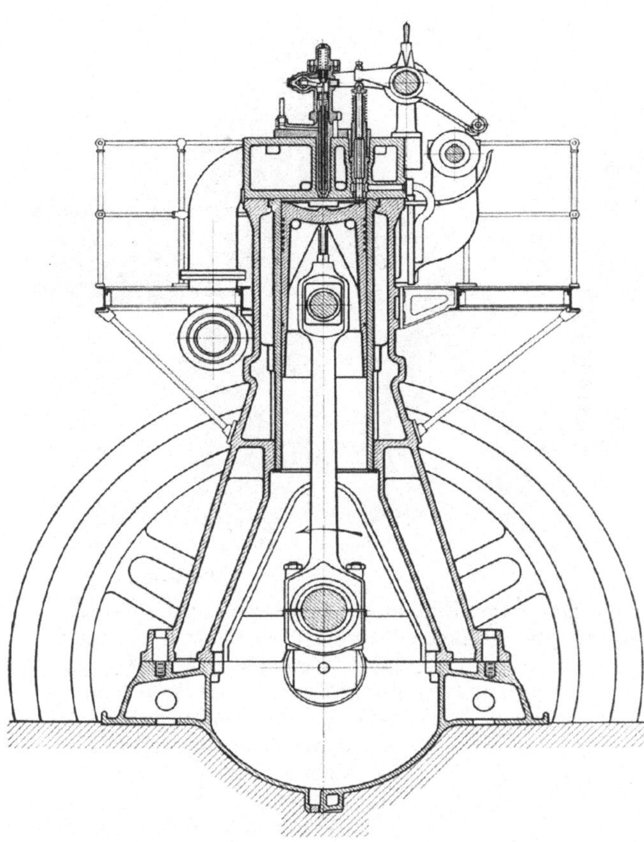

Zu Fig. 253.

Fig. 53. Um die Steuerungen für jeden Zylinder ganz für sich ausführen zu können, werden manchmal die Steuerwellen auch gekuppelt (Fig. 258), wobei die Kupplungen als Nocken ausgebildet werden können.

Durch Anwendung besonderer Steuerwellenkasten macht man sich bezüglich der Lagerentfernungen von den Zylindermitten unabhängig und vermeidet das Abspritzen von Schmieröl, obwohl die Steuerung hier ganz in Öl läuft. Diese Konstruktion wird besonders bei Schnelläufern angewendet. Fig. 44 zeigt ein Bild, Fig. 18 und 257 Zeichnungen eines solchen Kastens, der an entsprechenden Anpaßflächen des Zylinders befestigt ist. Fig. 252 bietet dieselbe Ausführung bei einem Normalläufer. Natürlich können diese Kasten auch der Länge nach aus mehreren Stücken oder auch für jeden Zylinder besonders ausgeführt werden und auch etwaige Lager für die Wellen zum Anlassen oder auch für die Umsteuerung aufnehmen. Bei offener Steuerung werden gegen das Abspritzen von Öl Blechwände angebracht (z. B. Fig. 38, 51, 253, 254). Bei der Anordnung Fig. 212 ergibt sich die Einkapselung der Steuerung von selbst, wie auch in Fig. 207.

Eine besondere Ausführung erfordert das äußere Konsol mit dem Halslager für die stehende Welle und der Verschalung für die meist in Öl laufenden Steuerungsantriebsräder Fig. 255, 256 (vgl. auch Fig. 59, 270). Die letzteren sitzen auf Federkeilen und sind durch Schrauben mit den Wellen verbunden; der Längsdruck auf die Wellen wird in Bunden oder bei größeren Kräften in Spur- und Kammlagern oder auch in Kugellagern Fig. 257 aufgenommen. Bei Umsteuerung wechselt dieser Druck seine Richtung.

Die stehende Welle erhält mit Rücksicht auf den Antrieb des Regulierpendels meist noch die Drehzahl der Hauptwelle und erst die Steuerwelle selbst wird mit halber Drehzahl angetrieben. Nur wo eine besondere Reglerwelle vorhanden ist, kann auch schon die stehende Welle langsamer laufen. Die stehende Welle wird in einem Spurlager gestützt (z. B. Fig. 63), das meist innerhalb der Längenausdehnung des betreffenden Hauptwellenlagers liegt, aber auch außerhalb, wie z. B. in Fig. 258. Die Beanspruchung dieses Spurlagers im Betrieb ist verhältnismäßig gering, weil sich die Achsialdrücke des oberen und unteren Schraubenrades gegen-

Fig. 254.

einander ganz oder teilweise ausgleichen. Der Einbau des Spurlagers in die Grundplatte ist bereits auf S. 39 angegeben. Bei größeren Maschinen werden auch Kugel-
lager verwendet (Fig. 18). In Fig. 387 ruht die vertikale Steuer-welle in einem seitlich heraus-nehmbaren Kammlager, das un-tere Schraubenrad ist fliegend angeordnet.

Die stehende Welle wird bei größeren Maschinen auch geteilt und gekuppelt. Zur leichteren Montierung wird das Spurlager nicht zentriert, sondern erst nach Einstellung der Welle mit Paßstiften befestigt. Die durch die Erwärmung bedingte Ver-schiebung der liegenden Steuer-welle nach oben bewirkt bei größeren Maschinen eine gegen-seitige Lagenänderung der obe-ren Antriebsräder. Gegebenen-falls kann das Rad auf der stehenden Steuerwelle verschieb-bar oder die Kupplung derart gebaut sein, daß eine Längs-verschiebung möglich ist. Jeden-falls ist bei der Montierung auf diese Formänderung zu achten.

Die Schraubenräder werden auf der stehenden Welle meist

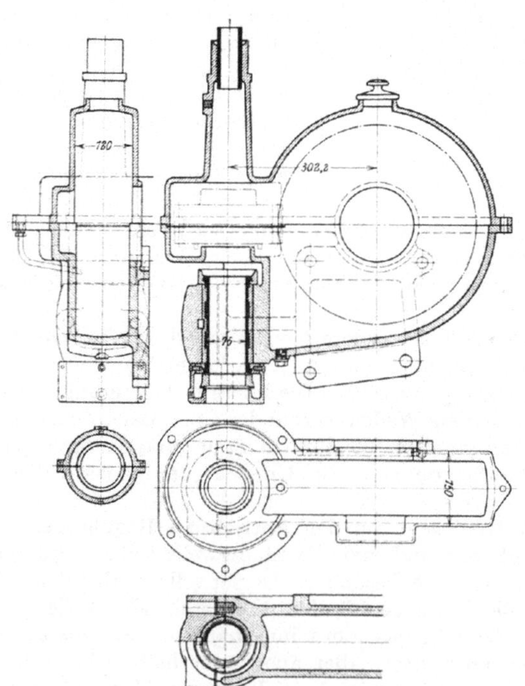

Fig. 255.

außer durch Bunde oder Stellringe auch noch durch nachträglich eingebohrte Stifte gesichert; auf der Hauptwelle wird meist ein entsprechender Bund angeordnet. Bei Umsteuerungen müssen die Räder nach beiden Seiten gesichert werden, was durch Anwendung zweiteiliger Schraubenräder, die in entsprechende Eindrehungen der Welle passen, erzielt wird (vgl. Fig. 114). Das Schraubenrad wird dabei zwischen die Lagerschalen eingepaßt.

Da das untere Rad wenig Platz findet, wird hier die Steigung oft nur 30° gemacht, wodurch sich der Durchmesser entsprechend klein ergibt. Man darf aber natürlich mit Rücksicht auf die ohnehin empfindlichen Schraubenräder und deren Abnützung nicht allzu weit hierin gehen. Bei großen Maschinen muß die stehende Welle auch noch durch besondere Halslager geführt werden (z. B. Fig. 59). Die

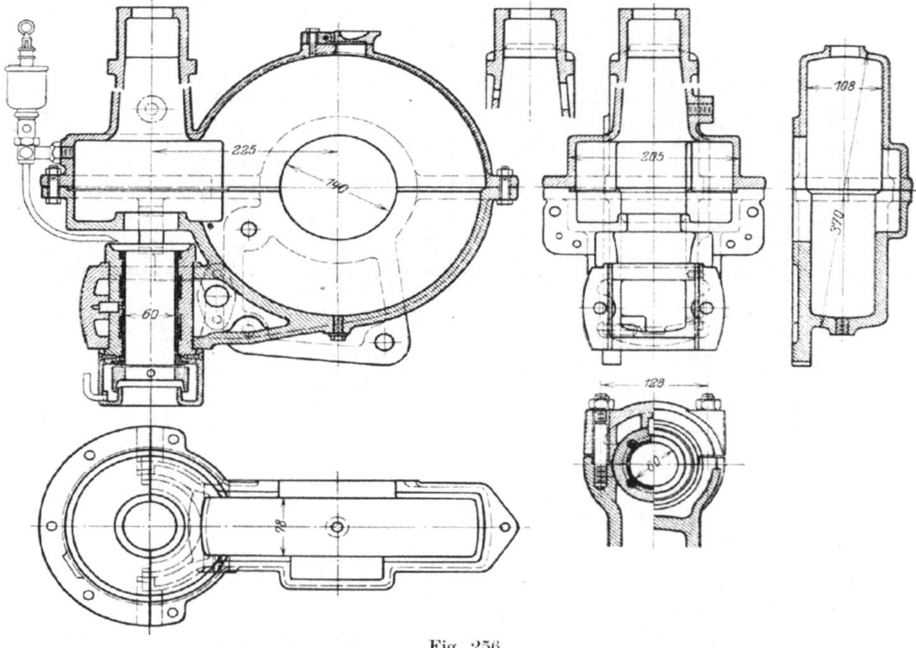

Fig. 256.

Fig. 261 und 262 zeigen Ausführungen von Steuerrädern für eine Maschine von 415 mm Zylinderbohrung, 600 mm Hub und 175 Umdr. i. d. Minute; Fig. 221 und 263 die Anordnung des Steuerwellenantriebs bei liegenden Maschinen. Als Material für die Schraubenräder verwendet man oft Spezialbronze für das treibende, Siemens-Martin-Stahl für das getriebene Rad, aber auch beiderseits Gußeisen.

Eine von dem gebräuchlichen Steuerungsantrieb abweichende Ausführung ist in der Zeitschrift „Der Ölmotor", 1912, S. 105 ff. dargestellt und beschrieben: Die vertikale Steuerwelle fehlt hier ganz, der Antrieb der Steuernockenwelle erfolgt durch dreifaches Kurbelgetriebe über eine von der Hauptwelle mittels Zahnrädern angetriebene horizontale Zwischenwelle. Auch bei manchen Schiffsmotoren wird die Nockenwelle durch Zahnrädergetriebe mit zwischengeschalteten Hilfsschubstangen von der Kurbelwelle aus betätigt (s. Z. Schiffbau 1913, S. 569), wobei die Zahnradübersetzungen gemäß der erforderlichen Drehzahl der Steuerwelle gewählt werden müssen.

Die Stärke der Steuerwellen beträgt für Einzylindermaschinen etwa ein Fünftel
des Zylinderdurchmessers, bei Mehrzylindermaschinen werden oft dieselben Größen
verwendet, da die Beanspruchungen für die einzelnen Zylinder nicht gleichzeitig
eintreten.

Die Einstellung der Steuerung wird bei der Montierung durch Einstellscheiben
auf der Steuerwelle oder genauer durch Zeichen am Umfang des Schwungrades,

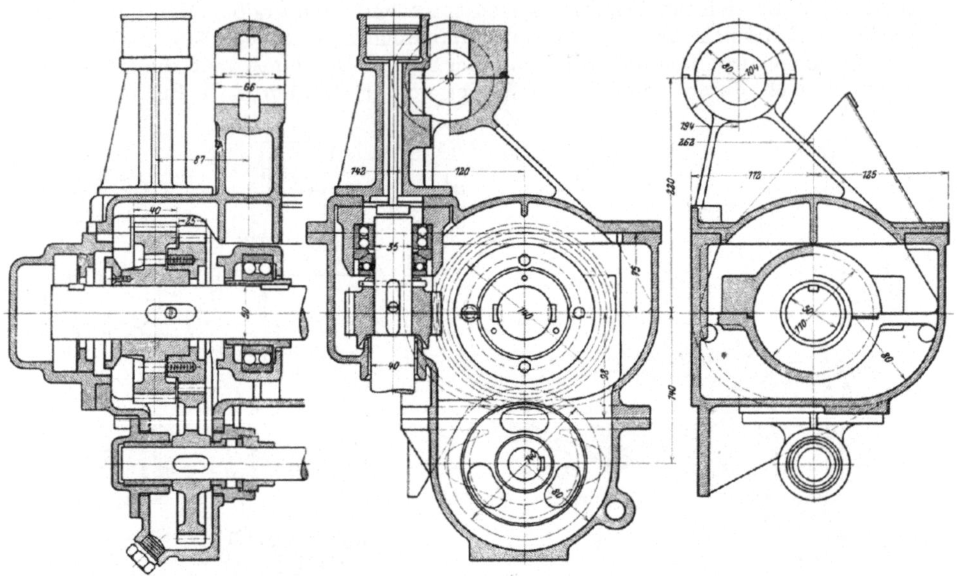

Fig. 257.

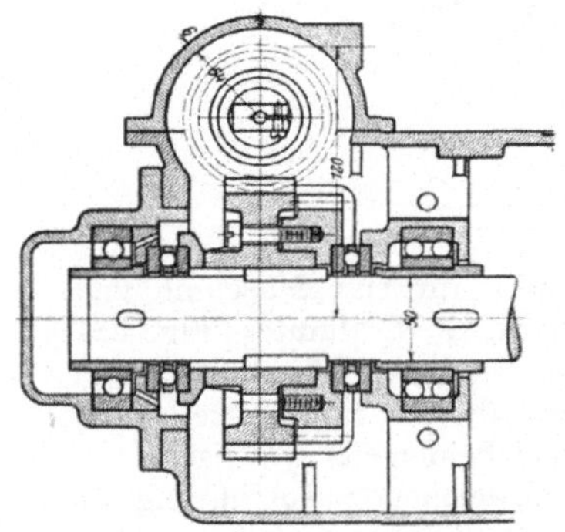

im Betriebe mit Hilfe des Indikators durch ver-
setzte Diagramme vorgenommen, da diese die
wesentlichen Merkmale deutlicher zeigen als die einfachen Druckdiagramme. Bei der Einstellung des
Brennstoffventils ist zu beachten, daß die Größe
der Bohrungen in den Zerstäuberplatten einen
merklichen Einfluß auf den Beginn der Verbrennung haben. Durch Änderung derselben kann man
auch den Verlauf der Druckkurven im Diagramm
beeinflussen, ohne die Nockenstellung zu ändern,
wie bereits früher erörtert wurde. Die Öffnung des Einspritzventils soll nur wenig
länger dauern als die Öleinspritzung selbst, und zwar nicht nur wegen des unnötigen
Verlustes an Einblaseluft und der dadurch entstehenden Abkühlung im Zylinder,
sondern auch, um das bei kleinen Belastungen schädliche Reinfegen der Düsen-
wände von Öl nicht unnötig hervorzurufen; die Grenze hat man für die größte Leistung des Motors festzustellen.

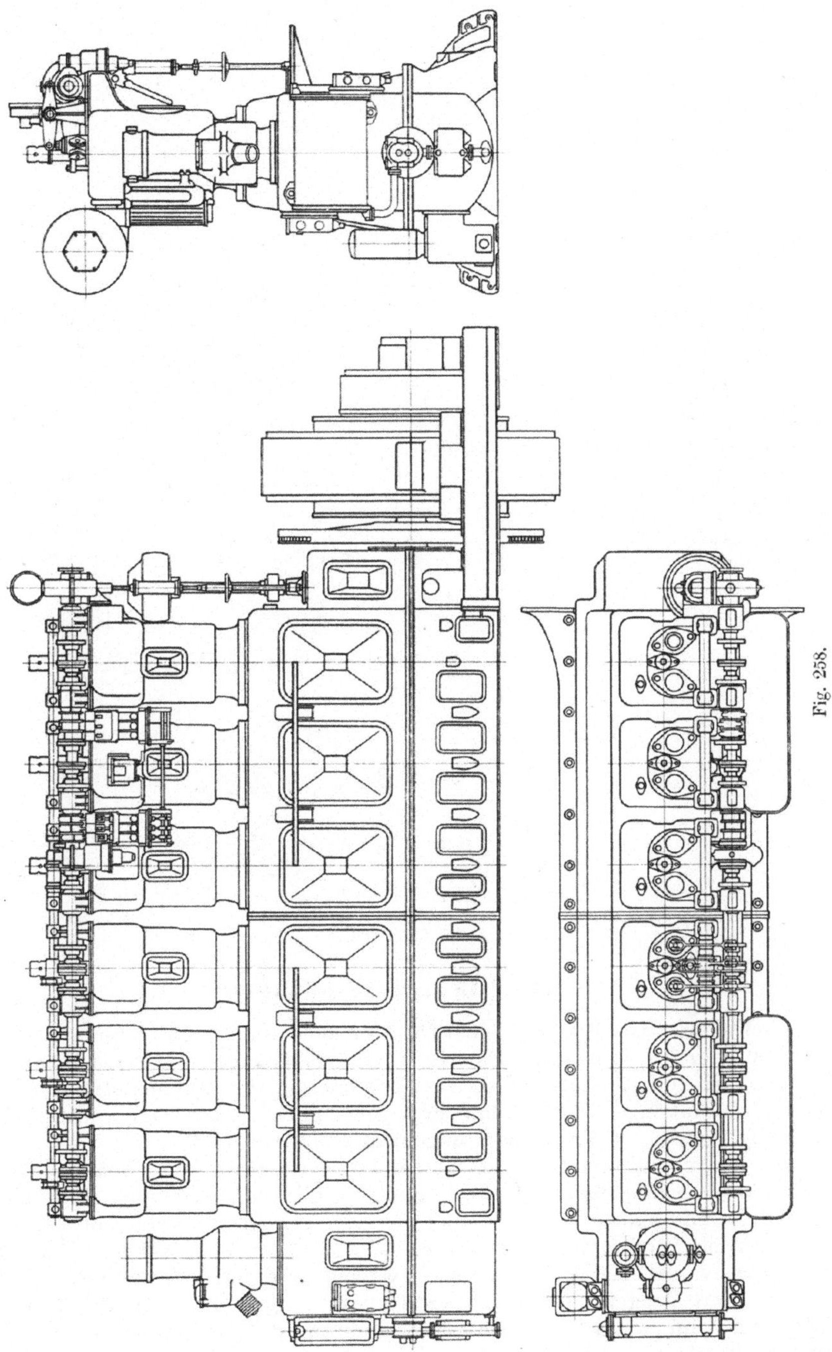

Fig. 258.

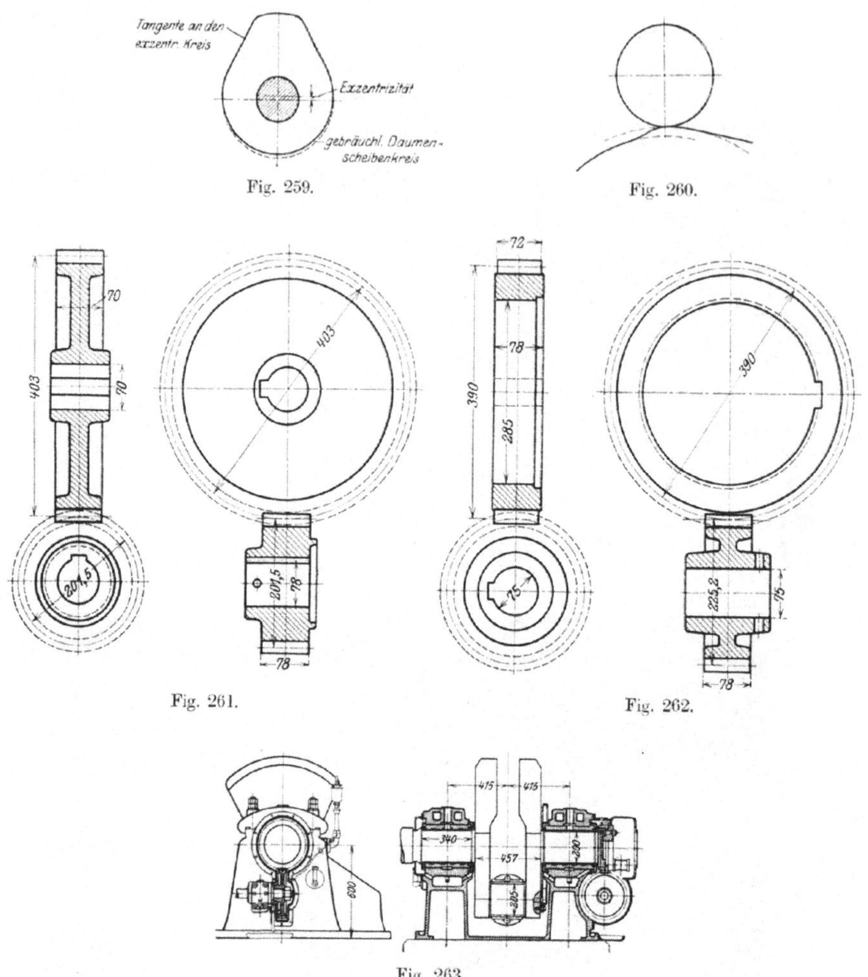

Fig. 259.   Fig. 260.

Fig. 261.   Fig. 262.

Fig. 263.

XII. Die Brennstoffpumpe.

Ebenso wie das Brennstoffventil bildet auch die Brennstoffpumpe eine dem Dieselmotor ganz eigenartige Einzelheit. Sie bildet hier insbesondere einen Teil der Regelung, da sie unmittelbar zur Veränderung der Brennstoffmenge bei Belastungsschwankungen dient, ohne daß gewöhnlich in der Steuerung selbst eine Änderung eintritt, wodurch diese ungemein einfach ausfällt.

Die Brennstoffpumpen sind kleine Plungerpumpen aus dichtem Gußeisen, Bronze oder Schmiedeeisen mit Stahlkolben, die entweder von einer liegenden Steuerwelle mit halber Drehzahl oder von der stehenden Welle mit voller Drehzahl angetrieben werden. Im ersten Falle wird der Brennstoff während eines Doppelhubes nur einmal, im letzteren Falle zweimal gefördert, wodurch sich natürlich auch die Verteilung im Brennstoffventil etwas ändert, da es hierfür nicht gleichgültig sein kann, wieviel Zeit nach der Zuführung des Petroleums bis zur Öffnung des Brennstoffventils verläuft.

Die Brennstoffpumpe ist gewöhnlich mit Saug- und Druckventilen aus Bronze, bei Teeröl aus Nickelstahl versehen, unter Umständen kann ersteres auch durch vom Plunger gesteuerte Schlitze ersetzt werden, besonders bei Anordnung offener Düsen, wo die Dichtheit des geringen Förderdruckes wegen keine solche Rolle spielt wie bei geschlossenen Düsen, wo gegen einen Druck von 60 bis 70 at gearbeitet werden muß. Durch entsprechende Anordnung der Kanäle muß für gute Reinigungsmöglichkeit durch Ausspritzen mit Petroleum gesorgt werden.

Die Regelung der Brennstoffmenge kann wohl durch Änderung des Plungerhubes geschehen, die Abmessungen der Pumpe werden aber dann sehr klein und die Einwirkung von Luftblasen im Brennöl und von Undichtheiten besonders bei geschlossener Düse auf die Regelmäßigkeit des Ganges sehr merklich. Auch würde hier trotz der geringen Abmessungen des Plungers doch bei jedem Hub ein zeitweiliger Druck auf den Regler ausgeübt. Daher wird in diesem Falle gewöhnlich eine bedeutend größere Pumpe gewählt, deren Verdrängung etwa 2,5 bis 4 mal der nötigen größten Brennstoffmenge beträgt und die Regelung wird durch Offenhalten des Saugventils auch während des ersten Teils des Druckhubes und zeitliche Änderung des Schließens desselben bewirkt, so daß zuerst eine gewisse Menge des angesaugten Brennstoffes in die Saugleitung zurückfließt und nur das Ende des Druckhubes eine fördernde Wirkung hat. Man wählt hierzu das Ende und nicht einen anderen Teil des Druckhubes, weil hier sowohl die Ölfüllung stets im gleichen Punkt aufhört, während nur der Beginn unveränderlich ist, ferner weil es für die Regelung am besten ist, so spät als möglich zu erfolgen mit Rücksicht auf den Verlauf der Belastungsänderung und endlich, weil man das Saugventil nicht gegen den hohen Förderdruck anheben will, wodurch eine beträchtliche Rückwirkung auf den Regler auftreten würde. Hier kommt auf die Regelstange nur der kleine Rückstromdruck des Öls auf das Saugventil.

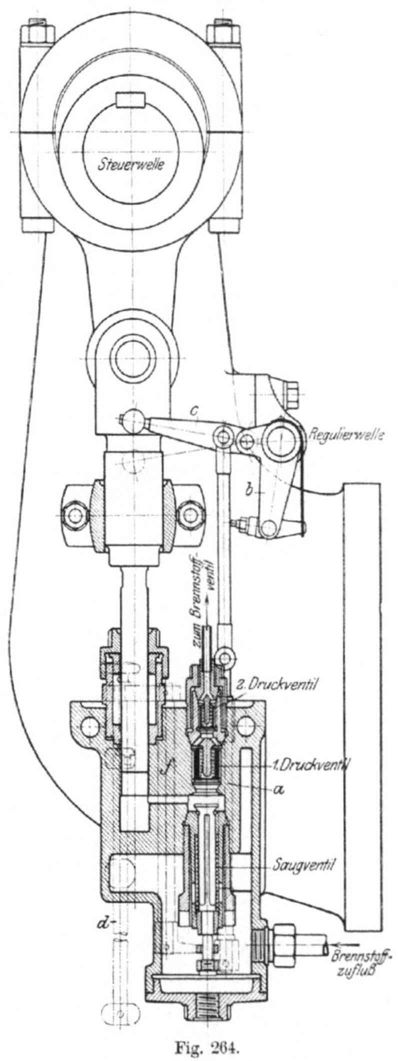

Fig. 264.

Statt des Saugventils kann auch das Druckventil oder ein besonderes Überströmventil geregelt werden, die genannten Gründe sprechen aber dafür, das Saugventil zu wählen, um alle Forderungen zu erfüllen.

Um von Schwankungen des Ölspiegels im Vorratsgefäß unabhängig zu sein, und um Dichtungen für die Steuerung des Saugventils vermeiden zu können, wird oft ein besonderes Ölgefäß mit Schwimmer in der Nähe der Pumpe angebracht (Fig. 266), es kann aber auch unter gewissen Verhältnissen wegbleiben oder für mehrere Pumpen gemeinsam sein. Der Schwimmer wird manchmal im Hohlraum der Steuerkonsolen angebracht (Fig. 265) oder auch von der Maschine ganz getrennt (Fig. 373). Die unmittelbare Verbindung des Saugraumes mit der atmosphärischen Luft bei Verwendung eines Schwimmers kann auch den Vorteil haben, daß man bei Störungen durch zu dickflüssiges Öl, insbesondere beim Anlassen der Pumpe, sofort Petroleum zur Verdünnung zufließen lassen kann. Man kann dies freilich auch durch Anordnung eines Dreiweghahnes in der Pumpensaugleitung erreichen, der das zeitweilige Ansaugen von dünnflüssigem und leicht brennbarem Öl aus einem besonderen Gefäß ermöglicht. Man tut dies auch vor dem Abstellen, um für das

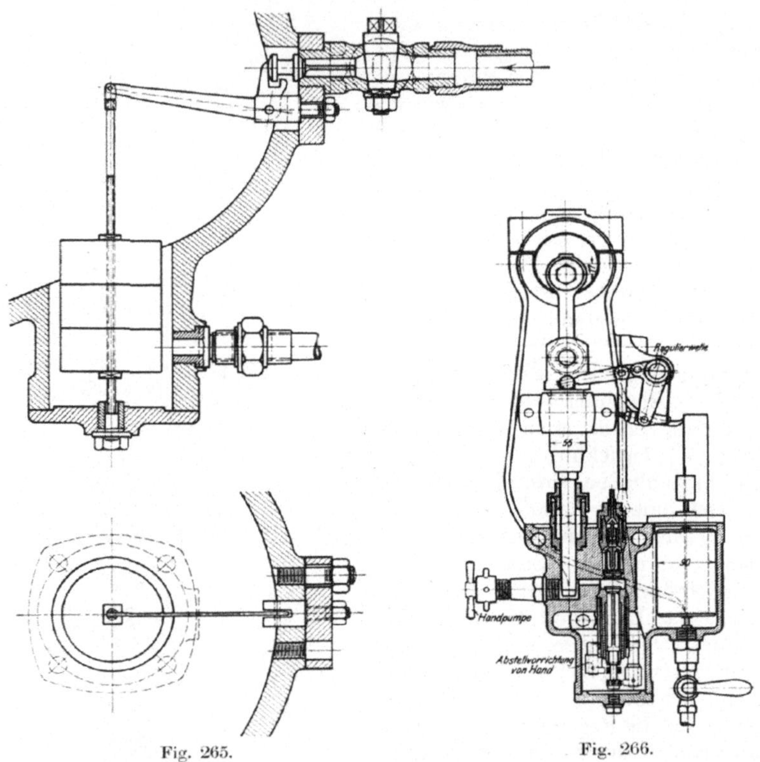

Fig. 265.

Fig. 266.

neuerliche Anlassen vorbereitet zu sein. Ein weiterer Vorteil der Schwimmeranordnung ist, daß bei plötzlichen Belastungsänderungen vor dem Saugventil keine Druckschwankungen stattfinden. Läßt man den Schwimmer fort, so kann diesem Umstand durch Einschaltung eines Saugwindkessels begegnet werden.

Die normale Ausführung ist in Fig. 264 dargestellt. Zur Sicherung gegen Rücklauf des Öls sind gewöhnlich zwei Druckventile hintereinander angeordnet, zwischen denen manchmal ein Prüfventil angebracht wird, das das richtige Arbeiten der Pumpe auch während des Betriebes zu untersuchen gestattet. Die Steuerung des Saugventils geschieht hier von unten her durch die von oben in das Ölgefäß eintretende Zugstange a, und zwar mittels des Lenkers c in gleicher Phase mit der Plungerbewegung. Das Saugventil befindet sich demnach bei Beginn der Druckperiode in der höchsten, also geöffneten Lage und schließt nach Maßgabe des Plungerweges, bzw. des Weges der Steuerstange a. Wird dieser in seiner Länge fast gleichbleibende Weg an eine tiefere Stelle verlegt, so schließt das Ventil früher und die Fördermenge wächst und umgekehrt. Diese Verschiebung der Steuerwelle wird durch die Regelwelle und den Hebel b bewirkt, der den Drehpunkt des Lenkers c verschiebt, wobei letzterer derart einstellbar ist, daß bei höchster Reglerstellung kein Öl mehr gefördert werden kann. Zum raschen Abstellen der Maschine dient eine Handausschaltung, die hier aus einer Druckstange d und einer wieder von oben in das Gefäß eintretenden Ausschaltestange f besteht, die das Saugventil vom Sitz abheben kann.

Das Brennöl wird meist während des Verdichtungshubes, also knapp vor dem Arbeitshub, zugeführt, manchmal aber auch weit früher, so daß damit die Verteilung des Öls im Brennstoffventil im Augenblicke des Beginnes der Einspritzung beeinflußt wird (vgl. Fig. 266 und 278).

Statt das Pumpensaugventil zeitweilig geschlossen zu lassen und zeitweilig mit dem Plunger kraftschlüssig zu verbinden, kann man es auch ständig mit diesem zusammenarbeiten lassen, am einfachsten durch unmittelbare Verbindung. Nur muß dann statt eines Ventils eine Art Kolbenschieber verwendet werden. Fig. 267 zeigt eine solche Anordnung, bei der zwar der vom Plunger durchlaufene Raum gleichbleibt, die Öffnungsdauer des Saugschiebers aber von der Reglerstellung

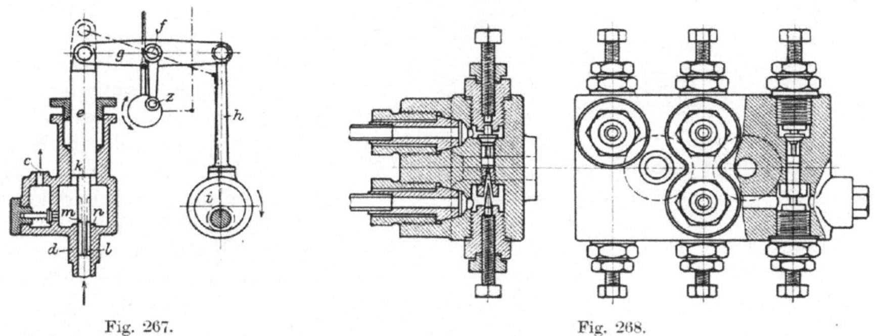

Fig. 267.   Fig. 268.

abhängt. Natürlich könnte man auch die letztere Einwirkung mit der eines veränderlichen Plungerhubes verbinden.

Die Wahl der Pumpengröße hat einen gewissen Einfluß auf die Genauigkeit der Regelung. Je größer der Pumpenraum gewählt wird, desto geringer werden die störenden Einwirkungen etwa wechselnder Undichtheiten und der Luftblasen im Öl, sowie der Ventilwiderstände. Auch wächst damit die Zeit, während welcher das Saugventil der Pumpe angehoben ist, während der also noch eine Einwirkung auf die Fördermenge möglich ist. Da hierbei vornehmlich der Augenblick des Ventilschlusses für das nächste Spiel maßgebend ist, und nur etwa noch die knapp vorausgehende Drosselung der Rückströmung, wird es am günstigsten sein, diesen Zeitpunkt so spät als möglich anzuordnen, also das Saugventil möglichst nahe dem Ende des Druckhubes zu schließen, und diesen selbst knapp vor den Einspritzungsbeginn zu legen, denn im großen und ganzen nähert sich der Regler stetig seiner Endstellung. Daher wäre es auch theoretisch besser, jeden Zylinder mit einer besonderen Ölpumpe zu versehen, die reichlich groß ist und besonders gesteuert wird. Demgegenüber hätte eine gemeinsame Pumpe den Vorteil, daß die Ventile keine so kleinen Abmessungen erhalten, deren Betriebssicherheit also zunimmt. Aber die gleichmäßige Verteilung in die einzelnen Zylinder ist schwierig durchzuführen; jedenfalls erfordern Ausführungen, bei denen für mehrere Zylinder nur eine oder zwei Brennstoffpumpen vorgesehen sind, eine besonders sorgfältige Regelung der für jeden Zylinder erforderlichen Brennstoffmenge. Ein Beispiel eines Ölverteilers bietet Fig. 268. Die vom Verteiler zu den einzelnen Zylindern führenden Rohrleitungen sollen möglichst gleiche Widerstände bieten, zur notwendigen Regelung dienen eingelegte Siebe, deren Durchgangsquerschnitte dem Erfordernis nach geändert werden. Gewöhnlich zieht man besondere Stempel für jeden Zylinder vor und verzichtet oft nur auf die besondere Steuerung. Dann erfolgt die Zuführung und Regelung der Brennstoffmenge für alle Zylinder, die mit demselben Plunger in Verbindung stehen, zu gleicher Zeit; der verschiedenen Ölverteilung in den Brennstoffventilen kann durch entsprechende Wahl der Bohrungen in den Ventilplatten Rechnung getragen werden.

Besonders bei Umsteuerungen sucht man die Einführung von Brennstoff mög-

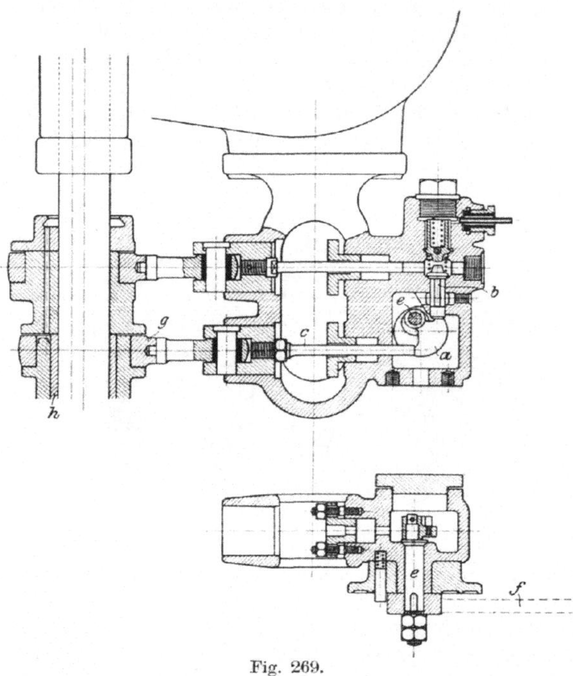

Fig. 269.

lichst knapp vor der Einspritzung zu bewirken, damit bei etwaigem Hängenbleiben des Brennstoffventils keine zu hohen Drücke auftreten; die Verbrennung während der Verdichtung im Zylinder würde wegen der Verkleinerung des Volumens gefährlich sein. Hier ist auch die Möglichkeit einer doppelten Ladung vor und nach dem Umsteuern zu vermeiden. Nach Abstellung der Brennstoffpumpen zum Umsteuern kann noch einmal Einspritzluft gegeben werden, um etwa noch vorhandenen Brennstoff aus der Düse zu entfernen.

Wenn mehrere Brennstoffpumpen vorhanden sind und eine versagt, sucht der Regler durch Vermehrung der Brennstoffzufuhr in den übrigen Zylindern die Drehzahl zu erhalten. Da dabei eine Überlastung derselben eintreten kann, die bei einer einzigen Brennstoffpumpe nicht eintritt, spricht dies zugunsten des letzten Falles.

Beim Antrieb mit zwei Doppelhüben, also von der stehenden Welle aus, werden die Abmessungen der Plunger kleiner und die Gleichheit der Phasen des Einspritzens ist für Mehrzylindermaschinen überhaupt schwer erreichbar, aber durch das zweimalige Abschließen erreicht man wohl den Mittelwert des Brennstoffbedarfes wahrscheinlicher (Fig. 269, 270). Der Einfluß ungenauen Schließens des Saugventils wächst bei größerer Pumpe bedeutend, der Verdrehwinkel der Regelwelle wird unter sonst gleichen Bedingungen kleiner und die Störungen durch toten Gang in den Gelenken des Zustellungsgestänges werden größer, wobei dieses insbesondere bei den letztgenannten Konstruktionen auch noch sehr einfach wird. Hier wird die Steuerung des Saugventils insofern anders bewirkt als bei der früher beschriebenen Bauart, als hier die Phase der Steuerbewegung veränderlich wird, während ihr Weg und ihre Lage gleichbleiben, wodurch natürlich die Fördermenge ebenfalls geändert werden kann. Es wird ein Flachregler verwendet, dessen Vorzüge insbesondere durch die überall achsial liegenden Zapfen erzielt werden, der die Verdrehung des Exzenters für die Steuerstange bewirkt. Die auf der drehbaren Welle e exzentrisch gelagerte Schwinge a vermittelt die Bewegung zwischen dem Saugventil b und der Reglerstange c, die durch das Exzenter g vom Regler aus betätigt werden kann. Der Regler wirkt hier unmittelbar auf die Stellung der drehbaren Büchse h, die dem Exzenter g als Exzenterherz dient. — Bei andern Ausführungen von Sulzer ist das Antriebsherz des Exzenters mit der Pumpenantriebswelle verkeilt, die Einstellung auf veränderliche Füllung erfolgt dann durch Verdrehung der Exzenterwelle e, analog wie in obiger Figur die Verstellung mittels des Handhebels f erfolgt.

Eine der Daimler-Motoren-Gesellschaft patentierte Regelung für Brennstoffpumpen Nr. 243 637[1]) schaltet in das Steuergestänge des Saugventils einen Knickhebel, dessen verschiedene Stellungen, vom Regler beeinflußt, die Schlußzeit des Saugventils verstellen.

Man kann auch die Phase des Plungers statt der des Saugventils ändern, aber man bekommt damit einen größeren Rückdruck auf den Regler.

Beim Antrieb der Brennstoffpumpen von der stehenden Welle werden die Pumpen in einem Gehäuse vereinigt mit Rücksicht auf die dadurch bewirkte Vereinfachung (Fig. 271). Das geschieht wohl auch beim Antrieb von der liegenden Welle (Fig. 272). Die Pumpen werden hier aber oft auch gesondert aufgestellt (Fig. 273), was aber auch eine entsprechende Reglerwelle erforderlich macht.

Wenn die Phase der Saugventilsteuerung mit der des Plungers übereinstimmt, wird bei sehr kleinen Belastungen oder bei voller Entlastung die Geschwindigkeit des Ventilschlusses sehr gering und das Saugventil bleibt undicht, außerdem wird während der verhältnismäßig langen Drosselungszeit ein Rückdruck auf den Regler ausgeübt. Deshalb wird manchmal das Saugventil von einem besonderen Steuerexzenter oder Kurbelzapfen betätigt, das in Fig. 274 um

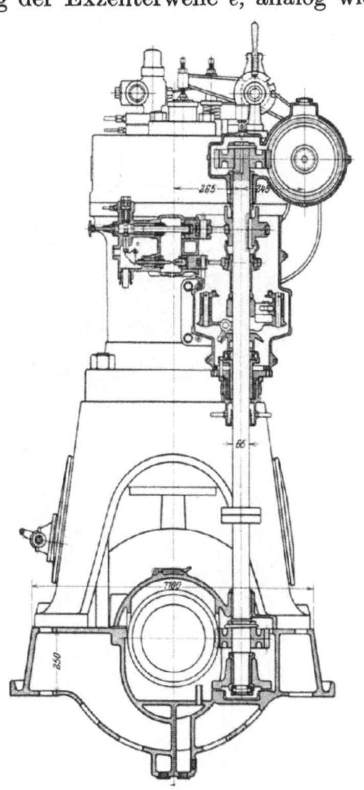

Fig. 270a.

45° dem Plunger nacheilt; der wirksame Nacheilungswinkel beträgt indessen nur 35°. In der Figur sind eine mittlere und eine am Ende der Steuerwelle angetriebene Pumpe dargestellt, diese mit Kurbelzapfen statt des Exzenters zum Antrieb des Saugventils. Fig. 275 zeigt das Schema des Antriebs und den Zusammenbau am Steuerkonsol. Die Einstellung geschieht bei höchster Reglerstellung und tiefstem Stand des Plungers, wobei noch zwischen Steueranschlag und Saugventil ein Spiel von 1,1 mm gelassen wird, so daß das Ventil sicher noch schließt. Dabei ist die kleinste Belastung im Leerlauf mit ein Zehntel der normalen, die größte mit fünf Viertel derselben angenommen, wobei der Preßhub zwischen $2^{1}/_{2}$ und 35 v. H. des Plungerhubes schwankt. Um die Brennstoffzufuhr mit der Hand rasch abändern zu können, ohne merklich auf das Reglerpendel einzuwirken, ist die Regelstange

---

[1]) Siehe Z. d. V. d. I. 1913, S. 599.

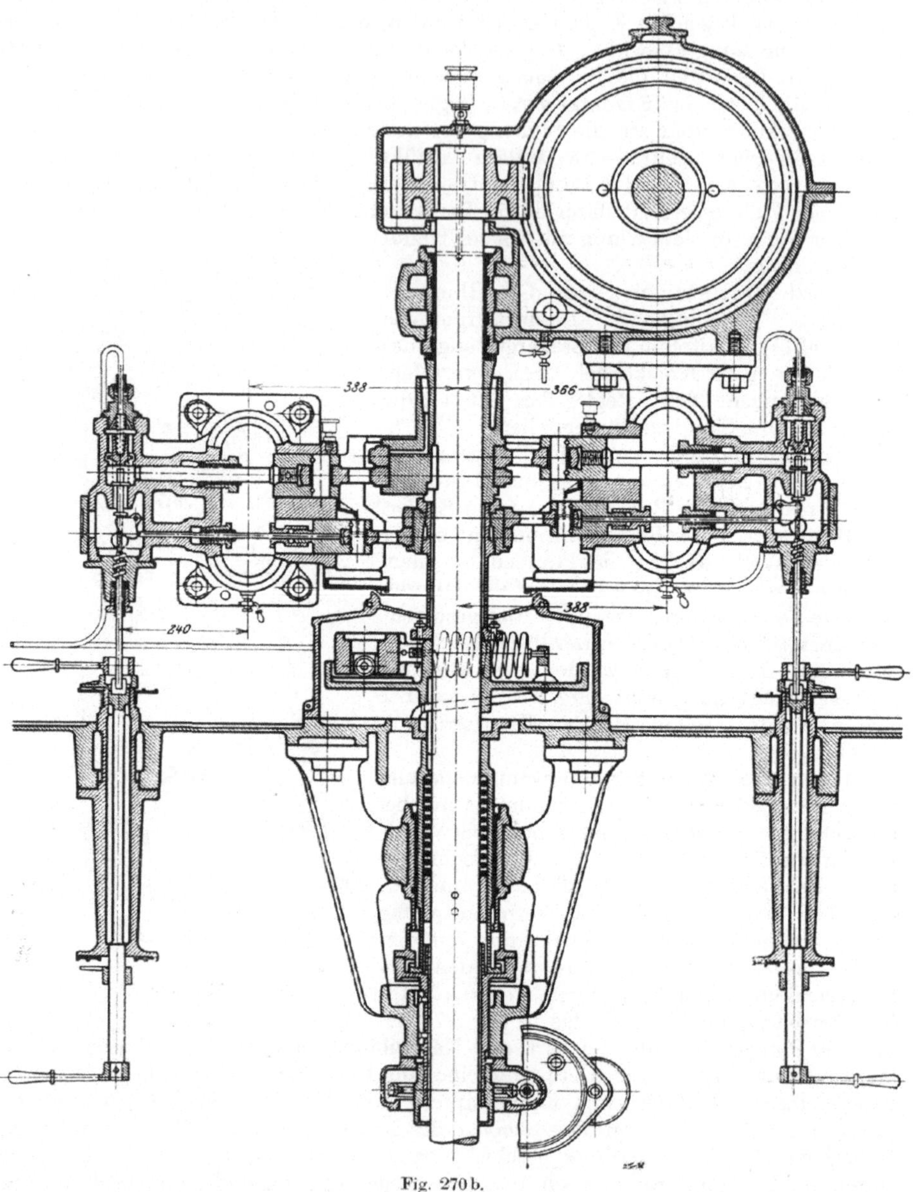

Fig. 270 b.

zu verlängern oder zu verkürzen, was in Fig. 275 durch eine eingeschaltete Feder erzielt wird. Eine andere Regelanordnung zeigt Fig. 277, wo auch die Einwirkung der Handregelung deutlich ersichtlich ist. Die Zugstange hierfür kann verdreht und dadurch festgehalten werden. Auch hier ist eine Einzelabstellung vorgesehen, so daß jede Pumpe einer Mehrzylindermaschine für sich auszuschalten oder auch mittels eines Handgriffes zu regeln ist.

Fig. 276 zeigt die einfache Verlängerung und Verkürzung der Regelstange vom Regler durch Verdrehung eines im Teilungszapfen angebrachten Exzenters. Die Abstellung geschieht hier durch eine besondere, von unten her auf das Saugventil einwirkende Stange.

Bei den Ausführungen von Riedinger ist statt der Längsverstellung der Regelstange eine vom Regler betätigte Auslösevorrichtung vorgesehen[1]).

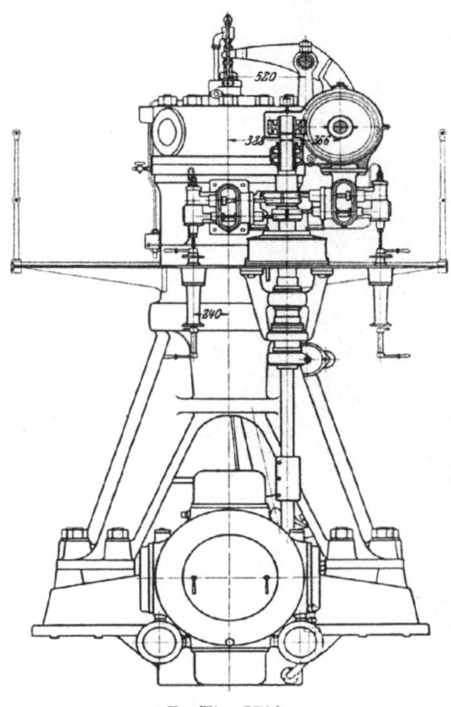

Zu Fig. 270b.

Fig. 278 zeigt eine Ausführung einer gemeinschaftlichen Pumpe für 3 Zylinder, bei der zwei Plunger gemeinsam und ein dritter vom zweiten Arm eines Hebels angetrieben werden. Der eine der gemeinschaftlich angetriebenen Plunger steht im unteren Totpunkt, wenn der zugehörige Plunger auch im Totpunkt steht, und zwar am Ende der Ansaugeperiode. Die Maschinenkurbeln stehen unter 120°, ein Zylinder erhält daher gegen Ende der Verdichtung, der dritte nach Beginn des Ansaugens den Brennstoff. Grundsätzlich gleich arbeiten auch die Brennstoffpumpen Fig. 279 und 280, letztere mit liegenden Plungern und Antrieb von der Reglerwelle. Die Einstellung ist hier derart getroffen, daß für einen Zylinder der Druckhub etwas vor Öffnen des Brennstoffventils beendet ist. Da die Kurbeln wieder unter 120° gegeneinanderstehen, ergibt sich hieraus unmittelbar auch die Druckzeit für die anderen Zylinder.

Die Abstellung einzelner Pumpen geschieht hier durch Öffnen eines Umlaufventils, die Steuerung des Saugventils durch eine Drehwelle statt der von oben eingeführten Stangen, wodurch die Abdichtung derselben ohne wesentliche Reglerwiderstände ermöglicht wird. In diesem Falle kann auch von der Anordnung eines Schwimmers abgesehen werden, wenn der Einfluß des Ölstands im Brennstoffgefäß vernachlässigt werden darf. Die Feineinstellung der Steuerung mittels flachen Keils ist aus Fig. 281 ersichtlich, aus Fig. 280 die Anordnung der Regelungshebel, die derart getroffen ist, daß man unabhängig vom Regler auch von Hand aus jeder Belastung genügen kann. Hierzu dient die zweiteilige Knickstange zwischen dem Regulierlenker und dem Steuerhebel.

Die Handpumpe schließt selbsttätig durch ein Ventil am Ende des Plungers ab, so daß dieser keine Stopfbüchse benötigt. Diese Handpumpen (z. B. Fig. 282), werden stets angeordnet, um beim Anlassen die Ölzuleitung sicher zu füllen, was an Probierventilen an den Brennstoffverteilern festzustellen ist, oder auch, um bei etwaigen plötzlichen Belastungen nachzuhelfen. Das Aufpumpen kann natürlich nur bei tiefer Reglerstellung und bei gewissen Kurbelstellungen geschehen, wenn nämlich die Saugventile nicht durch die Steuerung geöffnet sind und auch nicht, wenn das Brennstoffventil offen ist, was aber im Stillstand nie vorkommt, da dann alle Ventilfedern möglichst entlastet sein sollen. Damit bei Beginn des Einspritzens

---

[1]) Siehe Z. d. V. d. I. 1906, S. 1789.

Fig. 271.

Fig. 272.

Fig. 273.

im Zylinder nicht zu große Drücke auftreten, darf nicht allzu viel Brennstoff mit der Hand in die Brennstoffventile eingeführt werden.

Manchmal werden auch Einrichtungen getroffen, um mit der Hand den Ölzufluß zeitweise zu verhindern. Durch gleichzeitiges Anheben der Pumpensaug- und Druckventile kann die Nachfüllung der Pumpe auch unmittelbar vom Ölgefäß aus erfolgen, wenn kein Schwimmer vorhanden und das Brennstoffgefäß hoch genug angebracht ist. Man hat auch sonst die Handpumpe manchmal weggelassen und die Prüfschraube nur in der Nähe des Brennstoffventils angeordnet. Die Handpumpe

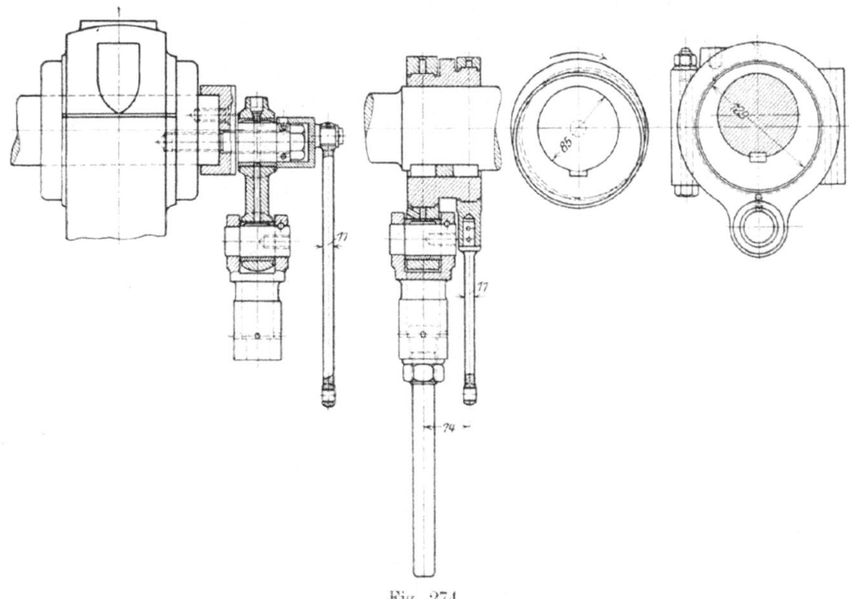

Fig. 274.

372
447
99
10
265
15
55
10
42
100
30
44
R 11
Regulierungshub = 10mm
R 4,5
Expansion
Kompression
Spätz.
D0
δ
Mittelstellung
2,5 %
35 %
Regulier.
P
Ansaugen
Auspuff
Pumpenhub = 24 mm

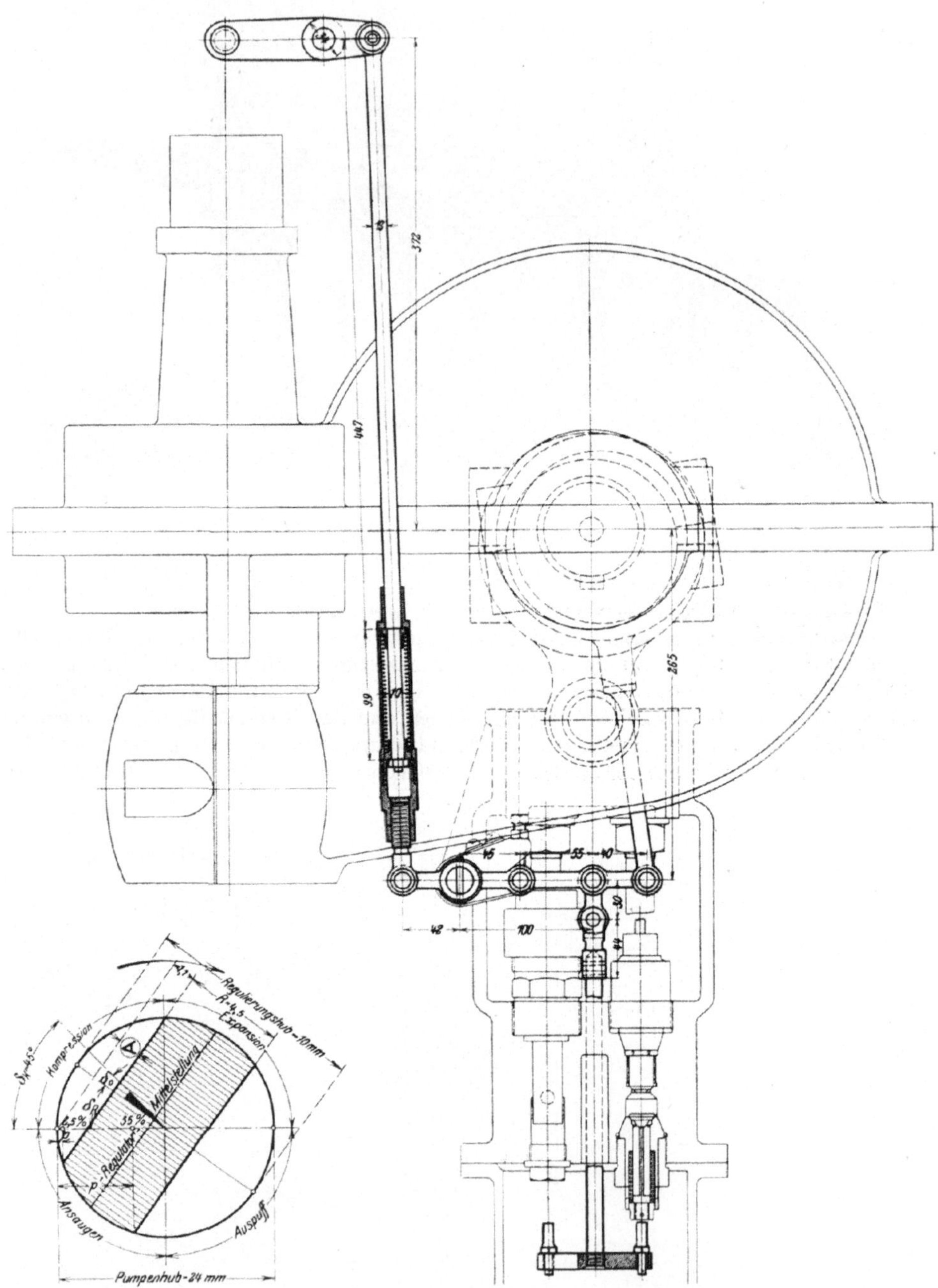

Fig. 275.

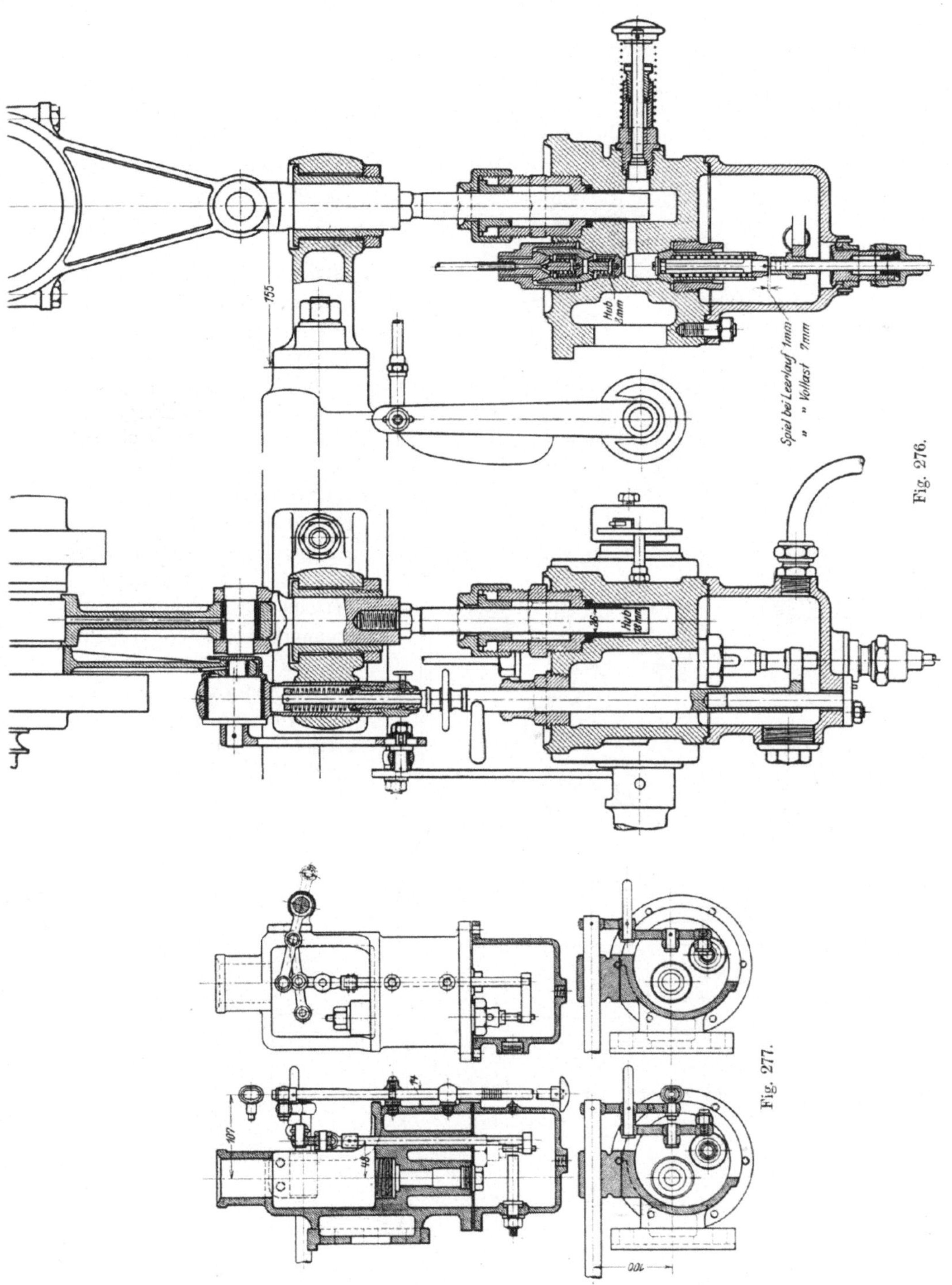

Fig. 276.

Fig. 277.

hat aber doch den Vorteil, daß man vor dem Anlassen eine größere Ölmenge im Ölbehälter des Brennstoffventils ansammeln und auch das richtige Spiel der Pumpenventile vor dem Anlassen prüfen kann. Man ist dann auch sicher, daß die Drucköleitung vor dem Umschalten auf Brennstoff schon ganz mit diesem erfüllt ist und man darauf nicht erst zu warten braucht.

Statt der von unten her auf das Saugventil wirkenden Steuerstangen können auch hängende Saugventile mit Betätigung von oben angewendet werden (Fig. 283). Hier wird jeder Plunger für sich mittels Exzenterscheibe und Rolle angetrieben, so daß der Druckhub für jeden Zylinder an die gleiche Zeitstelle gelangt. Die Regelung wird durch eine exzentrisch gelagerte Welle erzielt, die den Zwischenlenker verschiebt. Besonders beachtenswert ist bei dieser Ausführung auch die Abstellung der Pumpen durch eine Kupplung für die gesondert angetriebene Pumpenwelle, die durch Verdrehen der steilgängigen Mutter w ein- oder

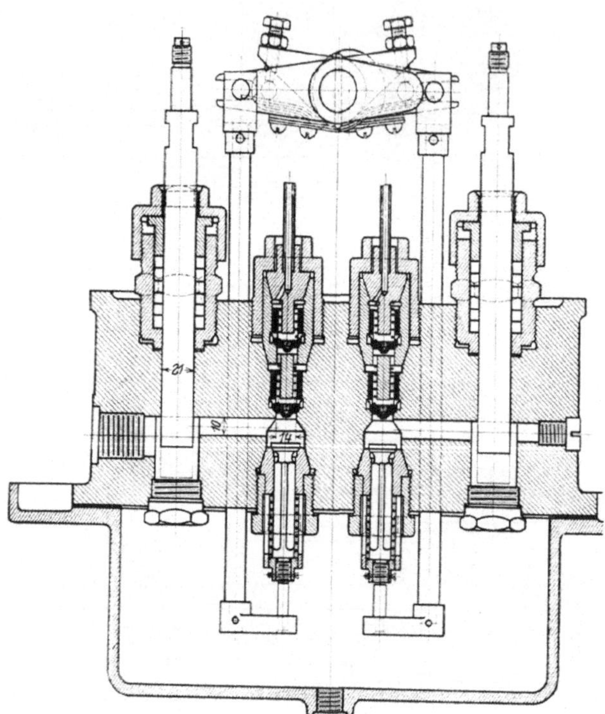

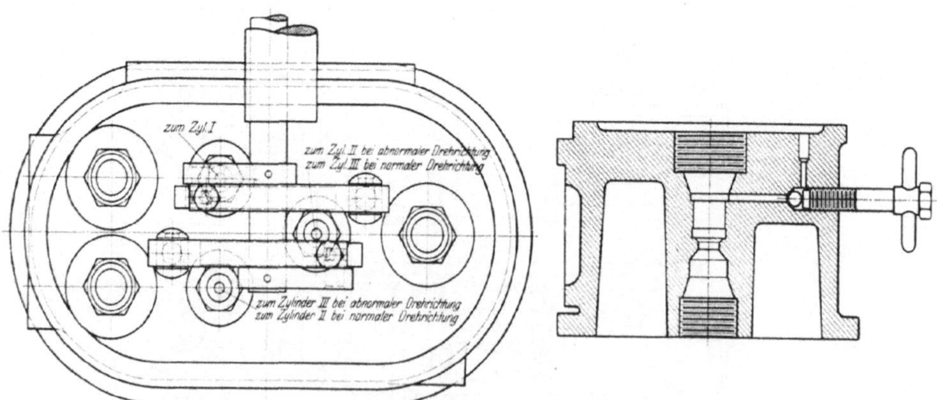

Fig. 278.

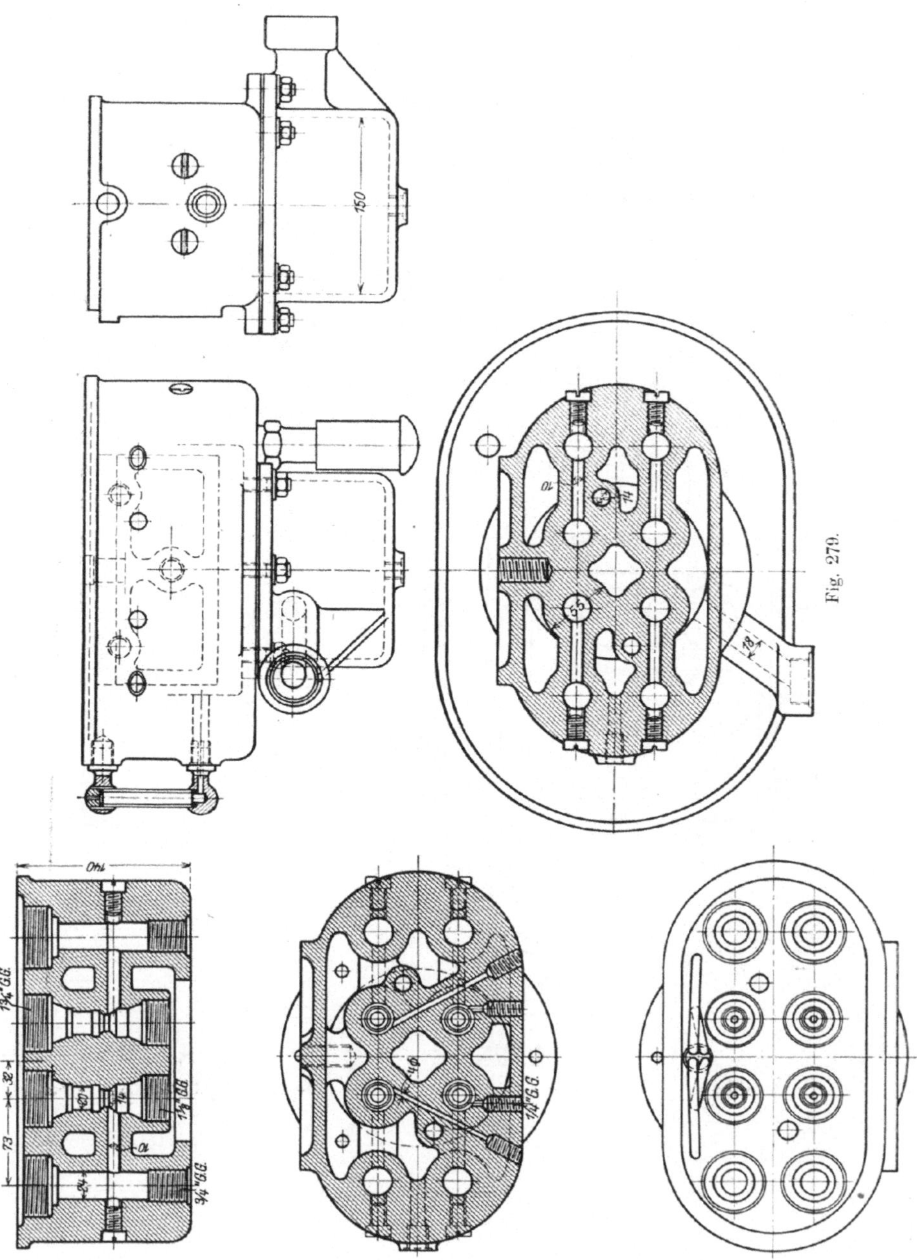

Fig. 279.

mit Ablaufvorrichtungen angebracht, vorteilhaft sind auch Ablaßventile zur zeit-
weisen Reinigung.

Wie aus den bereits besprochenen Beispielen ersichtlich ist, ist die rasche Abstellung der Pumpen erwünscht. Nach Fig. 286 kann hierzu eine zweiteilige Zugstange dienen, die im Betriebe durch einen Bolzen in ihrer Länge bestimmt ist,

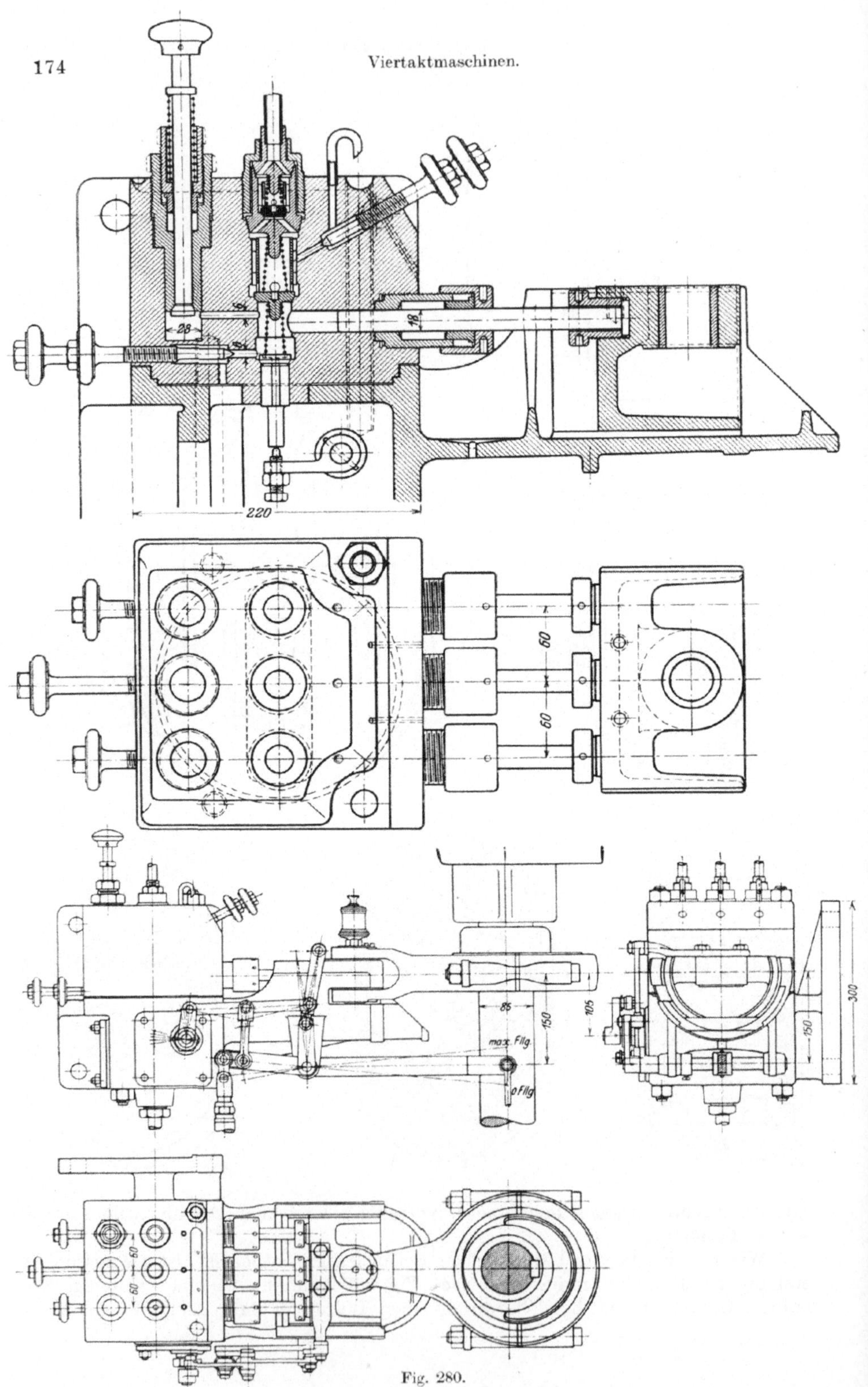

Fig. 280.

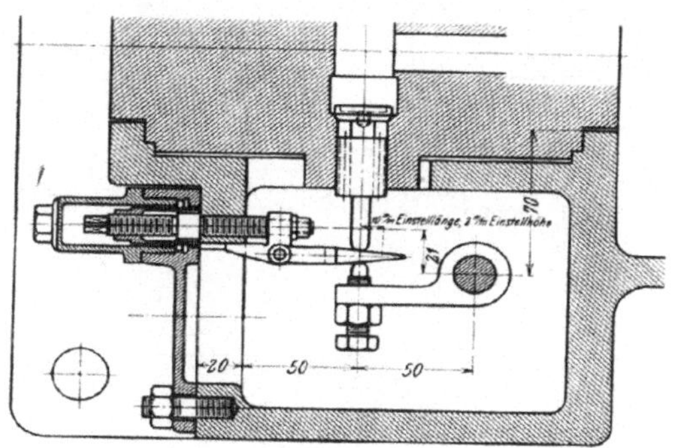

Fig. 281.

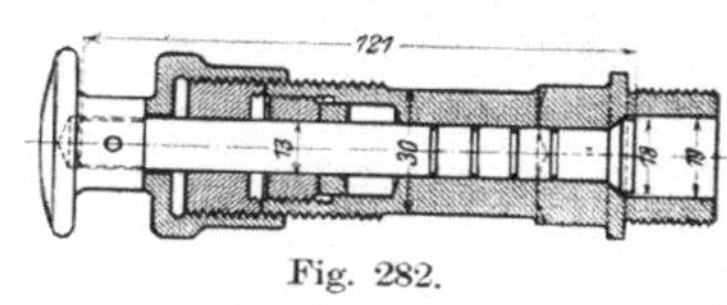

Fig. 282.

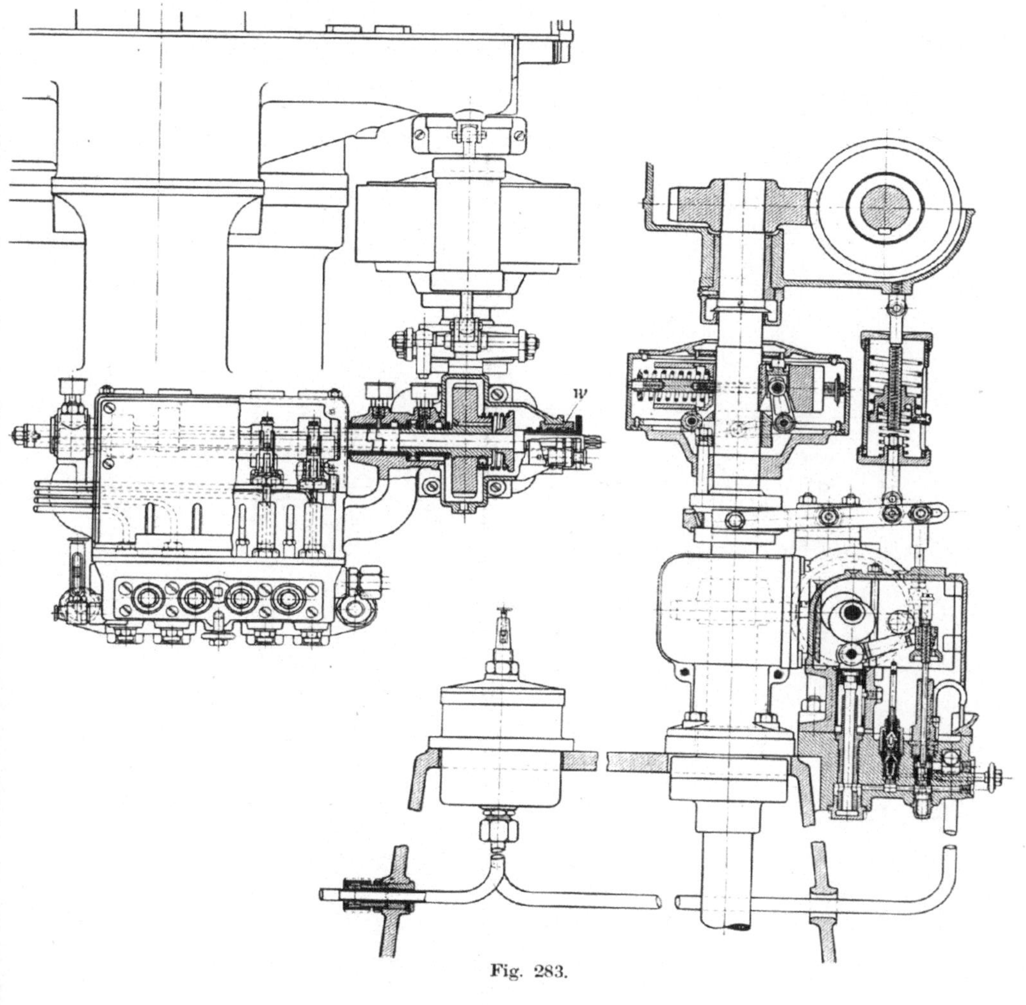

Fig. 283.

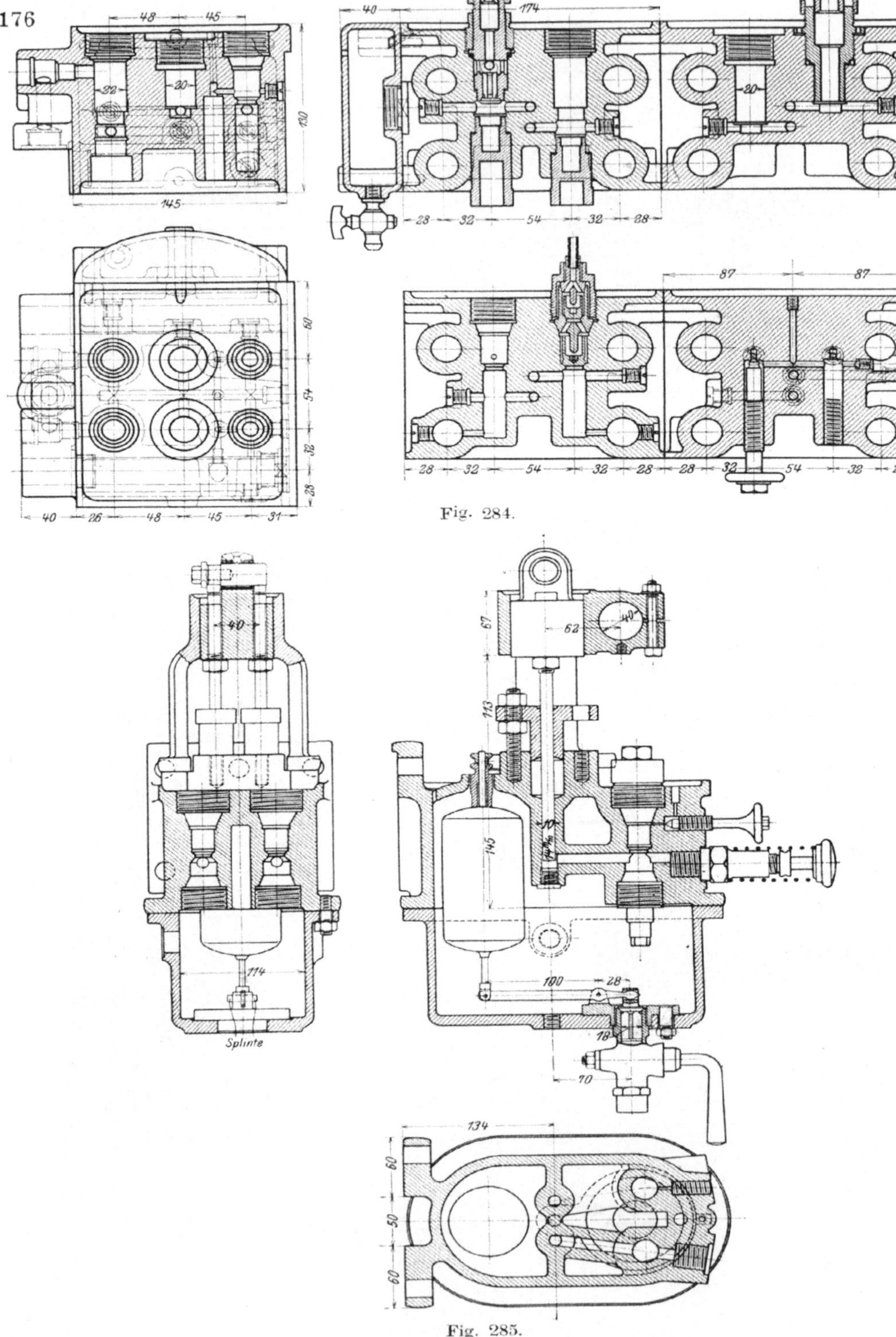

Fig. 284.

Fig. 285.

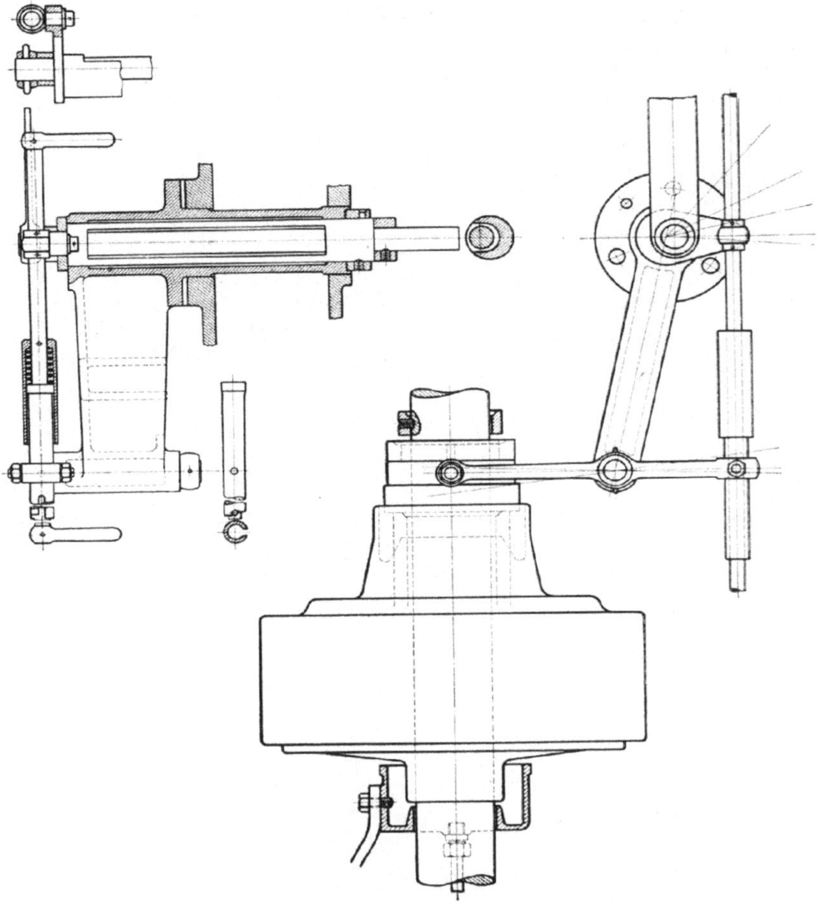

Fig. 286.

durch Verdrehen aber den Bolzen frei in einem Schlitz bewegen läßt, wodurch sich die Stangenlänge bis zur Entspannung einer zwischengelegten Feder vergrößert.

Wenn mit Teeröl gearbeitet werden soll und zur Zündung ein besonderer Brennstoff verwendet wird, benützt man hierfür eine eigene kleine Pumpe, die gewöhnlich wegen des ohnehin geringen und verhältnismäßig mit der Verminderung der Belastung wachsenden Verbrauches an Zündöl nur mit der Hand eingestellt wird. Die Größe der Zündölpumpe wird etwa so bemessen, daß sie rund

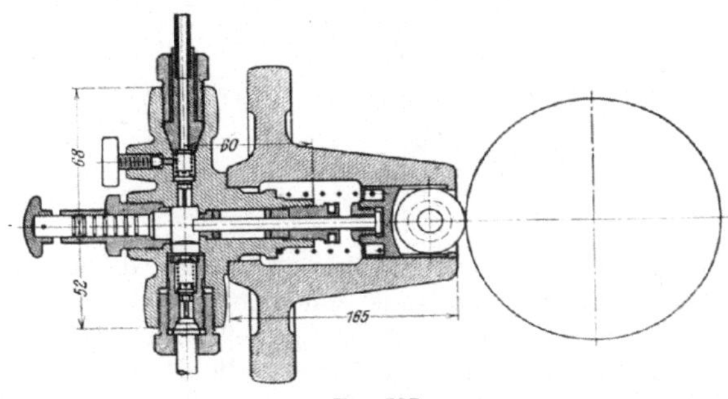

Fig. 287.

1 kg Zündöl für 100 PS in der Stunde fördert. Es gibt aber auch Ausführungen, die die Zündölzufuhr ähnlich wie die des Teeröls selbsttätig regeln.

Fig. 285 zeigt eine Teerölpumpe mit Regelung, Fig. 275 und 287 eine Zündölpumpe für eine liegende Maschine, deren Brennstoffpumpe in Fig. 288 dargestellt

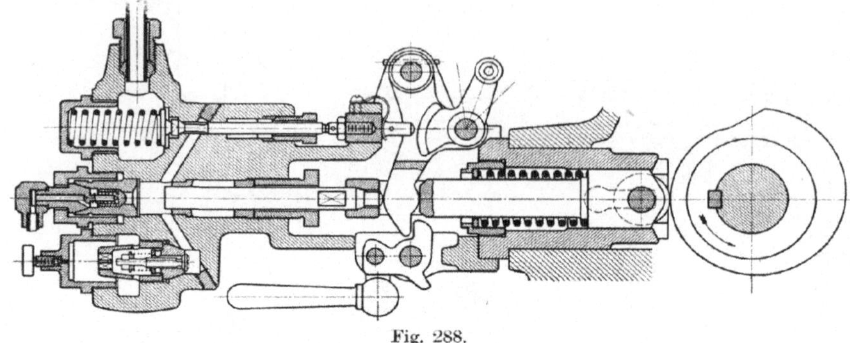

Fig. 288.

ist. Die Regelung wird durch ein besonderes Regelventil bewirkt, das eigentliche Saugventil ist freigehend. Der Antrieb des Plungers wird durch unrunde Scheibe und Rolle bewirkt, die Betätigung des Regelventils durch einen vom Regler ver-

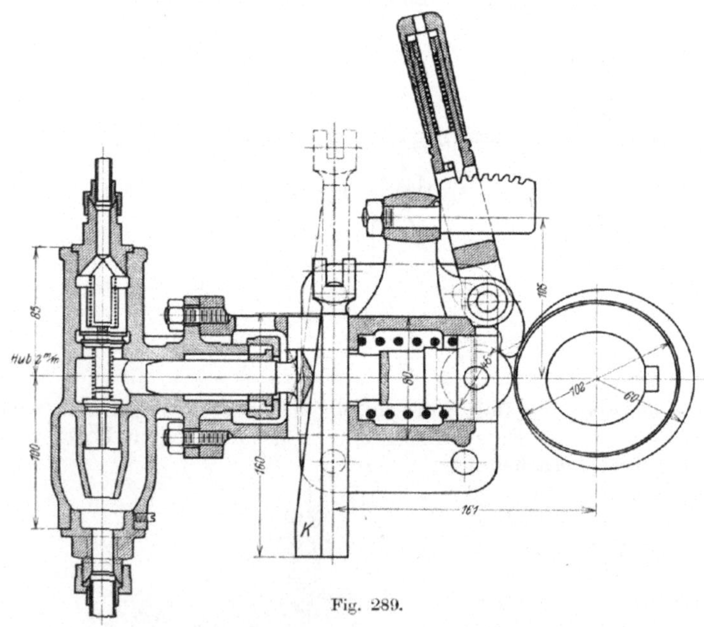

Fig. 289.

änderlichen Anschlag. Zum Abstellen dient einfaches Anheben des Plungers, so daß Daumen und Rolle sich nicht mehr berühren.

Bei der Konstruktion Fig. 289 wird der Pumpenplunger auch mit exzentrischer Scheibe und Rolle angetrieben, die Regelung erfolgt aber dadurch, daß mit Hilfe des Keiles K nur ein Teil des Daumens für den Plungerhub ausgenützt und dieser damit veränderlich gemacht wird; ein Handhebel dient gleichfalls zur teilweisen oder vollen Ausschaltung der Plungerbewegung, sowie auch zur Verwendung des Plungers als Handpumpe. Fig. 290 zeigt die Anordnung solcher Pumpen für Teer- und Zündölbetrieb, wobei auch das Zündöl in gleicher Weise geregelt wird. Zum Anlassen wird durch Einstellung eines Dreiwegehahnes nur Paraffinöl von beiden Pumpen gefördert.

Ähnlich wirkt auch die Ölpumpe Fig. 291, bei der die Regelung des Plungerhubes durch einen Flachregler mit Doppelexzenter erfolgt (Fig. 292). Fig. 293 endlich läßt die Anordnung für drei Zylinder ersehen, bzw. für einen doppelt und einen einfach wirkenden Zylinder, wobei die Lage der Füllungszeit für alle drei Zylinder dieselbe bleibt. Den gleichen Zweck verfolgt Fig. 294 für vier Zylinder.

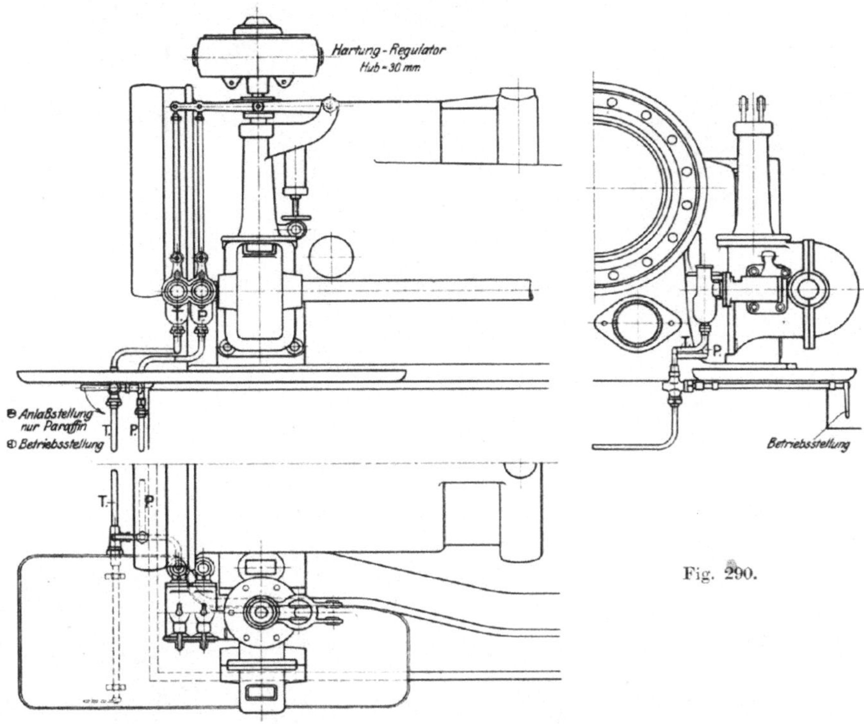

Fig. 290.

In Fig. 200 ist die Regelung des Plungerhubes durch axiale Verschiebung des Steuernockens bewirkt, in Fig. 143 dadurch, daß der Plunger durch einen vom Regler verstellbaren Anschlag in seiner Aufwärtsbewegung gehindert wird. Diese wird durch eine Feder bewirkt, die die Stopfbüchsenreibung überwinden muß, der Überschuß der Federkraft kommt als Rückdruck auf den Regler zur Wirkung, dieser hängt also von der Stopfbüchsenreibung ab. Ähnlich wirkt auch der Regler bei Fig. 295 ein. Natürlich kann man auch die Änderung einer zwischen Antrieb und Plunger eingeschalteten Hebelübersetzung zur Regelung heranziehen.

Die Regelung durch Änderung der Pumpenverdrängung ist wohl nur bei offenen Düsen mit geringem Förderdruck anwendbar, wo Luftblasen und Undichtheiten keine so merkliche Beeinflussung bilden und auch der Steuerrückdruck durch den Kolben verhältnismäßig gering ausfällt.

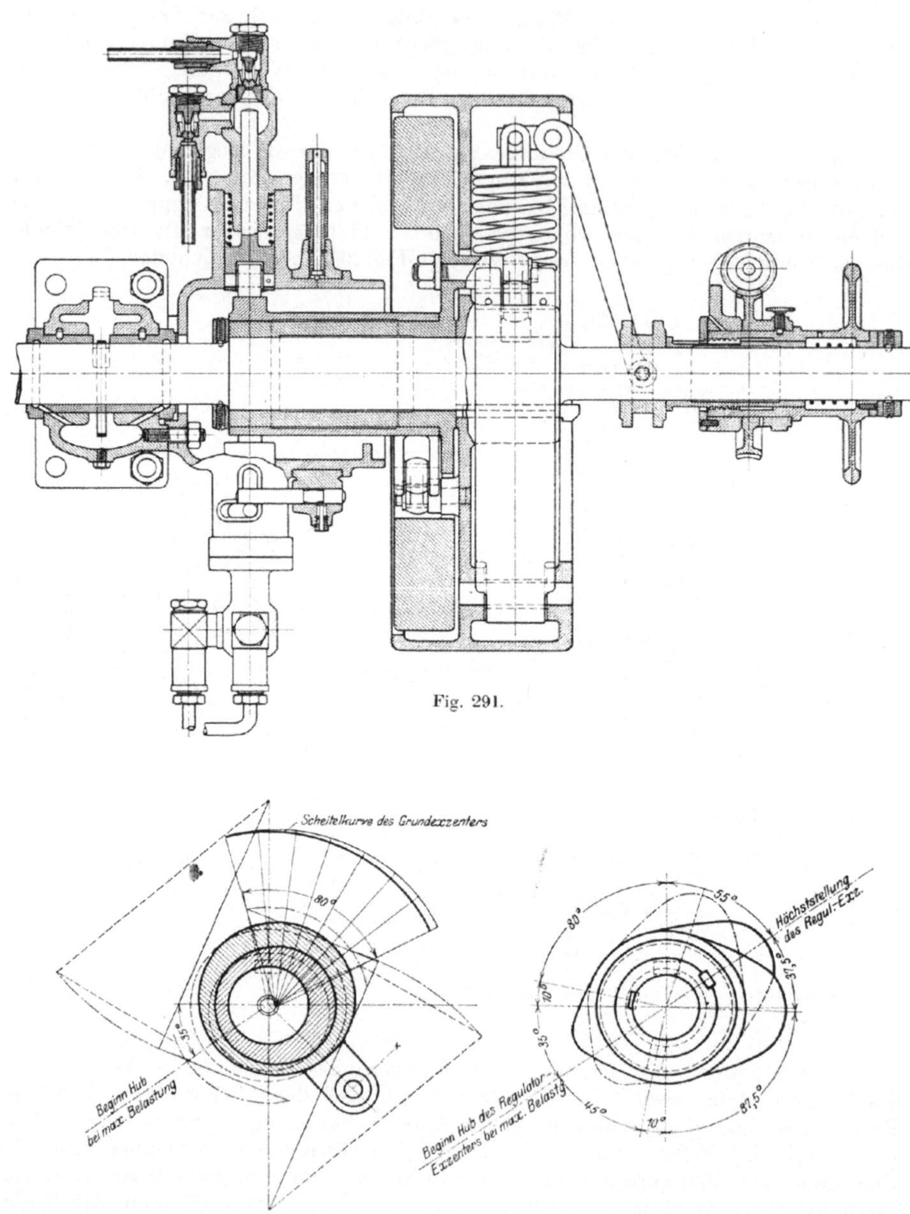

Fig. 292.

Wenn die Belastung des Motors und damit die Brennstoffzufuhr abnimmt, wird natürlich bei gleichbleibender Öffnung des Brennstoffventils der Widerstand für die Einblaseluft kleiner, es wird demnach unnötig viel Luft zugeführt, und die Wände des Verteilers zu weit von anhaftendem Öl befreit, so daß sich für die

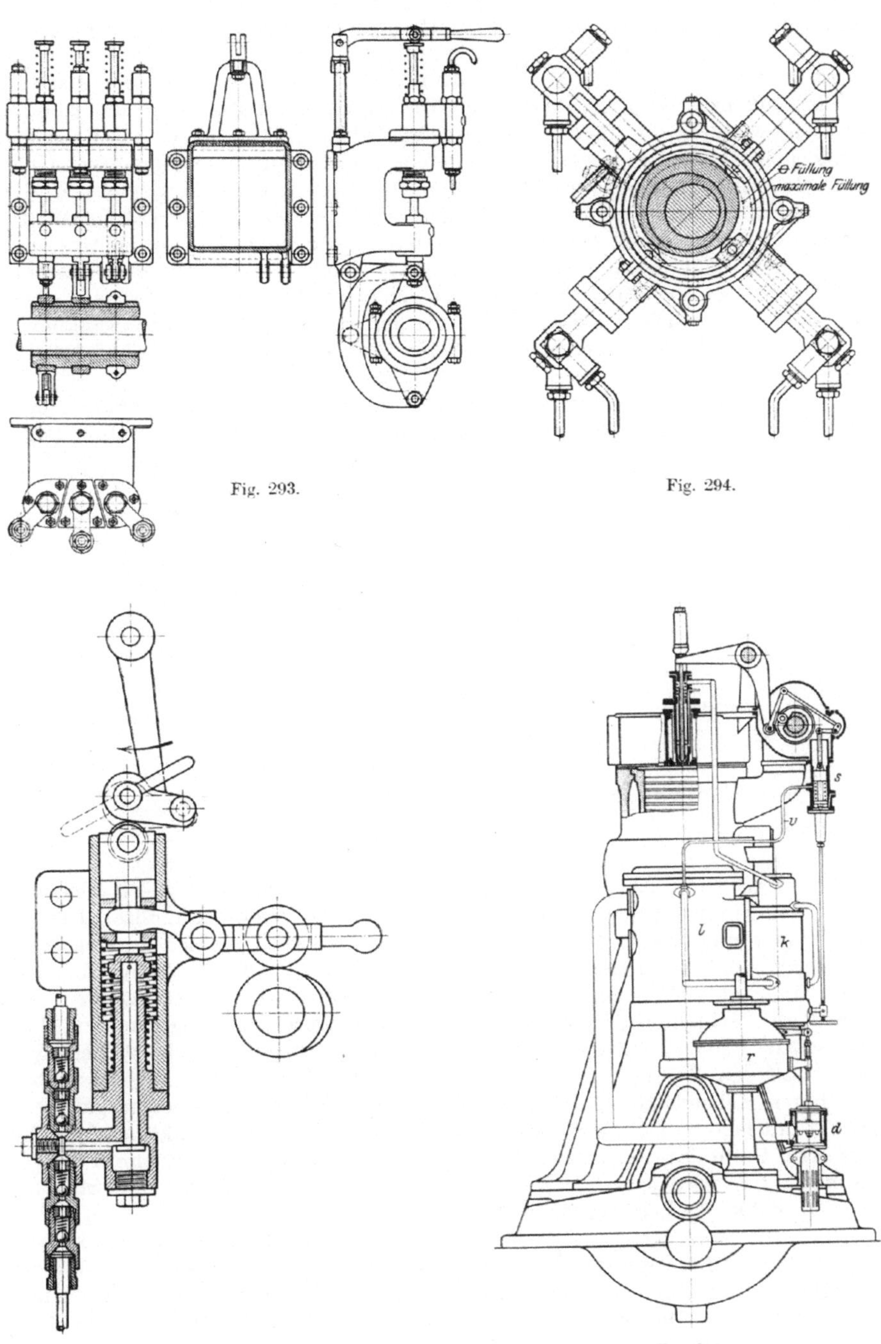

Fig. 293.

Fig. 294.

Fig. 295.

Fig. 296.

nächste Einströmung kein Zündtropfen bilden kann[1]). Auch wird durch die starke Ausdehnung der zu großen Einblaseluftmenge die Kühlung des eintretenden Öls stärker. Wie man die Bildung eines Zündtropfens sichern kann, ist bereits ausgeführt worden; der Mangel der zu großen Luftmenge dagegen wird gewöhnlich dadurch beseitigt, daß man bei länger dauernder Entlastung die Luftzufuhr zum Kompressor drosselt, wodurch der Druck im Luftgefäß bald abnimmt. Man hat diese Einwirkung auch selbsttätig gemacht, indem vom Regler aus unmittelbar auf ein Luftdrosselventil eingewirkt wird (Fig. 296). Hier wird, um die Verzögerung in der Änderung des Einblasedrucks auszugleichen, auch gleichzeitig die Öffnungsdauer des Brennstoffventils durch den Druck im ersten Aufnehmer des Verdichters geregelt; wie in der Figur deutlich zu ersehen ist, geschieht dies durch den Hilfsmotor S. Die Diagramme Fig. 297 zeigen, wie gut sich diese Regelung bewährt, sie beherrscht die größten plötzlichen Belastungsänderungen mit ganz kleinen Schwankungen der Drehzahl, wird daher bei allen größeren Ausführungen von Gebrüder Sulzer verwendet.

Anderwärts ist auch versucht worden, neben der Ölpumpe nur die Bewegung des Brennstoffventils allein vom Regler zu beeinflussen, die Luftzufuhr zum Ver-

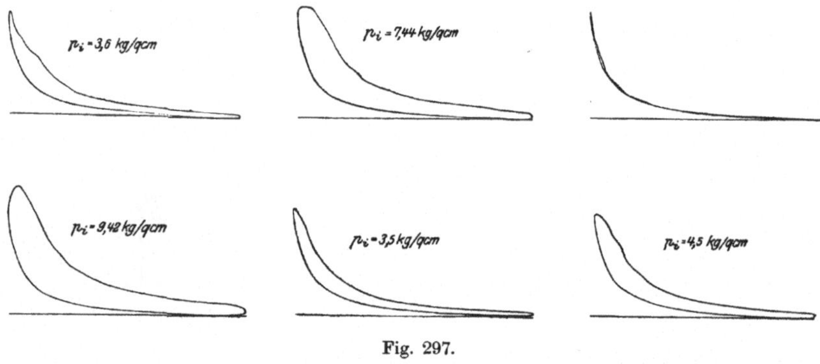

Fig. 297.

dichter jedoch nur von Hand zu regeln, man kann diese nicht gleich belassen, weil sonst der Einblasedruck im verkehrten Sinne stark wechseln müßte. Dabei kann die Einwirkung des Reglers auf das Brennstoffventil verschieden erfolgen; es ist auch gelungen, die Steuerung so auszubilden, daß bei jeder Belastung die Ölmenge und die Einblaseluftmenge in jenes richtige Verhältnis gesetzt werden, welches rauchlose Verbrennung und insbesondere aussetzerlosen Gang auch im Leerlauf ermöglicht. Bei Fig. 296 ist die Rolle an einer rotierenden Scheibe befestigt und wirkt auf den Brennstoffhebel unter Vermittlung einer vom Krafteinschalter verstellbaren Hebelplatte. Dabei kann die Öffnung des Ventils stets im gleichen Zeitpunkt geschehen. Die hier dargestellte Maschine ist eine Zweitaktmaschine, bei der die erste Stufe des dreistufigen Verdichters aus dem Spülluftaufnehmer saugt. Die Konstruktion wird jedoch in grundsätzlich gleicher Weise auch bei Viertaktmaschinen über 500 PS Leistung angewendet.

Einzelheiten der Ventile sind aus den verschiedenen Beispielen zu ersehen, ebenso deren Abmessungen. Es ist bei der Konstruktion besonders auf gute Zugänglichkeit zu sehen, da die Ventile leicht hängen bleiben und dann nachgesehen werden müssen. Die Betriebsvorschriften empfehlen, die Ventile alle 2 bis 3 Monate

---

[1]) Vgl. Nägel, Z. d. V. d. I. 1911.

herauszunehmen, und wenn nötig, neu einzuschleifen, wobei auch das Innere des Pumpengehäuses gründlich gereinigt werden soll. Die Dichtung der Plunger wird meist mit Asbest ausgeführt, der mit Talg bestrichen und mit Graphitpulver bestreut wird; auch mit Öl eingefettete Excelsiorschnur wird für die Packungsringe empfohlen, wobei die Schnittfugen der einzelnen Ringe gegeneinander zu versetzen sind.

Als Regler werden verschiedene der gebräuchlichen Bauarten verwendet, aber auch selbständige Konstruktionen, wie z. B. in Fig. 283 oder 298. Flachregler sind in Fig. 269, 270, 291 verwendet. Wo es mit Rücksicht auf den Betrieb nötig erscheint, wie zum Parallelschalten von Wechsel- oder Drehstromgeneratoren oder zum Laden von Akkumulatoren usw. werden Tourenverstellvorrichtungen meist in Form von Federwagen angewendet, z. B. Fig. 270. Bei stehenden Maschinen sitzen die Regler meist auf der noch rascher gehenden, stehenden Steuerwelle, und zwar oben am Ende derselben oder unterhalb des Antriebes für die liegende Steuerwelle. Manchmal wird auch eine besondere stehende Reglerwelle angeordnet.

Bei liegenden Maschinen werden stehende Pendelregler entweder durch Kegelräder oder durch Schraubenräder angetrieben, oder es werden auf der liegenden Steuerwelle selbst Achsenregler benützt, was freilich wegen der geringen Drehzahl derselben an sich nicht gerade sehr vorteilhaft ist.

Bei Schnelläufern sowie bei Anwendung von besonderem Zündöl werden gewöhnlich Sicherheitsregler angebracht, die bei Überschreitung der Drehzahl um etwa 10 v. H. die Brennstoffzufuhr gänzlich abstellen.

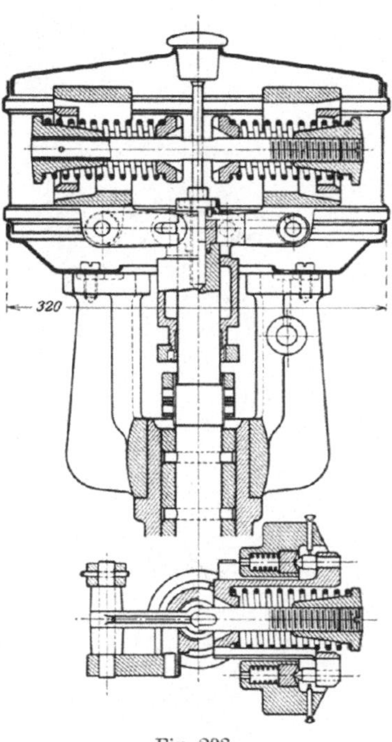

Fig. 298.

XIII. Der Kompressor.

Zur Zerstäubung des Brennstoffes, der in einer der Belastung entsprechenden Menge in die Düse gefördert wurde, benützt man beim Dieselverfahren auf 50 bis 70 at gepreßte reine Luft, nachdem man von der Entnahme verdichteten Gemisches aus dem Arbeitszylinder mit Rücksicht auf Verschmutzung des Verdichters und der Rohrleitungen abgekommen ist. Zur Herstellung dieser hochgespannten Luft dient ein Verdichter, dessen Lage, Antrieb und Konstruktion ziemlich verschieden sind. Zumeist werden zweistufige einfach wirkende Verdichter mit Stufenkolben angewendet.

Für Einzylindermaschinen benützt man vielfach die Anordnung des Kompressors auf dem Rücken des Gestells, und zwar auf der Steuerseite, oder auch auf der ihr entgegengesetzten Seite, indem man die Plunger mit doppelarmigem Hebel und Zugstangen vom Arbeitskolben aus antreibt; diese Anordnung gestattet die Herausnahme des Verdichterkolbens nach unten (Fig. 1, 35 u. a.).

Die gleiche Lage wird auch für Mehrzylindermaschinen angewendet (Fig. 4, 299), wobei zwar vollständige Gleichheit der Teile und eine gute Reserve bei Versagen eines Kompressors erzielt wird, aber große Herstellungskosten und umständliche Regelung der Luftmenge, größerer Arbeitsverbrauch der Verdichter, große

Anzahl von Druckluftventilen, verwickelte Rohrleitungen entstehen. Deshalb und wegen des viel besseren Antriebes werden für diese Fälle meist nur ein oder zwei Kompressoren verwendet, die am Ende der Hauptwelle von einer Stirnkurbel bewegt werden; diese ist oft mit Rücksicht auf den Massenausgleich, auch zwecks Erleichterung des Anlassens der Maschine gegen die nächstliegende Hauptkurbel

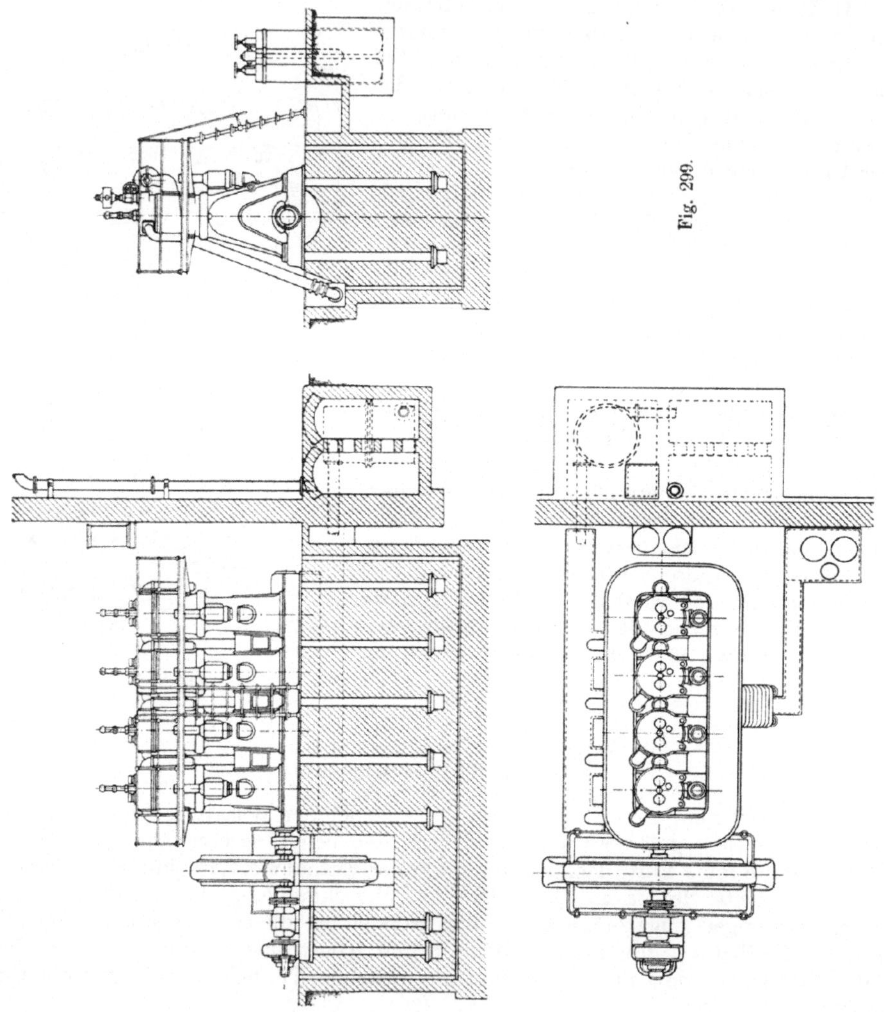

um 90° oder 180° versetzt; aber auch auf dem Gestellrücken können ein oder zwei gesonderte Kompressoren, die für alle Zylinder ausreichen, angeordnet sein (Fig. 31, 271), manchmal auch die zwei Stufen getrennt (z. B. Bauart L. Nobel, Petersburg). Die gemeinsamen Luftpumpen am Ende der Hauptwelle werden entweder stehend oder liegend aufgestellt und mit Kurbeltrieb oder Vermittlung eines Zwischenhebels angetrieben. Die Fig. 18, 300, 301, 302 zeigen den unmittelbaren Antrieb bei stehenden, Fig. 17, 250, 273 bei liegender Anordnung des Kompressors, Fig. 304 und 305 einen Antrieb mit Zwischenhebel. Stehende Verdichter mit oben angeordneten

Zylindern sind mit Rücksicht auf das sonst störende Hineinschleudern von Schmieröl in die Plungerbohrungen vorzuziehen.

In diesem Falle erhält der Kompressor ein besonderes Gestell auf der gemeinsamen Grundplatte (Fig. 10, 18), oder dieses ist am Kasten der Maschine angegossen (Fig. 300, 301), oder der Kompressor steht ganz frei (Fig. 306). Fig. 307 zeigt den Kompressor als Konsol am Gestell angeschraubt und mit einer Säule abgestützt. Manchmal wird der Kompressor überhaupt ganz gesondert aufgestellt und durch Elektromotor (Fig. 308) oder mit Riemen angetrieben (Fig. 309). Diese Ausführung wird besonders in Amerika und auf Schiffen verwendet. Ihre Vorteile bestehen darin, daß

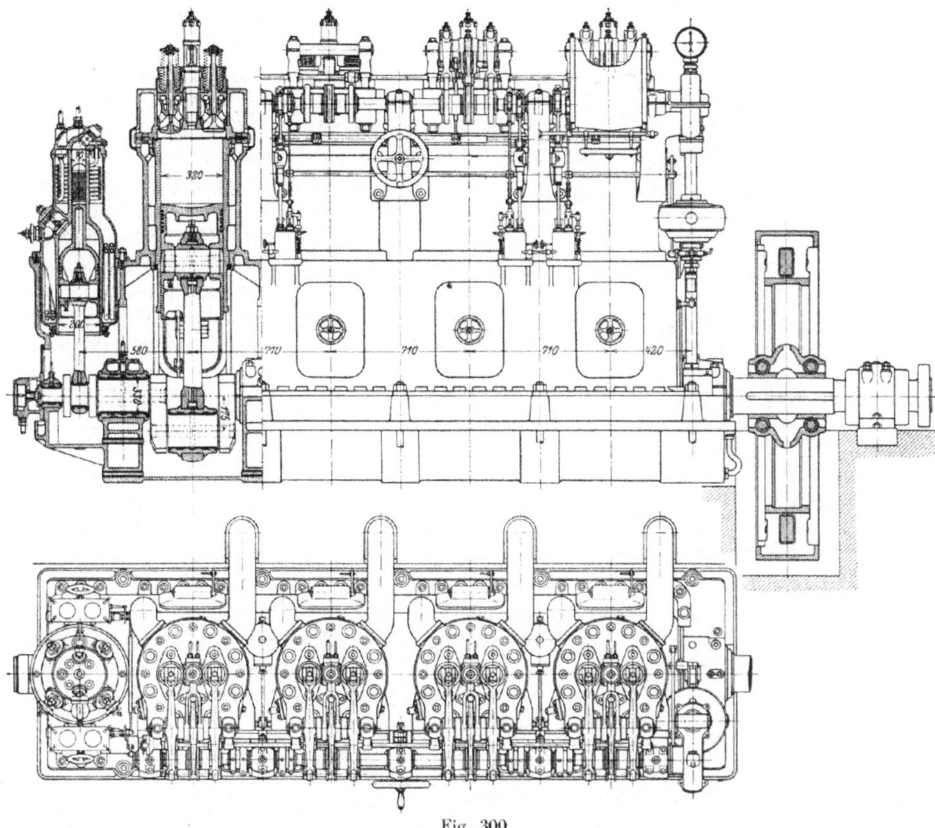

Fig. 300.

man den Verdichter ganz unabhängig vom Motor bauen und seine Drehzahl beliebig wählen und gegebenenfalls verändern kann. Wenn elektrischer Antrieb vorgesehen und immer Strom vorhanden ist, kann der Kompressor auch bei Stillstand der Maschine zum Aufpumpen verwendet werden. Eine besondere Anordnung ist die von Reavell (Fig. 310 und 311), bei der drei oder vier Zylinder verwendet werden, die gewöhnlich eine dreistufige Pumpe bilden. Die Zylinder sind in einem Gehäuse untergebracht, das gegen die Grundplatte der Maschine verschraubt werden kann und den Kühlwasserraum für die Zylinder und Zwischenkühler bildet. Die Kolben erhalten ihren Antrieb von einer gemeinsamen Stirnkurbel in zwei Ebenen, wobei die Kurbelzapfen zwecks leichter Demontage verschiedene Durchmesser erhalten;

ihre Schalen bilden nur Segmente, die von überlegten Bronzeringen gemeinsam gehalten werden. Die Kolben mit den Zugstangen können durch die äußere Öffnung herausgenommen werden. Beim Hochdruckzylinder ist wegen des kleinen Zylinderdurchmessers eine eigene Kreuzkopfführung vorgesehen. Die Niederdruckzylinder saugen die Luft aus der Kurbelkammer durch Öffnungen in den Kolbenbolzen, die durch die Drehung des Schubstangenlagers gesteuert werden. Dies geht indes nur bei unveränderlicher Drehrichtung. Bei Umsteuerungen dagegen müssen auch die Niederdruckzylinder besondere Ventile erhalten. Die Drosselung der Einblaseluft ist bei gesteuerten Saugschiebern nicht leicht möglich, deshalb wird die Regelung der Luftmenge derart bewirkt, daß der Druck im Behälter selbsttätig Luft aus dem ersten Kühlgefäß entweichen läßt, wenn er eine gewisse Höhe erreicht. Diese Regelung ist in ihren Grenzen beschränkt und erfüllt auch nur dann ihre Aufgabe ganz, wenn der Behälterdruck für kleinere Maschinenleistungen noch mit der Hand eingestellt werden kann.

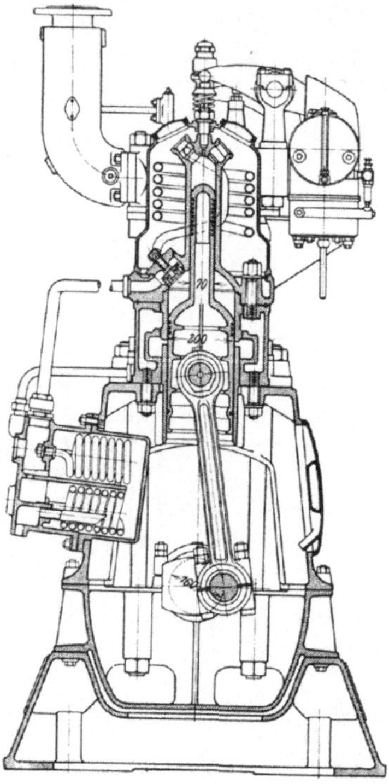

Fig. 312 zeigt eine andere Bauart des Reavellkompressors, bei der alle Zylinderstufen in der vertikalen Ebene liegen. Der unten liegende Mitteldruckzylinder hat hier keine Ventile, sondern eine Schiebersteuerung fürs Saugen; sämtliche Steuerventile liegen oben, sind daher nach Abnahme des Deckels leichter zugänglich als bei der Ausführung Fig. 310. In dem auch hier vom Kühlwasser durchflossenen Innenraum des Gehäuses ist auch die Zwischenkühlung wirksam eingebaut.

Fig. 313 zeigt eine stehende, Fig. 314, 315 und 316 eine liegende und Fig. 217 und 220 schräge Anordnungen des Kompressors für liegende Maschinen. Bei Mehrzylindermaschinen werden auch hier oft mehrere Pumpen angebracht (Fig. 317). Bei liegender Kompressoranordnung kann die Mitte des Kompressorzylinders mit Rücksicht auf die Verminderung des Gleitbahndruckes tiefer gelegt werden als die Kurbelmitte.

Fig. 301.

Die Bestimmung der Hauptabmessungen der Verdichter läßt sich vorläufig wohl nur empirisch angeben, denn der wirkliche Luftbedarf kann kaum aus den Abmessungen des Brennstoffventils berechnet werden, da die Zerstäubungswiderstände gänzlich unbekannt sind. Außerdem muß man für die Herstellung und Aufrechterhaltung des Luftvorrats im Luftbehälter sorgen, was eine gewisse Betriebszeit in Anspruch nimmt. Endlich muß man dafür sorgen, daß kleine Undichtheiten oder sonstige Störungen den Betrieb aufrechterhalten lassen. Noch viel vorsichtiger muß man bei Schiffsantrieb vorgehen, wo das Manövrieren stets einen Verbrauch an Druckluft ergibt.

Da man im großen und ganzen den Einblasedruck und das Verhältnis der schädlichen Räume als annähernd gleichbleibend ansehen kann, genügt die Angabe der Luftverdrängung des Niederdruckzylinders gegenüber der Verdrängung der Arbeitszylinder. Die Nachrechnung ergibt aber recht verschiedene Werte zwischen ein Zwölftel und ein Zweiundzwanzigstel für dieses Verhältnis, und zwar

den kleinen Wert für große, den großen Wert für kleine Maschinen; für Einzylindermaschinen meist etwa ein Sechzehntel bis ein Achtzehntel, bei Zweizylindermaschinen
nur das 1,75 fache, bei Dreizylindermaschinen das 2,5 fache, bei Vierzylindermaschinen das 3,25 fache der Einzylindermaschine. Bei Einzylindermaschinen dürften
dabei etwa nur drei Viertel der erzeugten Druckluft zum Einblasen Verwendung
finden. Bei entsprechend gewählten Abmessungen der Brennstoffdüsen kann insbesondere bei offenen Düsen durch Vermehrung der Einspritzluft auch die Leistung erhöht werden.

Für 1 effektive PS ergibt sich ein Ansaugevolumen von etwa 0,1 bis 0,24 l/sek.

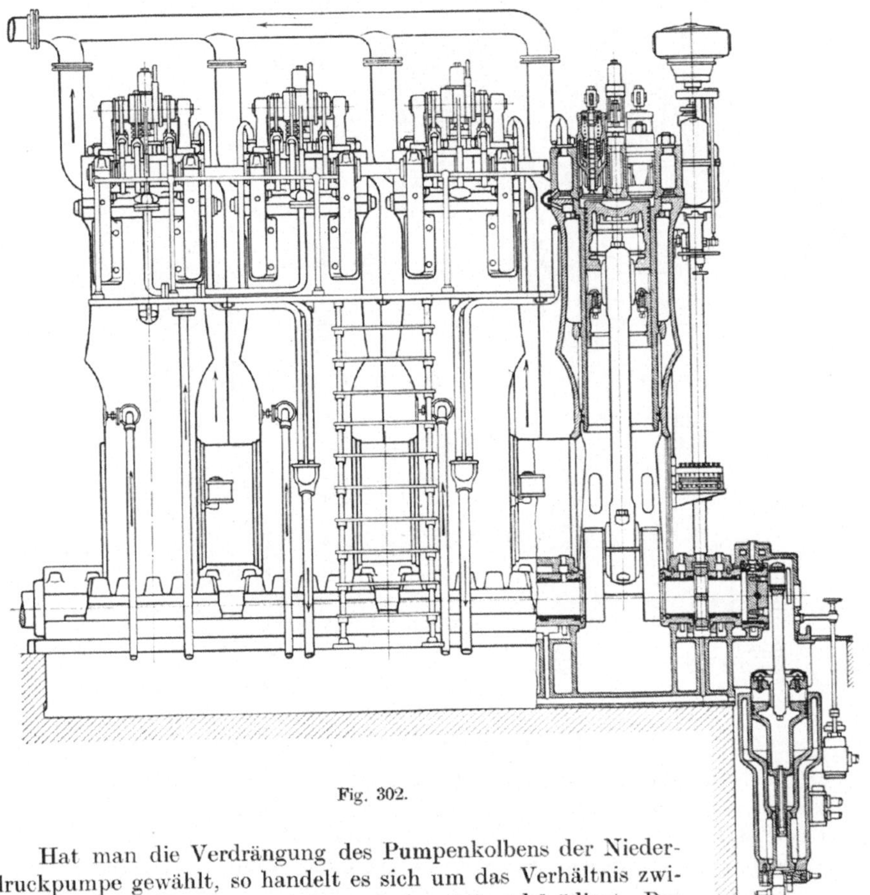

Fig. 302.

Hat man die Verdrängung des Pumpenkolbens der Niederdruckpumpe gewählt, so handelt es sich um das Verhältnis zwischen Hub und Durchmesser, das zwischen 0,9 und 1,5 liegt. Der
Hochdruckzylinder einer zweistufigen Pumpe wird mit einer
Kolbenfläche von etwa ein Achtel bis ein Zwölftel derjenigen des Niederdruckzylinders ausgeführt, also einem Durchmesser von rund ein Drittel jenes des Niederdruckzylinders.

Der Receiverdruck beträgt hierbei etwa 8 bis 9 at.

Es würde zu weit führen, hier die allgemeinen Regeln für Verdichter zu besprechen, es sollen daher nur die für Dieselmotoren in Betracht kommenden Ausführungen und Zahlenwerte angegeben werden.

    Die Konstruktion der Zylinder ist ziemlich verschiedenartig. Hoch- und Nieder-
druckzylinder werden oft aus einem Gußstück mit den Kühlmänteln hergestellt
(Fig. 318), so daß die Ventilkästen für den Niederdruck eingegossen, jene für den
Hochdruck in einem besonderen Deckel untergebracht sind; aber auch diese können
aus demselben Stück hergestellt sein (Fig. 319, 320). Hier liegen die Ventile normal zur Zylinderachse, sie können aber auch schräg angeordnet sein (Fig. 318); auch
in Fig. 322 sind Hoch- und Niederdruckzylinder gemeinsam mit dem Kühlmantel
hergestellt, die Steuerungsorgane für den Niederdruck befinden sich in einem seitlich

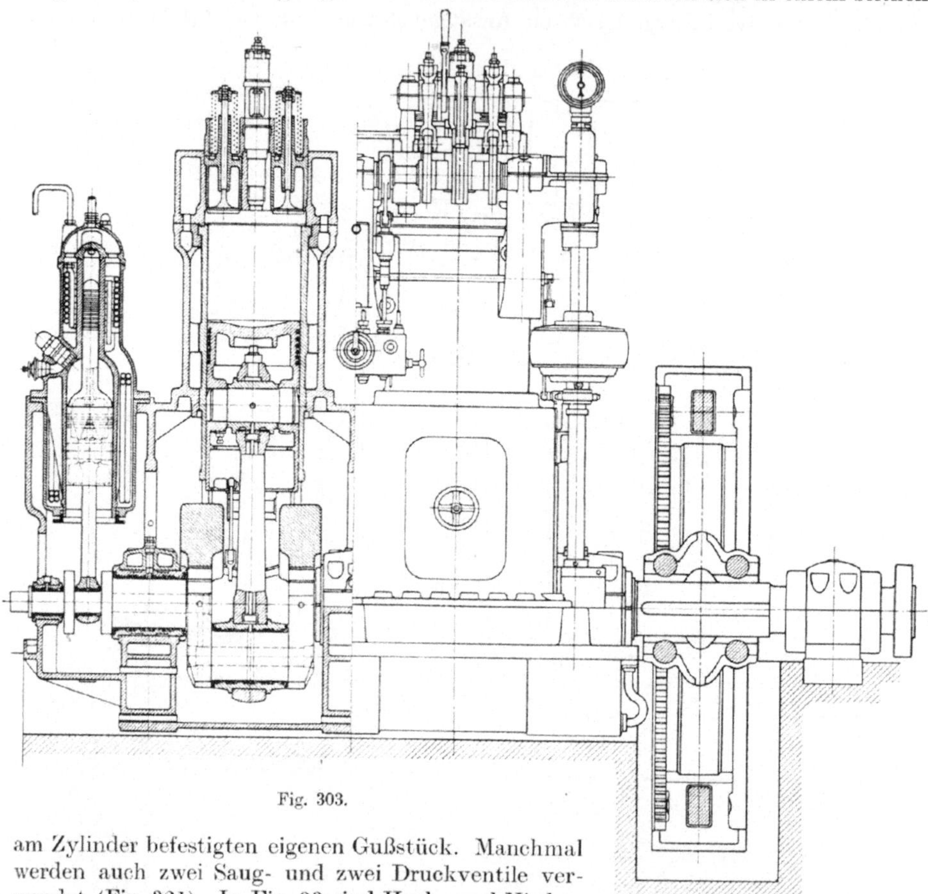

Fig. 303.

am Zylinder befestigten eigenen Gußstück. Manchmal
werden auch zwei Saug- und zwei Druckventile verwendet (Fig. 321). In Fig. 33 sind Hoch- und Niederdruckzylinder in einem Stück gegossen, während die Kühlmäntel gesondert hergestellt und angeflanscht werden. Bei einigen Ausführungen erhält der Niederdruckzylinder überhaupt keinen Kühlmantel oder nur an einem Teil seiner Länge
(Fig. 207, 323, 324). Eine andere Ausführungsform zeigt die beiden Zylinder aus
einem Stück hergestellt und in einen gemeinsamen Kühlraum verlegt (Fig. 326, 327),
oder es ist nur ein Teil des Kühlmantels, z. B. der des Hochdruckzylinders, angegossen, während der übrige Teil mit Flansche und Stopfbüchse befestigt ist (Fig. 300).
Hier dichtet der Hochdruckzylinder gleichzeitig auch den Kühlmantel ab. In Fig. 303
wird der Kühlmantel des Niederdruckzylinders durch eine über das Ende dieses
Zylinders mit Stopfbüchsendichtung geführte Glocke gebildet. Ähnlich ist auch

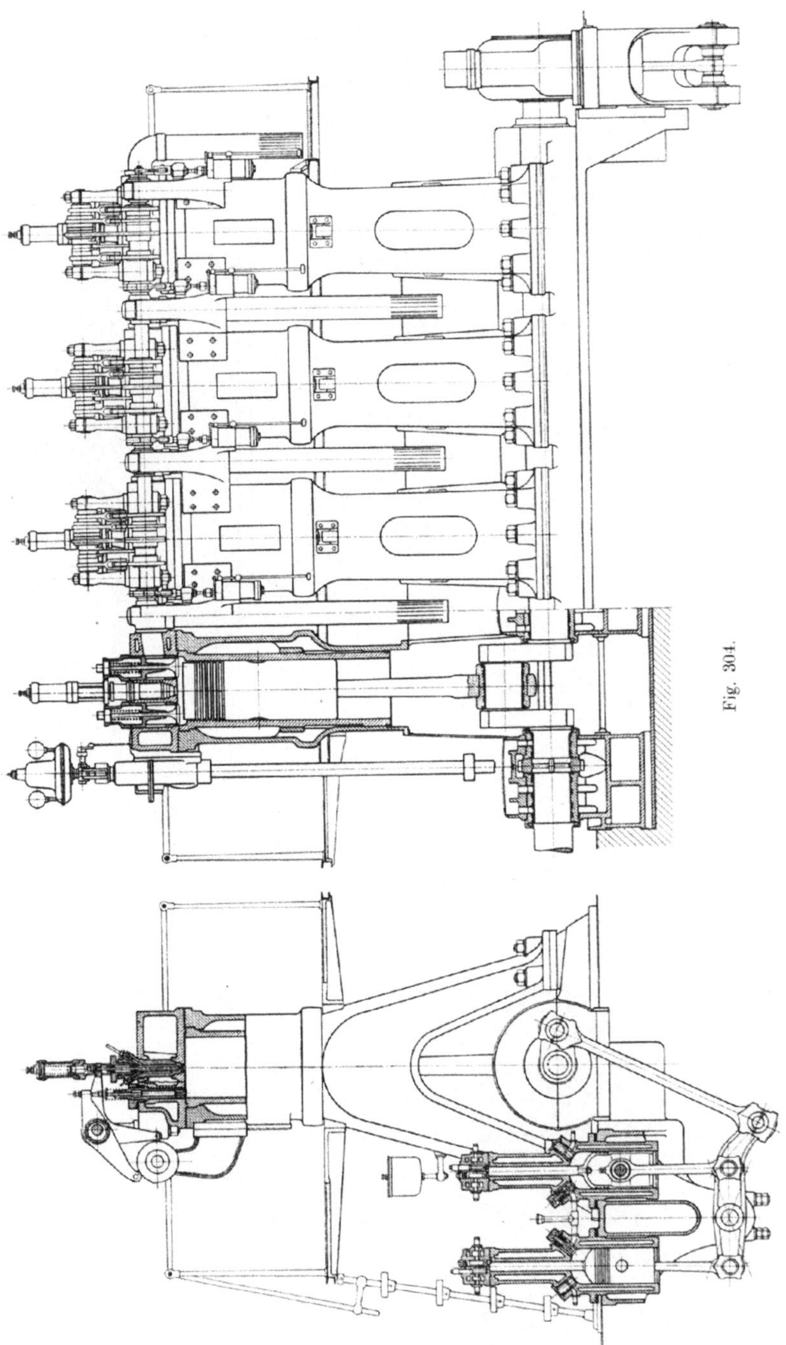

Fig. 304.

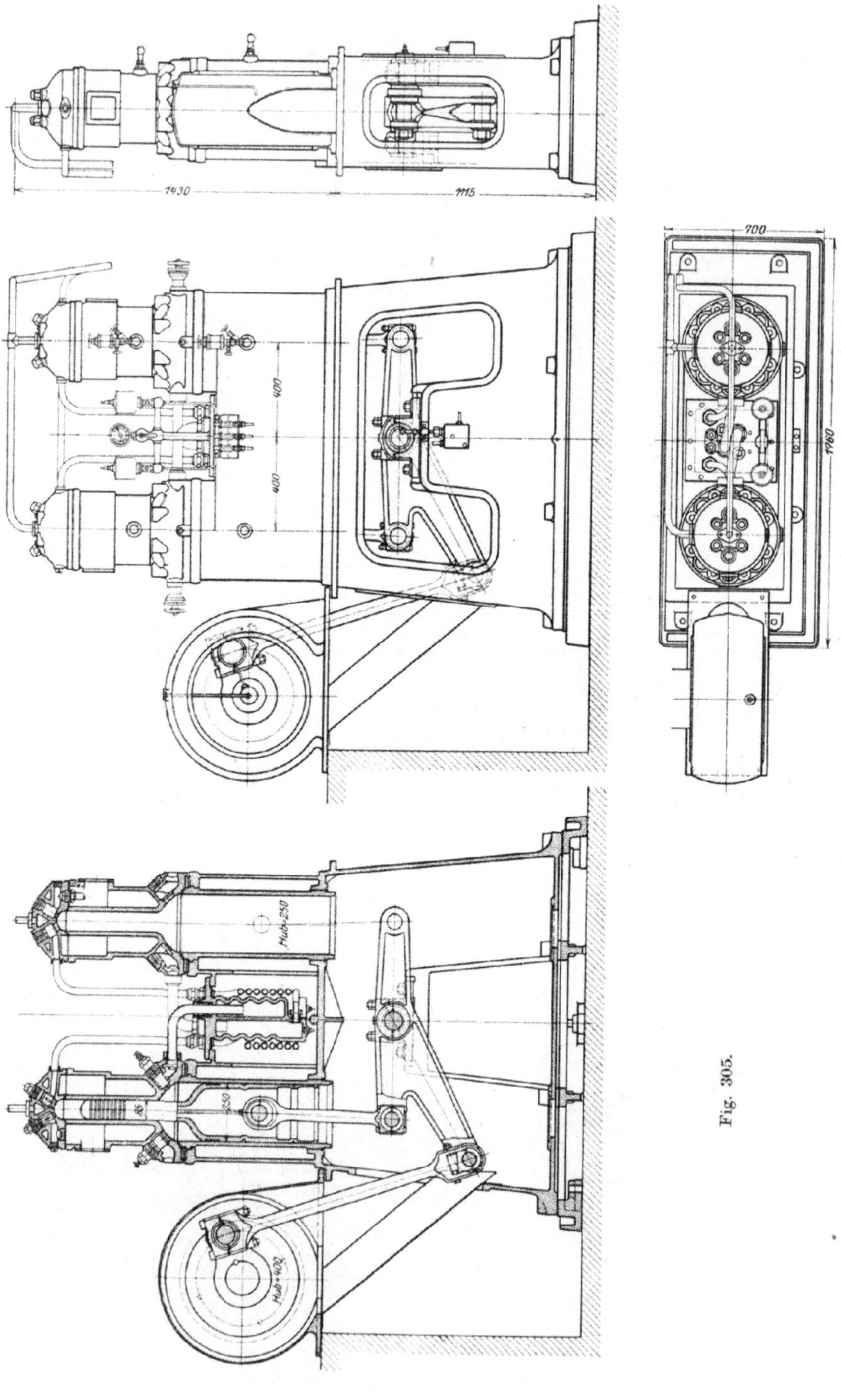

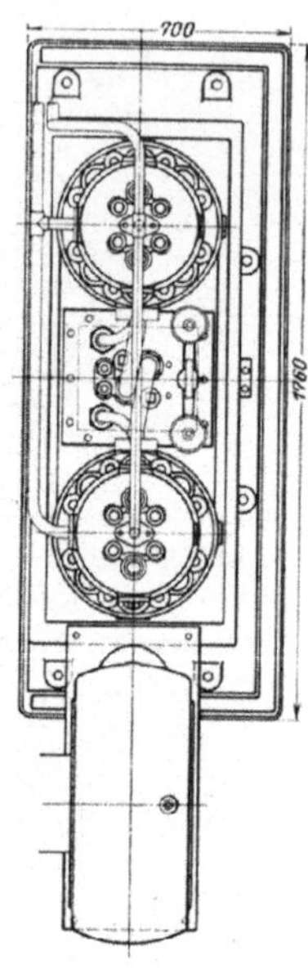

Fig. 305.

die Konstruktion Fig. 328 für eine liegende Maschine, wohingegen Fig. 314 eine Ausführung zeigt, bei der der Niederdruckteil des Kühlmantels mit den zwei Zylindern zusammengegossen ist. Die in Fig. 303 gezeigte Ausführung läßt die leichte Demontierbarkeit des Kompressors erkennen, auch ist hier dafür Sorge getragen, daß außen nirgends heiße Rohre sich befinden.

Die Fig. 17 und 305 sowie 329 zeigen die Zylinder gesondert voneinander, und zwar entweder den Hochdruck- oder den Niederdruckzylinder mit dem Kühlmantel aus einem Stück. Mitunter ist der Niederdruckzylinder mit dem Hochdruckmantel zusammengegossen, während der Hochdruckzylinder besonders eingesetzt ist und mit einem Deckel festgehalten wird. In Fig. 329 ist der Hochdruckzylinder mit dem Kühlmantel zusammengegossen, der Niederdruckzylinder hat keinen besonderen Kühlmantel, sondern sitzt im Kühlraum des Gestells. Die Luftkühlung ist in Fig. 332 besonders dargestellt.

Fig. 10 und 302 geben Konstruktionen von dreistufigen Luftpumpen, bei denen Mittel- und Niederdruckzylinder mit den Kühlmänteln aus einem Stück hergestellt sind, während der Hochdruckzylinder besonders eingesetzt wird und einen besonderen Deckel erhält.

In den Fig. 41 und 330 sind Verdichter dargestellt, bei denen die Druckperiode von Nieder- und Hochdruckzylinder zusammenfällt, während jene für den Mitteldruckzylinder sich

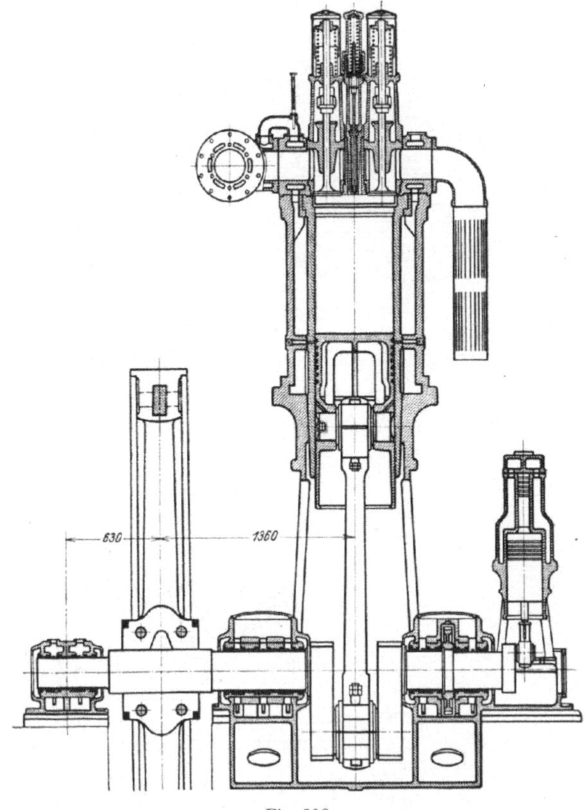

Fig. 306.

mit der Saugperiode der anderen Zylinder deckt. Dies ist dadurch erreicht, daß der Mitteldruckkolben als Stufenkolben an den Niederdruckkolben angehängt ist. Die Zylinder sind aus einem Stück mit dem Mittel- und Niederdruckmantel gegossen, der Hochdruckmantel ist entweder auch angegossen oder mit Flanschen aufgesetzt.

Die Aufnehmerdrücke bei dreistufigen Kompressoren werden etwa mit 3,5 und 13 at gewählt. Die Kühlrohre für Nieder- und Mitteldruck sind im Gestell untergebracht und mit einem besonderen Ölabscheider versehen. Ferner erhält jede Stufe ein Sicherheitsventil.

Bei liegenden Kompressoren werden gewöhnlich die Saugventile oben, die Druckventile unten angeordnet, damit sich nicht Ölreste im Zylinder festsetzen können, aber auch umgekehrt. Zum Auffangen des Schmieröls werden in die Zylinderbüchsen gewöhnlich Ringnuten eingedreht.

Ebenso verschiedenartig wie die Ausbildung der Zylinder ist auch die Anordnung der Aufnehmer und ihre Kühlung, sowie die Kühlung der fertig verdichteten Luft. Zur Zwischenkühlung dient oft ein besonderer Aufnehmer (Fig. 331 und 332), der einen Kühlmantel erhält, an dessen Rippen die Luft entlang streichen muß.

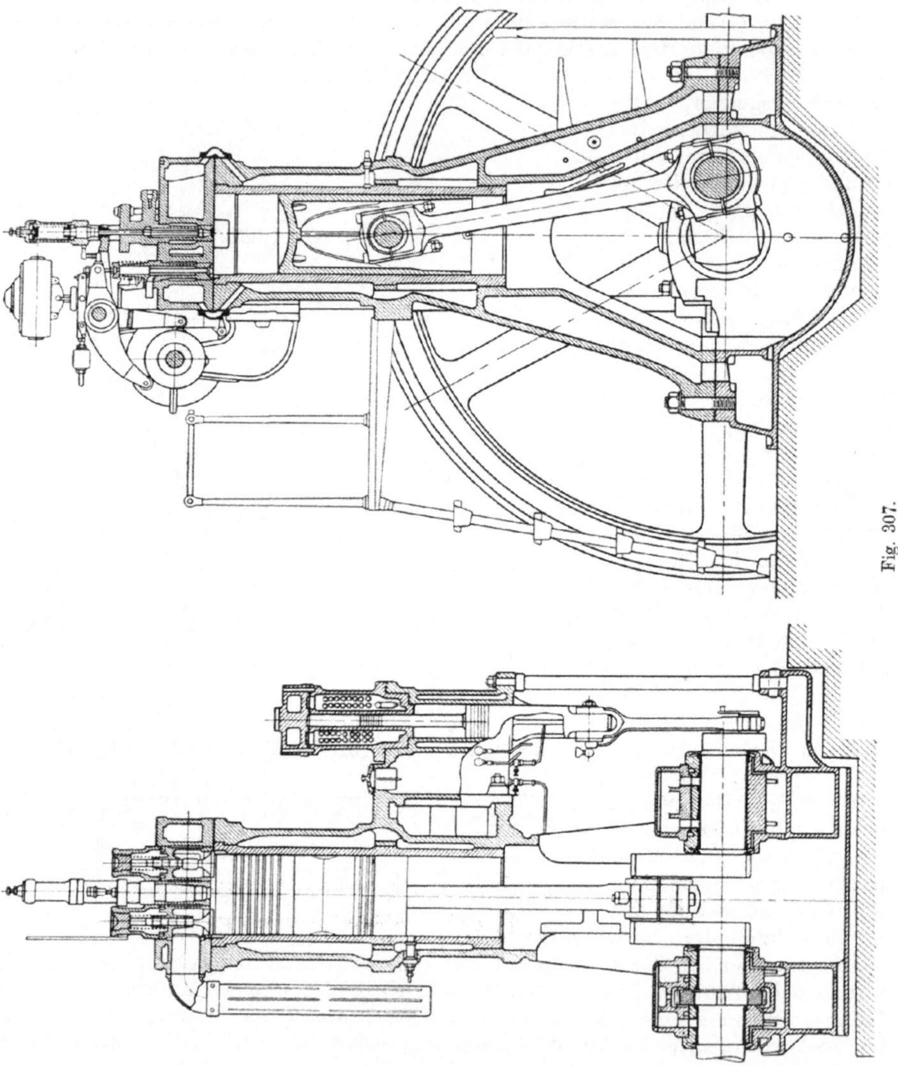

Fig. 307.

Der Aufnehmer erhält ein Sicherheitsventil, ein Manometer und ein Ablaßventil. Bei der in Fig. 300 dargestellten Bauart ist im Kühlmantel eine Rohrschlange für die Kühlung der Preßluft vorhanden. Ebenso in Fig. 303. In neuerer Zeit verbindet man vielfach die Aufnehmer mit den Teilen der Pumpe. So zeigt Fig. 321 denselben als spiraligen Kanal um den Kühlmantel des Hochdruckzylinders, der nach außen durch eine übergeschobene Kappe abgedichtet ist. Das Druckventilgehäuse des Niederdruckzylinders mündet unmittelbar in diesen Kanal ein. Bei Fig. 1 ist dieser durch eine Rohrschlange im Kühlmantelraum ersetzt, ebenso bei Fig. 33, wo noch eine zweite Kühlschlange für Hochdruckluft vorgesehen ist, die am Hochdruckzylinderdeckel angehängt wird und so die aus den Ventilen strömende Luft unmittelbar kühlt. Eine ähnliche Konstruktion für eine dreistufige Pumpe zeigt Fig. 45. In Fig. 313 ist der Aufnehmer als Mantel um die Niederdruckkühlung gelegt, während ohne Hochdruckkühlung gearbeitet wird, auch Fig. 10 zeigt den Niederdruckaufnehmer als äußeren Mantel des Niederdruckzylinders. Fig. 301 zeigt einen gesonderten Aufnehmer und eine Hochdruckkühlschlange, während die Fig. 305 und 309 besondere Anordnungen für zwei zusammengebaute Kompressoren aufweisen; bei Fig. 301 und 309 sind auch die Hochdruckdeckel selbst im Kühlwasser untergebracht.

Fig. 308.

Bei dem in Fig. 310 gezeigten Reavellkompressor wird durch die der Nieder- und Mittelstufe nachgeschalteten Zwischenkühler $K\,\mathrm{I}$ und $K\,\mathrm{II}$ eine besondere Kühlung für die Hochdruckluft überflüssig. Die Druckluft tritt hier durch ein kurzes Schlangenrohr aus dem Hochdruckzylinder zur Maschine. Hierbei ist natürlich der ganze Innenraum des Gehäuses von Kühlwasser durchströmt.

Die Größe der Aufnehmerflächen wird recht verschieden gewählt, was in der Verschiedenheit der Anordnungen der Zylinderkühlungen begründet ist. Ebenso verschieden ist die Kühlfläche für die Hochdruckluft, die oft ganz weggelassen wird. Fig. 333 zeigt eine gesonderte Kühlvorrichtung. Die Hochdruckkühlung hat den Vorteil, daß bei etwaigen Schmierölzündungen das Luftrohr nicht zu stark erhitzt wird.

Die Kühlgefäße müssen mit Ablässen versehen sein, um das Kondenswasser ablassen zu können, ferner mit Manometer und Sicherheitsventil.

Was den Bau der Zylinder anbelangt, ist anzuführen, daß insbesondere der Hochdruckzylinder aus vollständig dichtem Guß hergestellt sein muß, damit bei

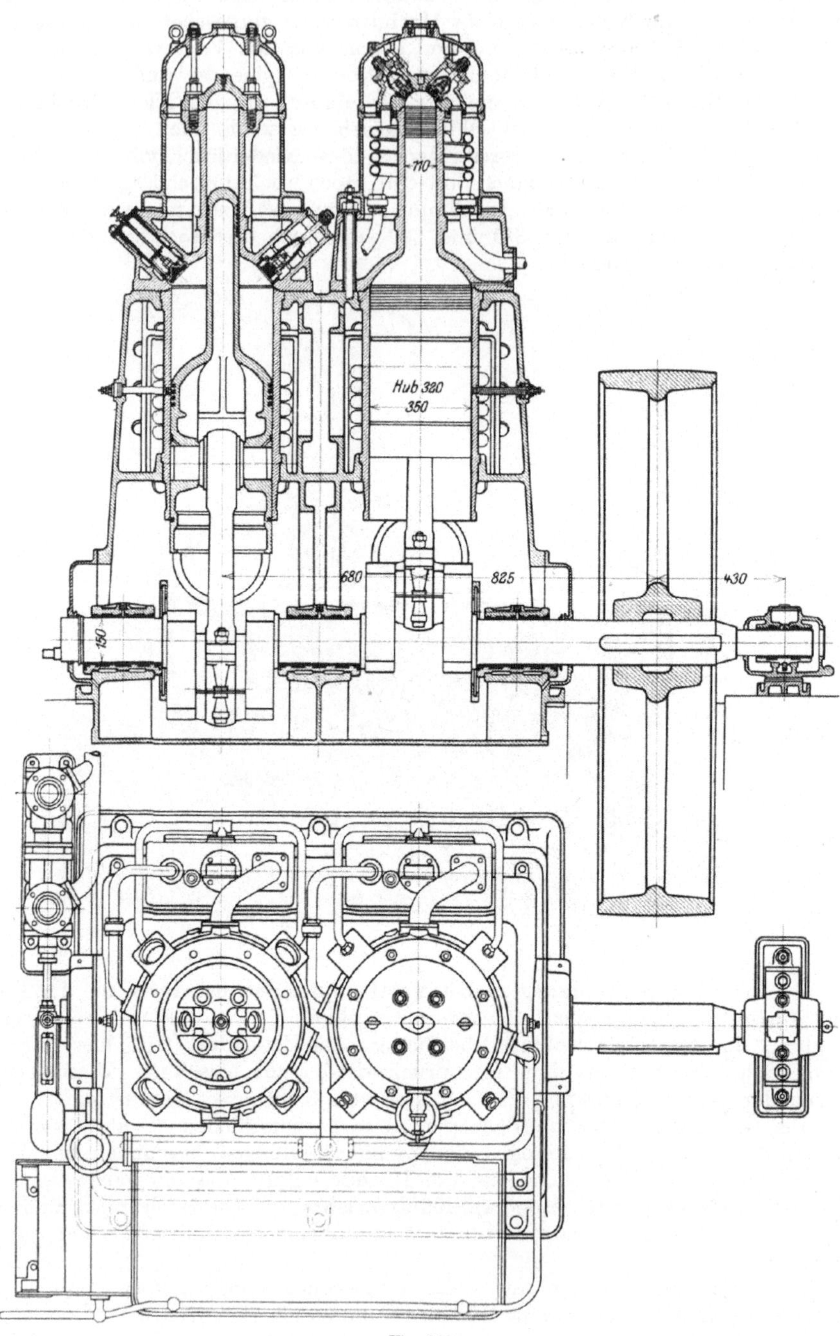

Fig. 309.

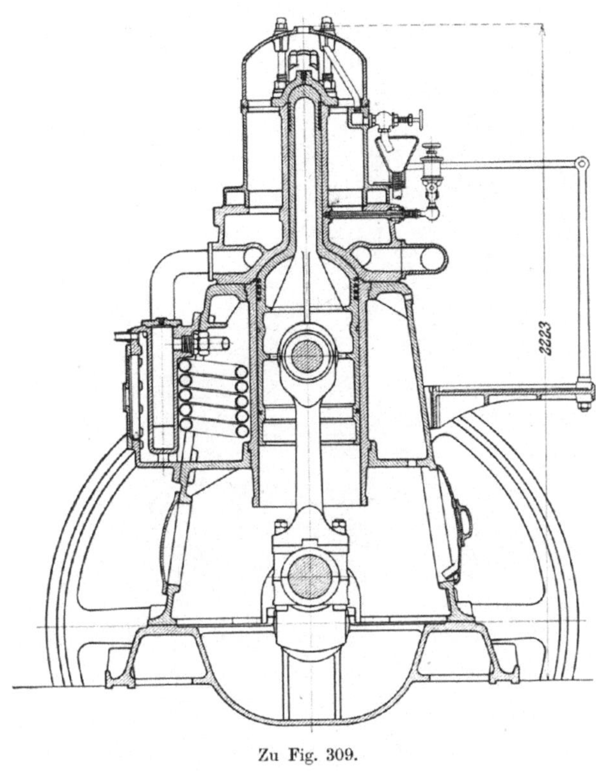

Zu Fig. 309.

dem hohen Druck keine Luft entweichen kann. Deshalb wird oft eine besondere Büchse für diesen Teil verwendet. Bei angegossenen Kühlmänteln ist dafür zu sorgen, daß sie nach dem Guß und auch später wieder leicht von Kernsand, bzw. Schlamm und Kesselstein gereinigt werden können, daher sind reichlich Kernöffnungen anzubringen.

Die Zylinderwandstärken betragen beim Niederdruckzylinder etwa ein Zwölftel, beim Hochdruckzylinder rund ein Viertel des betreffenden Durchmessers.

Der Niederdruckzylinder wird gewöhnlich einem Probedruck von 20, der Hochdruckzylinder einem solchen von 100 at unterworfen. An Anpässen sind Schmierstellen für die Kolbenschmierung und Indikatorstutzen erforderlich, ebenso Anschlußstellen für Kühlwasserein- und -austritt und für die Luftrohrverbindungen.

Statt der Saugventile im Niederdruck werden auch vom Kolben unmittelbar gesteuerte Saugschlitze verwendet (Fig. 301, 325), was wohl eine Vereinfachung der Konstruktion bedeutet, aber den Nutzeffekt etwas vermindern dürfte.

Fig. 325 zeigt einen Kompressor mit doppelt wirkendem Niederdruck. Auch hier sind die Einlaßventile durch den kolbengesteuerten Saugschlitz ersetzt. Bemerkenswert sind hier die zwei von einer unrunden Scheibe *C* bewegten Anlaßventile *A* und *B*, die gleichartig wie beim Motorzylinder wirken. Der Kompressor, der einer vierzylindrigen Schiffsmaschine angehört, arbeitet gegenüber den Motorzylindern mit um 90° versetzter Kurbel, wirkt daher gewissermaßen als 5. Zylinder und sichert so das Angehen des Motors in jeder Kurbelstellung.

Fig. 326 und 334 geben das Detail eines gesonderten Kompressorgestells (vgl. auch Fig. 10), in Fig. 309 ist die Grundplatte für einen freistehenden Doppelkompressor dargestellt.

Die Kompressorkolben sind gewöhnlich als zwei- oder dreistufige Tauchkolben ausgebildet. Die Fig. 335, 336, 337 geben Einzelheiten kleinerer Kolben, bei denen es nicht mehr möglich ist, die Kolbenringe für den Hochdruckkolben überzuziehen, sie sind deshalb mit besonderen Zwischenringen versehen, die mit Kopfschraube und Splint (Fig. 336), Durchschraube (Fig. 337) oder mit Keil festgehalten sind. Die Zwischenringe sind entweder winkelförmig oder rechteckig, in letzterem Falle sind je zwei zu einem Kolbenring notwendig (Fig. 336). Hier ist auch ein besonderer Gußeisenring für die Unterbringung der Dichtung angewendet. Für den

Niederdruck werden zwei bis vier, für den Hochdruck 6 bis 9 Kolbenringe verwendet, deren Schlitze versetzt und mit Befestigungsstiften versehen sind. Manchmal wird auch noch ein Abstreifring angeordnet (Fig. 18). Bei größeren Durchmessern werden die Hochdruckringe auch einfach übergezogen.

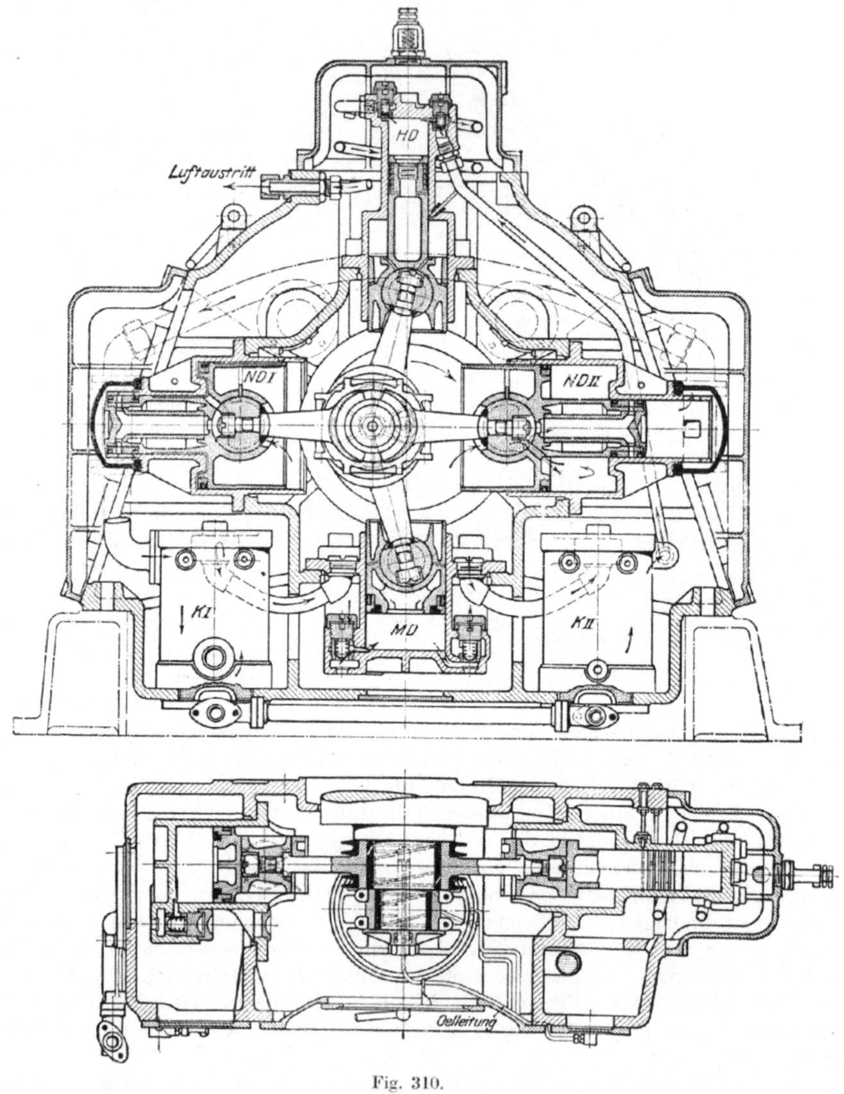

Fig. 310.

Fig. 10 zeigt einen dreistufigen Kompressorkolben.

Kolben und Kolbenzapfen werden in ähnlicher Weise wie die Hauptarbeitskolben geschmiert, ähnlich ist auch die Befestigung der Kolbenzapfen. Der hier zulässige Auflagdruck ist 55 bis 65 kg/cm². Die Länge der Pleuelstange ist je nach der Konstruktion des Gestells verschieden, bei freistehenden Kompressoren etwa 4,5 bis 5mal dem Kurbelradius.

In Fig. 338 ist ein Antrieb mit offener Kurbel dargestellt, an der noch eine Kühlwasserpumpe mittels Schleppkurbel angehängt ist. Der Auflagdruck im Kurbelzapfen ist mit rund 50 bis 65 kg/cm² zu bemessen, die Biegungsbeanspruchung mit 300 bis 350 kg/cm², die Reibungsarbeit mit 3 bis 6 kgm/sek.

Ähnliche Auflagdrücke gelten auch für Hebelantrieb, die Hebel selbst (Fig. 339) sind wegen der wechselnden Belastung besonders stark auszuführen und bei Verwendung von Schmiedestahl oder Stahlguß mit rund 250 kg/cm² zu belasten. Der Angriff der Zapfen soll womöglich zentrisch in der Schwingebene liegen, damit

Fig. 311.

Drehbeanspruchungen vermieden werden. Die Schmierung der Zapfen ist sorgfältig zu beachten. Bei gekröpften Wellen am Ende der Hauptwelle werden die Lager oft verschieden stark gewählt.

Fig. 340 zeigt Kurbelstangen aus Schmiedestahl für den Antrieb von zwei Pumpen, Fig. 341 von einer Pumpe, Fig. 342 eine solche aus gepreßtem Eisen für unmittelbaren Antrieb, Fig. 343 die Antriebstangen für Hebeltrieb. Die Hebelwelle dient oft auch als unmittelbarer Antrieb für die Indikatortrommel, bei direktem Kompressorantrieb mit Kurbel wird hierfür ein eigener Hebel verwendet.

Zur Einstellung des schädlichen Raumes ist die Nachstellbarkeit der Pleuelstangenlänge erforderlich. Der schädliche Raum beträgt ½ bis 1 v. H., der Kolben-

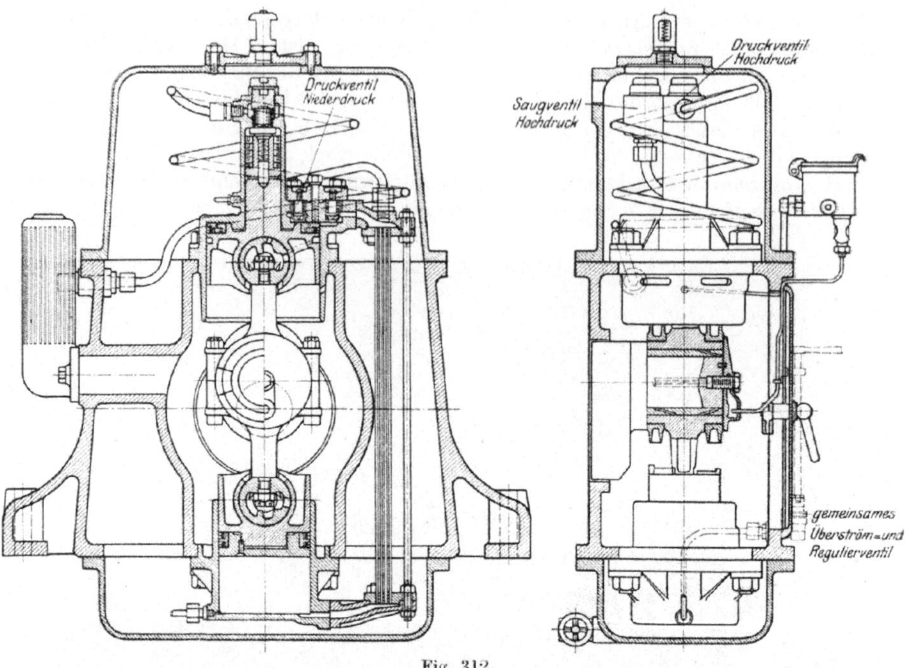

Fig. 312.

spielraum bis herunter zu 0,1 mm, wobei aber die Formänderungen durch Erhöhung der Temperatur zu berücksichtigen sind

Einer der empfindlichsten Teile der ganzen Maschine ist die Steuerung des Verdichters. Sie ist bis auf die schon erwähnte und manchmal gebrauchte Steuerung der Ansaugeschlitze durch den Niederdruckkolben durchaus selbsttätig, erfordert demnach neben der Einhaltung kleinster schädlicher Räume noch die denkbar

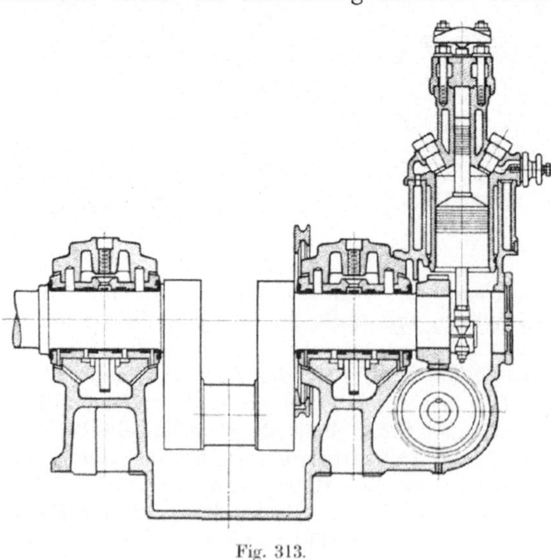

Fig. 313.

größte Verminderung der Ventilmassen und eine der hohen Drehzahl entsprechende Ventilbelastung. Die verbreitetste Ausführung der Kompressorventile ist in Fig. 344 und 345 für Hoch- und Niederdruck dargestellt. Die Saugventile sind Tellerventile mit Spindelführung und einem kleinen Pufferkolben, deren Schluß durch eine schwache Spiralfeder gesichert wird. Die Hubbegrenzung wird durch eine auf die Ventilspindel aufgeschraubte und versplintete Mutter hergestellt, damit das Ventil von innen her in den einteiligen Ventilsitz eingesteckt werden kann. Die Druckventile sind ebenfalls Teller mit Rohrführung, die Hubbegrenzung wird durch einen federbelasteten Ring elastisch gemacht. Die Regelung der Ansaugeluftmenge wird durch eine unmittelbar vor dem Saugventil angebrachte und mit einer gerillten Mutter versehene Kappe bewirkt, die übrigen Ventilsitze sind seitlich mit Bohrungen für den Luftdurchtritt versehen, nach außen hin aber mit Deckeln vollständig abgeschlossen. Sehr kleine Ventile für Hoch- und Niederdruck zeigen Fig. 324 und 346.

Ähnlich ist die Konstruktion Fig. 347 ausgeführt, wo nur hinter dem Saugventil als Schutz gegen das Hineinfallen etwa abgerissener Ventilteller in den Pumpenraum noch ein Ventilfänger angebracht ist, der freilich den schädlichen Raum be-

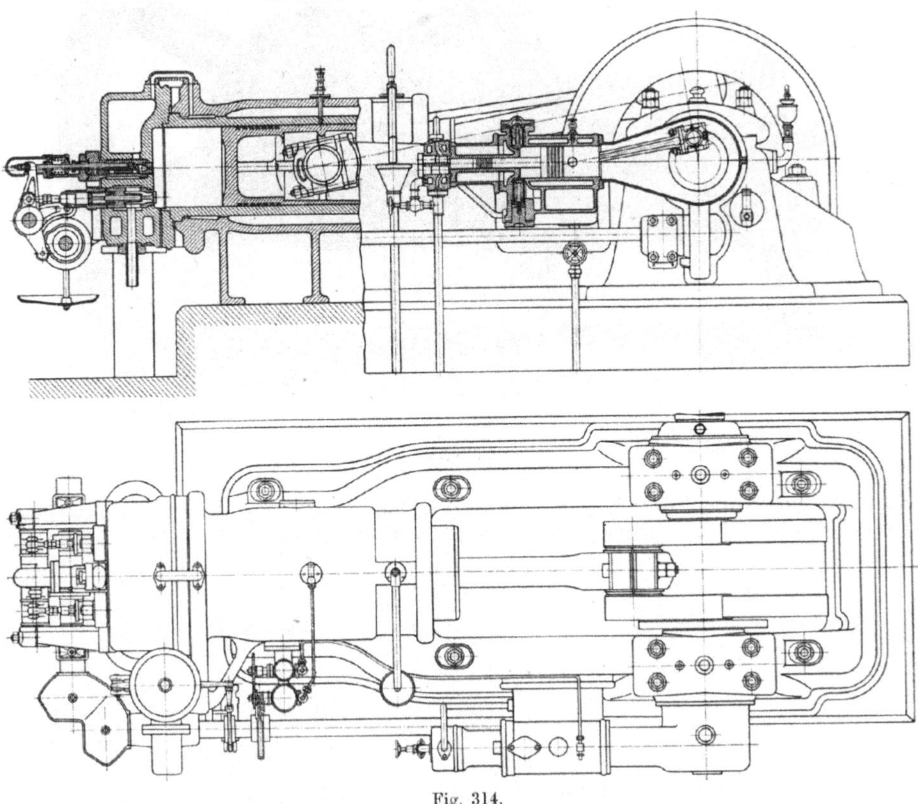

Fig. 314.

trächtlich vergrößert. Es hat sich aber gezeigt, daß das Einschneiden von Gewinden in die Ventilspindel leicht zu Brüchen führt, weil das fortwährende Anstoßen der Mutter an die Hubbegrenzung das Material verdirbt, auch wenn es noch so vorsichtig gewählt war, trotzdem man also Nickelstahl und Phosphorbronze für die Ventile versucht hat. Die Hubbegrenzung wird deshalb hier unmittelbar am Ventilteller ausgebildet, statt der Mutter wird auch ein Keil verwendet. Fig. 348 zeigt die zugehörigen Hochdruckventile mit dem Einbau im Zylinderdeckel.

Nahezu die gleiche Sicherheit, wie durch den inneren Fänger, kann man bei Saugventilen dadurch erzielen, daß man die Führung zweiteilig macht (Fig. 349), so daß die Hubbegrenzung und der Federteller mit der Spindel ein unverschwächtes Stück bilden können. Hier ist dann auch das Druckventil mit Spindelführung versehen.

In Fig. 350 hat das Saugventil Kolbenführung, der Federteller ist mit Bajonettverschluß versehen und wird nach Einstecken und Verdrehen mit einem Splint
gesichert. Gegen das Hineinfallen etwa doch abgerissener Teile schützen zwei kleine

Fig. 315.

Schräubchen in der Führung. Das Druckventil ist wie in Fig. 344 ausgebildet, bemerkenswert sind die kleinen Bohrungen im Pufferzylinder, die den Widerstand

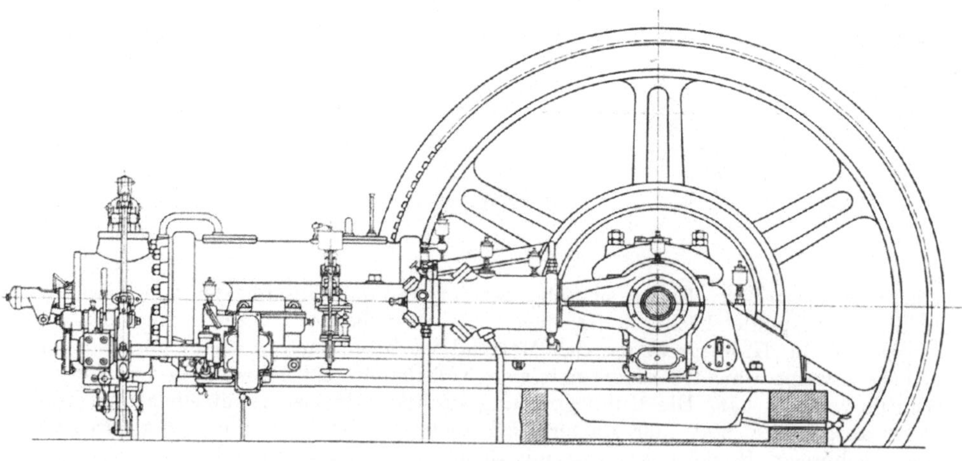

Fig. 316.

erst nahe an den Hubenden eintreten lassen. Die Regulierklappe ist hier vom Ventil
gesondert (Fig. 351). In Fig. 352 sind Saug- und Druckventil zum Hochdruckzylinder,
sowie das Druckventil zum Niederdruckzylinder des Kompressors Fig. 325 dar-

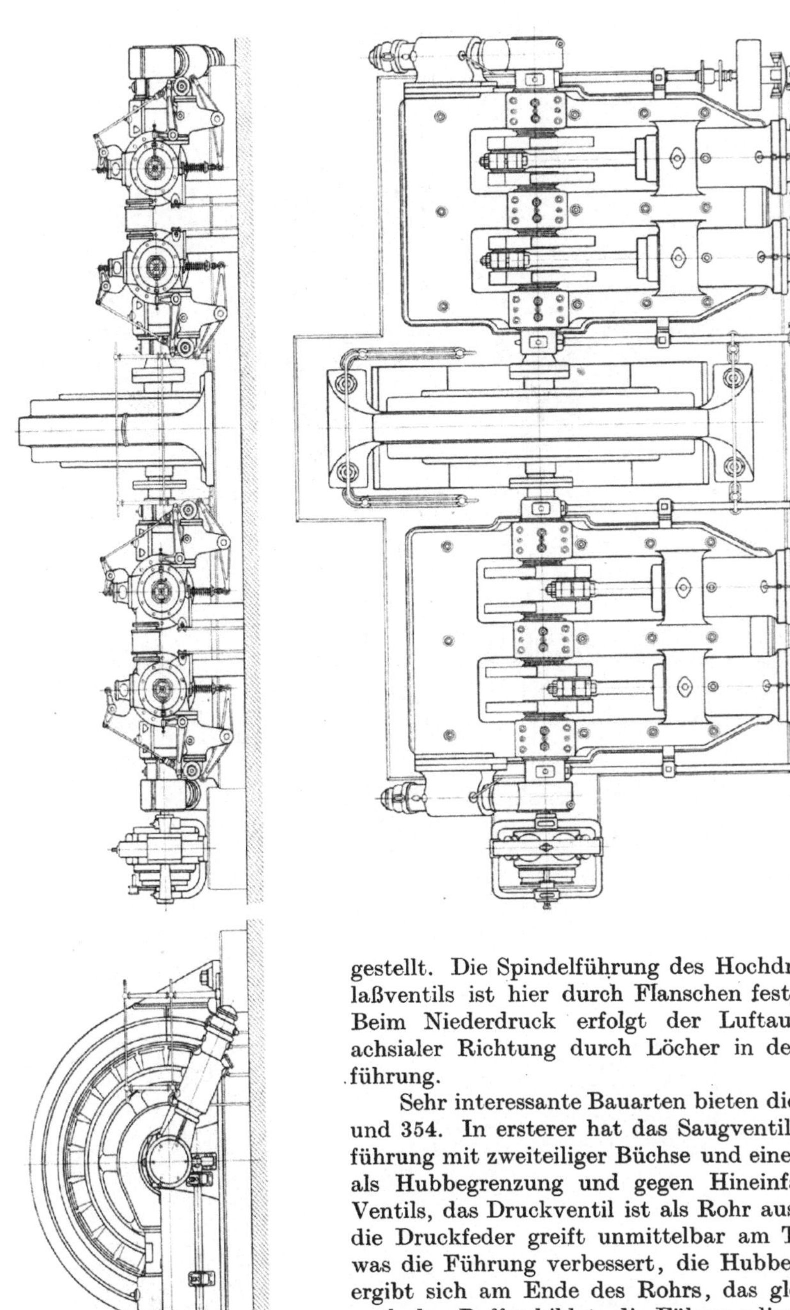

Fig. 317.

gestellt. Die Spindelführung des Hochdruck-Einlaßventils ist hier durch Flanschen festgehalten. Beim Niederdruck erfolgt der Luftaustritt in achsialer Richtung durch Löcher in der Ventilführung.

Sehr interessante Bauarten bieten die Fig. 353 und 354. In ersterer hat das Saugventil Spindelführung mit zweiteiliger Büchse und einen Fänger als Hubbegrenzung und gegen Hineinfallen des Ventils, das Druckventil ist als Rohr ausgebildet, die Druckfeder greift unmittelbar am Teller an, was die Führung verbessert, die Hubbegrenzung ergibt sich am Ende des Rohrs, das gleichzeitig auch den Puffer bildet; die Führung liegt hier in der Bohrung des Ventils. Das Saugventil Fig. 354 zeigt wieder den Fänger, Kolbenführung mit Pufferwirkung, zweiteiligen mit einer Schraube um eine konische Eindrehung befestigten Federteller, elastische Hubbegrenzung. Die Ventilspindel wird

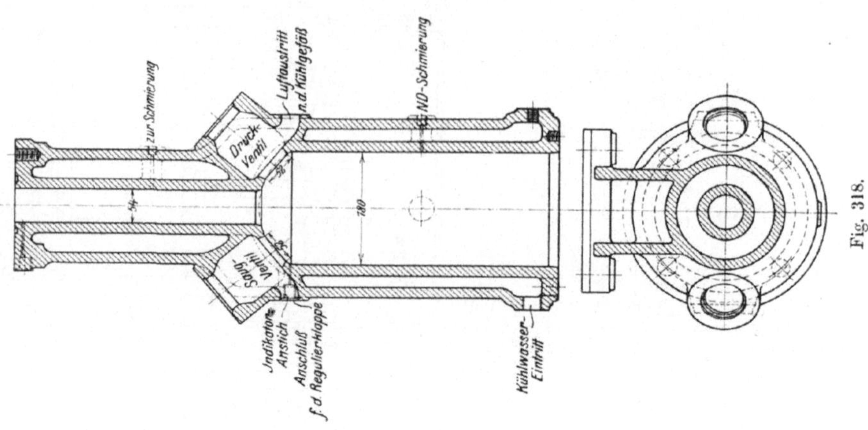
zur Schmierung
Luftaustritt
n.d. Kühlgefäß
ND-Schmierung
Druck-Ventil
Saug-Ventil
Indikator-Anstich
Anschluß f. d. Regulier-Klappe
Kühlwasser-Eintritt
Fig. 318.

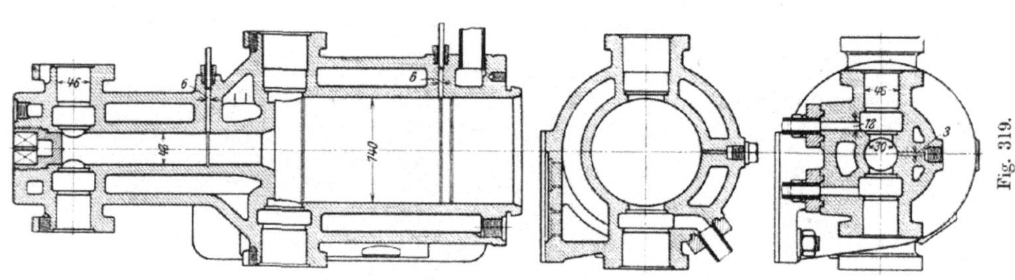
Fig. 319.

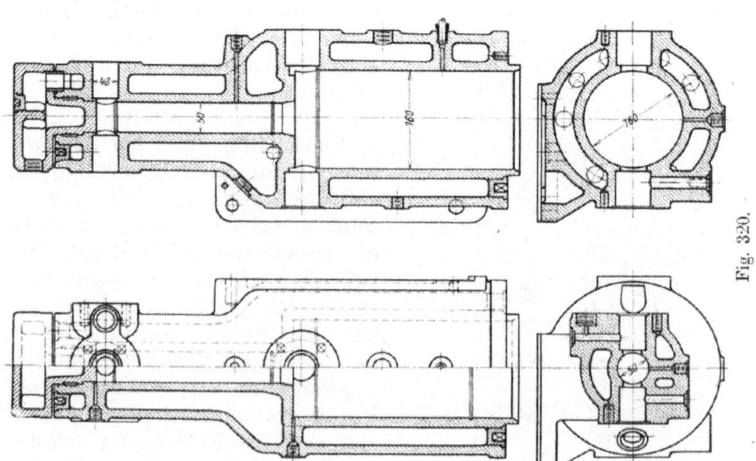
Fig. 320.

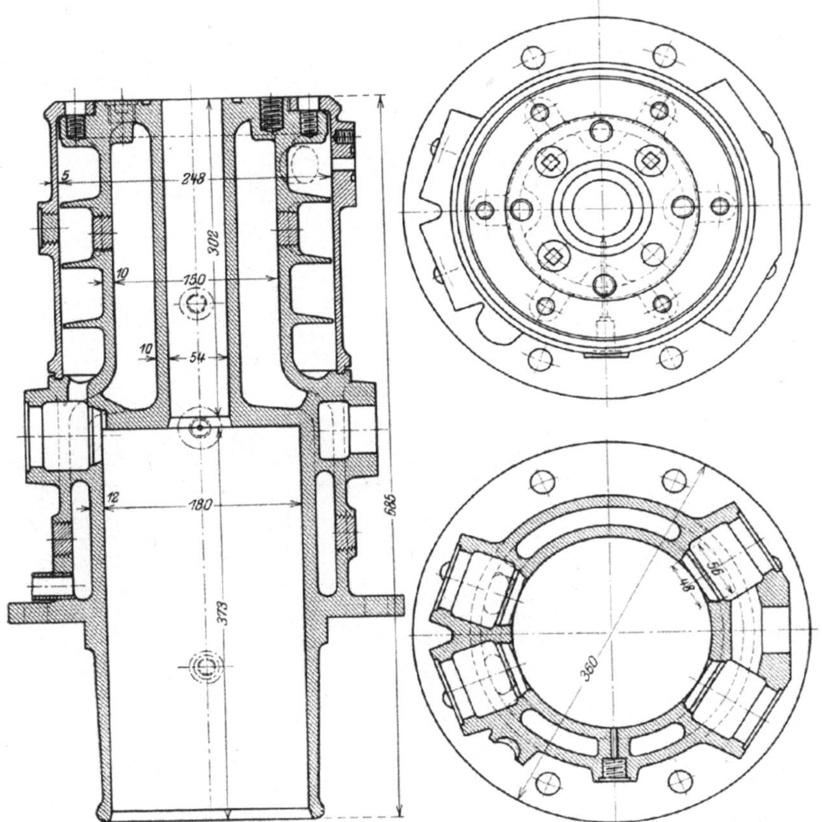

Fig. 321.

zuerst gebohrt, dann an der Spitze gestaucht und fertig
gedreht. Das Druckventil ist als leichtes Rohr ausgebildet, der am Ende befindliche Flansch dient als Puffer, die
Hubbegrenzung ist hier aber unmittelbar an den Ventilteller verlegt und elastisch. Ähnlich sind auch die Konstruktionen nach Fig. 355 für kleinere Ventile.

In neuerer Zeit hat man auch vielfach Plattenventile
in der Art der Corliss-Ventile angewendet. Fig. 356 zeigt
eine solche Konstruktion.

Die Ventilplatten sind ringförmig aus Stahl hergestellt,
werden nur am innern Rand geführt, und zwar entweder
am ganzen Umfang oder nur an einzelnen Stegen, und sind
mit Plattenfedern belastet. Bei den kleinen Hochdruck-
ventilen sind diese kreuzförmig, bei den größeren Nieder-
druckventilen als einzelne Flachfedern ausgebildet. Hier
ist für das Saugventil auch innen ein Luftdurchgang vorgesehen, so daß das Ventil als Ringventil wirkt. Die Ventilsitze für die Saugventile, sowie die Fänger für die Druckventile sind aus Rotguß hergestellt. Der Deckel für den
Hochdruckzylinder ist ebenfalls ersichtlich gemacht, er ist

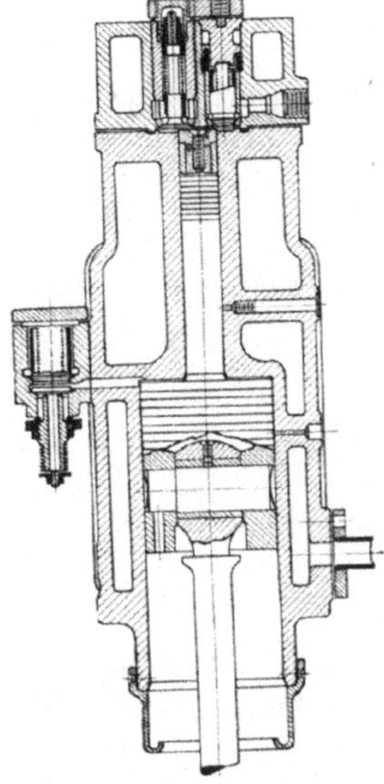

Fig. 322.

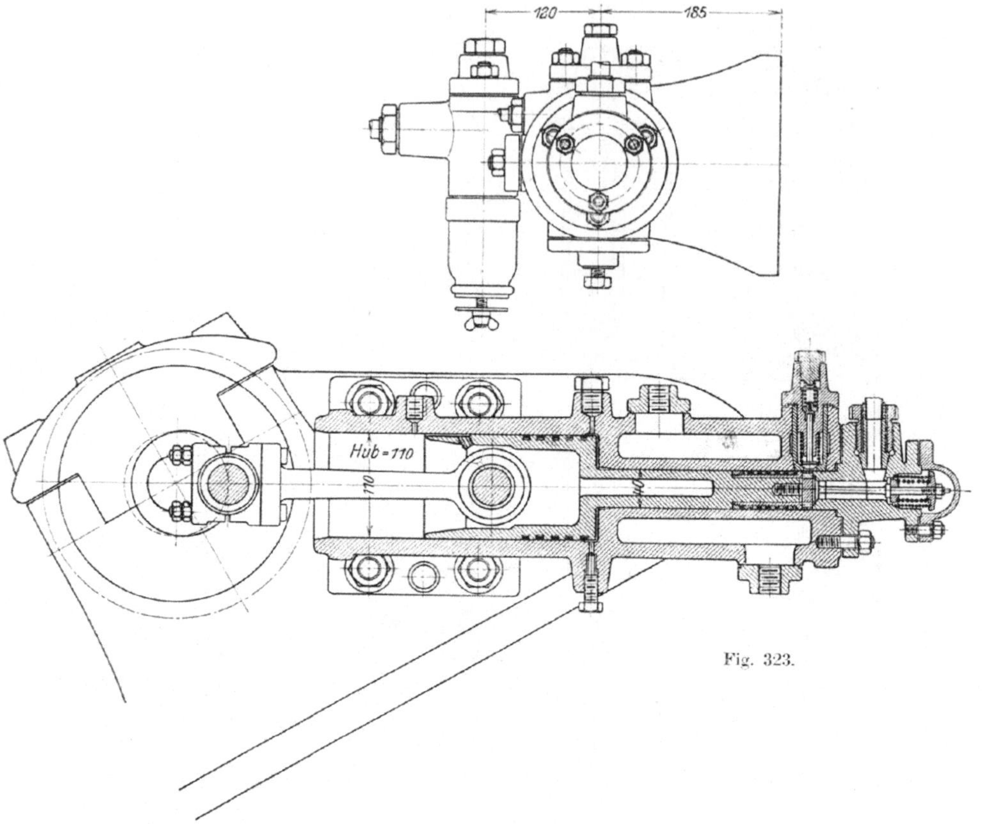

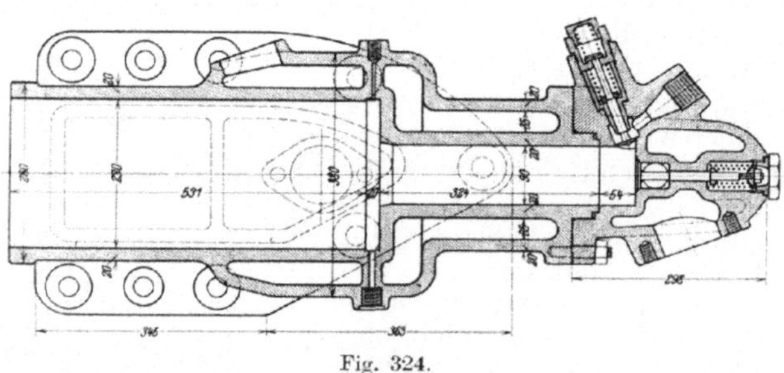

Fig. 323.

mit Sicherheitsventil und Indikatorverschraubung versehen und mittels Klingerit abgedichtet, die Deckelschrauben sind durch eingenietete Stahlrohre vom Kühlraum
abgetrennt.

Auch in Fig. 357 sind solche Plattenventile für einen Niederdruckzylinder dargestellt. Hier sind Ventilsitze und Fänger aus Stahl, die Ventilplatten aus Sägeblatt-stahl hergestellt. Diese liegen hier nur auf den
beiden Rändern und klei-nen Flächen zwischen den Bohrungen der Ventilsitze

Fig. 324.

auf; die Ventilbelastung besteht aus mehreren kleinen Spiralfedern aus Nickel-
stahldraht. Saug- und Druckventile wirken als Ringventile mit doppelter Öffnung,
die Ventilführung geschieht durch vier Rippen am Fänger. Zum Ausschalten der
Pumpe ist das Saugventil durch Bolzen abhebbar, so daß es außer Wirksamkeit
kommt. Bei kleineren Ventilen ist die Belastung durch einzelne Spiralfedern zu

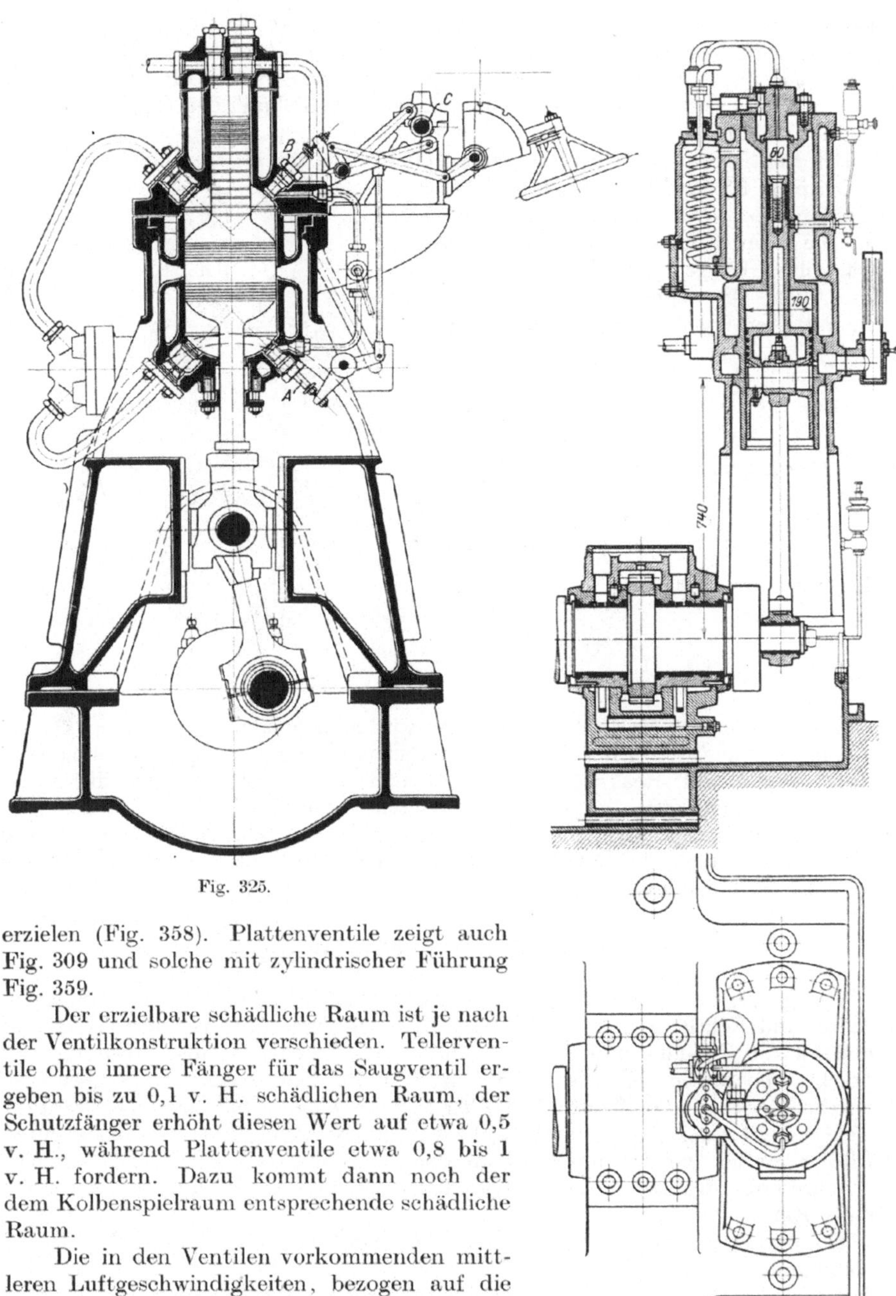

Fig. 325.

erzielen (Fig. 358). Plattenventile zeigt auch
Fig. 309 und solche mit zylindrischer Führung
Fig. 359.

Der erzielbare schädliche Raum ist je nach
der Ventilkonstruktion verschieden. Tellerventile ohne innere Fänger für das Saugventil ergeben bis zu 0,1 v. H. schädlichen Raum, der
Schutzfänger erhöht diesen Wert auf etwa 0,5
v. H., während Plattenventile etwa 0,8 bis 1
v. H. fordern. Dazu kommt dann noch der
dem Kolbenspielraum entsprechende schädliche
Raum.

Die in den Ventilen vorkommenden mittleren Luftgeschwindigkeiten, bezogen auf die
sekundliche Kolbenverdrängung, liegen zwischen
30 und 70 m/sek, wobei letzterer Wert nur für
Druckventile zugelassen wird. Die Federbelastung für 1 qcm Ventilfläche beträgt bei

Fig. 326.

Tellerventilen zwischen 0,05 und 0,4 kg; bei Plattenventilen zwischen 0,008 bis 0,015 kg, wird also recht verschieden gewählt. Der Ventilhub bei Tellerventilen beträgt etwa ein Fünftel bis ein Sechstel des Durchmessers, bei Plattenringventilen etwa ein Zwanzigstel des mittleren Durchmessers, ein Zehntel des Durchmessers für einfache Öffnung.

Der Ventilauflagdruck beträgt etwa 100 bis 150 kg/cm², auch mehr.

Beispiele für Schlitzsteuerung für das Ansaugen im Niederdruckzylinder bieten Fig. 301, 325. Die vom Kolben freigegebene Öffnung beträgt ihrer Länge nach etwa ein Achtel des Hubes, dem Querschnitt nach entspricht sie einer mittleren Geschwindigkeit bis 150 m/sek.

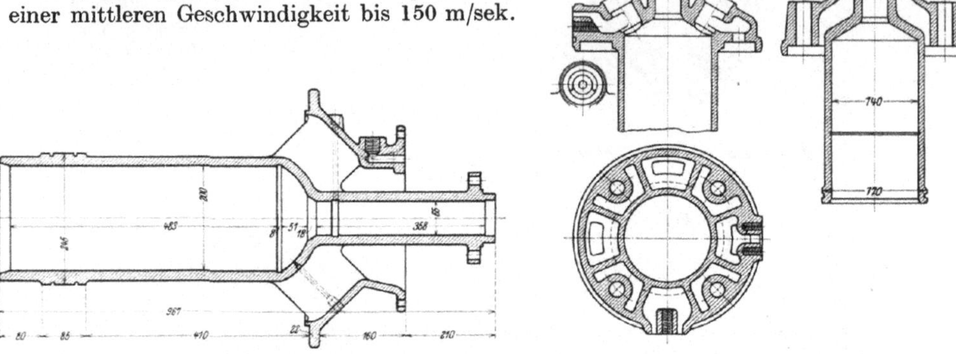

<table>
<tr><td>Fig. 327.</td><td>Fig. 328.</td></tr>
</table>

Außer den bereits erwähnten Armaturen wird manchmal noch ein kleines Drosselventil in die Saugleitung des Hochdruckzylinders verlegt, um die Aufnehmerspannung zu regeln (vgl. Reavellkompressoren), und ein Absperrventil für die Niederdruckleitung, wenn diese zu einem besonderen Aufnehmer für das Anlassen mit Niederdruckluft führt. Manchmal, besonders aber bei Schiffsmaschinen, erhalten die Aufnehmer auch Sicherheitsventile, und sogar Brechplatten, um genügenden Schutz bei Schmierölexplosionen zu bieten.

XIV. Behälter und Rohrleitungen.

Von großer Bedeutung für den Betrieb von Dieselmotoren ist die Anlage der Behälter und Rohrleitungen. Es kommen hier Leitungen für Druckluft, Brennstoff, Schmieröl für Zylinder und Lager, Kühlwasser, Arbeitsluft, und Auspuffgase in Betracht, von diesen teilen sich die Leitungen für den Brennstoff gegebenenfalls in solche für Teer oder Teeröl und Zündöl. Um einen Überblick über die große Anzahl von Rohrleitungen zu erlangen, die hier notwendig werden, diene vorerst der Rohrplan Fig. 360 für eine Einzylindermaschine und das beigegebene Verzeichnis der Rohre mit Angabe der Abmessungen für 70, 80 und 100 PS und den Materialien für die Rohre.

Bei der Druckluftleitung interessiert vor allem die Anordnung der Abschlußorgane an den Luftgefäßen, die in Fig. 361 besonders dargestellt sind. Diese haben den Zweck, Staub und Unreinigkeiten, sowie mitgerissenes Schmieröl abzuscheiden und dadurch die Düse rein zu halten, soweit dies alles nicht schon durch die Kühlgefäße am Kompressor geschehen ist, und einen Vorrat von Einblase- und Einlaßluft aufzuspeichern. Diese Gefäße werden aus Stahlrohren für 80 at Druck und etwa 150 at Probedruck hergestellt, innen gegen Rosten mit Mennige gestrichen,

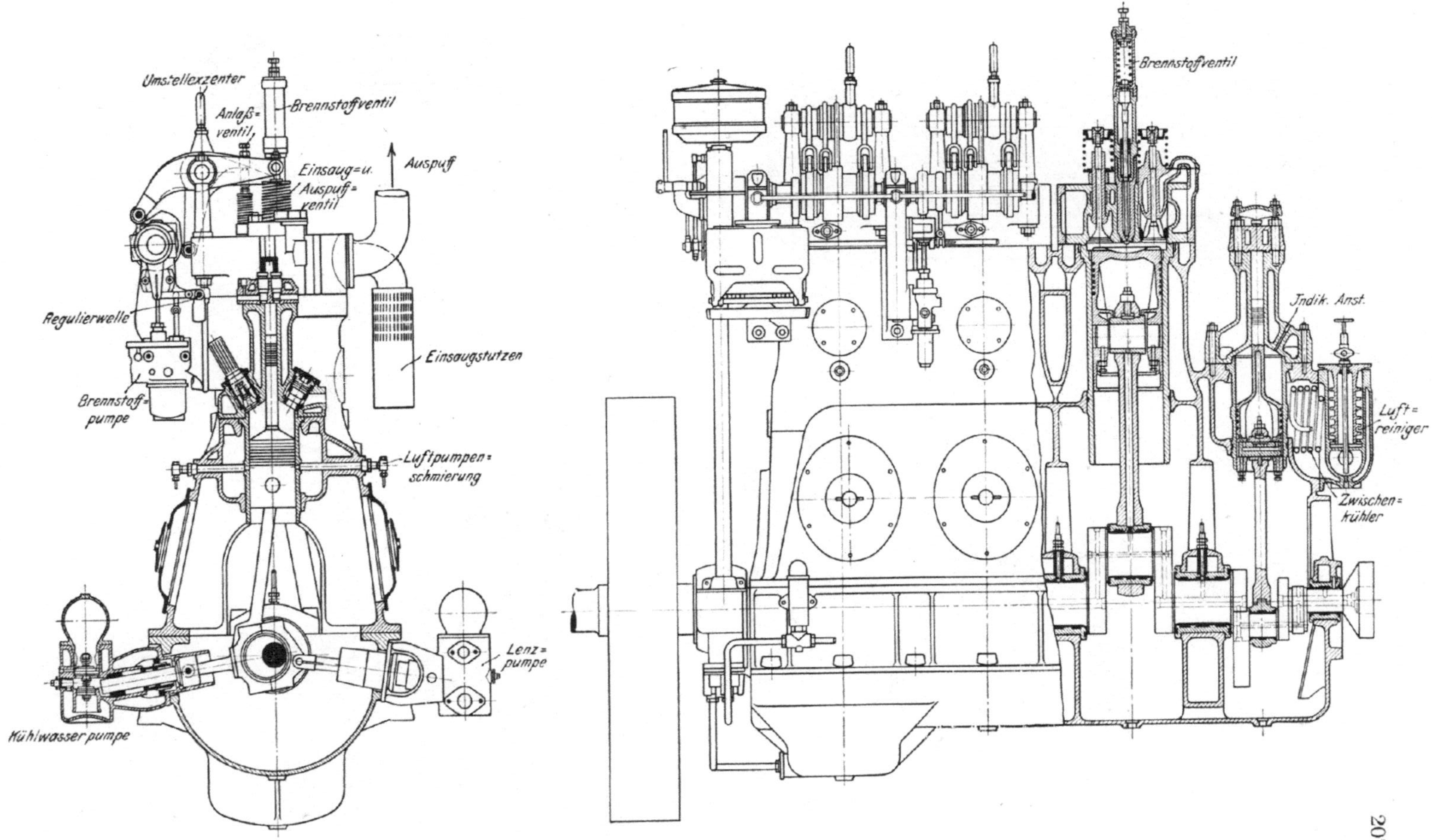
Umstellexzenter
Anlaß=
ventil
Brennstoffventil
Einsaug=u.
Auspuff=
ventil
Auspuff
Regulierwelle
Einsaugstutzen
Brennstoff=
pumpe
Luftpumpen=
schmierung
Lenz=
pumpe
Kühlwasserpumpe
Brennstoffventil
Jndik. Anst.
Luft=
reiniger
Zwischen=
kühler

Fig. 329.

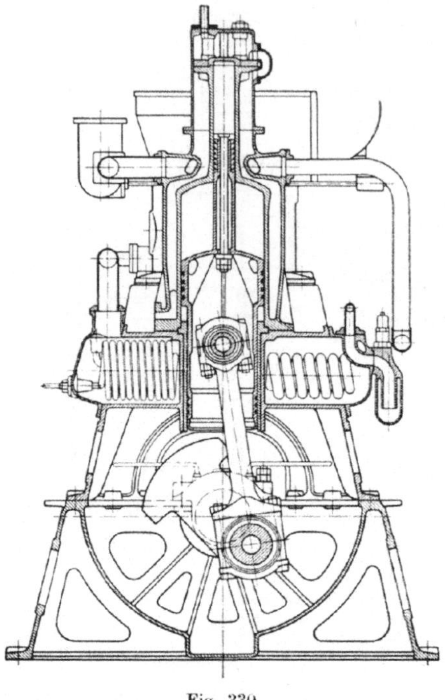

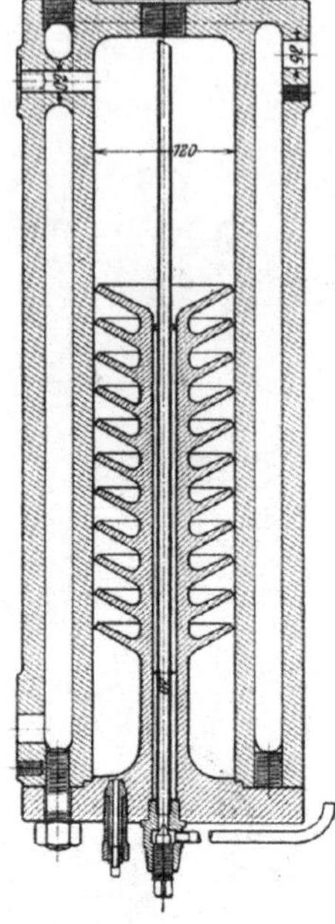

Fig. 330.

Fig. 331.

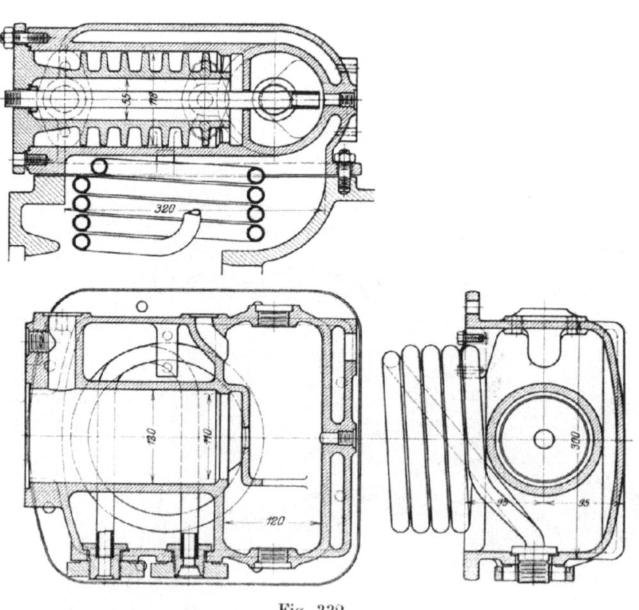

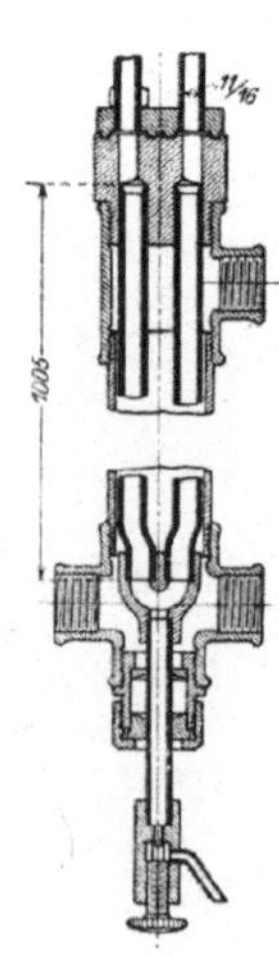

Fig. 332.

Fig. 333.

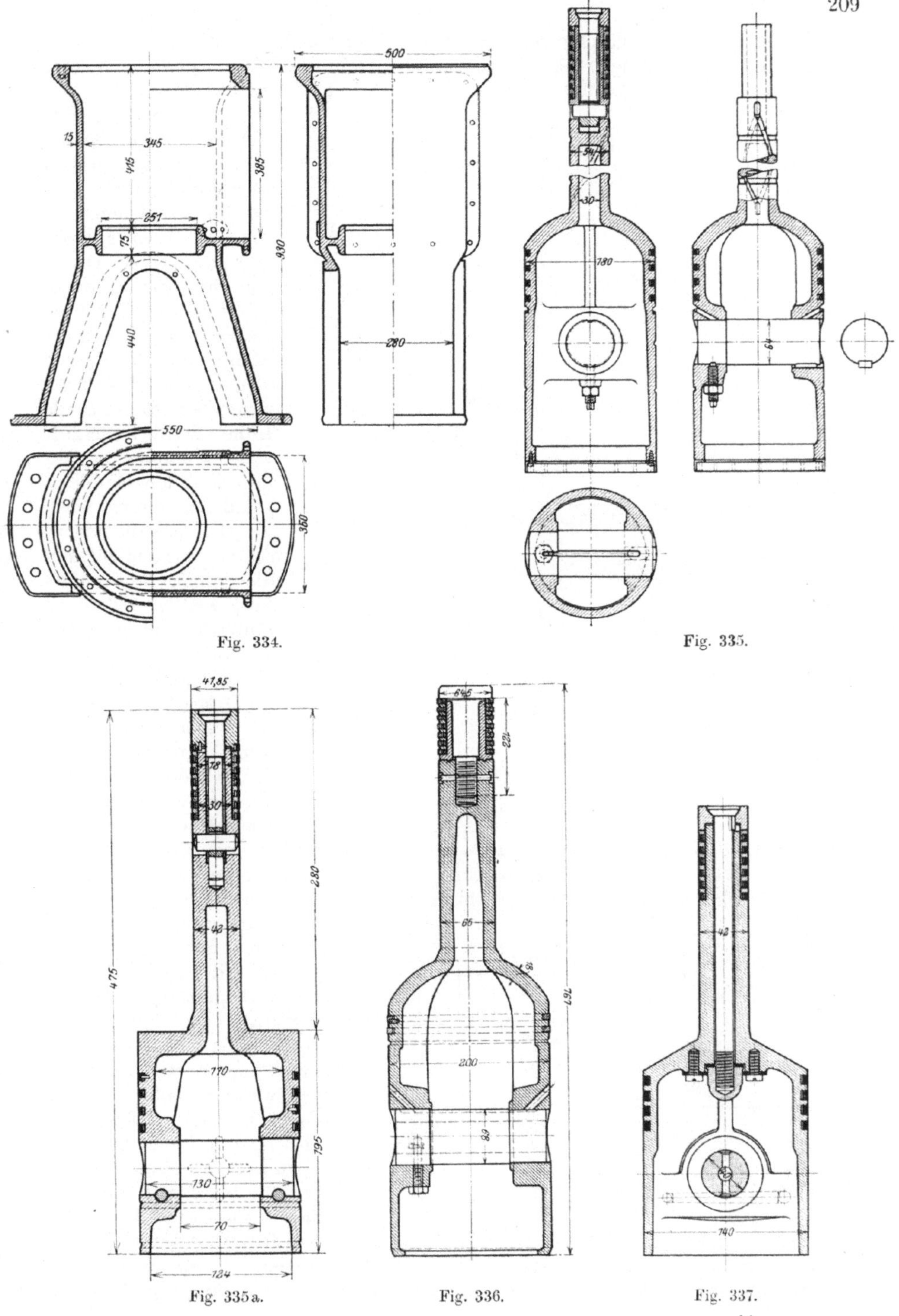

Fig. 334.

Fig. 335.

Fig. 335 a.

Fig. 336.

Fig. 337.

und mit besonderen Ventilköpfen versehen (Fig. 362 und 363), die ebenfalls aus Stahl bestehen und die Bohrungen für die Ventile und Rohranschlüsse aufnehmen. Hier und da, besonders auf Schiffen, werden Öffnungen zur Reinigung in den Luftgefäßen angebracht. Zur Sicherung des Anlassens werden gewöhnlich zwei Anlaßgefäße verwendet, von denen eines stets in Reserve steht und unter einem Druck von rund bis 70 at gehalten wird. Bei Entnahme von Druckluft bringt man gleich nach dem Anlassen den Druck wieder auf die normale Höhe. Da die Druckluft vom Kompressor unmittelbar dem Einblasegefäß zugeführt wird, von dem aus die Brennstoffventile bedient und die Anlaßgefäße aufgefüllt werden sollen, so muß während der letztgenannten Operation im Einblasegefäß ein höherer Druck herrschen, als im Anlaßgefäß, also unter Umständen ein Druck, der höher ist, als der gewünschte Betriebsdruck. Dadurch

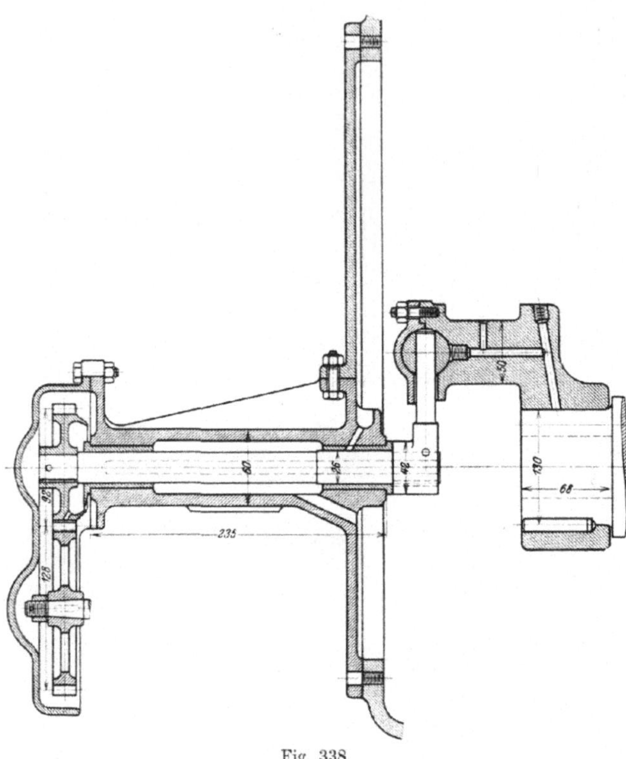

Fig. 338.

wird bedingt, daß ein Drosselorgan *a* zwischen Einblasegefäß und Brennstoffventil eingeschaltet wird, das auch als Absperrung der Einblaseleitung Verwendung findet. Wird mit Rücksicht auf die Beanspruchung der Hauptwelle der Druck im Anlaßgefäß niedriger gehalten, wie gewöhnlich etwa nur auf 40 at, so dient das Ventil nur als Absperrventil. Zur Absperrung der Druckluftzuleitung vom Kompressor dient ein Ventil *b*, das natürlich stets vor Beginn des Betriebes geöffnet werden muß und nur den Zweck hat, den Kompressor oder die Druckluftleitung untersuchen zu können, ohne die Luft aus dem Einblasegefäß ablassen zu müssen, und auch die Dicht-

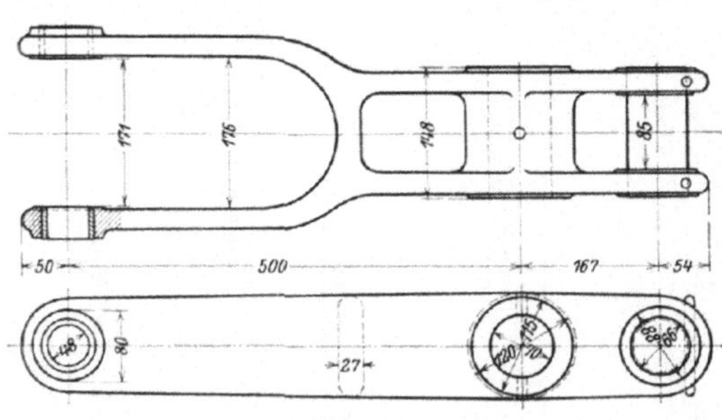

Fig. 339.

heit dieses Gefäßes zu erhöhen. Die Einblaseleitung zwischen Gefäß und Brennstoffventil erhält zur richtigen Einstellung des Einblasedruckes ein Manometer, das meist unmittelbar an den Ventilkopf angeschlossen ist, *c*, während ein Sicherheits-

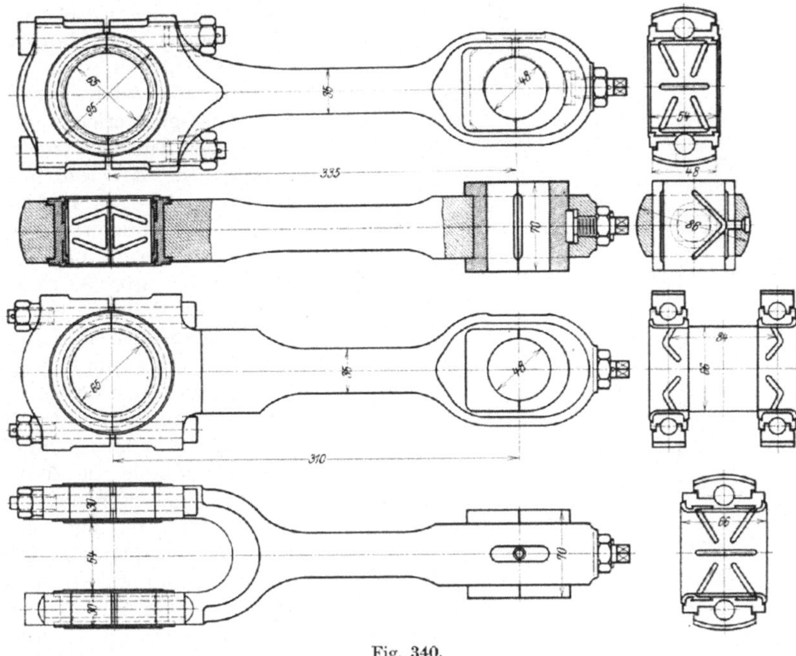

Fig. 340.

ventil d die Erhöhung des Druckes über das zulässige Maß auch bei etwa geschlossenem Ventil b anzeigt. Ein Überfüllventil e endlich leitet die Luft zu den Anlaßgefäßen. Die Luftzufuhr dahin geschieht mittels eines Röhrchens, das nahe an dem Boden des Gefäßes mündet, die Entnahme der Einblaseluft befindet sich oben, die der Überfülluft nahe am unteren Boden, da sie auch zum Ablassen kondensierten Wassers oder aus dem Kompressor kommenden Schmieröls dient.

Eine Überschreitung der Höchstspannung von 70 at für das Anlaßventil ist keineswegs erwünscht, da bei etwaiger Temperaturerhöhung im Maschinenraum dieser Druck noch steigen würde. Wie erwähnt, werden häufig schon etwa 50 at oder noch weniger als Grenze angegeben, damit man lieber ohne allzu große Bean-

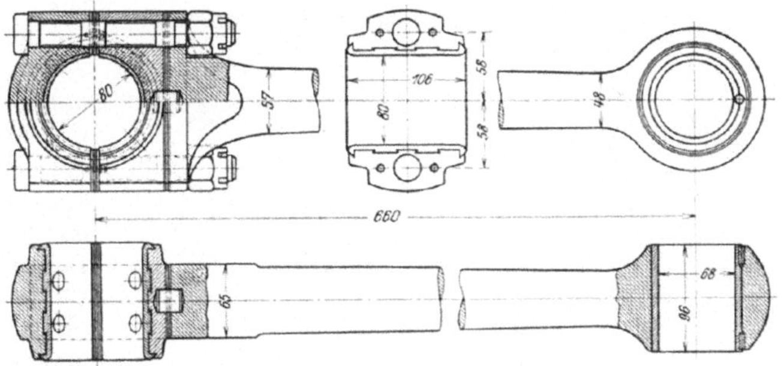

Fig. 341.

Fig. 342.

14*

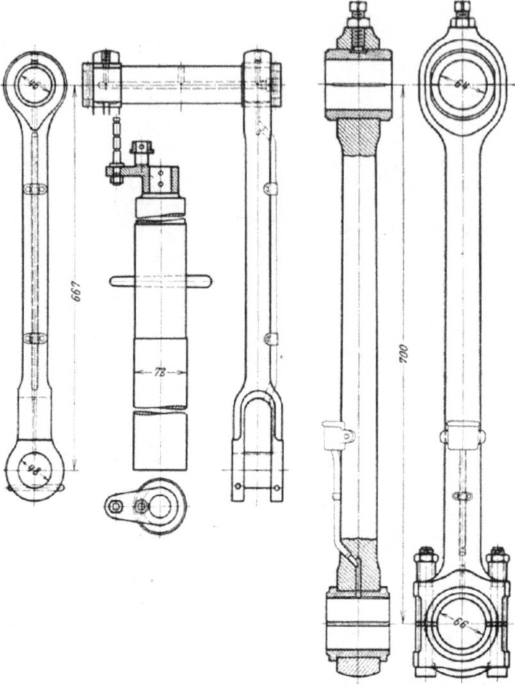

Fig. 343.

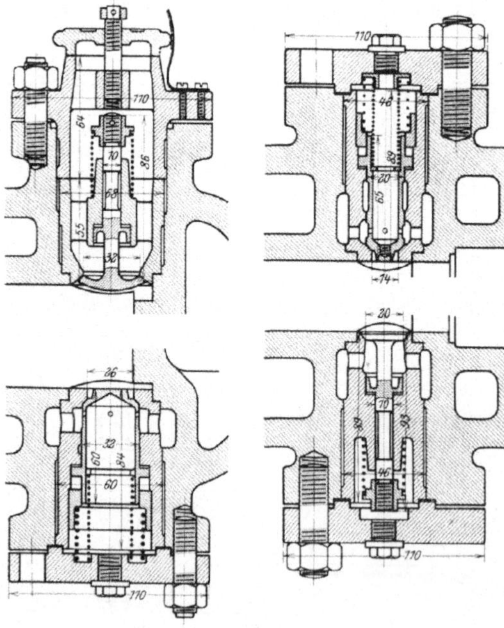

Fig. 344.

spruchung des Gestänges und insbesondere der Hauptwellen für das Anlassen eine größere Füllung anwenden kann, wodurch dasselbe erleichtert wird. Auch der Einspritzdruck wird anfangs für die leer laufende Maschine auf etwa 40 bis 45 at eingestellt. Andererseits wiederum soll der Druck im Einblasegefäß nicht unter 35 at sinken, in welchem Falle es vom Anlaßgefäß aufzufüllen wäre.

Weder das vom Kompressor kommende, noch das Ausblaserohr, darf zu tief auf den Boden der Flasche reichen, damit das dort befindliche Öl- und Kondenswassergemisch nicht aufgewirbelt wird und fein verteiltes Öl in das Einspritzrohr gelangt. Dadurch könnten bei etwaigem Hängenbleiben der Brennstoffnadel Zerstörungen durch Explosionen in der Luftleitung stattfinden, indem die Flamme aus dem Arbeitszylinder zurückschlägt. Deshalb hat man auch Rückschlagventile in diese Leitung gelegt, die als Sicherheitsvorrichtung ratsam sind. Die Aufnehmer und Luftkühler sind daher auch mit reichlich bemessenen Entölern zu versehen, die manchmal auch gesondert angebracht werden, ferner auch mit Sicherheitsventilen. In den Leitungen für hochgespannte Luft werden zur Sicherheit manchmal auch noch Brechplatten angebracht. Um etwaiges Abrosten im Innern der Gefäße durch dort stehendes Wasser womöglich unschädlich zu machen, werden in manchen Fällen dort Schrumpfringe angebracht, die sowohl zur Verstärkung dienen als auch dazu, etwaige Schäden rechtzeitig anzuzeigen: Das Wasser fließt dann an diesen Ringen aus.

Im gewöhnlichen Betriebe

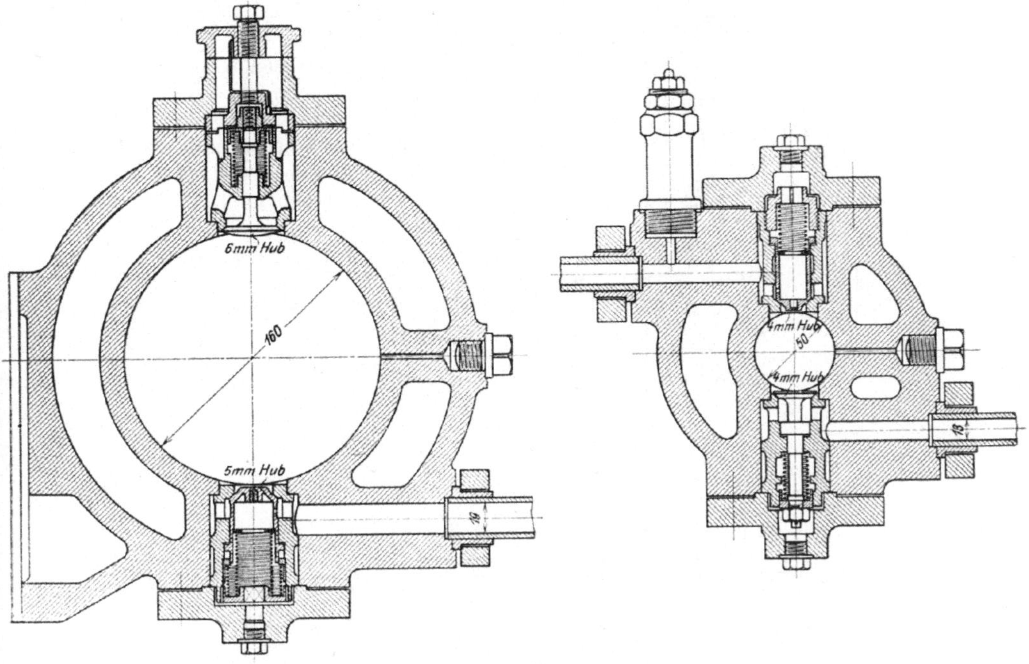

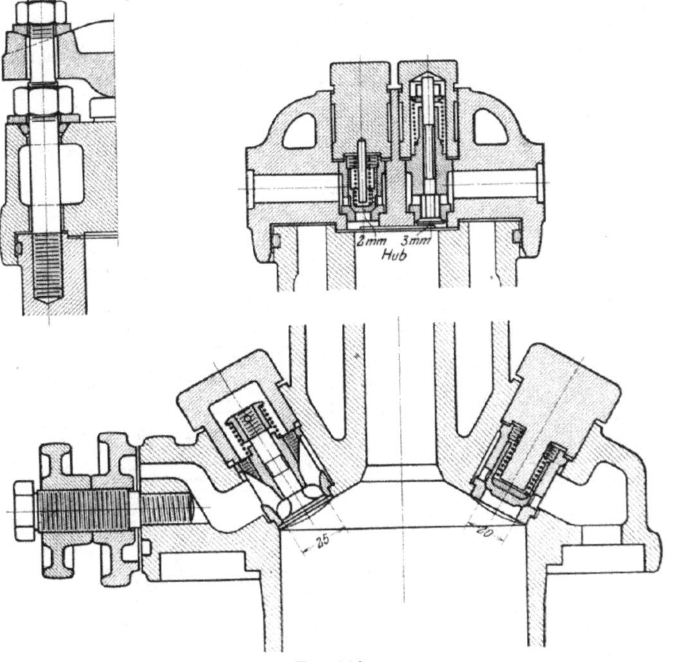

Fig. 345.

Fig. 346.

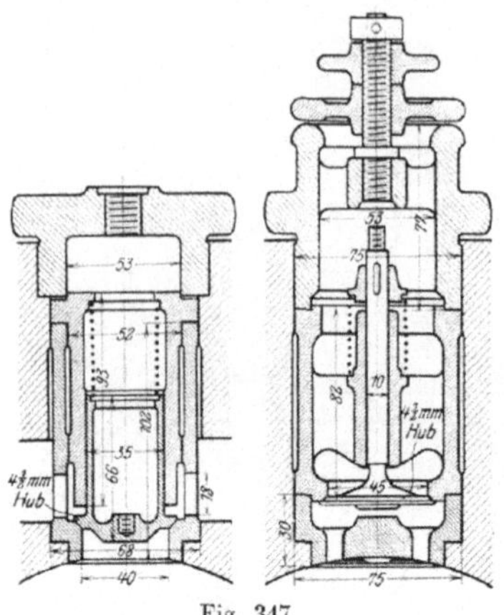

Fig. 347.

sind nun die Ventile *a* und *b* geöffnet, *e* geschlossen. Nur zur Erhaltung oder Erneuerung des zum Anlassen nötigen Druckes in den Anlaßgefäßen wird letzteres geöffnet, wobei dann auch die Luftzufuhr zum Kompressor durch das Regelventil vergrößert werden muß, da der Druck im Einblasegefäß dem Betriebe entsprechend festgehalten werden muß.

Der Ventilkopf eines Anlaßgefäßes enthält ein Anlaßventil *f* aus Rotguß oder Bronze, das die Verbindung mit der Anlaßleitung herstellt. Um nach Bedarf jedes der Anlaßgefäße für sich mit Druckluft füllen zu können, muß zwischen der Überfülleitung und jedem Gefäß noch ein Ventil *g* angebracht sein. Gewöhnlich führt die Leitung zuerst in den Ventilkopf eines der

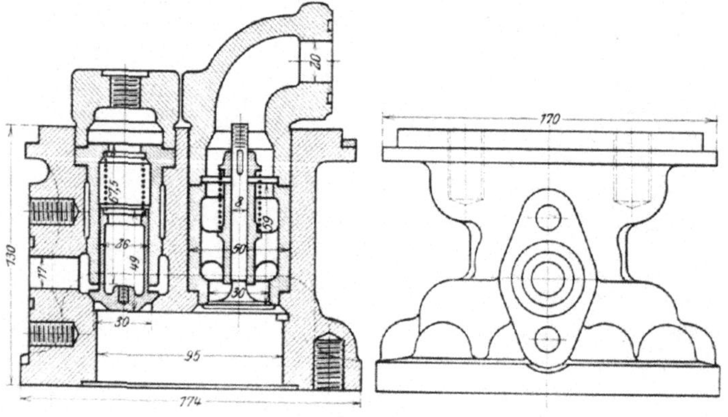

Fig. 348.

Fig. 349.

Fig. 350.

Fig. 351.

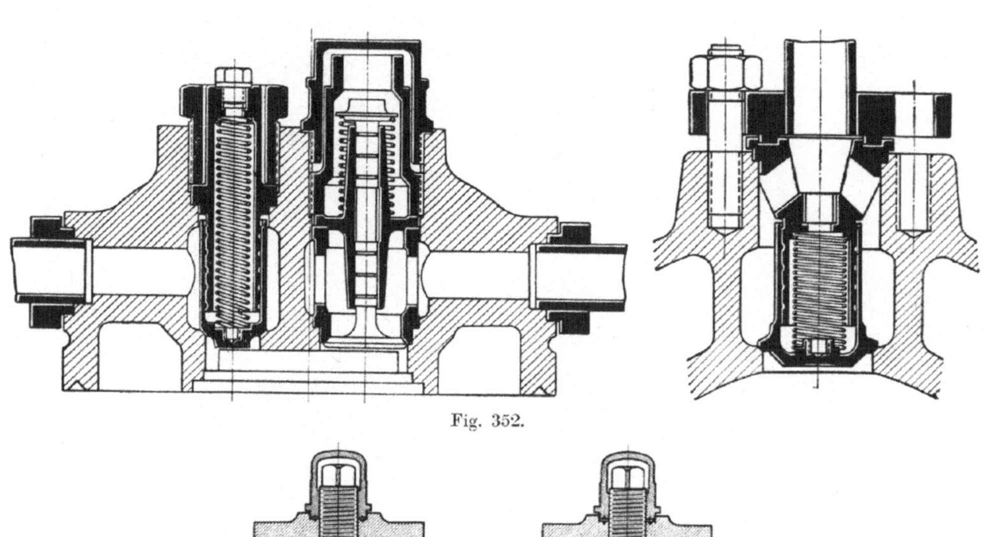

Fig. 352.

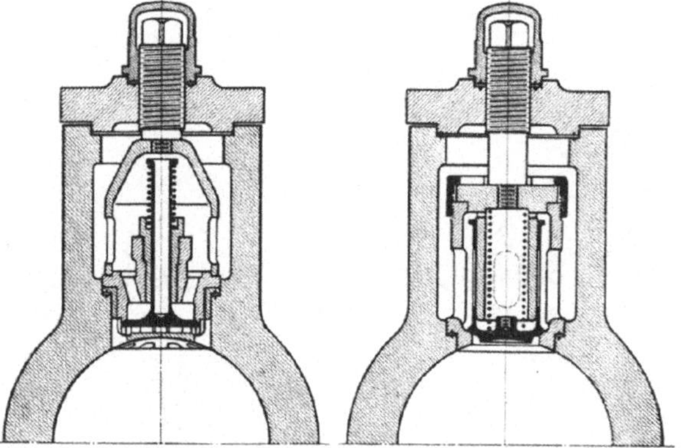

Fig. 353.

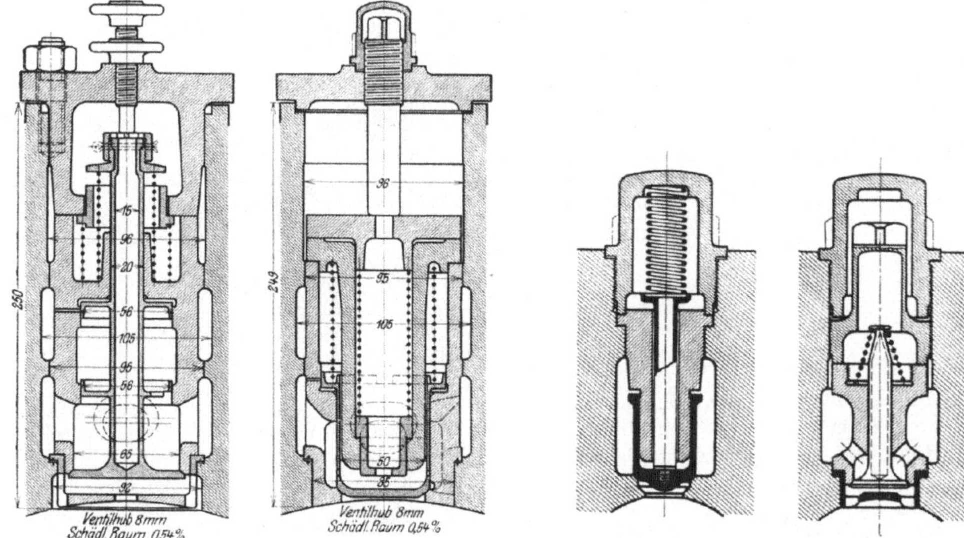

Fig. 354.   Fig. 355.

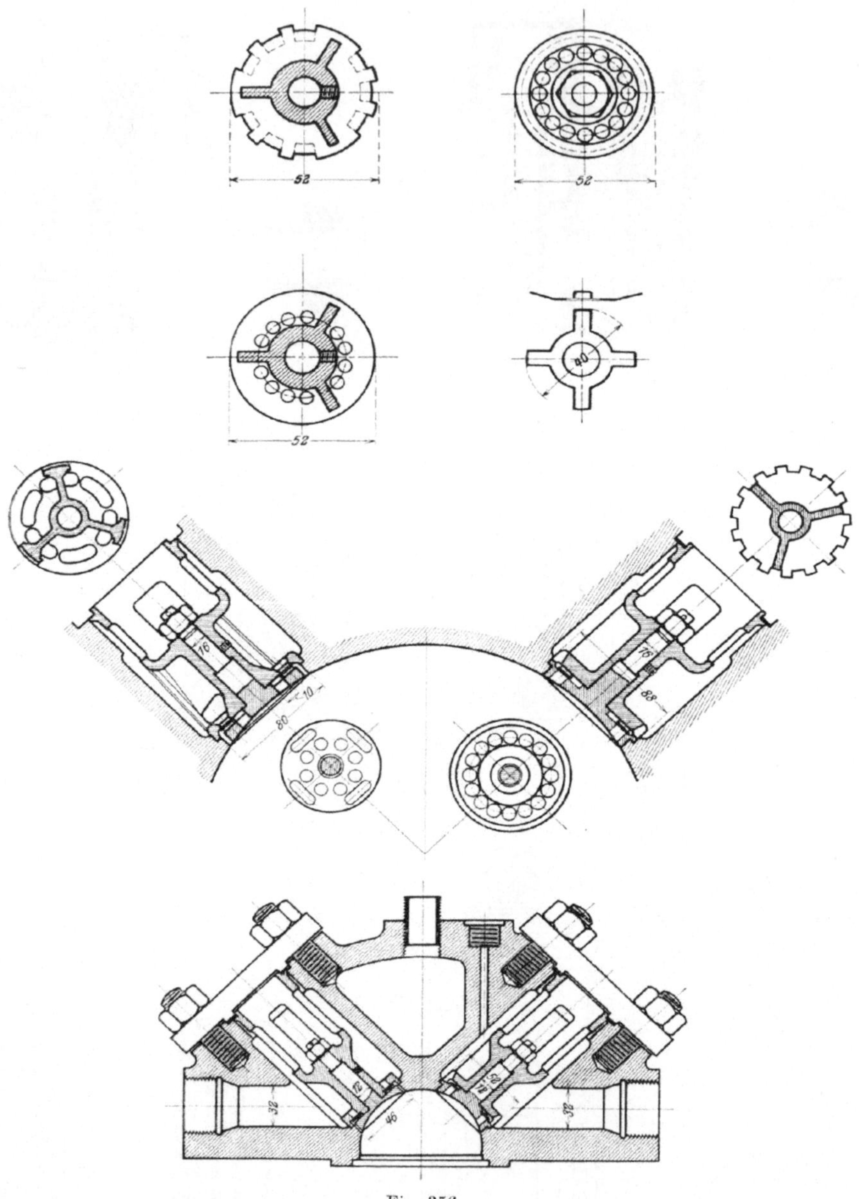

Fig. 356.

Anlaßgefäße und erst von hier zum zweiten, das demnach um einen Rohranschluß weniger braucht. Die Auffüllung der Gefäße geschieht wieder von unten mittels Röhrchen, die gleichzeitig als Ablaßrohre dienen, wozu bei einem Gefäß noch ein besonderes Ablaßventil bei *h* angebracht wird. Am anderen Gefäß wird meist ein Manometer angebracht, mit dem man dann bei Abschluß von *e* den Druck in jedem der beiden Gefäße nach Bedarf beobachten kann.

Während des Anlassens werden also nach Öffnung der Ventile *a* und *b* am Einblasegefäß noch das Ventil *f* geöffnet, und zwar an demjenigen Anlaßgefäß, mit dem man arbeiten will. Zum Wiederauffüllen derselben ist dann vor der Öffnung von *d* auch noch *g* zu öffnen.

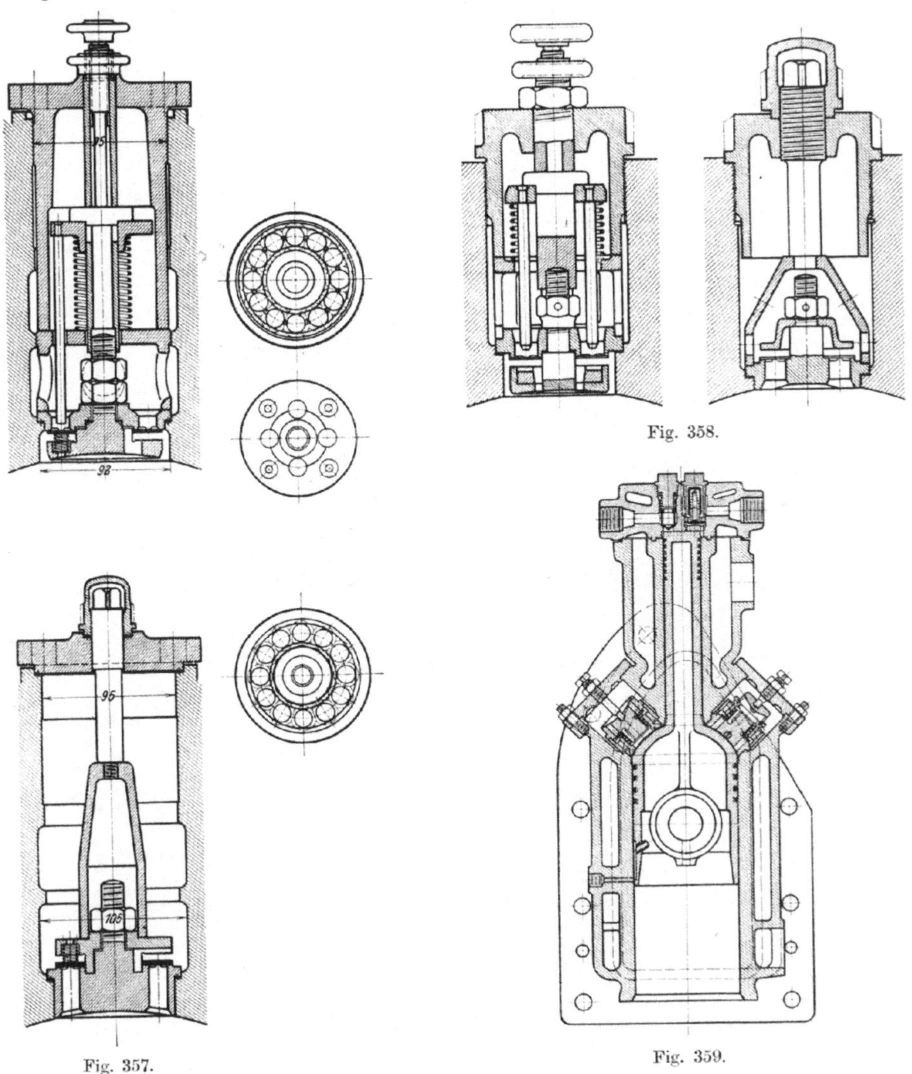

Fig. 357.   Fig. 358.   Fig. 359.

Die Ventile der Anlaßgefäße müssen sehr gut dicht halten, damit während der Betriebspausen keine Luft entweicht.

Wenn ein gesondertes Kühlgefäß für die vom Niederdruckzylinder kommende Luft vorgesehen ist, sind noch die Verbindungsleitungen und Absperrungen hierfür vorzusehen. Der Aufnehmer erhält gewöhnlich auch ein Manometer, das auch als Anzeiger für die zugeführte Luftmenge dient, und oft auch ein Sicherheitsventil; jedenfalls aber ist für sorgfältige Entölung und entsprechenden Ablaß zu sorgen.

Zündöl
Brennstoff
Zündöl-
Filtrier-
gefäß
Kühlgefäß
Brennstoff
Brennstoff
Brennstoff
Filtrier-
gefäß
Zündöl-
Filtriergefäß
Brennstoff-
pumpe
Zündölpumpe

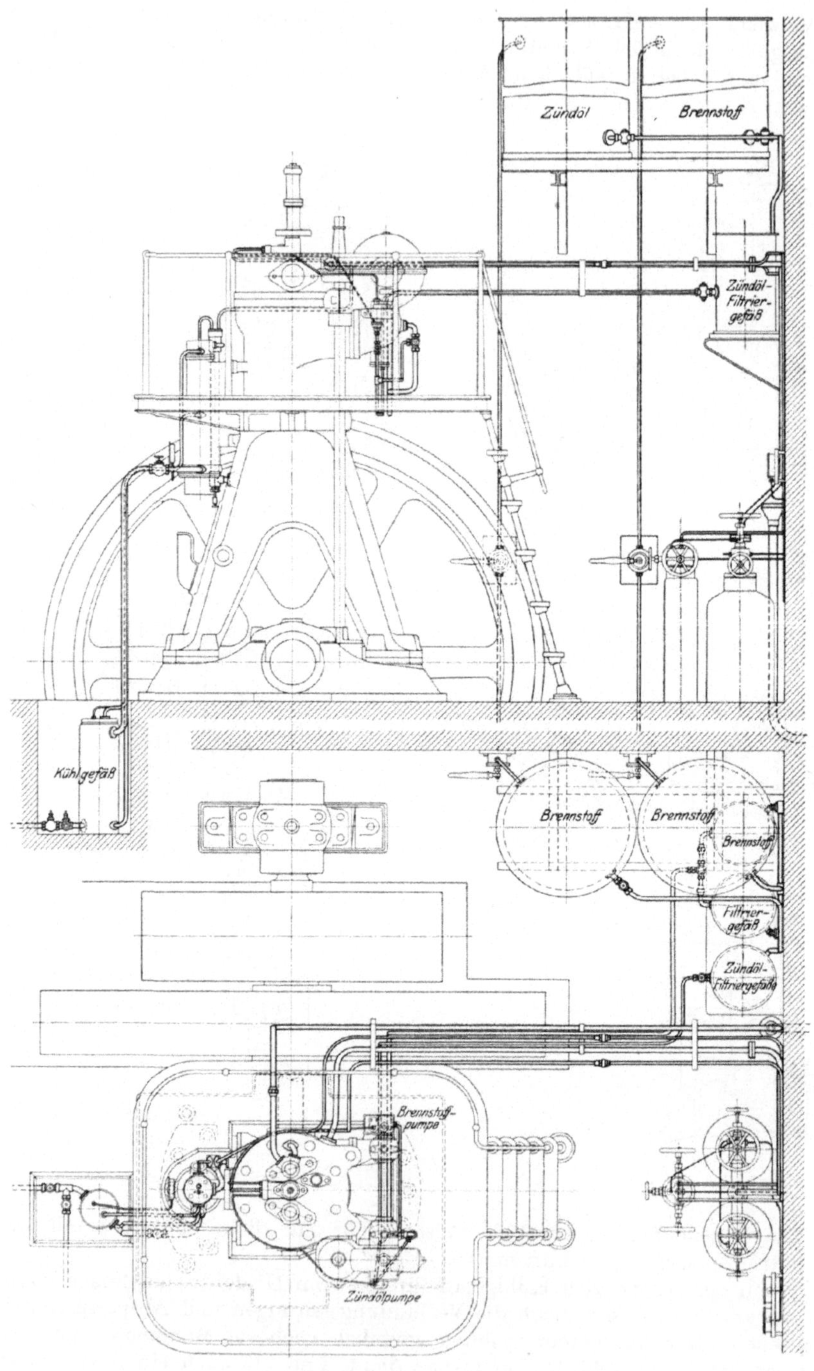

Fig. 360.

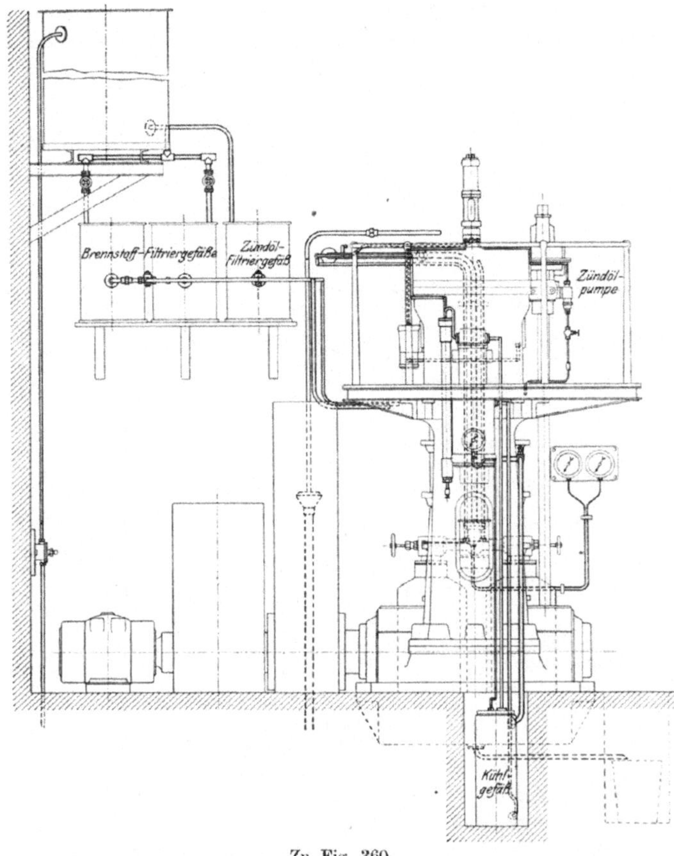

Zu Fig. 360.

Für die Manometerleitungen werden oft Entlüftungsventile verwendet.

Um bei verschiedenen Belastungen sogleich Einblaseluft von entsprechendem Druck zur Verfügung zu haben, benutzen Gebrüder Sulzer mehrere Einblasegefäße in denen Luft von verschiedenem Druck enthalten ist. Die gebräuchliche Regelung durch Drosseln des Luftzutritts zum Kompressor erfordert nämlich eine gewisse Zeit zur Erreichung des gewünschten Einblasedruckes, der dann auch leicht überschritten wird. Bei den Unterseeboot-Schiffsmaschinen der M. A. N. wird der Einblasedruck von einem Regler selbsttätig für jede Belastung und Drehzahl eingestellt.

Zur Vermeidung von Hochdruckgefäßen wird auch versucht, das Anlassen mit Luft aus dem groß bemessenen und dicht verschließbaren Zwischenkühler der Luftpumpe zu bewirken (Patent Lietzenmayer), ferner wird auch ganz ohne Einblasegefäß gearbeitet (Deutz).

Passende Volumangaben für die Größe der Gefäße sind der Fig. 361 beigegeben. Im Mittel benützt man bei stationären Maschinen für das Einblasegefäß etwa 0,5 bis 0,65 l/PS; während man bei größeren Einheiten bis etwa auf 0,2 l/PS und darunter geht. Für jedes der zwei Anlaßgefäße für kleine Maschinen etwa 2 bis 4 l/PS, für große bis herunter zu 1,6 l/PS und weniger. Bei umsteuerbaren Maschinen natürlich viel mehr.

Die Abmessungen der Luftrohrleitung zwischen Kompressor und Brennstoffventil bzw. Einblasegefäß werden so gewählt, daß auf 1 PS ein ungefährer Durchgangsquerschnitt von 2 bis 6 mm² kommt.

Fig. 364 und 365 zeigen die Anordnung der Druckluftrohre in größerem Maßstabe, Fig. 218 die Disposition derselben für eine liegende Maschine. In Fig. 366 sind die Rohre zwischen Kompressor und gesonderten Kühlgefäßen deutlich gemacht.

Der Brennstoff, und zwar sowohl Teer- als Zündöl, wird in Gefäße gepumpt, die derart hoch über den Brennstoffpumpen der Maschine stehen, daß der Zufluß auch bei geringerer Temperatur, wo die Brennstoffe zähflüssig werden, gesichert ist. Als Temperaturgrenze im Maschinenhaus für das Anlassen gilt etwa 5 bis 8° C;

Tab. zu Fig. 360.

Bemerkungen	Art und Benennung der Leitungen	Dimensionen bei PS			Material
		70	80	100	
Druckluft	Anlaßleitung	$^{30}/_{38}$	$^{33}/_{41,5}$	$^{38,5}/_{47}$	Stahl
,,	Einblaseleitung	$^{11}/_{16}$	$^{14}/_{20}$	$^{14}/_{20}$	Kupfer
,,	Druckleitung von der Luftpumpe	$^{11}/_{16}$	$^{11}/_{16}$	$^{14}/_{20}$	,,
,,	Saugleitung der Luftpumpe H. D. vom Kühlgefäß	$^{11}/_{16}$	$^{11}/_{16}$	$^{14}/_{20}$	,,
,,	Druckleitung ,, ,, N. D. zum ,,	$^{19}/_{26}$	$^{19}/_{26}$	$^{25}/_{33}$	Stahl
,,	Manometerleitung vom Kühlgefäß	$^{4}/_{7}$	$^{4}/_{7}$	$^{4}/_{7}$	Kupfer
,,	,, von den Druckluftgefäßen	$^{4}/_{7}$	$^{4}/_{7}$	$^{4}/_{7}$	,,
,,	Überfülleitungen der Druckluftgefäße	$^{7}/_{11}$	$^{7}/_{11}$	$^{7}/_{11}$	,,
Kühlwasser	Zuflußleitung durch das Kühlgefäß zur Luftpumpe	1″ Gasr.	1″ Gasr.	$1^1/_4$″ Gasr.	Schm.-Eisen
,,	Abflußleitung vom Auspuffventil nach dem Trichter	1″ ,,	1″ ,,	$1^1/_4$″ ,,	,,
,,	,, ,, Trichter	$1^1/_2$″ ,,	$1^1/_2$″ ,,	$1^1/_2$″ ,,	,,
,,	Entleerungsleitung vor dem Kühlgefäß	1″ ,,	1″ ,,	1″ ,,	,,
Brennstoff	Saugleitung der Handpumpe	1″ ,,	1″ ,,	1″ ,,	,,
,,	Druckleitung ,, ,, nach dem Brennstoffvorratgefäß	1″ ,,	1″ ,,	1″ ,,	,,
,,	Zuleitung zu den Filtriergefäßen	1″ ,,	1″ ,,	1″ ,,	,,
,,	Leitung von den Filtriergefäßen nach dem Schwimmergehäuse am Motor	1″ ,,	1″ ,,	1″ ,,	,,
,,	Verbindungsleitung zwischen Schwimmergehäuse und Brennstoffpumpe	1″ ,,	1″ ,,	1″ ,,	,,
,,	Druckleitung von der Brennstoffpumpe nach dem Brennstoffventil	$^{4}/_{7}$	$^{4}/_{7}$	$^{4}/_{7}$	{ Stahl bei Teeröl { Kupfer bei Gasöl
Zündöl	Saugleitung der Handpumpe	$^3/_4$″ Gasr.	$^3/_4$ Gasr.	$^3/_4$″ Gasr.	Schm.-Eisen
,,	Druckleitung ,, ,, nach dem Zündölvorratgefäß	$^3/_4$″ ,,	$^3/_4$″ ,,	$^3/_4$″ ,,	,,
,,	Zuleitung zu dem Filtriergefäß	$^3/_4$″ ,,	$^3/_4$″ ,,	$^3/_4$″ ,,	,,
,,	Leitung vom Filtriergefäß nach der Zündölpumpe	$^3/_4$″ ,,	$^3/_4$″ ,,	$^3/_4$″ ,,	,,
,,	Verbindungsleitung mit der Brennstoffleitung	$^3/_4$″ ,,	$^3/_4$″ ,,	$^3/_4$″ ,,	,,
,,	Druckleitung von der Zündölpumpe nach dem Brennstoffventil	$^{4}/_{7}$	$^{4}/_{7}$	$^{4}/_{7}$	Kupfer
Öl	Schmutzölleitung von der Grundplatte	1″ Gasr.	1″ Gasr.	$1^1/_4$″ Gasr.	Schm.-Eisen
Gase	Auspuffleitung	145 lw.	160 lw.	170 lw.	Guß- bzw. Sch.-E.

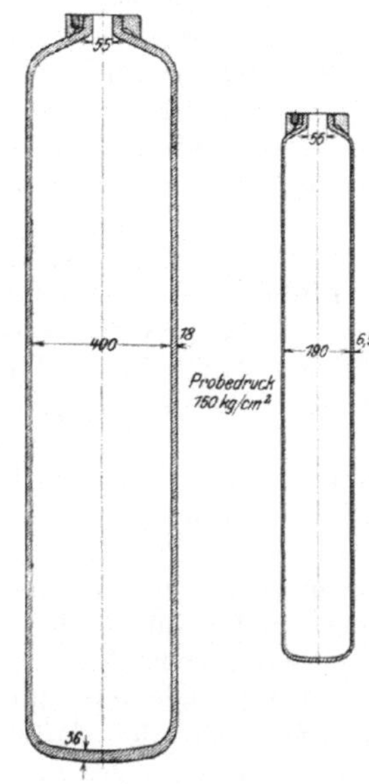

Fig. 361.

wenn niedrigere Temperaturen vorhanden sind, ist das Anlassen wegen der Unbeweglichkeit des Brennstoffes in den Rohren nicht möglich. Entsprechend weite Rohre, die man möglichst in die Nähe und längs der Auspuffrohre führt, wo sie während des Betriebs durch die erwärmte Luft oder Strahlung Wärme aufnehmen, sind Mittel zur Verbesserung der Leichtflüssigkeit. Bei schweren Ölen wird manchmal neben schraubenförmigen Rohrschlangen um ein Auspuffrohr auch noch eine besondere Heizung mit erwärmtem Kühlwasser oder Auspuffgasen vorgesehen, um auch Ausscheidungen aus dem Brennstoff, die bei niedriger Temperatur stattfinden könnten, zu vermeiden. Solche Maßregeln sind in Fig. 367 dargestellt. Soll der Motor demnach bei kleinen Temperaturen laufen, so wird auch ein Dreiwegehahn angeordnet, der die Zufuhr von Lampenpetroleum zum Anlassen bewirkt. Vor dem Abstellen läßt man dann die Maschine wieder einige Zeit mit Lampenpetroleum laufen, damit die Rohre sich mit diesem nicht so leicht erstarrenden Brennstoff füllen und man zum nächsten Anlassen bereit ist.

Die aus Blech hergestellten Brennstoffgefäße haben einen Inhalt von durchschnittlich 2 bis 5 l für die PSe des Motors und erhalten einen Oberflächenanzeiger und

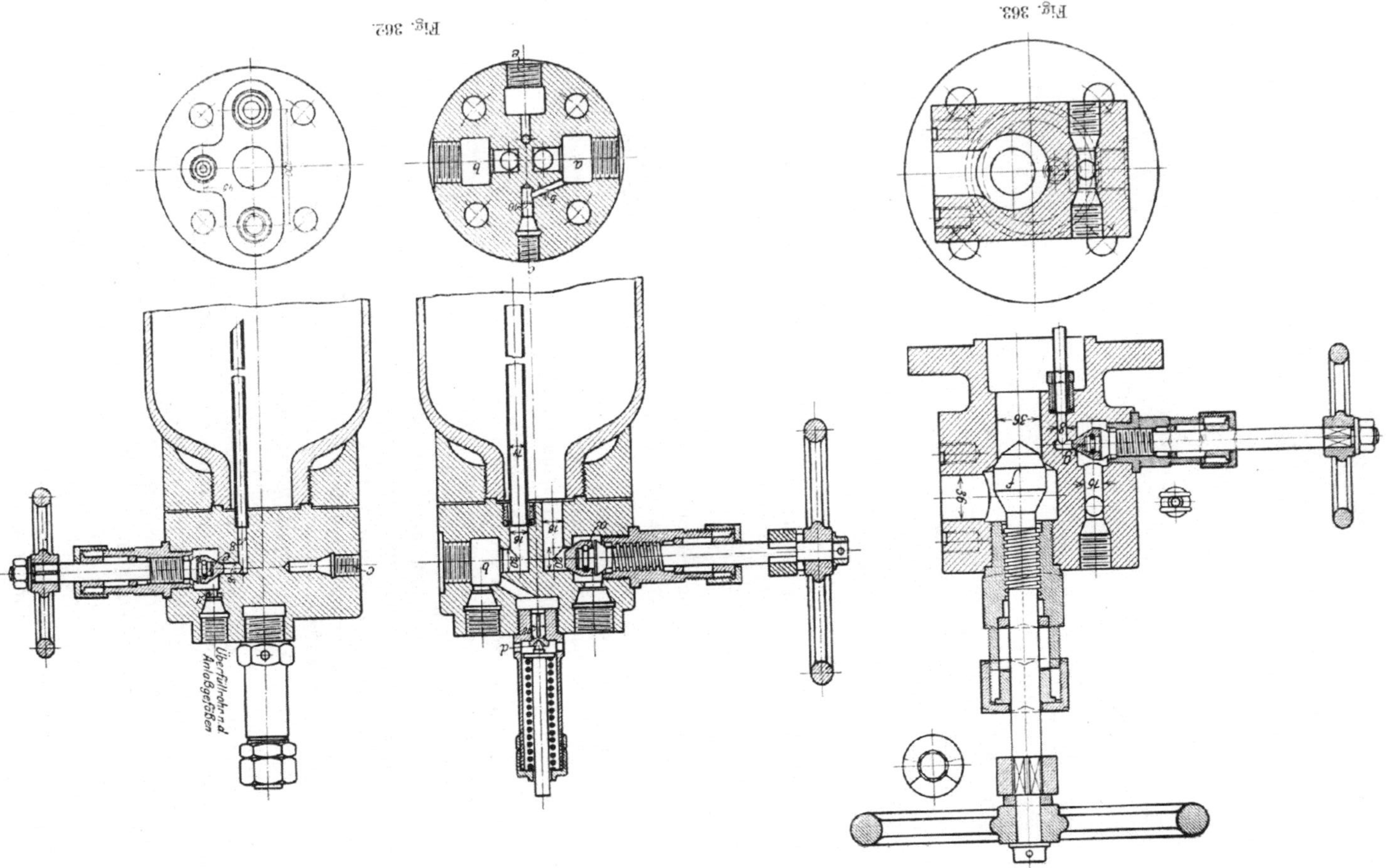
Fig. 362.
Fig. 363.
Überfüllrohr n. d. Anlaßgefäßen

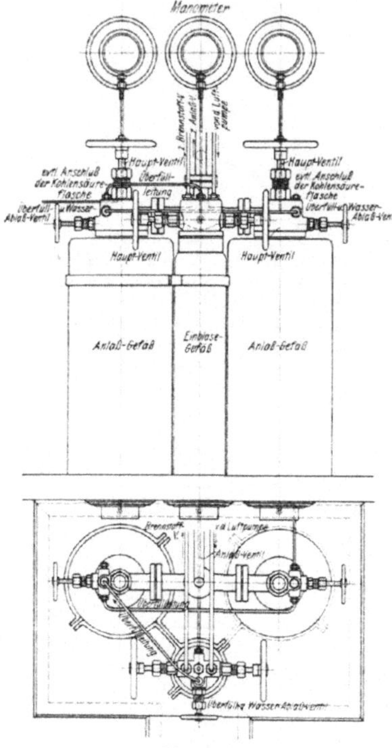

Fig. 364.

Überlauf und oft auch ein feinmaschiges Sieb als Grobfilter. Wenn kein Schwimmergefäß vor der Ölpumpe angewendet wird, bringt die Niveauänderung möglicherweise auch kleine Änderungen der Reglerstellung für eine gegebene Belastung mit sich, was aber nicht weiter beachtet zu werden braucht. Zum Ablassen des aus dem Rohöl sich abscheidenden Wassers und Schlammes soll ein Ablaßhahn unten angebracht sein. Die Füllöffnung des Brennstoffgefäßes wird oft verschließbar gemacht, um Staub abzuhalten.

Wenn das Brennöl aus einem höher liegenden Vorratsbehälter zufließt, wird im Brennstoffbehälter ein Schwimmer zur Begrenzung der Oberfläche angebracht.

Um das Brennöl noch vor dem Eintritt in die Maschine von festen Fremdkörpern zu reinigen, schaltet man gewöhnlich zwei Filtergefäße für Roh- oder Teeröl, und gegebenenfalls eines für Zündöl ein, wobei aber wegen etwaiger Reinigung auch zeitweise nur eines für den Hauptbrennstoff ausreichen muß.

Solche Filtergefäße sind in den Fig. 369 und 370 in zwei Ausführungen dargestellt. In Fig. 369 gelangt das Öl aus der gemeinsamen Leitung durch ein Schwimmerventil in den unteren Teil des Gefäßes, das durch ein Filtertuch aus Filz gegen den oberen Teil abgeschlossen ist. Aus diesem erst fließt das gereinigte Öl den Maschinen zu. Der das Filtertuch haltende Ring wird durch

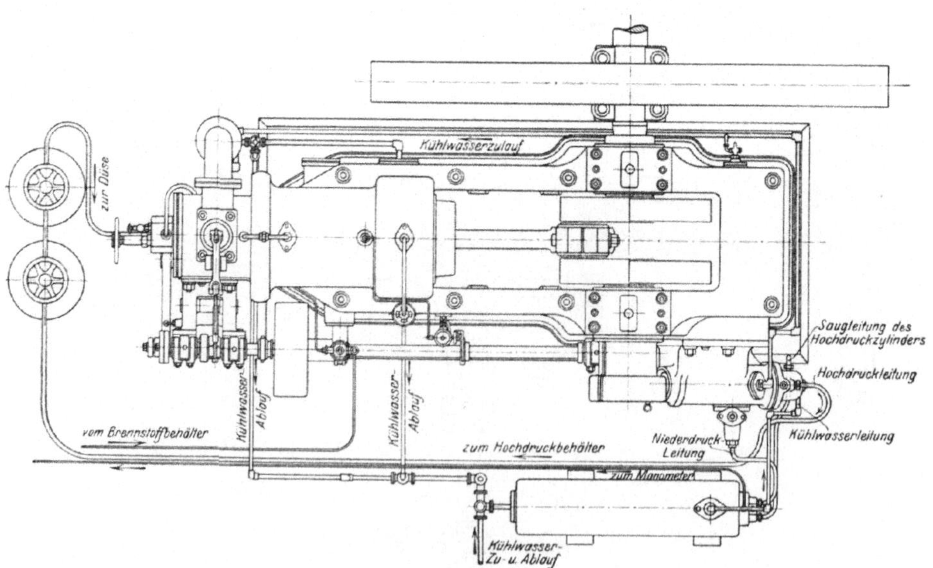

Fig. 365.

zwei Federn und eine Dichtungsschnur gegen den unteren Gefäßteil abgedichtet. Das Gefäß erhält zur Reinigung einen Ablaßhahn, zur leichten Entfernung des Filtertuches beim Auswechseln gegen ein gereinigtes einen Deckel mit Handgriff. Für eine effektive PS genügt für ein Gefäß noch eine Filterfläche von rund 2 qcm, wenn zwei Filter vorhanden sind. Der Filter Fig. 370 hat keinen Schwimmer, wird also einfach in die Abfalleitung vom Brennstoffgefäß eingeschaltet. Auch hier ist unten der Zufluß, im Deckel der Abfluß des Öls angebracht, überall dienen Ölränder zum Auffangen etwa durch Undichtheiten austretenden Brennstoffs. Zur Abschaltung der Filtergefäße sind vor und hinter denselben Absperrorgane angebracht, zur Reinigung und zum Ablassen von Wasser je ein Ablaßhahn. Fig. 252 läßt den Brennstoffbehälter, die Filteranlage, sowie deren Anbringung im Maschinenraum erkennen.

Bei kleinen Anlagen werden die Brennstoffgefäße mit der Hand oder mit einer Handpumpe gefüllt (Fig. 360), bei großen mit motorisch angetriebenen Pumpen, z. B. Kapsel- oder Zahnradpumpen (Fig. 369).

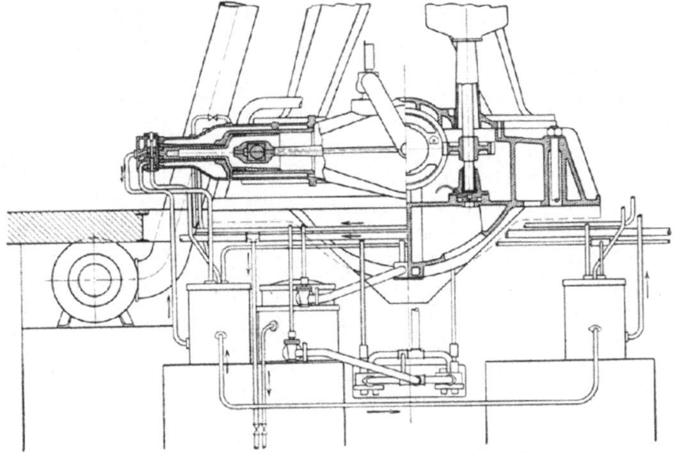

Fig. 366.

Als Material für die Rohre dienen Gasrohre, an der Maschine auch Kupferrohre, die nur für Teerölleitungen zu vermeiden sind, da dieses das Kupfer angreift. Für die unter hohem Druck stehenden Rohre verwendet man dann Stahl.

Die Anschlußstücke der Luft- und Brennstoffleitungen für hohen Druck sind natürlich sehr sorgfältig auszuführen. Da eine große Anzahl derselben erforderlich ist, sollen sie mit Rücksicht auf Billigkeit stets in Serien als Massenartikel hergestellt werden, und auch derart genau, daß eine besondere Nacharbeit bei der Montierung unbedingt vermieden wird.

Zum Wechsel des Brennstoffs zum Anlassen dient die Anordnung Fig. 290 mit Dreiwegehahn, hier für eine liegende Maschine. Zur Sicherheit gegen Eindringen heißer, hochkomprimierter Luft in die Rohrleitung sind stets Rückschlagventile nahe an der Brennstoffpumpe anzubringen, nebst den bereits mehrfach erwähnten Probier- und Entlüftungsventilen.

Unmittelbar zum Betriebe gehörig sind auch die Leitungen für die Verbrennungsluft und die Abgase. In den meisten Fällen wird die Verbrennungsluft unmittelbar dem Maschinenhause entnommen, manchmal aber auch von außen hergeleitet, bei großen Anlagen durch besonders angelegte Kanäle. Hier erhält man durch die niedrige Temperatur der Außenluft eine größere Ansaugemenge bei gleicher Verdrängung und dadurch eine etwas größere Maschinenleistung. Bei hochliegenden Orten mit merklich kleinerem Barometerstand spielt der verminderte Druck der Außenluft eine ähnliche Rolle wie die Temperaturerhöhung, muß also berücksichtigt werden. Die Luftentnahme aus dem Maschinenhause bietet hingegen dort einen ständigen Luftwechsel, dafür aber auch das unvermeidliche Ansaugegeräusch, das durch Anordnung enger Schlitze beträchtlich vermindert wird und auch durch die Lage derselben an der Maschine mehr oder weniger störend sein kann. Um das Sauggeräusch abzuschwächen, wird auch das Saugrohr verlängert und die Arbeitsluft aus einem Teile der Fundamentgrube entnommen, auch werden die Ansaugrohre zu einem gemeinsamen Rohre vereinigt.

Fig. 371 zeigt ein Ansaugrohr. Die mittlere, auf das während der Ansaugperiode sekundlich durchlaufene Zylindervolumen bezogene Geschwindigkeit im Rohr beträgt etwa 25 bis 35 m/sek, in den Schlitzen 80 bis 90 m/sek, die Länge der Schlitze etwa das 2 bis 3fache des lichten Rohrdurchmessers. Solche Ansaugerohre zeigen auch die Fig. 12, 30, 77, 306 u. a.

Manchmal läßt man die Ansaugrohre auch ohne Schlitze in den verschalten Kurbelkasten münden, der eine Art Luftbehälter bildet (Fig. 36, 249). Dabei wird erzielt, daß die von Lager- und Zylinderöldämpfen gesättigte Luft abgesaugt wird und diese Dämpfe, ohne durch ihren Geruch und die Explosionsgefahr unangenehm zu werden, auch zur Ausnützung gelangen. Natürlich muß an entsprechender Stelle für ausreichenden Zutritt frischer Luft zum Kurbelkasten gesorgt werden. Diese kann gegebenenfalls auch zur Kühlung der Hauptlager verwendet werden. Auch nur teilweises Absaugen aus dem Kastengestell, verbunden mit unmittelbarer Luftzufuhr, wird verwendet (Fig. 304, 372). Jedenfalls ist bei diesen Anordnungen eine gewisse Luftkühlung der Tauchkolben mit erreicht.

Manchmal werden besondere Saugwindkessel angebracht; wo Kasten für die Steuerung vorhanden sind, können deren Konsolen als Luftgefäße verwendet werden (Fig. 38), hie und da wird auch unmittelbar am Zylinderkopf eine Schlitzplatte für das Ansaugen angeordnet (Fig. 373). Die Schwingungen der Luft in den Ansaugerohren können Ungleichheit in der Leistung der einzelnen Zylinder von Mehrzylindermaschinen hervorrufen, können aber auch die Leistung etwas erhöhen.

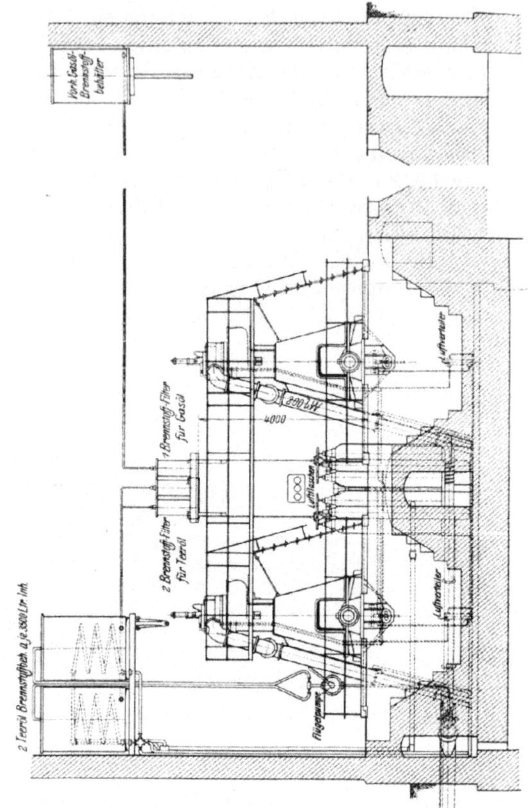

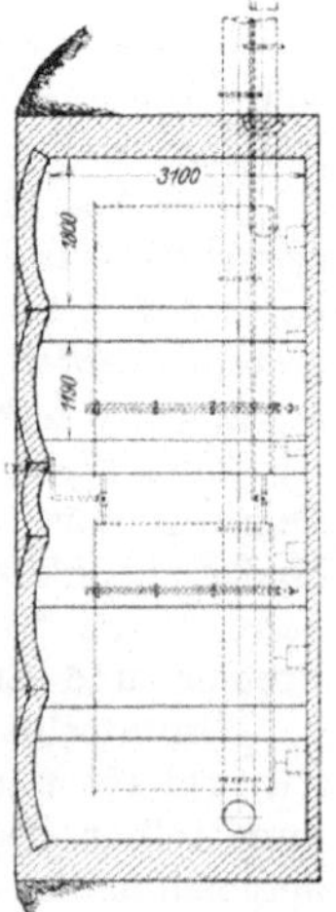

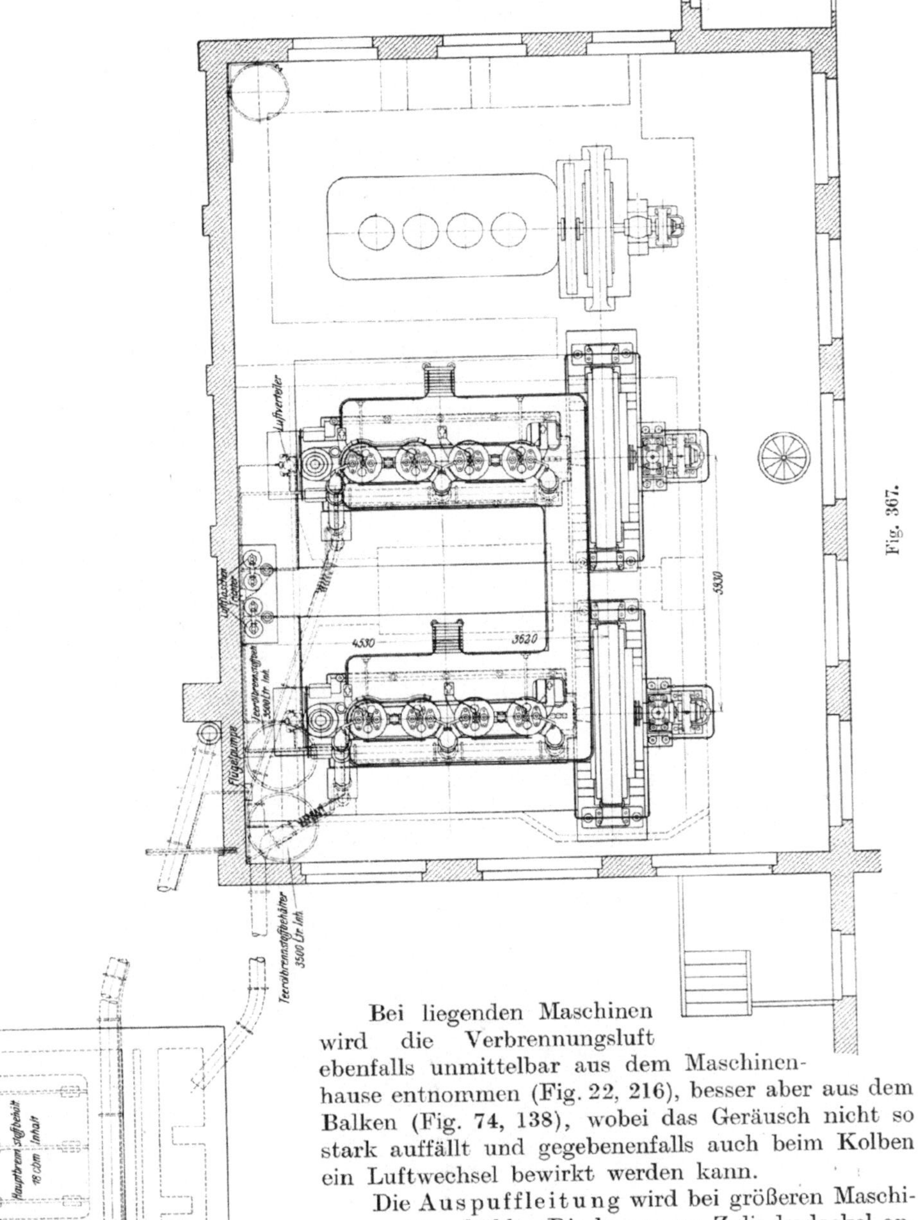

Fig. 367.

Bei liegenden Maschinen wird die Verbrennungsluft ebenfalls unmittelbar aus dem Maschinenhause entnommen (Fig. 22, 216), besser aber aus dem Balken (Fig. 74, 138), wobei das Geräusch nicht so stark auffällt und gegebenenfalls auch beim Kolben ein Luftwechsel bewirkt werden kann.

Die Auspuffleitung wird bei größeren Maschinen meist gekühlt. Die knapp am Zylinderdeckel anstoßenden Rohre werden, wegen der dort noch hohen Temperaturen, stets aus Gußeisen hergestellt, bei Kühlung mit Doppelmantel. Da dieser im Guß leicht reißt, wird er auch durch einen Schlitz geteilt und mit einer Schelle und einem Gummiring nach außen abgedichtet (Fig. 374). Als Kühlwasser wird gewöhnlich das aus den Zylinderdeckeln ablaufende Wasser verwendet,

15

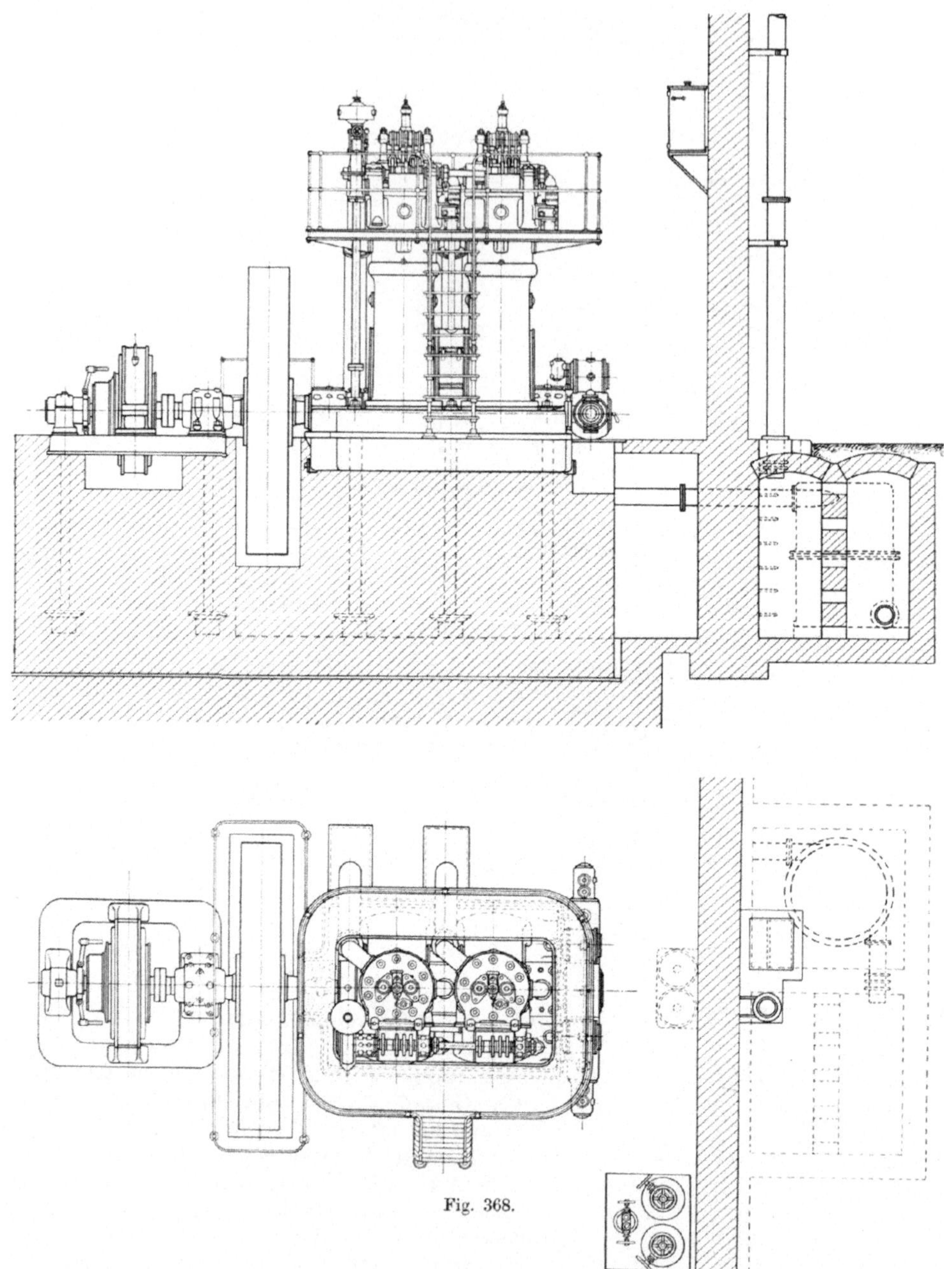

Fig. 368.

wie dies z. B. Fig. 138 veranschaulicht. Bei Mehrzylindermaschinen werden die Auspuffrohre entweder bei kleineren Ausführungen über den Zylindern (Fig. 18), oder
bei größeren Maschinen unter dem Podest (Fig. 253), oder auch erst im Fundament
miteinander verbunden (Fig. 17, 368), im letzteren Fall werden meist die ganzen

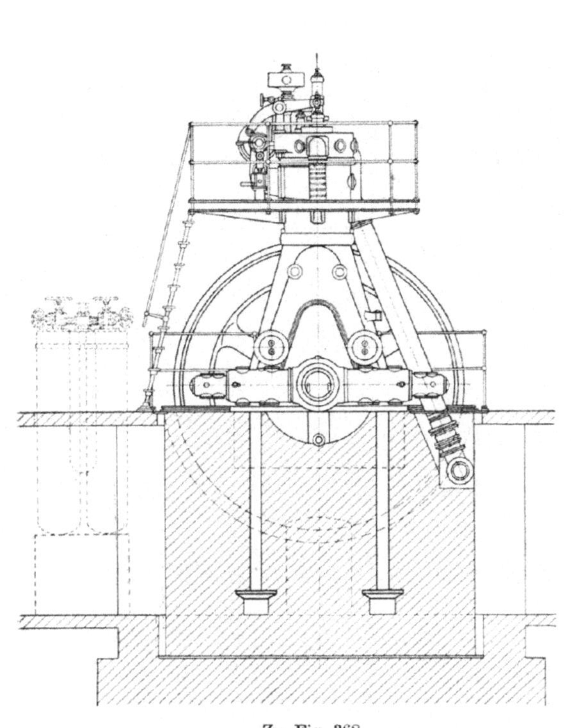

Zu Fig. 368.

oberhalb des Maschinenflurs liegenden Teile gekühlt, manchmal unterbleibt dies aber auch (Fig. 10). Der Zweck ist gewöhnlich nur, die Wärmeausstrahlung ins Maschinenhaus zu vermeiden. Die Verbindungsrohre der einzelnen Auspuffstränge werden auch manchmal stark erweitert (Fig. 17). Um den Auspuff beobachten zu können, werden kleine verschließbare Öffnungen angebracht, zur Temperaturmessung gewöhnlich auch Thermometerstutzen.

In die Auspuffleitung wird stets auch ein Schalldämpfer eingeschaltet, der gewöhnlich nach Fig. 375 oder 376 ausgebildet ist. Fig. 375 zeigt einen Auspufftopf aus Schmiedeeisen. Sein Raum ist durch Längswände in drei Teile geteilt, so daß die Gase dieselben nacheinander passieren müssen, indem sie bei den Öffnungen der Abteilungswände scharfe Krümmungen machen. Eine Ablaßöffnung dient zur Abfuhr etwa kondensierenden und sich abscheidenden Wassers. Für Mehrzylindermaschinen werden wegen günstigerer Raumausnützung und wegen etwaiger Schwingungserscheinungen in den Rohren oft auch zwei hintereinander oder parallel geschaltete Auspufftöpfe verwendet. Gegebenenfalls kann der in Betracht kommende Gegendruck durch solche Schwingungen oder auch durch Rohrerweiterung gegen das Ende hin etwas erniedrigt werden. Der Rauminhalt der Auspufftöpfe geht bis auf rund 10 l/PSe herunter, oder etwa bis zum 10 bis 20 fachen des Zylinderinhaltes.

Die gußeisernen Auspufftöpfe (Fig. 376) lassen den tangentialen Anschluß der Auspuffrohre erkennen, sowie die durch eine vor den oberen Deckel und die darin befindliche Auspufföffnung gelegte Schallplatte bewirkte Schalldämpfung. Diese Platte reicht nahe an die Gefäßwände. Sie kann auch durch ein Schlitzrohr ersetzt werden.

Bei sehr großen Anlagen werden auch gemauerte Schallräume (Fig. 367) verwendet, sowie statt der meist senkrecht emporsteigenden, schmiedeeisernen Auspuffrohre hinter den Schalltöpfen ein gemauerter Kamin. In Fig. 368 ist die Anordnung eines gemauerten Schallraumes hinter dem Schalltopf ersichtlich gemacht.

Die Abmessungen der Auspuff- und Ansaugerohre werden so gewählt, daß die auf den von den Zylindern während der betreffenden Hubzeit, also während des Auspuffens oder Ansaugens, verdrängten Rauminhalt bezogenen Geschwindigkeiten rund 25 bis 35 m/sek betragen. Die Rohre für den Auspuff hinter der Vereinigungsstelle bei Mehrzylindermaschinen sind im Durchmesser nur wenig größer, weil die Auspuffzeiten teilweise hintereinander folgen; hinter den Schalldämpfern werden oft kleinere Abmessungen benützt. Da die Auspuffrohre leicht verrußen, ist für ihre leichte Reinigung und auch für die Ableitung von Kondenswasser zu sorgen; wenn insbesondere der Brennstoff merkliche Mengen von Schwefel enthält, entstehen in

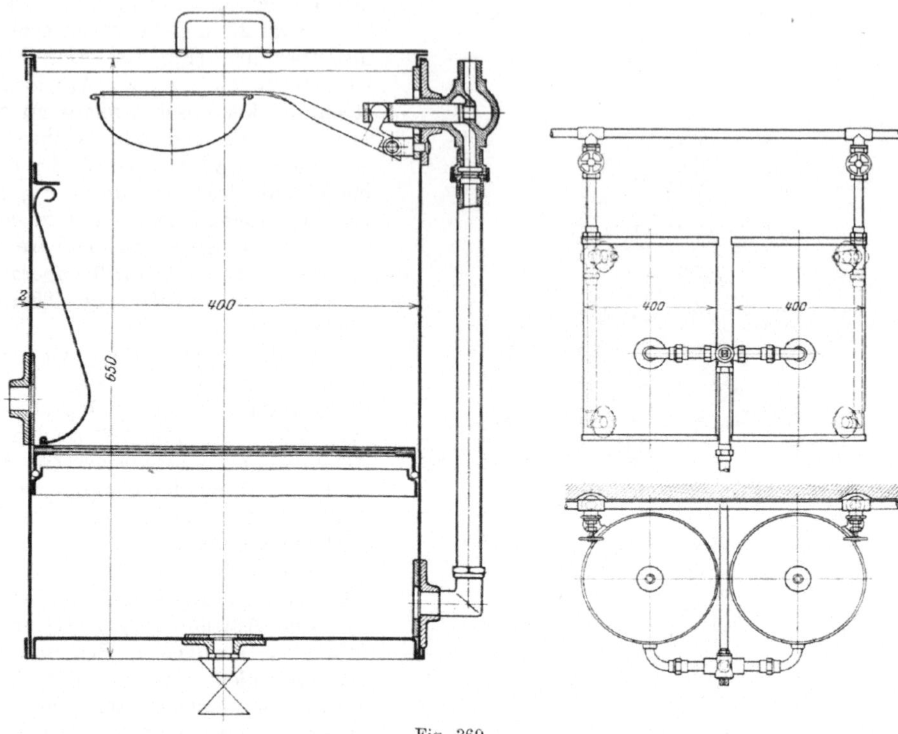

Fig. 369.

den Verbrennungsprodukten SO_2 und SO_3. Diese Gase verhalten sich indifferent, solange sie nicht mit Wasser zusammentreffen, solange also auch der in den Abgasen befindliche Wasserdampf nicht kondensiert ist. Geschieht dies jedoch, so greifen die Lösungen das Eisen der Rohre an und bilden basisch schwefelsaures Eisenoxyd und Eisenvitriol, die sich bei langen, frei geführten Auspuffleitungen im Winter als harte Masse ansetzen und den Rohrquerschnitt verengen. Die Auspuffrohre sollen daher nur kurze Stücke im Freien geführt, oder dort gegen zu starke Abkühlung geschützt werden.

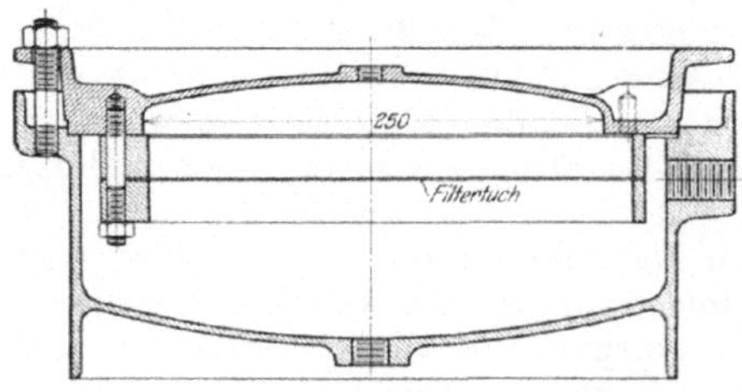

Fig. 370.

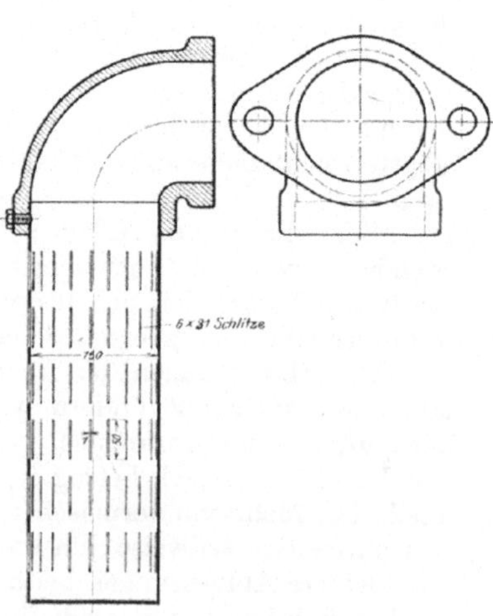

Fig. 371.

In manchen Fällen müssen verbleite Rohre oder Tonrohre verwendet werden. Bei leichtgebauten Schiffsmaschinen werden die gekühlten Auspuffrohre aus geschweißten Schmiedeeisenrohren oder gelöteten Kupferrohren angefertigt. Im Maschinenraum liegende Auspufftöpfe werden wegen der unangenehmen Wärmestrahlung gekühlt.

Eine bedeutsame Rolle im Betriebe eines Ölmotors spielt die Kühlung. Die Arbeitszylinder und gegebenenfalls auch die Kolben, sowie die Kompressorzylinder und die Druckluftleitungen werden gewöhnlich mit Wasser gekühlt, oft auch ein Teil der Auspuffrohre und die Auslaßventile, manchmal auch die Hauptlager und gegebenenfalls die Kreuzkopfführung. Die Kolbenkühlung kann auch mit Öl bewirkt werden, wie bereits in Kapitel V, S. 59 erörtert wurde.

Allen Kühlstellen ist das Kühlwasser zuzuführen und es muß aus den betreffenden Räumen auch wieder abgeleitet werden, die Strömung ist überall so zu führen, daß die am stärksten erwärmten Teile und solche, die die Wärmeabfuhr erschweren, besonders gut vom Strom getroffen werden, und auch derart, daß nirgends tote Räume entstehen und auch überall die richtige Strömung untersucht werden kann. Das zur Kühlung verwendete Wasser muß derart rein sein, daß keine merklichen Schlammablagerungen in den meist schwer zugänglichen Kühlwasserräumen stattfinden. Man kann solche Ablagerungen oft durch entsprechende Formgebung vermeiden, und auch dadurch, daß man an den betreffenden Stellen die Wassergeschwindigkeit erhöht. Auch hartes Wasser ist nicht zu verwenden, wenn die Temperatur desselben höher als 30° steigt, weil sonst Ablagerungen von Kesselstein stattfinden, die durch Verminderung des Wärmeüberganges die gleichen Nachteile mit sich bringen, wie Schlammkrusten und ungenügende Wasserzufuhr, und die außerdem schwer zu entfernen sind. Am besten gelingt dies durch Auflösen des Kesselsteins in verdünnten Säuren, (Chlorsäure oder verdünnte Salzsäure, wenn nötig unter Beimischung von Dampf), die aber dann sorgfältig entfernt werden müssen. Jedenfalls ist es vorteilhaft, bei allen Kühlräumen derartige Öffnungen anzubringen, daß wenigstens an den gefährlicheren Stellen eine gründliche mechanische Reinigung möglich ist (vgl. z. B. Kapitel VII).

Sollte sich die Verwendung absatzfreien Wassers in einzelnen Fällen nicht erzielen lassen, empfiehlt sich die Anbringung von Thermometern an geeigneten Stellen der Rohrwand, um durch deren Erwärmung auf das Vorhandensein von Krusten aufmerksam zu werden. Die gebräuchliche Anordnung der Rohrleitungen für das Kühlwasser ist für eine Einzylindermaschine in Fig. 360 dargestellt. Das hochliegende Kühlwassergefäß soll wenigstens für eine halbe Betriebsstunde genügend Wasser fassen, damit beim Anlassen nach einer Entleerung der Kühlräume oder während einer kleinen Reparatur eine gewisse Sicherheit geboten ist; das aus diesem Gefäß abfließende Wasser gelangt hier zuerst in den Zwischenkühler der Luftpumpe, dann in den Kühlmantel derselben, durch den Druckluftkühler in den Zylindermantel und in den Zylinderkopf, endlich zum Auspuffventil und von da in das Abflußrohr, das in zugänglicher Höhe in einen Trichter mit Abfallrohr mündet. Meist sind Wasserentnahmestellen auch im Zuge der Leitung oder auch Thermometereinsätze angebracht, um die für die günstigsten Verhältnisse passenden Temperaturen messen zu können, insbesondere ist dies am Zylinderkopf der Fall. Wenn die Auspuffleitung gekühlt wird, wird ihr Kühlraum meist noch hinter den Deckel, bzw. das Auspuffventil geschaltet.

In den Abflußtrichtern münden auch die Entwässerungsleitungen der Luftgefäße und des Kühlgefäßes der Luftpumpe.

Die ganze Kühlwasserleitung muß bei längeren Stillständen behufs Reinigung oder auch wegen Einfrierens entleert werden können, wozu hier eine Abzweigung vor dem Eintritt in das Kühlgefäß des Verdichters angebracht ist. Zur Einstellung

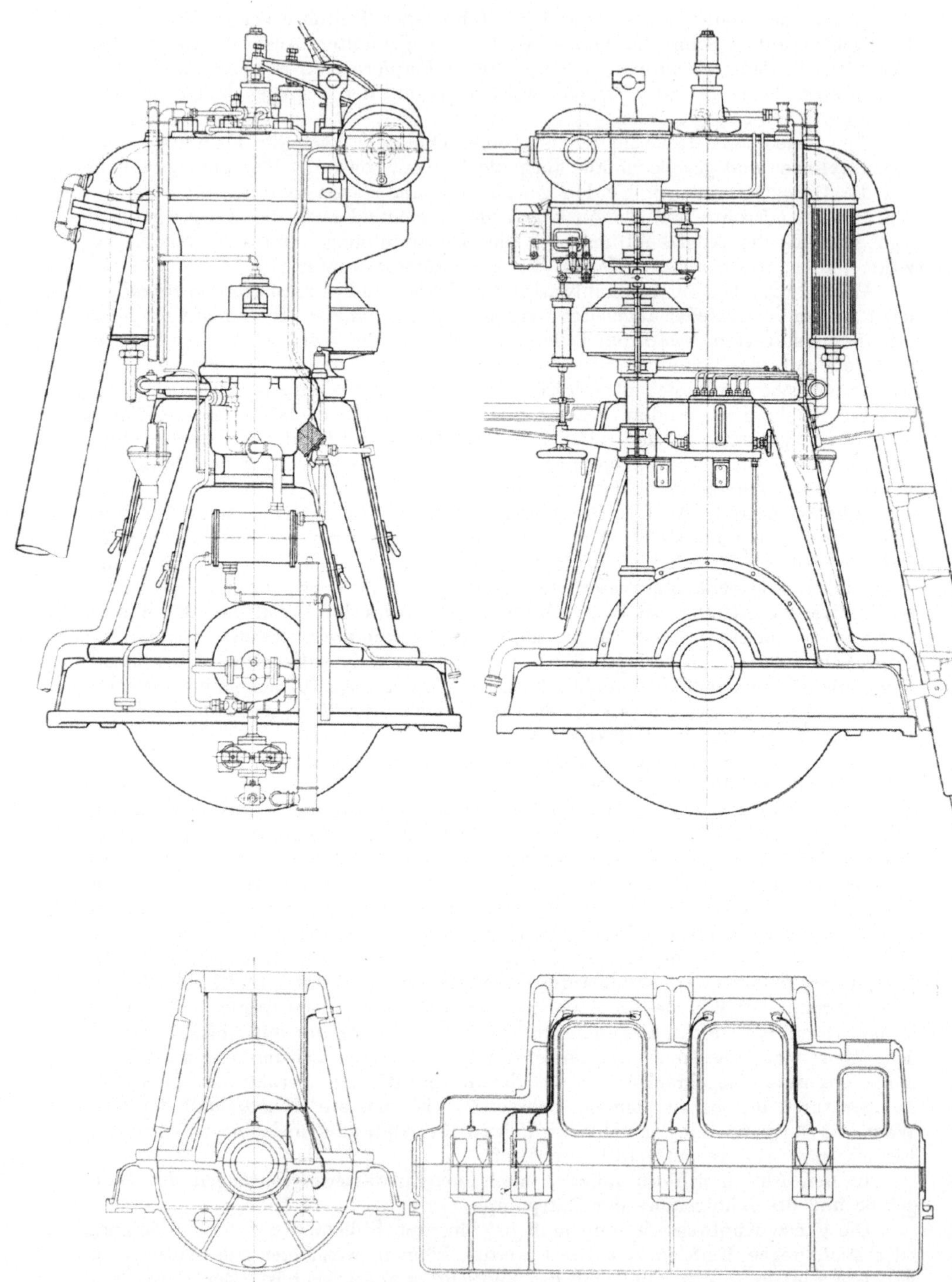

Fig. 372.

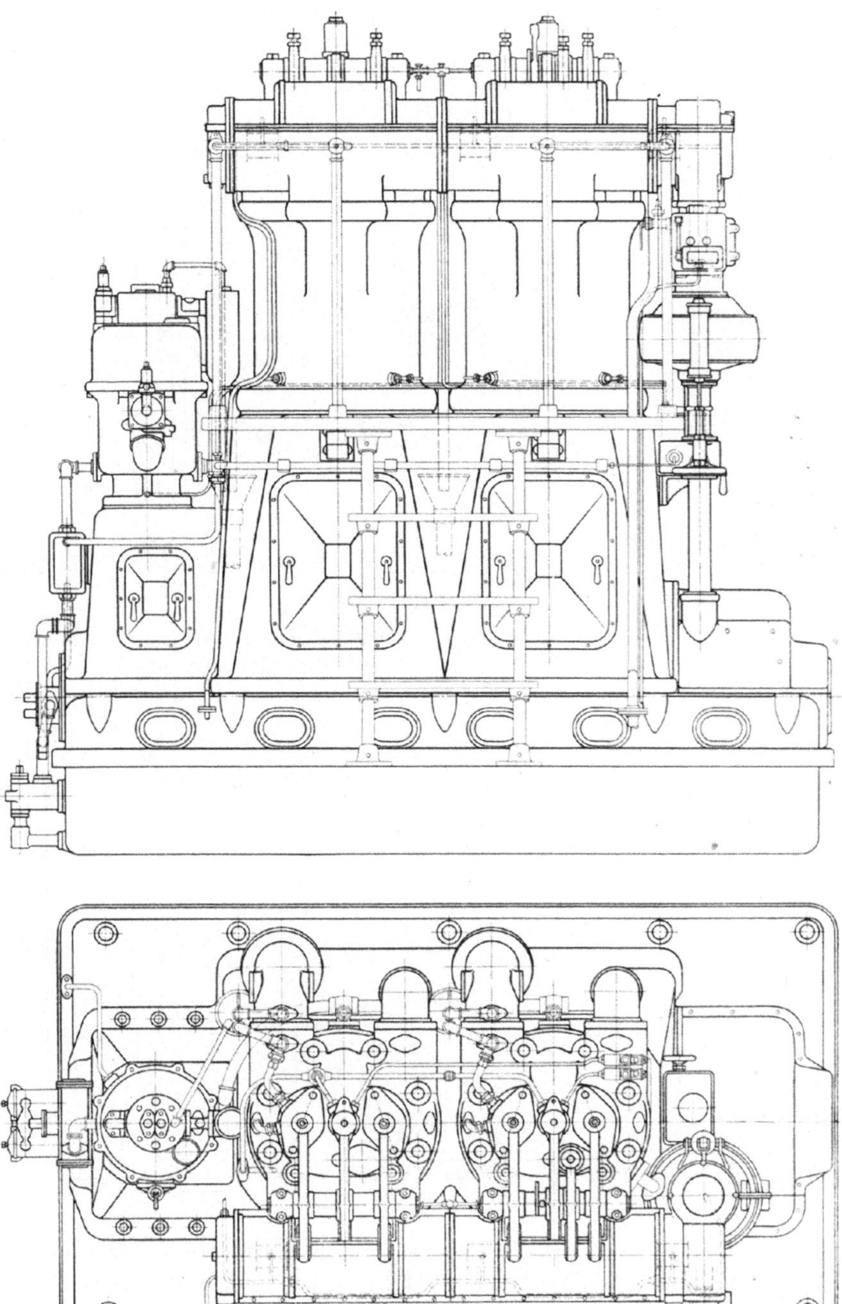

Zu Fig. 372.

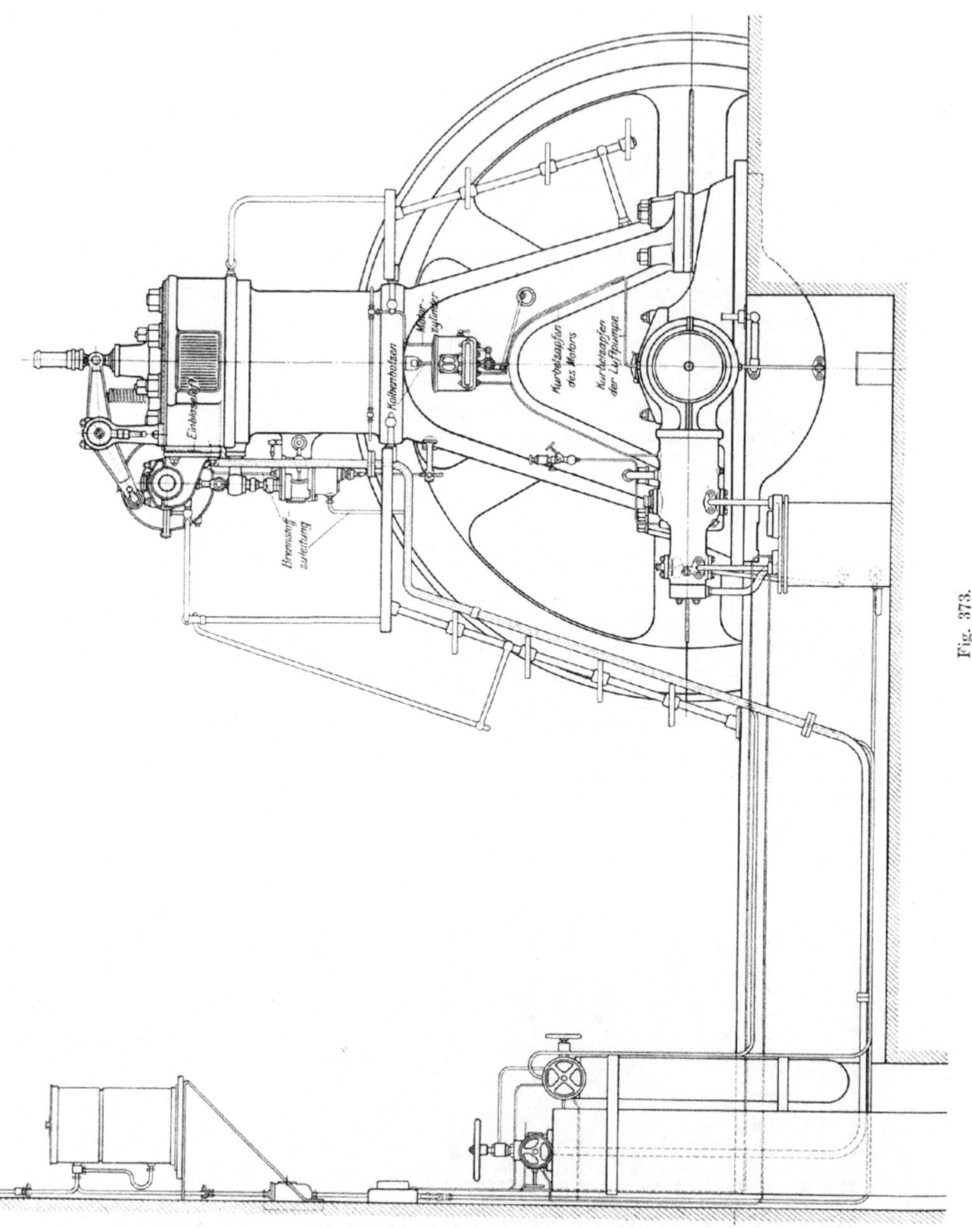

der günstigsten Wassermenge dient ein Ventil zwischen Kühlgefäß und Kompressor, das leicht zugänglich ist. Das Kühlgefäß muß derart hoch stehen, daß diese Wassermenge unter allen Umständen erreichbar ist, also auch bei etwaiger teilweiser Verschmutzung der Rohre oder bei höherer Ablauftemperatur, die einen entsprechenden Dampfdruck als Gegendruck mit sich bringen kann. Auch das teilweise entleerte

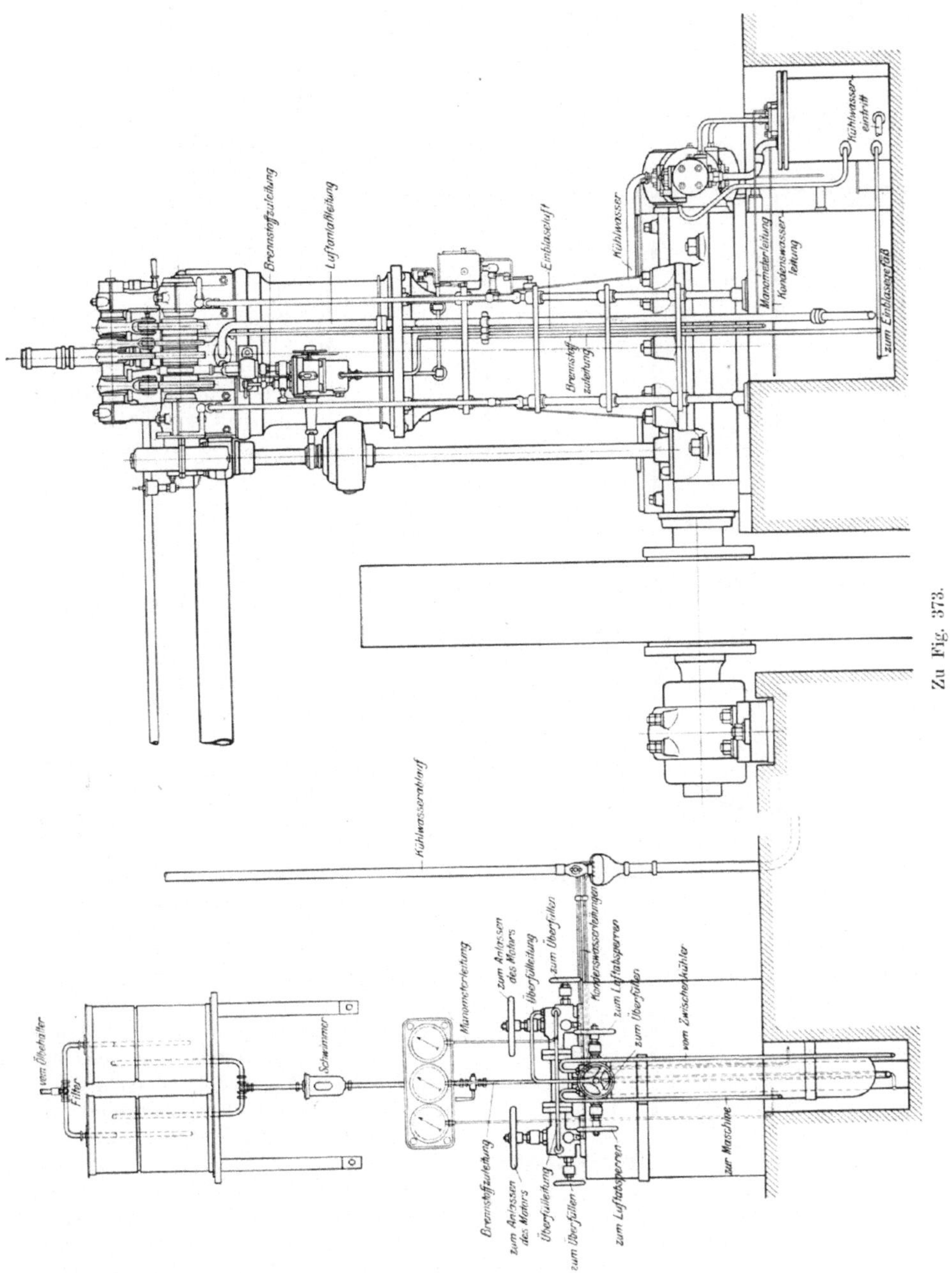

Kühlgefäß muß noch genügenden Druck geben, die Sohle desselben·also noch einige
Meter über der höchsten Stelle des Kühlwasserraumes liegen (s. a. Fig. 252). Zur
Erzielung größerer Druckhöhe und Wassergeschwindigkeit verzichtet man manch-
mal auch auf den freien Wasserauslauf in einen oberhalb des Fußbodens liegenden

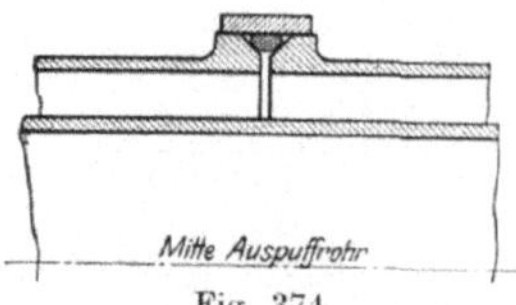

Fig. 374.

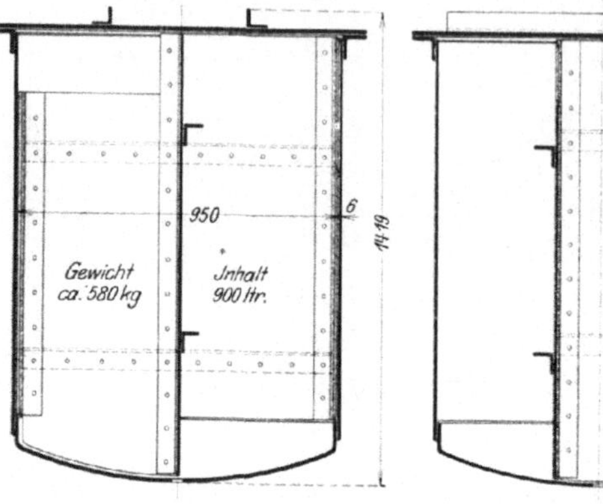

Fig. 375.

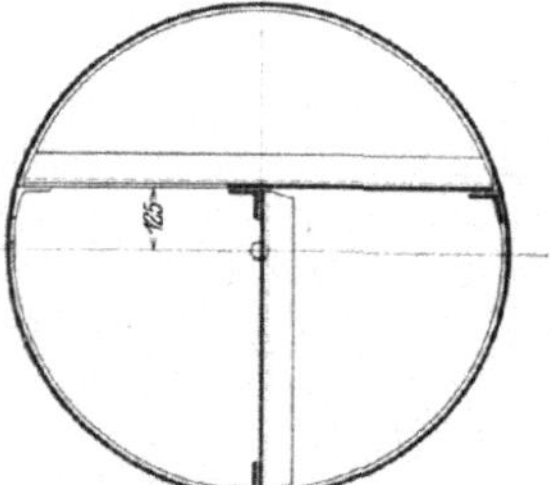

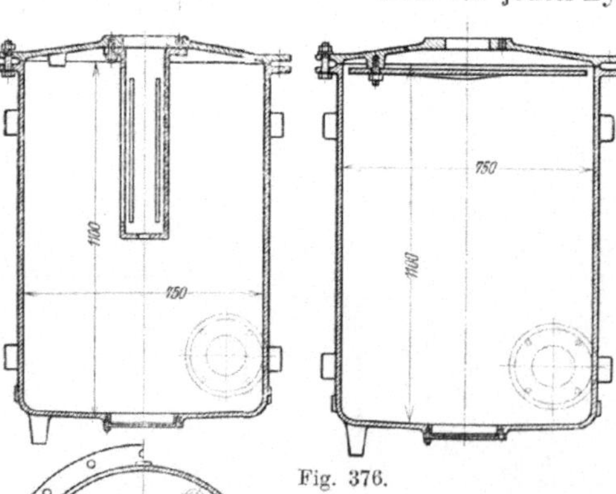

Fig. 376.

Trichter und begnügt sich mit Probierventilen, in Form von Dreiwegehähnen; die Gefahr ist aber auch sehr groß, daß man das Ausbleiben des Kühlwassers in einem der Kühlstränge nicht rechtzeitig bemerkt.

Bei Mehrzylindermaschinen sind Abzweigungen der Kühlwasserrohre zu jedem Zylinder erforderlich, die zur richtigen Regelung der Temperaturen entsprechende Absperrungen erhalten müssen. Außerdem werden aber auch für jeden Zylinder manchmal verschiedene Kühlleitungen parallel geschaltet, wie z. B. Fig. 377 zeigt. Die Hauptzuleitung führt hier durch den Zwischenkühler zu den Kompressorzylindern und von da in den Druckluftkühler.

Hier aber gehen zwei Zweige aus, von denen der eine zur Kolbenkühlung, der andere zu den übrigen Kühlstellen führt. Dieser Zweig teilt sich wieder, indem von ihm zu jedem der Hauptlager ein Rohr abzweigt, während die Hauptleitung zu den Kreuzkopfführungen und von da zu den Zylindermänteln, Deckeln und Auspuffrohren, gesondert aber auch zum Auspuffventil, führt. Die Ablauftrichter für die letztgenannten Kühlleitungen sind für jeden Zylinder gesondert angebracht, während für die drei Kolbenkühlungen und fünf Lagerkühlungen unten am Gestell ein eigener Trichter vorhanden ist. Die Absperrungen zur Regelung der verschiedenen Kühlwirkungen werden am besten in der Nähe des Auslaufs am Trichter angebracht.

Aus Fig. 138 ist die Anordnung der Kühlrohrleitung bei einer liegenden Zweizylindermaschine ersichtlich; auch Fig. 396 zeigt die Kühlleitung, die hier von einem gemeinsamen Zuflußrohr aus in Abzweigungen nach den einzelnen Zylinderköpfen, nach dem Kompressor, sowie nach den gekühlten Auslaßventileinsätzen führt. Vom Zylinderkopf strömt das Kühlwasser zum Laufzylinder über. In der Kompressorkühlung liegen der Zwischenkühler und die Hochdruckrohrschlange.

Wie bereits erwähnt, wird das aus den Kühlräumen abfließende Wasser manchmal zur Erwärmung des Brenn-

stoffs verwendet, indem es
frei durch Rohrschlangen
in den Brennstoffgefäßen
durchläuft oder durch-
gepumpt wird (Fig. 367).

Fig. 253 zeigt ebenfalls
Abzweigungen von dem in
der Mitte der Maschine
aus dem Fundament auf-
steigenden Hauptkühlrohr
nach den Zylindermänteln,
dem Auspuffrohr und den
Auspuffventilen mit ge-
sonderten Abläufen in die
Trichter, in die auch die Ablaßleitungen einmünden.

Bei Schnelläufern kommt
gewöhnlich zu den genann-
ten Kühlleitungen noch die
Rückkühlung des Druck-
öls hinzu. Ein übersicht-
licher Rohrplan, übrigens
für eine umsteuerbare Ma-
schine, ist in Fig. 378 dargestellt. Man entnimmt
daraus, daß das Kühlwas-
ser zuerst den Ölkühler
durchströmt, sich aber
dann in vier Abzweigungen
teilt. Eine davon führt
durch die Lagerschalen,
deren Kühlräume hier hin-
tereinandergeschaltet sind,
eine zweite durch den
Kühlmantel und Deckel der
Luftpumpe nach einem
Zylindermantel, die übri-
gen zwei Rohrstränge füh-
ren unmittelbar in die rest-
lichen zwei Zylindermäntel.
Die Anordnung ist so ge-
troffen, um die verschie-
denen Rohrwiderstände
durch verschiedene Lei-
tungslängen etwas aus-
zugleichen.

Von den Zylinder-
mänteln gehen die Kühl-
leitungen wie gewöhnlich
in die Zylinderköpfe und
von da durch eine Sam-
melleitung in den Mantel

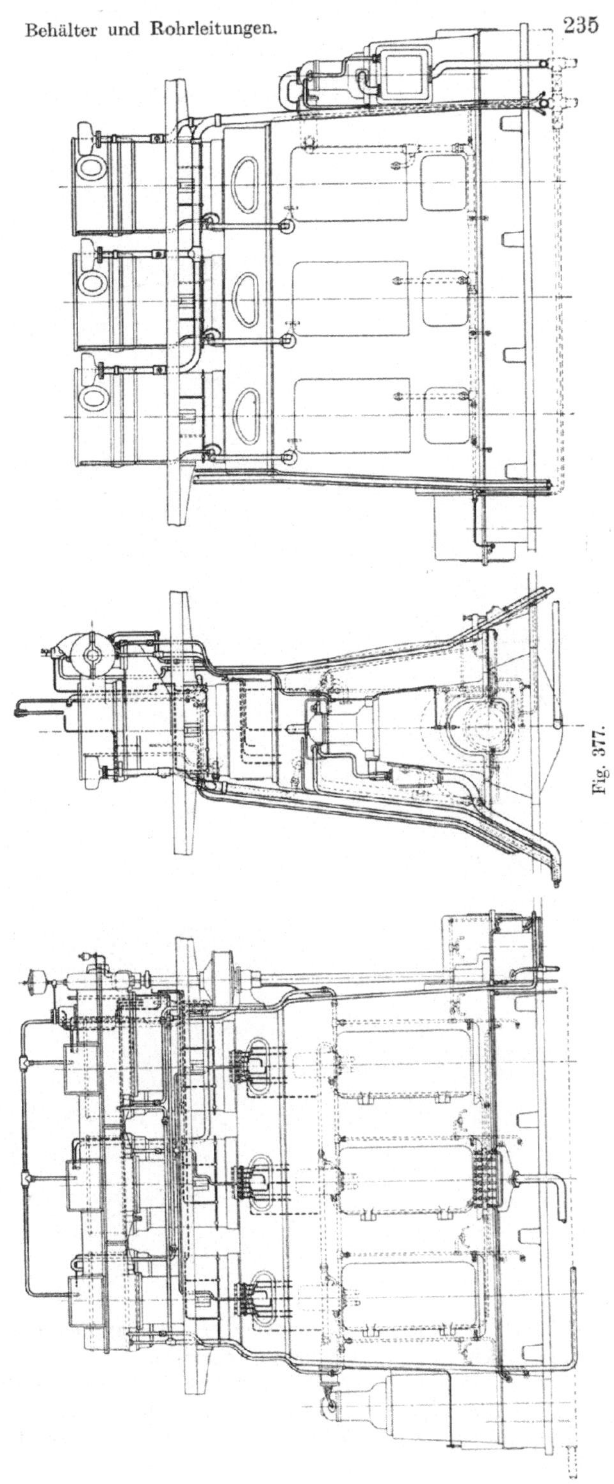

Fig. 377.

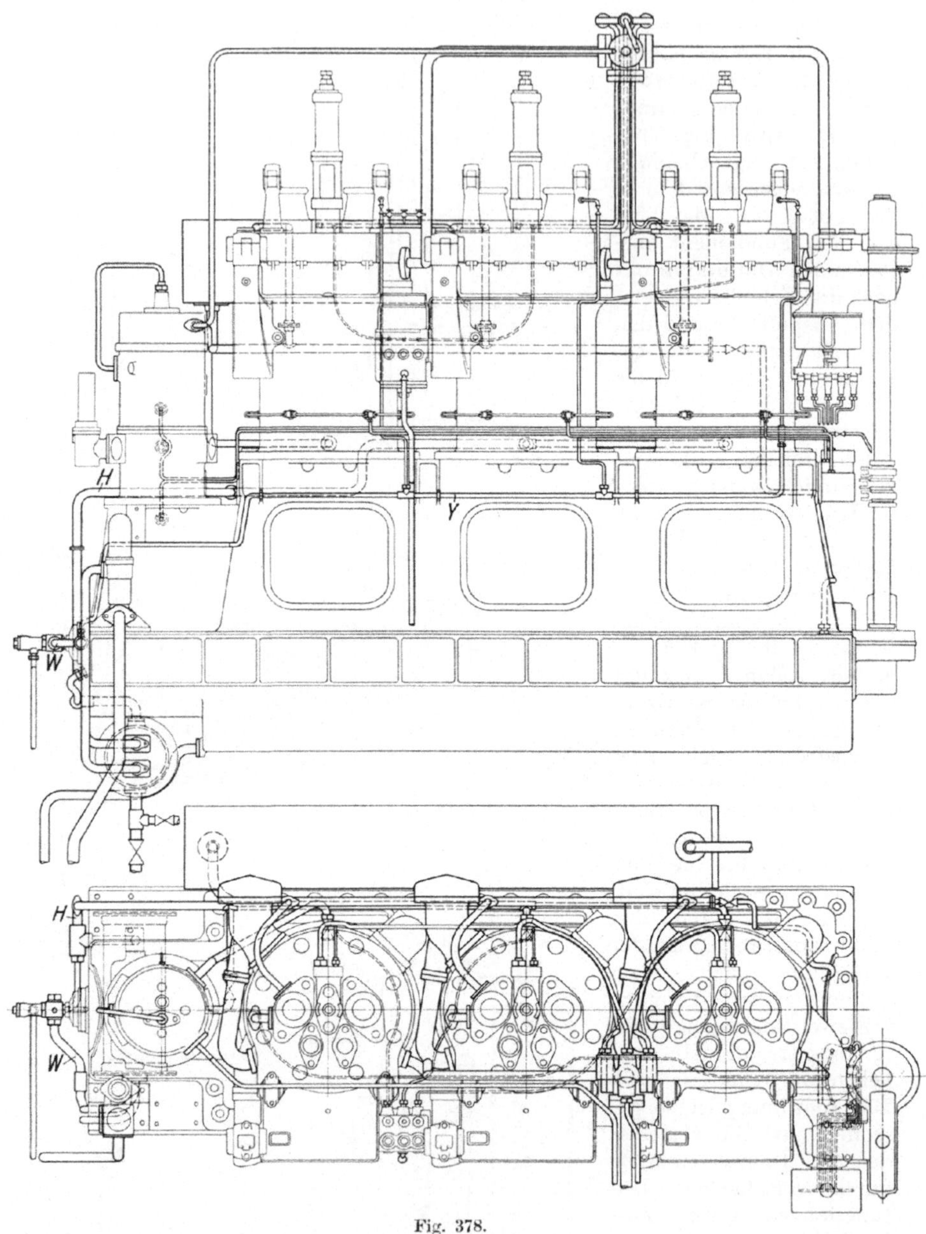

Fig. 378.

des rohrförmigen Schalldämpfers. Diese Sammelleitung nimmt auch das von den Lagerschalen abströmende Kühlwasser auf.

Ähnlich ist auch die Rohrleitung Fig. 379 angeordnet; das von der Kühlwasserpumpe kommende Druckwasser teilt sich in zwei Stränge, von denen einer durch den Ölkühler und Luftpumpenzylinder zum Auspuffrohr eines Zylinders gelangt,

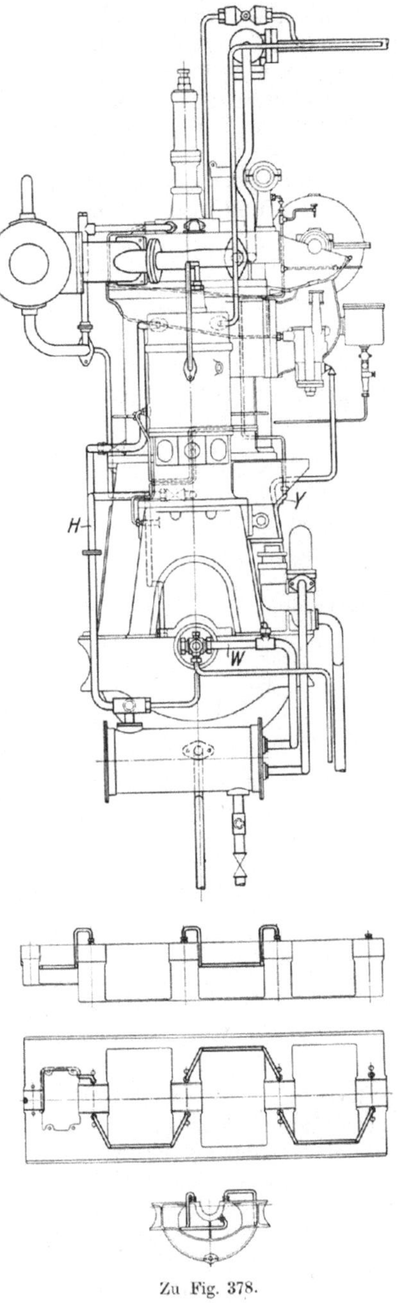

Zu Fig. 378.

während der zweite durch den Aufnehmer der Luftpumpe und dann, sich weiter teilend, in die Zylindermäntel, Deckel und Auspuffrohre geführt wird. Schiffsmaschinenausführungen der M. A. N. führen das Kühlwasser in einer Zweigleitung durch den Luft- und Ölkühler zur Auspuffleitung, während eine zweite Leitung durch Grundlager, Zylinder, Deckel und Ventile fließt und sich in der Auspuffleitung wieder mit dem ersten Kühlstrang vereinigt.

Zur vollständigen Sicherung bei etwaiger Störung im Kühlwasserumlauf werden hier und da Schwimmervorrichtungen verwendet, die bei Verminderung der Wasserströmung ein Glockenzeichen geben, um den Maschinisten aufmerksam zu machen, und die bei längerem Ausbleiben des Kühlwassers auch die Maschine selbsttätig abstellen.

Alle Kühlräume sind mit Ablaßleitungen zu versehen, so daß sie in den Betriebspausen bei Frostwetter entleert werden können.

Der Kühlwasserverbrauch beträgt etwa 8 bis 15 l/PS-Stunde, wobei der kleinere Wert für größere, der größere Wert für kleinere Maschinen anwendbar ist. Bei Rückkühlung kommt man mit einem Sechstel bis einem Achtel dieser Werte für die Menge des Kühlwassers aus. Wo kein Kühlwassergefäß in entsprechender Höhe angebracht werden kann, benützt man Kühlwasserpumpen, und zwar entweder Kapselpumpen oder auch Plungerpumpen. Ein zu Fig. 329 gehöriges Detail zeigt Fig. 380.

Bei kleinen liegenden Maschinen wird auch Verdampfungskühlung verwendet, wobei der Wasserverbrauch auf etwa 2 bis 2,5 l/PS-Stunde sinkt.

An Bord von Seeschiffen wird Seewasser zur Kühlung verwendet. Um das Absetzen von Salzen zu verhindern, müssen die Temperaturen durch reichliche Mengen von Kühlwasser niedrig gehalten werden. Die mit dem Kühlwasser in Berührung kommenden Teile müssen aus widerstandsfähigem Material hergestellt und mit entsprechendem Anstrich versehen sein, der aber den Wärmeübergang nicht stark beeinflussen darf. Die Gegenwart verschiedener Metalle, die mit dem Seewasser galvanische Elemente erzeugen könnten, ist zu vermeiden.

Versuche an einem für die deutsche Unterseeflotte von der M. A. N. gelieferten 1000 PS-Dieselmotor ergaben einen Kühlwasserverbrauch von 36 l für die PS-Stunde, wobei sich das Kühlwasser von 15° auf 32° erwärmte.

Der Förderdruck der Kühlpumpen beträgt etwa 1 bis 3 at. Für die Kolbenkühlung sind aber oft hohe Drücke bis 8 at erforderlich, daher werden hierfür besonders angetriebene Pumpen verwendet, die auch meist nach Stillstand der Maschine noch weiterlaufen, damit das Wasser im Kolbenkühlraum nicht zu heiß wird. Wo Ölkühlung verwendet wird, ist dies mit Rücksicht auf die Krustenbildung sogar notwendig.

Die Schmierung der Dieselmotoren ist meist in eine Druckschmierung für die Arbeits- und Kompressorzylinder, sowie die Kolbenbolzen und in eine Auslauf-

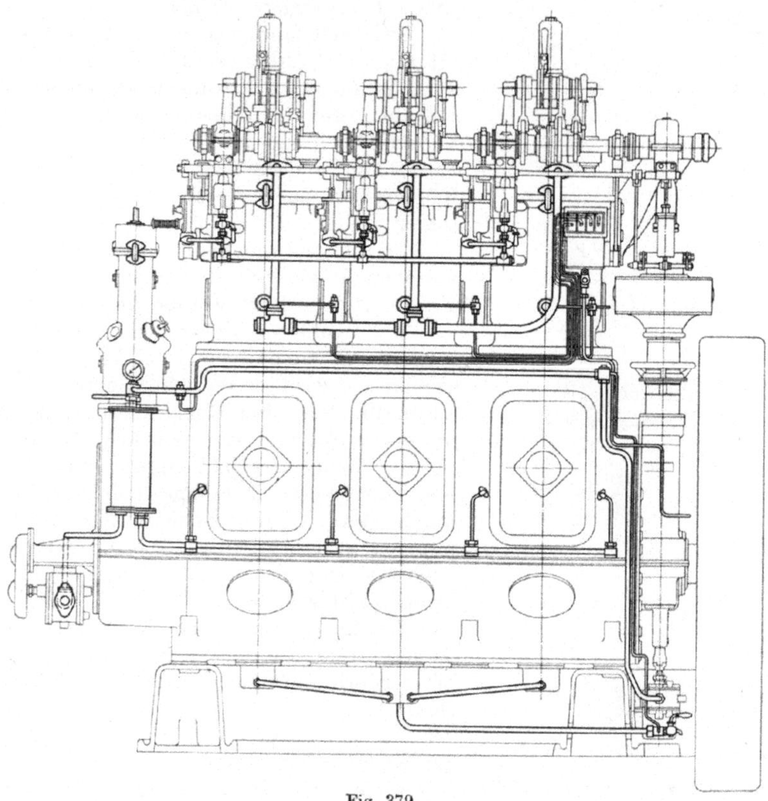

Fig. 379.

schmierung für die übrigen Zapfen und Lager geteilt, letztere wird vollständig oder auch nur teilweise zentralisiert. Die Fig. 381 gibt ein Bild der gewöhnlichen Anordnung für eine stehende Einzylindermaschine. Aus einem Ölgefäß Fig. 382 mit drei einstellbaren Ablaufventilen, die nach Abheben des Deckels rasch verschließbar sind, gelangt das Schmieröl zum Schmierring der Maschinenkurbel und in die Saugleitung der Schmierpumpe (Fig. 383), die hier zwei Stempel hat. Diese werden unmittelbar von der Welle des Kompressorhebels angetrieben. Sie arbeiten in diesem Falle ohne Saugventile, indem der Plunger selbst den Abschluß besorgt. Als Druckventile werden zwei Kugeln angewendet. Das Ölgefäß ist zweigeteilt, da für Kurbel und Zylinder verschiedene Ölsorten verwendet werden. Die den Pumpen zufließende Ölmenge wird in Schaugläsern beurteilt und hiernach geregelt. Von der Ölpumpe gelangt das Schmiermaterial einmal zu den Ansätzen für die

Kolbenschmierung, dann auch zum Ansatz für die Schmierung des Kolbenbolzens (Fig. 384). Vor der Verteilung der Röhrchen zu den 6 Schmierstellen des Kolbens wird ein Rückschlagventil eingeschaltet (Fig. 385), um das Eindringen hochgespannter Gase in die Ölleitung sicher zu verhindern. Statt des um den Zylinder gelegten Schmierrohres wird auch eine Kreisnut in der Zylinderbüchse eingedreht, die durch einen zweiteiligen Ring gedeckt wird (Fig. 34).

Der Luftpumpenzylinder erhält zwei Doppelschmierhähne (Fig. 386), die Antriebstange und die Hebelwellenlager je ein eigenes Schmiergefäß. Ebenso werden

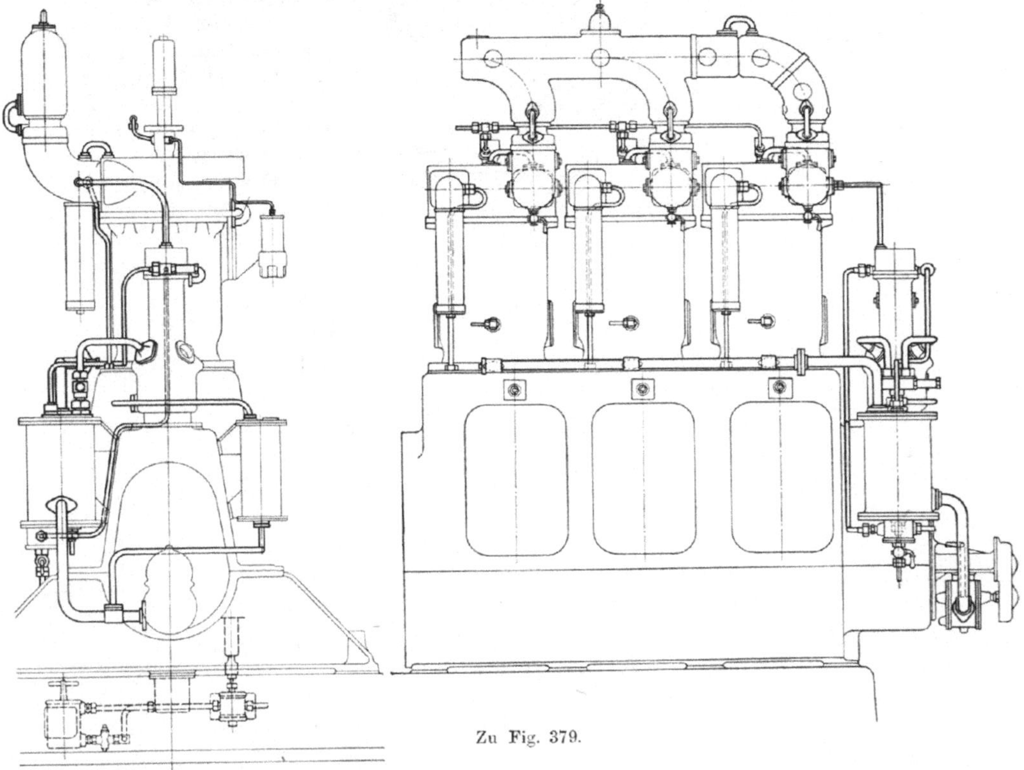

Zu Fig. 379.

die Hauptlager und die Steuerung an jeder Schmierstelle mit einem Schmiergefäß versehen.

Die Verteilung wird manchmal anders vorgenommen, z. B. bei Fig. 373 sind an der Ölpumpe 5 Schmierstellen für Zylinder, Kolbenbolzen, Kurbelzapfen des Motors und der Luftpumpe und endlich für den Niederdruckkolben der Luftpumpe angebracht; nur der Hochdruckkolben erhält hier ein besonderes Schmiergefäß.

Auch bei Schnelläufern und überall, wo Druckschmierung verwendet wird, ist die Anordnung der Zylinderschmierung die gleiche. So zeigt Fig. 378 eine 5 fache Schmierpumpe für die Versorgung der drei Hauptkolben und der zwei Luftpumpenkolben.

Zur ersten Füllung der Druckschmierleitungen kann eine kleine Handpumpe Anwendung finden, mit deren Hilfe man auch die Dichtheit der Leitungen prüfen kann.

Die übrigen Schmierstellen werden hier aber von einer Ölpumpe versehen, die unmittelbar von der Steuerwelle oder mittels Zahnrädern oder auch einer Kette

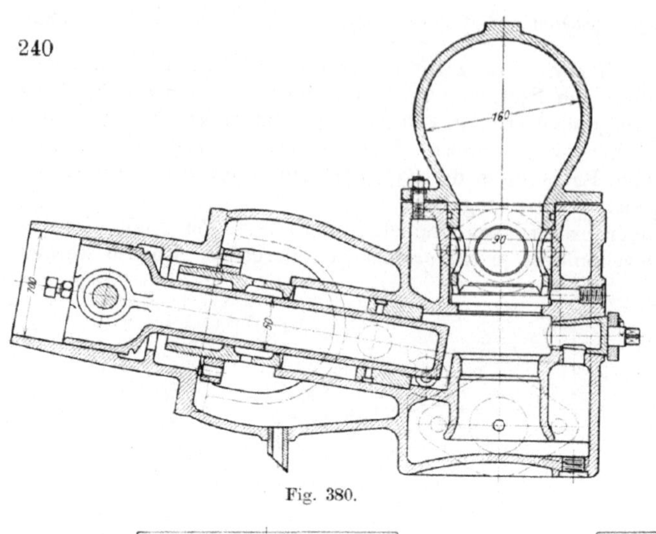

Fig. 380.

von der Hauptwelle an-
getrieben wird, und der
das aus den Lagern ab-
fließende und in Fängern
gesammelte Öl wieder zu-
fließt, nachdem es teil-
weise gereinigt und ge-
kühlt worden ist.

Das von den Wan-
nen der Grundplatte ab-
fließende Öl gelangt in
ein Ölfilter, aus dem die
hier als Plungerpumpe
gebaute Ölpumpe saugt.
Ihre Druckleitung führt
durch den Ölkühler zu

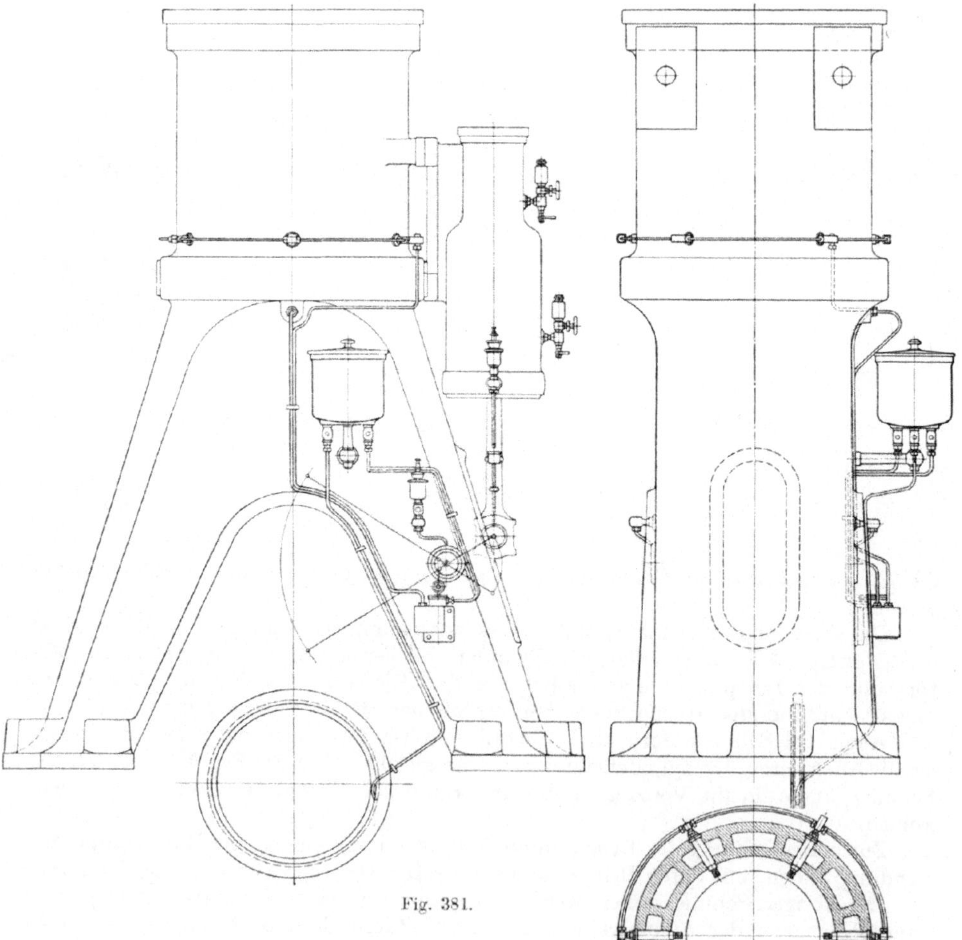

Fig. 381.

einem Verteilungsrohr, das einmal zu dem Kurbellager (W) der Luftpumpe, andererseits (Y) in eine Verteilleitung führt, von der der Zufluß zu den Ständern der Steuer-
hebelwelle erfolgt. Von da finden Abzweigungen zu den Exzentern der Brennstoffpumpe, der Schmierpresse und zum Halslager der Steuerwelle statt. Von der Druckleitung der Ölpumpe muß natürlich ein einstellbarer Rücklauf nach dem Ölfilter
angeordnet sein (H), der mit Hilfe eines Manometers eingeregelt wird.

Statt dieser Schmierstellen kann die Ölpumpe auch die Kurbellager mit Öl
vom Deckel oder von der Unterschale her versehen, wie auf Fig. 300 oder 379 ersicht-

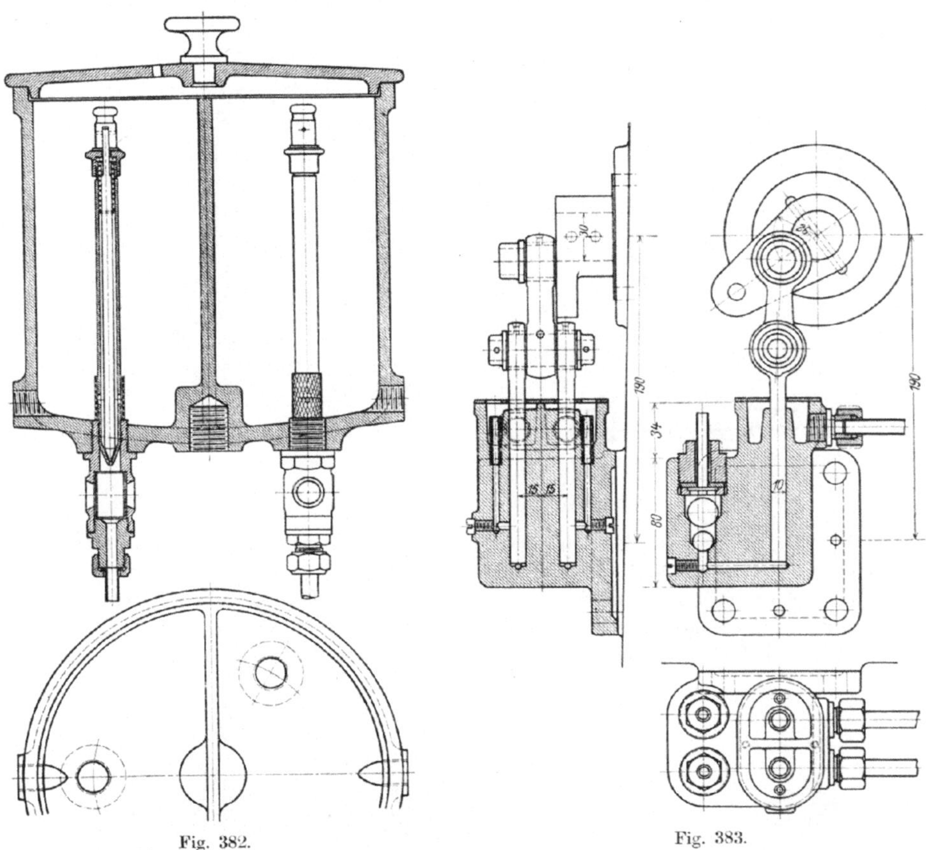

Fig. 382.   Fig. 383.

lich ist. Fig. 372 zeigt ebenfalls die Lagerschmierung von der Ölpumpe aus, hier
führt jedoch eine Abzweigung auch zur Steuerwanne und innerhalb derselben zu
den Lagern der liegenden und stehenden Steuerwelle. Der Steuerwellenhebel wird
hier von der Zylinderschmierpumpe versorgt. Hier und da wird das Drucköl auch
vom Wellenende her durch ein Stopfbüchsenrohr unmittelbar der Bohrung der
Hauptwelle zugeführt; die Stopfbüchse gibt jedoch leicht zu Undichtheiten Veranlassung.

Die Zuführung des Druckschmieröls von den Hauptlagern zu den Kurbel- und
Kolbenzapfen ist in Fig. 387 ersichtlich, ebenso auch in Fig. 329 u. a.; manchmal
werden auch besondere radiale Löcher in die Welle gebohrt, durch die das dem
Lager zugeführte Öl teilweise unmittelbar zu den Kurbeln gelangen kann.

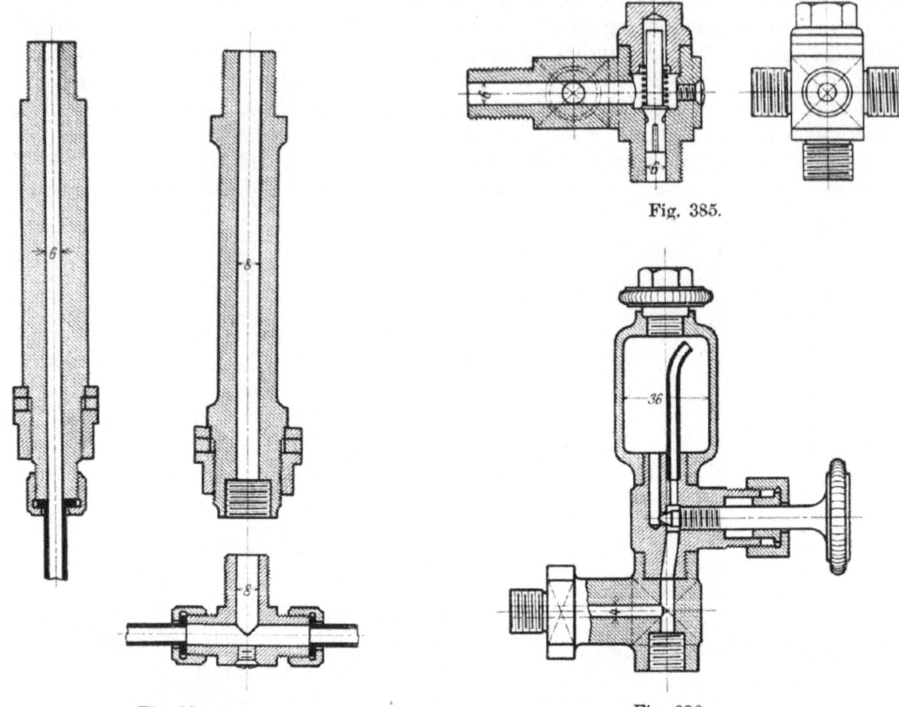

Fig. 385.

Fig. 384.   Fig. 386.

Sehr vollkommen ist die Schmierung auch in Fig. 377 durchgebildet. Die Zylinderschmierpresse bedient die Kolben. Das unmittelbar dem Steuerwellenkasten zugeführte Schmieröl läuft an mehreren Stellen ab und versorgt in Abzweigungen die Zapfen und sonstigen Schmierstellen im Innern des Gestells durch besondere Verteiler für jeden Zylinder, sowie alle Lagerstellen der Hauptwelle, die das Öl

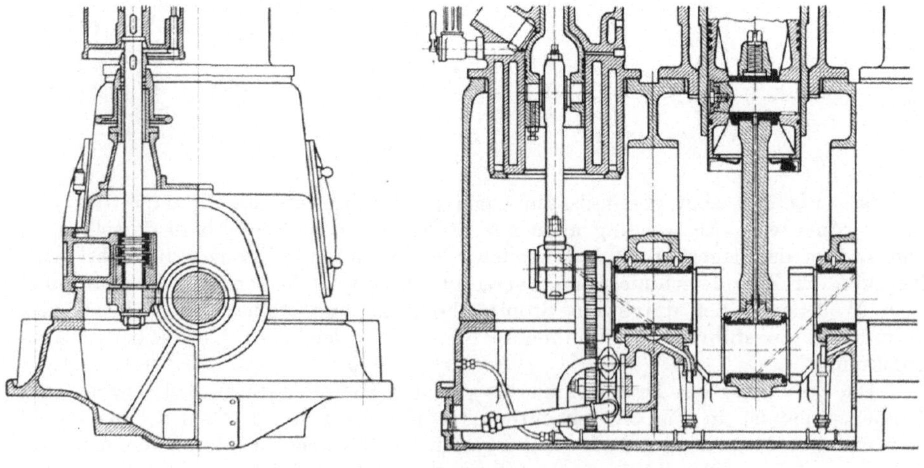

Fig. 387.

durch entsprechende Bohrungen den Kurbelzapfen zuströmen läßt. Das überflüssige Öl strömt vom Steuerwellenkasten unmittelbar zurück.

Maschinenteile, die bei schlechter Schmierung einer starken Abnützung unterliegen oder infolge schwerer Zugänglichkeit leicht vernachlässigt werden können, wie die Schraubenräder zum Steuerwellenantrieb oder die Antriebsräder der Regulatorspindel, laufen im Ölbade.

Der Schmierölverbrauch kann überschlägig mit 10 bis 12 g bei kleinen und mit 4 bis 5 g bei großen Maschinen für eine effektive PS-Stunde geschätzt werden. Bei den von der M. A. N. für die deutsche Unterseeflotte gebauten 1000 PS Schiffsmaschinen betrug der Schmierölverbrauch 1,4 bis 2 g für die PS-Stunde.

Der Öldruck für die Druckschmierung wird verschieden ausfallen, je nach der Anordnung zwischen $^1/_2$ und 4 at.

Die gewöhnliche Anordnung der Rohrleitungen bei einer liegenden Einzylindermaschine geht aus den Fig. 214, 217 und 365 hervor. Man erkennt die Führung der Druckluftleitung, die mit der bei stehenden Maschinen überein-

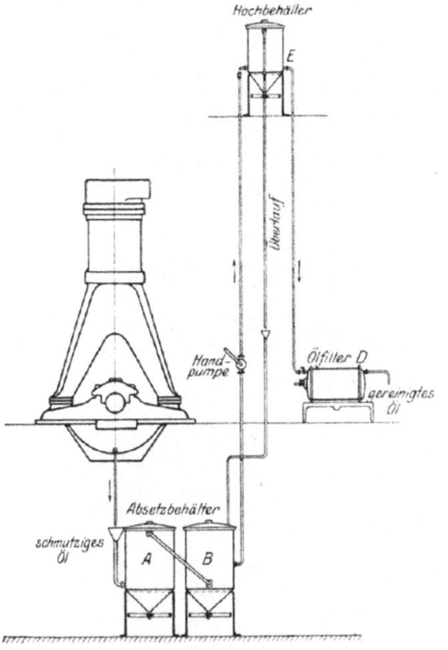

Fig. 388.

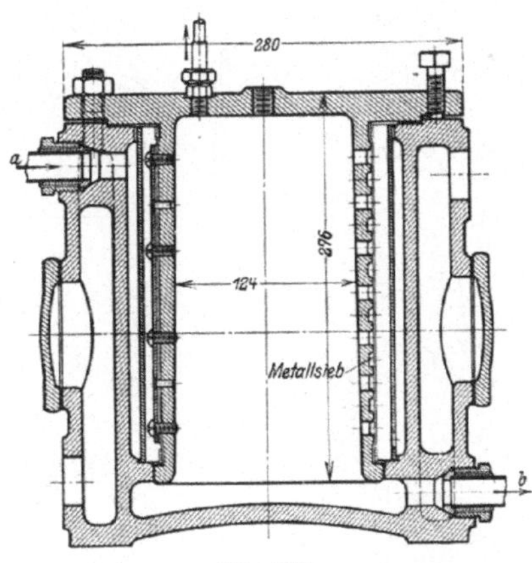

Fig. 389.

stimmt, nur ist hier kein besonderes Einblasegefäß vorhanden, sondern es ist gleichzeitig auch Anlaßgefäß. Ebenso ist hier keine Druckluftkühlung vorgesehen, sondern nur ein entsprechend großer Zwischenkühler. Brennstoff-, Auspuff- und Kühlwasserleitungen bieten keine besonderen Einzelheiten, ebensowenig auch die Schmierung.

Fig. 138 zeigt den Rohrplan einer Zwillingsmaschine, auch in Fig. 396 ist ein Teil der Rohrleitungen ersichtlich.

In Fig. 388 ist eine Anordnung von Ölfiltern angegeben, bei der das aus der Maschine abfließende Schmutzöl zunächst in die Behälter *A* und *B* fließt, in denen sich grobe Verunreinigungen absetzen. Von da aus wird das Öl in einen Hochbehälter oder einen Windkessel gepumpt, von wo aus es durch ein aus mehreren, mit Filtermasse ausgefüllten Kammern bestehendes Filter gedrückt wird.

Die einzelnen Kammern können zwecks Reinigung leicht herausgenommen werden.

Die Reinigung geschieht in der Weise, daß die dem Öleintritt zunächst liegende und daher am stärksten verschmutzende erste Filterkammer entfernt und gereinigt

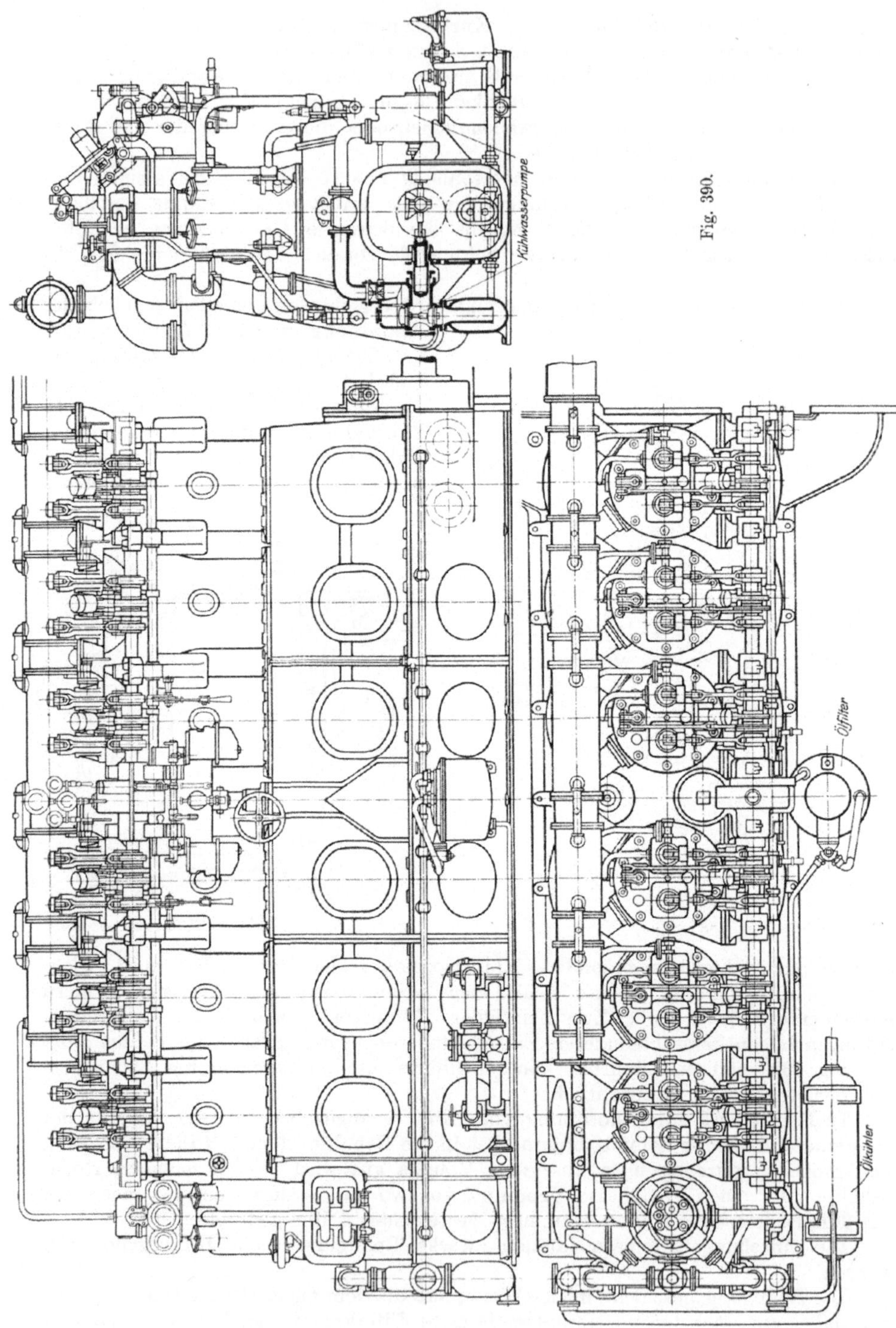
Kühlwasserpumpe
Fig. 390.
Ölfilter
Ölkühler

wird. Die übrigen Kammern rücken um eine Stelle vor und die gereinigte Kammer mit neuer Filtermasse kommt an das Ende des Filters.

Auf diese Weise wird die Filtermasse gleichmäßig ausgenützt und die reinigende Kraft des Filters bleibt die gleiche. Die für die große Menge unreinen Öles meist erforderliche große Filterfläche darf nur aus kleinen Flächen zusammengesetzt werden, um bei dem durch Unvorsichtigkeit leicht höher anwachsenden Druck einem Zerreißen der Filtermasse vorzubeugen.

Auch Fig. 366 zeigt eine Anordnung von Ölfiltern, aus denen Kapselpumpen das gereinigte Öl absaugen. Fig. 389 gibt ein ähnliches Filter im Detail. Das von der tiefsten Stelle der Ölwanne (Fig. 67) kommende und schon durch ein Sieb grob gereinigte Öl wird durch eine Pumpe in den inneren Teil des wassergekühlten Gefäßes bei a gedrückt. Nachdem es einen Blechzylinder durch unten angebrachte Öffnungen passiert hat, gelangt es zu einem feinen zylindrischen Sieb und durch dieses und eine Anzahl von Löchern in dem mit dem Deckel verbundenen Tragzylinder in den unteren Teil des Gefäßes, von wo aus es bei b den Lagern wieder zufließt.

Einen Gesamtplan einer zum Antrieb von Dynamos an Bord von Schiffen bestimmten Maschine gibt Fig. 390 in Verbindung mit Fig. 135 und 330. Eine Hilfskühlleitung schließt an die Schiffsspülleitung als Reserve an.

XV. Schwungrad, Fundierung, Anordnungen.

Die Ausmittlung des Schwungrades für einen anzunehmenden Ungleichförmigkeitsgrad des Ganges ist in der allgemein bekannten Weise vorzunehmen. Infolge des Viertakts wird das Schwungrad bei Einzylindermaschinen ungemein schwer. Nach den in Fig. 103 dargestellten Drehkraftdiagrammen ergibt sich hierfür eine größte Beschleunigungsarbeit, die bereits in der Tabelle zu Seite 72, Spalte 13 im Verhältnis zur Gesamtarbeit während eines Arbeitsspiels angegeben ist. Als Vergleich diene, daß man für eine Einzylinderdampfmaschine etwa mit dem Verhältniswert ein Viertel rechnen kann, bei einer Verbundmaschine mit ein Achtel. Dabei ist freilich überall von einer genaueren, theoretischen Verfolgung der Geschwindigkeitsverhältnisse der Drehung abgesehen worden. Die größten hier angewendeten Ungleichförmigkeitsgrade sind gewöhnlich ein Dreißigstel für Einzylinder, ein Fünfunddreißigstel für Zweizylindermaschinen, naturgemäß muß für

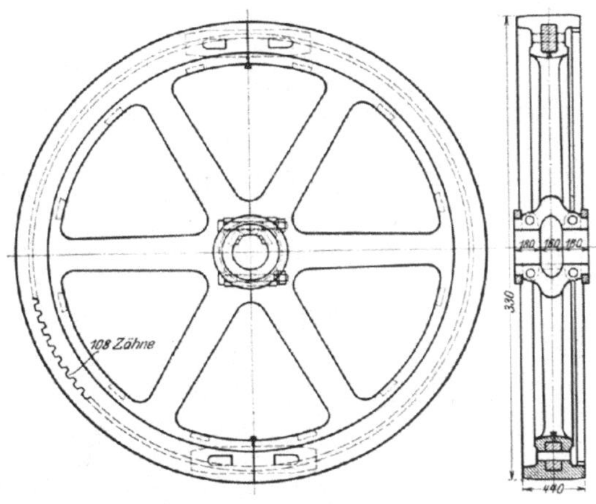

Fig. 391.

den Antrieb elektrischer Maschinen oder solcher Fabriksanlagen, wo es auf große Gleichförmigkeit ankommt, ein viel geringerer Ungleichförmigkeitsgrad gewählt werden. Man sucht dann die Umfangsgeschwindigkeit des Schwungkranzes so groß als möglich zu machen, wenn derselbe nicht ganz in den Rotor der Dynamomaschine verlegt werden kann. Die Ansprüche an die Konstruktion und auch das Material der Schwungräder werden hier demnach verhältnismäßig sehr hohe sein und deshalb wird auch oft Stahlguß verwendet (Fig. 391 gibt ein Ausführungsbeispiel,

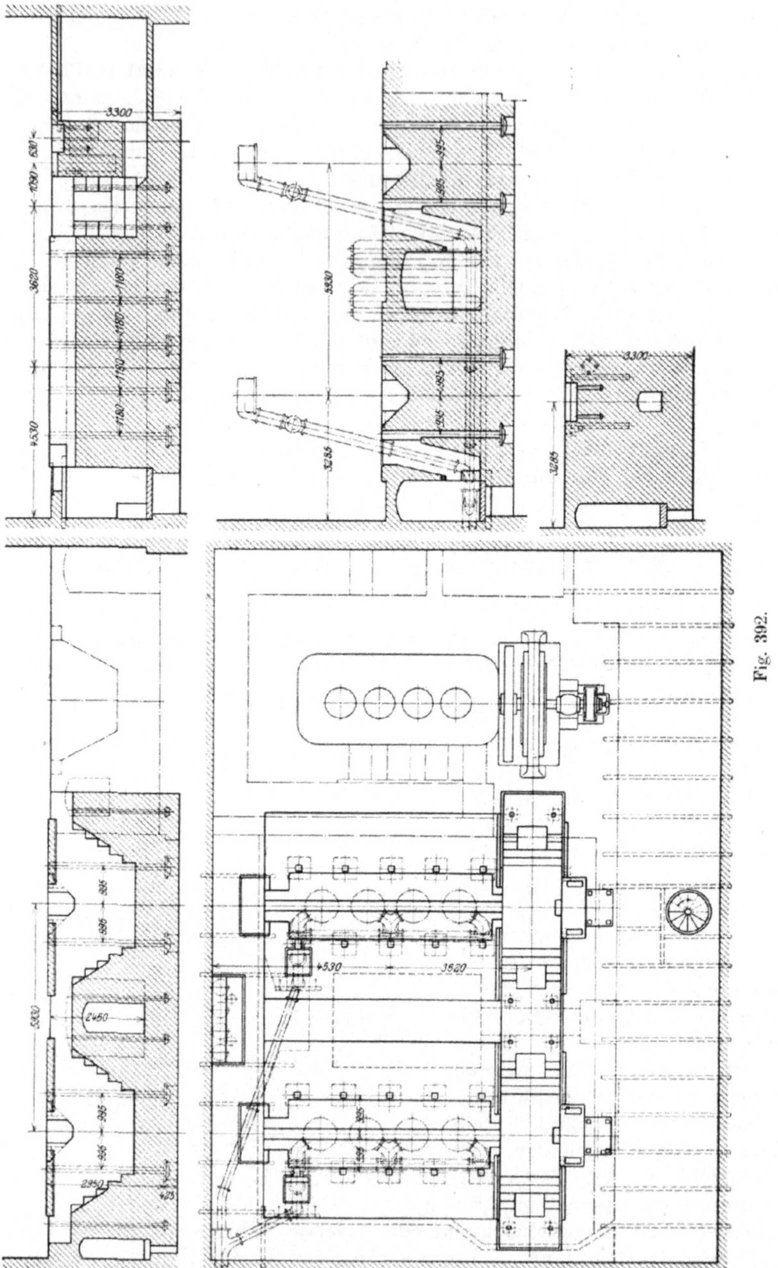

Fig. 392.

ebenso Fig. 29, 306 u. a.), manchmal werden auch volle Scheiben in der Form etwa
gleicher Festigkeit (Fig. 13) verwendet.

Was die Berechnung der Festigkeit der Schwungräder und ihrer Verbindungsstellen anbelangt, mag auf das Buch von M. Tolle: „Die Regelung der Kraft-

maschinen"[1]), sowie auf eine wertvolle Arbeit von J. H. Bauer: „Die Festigkeitsrechnung der Schwungräder"[2]) hingewiesen werden.

Es ist selbstverständlich, daß auch auf die Befestigung der Schwungräder auf
den Wellen besondere Sorgfalt verwendet werden muß, besonders bei Maschinen
mit großer Ungleichförmigkeit des Ganges, da dann die Beschleunigungs- und Ver-
zögerungskräfte sehr starke Drücke auf die Verbindungskeile ausüben und diese
lockern können. Daher werden oft zwei und tangential gelegte kräftige Keile verwendet.

Manchmal werden die Schwungräder auch in der Art von Scheibenkupplungen
mit der Welle verbunden (vgl. Fig. 399, Zweitakt.).

Die wiederkehrenden Geschwindigkeitsänderungen haben auf die Drehschwingungen der Welle starken Einfluß und können diese zu unzulässiger Höhe bringen,

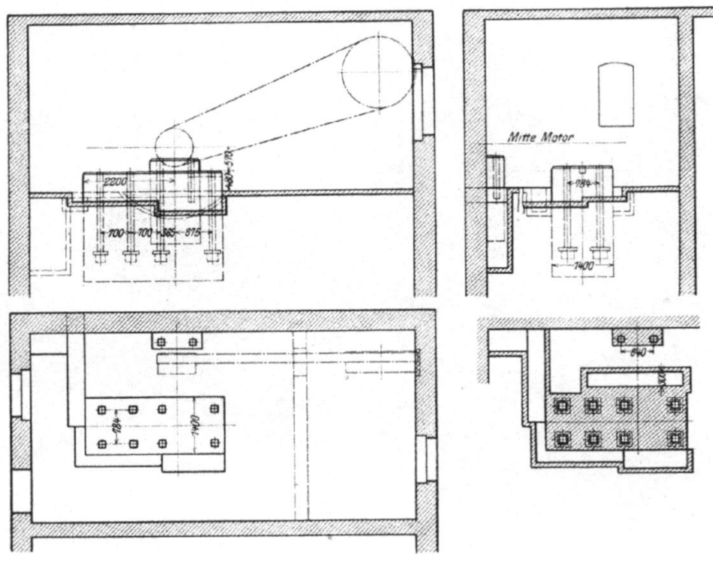

Fig. 393.

besonders wenn auch noch die Regelschwingungen dazutreten, oder wenn die
Hauptwelle beiderseits Schwungmassen trägt, was demnach zu vermeiden ist.

Die Umfangsgeschwindigkeit wird bei Normalmaschinen etwa zwischen 30 und
35 m/sek gewählt, bei Stahlrädern etwa bis 50 m/sek und bei einteiligen Scheiben-
rädern noch höher.

Bei Schiffsmaschinen, wo die Gleichförmigkeit des Ganges keine so wichtige
Rolle spielt, kann man schon bei Sechszylindermaschinen meist ganz auf ein Schwungrad verzichten.

Zum Andrehen verwendet man bei kleinen Maschinen die bekannten Bauarten
von Andrehkurbeln, bei größeren Klinkenvorrichtungen und gezahnte Schwungräder.

Infolge der großen achsialen Kräfte beim Dieselmotor und der oft bedeutenden
unausgeglichenen Massenwirkungen und endlich auch wegen der manchmal kleinen
Gleichförmigkeit des Ganges sind verhältnismäßig schwere und sorgfältig angelegte
Fundamente erforderlich, wenn nicht gefährliche Erschütterungen auftreten sollen.

---

[1]) Verlag von Julius Springer in Berlin.
[2]) Dinglers polytechn. Journal 1908, S. 353 u. f.

Die Fundamenttiefe hängt demnach neben der Art, Größe und Drehzahl der Maschine auch von der Tiefe ab, in der man auf festgewachsenen Boden stößt.

Die von den Fundamentschrauben zu fassende Tiefe wird gewöhnlich bei stehenden Einzylindermaschinen von 20 bis 250 PS je nach der Größe zwischen 2 und 3,6 m gewählt, bei Mehrzylindermaschinen entsprechend den Abmessungen jedes Zylinders. Der Rauminhalt des Fundamentmauerwerks beträgt dabei für Einzylindermaschinen rund 10 bis 90 cbm, für Zwillingsmaschinen rund 20 bis 120 cbm, für Dreizylindermaschinen rund 30 bis 150 cbm und für Vierzylindermaschinen rund 40 bis 180 cbm.

Bei liegenden Maschinen kann die zu fassende Tiefe des Fundamentmauerwerks bedeutend niedriger bemessen werden, solange nicht die Zugänglichkeit der unteren Enden der Fundamentschrauben dadurch beeinträchtigt wird. Wenn Keile

Fig. 394.

oder Muttern die Ankerplatten fassen, ist diese Zugänglichkeit unentbehrlich, nur wo eingemauerte Platten und Hammerköpfe verwendet werden, kann man darauf verzichten.

Die Stärke der Fundamentschrauben ist rechnerisch schwer bestimmbar, man hält sich hier am besten an die gebräuchlichen Ausführungen[1]).

Ihre Zahl hängt von der Konstruktion der Grundplatte ab. Bei stehenden Einzylindermaschinen werden für die Grundplatte 4, für das Außenlager 2 Fundamentschrauben benötigt, bei Mehrzylindermaschinen mit n Zylindern $2(n-1)$ Schrauben für die Grundplatte, falls diese nicht geteilt ist. Hängen die Teile mit Flanschen zusammen, so werden in der Teilfuge 2 Schrauben untergebracht.

Bei liegenden Einzylindermaschinen kommt es natürlich besonders auf die starre Befestigung der Hauptlager an. Knapp an diesen werden daher gewöhnlich 4 Fundamentschrauben angeordnet, außerdem noch am hinteren Ende 2 Stück, gegebenenfalls bei größeren Maschinen auch noch dazwischen und wegen eventueller

---

[1]) Vgl. Bach, Maschinenelemente, 10. Aufl., S. 162.

Federung am vorderen Ende je 2 Stück. Bei Mehrzylindermaschinen ergibt sich hiernach die Schraubenzahl von selbst.

Mit Rücksicht auf bequeme Zugänglichkeit aller Teile stehen die Grundplatten meist auf einem Mauersockel.

Fig. 33 und 392 geben ein Beispiel einer Fundamentkonstruktion für eine stehende Maschine, in Fig. 393 ist das Mauerwerk für eine liegende Maschine angegeben.

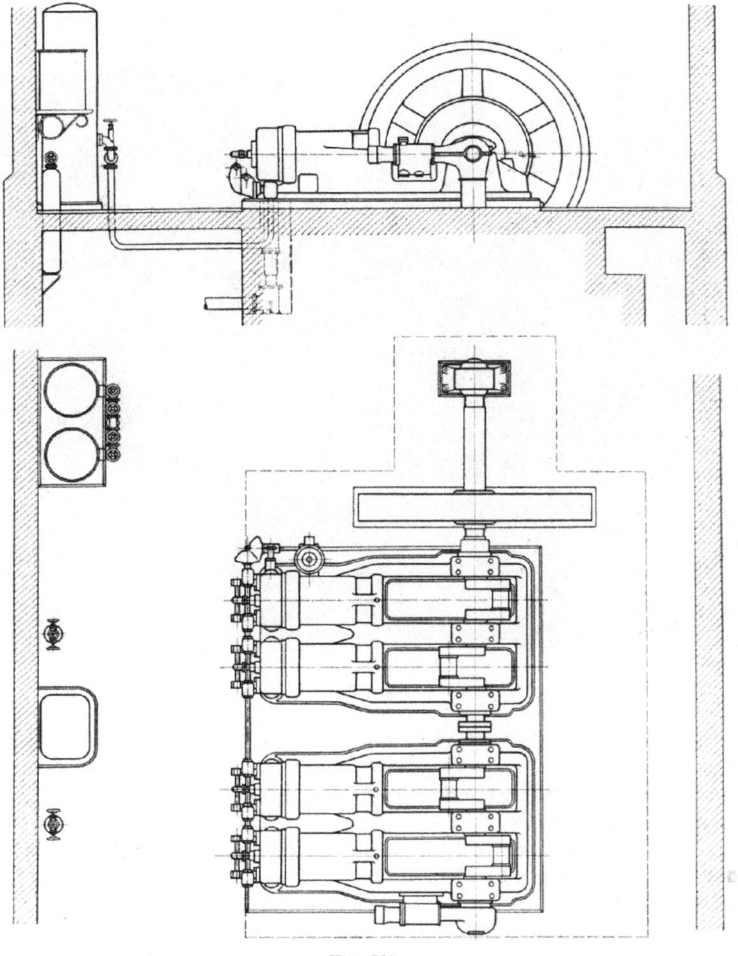

Fig. 395.

Die Anordnung der Maschinen geht aus vielen Abbildungen schon hervor. Es kommen in Betracht:

Stehende Einzylindermaschinen mit Schwungrad, Riemenscheibe oder Dynamomaschine, Zentrifugalpumpe usw. nach Fig. 1, 306 u. a.

Stehende Zwei- und Dreizylindermaschinen mit seitlich liegendem Abtrieb, Fig. 24, 29, 379.

Stehende Vier- und Mehrzylindermaschinen mit seitlich (Fig. 128, 258) oder zentral liegendem Abtrieb (Fig. 59), in letzterem Falle sind die Maschinen meist vollständig getrennt.

Ähnlich gestalten sich auch die Anordnungen einfach wirkender liegender Maschinen:

Liegende Einzylindermaschinen mit seitlich liegendem Schwungrad, Riemenscheibe, Dynamo usw. (Fig. 100, 214).

Liegende Zwei- und Dreizylindermaschinen mit seitlich liegendem Abtrieb (Fig. 138), mit gemeinschaftlicher Grundplatte, hier mit querliegender Steuerwelle

Fig. 396.

hinter den Zylindern; in Fig. 396 mit unmittelbarer Verbindung der Einlaß- und Auspuffsteuerungen.

Liegende Vier- und Mehrzylindermaschinen mit seitlich (Fig. 395) oder zentral liegendem Abtrieb (Fig. 317).

Hierzu kommen noch einfach wirkende Tandemmaschinen, doppelt wirkende Einzylindermaschinen (Fig. 21, 220).

Doppelt und einfach wirkende Tandemmaschinen Fig. 102 und 219; Fig. 22, eine doppelt wirkende Tandemmaschine, alle einachsig, oder in Zwillingsanordnung (Fig. 394).

B. Die Zweitaktmaschinen.

I. Die Zylinderbüchse.

Die Zylinderbüchse hat hier neben den beim Viertakt zu leistenden Verrichtungen noch die Steueröffnungen für den Kolben aufzunehmen, und zwar entweder nur für den Auspuff oder auch für den Einlaß der Spülluft. Im ersteren Falle liegen die Auspuffschlitze gewöhnlich am ganzen Zylinderumfang, im letzteren müssen einerseits die Spülöffnungen, andererseits die Auspufföffnungen angeordnet sein. Die Anbringung der Schlitze macht die Büchse noch weniger zur Aufnahme von Längskräften geeignet als beim Viertakt. Im allgemeinen ist es erforderlich, die Auspuffschlitze hohl zu gießen oder zu bohren, um sie zu kühlen und auch um eine Verbindung der Kühlräume herzustellen; diese Bohrungen verstärken den Wasserumlauf dadurch, daß das in ihnen erwärmte Wasser nach oben zu steigen sucht.

Bei größeren Maschinen wird auch hier gewöhnlich ein entlasteter Zylindereinsatz aus besonders geeignetem Material verwendet, Fig. 397 für Spülventile, Fig. 398 für Spülschlitze; bei kleineren werden aber auch Zylinderbüchse und Kühlmantel aus einem Stück gegossen (Fig. 399, 412, 415, 438). Bei eingesetzten Büchsen ergibt sich der bei Viertaktmaschinen häufig verwendete Tragring bei den Auspuffschlitzen als Notwendigkeit von selbst, nur ist hier noch größere Vorsicht bei der Bearbeitung notwendig, weil auch die Dichtheit an den zylindrischen Anpaßstellen bei den verschiedenen Temperaturen im Betriebe aufrechterhalten werden muß. Zur Herstellung derselben können unter Umständen kleine Stopfbüchsen Verwendung finden (Fig. 420, 423). Bei Spülschlitzen ist zu beachten, daß die Temperaturen an beiden Seiten des Zylinders auch noch verschieden sein müssen, da einerseits

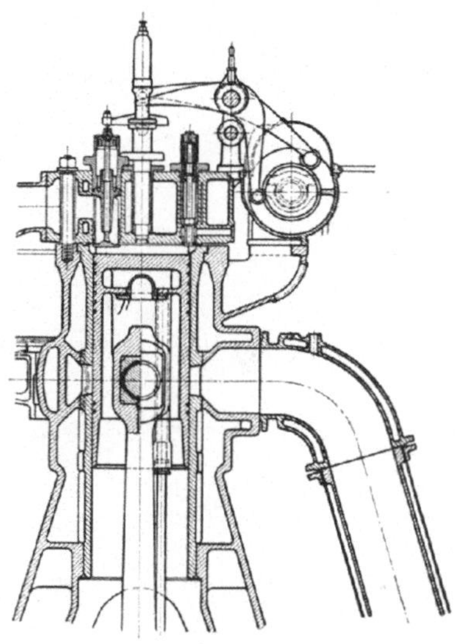

Fig. 397.

der heiße Auspuff an den Schlitzrippen vorbeiströmt, andererseits nur die verhältnismäßig kühle Spülluft. Häufig werden die Rippen zwecks Kühlung gebohrt (Fig. 397) oder hohl gegossen (Fig. 400, 403, 404, 406), wodurch auch eine kräftige Verbindung der beiden Teile des Kühlmantels hergestellt wird. In Fig. 397 ist außerdem ein zweiter Tragring angebracht, der in Fig. 398 durch Gestellflanschen ersetzt wird. Fig. 400 zeigt überhaupt keinen zweiten Tragring. Dafür ist hier der Ansatz viel länger ausgeführt, als es die Auspufföffnungen verlangen würden. Die Abdichtung des Endes der Büchse ist entweder durch einfaches Einpressen erzielt, was natürlich besondere Erfahrung und genaue Herstellung erfordert (Fig. 397), oder durch Gummiringe im Flanschenring (Fig. 403), an den auch ein Ölfänger unmittelbar angeschlossen werden kann (Fig. 400), oder durch eine Doppelstopfbüchse (Fig. 401).

Wesentlich anders ausgebildet ist die Konstruktion Fig. 402. Hier ist die Büchse
mit dem Deckel, der die Spülventile trägt, aus einem Stück hergestellt, wodurch sich
die Abdichtungen recht einfach gestalten lassen. Jene gegen den Kühlmantel unten
ist als Stopfbüchse ausgebildet; das von außen her angeschobene Auspuffrohr
dichtet mit Zentrierungszahn gegen die Büchse hin ab und wird gegen den Kühlmantel wieder mit einer Stopfbüchse versehen. Das Gußstück ist natürlich viel ver-

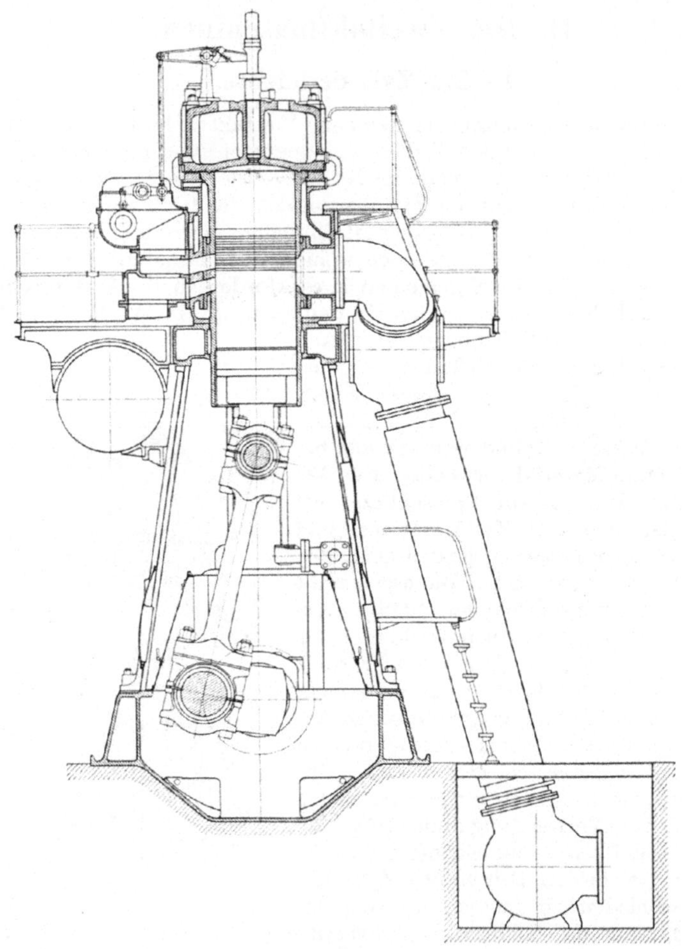

Fig. 398.

wickelter als die einfache Büchse. Es trägt unmittelbar den ringförmigen Kanal für
den Auspuff, wodurch der Umfang des Zylinders besser als Auspufföffnung verwendbar ist, weil die Verbindungsrippen nicht so stark zu sein brauchen, trotzdem sie hohl
ausgeführt sind. Die eigentliche Verbindung der beiden Teile der Büchse wird durch
den Ringkanal selbst gebildet, der von den Schlitzrippen versteift wird; aber die
Übertragung der Kolbenkraft auf das Gestell wird überhaupt nicht durch den
Zylinder, sondern nur durch den Kühlmantel bewirkt. Der Kühlraum des Deckels
ist von dem des Mantels durch eine kegelförmige Wand abgetrennt, die so angeordnet

ist, daß sie den allerheißesten Teil des Zylinders nicht mehr trifft. Der Deckel enthält die Pfeifen für die Spülventile, das Brennstoff- und Anlaßventil sowie die Zuleitung der Arbeitsluft zu den Spülventilen und der Anlaßluft zum Anlaßventil mit ihren seitlichen Flanschen. Zur Abstreifung von Öl und Abdichtung des Auspuff-

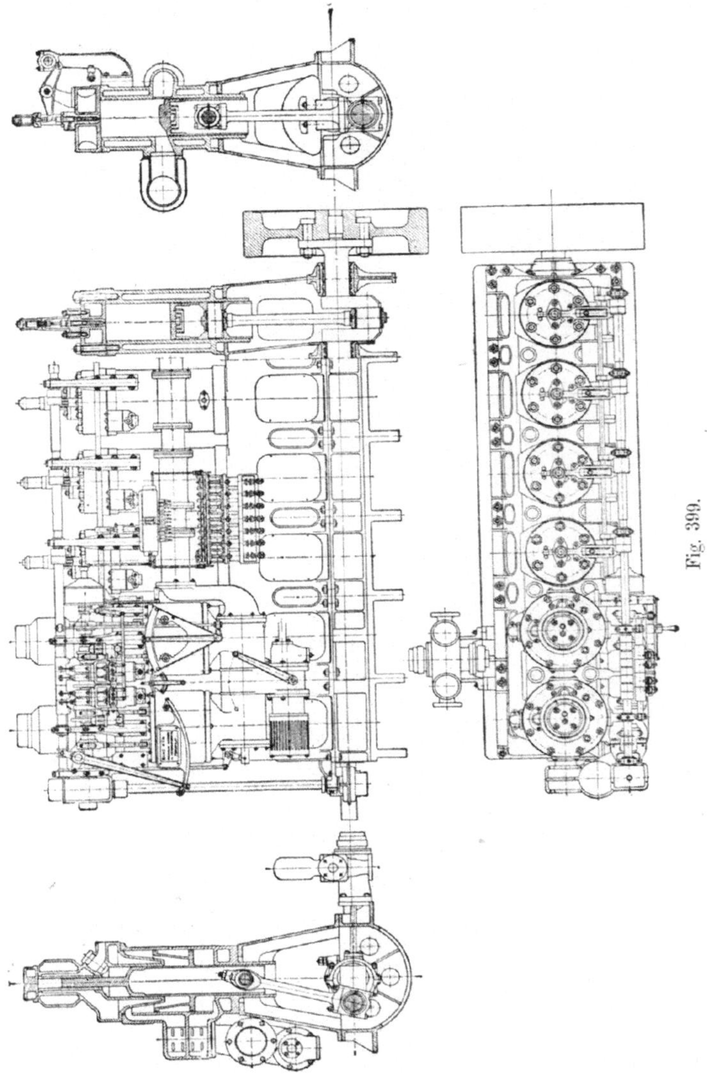

Fig. 399.

kanals nach unten hin ist hier ein Einsatz mit zwei nach innen spannenden Kolbenringen angebracht. Zwischen diesen Kolbenringen ist in der Laterne ein Hohlraum angeordnet, von dem aus ein Verbindungsrohr zum Ansaugeraum der Spülpumpe geführt wird, so daß etwa dort eintretende Abgase nicht in den Maschinenraum gelangen (vgl. Fig. 455). Die Anordnung solcher Kolbenringe oder Stopfbüchsen erfordert natürlich einen verhältnismäßig langen Kolben, da die betreffende Dichtung nicht frei liegen darf. In Fig. 397, 398 und 400 dienen zur Dichtung die auch bei Viertaktmaschinen verwendeten einfachen Kolbenringe mit Nuten im Kolben selbst. Fig. 403 zeigt wieder außen eingelegte Ringe und den gleichzeitig als Abdichtungsring für das Kühlwasser verwendeten Einsatz. In allen Fällen, wo besondere Büchsen verwendet werden, soll möglichst dafür gesorgt werden, daß diese sich bei Temperaturänderung

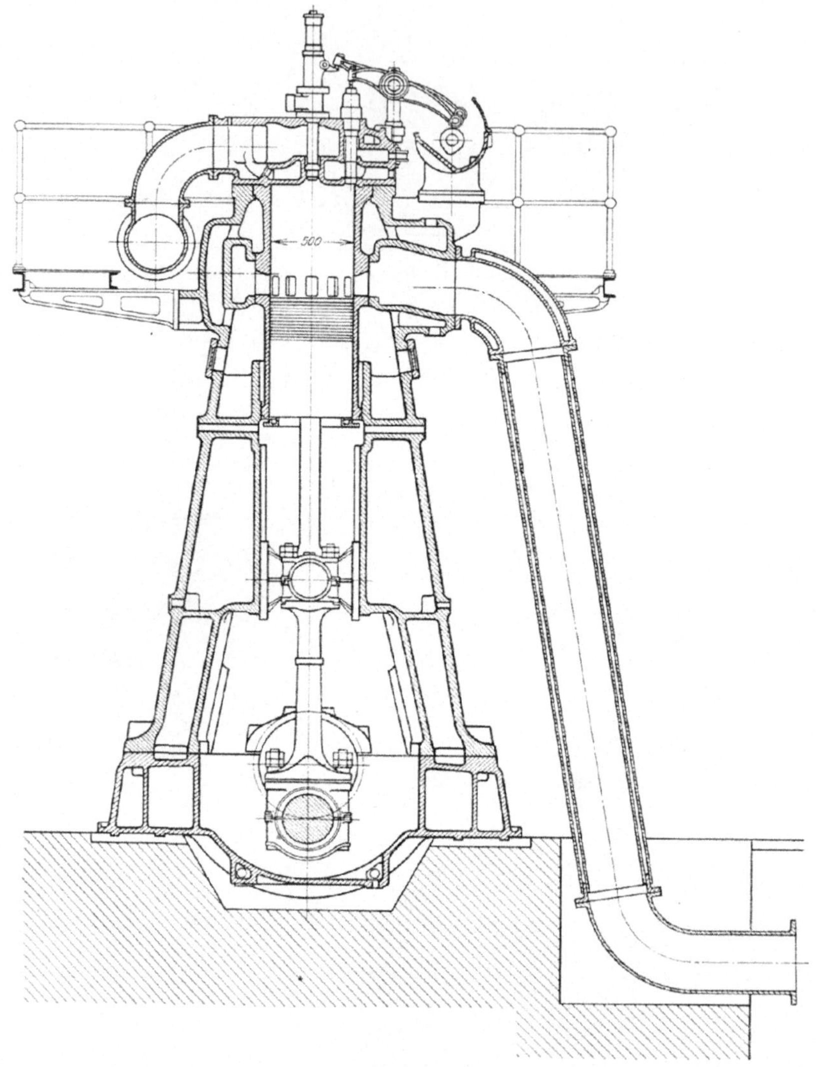

Fig. 400.

frei ausdehnen können. Hier ist das wegen des Anschlusses an das Auspuffrohr nicht völlig erreicht. Eine ähnliche Bauart wie Fig. 402, jedoch mit besonders angeschraubtem Deckel, zeigt Fig. 404; dieselbe bietet eine bequeme Art, den mit dem Auspuffkanal aus einem Stück hergestellten Zylinder in den Kühlmantel einzubringen. Dieser ist nämlich quer geteilt, der untere Teil mit dem Gestell zusammengegossen, der obere als Haube aufgesetzt. Dadurch ist es ermöglicht, die Flansche für das Auspuffrohr außerhalb des Kühlmantels zu bekommen, sie wird durch einen übergeschobenen Flanschenring gegen das Austreten von Kühlwasser gedichtet. Die Büchse selbst ist oben glockenförmig gestaltet, ihr Boden muß natürlich entsprechend stark bemessen sein, da er die vollen Arbeitsdruckkräfte aufzunehmen hat, ohne daß eine Ver-

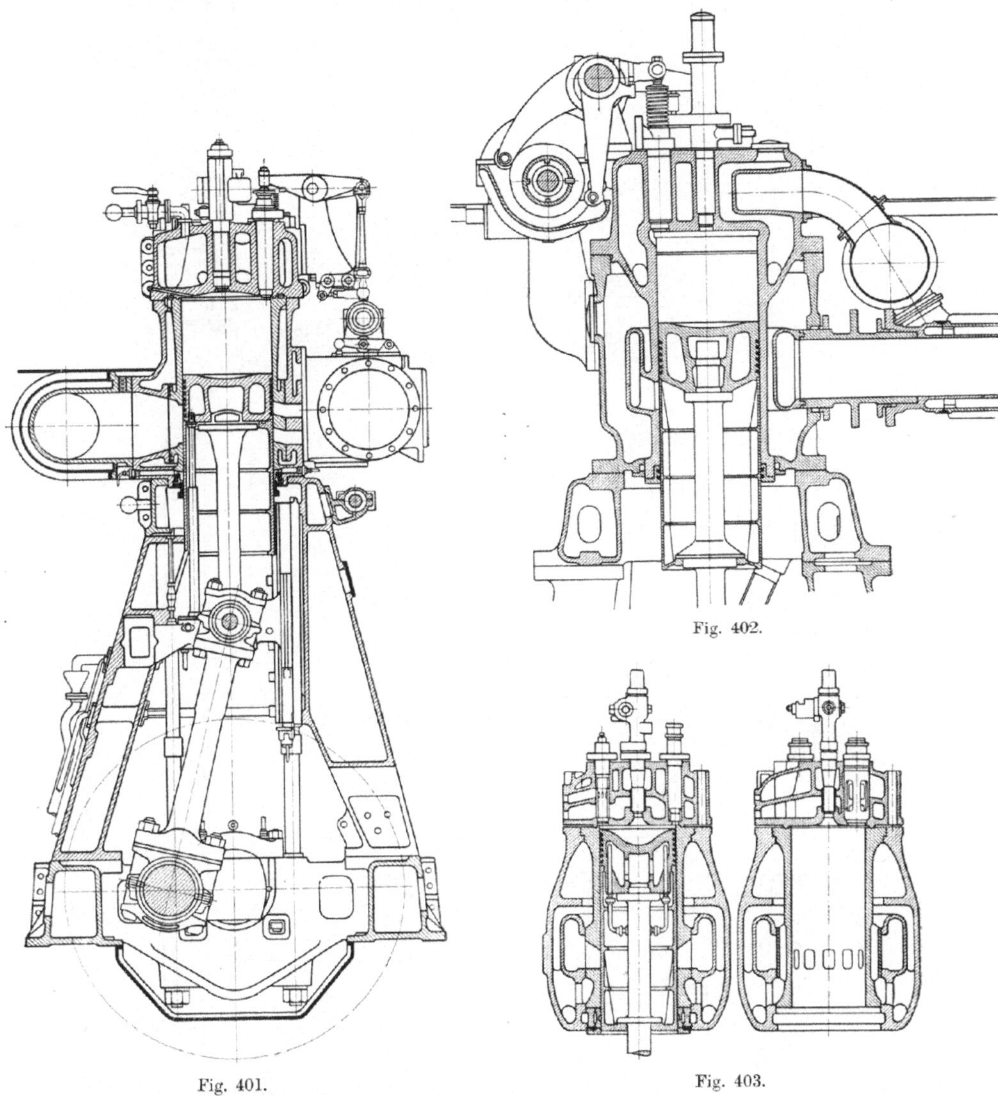

Fig. 402.

Fig. 401.

Fig. 403.

steifung angebracht wäre. (Vgl. Fig. 437.) Auch in dieser Figur ist die Abstreifvorrichtung des Kolbens am Ende der Zylinderbüchse ersichtlich; sie besteht aus Ringen, die im festen Teil angebracht sind. Fig. 405 zeigt eine Ausbildung des oberen Flansches und die Kühlung desselben, jedoch für eine einfache Büchse.

Auch die Fig. 406 stellt einen Zylinder dar, dessen Oberteil zu starken Hohlflanschen entsprechend erweitert ist, um das Einbringen des Auspuffwulstes von oben her

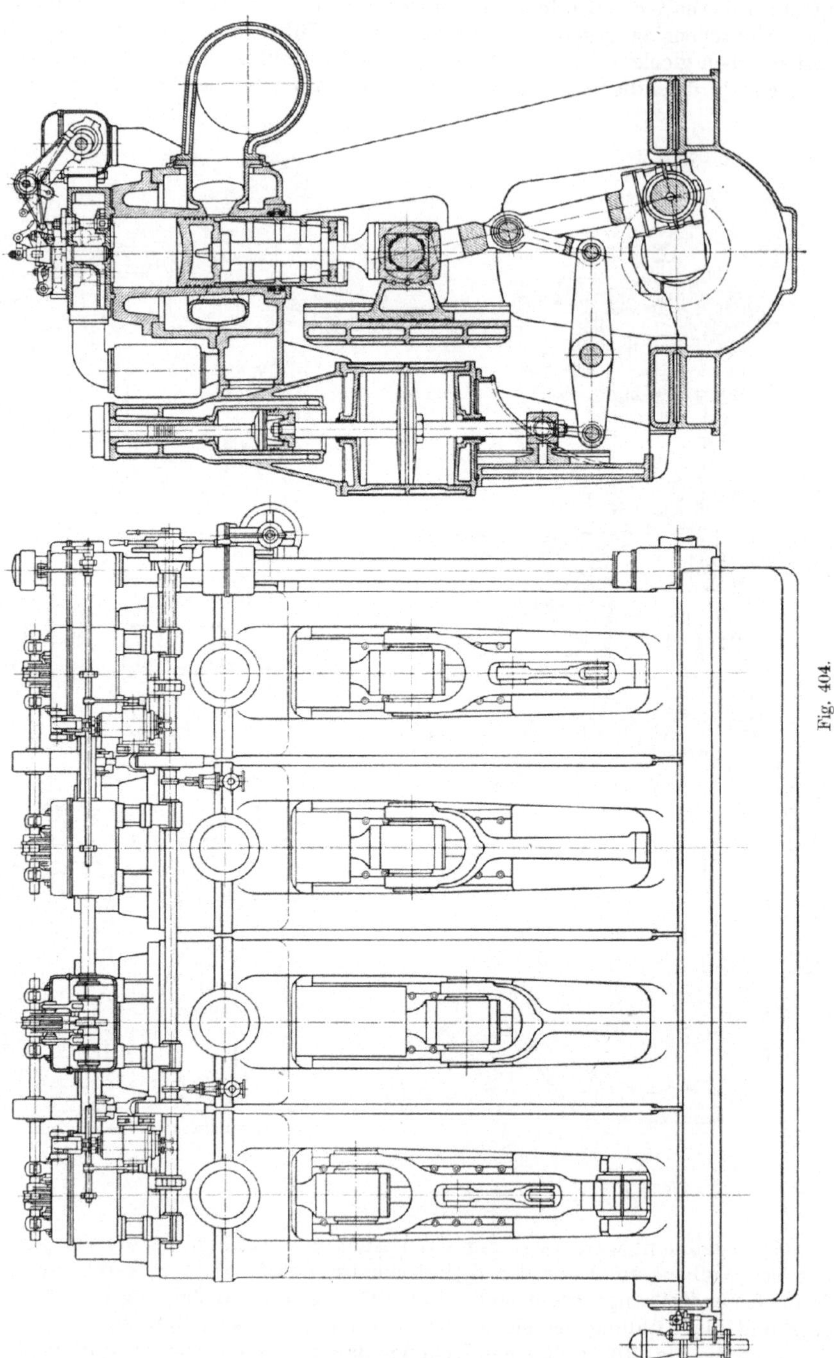

Fig. 404.

zu ermöglichen. Der Kühl-
mantel ist hier ein ein-
facher, innen verrippter
Zylinder, der zwar den Zylinder trägt, jedoch durch
durchgehende Schrauben,
die den Zylinderflansch unmittelbar mit dem Quer-
träger des Gestells verbinden, von den eigentlichen
Kolbenkräften entlastet
ist. Der Zylinder trägt am
inneren Ende eine kleine
Stopfbüchse zur Abdich-
tung des Kühlwasserraums

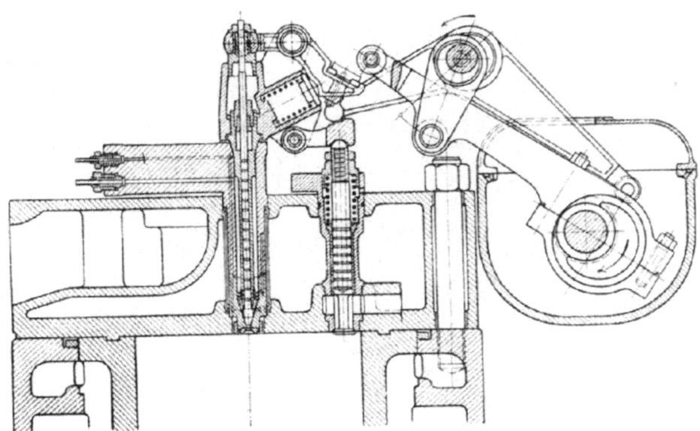

Fig. 405.

und wird durch nach innen federnde
Kolbenringe gegen den Kurbelraum
zu abgedichtet. Auch hier ist für
die gute Kühlung des Verbrennungsraumes vorgesorgt. Das Auspuffrohr wird durch lange Flanschenschrauben angeschlossen, so
daß deren Muttern von außen her
zugänglich sind, wenn man die
gleichzeitig eine Stopfbüchse für
die Dichtung des Kühlraumes bil-
dende Kappe abnimmt. Durch
diese Anordnung ist die axiale
Formänderung des Zylinders nur
wenig gehindert.

Bei mäßig großen Schnell-
läufern wird die Büchse auch mit
dem Kühlmantel und dem Deckel
zusammen aus einem Stück gegossen (Fig. 407). Hier bilden die
am unteren Teil miteinander ver-
flanschten Kühlmäntel gleichzeitig
eine Art Rahmen, der auf dem
schmiedeeisernen Säulengestell aufruht. Manchmal wird an jeden Arbeitszylinder unmittelbar ein Spülpumpenzylinder angeschlossen, wie
in den Fig. 408, 409, 448, 449 dargestellt. Auch hier sind Büchse,
Kühlmantel und Deckel aus einem
Stück, letzterer trägt mit seinem
Boden die Steuerwellenlager. Bei
diesen recht verwickelten Guß-
stücken muß zur vollkommenen
Reinigungsmöglichkeit der Kühlmantel innen überall zugänglich
gemacht werden, was durch ent-

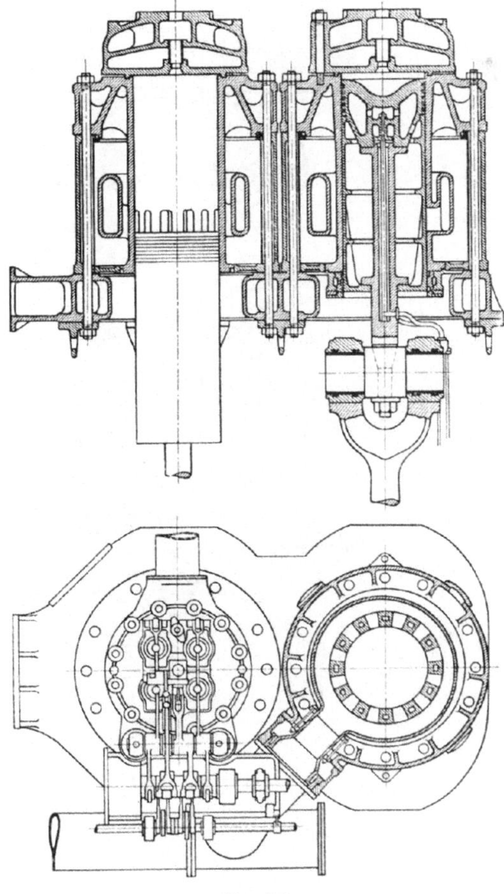

Fig. 406.

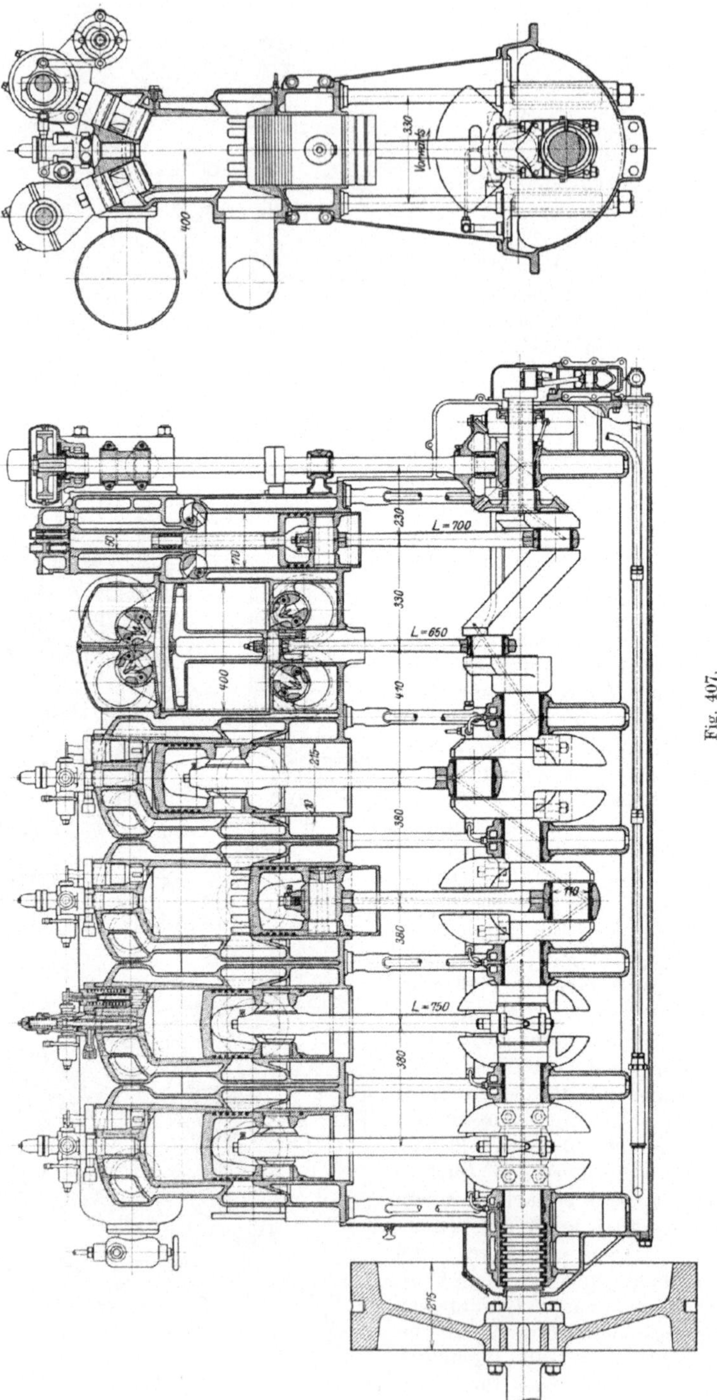

Fig. 407.

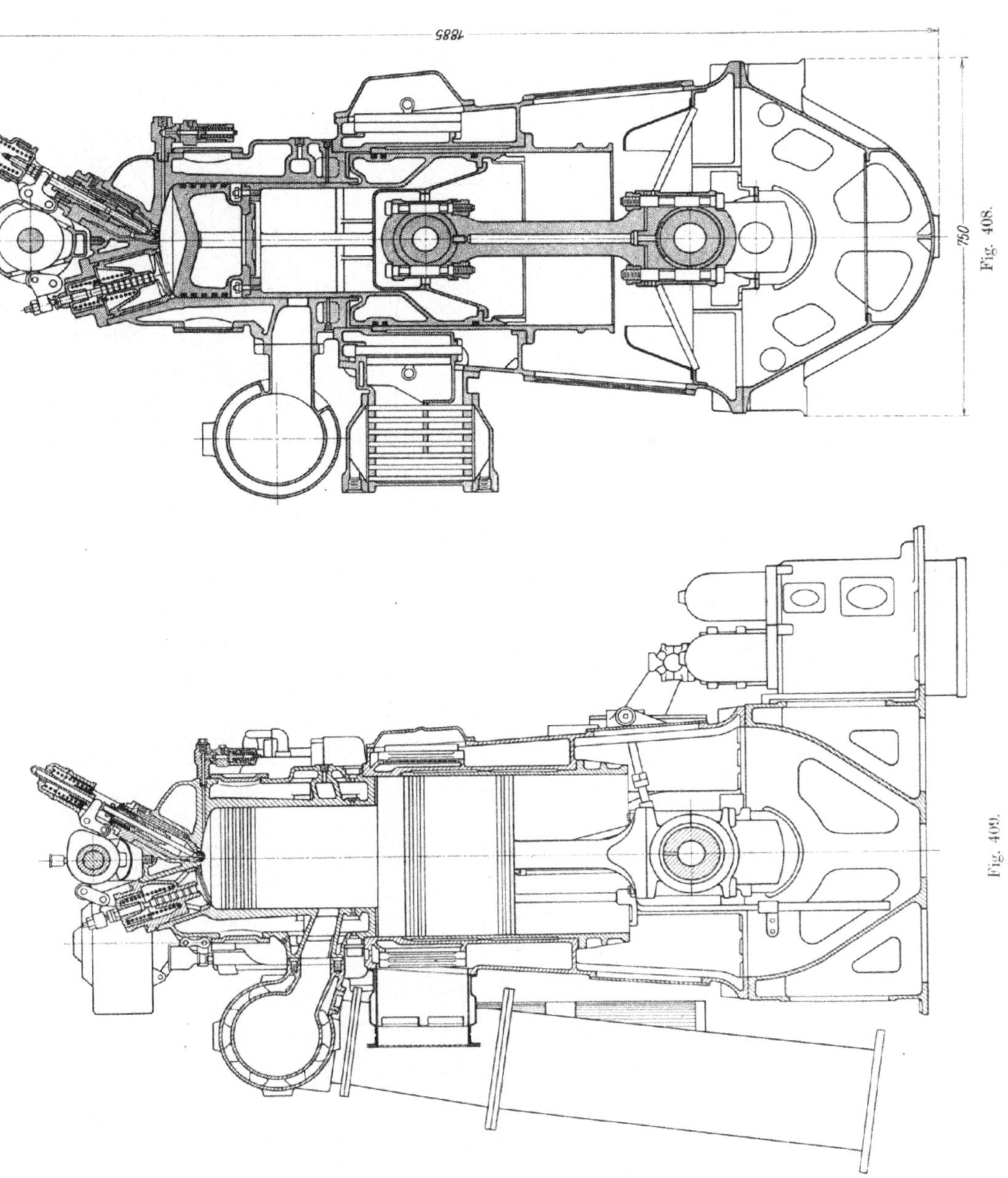

sprechend große und günstig gelegene Öffnungen mit Deckeln erreicht werden kann. Daher ist in Fig. 410 der Deckel abgetrennt, in Fig. 460 auch noch die Büchse besonders eingesetzt.

Man hat hingegen auch versucht, Zylinder, Deckel, Kühlmantel und Büchse für die Spülpumpe aus einem Stück herzustellen (Fig. 411). Die Vorteile der Anordnung

17*

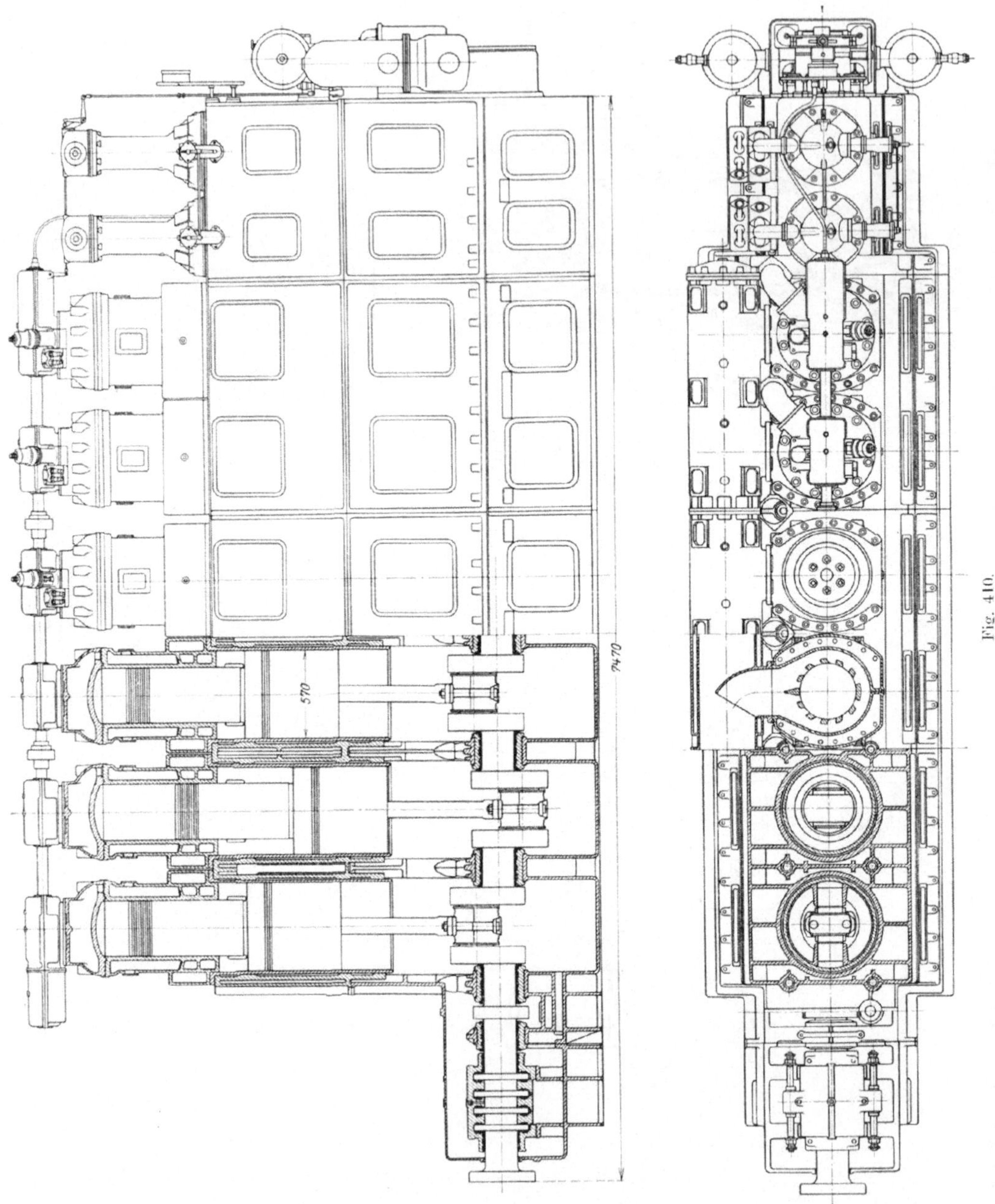

Fig. 410.

der Spülpumpenzylinder unmittelbar unter den Arbeitszylindern sind sogleich er-
kennbar. Man erhält die geringste Anzahl von Kurbeln und dementsprechend geringe
Länge der Maschine, wenn nicht wegen der größeren Bohrungen der Spülpumpe etwa
eine größere Achsentfernung der Zylinder nötig ist. An Nachteilen sind anzuführen: größere Stangenkräfte, kleinerer Nutzeffekt der geteilten Spülpumpen, die

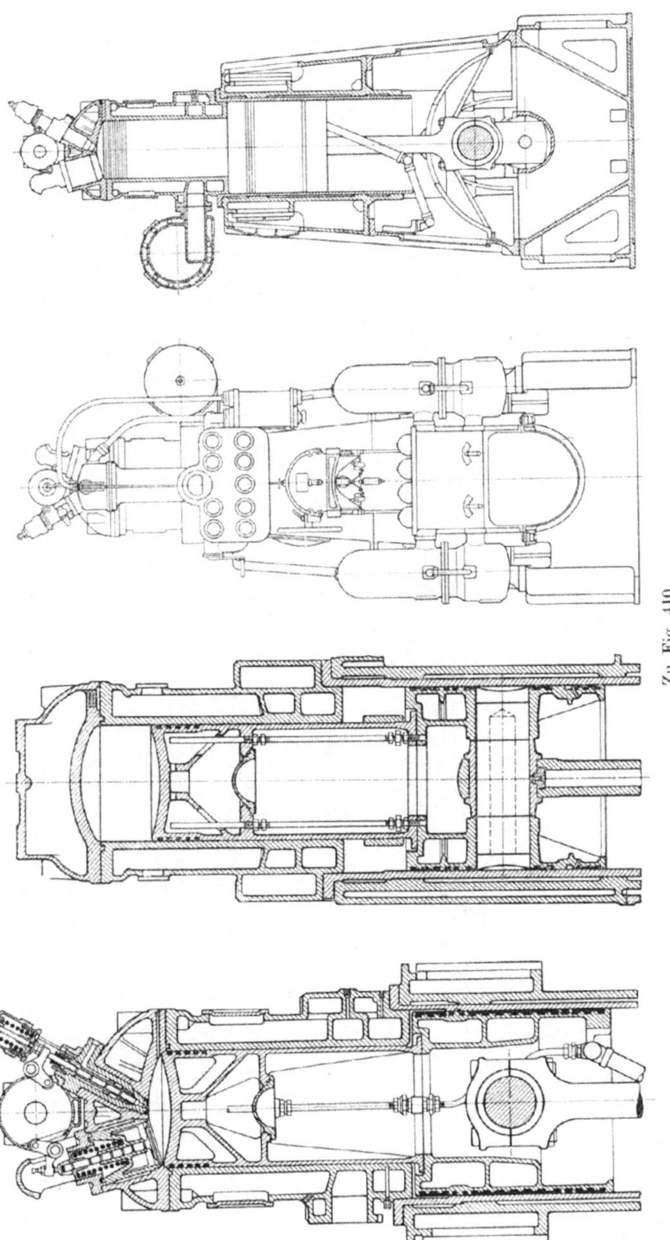

noch verhältnismäßig große Durchmesser haben, weil nur die Kolbenfläche wirksam ist, schwerere Montierung und schlechtere Zugänglichkeit der Kolben, Verunreinigung der Spülluft durch Öl- und Abgase von den Arbeitszylindern durch etwaige Undichtheiten, Unmöglichkeit der Verwendung doppeltwirkender Luftpumpen. Wenn der Kolbenzapfen im Luftpumpenkolben angebracht ist, ergibt sich sowohl eine gute Zugänglichkeit desselben, da hier mehr Raum vorhanden ist als im Arbeitskolben, als auch geringe Temperatur; der Arbeitskolben wird aber auch von seitlichen Kräften ganz entlastet, da diese vollständig von dem verhältnismäßig kühlen Spülzylinder aufgenommen werden. Auch erhält man im Kreuzkopf sehr geringe Auflagdrücke. Bei größeren Maschinen können die Spülkolben auch mit Weißmetall ausgegossen werden, da sie verhältnismäßig kühl bleiben.

Wo gesonderte Büchsen eingesetzt werden, ergibt sich die freie Längenänderung derselben gegen den Mantel von selbst. Wo dies nicht der Fall ist, kann man ihr einigermaßen durch entsprechende Ausbauchung des Kühlmantels Rechnung tragen, derart, daß derselbe ein wenig der Länge nach federt (z. B. Fig. 412). Hier werden die axialen Kräfte unmittelbar durch den kräftigen Zylinder übertragen; außerdem sind hier zwei Zylinder zusammengegossen. Noch gründlicher wird die freie Ausdehnung der Büchse gesichert, indem man den Kühlmantel quer zur Achsrichtung durch

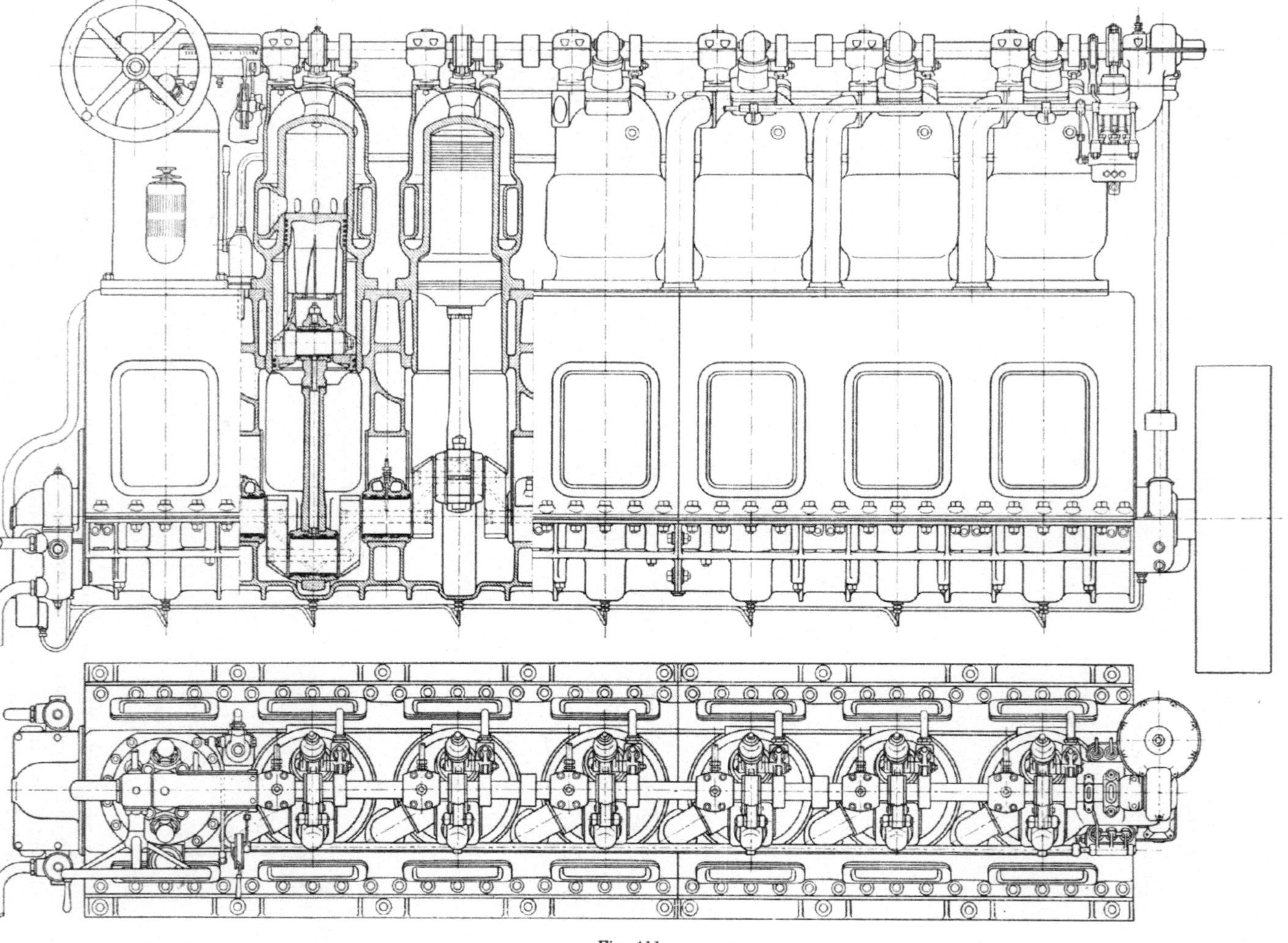

Fig. 411.

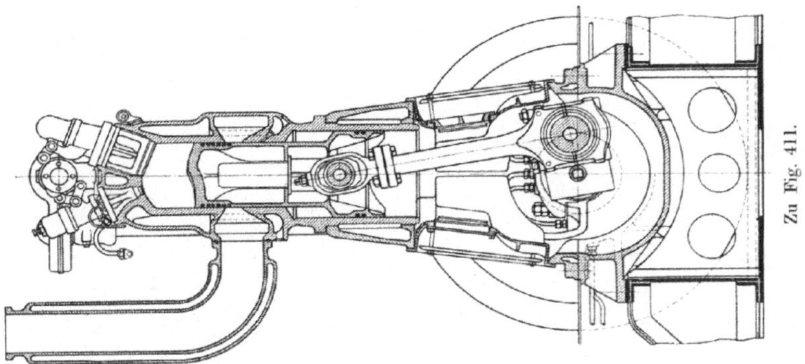

einen Schlitz teilt und diesen durch einen übergezogenen Gummiring und eine zweiteilige Schelle nach außen dichtet, wie dies schon bei gekühlten Auspuffrohren besprochen worden ist. In diesem Falle muß aber der Zylinder allein die Kolbenkräfte aufnehmen. Die Anordnung der Schlitzrippen ist derart zu treffen, daß der Auspuff möglichst wenig Widerstand und zu beiden Seiten des Zylinders gleichmäßig große Querschnitte findet. (Vgl. Fig. 406, 410, 420.)

Eine der Fig. 408 ähnliche Bauart ist in Fig. 413 und Fig. 414 ersichtlich, nur sind hier je zwei Spülventile im Deckel angebracht, wie auch bei Fig. 407, denen hier die Spülluft durch einen außerhalb des Kühlmantels aufgesetzten Luftzuführungsraum zuströmt.

In der Konstruktion Fig. 415 bilden wie bei Fig. 399 u. a. Zylinderbüchse und Kühlmantel ein Stück, während der Deckel besonders angebracht ist. Dieser enthält hier aber nur ein zentrales Spülventil, nachdem die offene Düse zusammen mit dem Druckluft- und Anlaßventil seitlich am Zylinder angeordnet ist. Der Mantel ist nach oben ganz offen und nur durch Rippen mit der Büchse verbunden. Eine ähnliche Durchführung wird auch für die Bauart ohne Spülventile verwendet (Fig. 416). Endlich zeigt Fig. 443 eine Ausführung mit besonderer Zylinderbüchse, die vom innern Zylinder des ganz doppelwandig gegossenen Kühlmantels umschlossen ist.

Eine eigenartige Ausführung zeigt die Fig. 417. Hier sind je zwei Zylinder mit einem gemeinsamen Kühlmantel zusammengegossen, je einer derselben erhält die Schlitze für den Eintritt der Spülluft, der zweite jene für den Auspuff der Abgase. Die Kühlmäntel sind hoch hinaufgezogen, um zwei zylindrische Deckel aufzunehmen. Die Zylinder sind entsprechend dem eigentümlichen Spülvorgang untereinander durch einen breiten Kanal an den Deckeln miteinander in Verbindung, die zwei zusammengehörigen Kolben laufen übereinstimmend und arbeiten auf eine gemeinsame Kurbel. Diese Maschine wird zwar nicht mehr gebaut, bietet aber ein interessantes Glied in der Entwicklung. Die Spülung ist hier ähnlich wie bei der Junkersmaschine Fig. 418, wo auf einer Seite des Doppelzylinders die Luft ein-, auf der andern Seite die Abgase ausströmen. Auch hier sind eingesetzte Büchsen verwendet; diese haben außen angesetzte Verstärkungen mit Zentrierungszähnen, durch die sie in den dreiteiligen Mänteln, die sowohl den Kühlwasserraum als auch die Spülluft- und Auspuffkanäle bilden, festgehalten werden. Der Unterteil des Mantels ist auch wieder als Tragtraverse ausgebildet.

Bei großen stehenden Schiffsmaschinen (Fig. 451) ist eine ähnliche Konstruktion verwendet. Hier ist die Büchse am Verbrennungsraum außen mit Kühlrippen versehen, auf denen der Stahlgußmantel unmittelbar aufliegt. Die Enden der Kühlmäntel außerhalb der Steuerschlitze sind mit der Büchse zusammengegossen. Der obere der beiden trägt die Konsolen für die Steuerung der Brennstoff- und Anlaß-

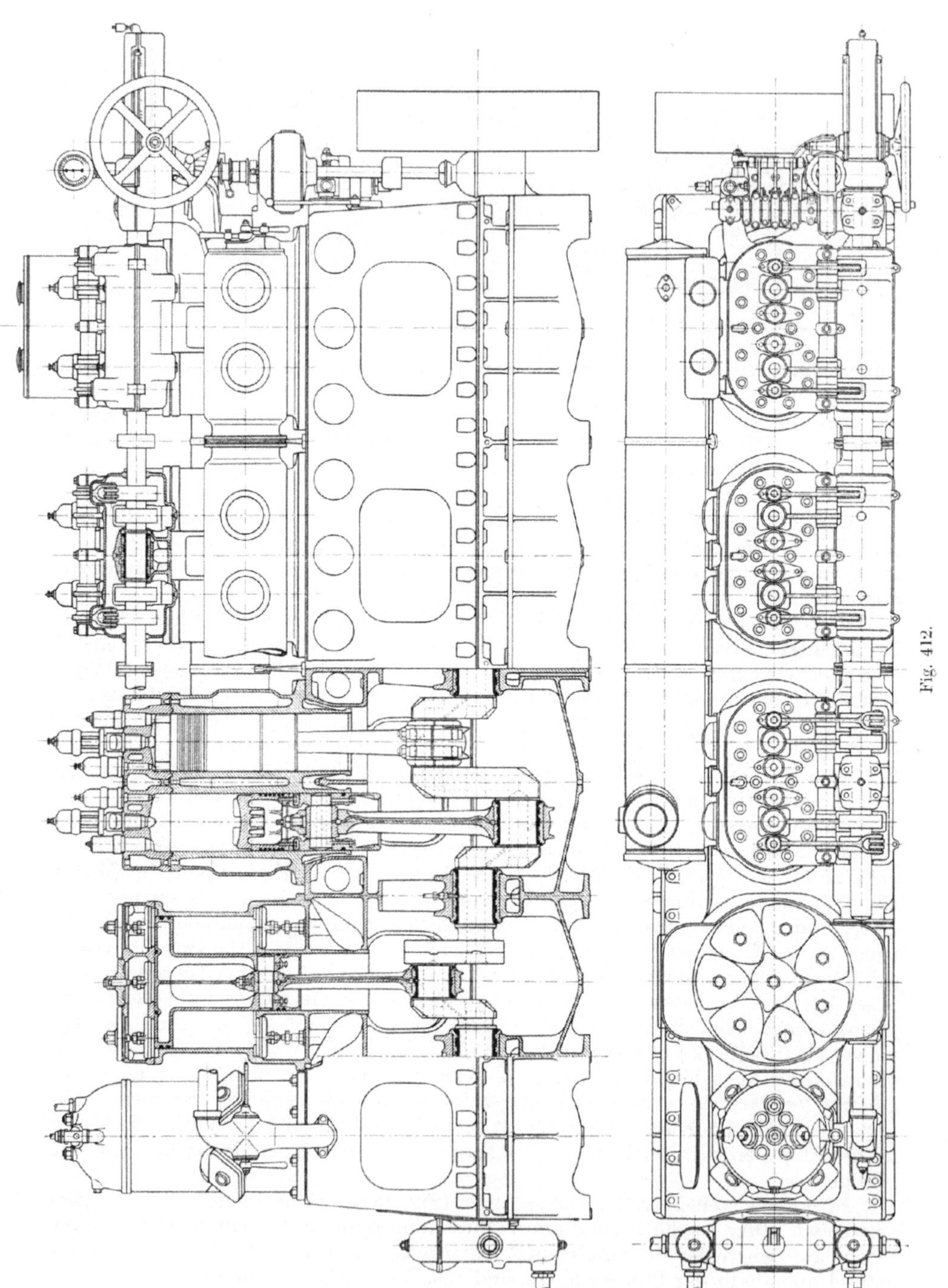

Fig. 412.

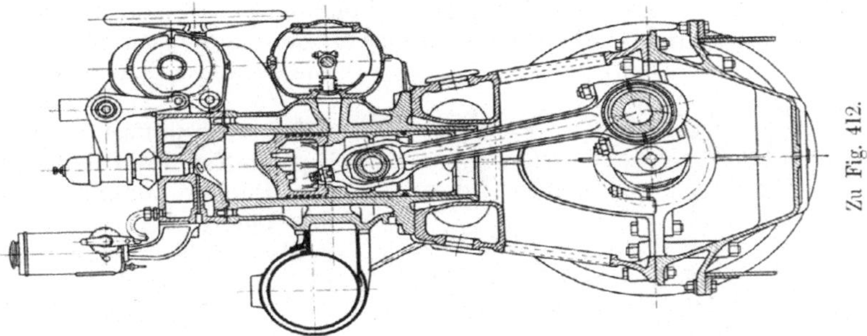

ventile. Die Abdichtung der Kühlmäntel und Luftkanäle wird auch hier durch Stopfbüchsen und Flanschen bewirkt. Die Anordnung des Auspuffs auf der unteren Seite
dürfte etwas vorteilhafter sein, weil sich der Zylinder leichter selbst reinigt.

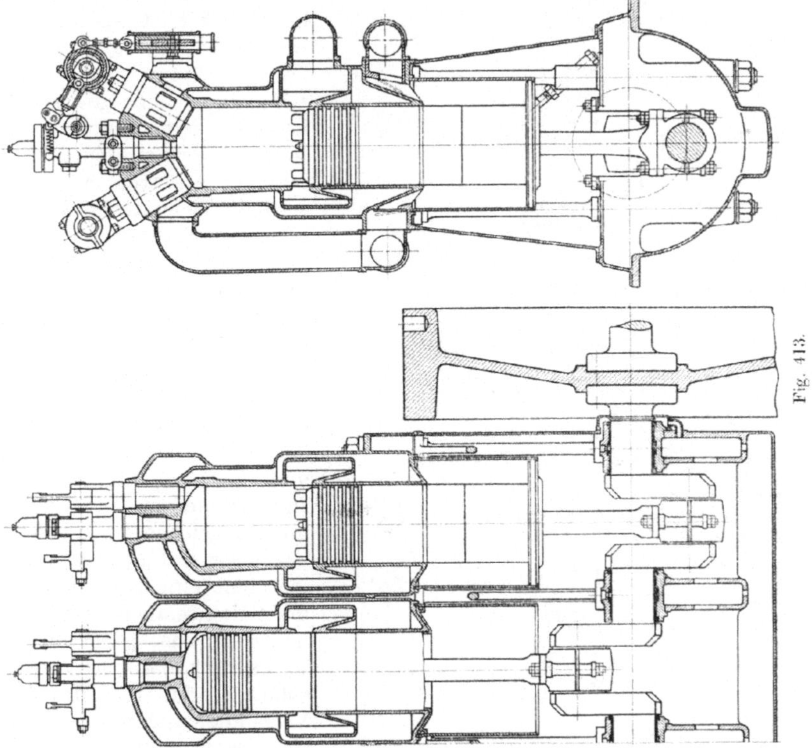

In Fig. 419 ist die Zylinderbüchse an den Schlitzstellen verstärkt und in den aus
einem Stück bestehenden Kühlmantel eingesetzt, in Fig. 420 ist die Verstärkung nur
oben an den Auspuffschlitzen angebracht, deren Stege gekühlt sind, bei den unten befindlichen Spülschlitzen ist die Verstärkung in den Mantel verlegt. Der Kühlmantel
ist hier der Länge nach geteilt, der unterste Teil bildet den Querträger des Gestells,
der oberste eine Kappe zur Befestigung der Zylinderbüchse, während der Mittelteil

mit dem Zylinder aus einem Stück hergestellt ist und die Gehäuse für die Brennstoff-
und Anlaßventile aufnimmt. Die Büchse ist hier für das obere Querhaupt geschlitzt,
wie auch bei Fig. 418.

In Fig. 421 ist wieder der auf der Auspuffseite, hier oben, liegende Teil des Kühlmantels mit der Büchse zusammengegossen, der untere Teil bildet den als Spülluftgefäß ausgebildeten Querträger des Gestells.

Eine Ausführung der Büchse für eine liegende Zweitaktmaschine zeigt die Fig. 422. Auch hier sind Zylinderbüchse und Kühlmantel aus einem Stück gegossen, der letztere reicht jedoch nicht bis zur Spitze und der Zylinderdeckel ist gesondert. Auch hier sichert eine Ausbauchung des Mantels trotz der eingesetzten Längsrippen eine gewisse Längsbeweglichkeit. Bei den Auspuffschlitzen ist wieder für gleichmäßiges Ausströmen vorgesorgt, weshalb der Auspuffkanal hier oben unterbrochen ist.

Auch die liegenden Junkersmaschinen (Fig. 423, 424) zeigen besonders eingesetzte Büchsen, nur wird bei diesen und überhaupt bei größeren Maschinen im Gegensatz zu Fig. 418 der Kühlmantel auch über die Spülluft- und Auspuffschlitze hinaus verlängert und die Luft- und Abgaskanäle zur Verbindung der Wasserräume mit Längslöchern versehen. Hier hat jeder Zylinder der Tandemmaschine eine besondere Büchse mit teilweise angegossenem Kühlmantel an der Innenseite. Hier sind sie mit Flanschen zusammengehalten, für die Muttern der Verbindungsschrauben sind entsprechende Öffnungen freigelassen. In der Nähe des Verbrennungsraumes ist die Büchse wegen Festigkeit und besserer Wärme

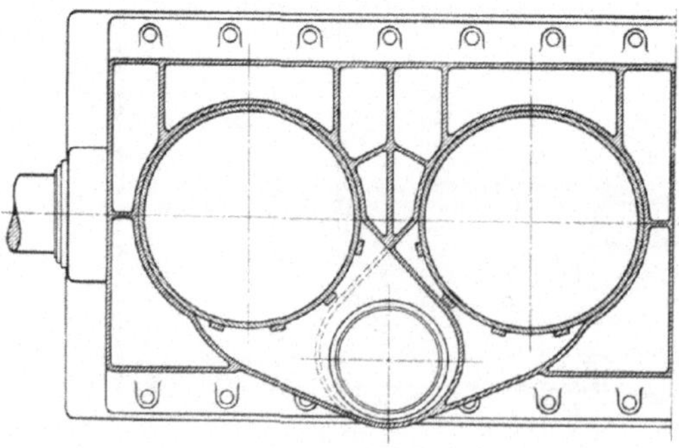

Fig. 414.

abfuhr bedeutend verstärkt. Der zylindrische Kühlmantel besteht aus zwei Teilen,
die über die Büchse geschoben und gegen den Auspuffkanal mit Stopfbüchsen abgedichtet sind. Der gekühlte Auspuffkanal selbst umschließt wieder die Kühlmäntel
und ist einerseits mit Flansche, andererseits mit Stopfbüchse gedichtet. Der vordere

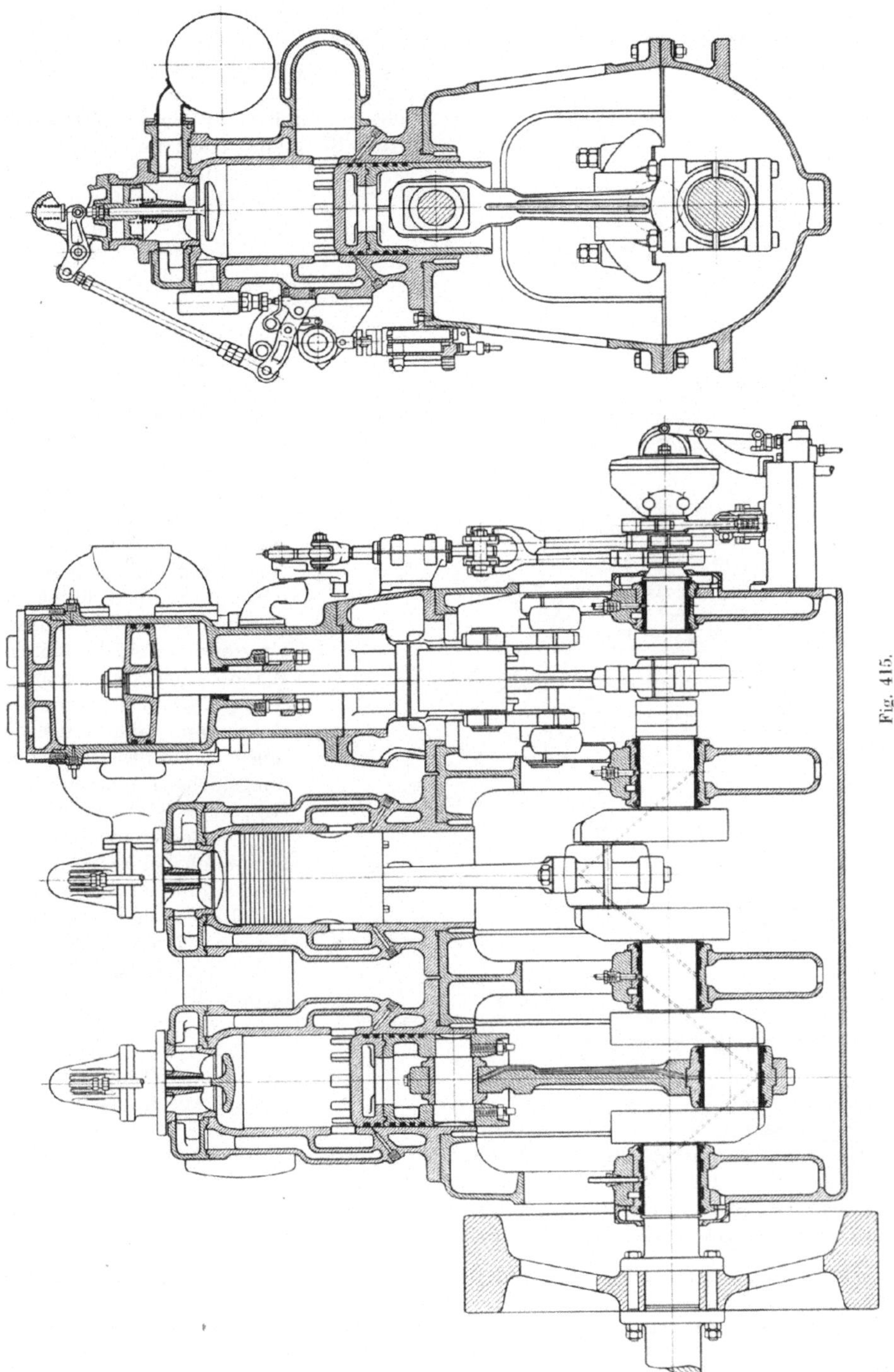

Fig. 415.

Auspuffringkanal dient gleichzeitig als Tragfuß, indem er mit entsprechenden gehobelten Anpässen auf der Verlängerung der Grundplatte ruht. Er ist mit den Kühlmänteln der Verdichter in einem Stück gegossen. Übrigens werden die Zylinder durch etwas axial federnde Tragstücke gehalten. Der Spülluftkanal ist ähnlich angeordnet wie der Auspuffkanal, nur umschließt er unmittelbar die Verstärkungen des Zylinders an den Spülschlitzen. Der hintere Spülkanal trägt unmittelbar die Spülzylinder, beide enthalten oben und unten Führungen für die Zugstangen. Die mit Löchern versehenen Stege für die Steuerschlitze sind derart angeordnet, daß die Luft und die Auspuffgase möglichst wenig Widerstand finden.

Die Wandstärken der Büchsen in der Nähe des Verbrennungsraumes werden etwa $^1/_{10}$ bis $^1/_{12}$ des Zylinderdurchmessers gemacht. Nur wo die Rippen der Auspuff- und gegebenenfalls der Spülluftschlitze angeordnet sind, müssen unter Umständen viel höhere Wandstärken vorhanden sein. Abgesehen von den Bohrungen oder eingegossenen Kühlwasserverbindungslöchern müssen diese Rippen so stark sein, daß sie die Reibungen des Kolbens auch bei Festklemmen nahe dem inneren Totpunkt desselben aushalten können. Ferner müssen sie das Verziehen der Büchse bei einseitiger Erwärmung verhindern, wo Spülschlitze vorhanden sind. Ihre Breite am innern Zylinderumfang beträgt zusammen etwa $^5/_{12}$

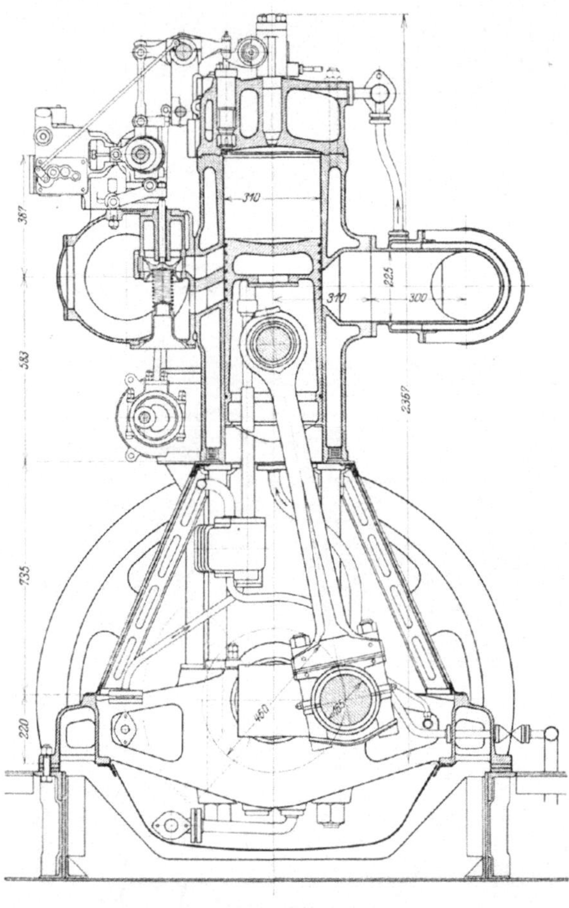

Fig. 416.

bis $^6/_{12}$ desselben, so daß für die Öffnungen $^6/_{12}$ bis $^7/_{12}$ des Umfangs übrig bleiben. Oft werden sie mit Rücksicht auf günstigere Abnutzung der Kolbenringe schräg angeordnet, so daß Riefen in den Ringen vermieden werden. Die Länge der Auspuffschlitze richtet sich nach der Kolbengeschwindigkeit, ihr Verhältnis zum Kolbenhub nach der Drehzahl. Bei 260 Umdrehungen in der Minute ist dieses Verhältnis rund $\dfrac{1}{7,5}$, bei 500 Umdrehungen in der Minute rund $\dfrac{1}{6,5}$[1]). Die Spülschlitze haben

---

[1]) Genauere Betrachtungen hierüber: Krylewski, Anlaß- und Spülvorgänge bei Zweitaktmotoren. Danzig 1913 und „Ölmotor", Jahrg. II, S. 553 ff.; ferner Föppl, Z. Ver. deutsch. Ing. Bd. 57, Nr. 49; Bd. 58, Nr. 20.

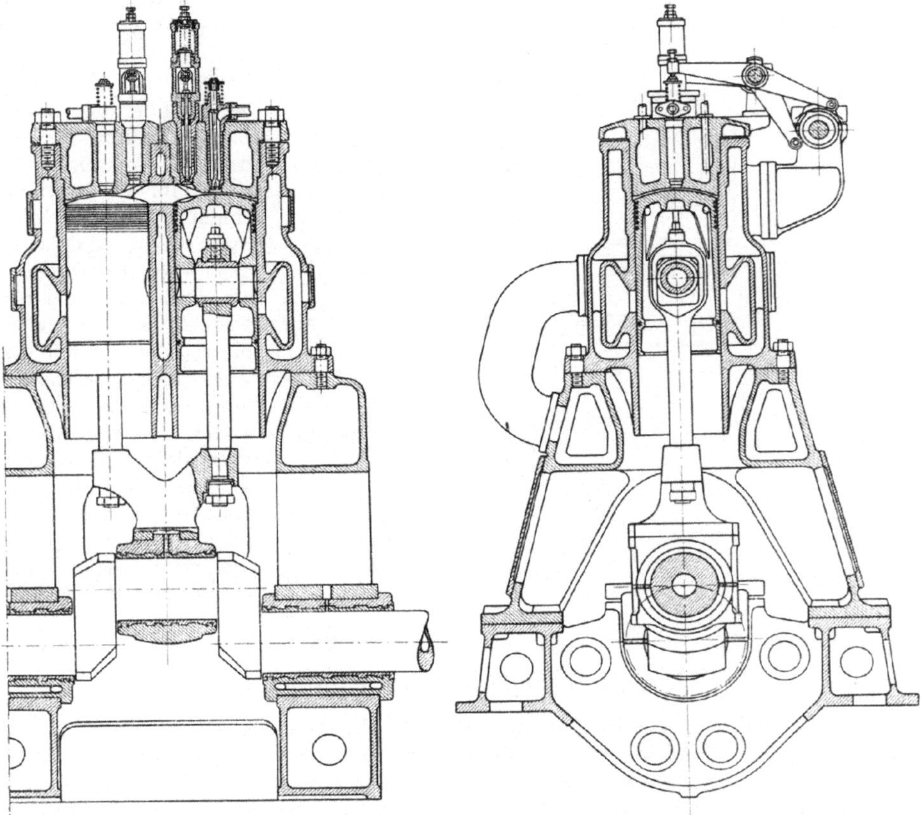

Fig. 417.

hierfür eine Länge von rund $^1/_4$ des Kolbenhubes, sie hängt natürlich vom gewählten Spüldruck ab.

Die Zylinder haben naturgemäß gegen die Auspuffschlitze hin eine merklich geringere Temperatur, sie dürften also etwas konisch gebohrt werden, um sicheres Dichthalten der Kolbenringe zu erreichen.

Die Länge des Zylinderrohres ist wie bei Viertaktmaschinen zu wählen. Wo Tauchkolben ohne besondere Kreuzkopfführungen zur Anwendung kommen, läßt man den Kolben etwa $^1/_5$ seiner Länge aus der Büchse heraustreten. Hier ist aber auch bei außenliegenden Kreuzköpfen der Kolben so lang notwendig, daß er bei äußerster Stellung noch die Schlitze ge

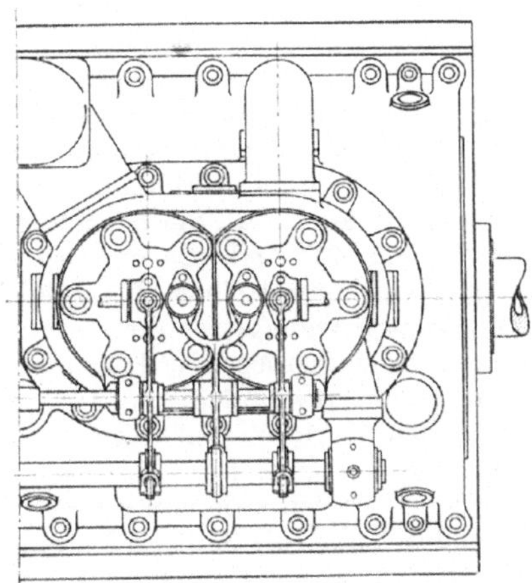

nügend deckt. Häufig benutzt man hierzu leichte zylindrische Büchsen (Fig. 402), die hier freilich viel weiter herausragen können.

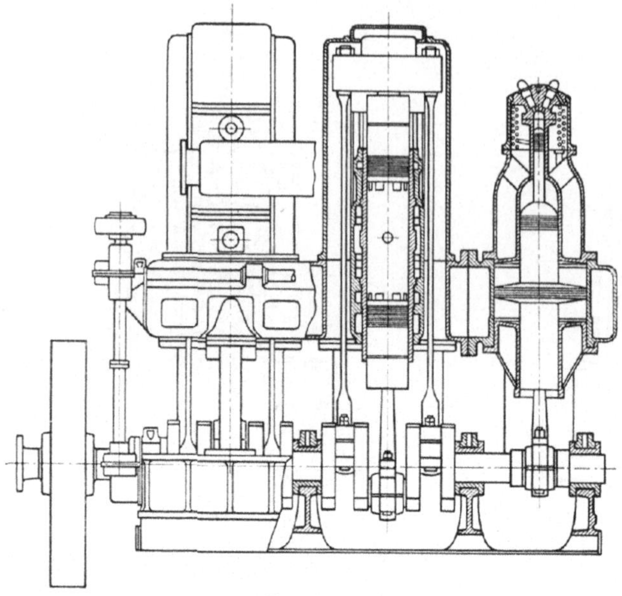

Fig. 418.

Bei liegenden Maschinen ist darauf zu achten, daß bei der Erwärmung die Achse der Zylinderbüchse ihre Lage unverändert beibehält. In Fig. 422 steckt ihr Vorderteil in einem gekühlten Hohlraum der Grundplatte, das hintere Ende in dem als Fuß ausgebildeten Deckel. Bei der Erwärmung hebt sich nun die Achse hier, während sie vorne ihre Lage kaum ändert. Es wäre daher vorzuziehen, die Büchse in einem Zentrierungszahn des Fußes aufzuhängen, wodurch auch hier etwa eine Ausgleichung eintreten würde.

II. Das Gestell und der Kühlmantel.

Gewöhnlich wird bei langsamlaufenden Maschinen das Gestell mit dem Kühlmantel aus einem Stück gegossen, ähnlich wie bei Viertaktmaschinen (Fig. 425). Es ist dann nur dadurch unterschieden, daß es den ringförmigen Auspuffkanal aufnimmt, bzw. auch noch den Spülluftzuführungskanal. Dabei gehen die Tragrippen im Innern des Kühlmantels nur bis zum Auspuffkanal, um den empfindlicheren Oberteil freizulassen. Der Rohranschluß für das Auspuffrohr kann hier unmittelbar erfolgen. Ähnlich ist auch die Konstruktion Fig. 426, nur ist hier eine besondere Kreuzkopfführung angebracht. Wo dies sonst der Fall ist, trennt man gewöhnlich den Kühlmantel vom Gestell ab. Die Fig. 428 und 430 lassen diese Bauart mit doppelseitiger Kreuzkopfführung erkennen, Fig. 429 mit einseitig geführtem Kreuzkopf. Hier sind die gußeisernen Ständer gesondert ausgeführt, mit schrägen Stützen versteift, und sie tragen einen starken Querträger, der erst die Zylinder bzw. die Kühlmäntel aufnimmt. Diese für Schiffsmaschinen verwendete Bauart, die sich an die bei Schiffsdampfmaschinen gebräuchliche anlehnt, ist auch in Fig. 427 und 428 ersichtlich, während in Fig. 430 und 433 statt des Querträgers eine unmittelbare Flanschenverbindung der Ständer gewählt ist. In der letztgenannten Figur sitzen die Zylinder nicht unmittelbar auf den Ständern, sondern je zwei gegenüberliegende Säulen sind durch ringförmige Gußstücke mit entsprechenden Füßen verbunden, die erst die Zylindermäntel tragen. Dabei sind die Ständer in den Kurbelebenen angebracht, während bei Anwendung des Querträgers zur besseren Zugänglichkeit der Pleuelstangen auch die den Führungen gegenüber befindlichen Säulen zwischen die Zylindermitten und an die Enden gelegt werden können, wodurch auch die seitliche Stützung besser wird (Fig. 431). In Fig. 432 endlich sind die Säulen gar nicht miteinander verbunden, die Querversteifung wird durch die in einem Stück gegossenen Kühlmäntel für zwei Zylinder gebildet.

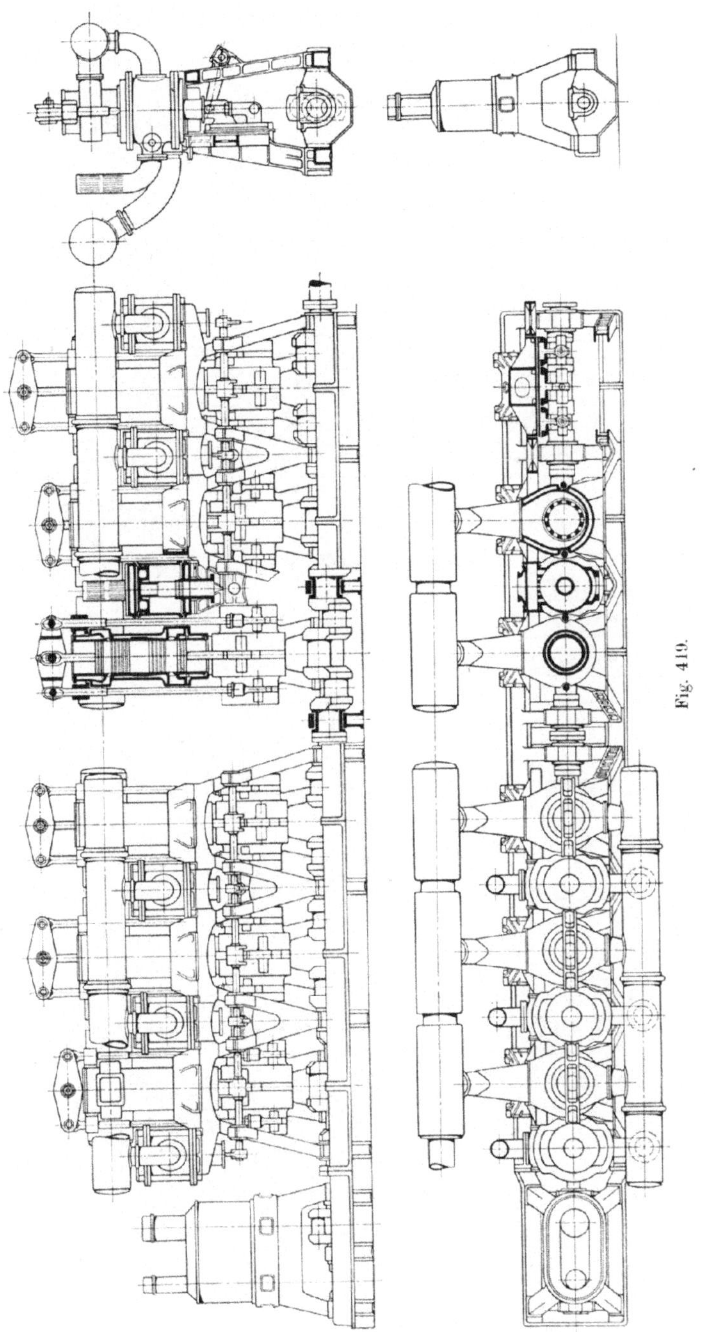

Fig. 419.

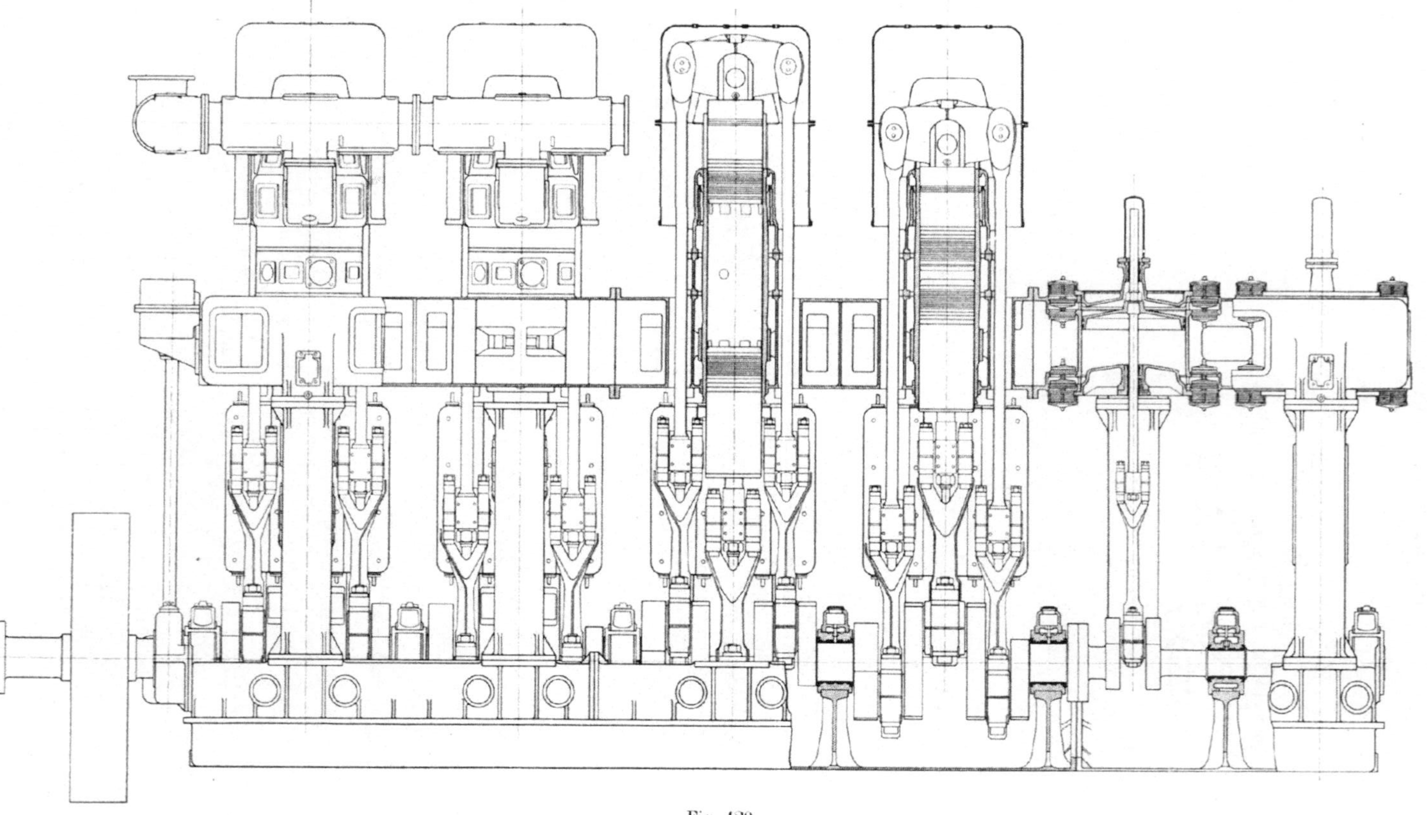

Fig. 420.

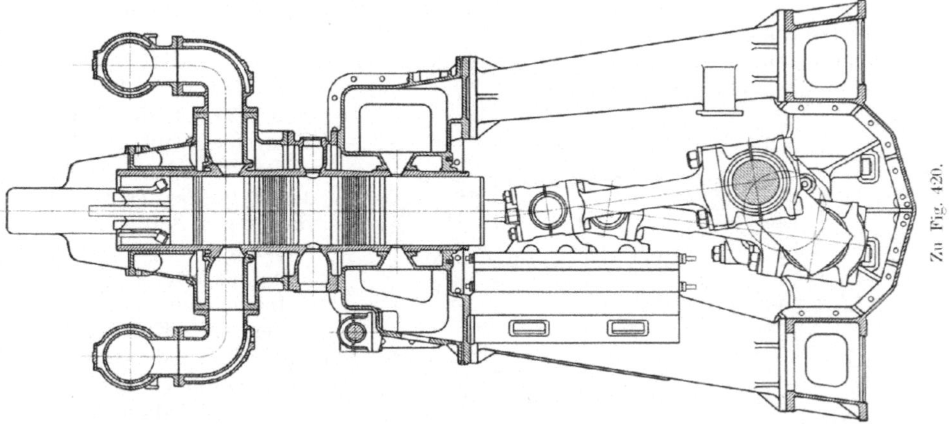

In Fig. 398 und der dazu gehörigen Ansicht 435 erkennt man die Anordnung der Führungsständer zwischen den Zylindermitten und die zur Entlastung des Gestells von den Arbeitszugkräften angeordneten Säulen, die bei der Bauart Fig. 436 überhaupt das Traggestell bilden (vgl. S. 42, Viertakt), das durch in Rahmen gehaltene Öl-schirme (Fig. 416) nach außen ganz abgeschlossen wird. Die Säulen entlasten auch den eigentlichen Zylinder gänzlich von Längskräften, da derselbe gewissermaßen am Deckel angehängt ist, der durch die Säulen unmittelbar mit der Grundplatte ver-bunden ist. Auch die Grundplatte wird hier wenig beansprucht, weil die Stützpunkte nahe an den Lagern liegen können. Wie bereits früher erwähnt, ergibt sich bei dieser Anordnung auch von selbst, daß die Verschiebung der an den Zylindermänteln an-gebrachten Teile für die Steuerung gering wird, weil die Ausdehnung der Zylinder nach abwärts gerichtet ist.

Bei Bauarten nach Fig. 401, 432 werden durch die Wärmedehnung der Ständer und Zylinder die Zugstangen belastet. Die Verbindung darf im kalten Zustand also nur lose sein.

Bei dem Säulengestell der Fig. 407 ist die Verbindung der Grundplatte nur mit dem als Tragrahmen ausgebildeten Zylinderunterteil hergestellt. Ähnlich auch in Fig. 437, während Fig. 438 einen auf den Säulen angeordneten gesonderten Quer-träger aufweist. Anders wieder ist das Gestell in Fig. 401 konstruiert. Hier ist die Führungssäule oben als Tragkonsole ausgebildet, die ihrerseits durch eine zwischen sie und die Grundplatte eingeschobene gußeiserne Säule gestützt wird. Die Führungs-säulen sind unten A-förmig erweitert und oben durch Verbindungsstücke mit Flan-schen gegeneinander versteift (Fig. 439). Fig. 404 stellt eine Bauart dar, bei der das Gestell für jeden Zylinder gesondert ist und aus je vier gußeisernen, miteinander durch Querstreben und Füße verbundenen Säulen besteht, die oben den Boden des Kühl-mantels tragen. Die Säulen lassen den Zugang zur Welle und zu den Schubstangen frei und nehmen die Führung für den Kreuzkopf zwischen sich auf.

Die Verschiedenheiten im Aufbau dieser Konstruktionen zeigen sich am besten in den Ansichten solcher Maschinen, wie sie in Fig. 440, 441, 442 und 443 abgebildet sind, wobei Fig. 440 mit 425, Fig. 441 mit 429 und 431, Fig. 442 mit 430 und Fig. 443 mit 439 übereinstimmen.

Die Anordnung der Gestellsäulen zwischen den Zylindermitten hat den Vorteil leichterer Zugänglichkeit und Ausnehmbarkeit der Zugstangen und ihrer Lager sowie auch des Kolbens und ist daher gewöhnlich vorzuziehen. Sie erfordert aber eine größere Anzahl von Säulen und entweder sehr starke Querrahmen über denselben oder die Sulzersche Konstruktion unmittelbarer Verbindung zwischen Grundplatte und Zylinderdeckel.

Wo die Kühlmäntel von den Gestellsäulen getrennt sind, ist ihre Ausbildung entsprechend den verschiedenen Bauarten der Zylinderbüchse verschieden. In Fig. 398 und 435 ist der Kühlmantel ein auf das Gestellquerstück aufgesetztes zylindrisches Gefäß, das wegen der hier verwendeten Anordnung keine axialen Zugkräfte aufzunehmen hat und daher die Kanäle für Spülluft und Auspuff ohne besondere Versteifungen enthalten kann. Außer den Anschlüssen für die betreffenden Leitungen trägt der Kühlmantel auch die für die Steuerwelle und die Gallerie.

Die Führung des Kühlwassers ist ebenso durchgebildet wie bei Viertaktmaschinen. Besonders einfach wird der Kühlmantel bei Fig. 429, wo er nur die Stopfbüchse für den Anschluß des Auspuffrohres zu tragen hat, während er in Fig. 403 sowohl die Auspuffkanäle in sich aufnimmt, als auch die Kolbenkräfte zu übertragen hat und dementsprechend kräftig dimensioniert ist, wie dies auch überall der Fall ist, wo Kühlmantel und Gestell zusammengegossen sind. Ist keine besondere Büchse vorhanden, diese vielmehr mit dem Kühlmantel zusammengegossen, wie in Fig. 416, so

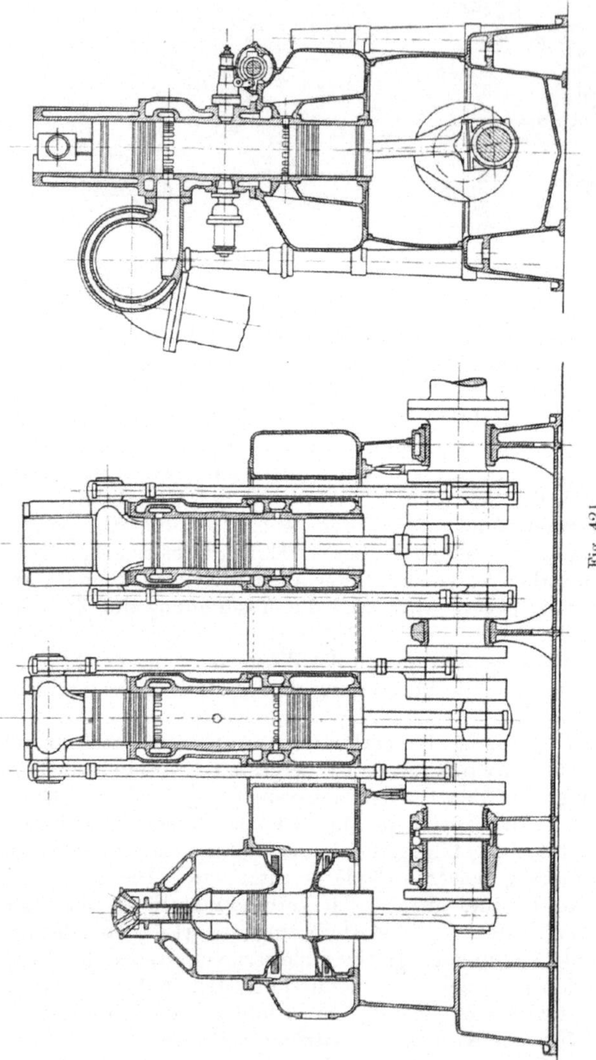

Fig. 421.

müssen natürlich die Kanäle für Luft und Auspuff ebenfalls eingegossen sein. Diese Konstruktion wird oft gemeinsam mit einem Kastengestell verwendet, das im ganzen so ausgebildet ist wie beim Viertaktmotor (Fig. 399, 415). Der Zylinder ist dann mit Flanschen und Schrauben auf der Decke des Kastens befestigt. In Fig. 444 sind die oberen, am Bronzekasten angebrachten Zylinder noch als Führung für die Kolbenbüchse verwendet. In der Fig. 438 sind die Büchse und der Mantel mit den

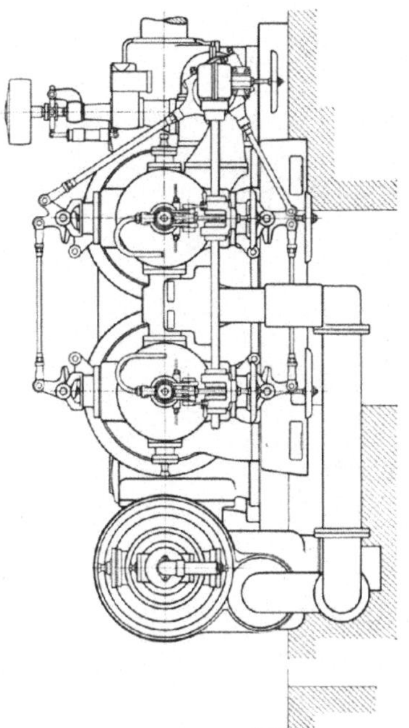

Luft- und Gaskanälen aus einem Stück hergestellt,
bei Fig. 437 hingegen in eigentümlicher Weise geteilt,
während bei Fig. 443 in den doppelwandigen, aus
Bronze hergestellten Mantel eine Büchse eingesetzt
ist. In Fig. 417 ist der oben am Kasten angegossene
Querträger als Luftzuführungskanal zu den Zylindern
verwendet.

Auch hier zeigen die Lichtbilder Fig. 445, 446, 447
die verschiedenen als Kasten ausgebildeten Gestelle,
von denen Fig. 445 der Konstruktion des Gestelles
Fig. 415, Fig. 446 jener von Fig. 444, Fig. 447 jener
von Fig. 416 etwa entspricht.

Während solche Kastengestelle für kleinere Maschinen, wo die Zugänglichkeit ohnehin nur teilweise
möglich ist, auch auf Schiffen gebräuchlich sind, benutzt man in neuerer Zeit gewöhnlich offene Ständer
für größere Schiffsmaschinen unter Verzicht auf Preß-
ölschmierung, die nur bei schnellaufenden Schiffsmaschinen gebräuchlich ist. Einige Firmen halten
aber auch für große Maschinen daran fest und

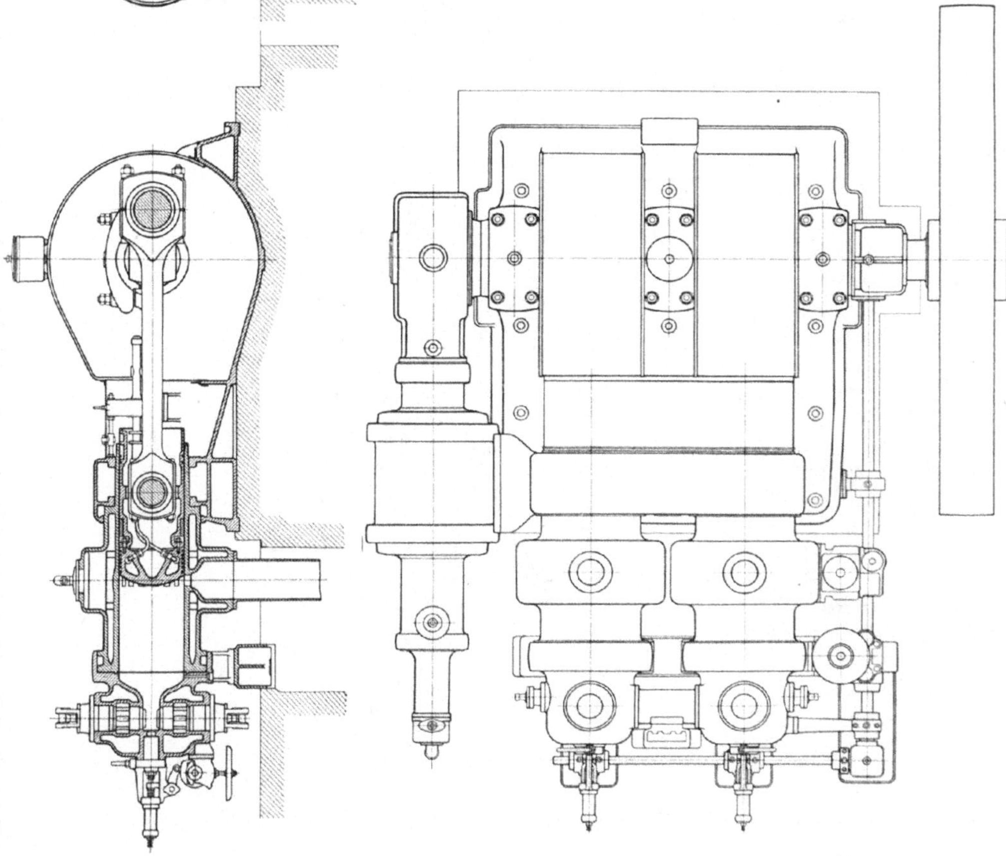

Fig. 422.

verwenden demgemäß auch hier Kastengestelle.

Diejenigen Maschinen, deren Arbeitszylinder unmittelbar mit den Spülpumpenzylindern verbunden sind, erfordern natürlich eine besondere Ausbildung der Gestelle. In Fig. 448 erkennt man in dem für vier Zylinder gemeinsamen Kasten den oben angebrachten kräftigen Querträger für die Zylinder und Kühlmäntel, der den Luftzuführungskanal bildet, und in dessen zylindrische Öffnungen von unten her die besonderen Büchsen für die Spülpumpen eingesetzt sind. Natürlich können die Kolben nur nach Wegheben des betreffenden Zylinders ausgenommen werden.

Die Konstruktion der Kühlmäntel und ihre Verbindung mit den Kästen geht aus dieser Figur und auch aus Fig. 408 hervor. Eine ähnliche Ausführung zeigt auch Fig. 450; in Fig. 408 ist auch die Luftzuführung zur Spülpumpe sowie der dazu bestimmte Hohlraum des Gestelles ersichtlich gemacht. Bei allen diesen Maschinen wirkt nur der Luftpumpenkolben als Kreuzkopfführung. Die seitlichen Drücke werden unmittelbar vom Gestell aufgenommen. Bei größeren Maschinen werden die Büchsen der Spülpumpen auch besonders eingesetzt (Fig. 410) oder es wird auch noch das Gestell der Höhe nach geteilt, so daß der Ölbehälter gesondert ausgeführt liegt (Fig. 410). Die Teilung der Länge nach geschieht in den Hauptlagerebenen.

Bei der in Fig. 413 dargestellten Maschine

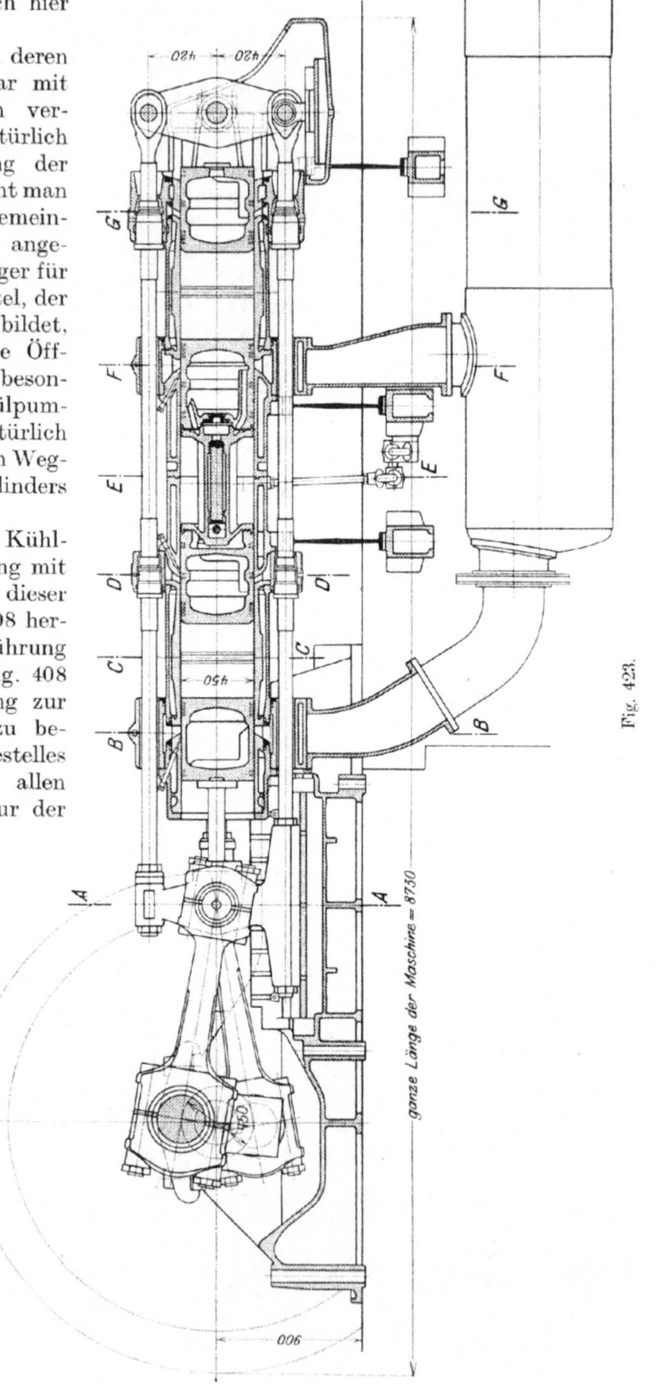

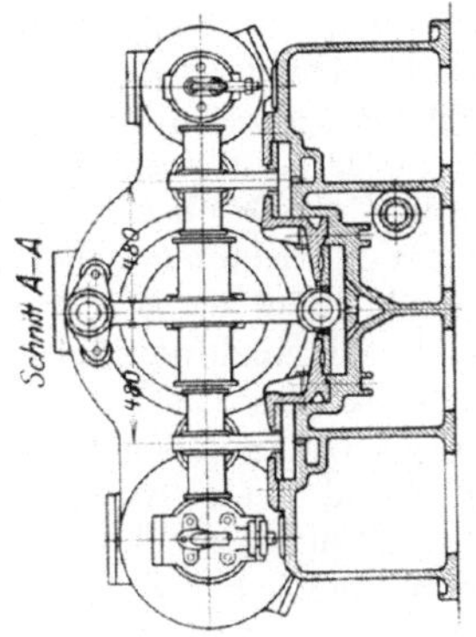

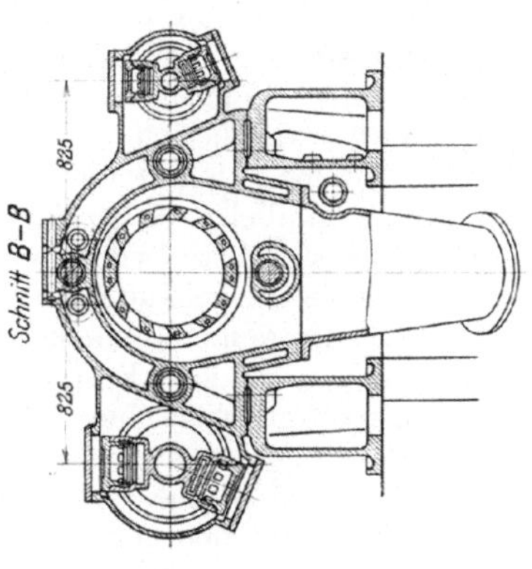

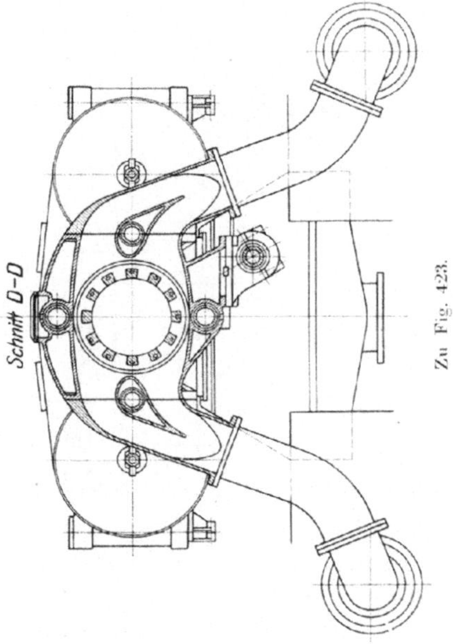

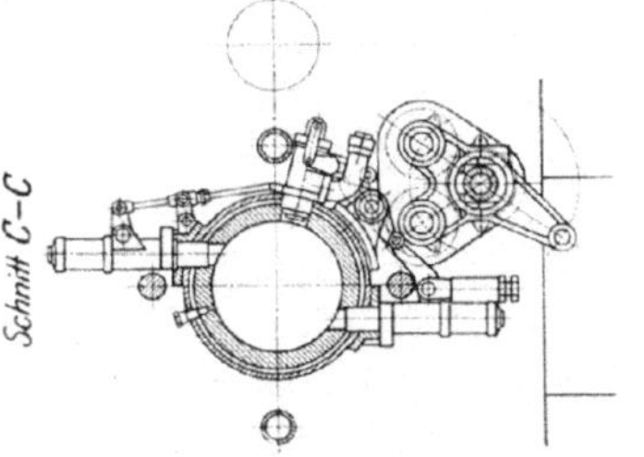

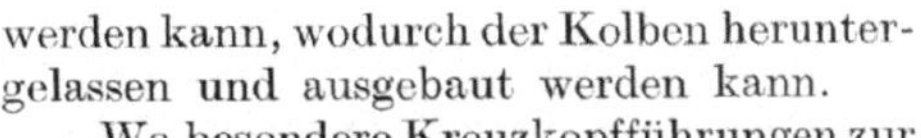

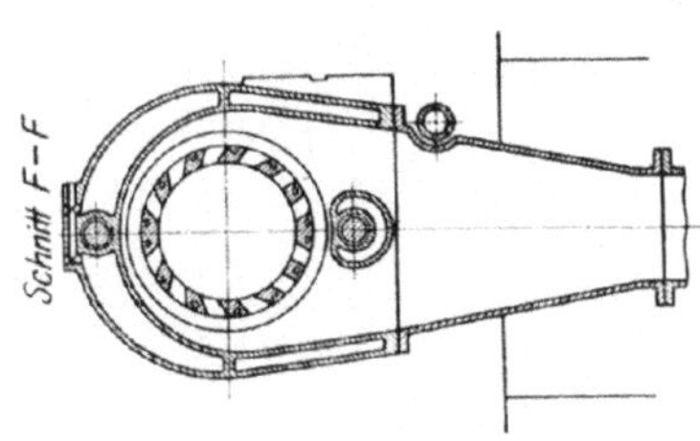

mit Stufenkolben ist das Herausnehmen des letzteren nach unten möglich, indem man die Spülpumpenzylinder vom Hauptzylinder abschrauben und nach unten senken kann. Der Doppelkolben wird ebenfalls heruntergelassen, bis die Pleuelstange in der Ölwanne aufruht, man kann sodann den Kolbenzapfen lösen und den Kolben ausnehmen. Bei Fig. 411 ist dasselbe dadurch erreicht, daß die Schubstange durch einen Flansch oben unterbrochen ist und nach Lösen desselben seitlich herausgedreht

werden kann, wodurch der Kolben heruntergelassen und ausgebaut werden kann.

Wo besondere Kreuzkopfführungen zur Verwendung kommen, werden sie gewöhnlich von den Ständern getrennt, und der Zwischenraum wird von Kühlwasser durchströmt (Fig. 429): letzteres kann auch geschehen, wenn die Führung unmittelbar am Ständer angebracht ist (Fig. 400). Die Führung selbst ist am besten eben zu gestalten, damit insbesondere beim Antrieb von Schiffsschrauben eine kleine Längsverschiebung der Welle bei Abnutzung des Drucklagers nicht schädlich wirkt. Hingegen macht man manchmal auch die Verbindungsstangen zwischen Kolben und Kreuzkopf in der Richtung der Achse

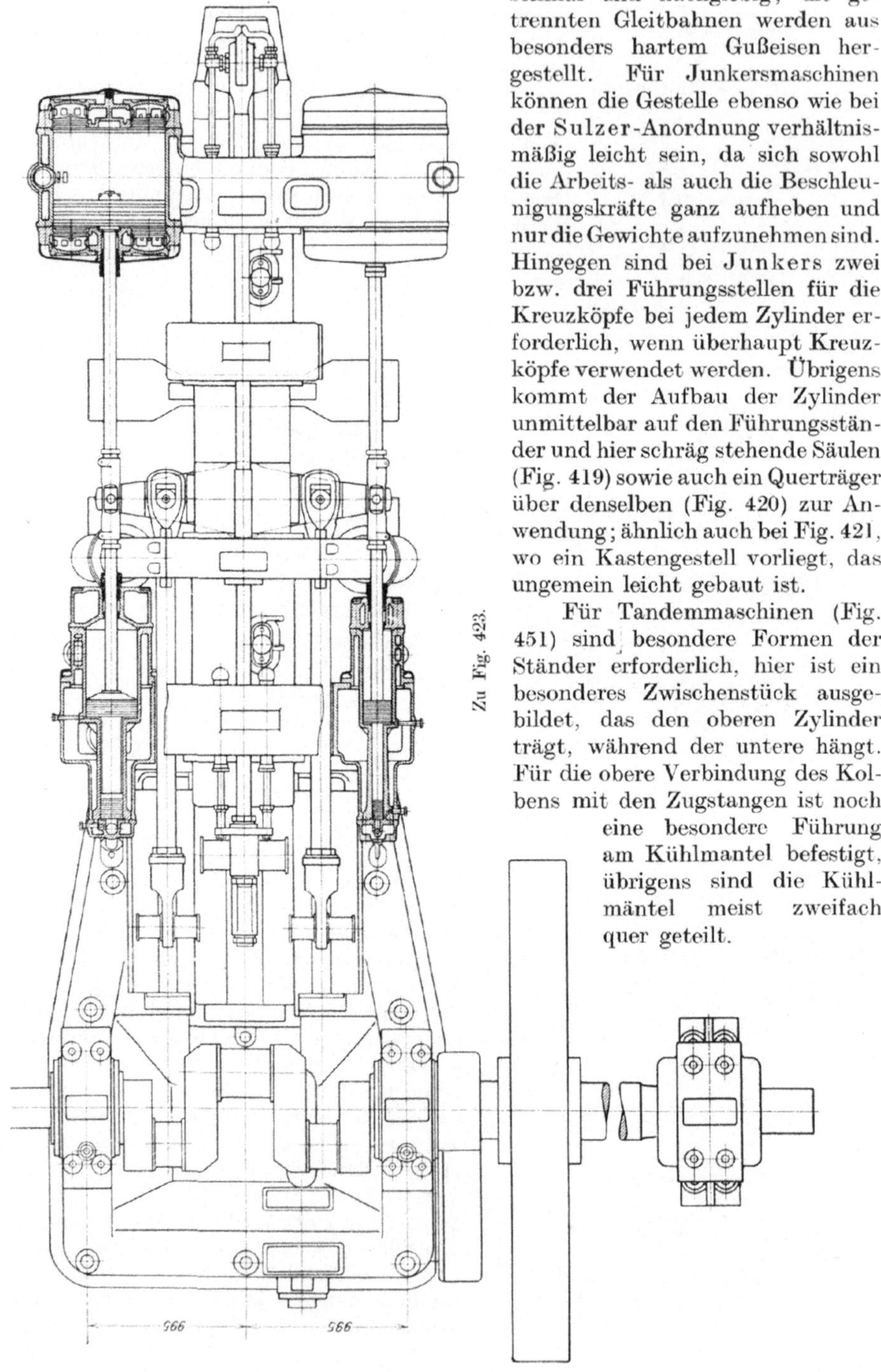

schmal und nachgiebig; die getrennten Gleitbahnen werden aus besonders hartem Gußeisen hergestellt. Für Junkersmaschinen können die Gestelle ebenso wie bei der Sulzer-Anordnung verhältnismäßig leicht sein, da sich sowohl die Arbeits- als auch die Beschleunigungskräfte ganz aufheben und nur die Gewichte aufzunehmen sind. Hingegen sind bei Junkers zwei bzw. drei Führungsstellen für die Kreuzköpfe bei jedem Zylinder erforderlich, wenn überhaupt Kreuzköpfe verwendet werden. Übrigens kommt der Aufbau der Zylinder unmittelbar auf den Führungsständer und hier schräg stehende Säulen (Fig. 419) sowie auch ein Querträger über denselben (Fig. 420) zur Anwendung; ähnlich auch bei Fig. 421, wo ein Kastengestell vorliegt, das ungemein leicht gebaut ist.

Für Tandemmaschinen (Fig. 451) sind besondere Formen der Ständer erforderlich, hier ist ein besonderes Zwischenstück ausgebildet, das den oberen Zylinder trägt, während der untere hängt. Für die obere Verbindung des Kolbens mit den Zugstangen ist noch eine besondere Führung am Kühlmantel befestigt, übrigens sind die Kühlmäntel meist zweifach quer geteilt.

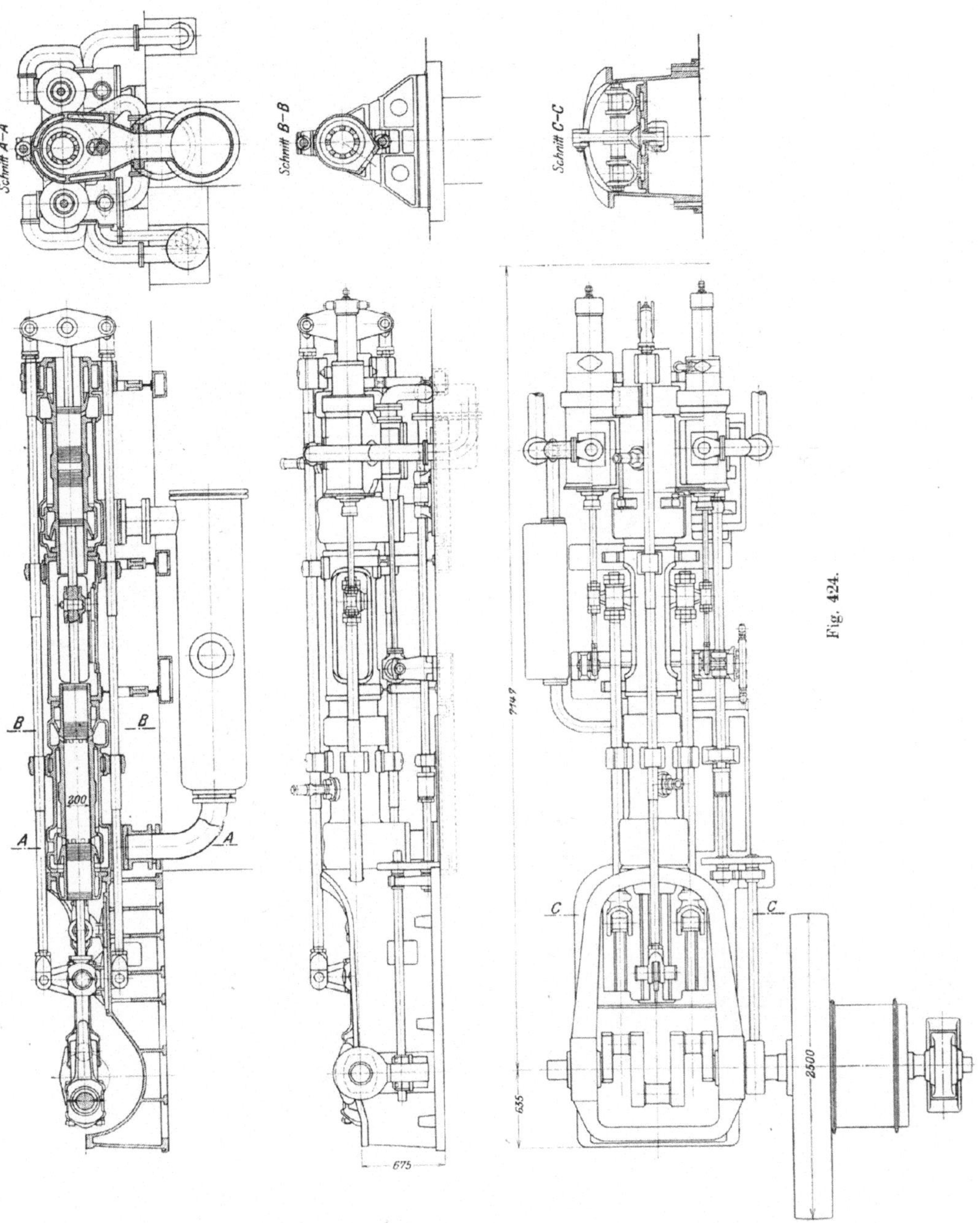

In Fig. 418 ist gezeigt, daß bei kleineren Ausführungen auch auf die besondere Kreuzkopfführung verzichtet werden kann. Hier werden die als Querträger ausgebildeten Zylinderunterteile einerseits von einem breiten Ständer, andererseits von einer runden Säule getragen.

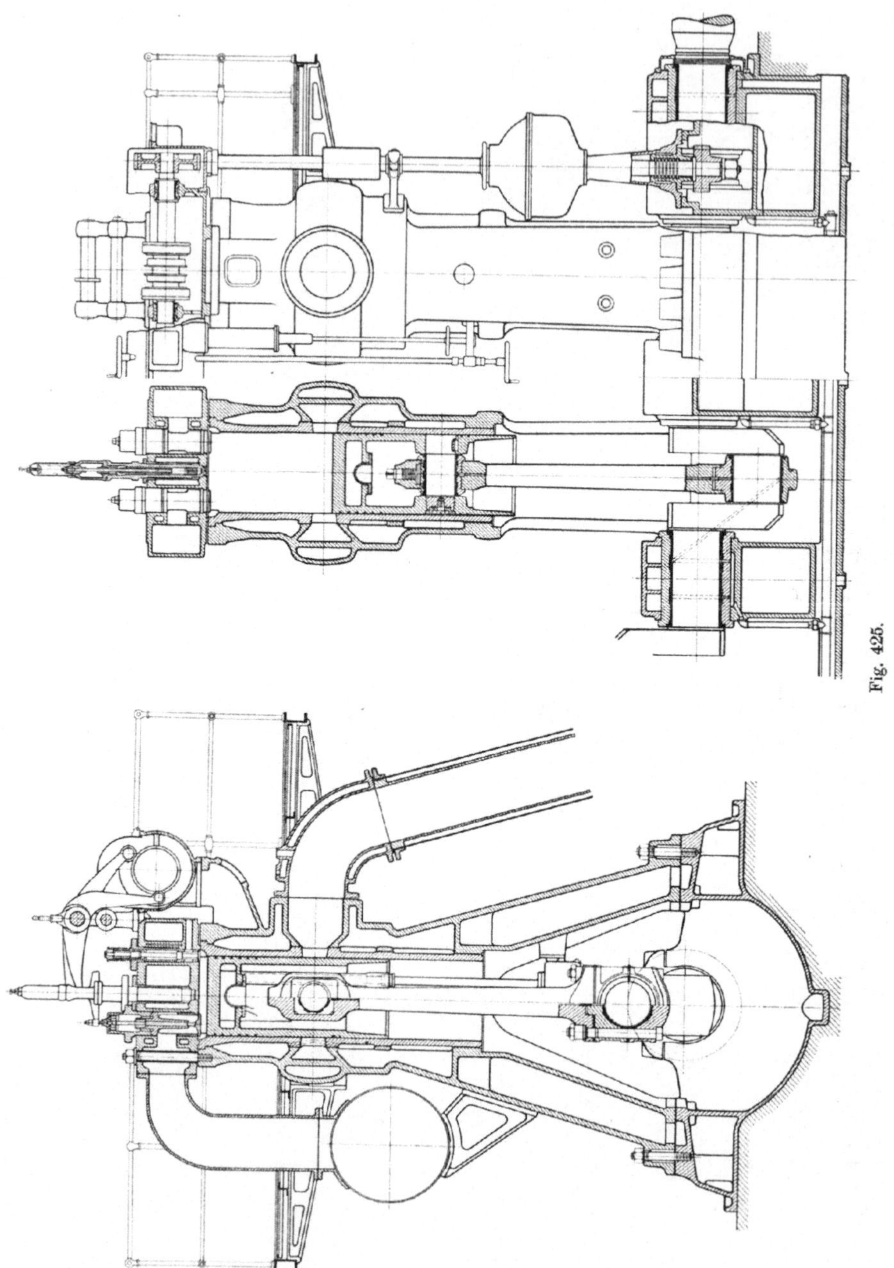

Fig. 425.

Bei liegenden Maschinen werden die Kühlmäntel gewöhnlich wie bei Viertaktmaschinen an die Grundplatte angegossen, nur bei Junkersmaschinen werden sie
gesondert in der übrigens schon besprochenen Art ausgeführt (Fig. 423) und auf die
Grundplatte und entsprechend nachgiebige Füße aufgesetzt.

Je nach der Lage der Spül- und Einblaseluftpumpen sind an den Ständern auch Anpässe für die Befestigung derselben anzubringen sowie solche für den Spülluftkessel. Die Anordnung des letzteren ist z. B. in der Fig. 398, jene der mit Schwinghebel angetriebenen Spülpumpe in Fig. 429 oder 434 u. a. ersichtlich.

Die Einzelausbildung und die Beanspruchung des Gestells und Kühlmantels sind etwa die gleichen wie bei der Viertaktmaschine, nur ist zu beachten, daß man hier durch den Wegfall der Ausschubperiode die Wirkung des Verzögerungsdruckes am Ende dieser Periode vermeidet. Bei Schiffsmaschinen werden trotz der erwünschten Gewichtsersparnis in gewöhnlichen Fällen die Beanspruchungen kleiner gemacht.

Für eine zum Vergleich angenommene Kolbenkraft von 35 at bewegen sich die Verhältniszahlen Kolbenkraft: unterer Ständerquerschnitt sowie Kolbenkraft: Kühlmantelquerschnitt für die Zweitaktmaschine in denselben Grenzen wie beim Viertaktmotor.

Für die Säulenverbindung zwischen Zylinderdeckel und Grundplatte werden etwa Querschnitte von $^1/_{25}$ des Zylinderquerschnittes verwendet, so daß sich Beanspruchungen von 200—300 kg/qcm mit einer Dehnung von etwa $^1/_{10}$ mm für ein Meter ergeben.

Für ortsfeste Maschinen kommt als Material für die Ständer gewöhnlich nur Gußeisen in Betracht, bei Schiffsmaschinen Stahlguß und bei Kastengestellen außerdem auch Bronze.

Für den Zu- und Ablauf des Kühlwassers, für Schlammablaß, für die Schmierung der Zylinder und der Kolbenzapfen, für den Indikatorhahn und gegebenenfalls für Schmierölleitungen sind entsprechende Rohranschlüsse vorzusehen, ebenso die Anpässe für die Lager der Steuerung, für die Ölpumpen, Ölgefäße und für die Gallerien.

Wo die Spülluftbehälter im Gestell untergebracht sind, werden manchmal Sicherheitsventile oder Brechplatten für den Fall von Spülluftexplosion angebracht.

III. Die Grundplatte.

Die Konstruktion der Grundplatte bei stehenden Maschinen ist gewöhnlich übereinstimmend mit der beim Viertakt. Sie zeigt ebenso die Verbindung der Ölwannen durch eingegossene Löcher sowie die Ölzuführung zu den Unterschalen der Lager bei Druckschmierung, und endlich die Abfuhr des Schmieröls aus dem Endlager in die Wanne. Solche Anordnungen sind z. B. in den Fig. 398, 400, 429 u. a. dargestellt, beim Schnelläufer, Fig. 415, ist die Ölzufuhr zum Hauptlager durch den Deckel angedeutet. Bei Schiffsmaschinen wird manchmal die Ölmulde ganz weggelassen und im Maschinenfundament ein Sammelbehälter eingebaut (Fig. 399, 407, u. a.), oder es werden auch Ölwannen aus Blech angeschraubt (Fig. 401, 416). Bei größeren Maschinen werden die Grundplatten der Länge nach geteilt und mit Flanschen und Schrauben verbunden.

Da der Zweitaktmotor überhaupt mehr dort verwendet wird, wo große Leistungen mit verhältnismäßig kleinem Gewicht und Raumbedarf geliefert werden sollen, ist die Ringschmierung für die Hauptlager selten, und es kommt ziemlich allgemein Druckschmierung in Frage, oft in Verbindung mit Wasserkühlung für die Unterlagerschalen und manchmal auch noch für die Deckel. Nur wo mit Rücksicht auf die Zugänglichkeit ganz offene Ständer verwendet werden, wie bei größeren Schiffsmaschinen, ist die gewöhnliche Schmierung gebräuchlich, aber auch hier manchmal Ringschmierung. Die Lagerschalen sind aus Bronze oder Stahlguß hergestellt und mit Weißmetall ausgegossen, die Unterschale wird zylindrisch geformt, damit man sie ohne bedeutende Hebung der Welle herausdrehen kann. Sie wird mit eingepaßten Stiften festgehalten. — Die Deckel bilden manchmal unmittelbar die oberen Lagerflächen (Fig. 448). Sie sind aus Gußeisen, Stahlguß oder Bronze hergestellt und

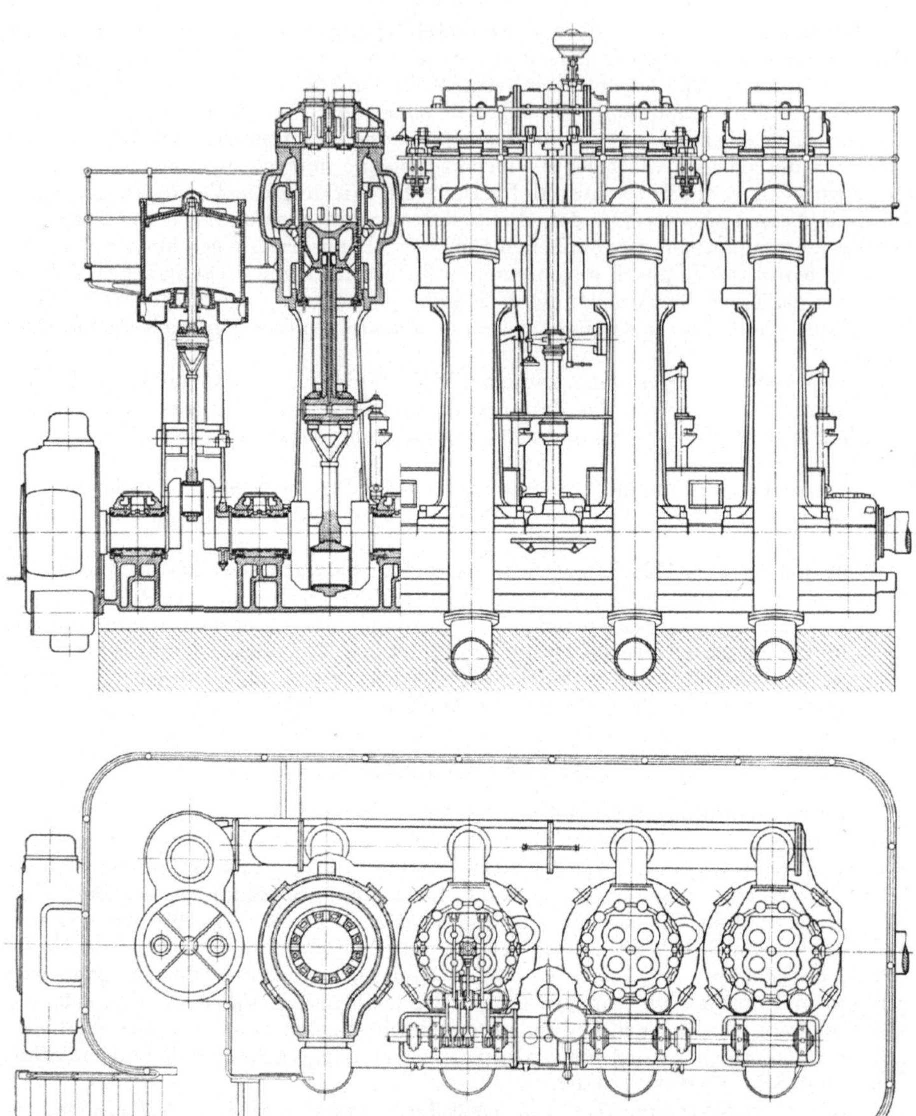

Fig. 426.

bei leicht gebauten Maschinen mit Rippen versteift. Auch einfache Platten aus Schmiedestahl (Fig. 429) werden verwendet.

Der Antrieb der stehenden Steuerwelle ist ähnlich wie beim Viertakt; wo keine Spülventile vorhanden sind, kann er bedeutend schwächer gehalten sein. Statt der gewöhnlichen Spurlager in dem betreffenden Lagergehäuse werden auch Kugellager oder Kammlager (Fig. 425) benutzt, hier mit fliegendem Antriebsrad. Manche Konstrukteure ziehen es vor, den Steuerwellenantrieb der guten Zugänglichkeit wegen außerhalb der Hauptlager anzuordnen (z. B. Fig. 399, 420).

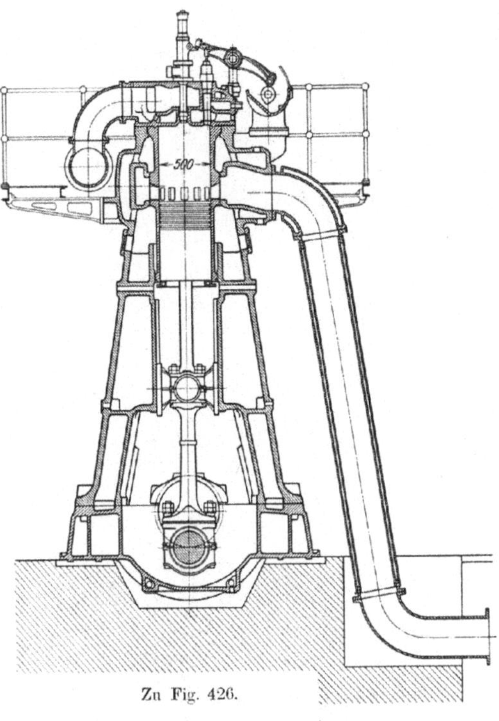

Zu Fig. 426.

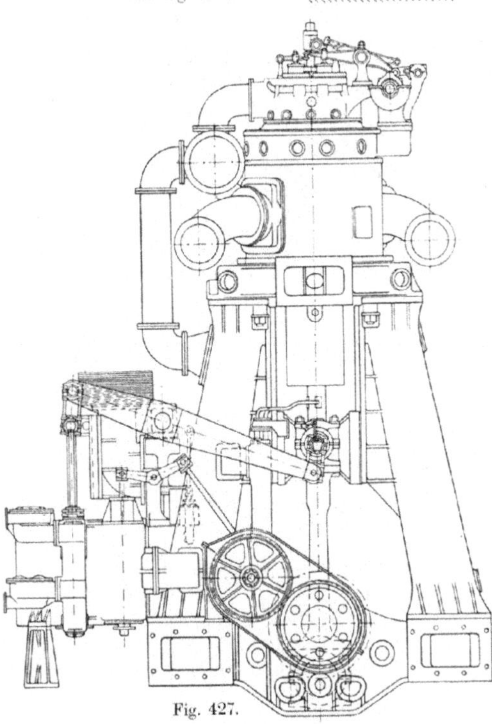

Fig. 427.

Die Beanspruchungen der Grundplatte bei ortsfesten Maschinen sind etwa die gleichen wie für Viertaktmaschinen.

Bei Schiffsmaschinen, deren Grundplatten auch aus Stahl bzw. Bronze ausgeführt werden, geht man mit den Beanspruchungen entsprechend höher.

Das Verhältnis der Trägerhöhe unter den Hauptlagern zu dem Wellendurchmesser beträgt etwa 1,6—2,5, die kleine Zahl meist nur bei unmittelbarer Verbindung der Grundplatte mit dem Zylinderdeckel durch Säulen, oder bei Junkersmaschinen. Auch die zulässige Belastung der Verbindungsschrauben zwischen Grundplatte und Gestell ist etwa die gleiche wie für den Viertakt, ebenso die der Fundamentschrauben.

Die Ausführung der Grundplatten bei liegendem Zweitakt stimmt ganz mit jener beim Viertakt überein (vgl. S. 42).

An Anpässen ist hier für den Anschluß der Spül- und Einblaseluftpumpe vorzusorgen. Auch hier soll das Kurbelspritzöl von dem aus dem Zylinder kommenden, teilweise verbrannten Öl abgetrennt bleiben, damit ersteres wieder verwendet werden kann. In Fig. 423 und 452 ist auch die Grundplatte für eine liegende Junkers-Tandemmaschine dargestellt, sie unterscheidet sich nur durch die für die drei Kreuzköpfe erforderliche größere Breite. Auch Zwischenstück und hintere Führung sind ersichtlich. Hier werden die Kolben nach hinten ausgenommen, was etwa eine Stunde Zeit beansprucht; bei Fig. 424 können die mittleren Kolben seitlich ausgebaut werden.

Im übrigen kann auf den Abschnitt über Grundplatten von Viertaktmaschinen verwiesen werden.

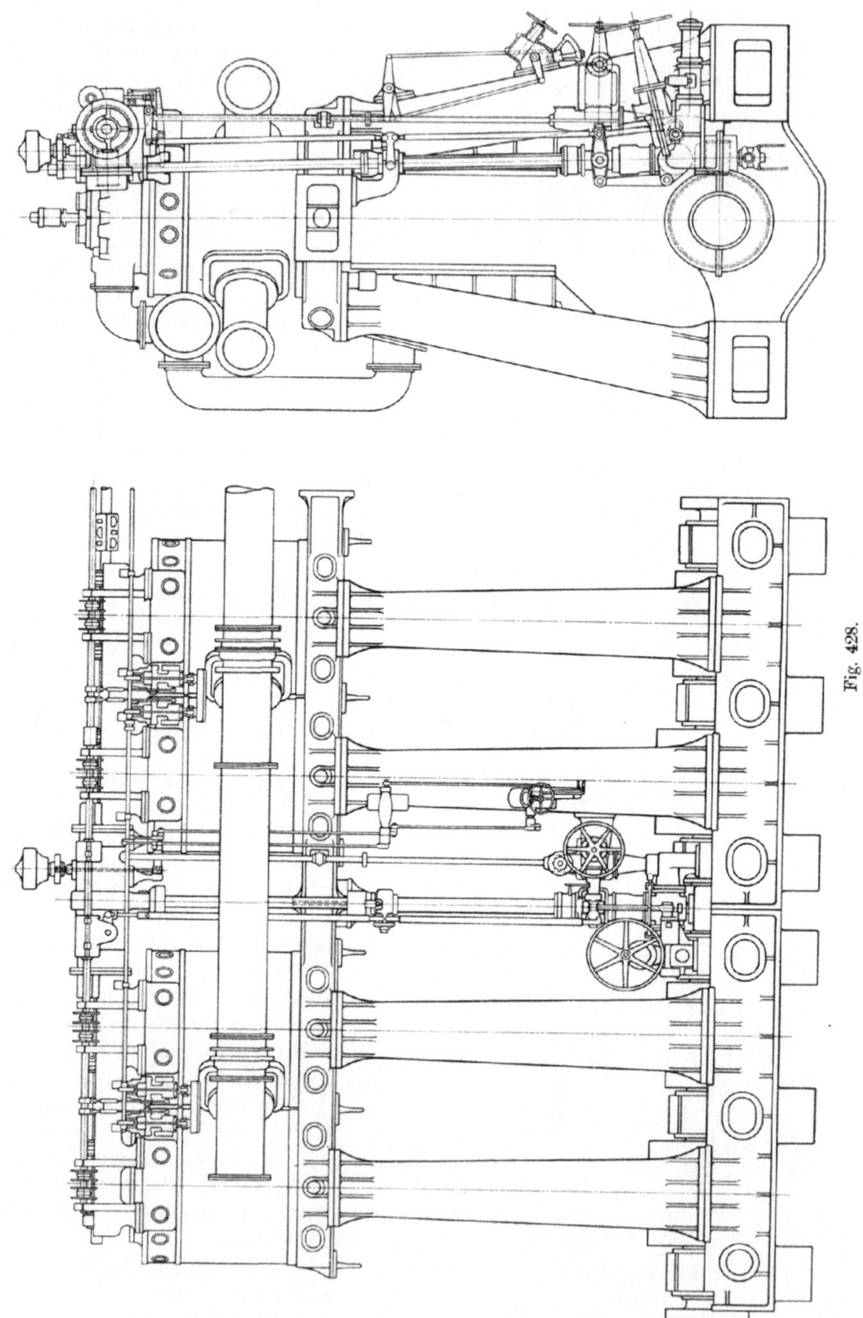

Fig. 428.

IV. Der Verbrennungsraum und die Spüleinrichtung.

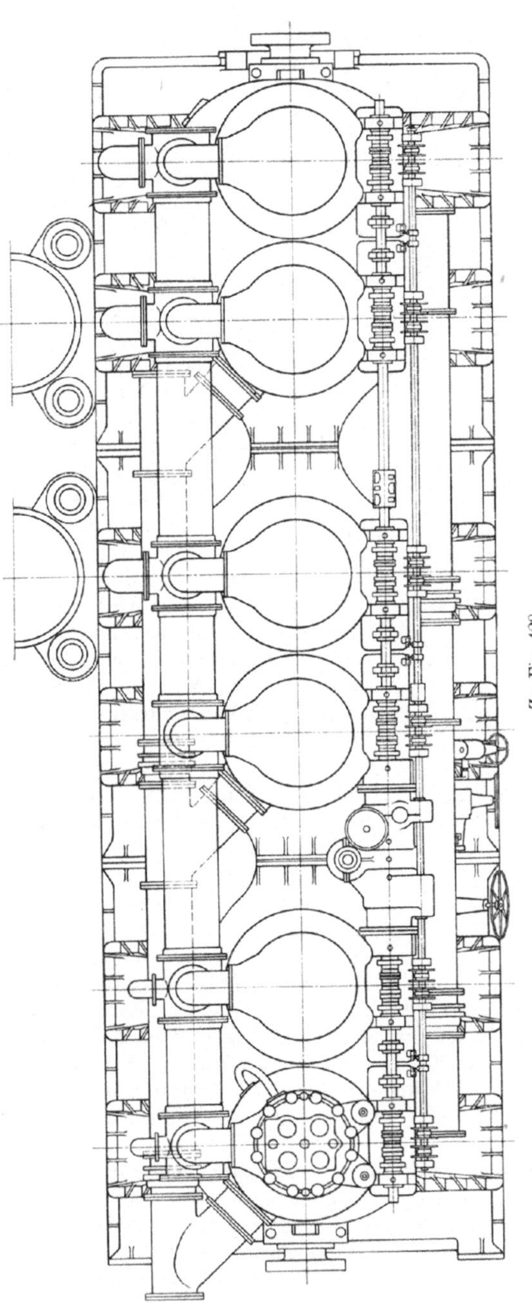

Im großen und ganzen gelten naturgemäß für den Verbrennungsraum dieselben Regeln wie bei der Viertaktmaschine, jedoch bringt die Spülung manche konstruktive Änderungen mit sich, besonders dann, wenn sie nicht vom Deckel her mit Spülventilen eingeleitet wird. Diese letzteren sollen jedenfalls möglichst groß und symmetrisch angeordnet sein, da einerseits die Spülzeit eine außerordentlich geringe ist und andererseits sowohl eine möglichst ruhige und gleichmäßig über den ganzen Zylinderquerschnitt ausgebreitete Strömung der Spülluft, als auch eine symmetrische Formgebung des Deckels erwünscht ist. Da beim Zweitakt die Zeit für die Wärmeabfuhr nur halb so groß ist als beim Viertakt, sind die Gefahren der Temperaturdifferenzen noch größer, es ist also begreiflich, daß man die Wände des Verbrennungsraumes mit größter Sorgfalt zu behandeln sucht und sie so einfach als möglich gestaltet. Dies gelingt, wenn man die Spülung ebenso wie den Auspuff durch den Kolben steuert, indem man einen Teil des Umfangs der Zylinderbüchse am Ende des Kolbenhubs zur Anbringung von Spülschlitzen verwendet. Um nach Öffnen der Auspuffschlitze den Druck der Abgase im Inneren des Zylinders auch bei größter Belastung der Maschine auf ein entsprechendes Maß sinken zu lassen, bevor die Spülschlitze geöffnet werden, werden diese kürzer ausgeführt (Fig. 398), und zwar um so mehr, je größer die Kolbengeschwindigkeit ist, weil es auf die Zeit zwischen der Öffnung des Auspuffs und der Spülung ankommt.

Dabei bleiben natürlich die Auspuffschlitze länger offen als die Spülschlitze, es ist also nicht möglich, die Verdichtung bei einem Druck zu beginnen, der merklich über dem Atmosphärendruck liegt, auch wenn der Spülluftdruck bedeutend höher wäre. Da aber die Leistung der Maschine mit höherem Druck und Gewicht der Arbeitsluftladung zunimmt und auch bei kleineren Belastungen der Luftüberschuß nicht schadet, wenn er auch etwas mehr Spülluft erfordert, haben Gebrüder Sulzer die in Fig. 453 dargestellte Steuerung zur Anwendung gebracht, die in einfacher Weise gestattet, den Zylinder mit Luft von höherem Druck zu füllen, ohne daß der freie Auspuff gestört würde oder eine Erhöhung der Spülpumpenarbeit erforderlich wäre. Damit wird auch erreicht, daß die Spülzeit wirklich der ganzen Länge der Auspuffschlitze entspricht und bis zum letzten Augenblick der Öffnung derselben voll ausgenutzt wird.

Bei allen Steuerungen der Spülluft mit dem Kolben ist der Spülraum derart zu formen, daß er möglichst vollkommen vom Luftstrom getroffen wird, und daß die Absicht, die verbrannten Gase vollständig aus dem Zylinder auszutreiben und ihn mit kalter reiner Luft zu füllen, wirklich erreicht wird, ohne daß ein merklicher Teil derselben unbenutzt in den Auspuff gelangt. Dies kann dadurch erreicht werden, daß man im Kolbenboden auf der Lufteintrittsseite eine Vertiefung anbringt, die die einströmende Luft gegen den Deckel hin ablenkt und ihren unmittelbaren Austritt aus den Spülschlitzen verhindert (Fig. 454), wobei auch dem Zylinderdeckel eine für die vollständige Spülung vorteilhafte Form gegeben

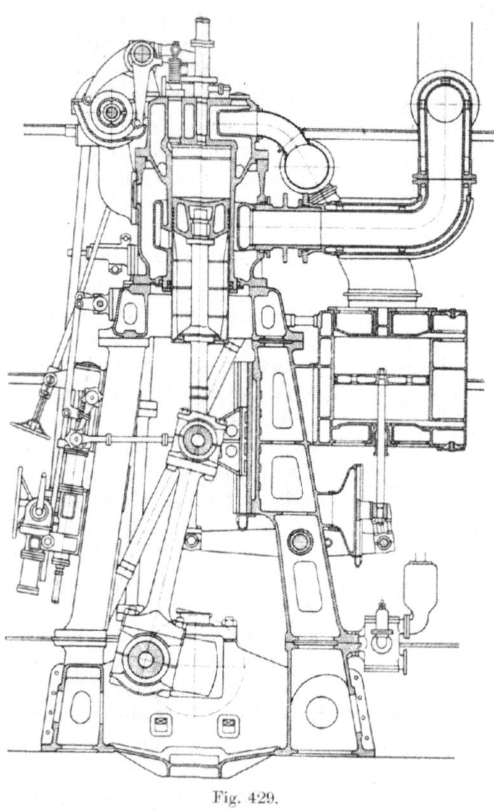

Fig. 429.

werden kann. Die Form des Kolbenbodens ist sehr sorgfältig und nach Erfahrung festzulegen, da bei zu scharfen Ecken die Kühlung leicht unwirksam wird und diese Ecken verbrennen (vgl. Fig. 399, 438). Auch kegelförmig abgeschrägte oder abgerundete Kolbenböden (Fig. 413) und zylindrische Ausdrehungen an denselben (Fig. 437) sind verwendet worden.

Die Einschnitte im Kolbenboden auf der Seite der Spülschlitze erfordern auch eine entsprechende Formgebung der Deckel. Wären diese eben, so würde in den genannten Einschnitten leicht reine Luft verbleiben, die nicht sogleich der Verbrennung zugeführt wird. Um diese in den eigentlichen, je nach der Form mehr oder weniger abgetrennten Verbrennungsraum zu drücken, werden am Deckel entsprechende Ansätze angebracht (z. B. Fig. 412; vgl. auch Pat. Nr. 254522, Ölmotor, I. Jahrg., S. 472).

Man kann mit diesen Ansätzen bei entsprechender Ausbildung knapp vor der Einspritzung auch für die Zerstäubung wirksame Wirbel im Verbrennungsraum erzeugen.

Diese Konstruktionen haben leicht eine ungünstige Gestaltung des Verbrennungsraumes zur Folge, der am besten durch ebene und etwas konkave Form des Kolben- und Deckelbodens gebildet wird. Deshalb hat man versucht, den Luftstrom schon in den Spülschlitzen entsprechend zu lenken und auch die Auspuffschlitze so zu begrenzen, daß die gewünschte Bahn der Luftteilchen wenigstens teilweise erzielt wird (Fig. 398, 416), dies kann auch dadurch schon unterstützt werden, daß der Spülluftkanal entsprechend tief verlegt wird (Fig. 413), man findet aber auch die entgegengesetzte Lage desselben, wodurch eine Art Wirbel im Spülraum erzeugt werden soll.

Man erkennt aus diesen Ausführungen den Wert, den man der Erreichung einer vollkommenen, reinen und kalten Ladung beimißt. In der Tat werden dadurch auch bei großer mittlerer Spannung noch vollkommene Verbrennung und damit verhältnismäßig kleine Abmessungen der Zylinder erreicht, während auch die relative Beanspruchung des Gestänges und die Eigenreibung abnehmen. Auch die mittlere Temperatur des Kreisprozesses wird herabgedrückt, wodurch weniger Wärmeverluste, kleinere Kühlwassermengen, bessere Schmierung erzielt werden.

Mit Rücksicht auf die möglichst ruhige und über den Querschnitt gleichmäßige Zuführung der Spülluft, die die Abgase vor sich her in die Auspuffschlitze treiben soll, hat man bald an die Verwendung der Doppelkolbenanordnung der Oechelhäuser-Gasmaschine gedacht, bei deren Ausbildung schon Junkers tätig war. Sie ergibt von vornherein den Vorteil der Spülventilanordnung, daß ein ganzer Zylinderumfang für die Auspuffschlitze frei wird, während hier das gleiche auch für die Spülschlitze gilt, die ebenfalls in vorzüglicher Weise durch einen Kolben gesteuert werden, wobei freilich die früher genannten Nachteile, betreffend den Zeitpunkt des Abschlusses, die gleichen bleiben wie bei der Anordnung der Spül- und Auspuffschlitze nahe in demselben Querschnitt. Man könnte aber natürlich auch hier die Sulzersche Hilfssteuerung zur Verwendung bringen. Neben der günstigen symmetrischen Wärmedehnung der Zylinder gewinnt man dabei aber von selbst die beste Form des Verbrennungsraumes kleinster Oberfläche, indem sich hier bei gleichem Kolbenhub die doppelte Länge desselben ergibt, während die Kolbengeschwindigkeit nicht wächst. Die gleichmäßige Spülung hat auch noch den Vorteil, daß das ohnehin den Schmierölverbrauch merklich erhöhende Abfegen der Zylinderwände durch die Spülluft auf ein Mindestmaß beschränkt wird.

Die große und rasche Öffnung der Spül- und Auspuffschlitze hat natürlich zur Folge, daß der Spülluftdruck verringert werden kann, was insofern wichtig ist, als die Herstellung desselben Verluste an Leistung erfordert. Bei der sehr kleinen Zeit, die für die Spülung zur Verfügung steht, ist dieser Druck um so mehr von der Größe der Durchgangsquerschnitte abhängig.

Hierbei fällt der Zylinderdeckel vollständig weg; die Wände des Verbrennungsraumes werden also außerordentlich einfach, die Eintrittsöffnungen werden nicht von den heißen Auspuffgasen bestrichen, so daß sie die eintretende Luft nicht erwärmen. Als Nachteil ist jedoch anzusehen, daß es nicht möglich ist, die Einspritzung so zentral zu führen, wie bei den Bauarten mit Deckel, auch wenn auf jeder Seite des Zylinders ein Brennstoffventil angeordnet wird. Dafür wird durch den Doppelhub und die damit verbundene Gestaltung des Verbrennungsraumes die Abkühlung der verdichteten Luft am Ende der Kompressionsperiode vermindert, so daß die Erreichung der zur Zündung nötigen Temperatur auch bei geringen Drehzahlen sichergestellt ist, was insbesondere für den Schraubenantrieb von Schiffen von Bedeutung ist. Andere Gedanken zur Erreichung dieses Zieles, das ja stets auch beim Anlassen mit noch geringer Drehzahl zu erreichen ist, sind in den Patenten Nr. 241 451 und 241 257 niedergelegt (siehe Ölmotor, Jahrg. 1912, S. 23 u. 24).

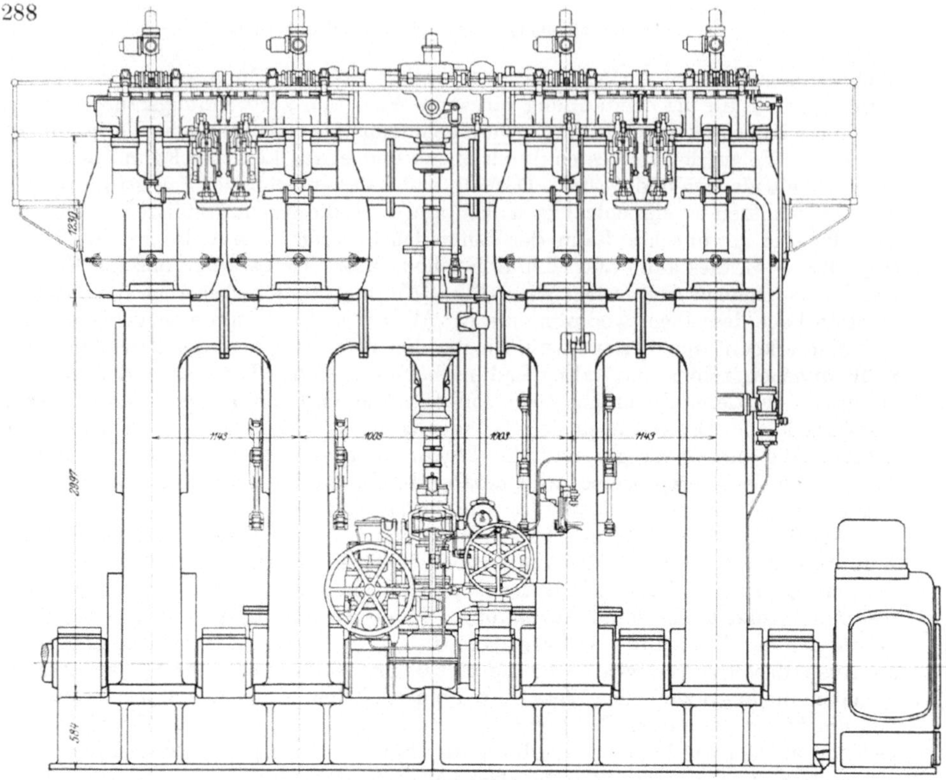

Fig. 430.

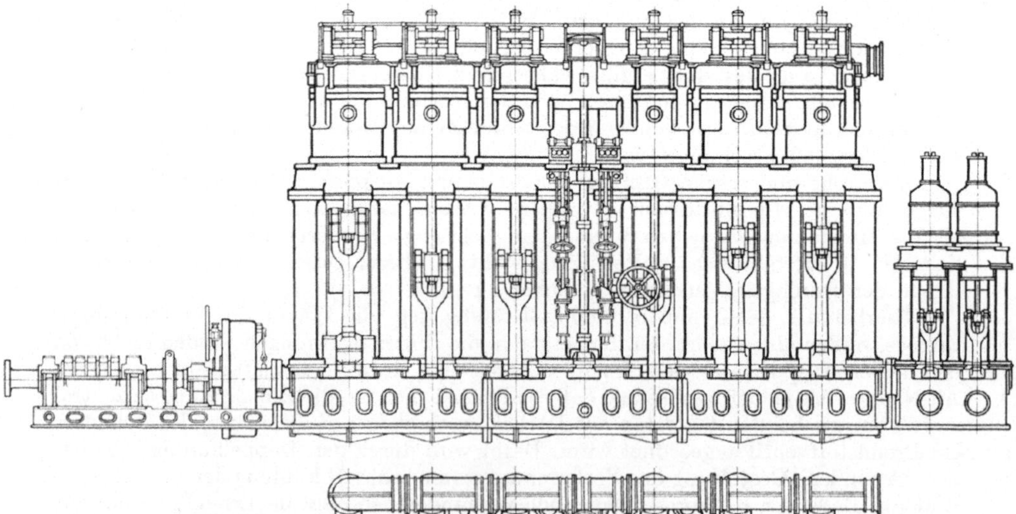

Fig. 431.

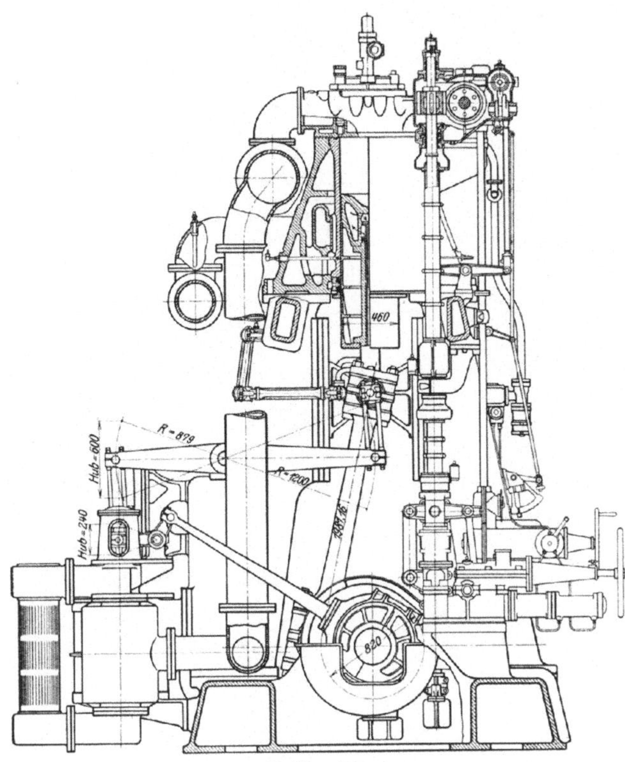

Zu Fig. 430.

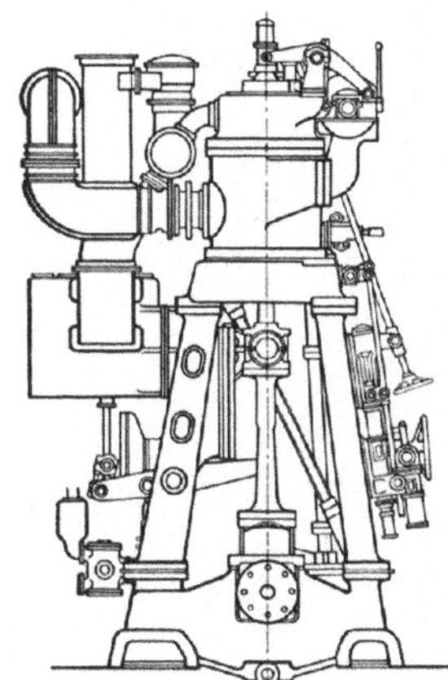

Zu Fig. 431.

Eine besondere Ausbildung ist die Anordnung von Toussaint, die ebenfalls einige Vorzüge der Junkersmaschine besitzt (Fig. 417). Die Richtungsumkehr hat natürlich immerhin gewisse Wirbel zur Folge, und es ist wahrscheinlich, daß ein etwas größerer Luftverbrauch entsteht als bei der Oechelhäuser-Anordnung. Auch die Form des Verbrennungsraumes kann nicht mehr so vollkommen sein, seine Oberfläche wird trotz des in Rechnung zu ziehenden doppelten Kolbenhubs verhältnismäßig groß.

Die Verwendung des vollen Umfangs für die Spülschlitze und damit gleichmäßige Formänderung kann man auch erreichen, indem man die Spülschlitze hinter die Auspuffschlitze legt und im Kolben entsprechende Kanäle anordnet.

Die Wahl des Spülluftdrucks steht in Verbindung mit der Größe und Art der Steuerung der Spül- und Auspuffkanäle und der Drehzahl der Maschine. Je größer die Kanäle gewählt werden, und je länger die Spülzeit ist, desto kleiner kann der Druck werden, während die zu liefernde Luftmenge auch noch von der Art der Spülung abhängt bzw. davon, ob und in welchem Maße eine Mischung der Luft mit den Abgasen und damit ein Luftverlust stattfindet. Die Wahl der Öffnungen und der Steuerung sowie des Spüldruckes hängt demnach von den an einer bestimmten Bauart erlangten Erfahrungen ab, weshalb letzterer auch so verschieden hoch angegeben wird. Natürlich soll er mit Rücksicht auf die Spülpumpenarbeit und auf die möglichste Vermeidung von Wirbeln so klein als möglich sein.

Die Spülluftmenge muß so groß sein, daß sicher die Zylinder voll erfüllt werden, also entsprechend dem Druck bei vollendeter Spülung größer als die Verdrängung der Zylinder, der Überschuß beträgt mindestens 40—50%, meist aber bedeutend mehr (siehe S. 327).

Auch die Länge und Form des Spülweges bei sonst gleichem Zylindervolumen mag einen Einfluß auf den Spüldruck ausüben. Je einfacher und kürzer die Bahnen der Luftteilchen sind, desto kleiner sind natürlich die Widerstände. Jedenfalls soll knapp an den Spülöffnungen stets eine größere Menge von Spülluft vorhanden sein,

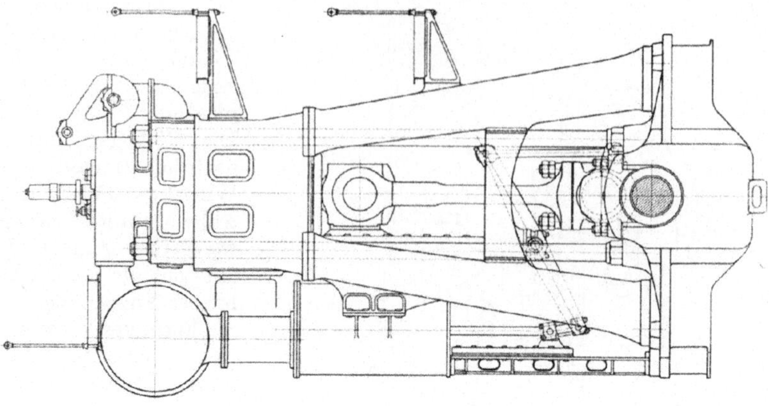

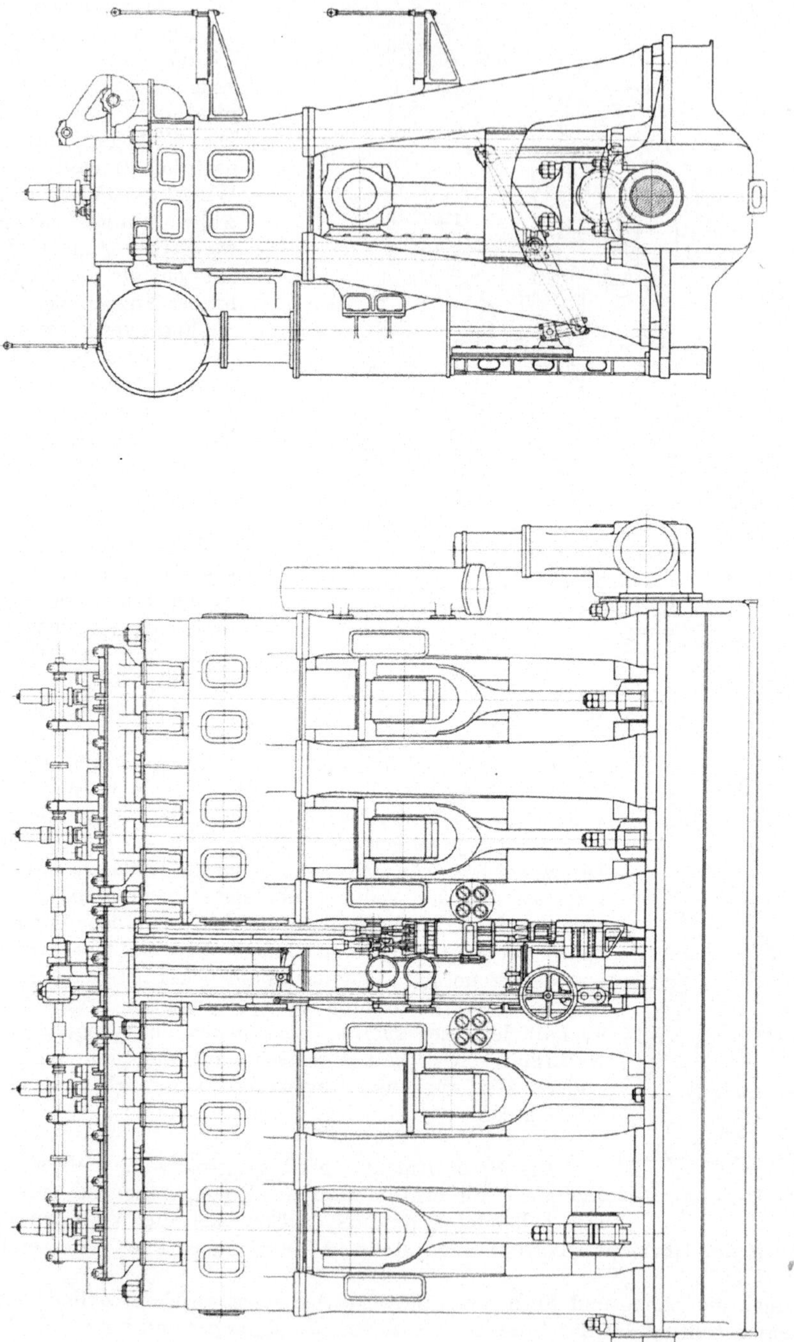

Fig. 432.

damit Schwingungen in den Luftleitungen keine bedeutenden Druckänderungen erzeugen.

Bei der ungemein großen Wärmeabfuhr, die nach Junkers etwa mit 20 000 WE/qm geschätzt werden darf, ergeben sich bei den gebräuchlichen Wandstärken schon dadurch allein Beanspruchungen, die jene durch den Gasdruck ganz bedeutend übersteigen, und die durch Öffnungen in den Wänden noch erhöht werden. — Da sich die schwer verdampfbaren Öle leicht an den wassergekühlten Oberflächen niederschlagen und die Verbrennung stören, ist auch deshalb die Verminderung dieser Oberfläche vorteilhaft.

V. Die Kolben.

Die Kolben sind wieder meist Tauchkolben ohne oder mit besonderer Kreuzkopfführung. Erst in den letzten Jahren sind auch doppeltwirkende stehende und liegende Zweitaktmaschinen gebaut worden. Die Länge der Kolben kann hier auch bei besonderen Führungen nicht soweit vermindert werden als bei Viertaktmaschinen, weil die Auspuff- bzw. auch die Spülluftkanäle vom Kolben auch in der äußersten Kolbenstellung noch gedeckt bleiben müssen. Als Abschlußkante der Auspuff-bzw. Spülschlitze gilt die Kante des Kolbenbodens, da aber der Durchmesser des Kolbenkörpers auch im Betrieb etwas kleiner sein muß als die Bohrung des Zylinders, geht eine kleine Drosselung vorher. Der äußerste Kolbenring soll aber tunlichst nahe der Abschlußkante liegen.

Bei Spülschlitzen hat der Kolbenkörper auch noch die Aufgabe, diese Schlitze gegen den Auspuff dicht zu halten, dort muß demnach der Kolbenkörper an den betreffenden Stellen möglichst gut passen, ohne daß die Gefahr des Verreibens zu befürchten ist. Nur wenn die Büchse so lang ist, daß am Ende des Kolbens noch ein Dichtungsring angebracht werden kann, übernimmt dieser die Dichtung. Im übrigen werden die bereits bei der Besprechung der Büchse genannten Vorsichtsmaßregeln angewendet.

Die gewöhnliche Ausbildung der Kolben ist die gleiche wie bei Viertaktmaschinen (Fig. 397), nur wird hier wegen der in gleicher Zeit größeren Wärmeaufnahme durch Wegfall der verhältnismäßig langen Auspuff- und Ansaugeperiode häufiger von der Kolbenkühlung Gebrauch gemacht; diese wird übrigens in gleicher Weise bewirkt, und zwar auch mit Drucköl, wie z. B. für Fig. 450, um bei Undichtheiten nicht Wasser oder auf Schiffen gar Seewasser in das Schmieröl zu bekommen, wodurch das Öl leicht verseift. Ein Ansatz von Ölkrusten an den heißen Wänden ist hier nicht beobachtet worden. Die Fig. 397, 401, 403, 416, 422, 426, 430,

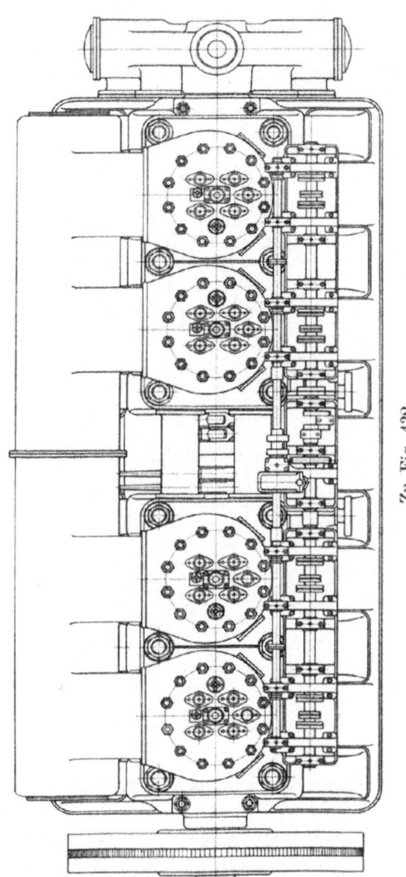

Zu Fig. 432.

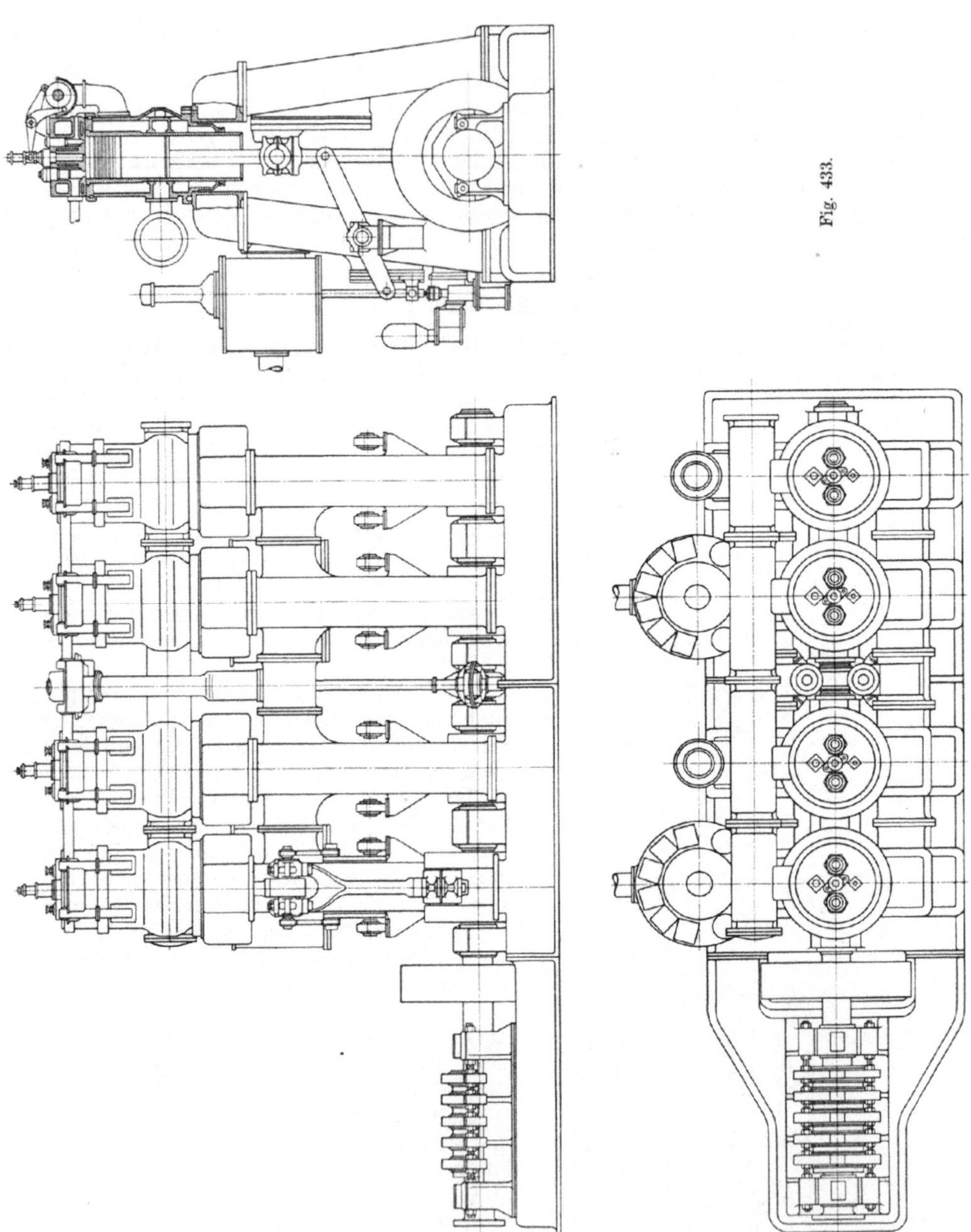

Fig. 433.

450 u. a. zeigen gekühlte Kolben; bei kleinen Ausführungen wird die Kühlung aber auch weggelassen, wie in Fig. 399, 407, 415 u. a.

Die letztgenannte Bauart zeigt einen besonders eingesetzten Kolbenboden, auch findet sich ein Stahleinsatz in der Mitte desselben; bei Bauarten mit Kreuzkopfführungen sind die eigentlichen Kolben gewöhnlich mit zylindrisch gedrehten und mit

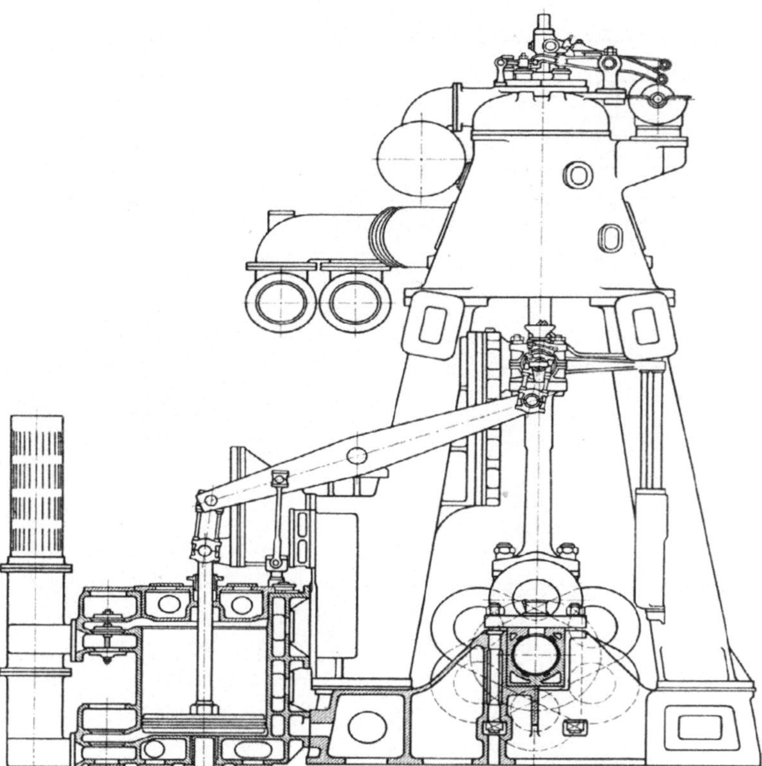

Fig. 434.

Ringen oder mit Stopfbüchsen abgedichteten Ansätzen für die Deckung der Schlitze
versehen (Fig. 401—403, 455); diese Ansätze sind ganz leicht gebaut und mit Flanschen
entweder unmittelbar am Kolbenkörper oder zur bessern Zugänglichkeit beim Abnehmen derselben an Flanschen der Kolbenstangen befestigt. Im Falle gesonderter

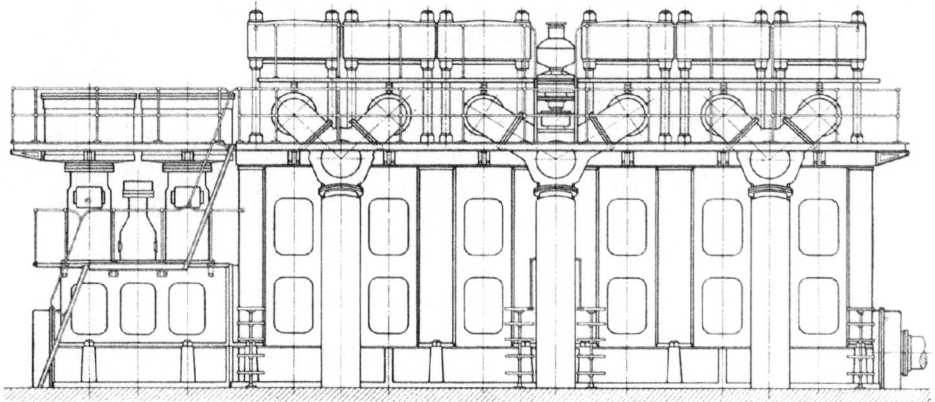

Fig. 435.

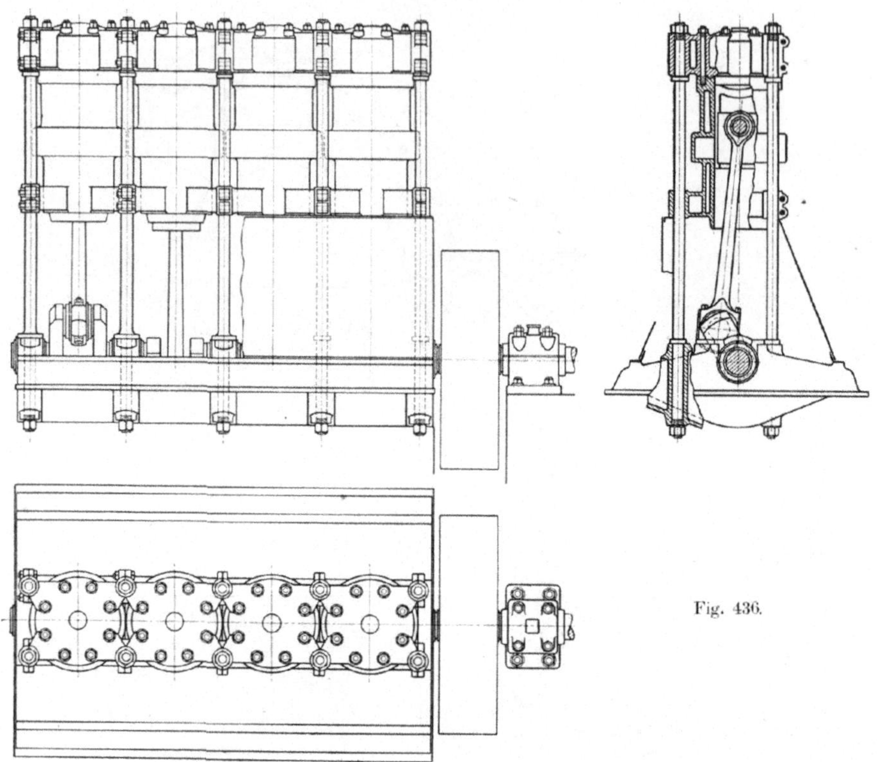

Fig. 436.

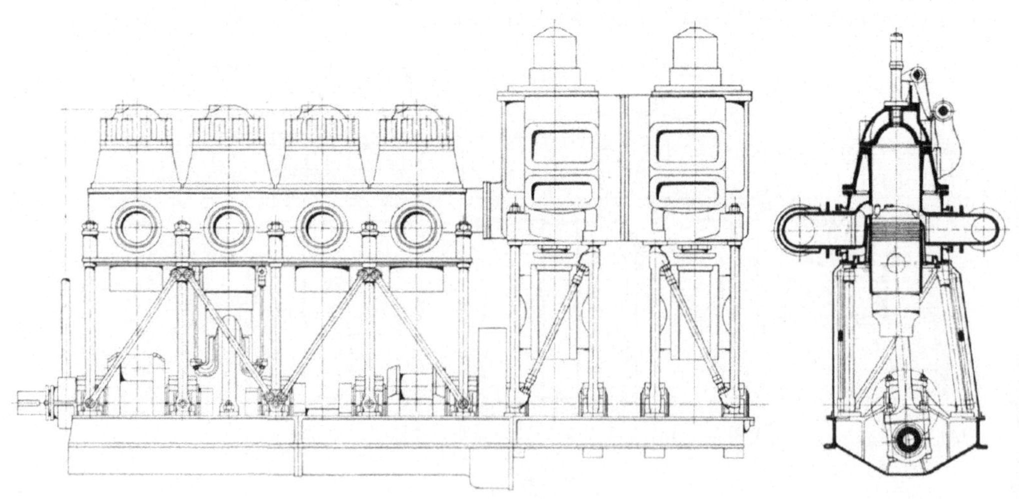

Fig. 437.

Führung, aber auch bei Verwendung offener Gestelle wird besonders bei Schiffsmaschinen Wert darauf gelegt, die Kolben nach unten gegen die Welle zu ausnehmen
zu können, was mit Rücksicht auf die sonst erforderliche große Raumhöhe und auch
wegen der größeren Bequemlichkeit und des unten reichlicheren Raumes zum Unterbringen der ausgenommenen Teile von Bedeutung ist.

Die Form des Kolbenbodens bestimmt jene des Verbrennungsraumes mit. Sie
wird aber, wie bereits ausgeführt, auch durch die Spülung mit beeinflußt. Die
günstigste Gestaltung des Verbrennungsraumes erfordert etwas konkave Form des
Kolbenbodens (Fig. 401—404, 410, 416 u. a.), er wird aber auch ganz eben (Fig. 397,
423) oder mit Rücksicht auf eine gewisse Ablenkung des Luftstromes zu den Auspuff-

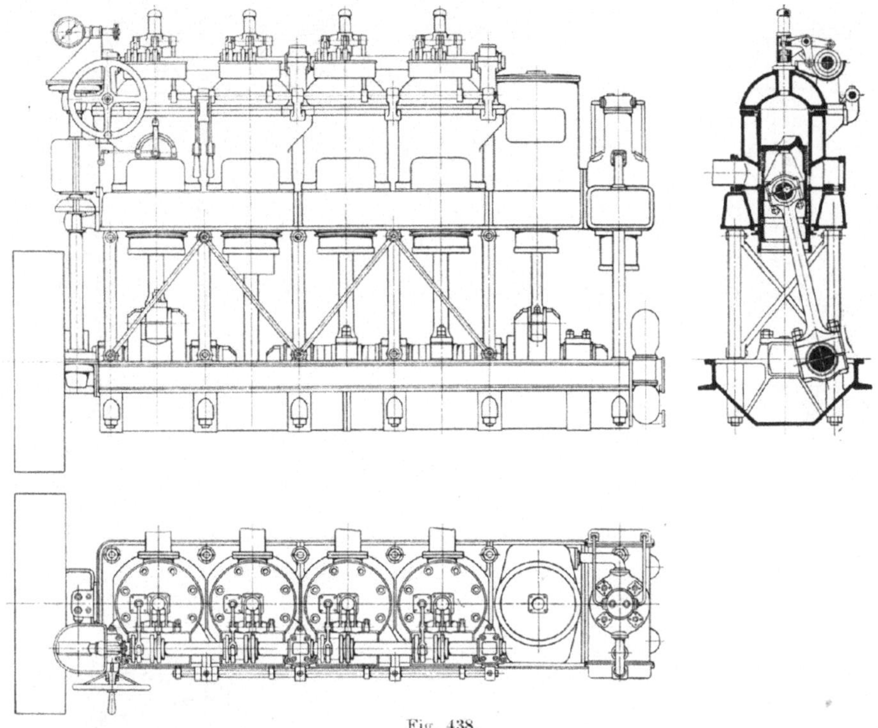

Fig. 438.

schlitzen auch konvex ausgeführt (Fig. 407, 415, 422). Auf die die Spülung beein-
flussenden Formen des Kolbenbodens in Fig. 399, 437, 438 u. a. ist bereits hingewiesen worden.

Die Verbindung des Kolbens mit der etwa vorhandenen Kolbenstange geschieht
gewöhnlich durch einfache Flanschen mit Schrauben (Fig. 458). In dieser Figur
ist auch die Wasserzu- und -abführung zur Kolbenkühlung sowie die eigentümliche
Abstützung des Kolbenbodens gegen die im Kolben angebrachte Querwand mit
Druckschrauben ersichtlich, wodurch eingegossene Rippen mit ihren unangenehmen
Wirkungen vermieden werden.

Die Wahl der Wandstärken, der Anzahl und Stärke der Kolbenringe, der Anordnung von Rippen, der Befestigung des Kolbenzapfens usw. ist naturgemäß von
jener bei Viertaktmaschinen nicht unterschieden. Mehr Gewicht ist nur auf die Abdichtung des Kolbenendes gegen die Schlitze hin zu legen, bei Tauchkolben ohne

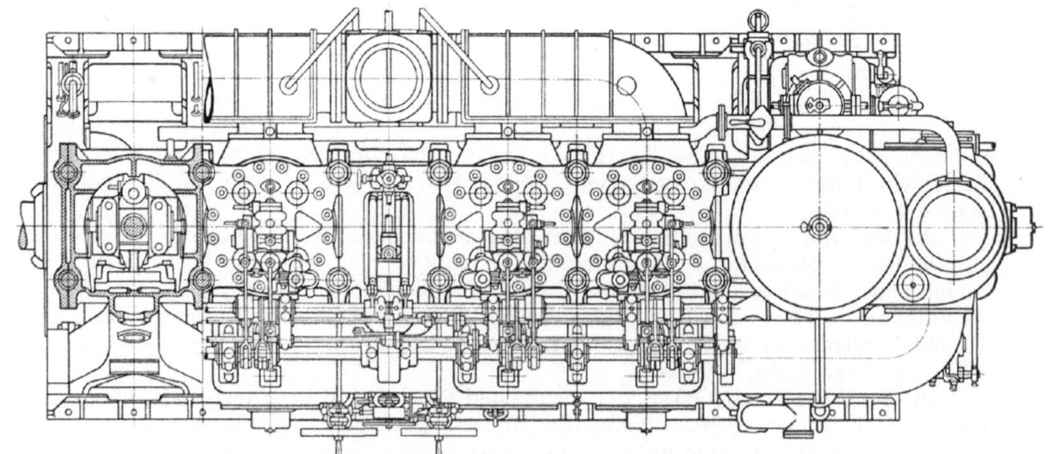

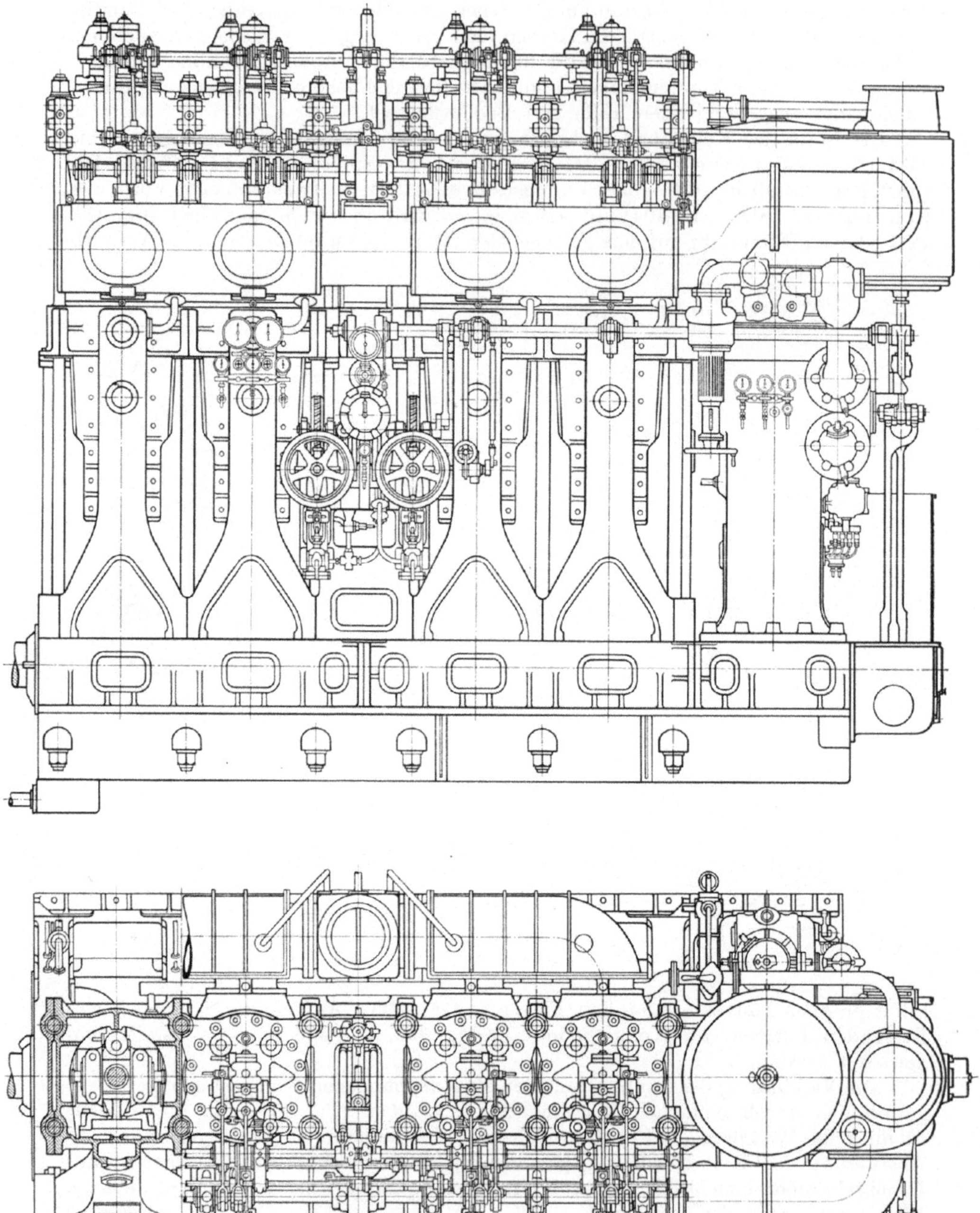

Fig. 439.

Fig. 440.

Fig. 441.

besondere Führung werden deshalb gewöhnlich zwei Kolbenringe dazu angebracht (Fig. 397), aber auch nur einer (Fig. 416), oder es wird auch ganz auf diese verzichtet (Fig. 399, 415).

Fig. 442.

Wo die Spülpumpenkolben mit den Arbeitskolben vereinigt sind, werden sie aus einem Stück gegossen (Fig. 408, 457), oder auch verschraubt (Fig. 459); hier ist

Fig. 443.

zwischen den Flanschen eine zum Abschluß des Kolbenkühlraumes bestimmte, in Windkesselform gebaute Wand angebracht. Bei Fig. 408 ist der Kolbenraum durch einen ebenen Deckel abgeschlossen.

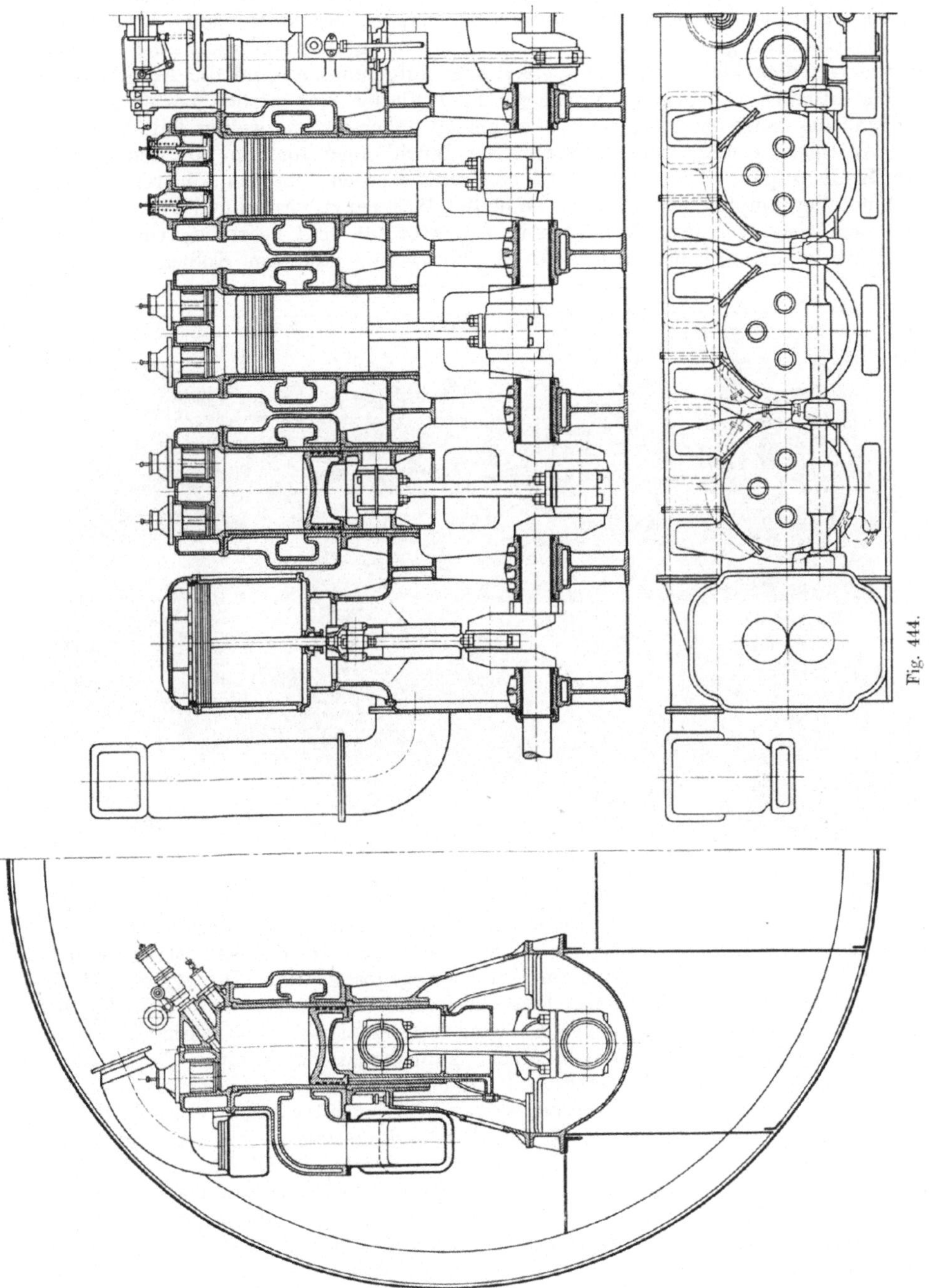

Fig. 444.

Der Kolbenzapfen kann hier im Spülpumpenkolben (Fig. 457, 459) oder auch im Arbeitskolben untergebracht sein (Fig. 460). Ersteres hat den Vorteil, daß der Kolbenzapfen leichter unterzubringen und weniger der strahlenden Wärme des Kolbenbodens ausgesetzt ist. Auch werden hier die Querkomponenten der Stangendrücke von dem kühlen Spülpumpenzylinder aufgenommen und die Arbeitskolben davon entlastet. Hingegen müssen die Spülzylinder hier seitlich besser gehalten sein und die ganze Maschine wird naturgemäß höher als im zweiten Fall[1]).

Wo irgend tunlich, soll das Innere der Tauchkolben vor dem von den Kurbeln und Kolbenzapfen abspritzenden Öl geschützt werden, um das Verbrennen oder auch nur Verdampfen desselben an den heißen Wänden zu vermeiden. Hierzu dienen dieselben Mittel wie beim Viertakt; in Fig. 410, 448 sind besondere Ölfänger für die Kurbeln angebracht, sonst auch Abschlußwände nahe am Kolbenende (z. B.

Fig. 445.

Fig. 457), die sich fast stets in irgendeiner Form vorfinden, wo der Kolben unten nicht ohnehin geschlossen ist, wie in Fig. 402 u. a. In Fig. 448 ist ersichtlich, wie die Rohre für die Ölkühlung im Kolben eingegossen sind. Der eigentliche abgetrennte Arbeitskolben erhält hier keine besondere Schmierung, da er etwa 0,6 mm Luft hat und gar keinen seitlichen Drücken ausgesetzt ist. Das Schmieröl des als Kreuzkopf wirkenden Spülpumpenkolbens kann sogar durch einen den Arbeitskolben umschließenden Kolbenring der Zylinderbüchse abgehalten werden, wodurch auch das Ausströmen von Verbrennungsgasen in den Spülzylinder vermindert wird. Die Ölkühlung des Kolbens ist mit der Druckschmierung verbunden, indem das durch die hohle Schubstange zum Kolbenzapfen gelangende Öl dann zur Kühlung herangezogen wird. Das abfließende Öl gelangt in eine Bronzekammer und von da in die Ölmulde der Grundplatte. Beiderseits ist die runde Kolbenzapfennabe durch Ringe abgedichtet. Oberhalb des Kurbelzapfens befindet sich auch noch eine Haube zum Auffangen des Öls. Hier wie auch in Fig. 410 ist der Kolben, wo er als

---

[1]) Die Firma Körting hat übrigens inzwischen die Anwendung von Stufenkolben verlassen.

Kreuzkopf dient, sehr versteift und
hohl gegossen.

Bei Fig. 410 wird das Kühlöl mit
Röhren zugeführt, bei dieser Figur ist
auch die Zuleitung durch Gelenkrohre
ersichtlich.

Bei der in Fig. 422 dargestellten
Maschine ist die Ausbildung des Kolbens mit den oben angeordneten Nach-
stelleinlagen etwa die gleiche wie bei
der Viertaktmaschine Fig. 97. Der
Kolben ist zweiteilig ausgeführt, mit
Kühlung versehen, hat in der Nähe
des Zapfens eine entsprechende Verstärkung und auf der Oberseite am
Ende eine Ölkammer zur Schmierung
des Kolbenzapfens. Eigentümlicher-
weise berührt die Kühlung den mittleren Teil des Kolbenbodens nicht.

Auch bei der liegenden Junkers-
Tandemmaschine (Fig. 423) ist die Anordnung der Kühlung insbesondere für
die beiden mittleren Kolben angedeutet. Diese Kolben sind hier durch ein
um die Traverse gelegtes Gußstück, das
mit Beilagen festgehalten wird, miteinander verbunden, während in Fig. 424
die Kolbenstange unmittelbar die
Führungstraverse trägt. Hier können
die mittleren Kolben nach der Seite
hin ausgebaut werden.

VI. Das Gestänge und die Hauptwelle.

Der zur Bestimmung der Gestänge-
abmessungen erforderliche Druckver-
lauf, bezogen auf die Kolbenwege, ist
in Fig. 461 dargestellt, und zwar mit (b)
und ohne (a) Berücksichtigung der Beschleunigungsdrücke, die im Kreuzkopf
auftretenden Querkräfte in Fig. 462,
während Fig. 463 die in die Schubstange
gelangenden Kräfte zeigt.

Die zugelassenen Festigkeitswerte,
Auflagerdrücke und Reibungsarbeiten
bewegen sich innerhalb der bei Viertaktmaschinen angegebenen Grenzen,
wegen des geringeren Verhältniswertes
der größten zu den mittleren Kräften
sind dabei eher die auf die ersteren

Fig. 446.

bezogenen Zahlen für Auflagerdrücke und Reibungsarbeiten etwas niedriger zu bemessen.

Die Konstruktion gesonderter Kreuzköpfe ist bereits in den Fig. 400, 401, 404, 429 u. a. ersichtlich gemacht. Die Gleitschuhe sind meist aus Stahlguß, beiderseits für Vor- und Rückwärtsgang mit Weißmetall ausgegossen.

Zur vorläufigen Bestimmung der Wellenstärke kann wieder angenommen werden, daß die benachbarten Lagermitten etwa eine Entfernung von 2—2,5 mal der Zylinderbohrung haben, während die Lagerlänge im Verhältnis zum Durchmesser der Welle zwischen 1,3 und 2 schwankt. Daher ist auch die Wellenstärke sehr verschieden, etwa zwischen 0,55—0,65 der Zylinderbohrung.

Bei der Konstruktion der Welle sind im übrigen die bereits bei der Besprechung der Viertaktmaschine angegebenen Rücksichten zu nehmen. Die beigegebene Tafel zeigt wiederum die gebräuchlichen Anordnungen der Kurbelkröpfungen und die

Fig. 447.

Reihenfolge der Zündungen. Unter Zugrundelegung obiger Schaulinien sind hier die Verhältnisse des Höchstwertes der kombinierten Biegungsmomente zum mittleren Drehmoment bei einer Lagerentfernung von 2,25 mal dem Zylinderdurchmesser in den Reihen 11 und 12 angegeben. Man ersieht wieder, daß z. B. das größte Moment bei Achtzylindermaschinen mit Berücksichtigung der Massendrücke in der 7. Kurbel auftritt. In den Reihen 9 und 10 ist wieder das Verhältnis des größten Drehmoments hinter der letzten Kurbel zum mittleren Drehmoment angegeben, die Überarbeiten für die Schwungradberechnung sind in Reihe 13 dargestellt. Die Reihen 8, 10 und 12 berücksichtigen bei den betreffenden Momentenverhältnissen die hin und her gehenden Massen und deren manchmal ungünstigen Einfluß insbesondere bei hohen Zylinderzahlen.

Der Massendruck nach aufwärts kann hier wegen der stets beim Kolbenaufgang vorhandenen Kompression während des Betriebes keinen großen Einfluß haben, nur beim Einschalten einer Dekompressionseinrichtung könnte er einigermaßen zur Geltung kommen. Daher sind theoretisch die Beanspruchungen der Lagerdeckel und ihrer Schrauben, sowie der Kurbelkopfschrauben bei einfachwirkenden Maschinen nicht bedeutend, maßgebend hierfür bleibt das etwaige Verreiben der Kolben.

1	2	3	4	5	6	7	8	9	10	11	12	13
Nr.	Kurbelzahl	Kurbelwinkel Grad	Kurbelschema ↷ Drehrichtung	Reihenfolge der Zündungen in den einzelnen Zylindern	Drehmomentschema für das aufeinanderfolgende Hauptlager von der 1. Kurbel gegen das Schwungrad hin	Größt. M_d (Lager) / mittl. M_d result. ohne Maßdr.	Größt. M_d (Lager) / mittl. M_d result. mit Maßdr.	$M_{d\,max}$ hinter der letzt. Kurbel / mittl. result. M_d ohne Maßdr.	$M_{d\,max}$ hinter der letzt. Kurbel / mittl. result. M_d mit Maßdr.	Größt. komb. Mom. Kurbelzapfen / mittl. result. M_d ohne Maßdr.	Größt. komb. Mom. Kurbelzapfen / mittl. result. M_d mit Maßdr.	Größt. unausgeglich. Arbeitsfl. / Arbeitsfl. des ges. Drehmomentes
1	1	0	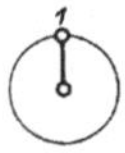	1	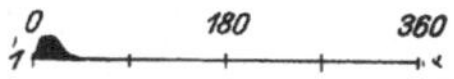	6,37 (1)	5,12 (1)	6,37	5,12	6,89 (1)	5,5 (1)	1,02
2	2	180	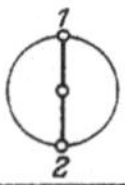	1, 2	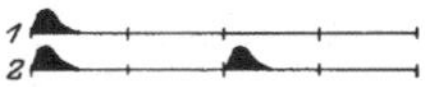	3,19 (1)	2,55 (1)	3,15	1,87	3,47 (2)	2,76 (1)	0,047
3	3	120	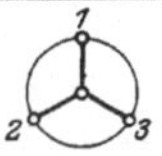	1, 2, 3	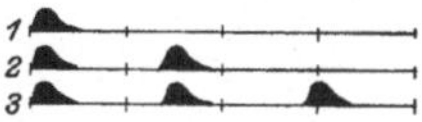	2,4 (2)	2,61 (2)	2,34	2,06	2,37 (3)	2,2 (2)	0,084
4	4	90	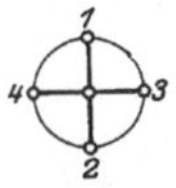	1, 4, 2, 3	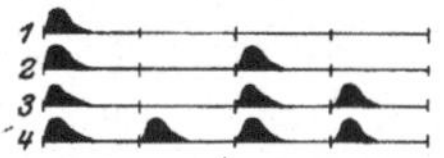	1,98 (3)	1,9 (3)	1,87	1,53	1,82 (3)	1,59 (3)	0,036
5	5	72	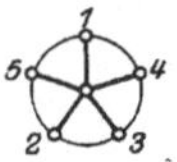	1, 5, 2, 3, 4	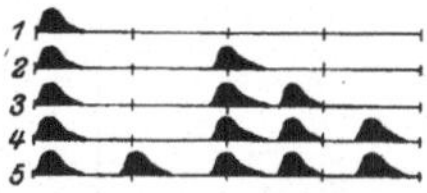	1,77 (4)	1,97 (4)	1,63	1,51	1,54 (3)	1,51 (4)	0,033
6	5	72	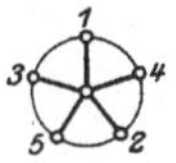	1, 3, 5, 2, 4	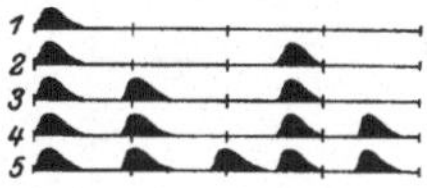	1,78 (4)	1,98 (4)	1,63	1,51	1,54 (3)	1,28 (5)	0,033
7	6	60	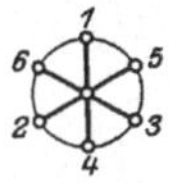	1, 6, 2 4, 3, 5	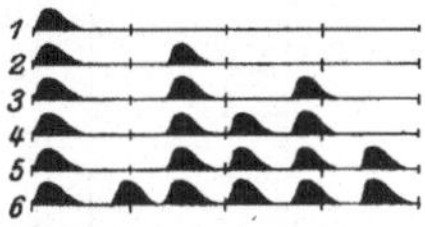	1,62 (5)	1,63 (5)	1,45	1,34	1,33 (5)	1,27 (5)	0,016
8	6	60	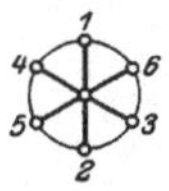	1, 4, 5 2, 3, 6	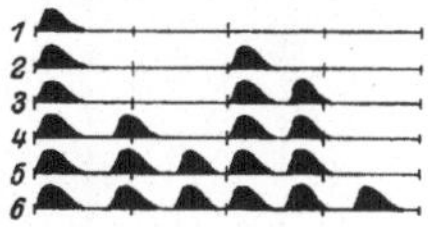	1,6 (5)	1,63 (5)	1,45	1,34	1,325 (6)	1,23 (5)	0,016
9	8	45	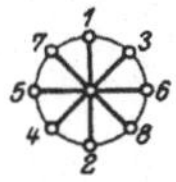	1, 7, 5, 4 2, 8, 6, 3	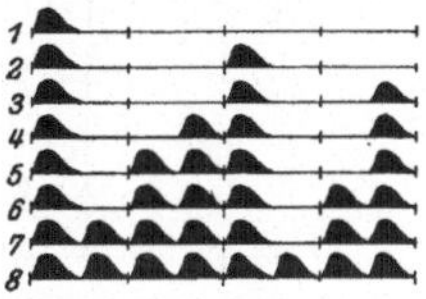	1,4 (7)	1,43 (7)	1,24	1,19	1,07 (8)	1,00 (7)	0,009
10	8	45	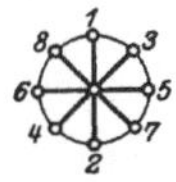	1, 8, 6, 4 2, 7, 5, 3	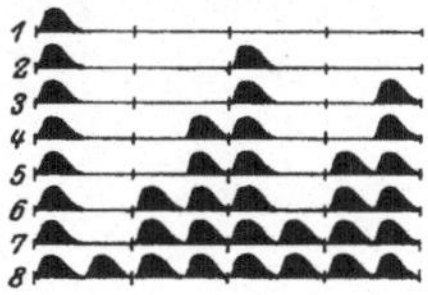	1,42 (7)	1,43 (7)	1,24	1,19	1,09 (7)	1,02 (7)	0,009

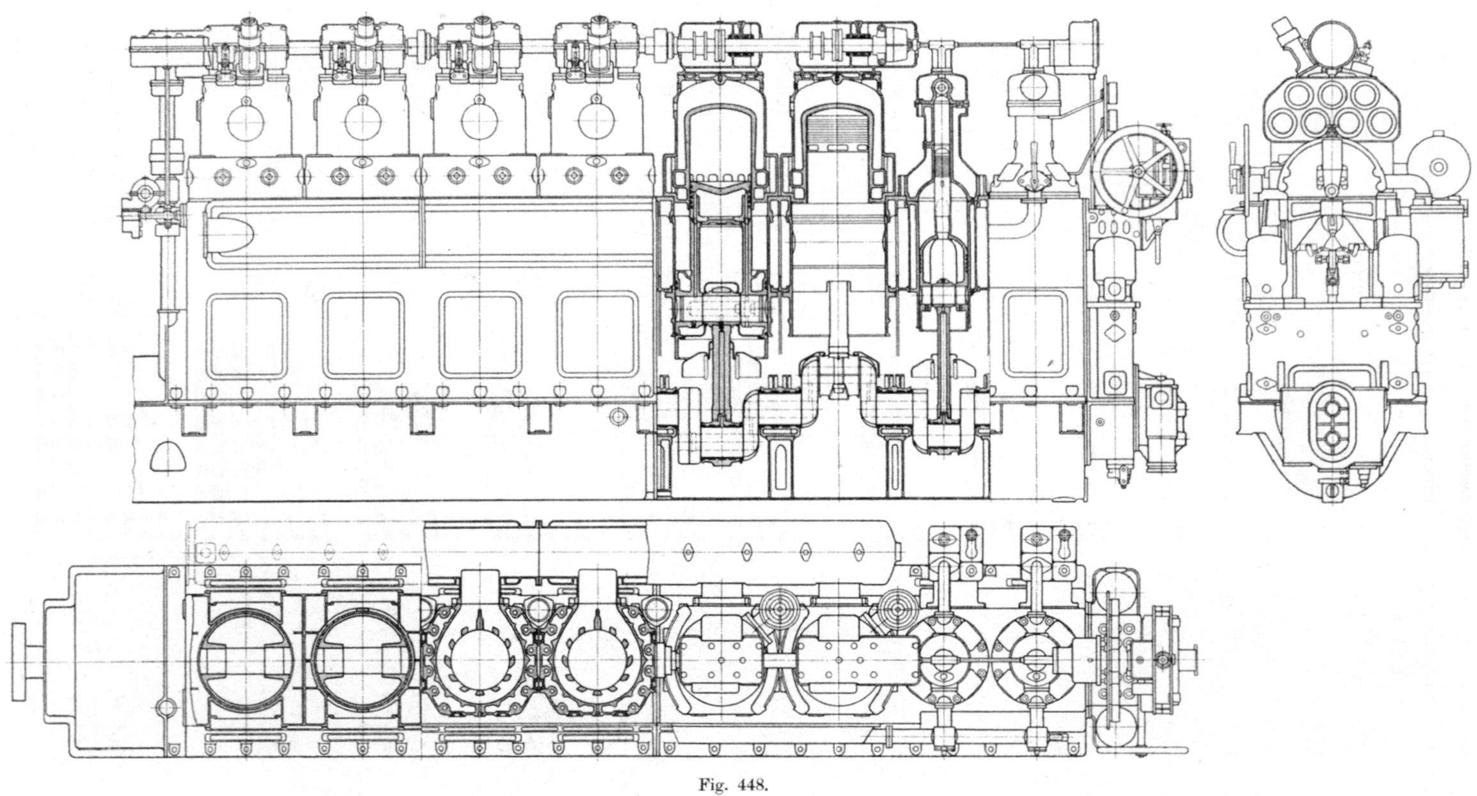

Fig. 448.

Die Schmierung der Haupt- und Kurbellager ist meist Druckschmierung, aber auch Ringschmierung und gewöhnliche Schmierung. Die für das Gestänge und die Welle benützten Materialien sind dieselben wie beim Viertakt, ebenso ihre Herstellung und Bearbeitung. Für die Wellen kommt Siemens-Martins-Stahl von ca. 48—55 kg/qmm Festigkeit und etwa 22% Dehnung in Betracht, für die Kolbenstange Siemens-Martins-Stahl von ca. 46 kg/qmm Festigkeit, 20% Dehnung. Zur Verbindung der Kolbenstange mit dem Kolben dienen Flanschen, mit dem Kreuzkopf wird die Stange durch Gewinde und Nuten verbunden. Die Schubstangenlager sind aus Stahlguß oder Bronze mit Weißmetallausguß. Das Verhältnis der Kurbelarme zum Wellendurchmesser wird eher größer als bei Viertaktmaschinen angenommen; die Länge der Schubstange zwischen 4,25 und 5,5 mal dem Kurbelarm, der größere Wert wird nur bei Tauchkolben ohne Kreuzkopfführung angewendet. Am häufigsten findet man den Wert 4,5, wenn eine solche vorhanden ist. Die bereits angegebene Darstellung der Vorgänge beim Druckwechsel (siehe S. 78 ff.) läßt sich auch bei den Zweitaktmaschinen in der beim Viertakt an einem Beispiel eingehend erörterten Weise durchführen. Wie Fig. 461 deutlich erkennen läßt, ist es unter Umständen durch entsprechende Wahl der Massengrößen bzw. der Geschwindigkeiten möglich, bei den Zweitaktmaschinen den Gestängedruckwechsel überhaupt zu vermeiden.

Besonderheiten weisen die Gestänge der Doppelkolbenmaschinen auf. In den Fig. 418 und 421 ist der der Hauptwelle näherliegende innere Kolben in der gewöhnlichen Weise mit der Kurbel verbunden, der äußere hingegen trägt ein in Führungen laufendes Querhaupt mit außen angebrachten Zapfen, die entsprechend verlängerte Zugstangen für das Gegenkurbelpaar tragen.

Die Führung für die Kreuzköpfe des äußeren Kolbens kann auch neben die des inneren Kolbens verlegt werden, wenn eine solche gesondert vorhanden ist (Fig. 419, 420), die Verbindung zwischen Kolben und Kreuzköpfen wird durch eine Kolbenstange und zwei in Führungen am Zylinderende gleitende Zugstangen bewirkt, die durch eine Traverse mit drei Zapfen miteinander verbunden sind. Auf die maximale Kolbenkraft bezogen ist die Traverse mit rund 550 kg/qcm beansprucht; die Zugstangen haben rund je $^1/_5$ des Zylinderdurchmessers, was einer Zugbeanspruchung von ~ 450 kg/qcm entspricht. Druckbeanspruchung und Knickung können nur bei Hängenbleiben des Kolbens auftreten. Da jede Kurbel für sich ausgeglichen ist, kann man die Kurbelwinkel so wählen, daß die geringsten Drehschwankungen auftreten.

Bei Tandemmaschinen (Fig. 451) ist an die Traverse des inneren Zylinders der innere Kolben des äußeren unmittelbar angehängt, der äußerste und innerste Kolben sind durch zweiteilige Zugstangen miteinander verbunden, die oben in einem beweglichen, geführten Querhaupt, unten in einem Kreuzkopf mit Führung befestigt sind und die in der Schwingungsebene der mittleren Schubstange liegen. Die Kolbenstangen sind abgeplattet, um kleine axiale Verschiebungen der Welle bei Abnützung des Drucklagers beim Schiffsantrieb zuzulassen. An Verlängerungen der mittleren Traverse sind auch die Spülpumpenkolben befestigt. Die Beanspruchung der Traversen und Zugstangen ist die gleiche wie oben. Ganz gleichartige Konstruktionen zeigen auch die liegenden Tandemmaschinen Fig. 423 und 424; man sieht hier die Durchführung der Stangen durch die beiderseits angeordneten Spülkanäle und den Wassermantel. Über die Verbindung der zwei mittleren Kolben ist bereits berichtet worden. Die langen oben und unten liegenden Zugstangen müssen hier im Gegensatz zu Fig. 451 geführt bzw. getragen werden.

Wie bereits erwähnt, werden bei Doppelkolbenmaschinen die Hauptlager nur wenig beansprucht. Daher können dieselben ungemein kurz und schwach gehalten

sein, wie aus Fig. 419, 420, 451 deutlich ersichtlich ist. Die Länge der Zwischen-
lager ist überall nur etwa gleich dem Wellendurchmesser.

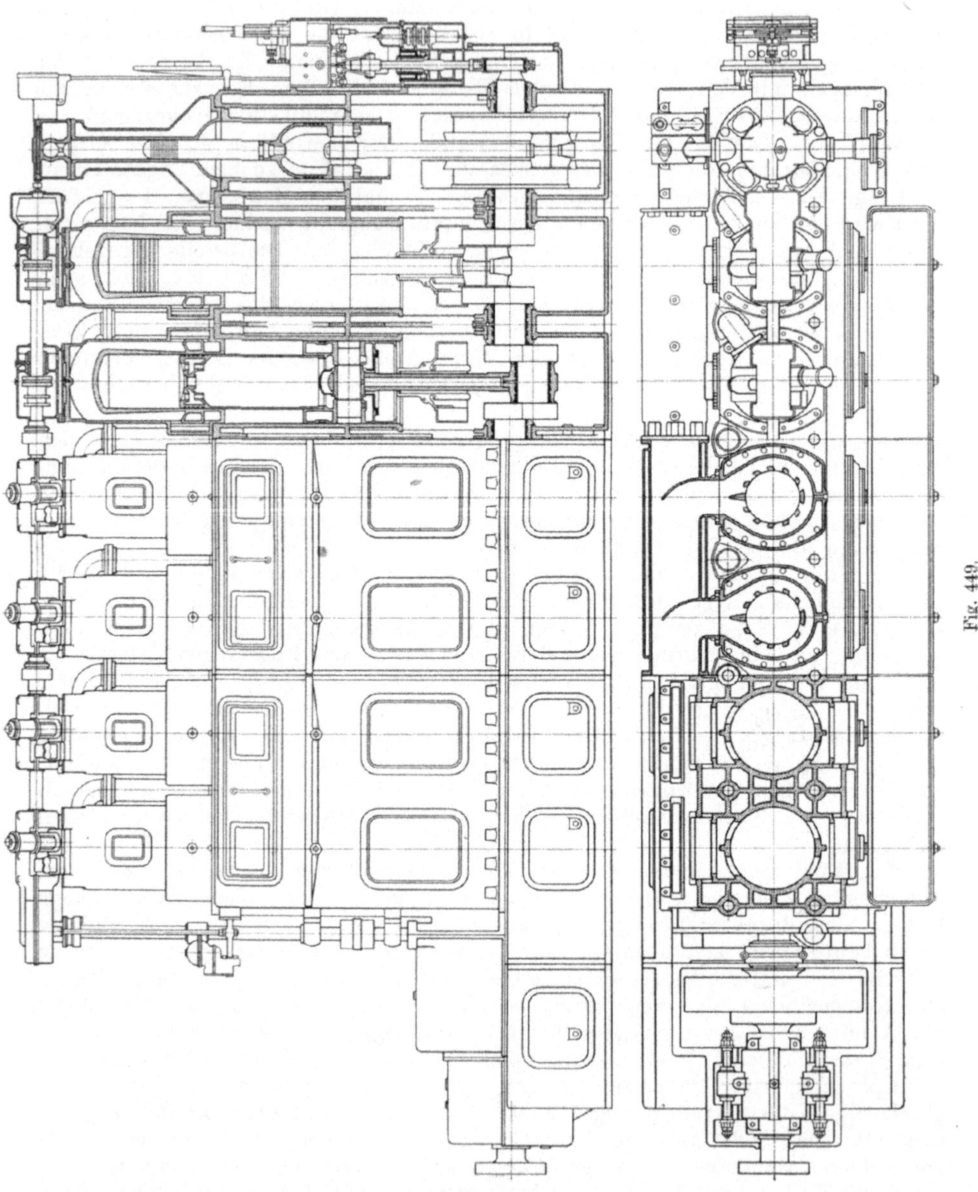

Fig. 449.

Bei Schiffsmaschinen, wo man auf Reserveteile angewiesen ist, werden die
Wellen gerne geteilt und jeder Teil gleich ausgeführt. Enthält bei großen Ma-
schinen jeder Teil nur eine Kurbel, so erhält er je zwei Lager, bei kleineren
Maschinen werden für je zwei Kurbeln drei Lager oder auch nur zwei Lager an-

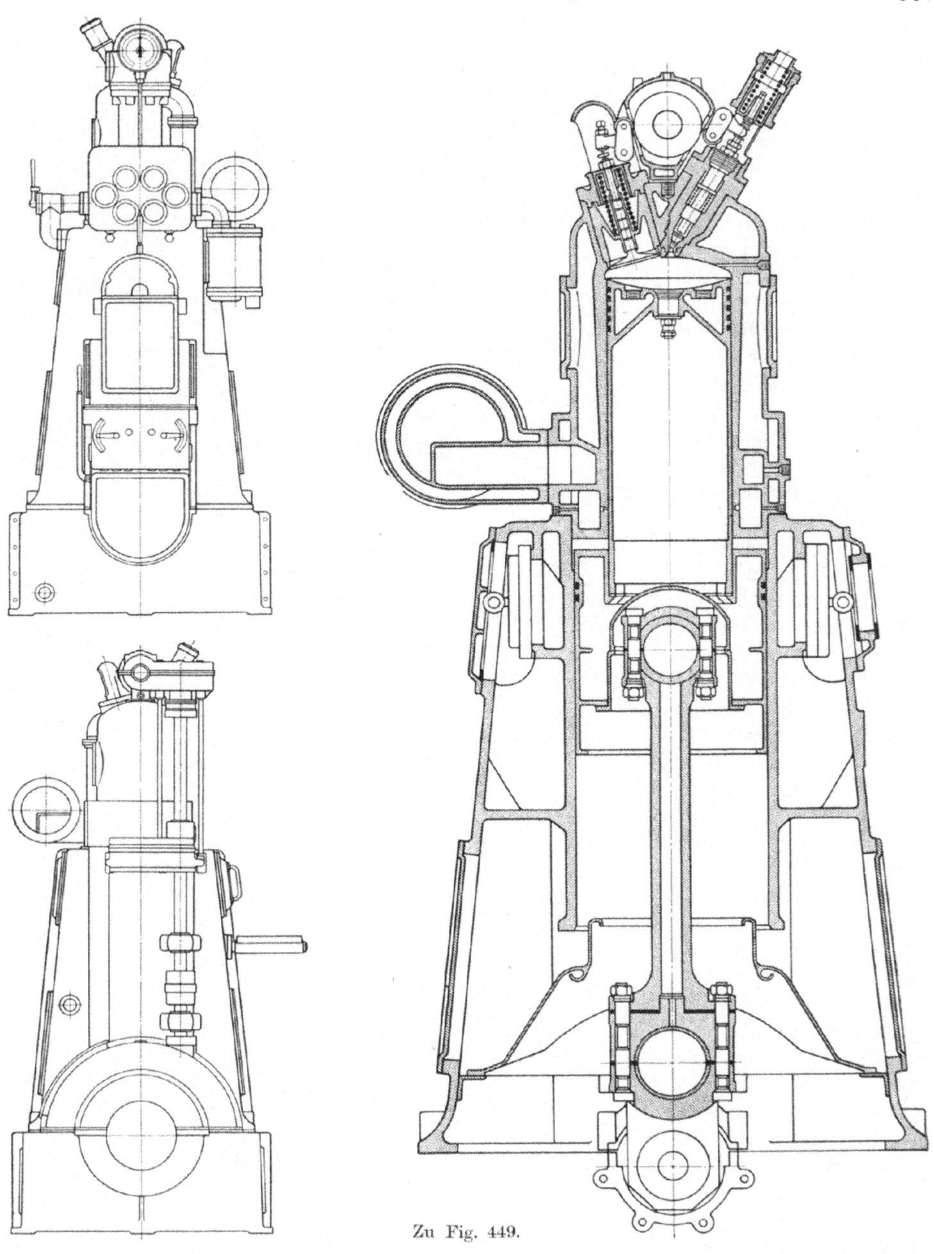

Zu Fig. 449.

geordnet. Letzteres ist insbesondere dann der Fall, wenn je zwei benachbarte Zylinder möglichst nahe aneinander gelegt, gegebenenfalls auch zusammengegossen werden (Fig. 412); dann erhalten die betreffenden Wellenstücke zwei Z-förmig angeordnete Kurbelkröpfungen. Die Fig. 412 zeigt auch den Zusammenbau der Wellen in den Kurbeln.

VII. Die Zylinderdeckel.

Die Zylinderdeckel sind sehr verschieden, je nachdem sie die Spüllufteinlaßorgane enthalten oder nicht. In beiden Fällen tragen sie gewöhnlich auch das Brennstoffventil und das Anlaßventil, bei Verwendung offener Düsen werden diese aber auch unmittelbar am Zylinder angeordnet (Fig. 415). Bei der Konstruktion der inneren Begrenzung sind die für den Verbrennungsraum geltenden Regeln zu beachten. Vielleicht die beste Form ist ein etwas konkaver Boden (Fig. 398, 401, 407; 416 u. a.), häufig wird er aber auch eben (Fig. 397, 402, 425 usw.) oder auch der Spülung entsprechend (Fig. 412) geformt. Besonders wo der Deckel mit dem Zylinder zusammengegossen ist, benutzt man gern gewölbte Böden, um bei der Ausdehnung in erhöhter Temperatur keine zu großen Spannungen zu erhalten (Fig. 407, 408, 449 u. a.), aber auch bei gesonderten Deckeln wird diese Form mit gleichzeitiger Rücksicht auf die Spülung gewählt (Fig. 437, 438). Was die Formänderung anbelangt, gelten die gleichen Rücksichten wie beim Viertakt. Hier ist jedoch im Falle der Anwendung von mehreren Spülventilen für die Zuleitung der Spülluft zu sorgen, was den Deckel noch verwickelter und daher gefährlicher macht, da ja wieder die

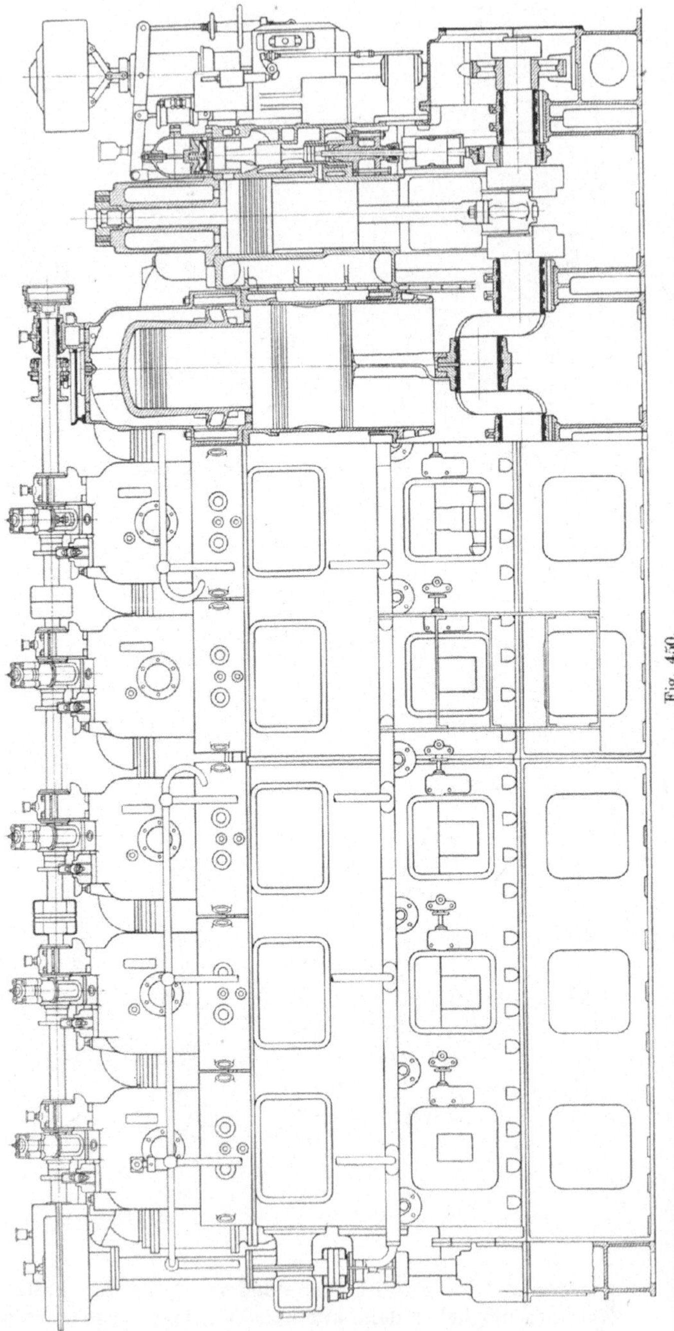

Fig. 450.

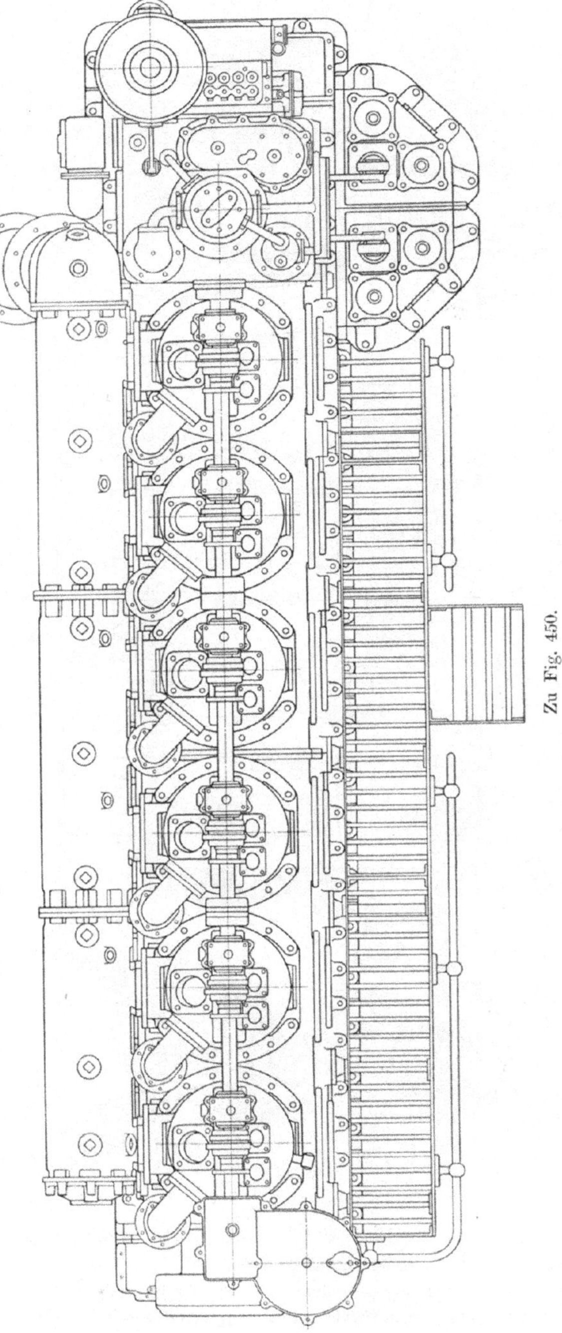

Zu Fig. 450.

Wärmeaufnahme gegenüber dem Viertakt bei gleicher Drehzahl und gleicher Zeit fast verdoppelt ist; freilich entfällt dafür das beim Viertakt heiß werdende Auspuffventil.

Die Hauptform eines solchen Deckels (Fig. 397 und 464) ist ein Hohlgußzylinder mit Doppelwand. Der äußere Hohlraum dient als Luftzuführungskanal, ist also mit den Pfeifen für die vier Spülventile derart verbunden, daß wenig Luftwiderstand auftritt, der innere Hohlraum hingegen ist der Kühlwasserraum, der neben den Gehäusen für die Spülventile auch jene für das in der Mitte gelegene Brennstoffventil und das an die Seite gerückte Anlaßventil aufnimmt. Das Brennstoffventil hat hier nur eine von außen eingebrachte Hülse, die in Fig. 467 deutlicher erscheint. Anlaß- und Einblaseventil sind wieder so angeordnet, daß sie von nebeneinander liegenden Nocken angetrieben werden können. Statt der eingegossenen Pfeife ist für das Brennstoffventil ein Stahleinsatz verwendet, der innen mit zentriertem Ansatz, außen mit Gummiring abgedichtet wird. Die innere Abdichtung ist sehr sorgfältig zu beachten, damit nicht vielleicht während eines Stillstandes Wasser in den Zylinder eindringt und zu einem Wasserschlag führt. Die durchgehenden Befestigungsschrauben liegen hier im Luftraum und werden nur durch eingenietete und verstemmte Rohre gegen diesen abgedichtet. Die Gehäuse für die Ventile und die Zuführungskanäle zu denselben sind so angeordnet, daß besondere Versteifungsrippen nicht mehr erforderlich sind. Wegen der notwendigen genauen Einhaltung der Lage der Ventile wird jeder Deckel durch eingebohrte Stifte an einer Drehung verhindert und unrichtige Montage unmöglich

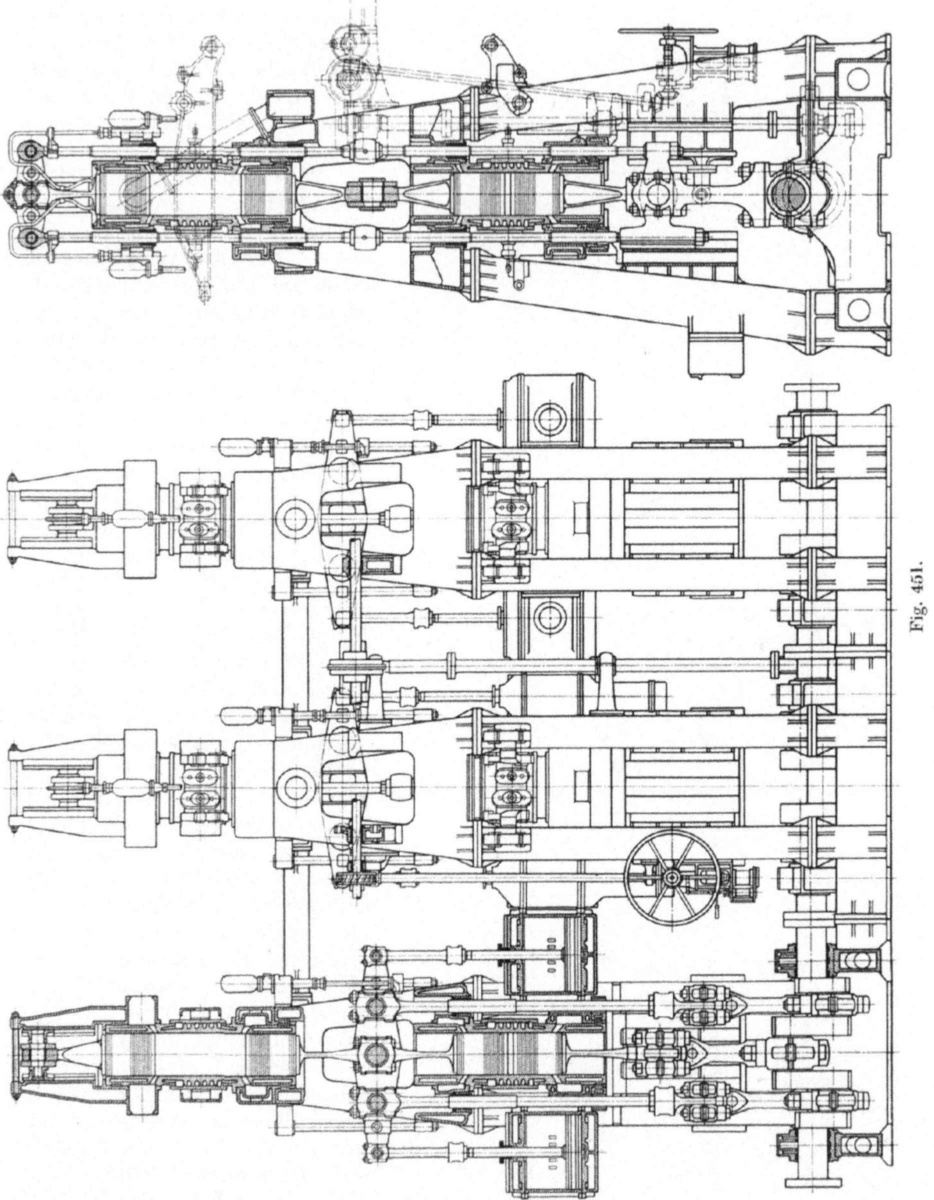

Fig. 451.

gemacht. Das Kühlwasser wird an mehreren Stellen seitlich durch den Spülkanal
hindurch zugeführt, ebenso auch die Anlaßluft zum Anlaßventil.

Ähnlich ist auch der in Fig. 460 und 465 dargestellte Deckel ausgebildet, nur wird
hier die Luft innerhalb des Deckelkühlraumes zugeführt, wozu entsprechende Luftkanäle eingegossen sind. Die Spülventile sind so gegeneinander versetzt, daß jedes
einen besonderen Steuerhebel erhalten kann, die Pfeifen für die Deckelschrauben
liegen hier im Deckelraum und sind eingegossen.

Fig. 452.

In Fig. 407 sind nur zwei Spülventile mit ihren Achsen, etwa normal zum bombierten Deckelboden angeordnet, das Brennstoffventil liegt wieder in der Mitte. Der Luftzuführungskanal nimmt hier nur eine Ecke des Deckelraumes einerseits in Anspruch, während eine unmittelbare Verbindung des Zylindermantels mit dem Deckelkühlraum auch an dieser Stelle gewahrt wird.

Im Kühlraum selbst ist für die Pfeifen des Brennstoff- und Anlaßventils genügend Raum frei; der gewölbte äußere Boden trägt an den Ventilhauben auch gleich die Lager für die Steuerwellen. Auch Fig. 466 zeigt zwei Spülventile, ebenso auch Fig. 413, im letzteren Fall ist jedoch die Spülluftzuführung in einen oberhalb des Kühlraumes angeordneten gewölbten Kanal verlegt, während die Ventile selbst wieder schräg liegen, wie bei Fig. 407. Eine gleiche Anordnung des Spülluftkanals ist auch in der Bauart Fig. 400 dargestellt. Die Pfeife für das Brennstoffventil geht nur durch den Wasserraum, jene für das An-

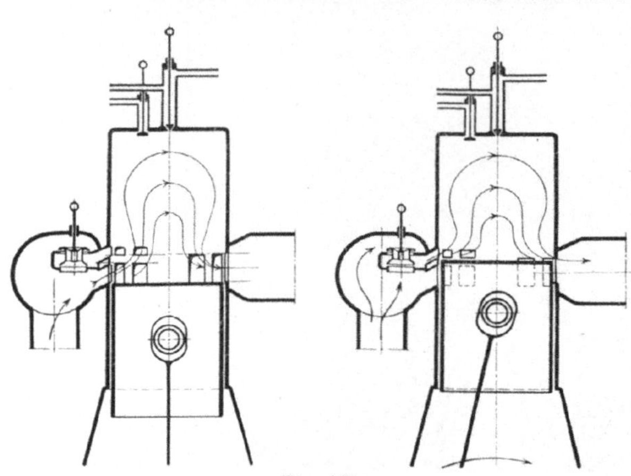

Fig. 453.

laßventil hingegen durch den Luftraum. Es sind vier Spülventile verwendet, das Anlaßventil liegt seitlich, die Pfeifen für die Deckelschrauben gehen ganz durch und enden an dem gewölbten äußeren Boden mit Butzen, die durch Rippen miteinander verbunden sind. Die Verbindung des Kühlraumes mit dem Zylindermantel wird durch seitlich angeschraubte Bogenrohre hergestellt. Der Deckel trägt wie gewöhnlich auch die Anpässe für die Hebelwellenlager und ist zur gründlichen

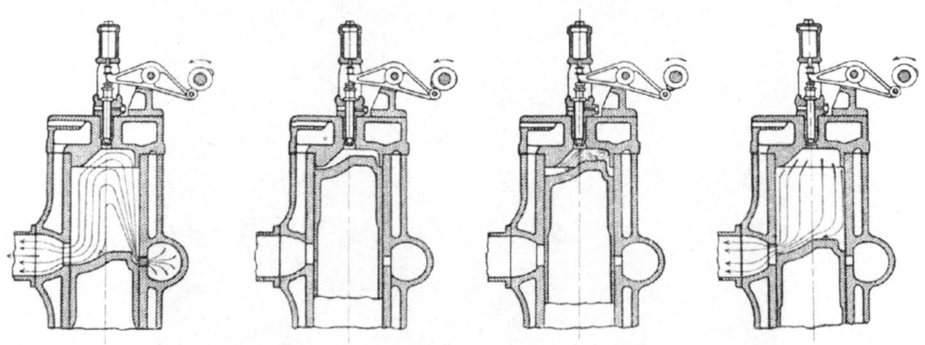

Fig. 454.

Reinigung nach dem Guß und auch nach entsprechenden Betriebsperioden reichlich mit Kernlochdeckeln ausgestattet.

Der Spülkanal wird auch ganz in den Kühlraum (Fig. 429) oder teilweise an die äußere Bodenwand verlegt (Fig. 404), wo das Brennstoffventil mit einem besonderen eingewalzten Abdichtungsrohr aus Kupfer versehen ist, während das Anlaßventilgehäuse einfach ohne Pfeife eingesetzt ist; oder er wird einfach als Rohr ausgebildet, wenn nur ein Spülventil vorhanden ist (Fig. 408, 410, 449). In Fig. 408 liegt

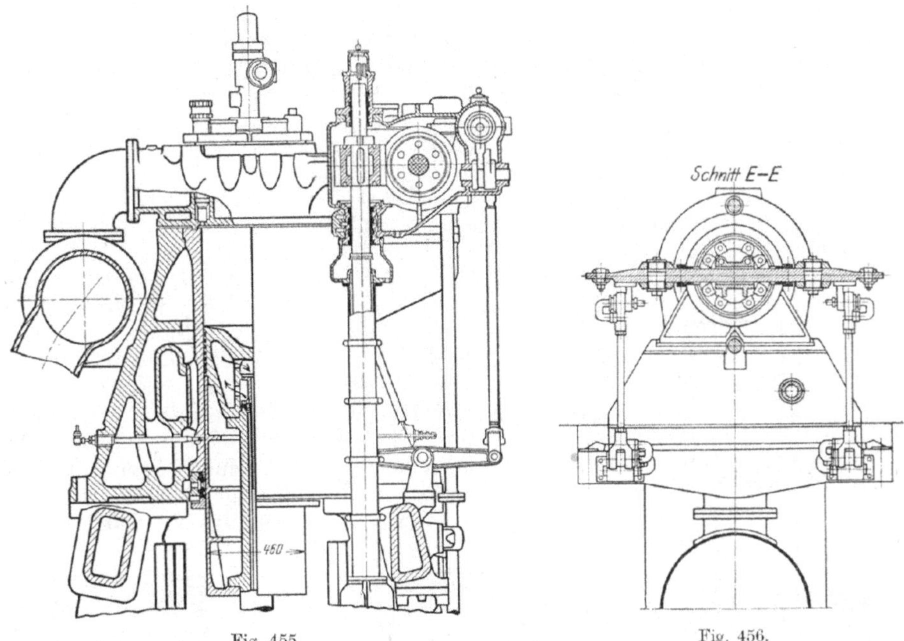

Fig. 455.
Fig. 456.

auch das Brennstoffventil schräg, für das Spülventil ist dabei aber nur ein sehr beschränkter Raum vorhanden. Bei allen diesen letztgenannten Ausführungen tragen
die Deckel unmittelbar die zentral darüber liegende Steuerwelle. Besonders einfach
wird die Anordnung Fig. 415, wo die Kühlung nur durch die Spülluft erfolgt und nur

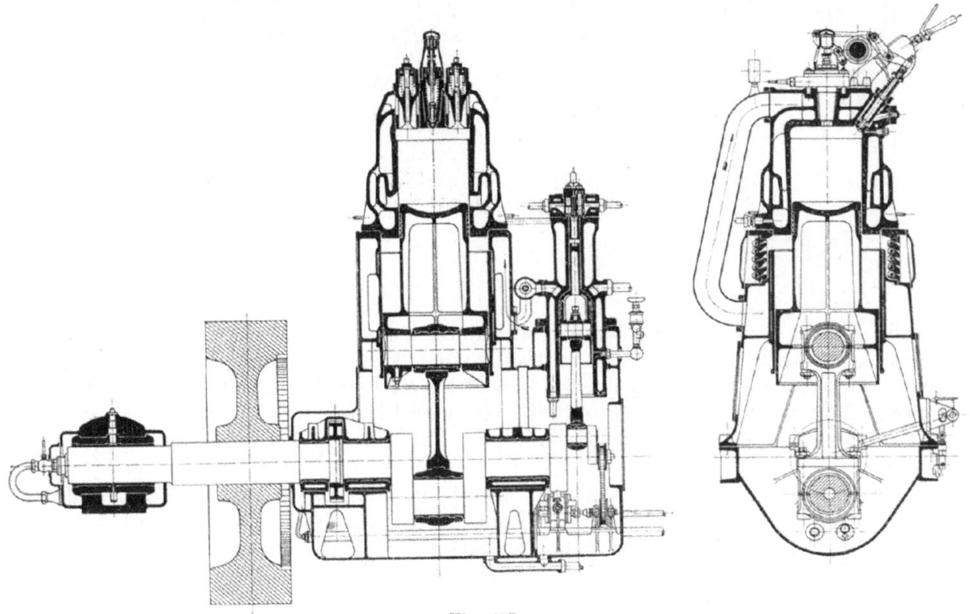

Fig. 457.

ein über den ganzen Deckel reichendes Spülventil verwendet ist. Die Kühlung
wird freilich vermutlich recht gering sein, während die Erwärmung der Spülluft
an sich schädlich ist. Für kleine Maschinen mag die Konstruktion wohl verwendbar sein.

Die Querschnitte der Spülkanäle sind so zu bemessen, daß sie möglichst allmählich in die engste Stelle bei den Ventilen übergehen.

Weit einfacher wird natürlich die Konstruktion des Deckels, wenn die Spülventile wegfallen. Dann ergibt sich ein ganz einfacher Hohlkörper, der nur die
Pfeifen für Brennstoff- und Anlaßventil aufnimmt, und da diese zur Versteifung
nicht ausreichen, sind Rippen hierfür anzuordnen (Fig. 398, 399, 401, 416 u. a.). Die

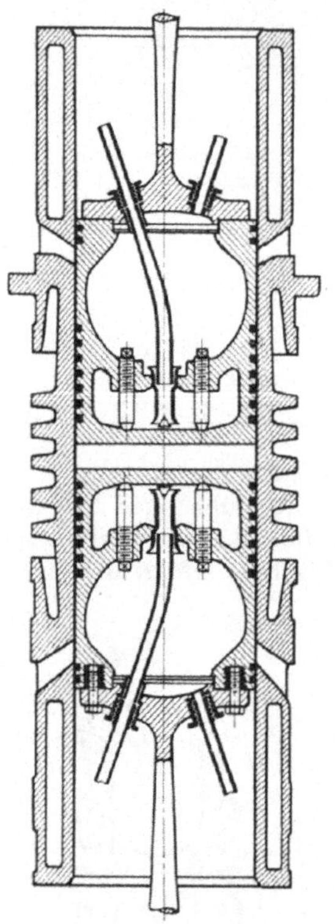

Böden sind etwas bombiert oder eben, die Verbindung
des Kühlmantels mit dem Deckelkühlraum wird meist
durch seitliche Rohrkrümmer bewirkt, aber auch durch
Löcher im inneren Flansch, die mit entsprechenden
Öffnungen im Kühlmantel zusammentreffen. Die Pfeifen
für die Deckelschrauben gehen durch den Kühlraum,
diese Schrauben selbst dienen zur Verstärkung des
äußeren Mantels. Ihre Beanspruchung ist in allen
Fällen etwa so wie beim Viertakt zu wählen, nur

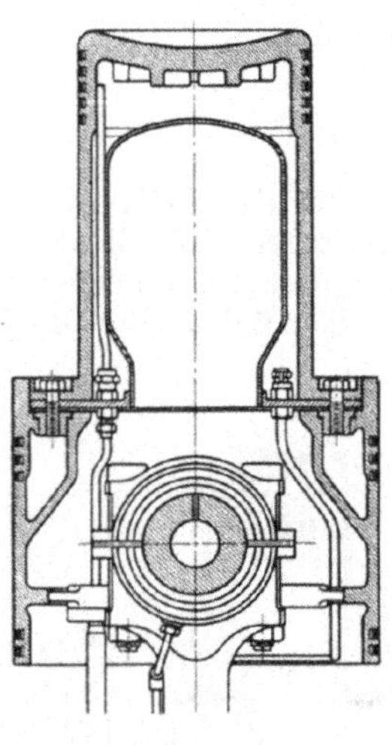
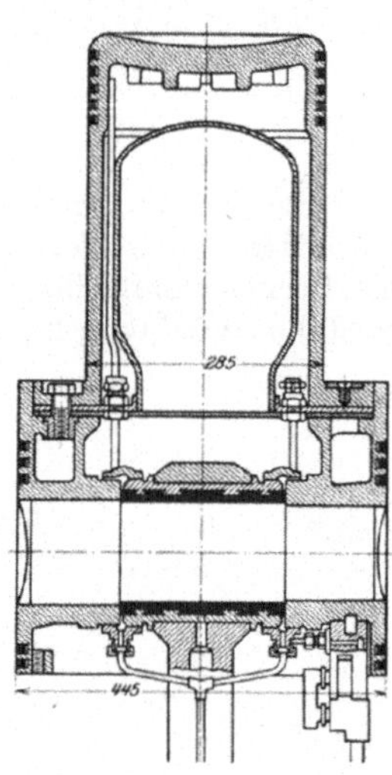

Fig. 458.   Fig. 459.

wo die Sulzersche unmittelbare Verbindung des Deckels mit der Grundplatte
angewendet wird, sind sie sehr entlastet und können demnach viel schwächer
bemessen werden. Sie haben nur für die Dichtheit und die Erhaltung der Form zu
sorgen. Hier werden die Deckel miteinander verschraubt und bilden so einen Querträger, der mit der Grundplatte durch die Tragstangen verbunden ist (Fig. 439,
Grundriß).

Besondere Formgebung verlangen die Toussaint-Maschinen für die Zylinderdeckel (Fig. 417), sie liegen hier in den Bohrungen der Zylinder und sind mit Außenflansch wie etwa bei Dampfmaschinen gehalten. Die Kühlwasserzuführung vom
äußeren Boden her wird mit eingelegten Rohren bewirkt, die den richtigen Umlauf
des Wassers herstellen.

Bei Doppelkolbenmaschinen entfallen die Deckel vollständig.

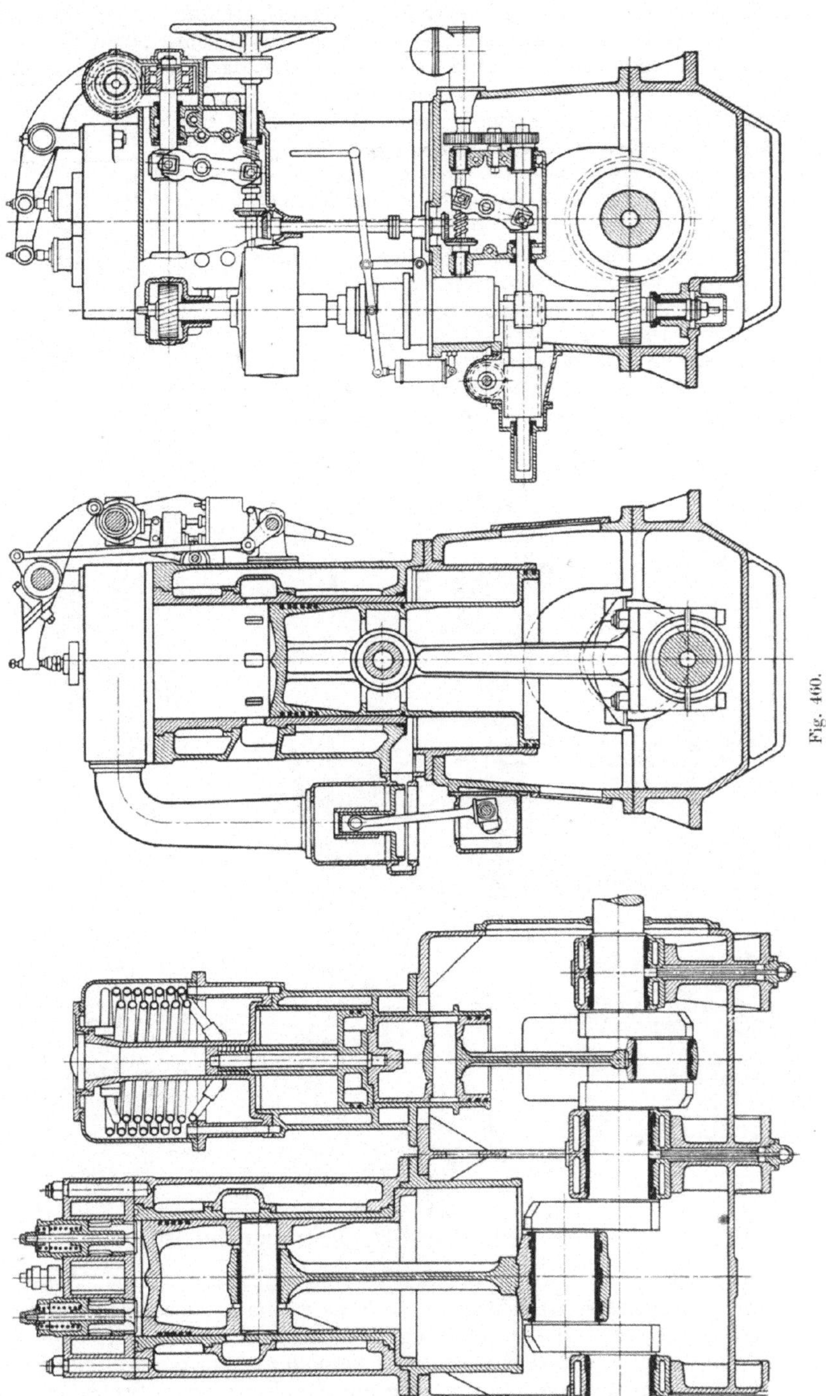

Fig. 400.

In Fig. 422 ist der Deckel einer liegenden Zweitaktmaschine dargestellt. Die beiden Spülventile liegen übereinander, wie Ein- und Auslaßventil einer Viertaktmaschine, das Brennstoffventil liegt horizontal in der Mitte, das Anlaßventil seitlich. Es ergibt sich demnach derselbe Verbrennungsraum, wie bei der Bauart der Viertaktmaschinen (vgl. Fig. 141). Die Spülluft wird zwischen den Zylindern der Zwillingsmaschine zugeführt und gelangt durch einen ganz im Kühlraum liegenden und sich in zwei Zweige teilenden Kanal zu den Spülventilgehäusen.

Die Deckel werden aus Gußeisen oder aus Stahlguß hergestellt. Die Wandstärken lassen sich wegen der sehr verschiedenen Bauarten nicht einfach angeben; die den hohen Gasdrücken ausgesetzten Teile werden wieder auf 100—110 kg geprüft, die Kühlwasserräume etwa auf 15 bis 20 Atm. Die Deckel werden zur Verminderung etwaiger Gußspannungen gut ausgeglüht.

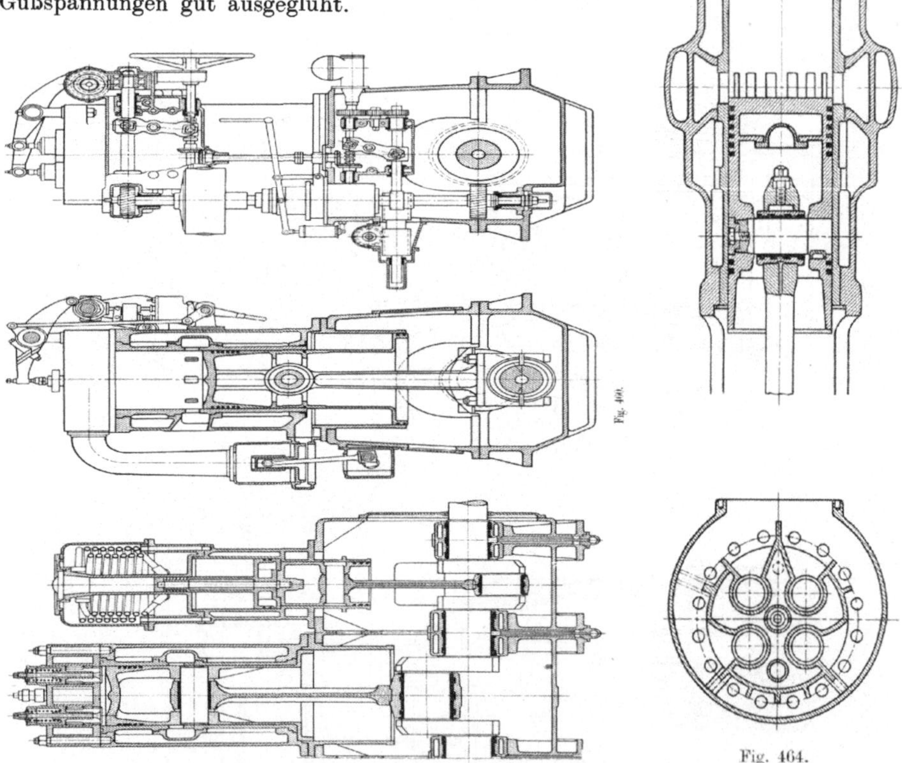

Fig. 464.

VIII. Spül- und Anlaßventile, Brennstoffventil.

Die Spülventile sind etwa so gebaut wie die Einlaßventile bei Viertaktmaschinen. Die Ventilgehäuse werden gewöhnlich als zweifach oder vierfach durchbrochene Rohre ausgebildet, die kegelförmig oder auch eben im Zylinderdeckel eingesetzt und entweder unmittelbar oder durch besondere Aufsätze mit Flanschen festgehalten werden. Die Ventile selbst werden aus Stahl aus einem Stück mit der

Spindel angefertigt, die Betätigung des Ventils, das keinen Gegendruck zu überwinden hat, da die Öffnung erst erfolgen soll, wenn die Abgase schon einen dem Atmosphärendruck nahekommenden Druck haben, geschieht durch einfache Druckstücke unmittelbar durch die Steuerhebel, manchmal sind auch Kolben verwendet.

Beispiele von Spülventilen sind in Fig. 397, 409, 467—469 u. a. gegeben. In Fig. 408 erhalten die Ventile zylindrische Ansätze, in Fig. 415 ist ein Dämpfungskolben angebracht, wie manchmal auch bei den Ventilen von Viertaktmaschinen, und die Spindelführung ist mit Rippen am äußeren Gehäuserohr befestigt.

Die Steuerhebel greifen gewöhnlich am Ende der Ventilspindel an, so daß die Einstellung noch am Hebel erfolgen kann (Fig. 467). Aber auch einstellbare Spindeln werden benützt, wie Fig. 466 zeigt, wobei der Hebelangriff zwischen Ventil und Federteller liegt. Diese Bauart erfordert natürlich eine Haube.

Bei Steuerung mit Wälzhebeln sind jedenfalls ihre Lager an solchen Hauben anzubringen (Fig. 422).

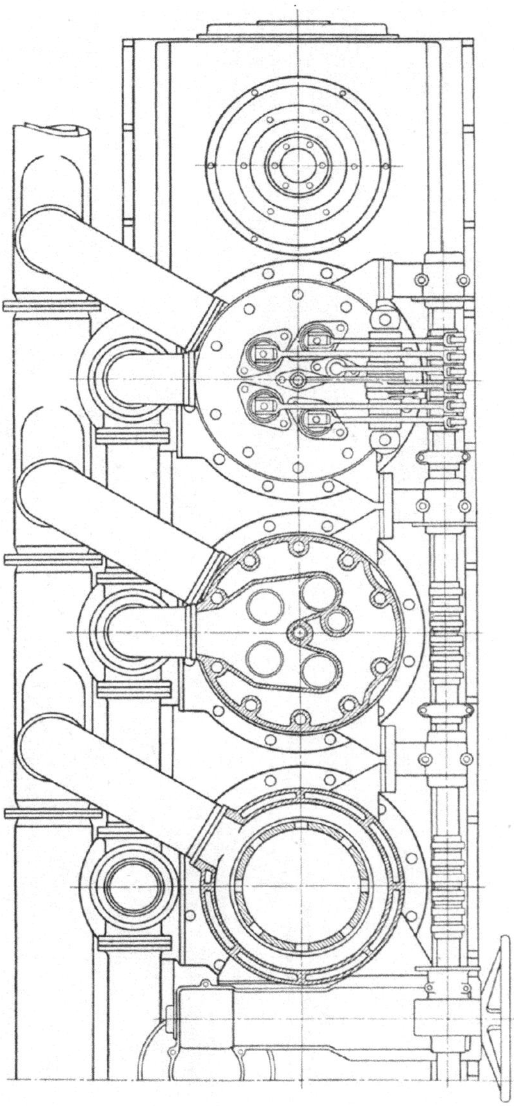

Die Anlaßventile werden ebenso gebaut wie bei Viertaktmaschinen. Fig. 397 zeigt ein unmittelbar befestigtes, mit Flanschen angeschraubtes Gehäuse, das doppelt dicht halten muß. Der Luftzutritt erfolgt nahe am Ventil durch seitliche Schlitze im Gehäuse, die Entlastung durch einen an der Ventilspindel angebrachten Kolben. Bei Fig. 400 liegt die Druckfeder im Gehäuse, der Entlastungskolben wird eingeschliffen oder mit Ringen versehen. Auch hier hat das Gehäuse doppelt abzudichten. Wenn die Pfeife für das Anlaßventil weggelassen wird (Fig. 405), muß sogar eine dreifache Abdichtung stattfinden.

Fig. 467 hingegen zeigt die Luftzuführung unmittelbar zum Ventilgehäuse durch den Außenflansch, wodurch der Deckel vereinfacht und nur eine Abdichtung in demselben nötig wird. Beim Anlassen mit den Spülpumpen entfallen die Anlaßventile ganz. Man hat dabei den Vorteil, daß beim Anlassen keine Abkühlung der Zylinder

Fig. 465.

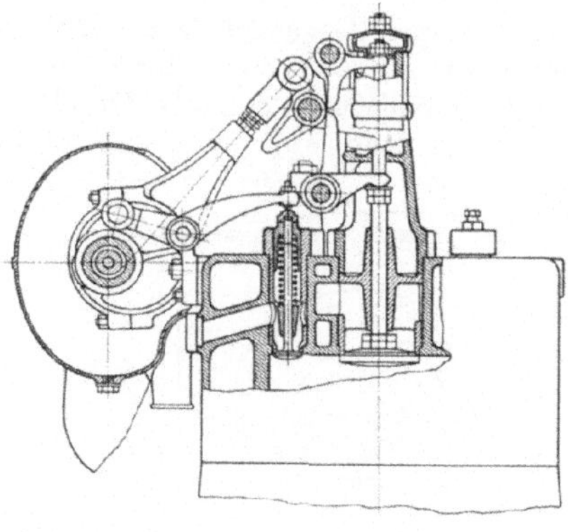

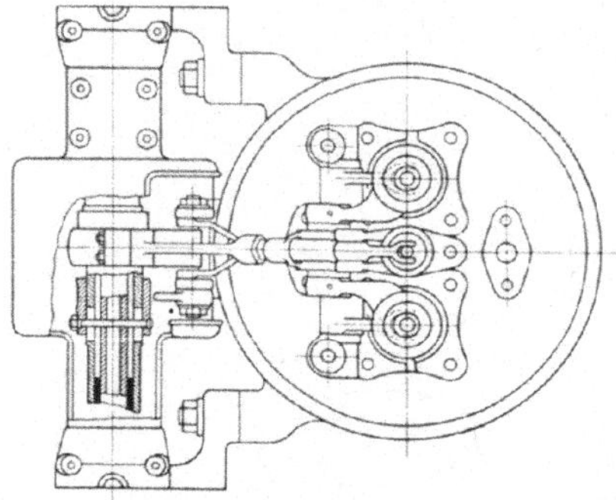

Fig. 466.

eintritt und auch kein Kondenswasser von
etwa feuchter Luft in den Zylindern nieder-
geschlagen wird. Der Brennstoff kann gleichzeitig mit dem Anlassen schon arbeiten,
wodurch sich ein großes Anlaßdrehmoment
ergibt, ohne daß die Kurbeln übermäßig
belastet werden. In den Fig. 402, 417 geschieht die Luftzuführung auch unmittelbar
zum Ventilgehäuse.

Bei offenen Düsen werden auch die
Einblaseventile als Anlaßventile verwendet
(Fig. 415). Bei gegenläufigen Doppelkolben-
und bei liegenden Maschinen liegen die Anlaßventile seitlich im Zylinder (Fig. 421).

Die Brennstoffventile haben die
gleiche Aufgabe wie beim Viertakt, unter-
scheiden sich also durchaus nicht von den
dort verwendeten Konstruktionen, soweit
nicht räumliche Beschränkung oder ähnliches
in Frage kommt. Ihre Anordnung ist bei
Maschinen mit Deckeln womöglich in der
Maschinenachse: Fig. 397, 400, 402, 407, 425
u. a. mit Spülventilen; Fig. 398, 399, 416 usf.
mit Spülschlitzen; manchmal aber auch seitlich und schräg (Fig. 401, 408, 449) oder auch
bei offener Düse seitlich am Zylinder (Fig. 415).

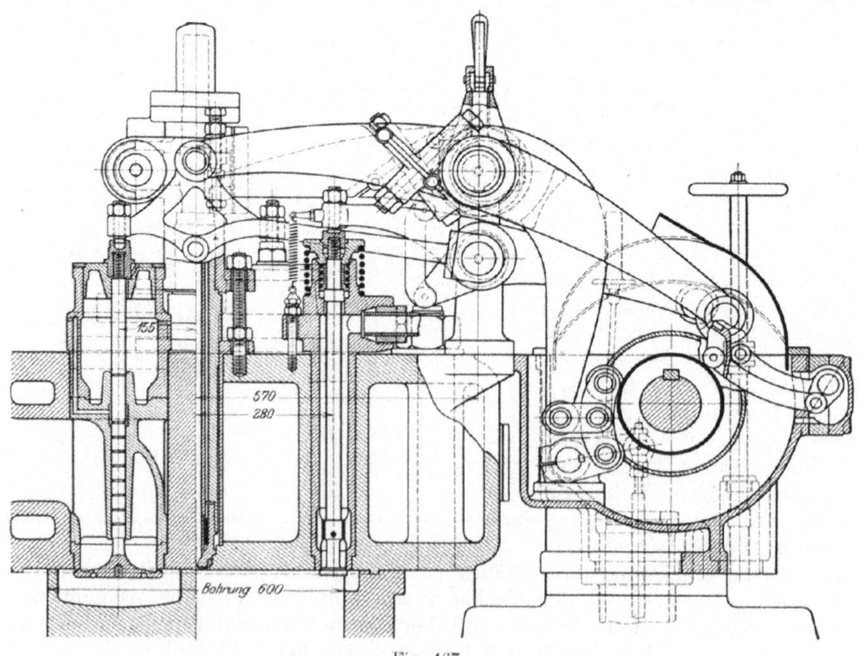

Fig. 467.

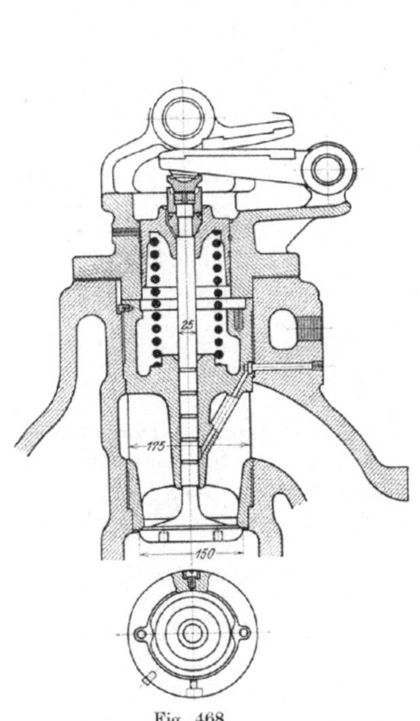

Fig. 468.

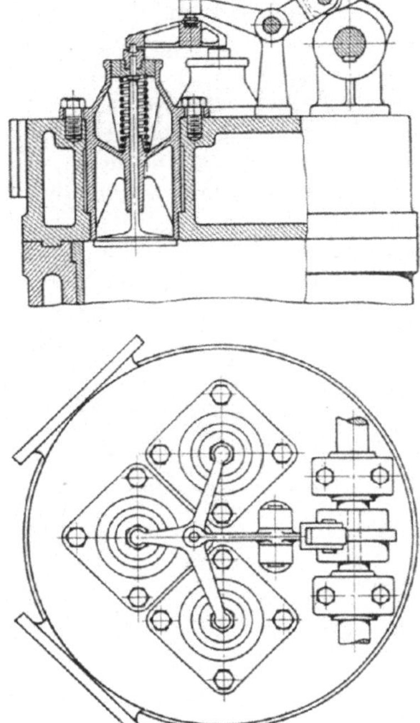

Fig. 469.

Die Knappheit des verfügbaren Raumes kann eine besondere Ausbildung erfordern, z. B. Fig. 408 und 410, wo die Druckfeder innen und die Spindelführung außerhalb des Hebelangriffes angeordnet sind.

Bei Doppelkolbenmaschinen werden die Brennstoffventile seitlich am Zylinder angebracht (Fig. 421, 424), manchmal doppelt, und zwar entweder zu gemeinsamem Betrieb oder eines als Reserve.

IX. Äußere Steuerung.

Im laufenden Betriebe hat die Steuerung einer einfachwirkenden Zweitakt-Dieselmaschine mit Spülventilen folgendes zu leisten:

Öffnen der Spülventile etwa 30—40° vor dem inneren Totpunkt des Kolbens, nachdem die Auspuffgase so weit aus dem Zylinder entwichen sind, daß der Druck in demselben kleiner ist als der Spülluftdruck im Aufnehmer;

Schließen der Auspuffschlitze etwa 50—60° nach dem inneren Totpunkt;

Schließen der Spülventile etwas später, so daß der Luftdruck im Zylinder jenem im Spülluftaufnehmer nahe gleich wird, etwa 60—80° nach dem inneren Totpunkt;

Öffnen des Brennstoffventils 1—10° vor dem äußeren Totpunkt, je nach der Drehzahl des Motors; bei Schnelläufern geht man mit diesem Wert noch höher;

Schließen des Brennstoffventils etwa 30—40° nach dem äußeren Totpunkt, wenn eine Zuflußregelung im Ventil stattfindet, entspricht dieser Winkel etwa der größten Leistung;

Öffnen der Auspuffschlitze etwa 50—60° vor dem inneren Totpunkt; gegen diesen symmetrisch das Schließen derselben.

Sind statt der Spülventile einfache Schlitze angewendet, ist der Winkel zwischen
Totpunkt und Öffnen wieder gleich dem zwischen Totpunkt und Schließen, und
da das Öffnen der Spülschlitze später als jenes der Auspuffschlitze erfolgen muß,
damit keine Abgase in die Spülluftleitung gelangen können, muß auch ihr Abschluß
früher erfolgen, man kann daher die Ladeluft vor Beginn der Verdichtung nicht
weit über eine Atmosphäre absoluten Druckes erzielen. Um dies zu erreichen, ist
eine weitere Schlitzreihe nötig, deren Luftzuführung durch ein besonderes Ventil
gesteuert wird. Dieses kann, um möglichst viel freien Querschnitt zu geben, knapp
nach dem Öffnen der Auspuffschlitze aufmachen und etwas nach dem Schließen
derselben ebenfalls schließen, wodurch man die gleichen Verhältnisse wie bei Spülventilen erreicht. Die Hilfsspülventile kommen dabei mit den ganz heißen Gasen
nicht in Berührung und auch mit den
Auspuffgasen nur verhältnismäßig
kurze Zeit, so daß sie wenig abgenutzt
werden.

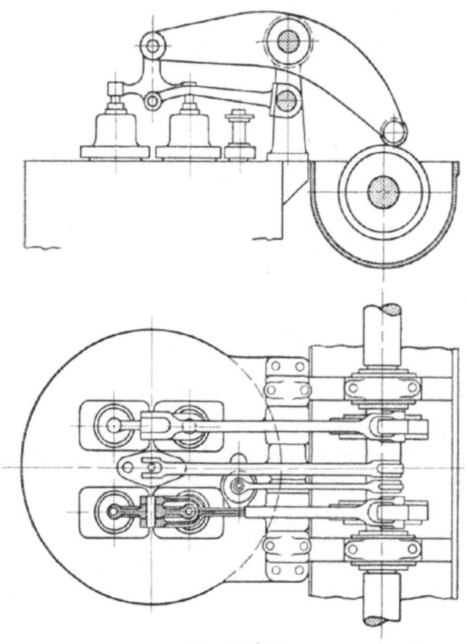

Fig. 470/471.

Bei gegenläufigen Doppelkolben
gilt dasselbe wie für Spülschlitze bei
einfachwirkenden Maschinen, auch
hier können Zusatzspülschlitze verwendet werden.

Für den ganzen Kreislauf stehen
hier nur zwei Halbhübe zur Verfügung, für die Spülung und Ladung
mit Frischluft etwa nur der Bruchteil
einer vollen Umdrehung.

.   Auch hier wird die Regelung
meist nur in die Brennstoffpumpe
verlegt und die Steuerung unbeein-
flußt gelassen, bei größeren Maschinen
mit empfindlicher Regelung verwenden Gebrüder Sulzer auch die bereits
in Fig. 296 (Viertakt) dargestellte
Regeleinrichtung.

Zumeist wird die Bewegung der
Ventile durch umlaufende Daumen
und Rollen unter Vermittlung von
Hebeln und Druckstangen bewirkt, die Nocken wirken gewöhnlich unmittelbar,
aber auch mit Druckstangen auf die Ventilhebel (Fig. 398, 401, 416 u. a.), manchmal
werden auch Exzenter mit Wälzhebeln verwendet (Fig. 422, 466, 468). In normalen
Fällen ist auch die Umschaltung von Anlaß- und Brennstoffventil die gleiche wie
beim Viertakt. Fig. 467 stellt einen Fall dar, wo die Hebellager für Brennstoffventil
und Anlaßventil nicht gemeinsam sind und wo die Ausschaltung des Brennstoffventils auch von unten her erfolgen kann. Die Umschaltung geschieht entweder für
alle Zylinder gleichzeitig oder nacheinander.

Wenn Spülventile bei stehenden Maschinen vorhanden sind, ist der Aufbau
der Steuerung überhaupt dem beim Viertakt sehr ähnlich, nur hat die liegende
Steuerwelle hier die gleiche Drehzahl wie die Hauptwelle.

Die etwa erhöhte Anzahl der Spülventile erfordert eine andere Austeilung im
Zylinderdeckel und auch eine Änderung im Antrieb der Ventile, die gleichzeitig
zu öffnen und zu schließen sind. Häufig werden vier Spülventile angewendet, um
für die sehr kurze Spülzeit recht reichliche Querschnitte und damit geringen Wider-

stand und Überdruck zu bekommen (Fig. 470/471 zu Fig. 397). Zum Antrieb dienen zwei Nocken und Hebel, die je zwei Ventile betätigen. Um von den Federspannungen ganz unabhängig zu sein und die gleiche Bewegung der Ventile zu sichern, wird sie hier durch ein Querhaupt eingeleitet, das auf den Ventilspindeln sitzt und das durch ein aus dem eigentlichen Ventilhebel und einer im Lager der Hebelwelle drehbaren Führungsstange bestehendes Parallelogramm geführt wird (siehe auch Fig. 467). Die Parallelführung kann auch durch Hebelübertragung ersetzt sein (Fig. 472/473) oder auch bei sorgfältiger Einstellung der Ventilfedern ganz weggelassen werden; Fig. 469 stellt einen solchen Antrieb für drei Spindeln dar. Auch ein besonderer Hebel für jedes Ventil wird verwendet, da die Hebellängen und Übersetzungen verschieden ausfallen, müssen hier die Nocken verschiedene Höhe bekommen (Fig. 460, dritte Figur, zu Fig. 465 gehörend).

Sind nur zwei Ventile vorhanden, werden dieselben entweder gesondert angetrieben oder mit einer gemeinsamen Drehwelle bewegt (Fig. 466).

Bei den hier erwähnten Beispielen liegt die horizontale Steuerwelle wie bei gewöhnlichen Viertaktmaschinen seitwärts neben dem Zylinderkopf, indem sie durch eine stehende Übertragungswelle mit Schraubenrädern angetrieben wird. Bei Schnelläufern hat man die liegende Steuerwelle auch zentrisch über die

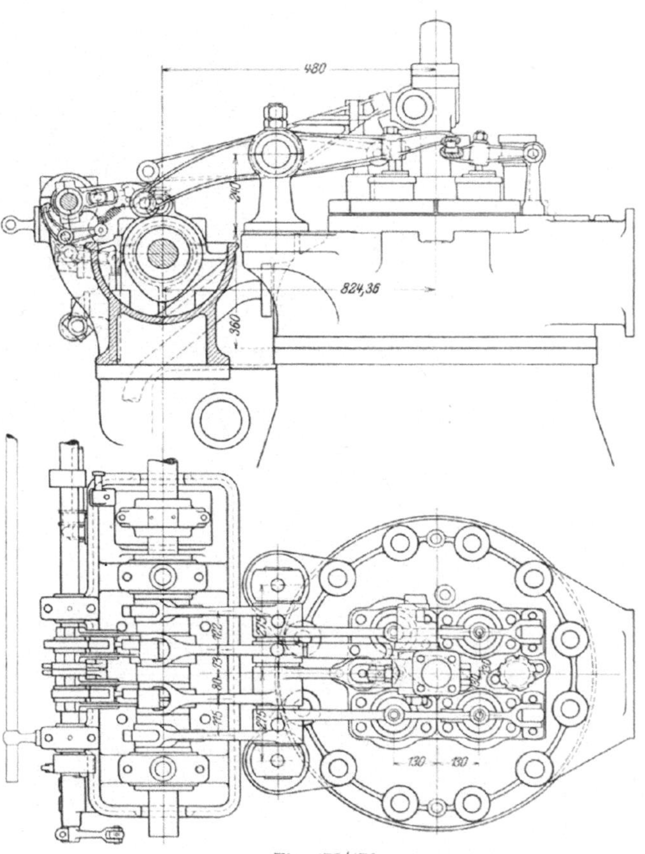

Fig. 472/473.

Zylindermitte gelegt und den gewöhnlichen Schraubenradantrieb beibehalten (Fig. 408, 443, 449), oder auch zwei Steuerwellen angeordnet, deren stehende Übertragungswelle Kegelradantrieb erhält (Fig. 407).

In beiden Fällen kommt die Steuerwelle so nahe an die Ventilspindeln, daß die kurzen Ventilhebel unmittelbar in den Hauben gelagert werden können, was auch bei Verwendung von Druckstangen der Fall ist.

Statt der Drehwellen sind auch schwingende Steuerwellen verwendet worden. Fig. 415 und 474 zeigen Ansichten einer so konstruierten Umsteuerung mit Stephenson-Kulisse. Auch drehende Steuerwellen mit Dreikurbelantrieb von der Hauptwelle sind verwendbar.

Bei liegenden Maschinen ist die Anordnung der Steuerung wie beim Viertakt getroffen, statt der Ein- und Auslaßventile treten hier die beiden mit gesonderten Gehäusen versehenen Spülventile ein (Fig. 422).

Was die Einzelheiten der Steuernocken und Hebel anbelangt, ist dem bereits beim Viertakt ausführlich Erörterten nichts hinzuzufügen. Auch hier werden wegen leichteren Ausbaues der Brennstoffventile geteilte Hebel (Fig. 398, 460, 472/473) und die Anordnung von Sulzer (Fig. 416, 467; vgl. Fig. 245, Viertakt) für den Antrieb

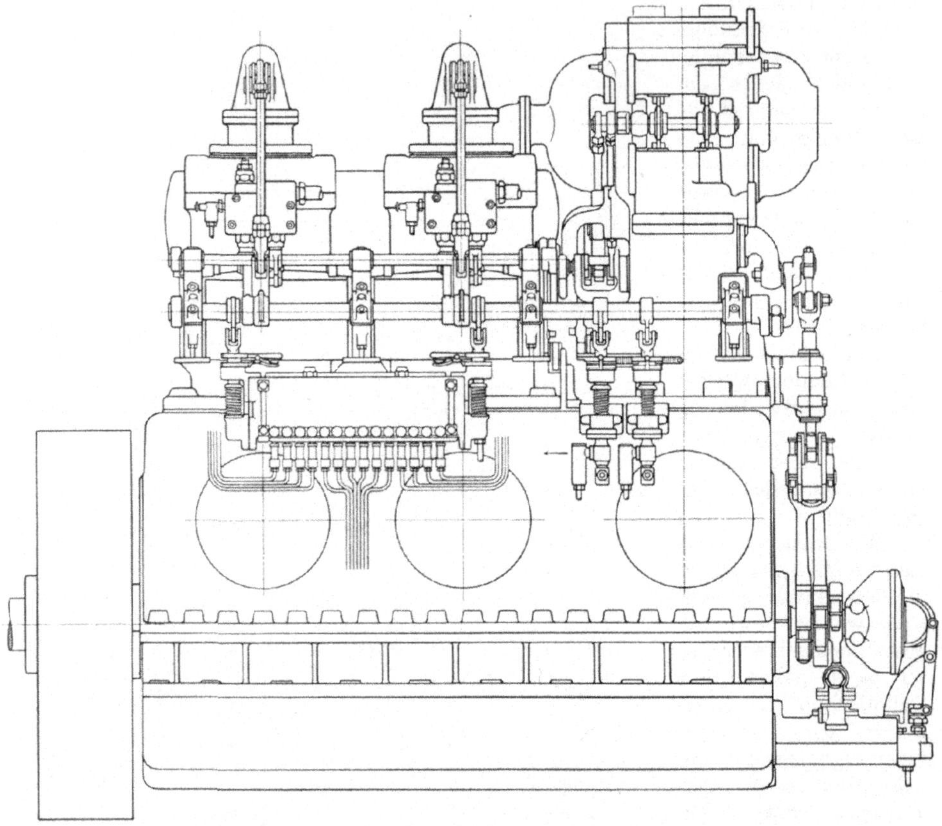

Fig. 474.

derselben verwendet. Hier ist manchmal die Anordnung so getroffen, daß die Rolle des Brennstoffhebels auf derselben Seite der Nockenwelle liegt wie die anderen Rollen. Fig. 467 zeigt auch für den Antrieb der Spülventile den geteilten Hebel. Auch die Ausschaltung der Verdichtung beim Andrehen und beim Anlassen wird in ähnlicher Weise bewirkt wie beim Viertakt.

Die Lagerung der Steuerwellen geht aus den bereits angeführten Figuren vielfach hervor. Neben einzelnen Lagern werden für die liegende Steuerwelle auch zusammengebaute oder einzelne Lagerkasten (Fig. 397, 408 u. a.) verwendet; in Fig. 430 bzw. 455 ist die Konstruktion der Endlager beim Schraubenradantrieb und die Anordnung eines Zwischenlagers für die stehende Welle zu erkennen, in Fig. 425 ist diese in einem Kammlager getragen.

Die Lagerung der Steuerhebel endlich wird durch schmiedeeiserne oder gußeiserne Säulen, die an die Zylinderdeckel angeschraubt werden, gebildet, oder auch durch Ansätze an den Konsolen der Steuerwellenlager oder durch eigene seitlich am Zylinderdeckel angebrachte Konsolen (Fig. 401, 415), oder endlich durch Stehlager an den Steuerwellenkasten (Fig. 432).

Wo keine Spülventile vorhanden sind, wird die äußere Steuerung natürlich sehr einfach, da sie nur für Brennstoff- und Anlaßventil zu arbeiten hat, nur im Falle von Zusatzschlitzen kommt noch die Steuerung der Hilfsspülung dazu (Fig. 401, 416). Hier wird die liegende Steuerwelle auf dem Spülluftkasten gelagert, das Hilfsspülventil ist ein federbelastetes Doppelsitzventil.

Bei Junkers-Maschinen liegender Bauart ist die Steuerwelle für die zwei Brennstoffventile und das Anlaßventil jedes Zylinders seitlich unter die Zylinder verlegt (Fig. 423 u. 456). Für große stehende Tandemmaschinen gibt Fig. 475 ein Beispiel (zu Fig. 451 gehörig). Hier werden die Brennstoffventile von den mit Nocken versehenen Exzenterstangen betätigt.

Die Abmessungen und Ausführungen der Nocken, Rollen, Hebel und deren Lager, sowie auch der Steuerwellen und ihrer Antriebsräder stimmen so ziemlich mit denen beim Viertakt überein. Dasselbe gilt auch für die Federstärken der Ventile.

Die in Fig. 466 dargestellte Steuerung ist insofern noch bemerkenswert, als hier das gleiche Exzenter für den Antrieb der Spülventile und des Brennstoffventils verwendet wird. Dies ist dadurch begründet, daß man die Steuerungsverhältnisse in der Tat so wählen kann, daß die Exzenterschubrichtung für die bei

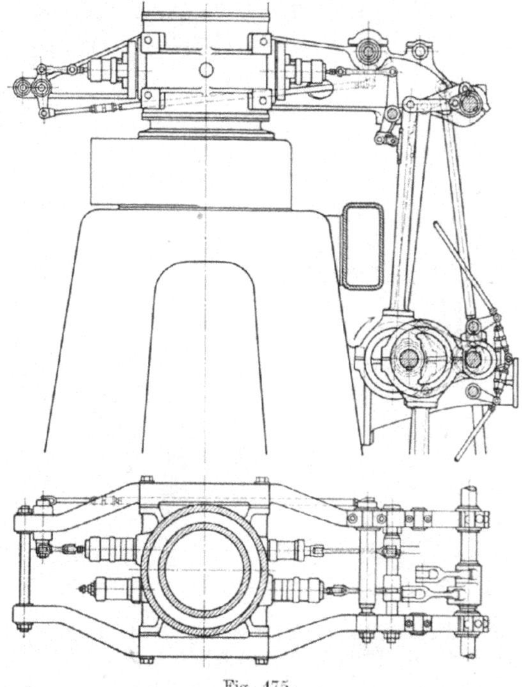

Fig. 475.

den Bewegungen dieselbe Voreilung erhalten kann. Der Erfinder Fornaco (D. R. P. Nr. 250 425) gibt $-10°$ und $+60°$ als Winkelabstand vom äußeren Totpunkt für das Öffnen und Schließen des Brennstoffventils, und $-20°$ und $+70°$ für das Öffnen und Schließen des Spülventils an.

Der in Fig. 168 (Viertakt) dargestellte pneumatische Anlaßapparat wird für Zweitaktmaschinen in folgender Weise verwendet (Fig. 476):

In der Betriebszeit ist die Druckluft vom Ventilgehäuse durch ein Ventil s im sogenannten Anfahrblock abgeschlossen. Dieses Ventil hindert den Luftzutritt zu den Rückschlagventilen i und q nicht, drosselt durch eine kleine Bohrung d jedoch den Zutritt zum Rückschlagventil r. Es sind demnach alle drei Ventile geschlossen und die hinter denselben befindlichen Leitungen v und k drucklos. Von v zweigt zu jedem Zylinder ein Rohr w ab, das unmittelbar zu den als Kolben ausgebildeten Steuerschiebern x führt, die hier also nicht stets wie in Fig. 168 mit den Steuernocken verbunden sind; eine Feder hält die Druckstifte von diesen ab,

bis ihre Spannung durch den Rollendruck überwunden wird. Erst dann kommen
die betreffenden Nocken zur Wirkung, was also sofort durch Aufdrücken von q
erreicht wird. Vorher soll aber der Druck aus den Zylindern entfernt werden, was
durch Öffnen von i bewirkt wird. Kommt nämlich Druckluft in die Zweigleitung l,
so wird durch einen kleinen Kolben die Federkraft über dem Sicherheitsventil m
aufgehoben und das im Zylinder etwa befindliche unter Druck stehende Gas strömt
ab. Sodann muß die Leitung l wieder entleert werden. Endlich ist nur mehr das
Absperrventil s im Anfahrblock zu öffnen, was durch Ablassen des Drucks in ef
erreicht wird, bzw. durch Öffnen des Rückschlagventils r, das ins Freie führt. Wenn
nun nur bei einem Zylinder der Steuernocken derart steht, daß der Druckstift von
der dahinter befindlichen Luft herausgedrückt wird, öffnet sich das betreffende
Anlaßventil, und die Maschine geht an.

Die Einleitung dieser Vorgänge gestaltet sich nun sehr einfach. Zuerst wird
mit dem schief liegenden Hebel das Ventil i geöffnet, wobei der Haupthebel von

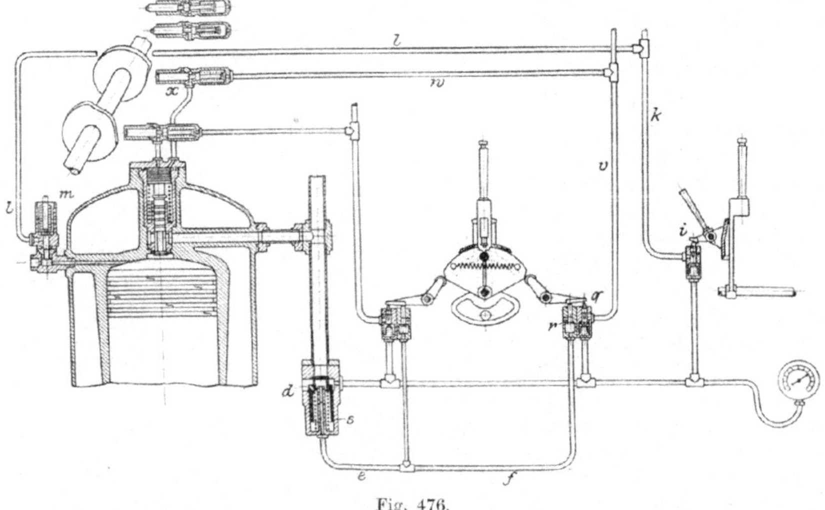

Fig. 476.

seiner Feststellung gelöst wird. Sodann wird durch Andrücken eines Knopfes am
Ende dieses Hebels die Luftleitung l entleert und gleichzeitig der Hebel mit dem
Quadranten verbunden, der die Nocken für die Betätigung von r und q trägt. Bewegt
man ihn z. B. nach rechts, so wird zuerst r und damit s geöffnet, dann auch q, und
die Maschine setzt sich in Gang.

Zugleich mit der Bewegung des Quadranten wird aber auch der im Schlitz
des Hebels hängende Zapfen gesenkt und damit die Brennstoffpumpe und das
Brennstoffventil in Tätigkeit gesetzt, so daß nach Bedarf Druckluft und Brennstoff
gleichzeitig im Zylinder arbeiten. Damit kann man hohen mittleren Druck und sehr
rasches Anfahren erzielen. Wenn mehrere Ventile q angewendet werden, kann man
die Anlaßventile der Zylinder hintereinander abschalten, so daß ein Teil noch mit
Anlaßluft, der andere nur mehr mit Brennstoff läuft; erst durch Weiterdrehen des
Quadranten werden dann alle Zylinder auf Brennstoff umgeschaltet. Löst man
dann die Verbindung zwischen Hebel und Quadranten, so kehrt letzterer durch
Federn in seine Mittellage zurück und schließt r und q endgültig. Die Brennstoffzufuhr kann auch während des Betriebes mit dem Haupthebel geregelt werden. Zum
Abstellen bringt man ihn in die Mittellage, indem man den zu i gehörigen Hebel

herunterdrückt, um die Zylinder für den Auslauf ohne Verdichtung gehen zu lassen und um die Verriegelung zu lösen.

Die große Anzahl unter Druck befindlicher Rohrleitungen und die Verwickeltheit der Anordnung scheinen wegen der erzielten einfachen Handhabung berechtigt.

Man hat versucht, auch das Brennstoffventil mit dem Kolben unter Vermeidung von Steuerwellen zu steuern. Da die Öffnung und der Schluß jedoch nicht symmetrisch gegen den Totpunkt liegen können, ist ein gewisses Verzögern des letzteren erforderlich, das durch Verwendung eines Kataraktes mit Federbelastung oder auch durch die in Fig. 477 dargestellte Konstruktion erzielt werden kann. Der am Querhaupt angeordnete Nockenanschlag q dreht gegen Hubende die Welle o mittels der exzentrisch gelagerten Rolle r und hebt dabei mittels eines kleinen Kurbelzapfens das Kolbenventil m, das sonst durch den Überdruck der bei k einströmenden Druckluft geschlossen und durch die Feder u teilweise entlastet ist. Die Feder t wirkt auf Schließen des Brennstoffventils, dem der Brennstoff im unteren Teil des Gehäuses bei g zugeführt wird. Ist das Ventil offen und der Überdruck ausgeglichen, so hebt die Feder u dasselbe so weit an, daß der Spielraum am Kurbelzapfen verschoben wird, bis also das Ventil mit seiner Eindrehung von innen her am Kurbelzapfen anliegt; während die Öffnung mit der an m liegenden Kante bewirkt wurde, erfolgt das Schließen entsprechend der nun anschließenden Kante also verspätet. Der Vorzug besteht in der Einfachheit und der Vermeidung von Massen beim Antrieb.

Um bei kleinen Drehzahlen und Leistungen noch sicher die Zündungstemperatur zu erreichen (Schiffsmaschinen) wird manchmal ein Teil der Zylinder nicht mit Brennstoff versehen, so daß nur die übrigen Zylinder mit größeren Einzelleistungen arbeiten. Manche Bauarten zeigen nur bei einer Hälfte der Zylinder Anlaßventile, bei anderen werden sie nacheinander umgeschaltet, wie auch bei Viertaktmaschinen.

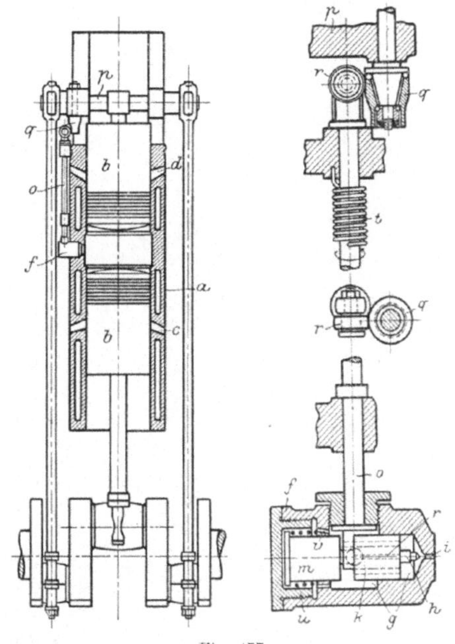

Fig. 477.

Die Brennstoffpumpen werden ähnlich wie beim Viertakt gebaut und angeordnet (vgl. Fig. 399, 415, 430, 431 u. a.); und auch die Regelung kann in gleicher Weise konstruiert sein. Zu erwähnen wäre noch ein geschützter Gedanke der Gasmotorenfabrik Deutz (D.R.P. Nr. 248 780)[1]. Je größer die Belastung ist, desto später soll bei gleichem Spülluftdruck das Spülventil öffnen und schließen, letzteres, um die Spüldauer nicht zu gering zu bekommen. Wenn nun die Belastungsänderung die Bewegung des Einblaseventils beeinflußt, kann diese auch die Bewegung des Spülventils entsprechend beeinflussen.

Sehr häufig und fast stets bei Schiffsmaschinen wird ein Sicherheitsregler angebracht, der entweder alle Brennstoffpumpen gleichzeitig oder hintereinander bei großen Drehzahlen abschaltet.

[1] Zeitschrift „Ölmotor", I. Jahrg., S. 189.

X. Kompressor und Spülpumpe.

Wie beim Viertakt werden auch hier zumeist zwei- oder dreistufige, einfach wirkende Verdichter mit Stufenkolben angewendet, dreistufige besonders für Schnellläufer mit hohem Einblasedruck. In den meisten Fällen entnehmen sie jedoch die Luft nicht unmittelbar dem Maschinenhaus, sondern einem Aufnehmer für die Spülluft. Während demnach der Bedarf an Einspritzluft im Verhältnis zum Brennstoffverbrauch der gleiche bleibt, werden dann doch die Abmessungen der Verdichter etwas kleiner. Manchmal wird aber auch unmittelbar atmosphärische Luft in die Verdichter eingesaugt.

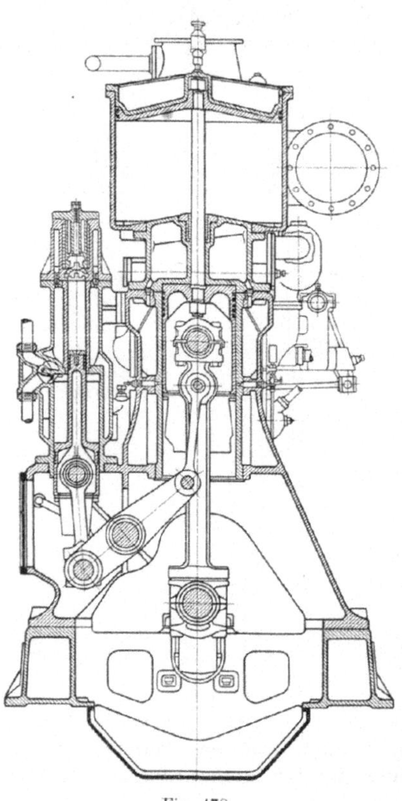

Fig. 478.

Die Anordnung der Kompressoren ist sehr verschieden. Man verwendet einen oder zwei Luftverdichter entweder getrennt von den Spülpumpen, oder mit diesen vereinigt. Im ersteren Falle stimmt ihre Anordnung mit der bei Viertaktmaschinen überein. So zeigen die Fig. 426, 430 Reavell-Kompressoren, Fig. 432 ebenfalls einen sternförmig angeordneten Verdichter, die Fig. 399, 431, 444, 448, 450, 483, 484 u. a. stehende mit eigenem Gestell versehene oder auf dem gemeinsamen Kasten aufgebaute Kompressoren, die von Stirnkurbeln oder Wellenkröpfungen meist am Ende der Maschine, aber auch in der Mitte (Fig. 444) angetrieben werden. Selbstverständlich werden auch hier ganz selbständig angetriebene Kompressoren angewendet, besonders bei Schiffsmaschinen.

Die Spülpumpen liegen bei gesonderter Ausbildung entweder ebenfalls als stehende, von Kurbeln angetriebene, meist doppeltwirkende Pumpen in der Längsachse der Maschine (Fig. 407, 412, 420, 426, 439 u. a.), oder sie werden vom Kolbenzapfen mittels Schwinghebel bewegt, indem sie entweder auf dem Rücken eines Führungsständers (Fig. 431 bis 433 u. a.) befestigt sind, der auch einen Kreuzkopftisch trägt, oder unten an der Grundplatte aufgestellt werden (Fig. 427, 430 u. a.). Auch im Souterrain können die Spülpumpen aufgestellt werden. Wie Fig. 420 darstellt, werden auch zwei Zylinder zusammengegossen und bilden unmittelbar einen Teil des Spülluftaufnehmers. Endlich werden die Spülpumpen auch unmittelbar unter den Arbeitszylindern angeordnet, wie aus den Fig. 408—410, 448, 457 u. a.) hervorgeht. Die Büchsen der Pumpenzylinder werden hier von unten (Fig. 448, 457) oder oben (Fig. 410) her im Gestell eingesetzt oder mit diesem zusammengegossen (Fig. 449) und sind von Spülluft umgeben, so daß einerseits Saug-, andererseits Druckventile liegen. Vor- und Nachteile dieser Anordnung sind bereits erörtert worden.

Sehr häufig werden die Spülpumpen mit einer oder mit allen Stufen des Kompressors vereinigt, und zwar entweder in dem Sinne, daß alle Kolben in derselben Achse liegen und von einer gemeinsamen Stange angetrieben werden (wie in Fig. 399,

404, 418, 479, 481 u. a.), oder indem der Spülpumpenkolben unmittelbar allein oder mit der ersten Kompressorstufe, die übrigen Stufen durch Schwinghebel angetrieben werden, wie etwa in Fig. 478, 480 u. a.

Auch bei gesondert von Kurbeln angetriebenen Pumpen werden Spül- und Niederdruckstufe vereinigt und die zwei höheren Stufen daneben angeordnet (Fig. 435).

Bei der Junkers-Maschine wird der Pumpenkolbenantrieb der Pumpen gewöhnlich unmittelbar von einem Querhaupt abgeleitet, so daß keine besondere Schubstange erforderlich ist. Die Pumpen sind dabei entweder vereinigt, wie in Fig. 424, oder getrennt (Fig. 423, 451). Fig. 487 zeigt die Spülpumpe zu Fig. 423 im Querschnitt. Aber auch hier werden die Spülpumpen gesondert aufgestellt und angetrieben (Fig. 419, 420) oder auch nur gesondert angetrieben (Fig. 418).

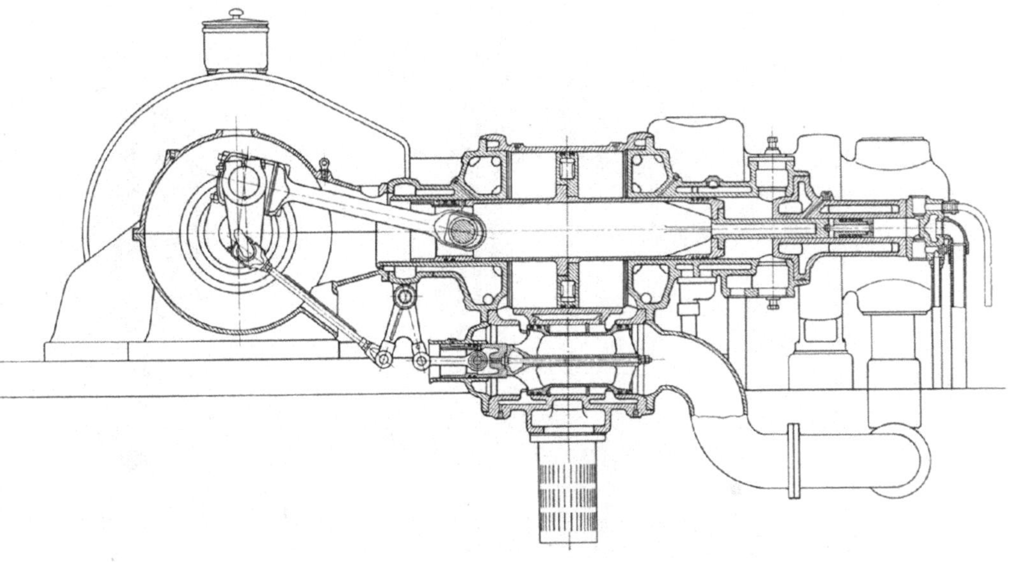

Fig. 479.

Der Hochdruckzylinder des zweistufigen Verdichters wird mit rund $^1/_{10}$ bis $^1/_{15}$ des Niederdruckzylinders bei gleichem Hub angenommen.

Die Wahl des Spülpumpendrucks hat natürlich auch auf die Abmessungen der Verdichter Einfluß. Das verdrängte Volumen der Spülpumpen beträgt etwa das 1,4—2fache der Arbeitszylinderinhalte; in neuerer Zeit werden verhältnismäßig höhere Werte vorgezogen.

Die Bauart der Zylinder ist ziemlich verschieden, bei den Verdichtern etwa wie beim Viertakt. Die Fig. 448, 483 u. a. lassen die Teilung des Gußstückes für den Niederdruckzylinder mit Mantel und Hochdruckzylinder mit Mantel und den Hochdruckdeckel mit Kappe erkennen, wobei in Fig. 483 für den Niederdruck eine besondere Büchse vorgesehen und der Zylinder als Teil des Gestelles ausgebildet ist; bei Fig. 484 ist der Niederdruckzylinder unmittelbar mit dem Gestellkasten zusammengegossen. Die Bauart nach Fig. 486 zeigt den Zusammenbau der Spülpumpe mit dem Niederdruckzylinder und den Mänteln der Einblasepumpe, die Hochdruckzylinderbüchse ist besonders eingesetzt und durch den Deckel festgehalten, während bei Fig. 457, 482 beide Zylinder mit den Mänteln aus einem Stück hergestellt sind und nur der Hochdruckdeckel mit den Ventilen gesondert ist.

Liegen die Kompressorkolben mit jenem der Spülpumpe in derselben Achse, so sind wieder verschiedene Anordnungen gebräuchlich. In Fig. 399 liegt die gesonderte doppeltwirkende Spülpumpe der Antriebskurbel zunächst, darüber die aus einem Stück mit den Mänteln hergestellte zweistufige Druckluftpumpe, deren Hochdruckbüchse besonders eingesetzt ist. Alle Kolben sind aus einem Stück hergestellt,

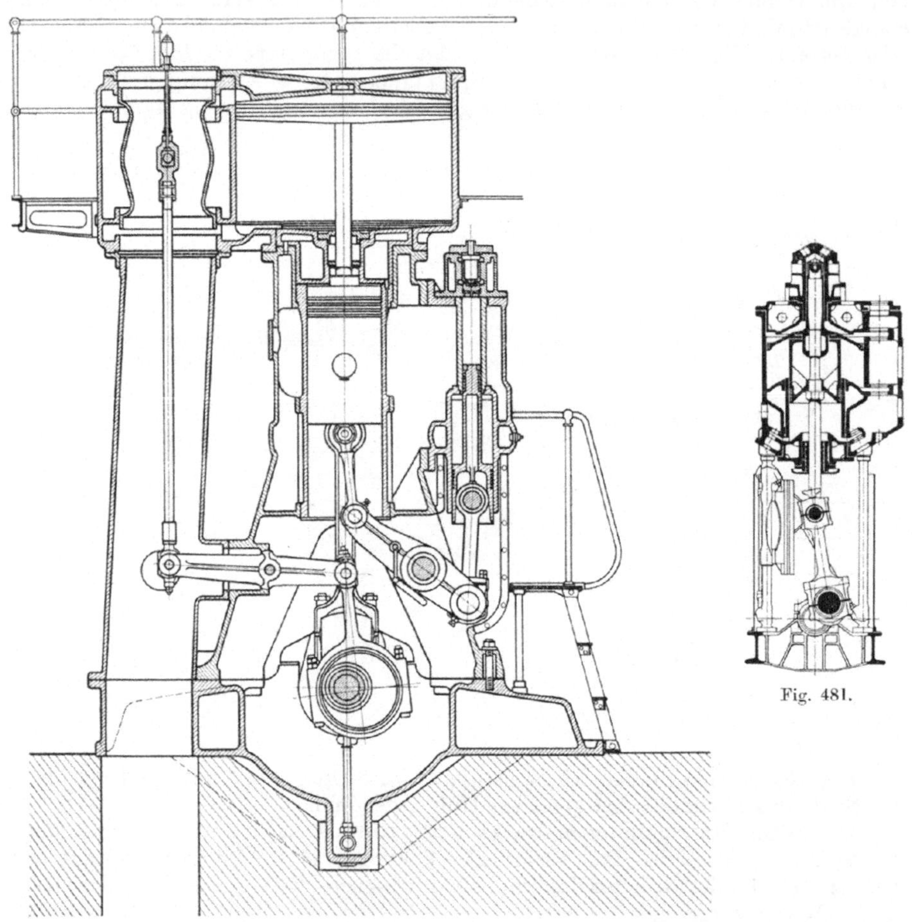

Fig. 481.

Fig. 480.

und da die Führung mittels Tauchkolben bewirkt wird, entfällt eine besondere Kolbenstange; ganz ähnlich ist auch Fig. 418 gebaut, nur ist als Hochdruckmantel eine zylindrische Kappe verwendet, die auch den Hochdruckdeckel faßt. Bei Fig. 404 ist hingegen eine Kolbenstange mit Stopfbüchsen für die Spülpumpe verwendet, während im übrigen die Konstruktion die gleiche und nur die Anordnung am Rücken des Gestells verschieden ist.

Bei der Bauart nach Fig. 481 mit Kreuzkopf und Stange liegt der Welle zunächst der Niederdruckzylinder der Luftpumpe mit eingesetzter Büchse, sodann

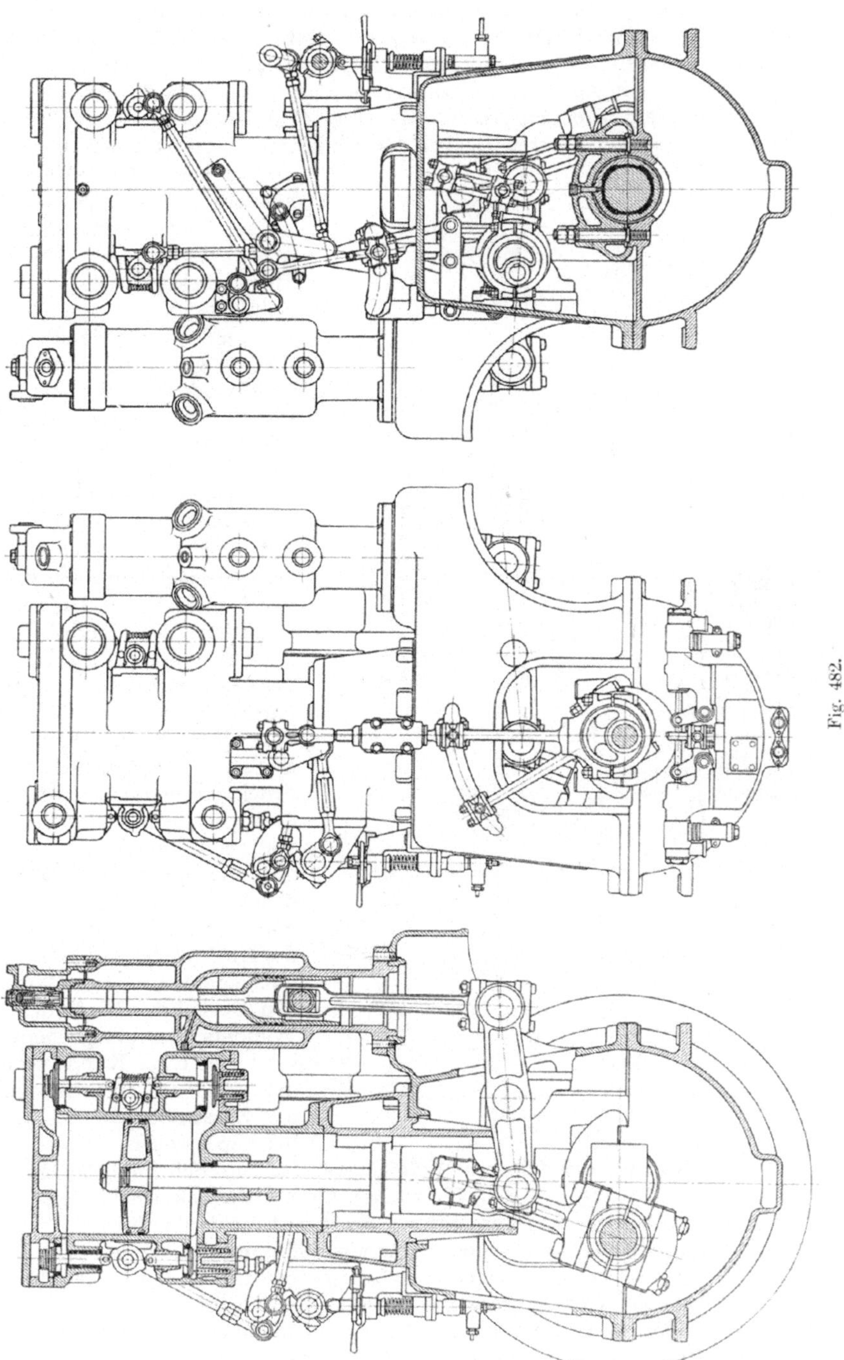

Fig. 482.

folgt die doppeltwirkende Spülpumpe, deren Zylinder die Ventilkasten auch für den Niederdruck des Verdichters trägt, sowie dessen Kühlmantel, und endlich wird die Hochdruckstufe des Kompressors in den Deckel der Spülpumpe als besonderes Gußstück eingebaut. Der Zusammenbau der Kolben geht aus der Figur hervor. Bei der liegenden Anordnung (Fig. 479) ist wieder eine Plungerführung verwendet, die im inneren Deckel der Spülpumpe untergebracht ist. Der

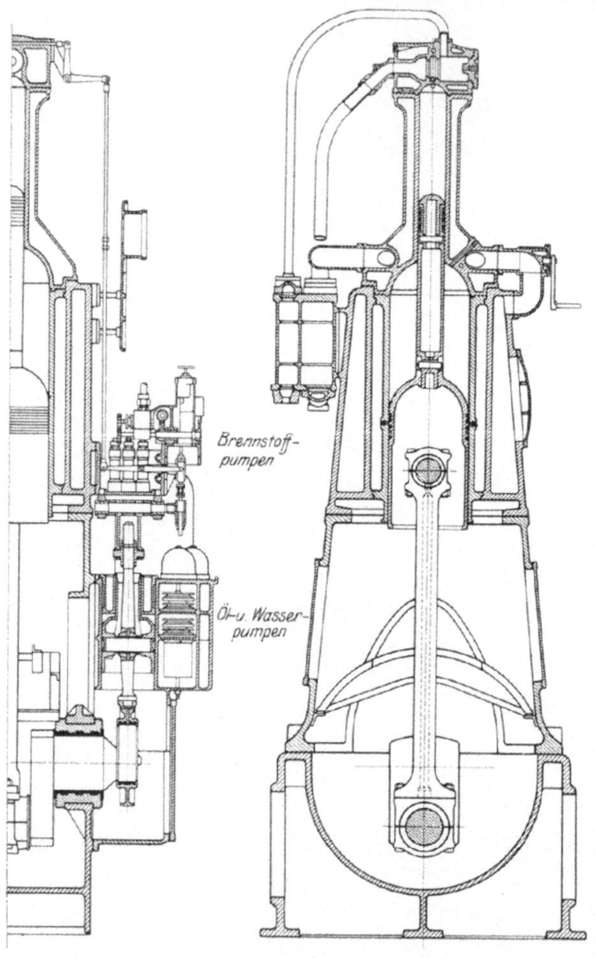

Fig. 483.

äußere Deckel trägt den besonders mit seinem Mantel zusammengegossenen Niederdruckzylinder, an den der Hochdruckzylinder angeschraubt ist.

Die Fig. 484 stellt eine dreistufige Luftpumpe dar, bei der der Mitteldruckkolben durch eine Abstufung des Niederdruckkolbens nach unten hin gebildet wird. Der Niederdruckmantel wird unmittelbar vom Gestell gebildet, der Hochdruckzylinder ist ein Stück mit dem zugehörigen Mantel. Die Konstruktion des Kolbens ist insofern bemerkenswert, als der Niederdruckkolben durch einen Boden aus Stahl mit dem Hochdruckkolben verbunden ist. Auch der Hochdruckzylinderdeckel ist aus Stahl hergestellt. Auch Fig. 460 zeigt eine ähnliche Anordnung, hier ist der Niederdruckzylinder mit seinem Mantel zusammengegossen, der Hochdruckzylinder bildet mit einem Teil des Mantels den Deckel des Niederdruckzylinders, der übrige Mantel wird von einer Kappe gebildet. Aus der Figur ist auch der Zusammenbau des Kolbens zu ersehen.

Wird in den Antrieb der höheren Verdichterstufen ein Schwinghebel eingeschaltet, so kommt in den Fig. 478, 480, 485 zunächst der Antriebskurbel der einfachwirkende Niederdruckkolben des Verdichters, der als Tauchkolbenführung dient, und der mittels Kolbenstange die doppeltwirkende Spülpumpe antreibt. Der von der Schubstange mit Lenker angetriebene Schwinghebel treibt dann den Mittel- und Hochdruckkolben des Kompressors, der mit den Mänteln ganz aus einem Stück gegossen sein kann (Fig. 485), oder eingesetzte Hochdruckbüchsen erhält (Fig. 478, 480). Die Niederdruckzylinderbüchse ist ebenfalls entweder in das als Kühlmantel ausgebildete Gestell eingesetzt, das dann mittels eines Stopfbüchsendeckels oder unmittelbar den Spülpumpenzylinder trägt (Fig. 478, 480), oder dieser ist mit dem Niederdruckzylinder und dessen Mantel zusammengegossen (Fig. 485).

Diese Anordnung hat den besonderen Vorteil, daß die großen Massenwirkungen des Spülpumpenkolbens durch die Drücke in den Stufen der Einblaseluftpumpe teilweise aufgehoben werden, während man sonst meist mehrere gegenläufige Spülpumpen anbringen muß, um die Massendrücke nicht allzusehr anwachsen zu lassen. Hier wirkt der Druck im Niederdruckzylinder dem nach aufwärts gerichteten Massendruck gegen das äußere Hubende des Spülkolbens, die Drücke im Mittel- und Hochdruckzylinder jenem am inneren Hubende, der nach abwärts gerichtet ist, entgegen.

In Fig. 482 ist die Spülpumpe gesondert mittels Kreuzkopf angetrieben, von dem aus der Schwinghebel den zweistufigen Kompressor antreibt, der mit seinen Mänteln ganz aus einem Stück hergestellt ist.

Andere Anordnungen dreistufiger Pumpen mit Schwinghebelantrieb von dem Gestänge der Spülpumpe zeigt auch Fig. 488. Die beiden einfachwirkenden Niederdruckzylinder liegen ober- und unterhalb des Antriebzapfens, an den oberen schließt sich der Mitteldruck-, an den unteren der Hochdruckzylinder an, die beide mit ihren Mänteln je ein Stück bilden und gesonderte Deckel tragen. Die Niederdruckzylinder haben besondere Büchsen, die Mäntel sind durch den Niederdruckkühler miteinander verbunden und seitlich am Gestell der Spülpumpe angeschraubt. Dieses bildet mit dem Spülzylinder ein Stück, während bei den Fig. 478, 480, 482 die doppeltwirkende Spülpumpe mittels eines besonderen Zwischen-

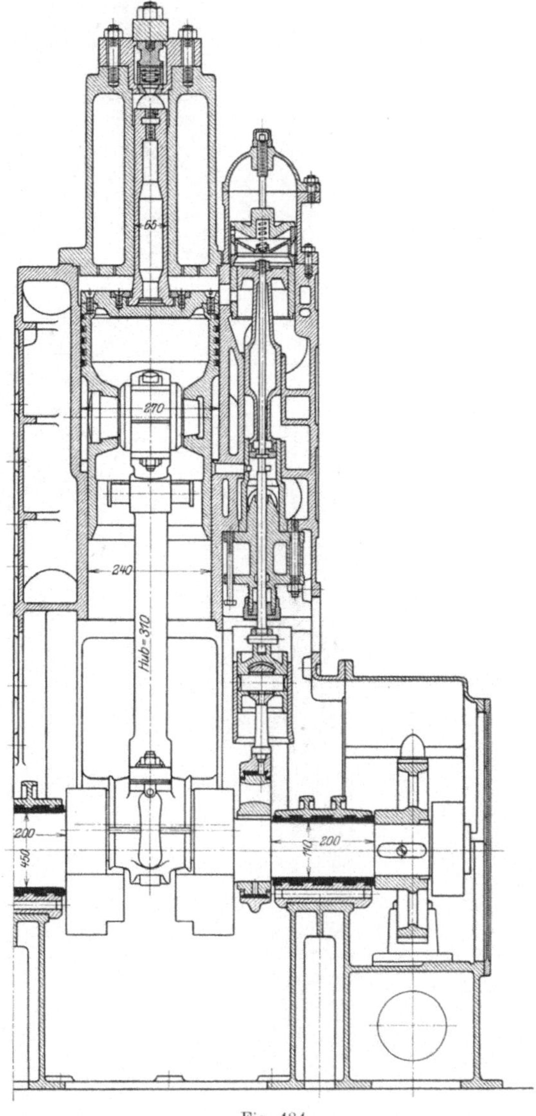

Fig. 484.

stückes, das die Stopfbüchse aufnimmt, auf dem Ständer angebracht ist. Bei Fig. 485 bilden Spülzylinder und Niederdruckzylinder des Kompressors ein Stück.

Junkers endlich hat vierstufige Kompressoren angewendet, bei denen die unteren Stufen doppeltwirkend ausgebildet sind (Fig. 423). Hier sind immer zwei Zylinder mit einem Teil des Kühlmantels zusammengegossen, der übrige Kühlmantel ist als Kappe ausgebildet. Die Deckel der einfachwirkenden Zylinder sind

Einblasepumpe
Kühlwasser- u.
Lenzpumpe
Kühlwasser- und
Lenzpumpe

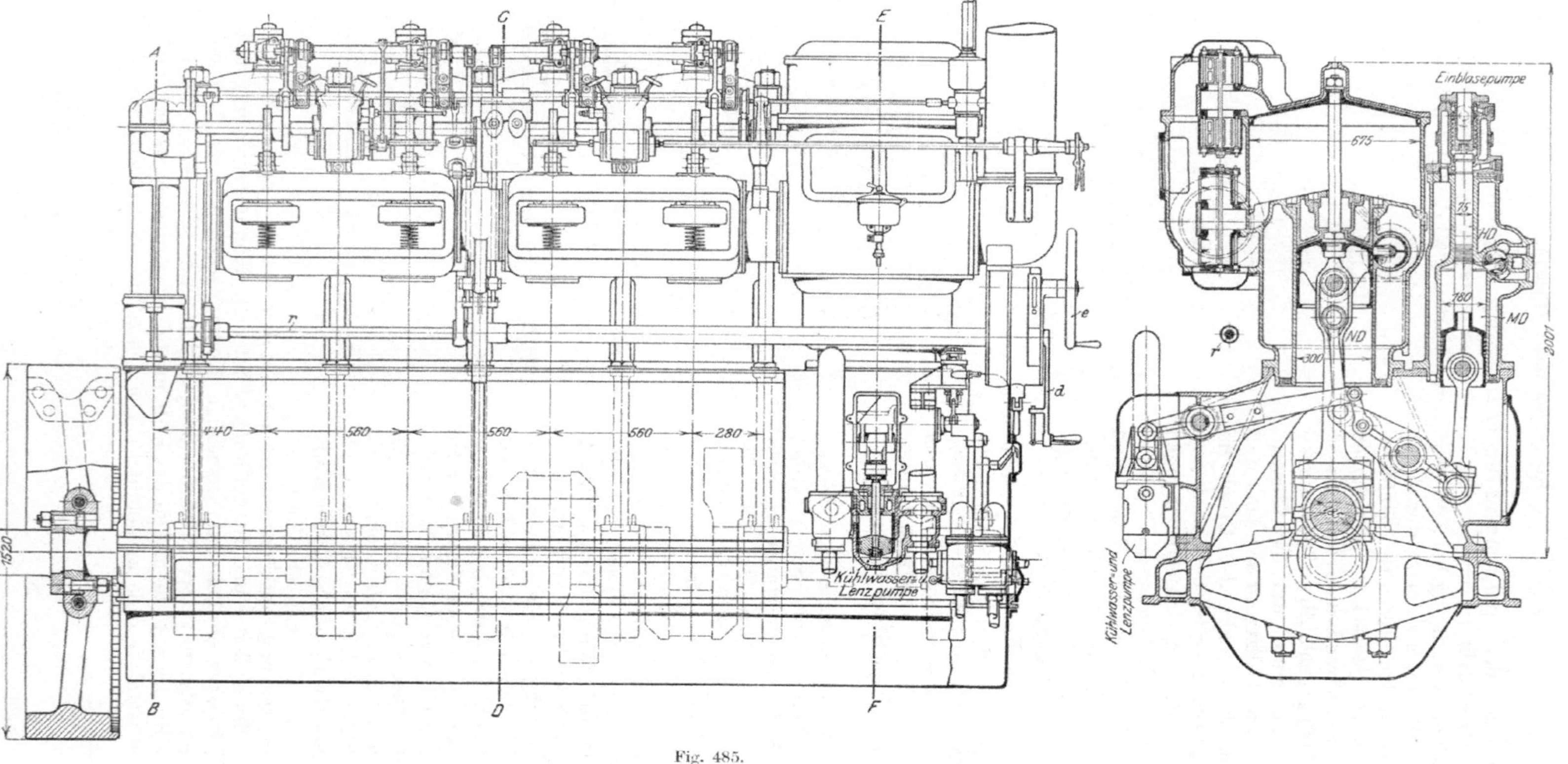

Fig. 485.

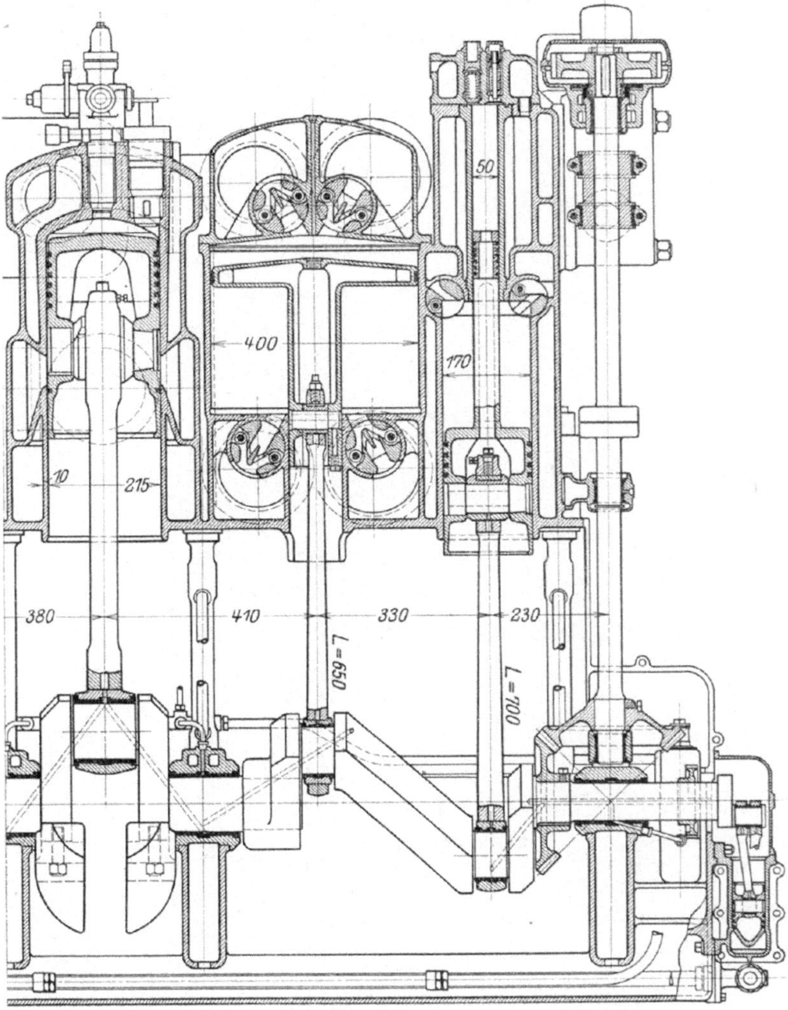

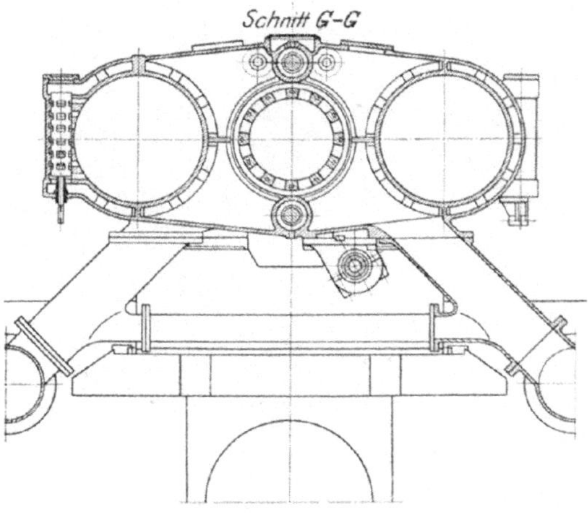

Fig. 486.

Fig. 487.

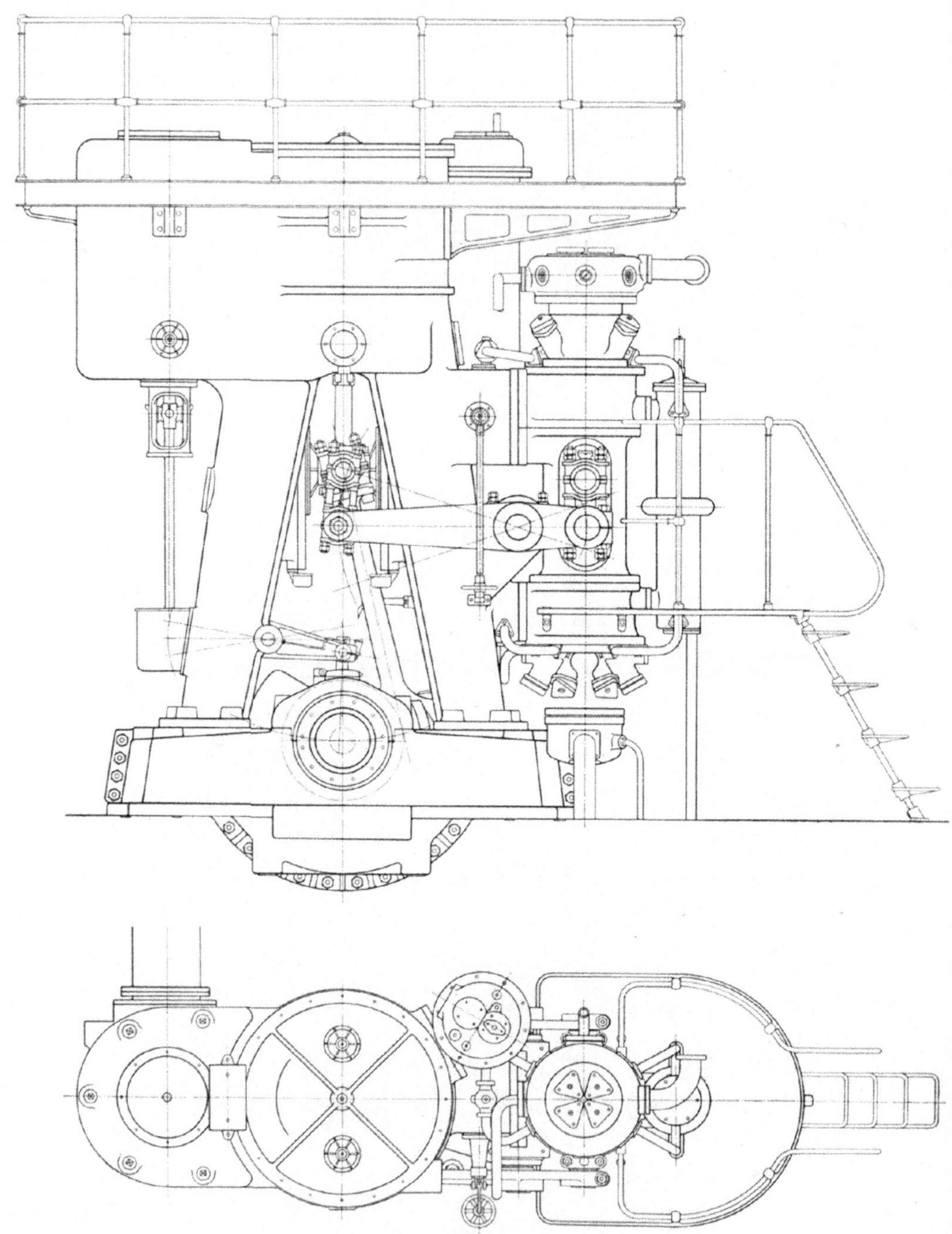

Fig. 488.

gesondert, ebenso jene für die Niederdruckstufen, die Stopfbüchsen für die Kolben-
stangen erhalten. Bei größeren Ausführungen (Fig. 451) werden die doppeltwirkenden
Zylinder mit ihren Mänteln aus einem Stück hergestellt, an einem Ende wird der
Hochdruckzylinder angeschraubt, am anderen Ende der Stopfbüchsendeckel. Die
Hochdruckmäntel sind wieder übergeschoben, die Hochdruckdeckel enthalten die

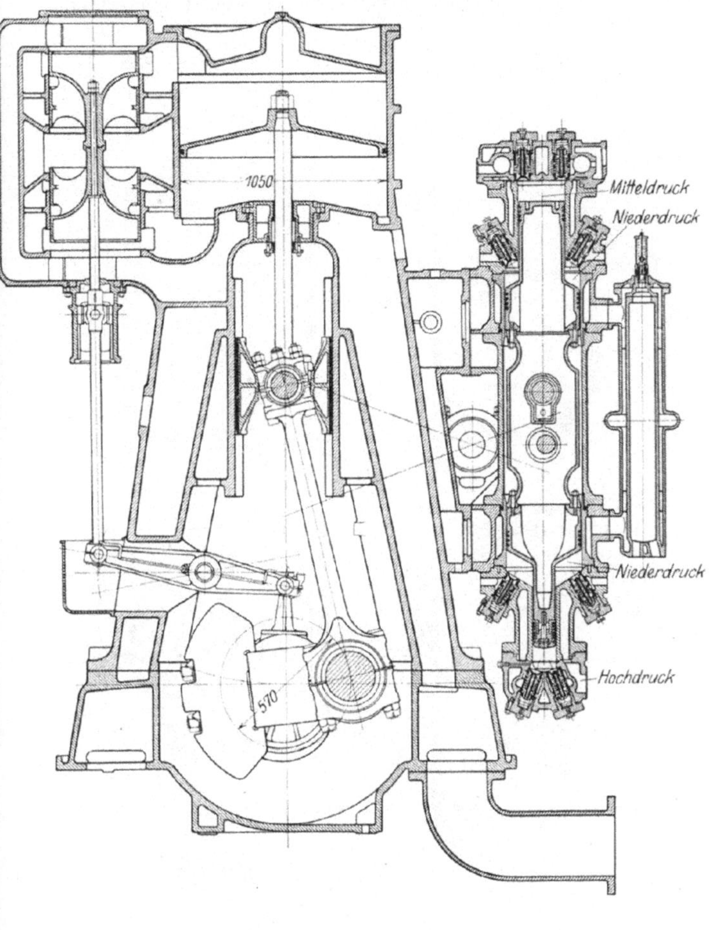

Ventile. Bei Fig. 419
sind die zwischen den
Arbeitszylindern lie-
genden Spülpumpen
von den Kreuzköpfen
mit Torsionswellen und
Schwinghebeln ange-
trieben.

Betreffs Kühlung
der verdichteten Luft
mag auf das Kapitel
XIII des Viertakts ver-
wiesen werden, ebenso
betreffs der Ausbil-
dung der Kolben und
des Antriebs derselben,
sowie der Schmierung.

In den Fig. 489
bis 494 sind als Bei-
spiel Einzelheiten dar-
gestellt, die zu Fig. 479
gehören. Fig. 489 zeigt
den Spülpumpenzylin-
der mit dem Gehäuse
für die Schiebersteue-
rung, Fig. 490 den
inneren Deckel mit der
Plungerführung, Fig.
491 den Niederdruck
und Fig. 492 den Hoch-
druckzylinder, endlich
Fig. 493 den Deckel da-
zu mit den Gehäusen für
die Hochdruckventile.
Der zusammengebaute
Kolben ist in Fig. 494
dargestellt.

Verschiedene An-
ordnungen der Kühler
nebst den zugehörigen
Leitungen gehen aus
den Fig. 409, 410, 448,
450, 460, 487 hervor, in
den Fig. 409, 410 und
450 ist auch die Rege-
lung der Luftmenge
zu ersehen.

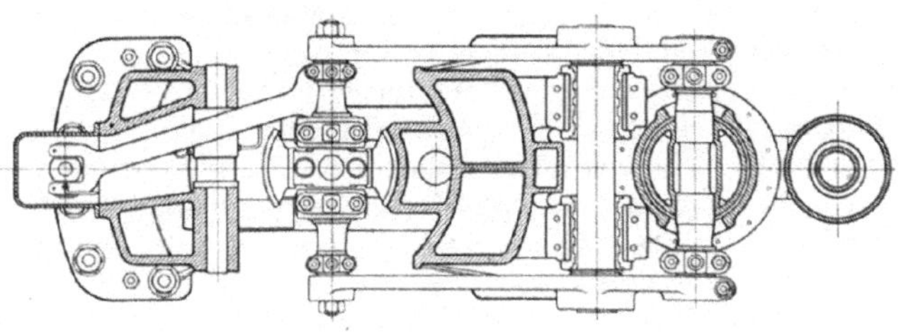

Zu Fig. 488.

Die Steuerung der Kompressoren stimmt mit der beim Viertakt überein. Nur selten werden auch hier Kolbenschieber angewendet, wie z. B. in Fig. 484. Hier hat auch der Mitteldruckzylinder eine Steuerung, während bei Reavell (Viertakt, Fig. 310) diese auch weggelassen wird, nur die Saugsteuerung des Niederdruckzylinders wird oft auch vom Kolben selbst besorgt. Fig. 495 gibt ein Beispiel von Plattenventilen für einen liegenden Kompressor, in Fig. 486 sind Gutermuth-Ventile verwendet.

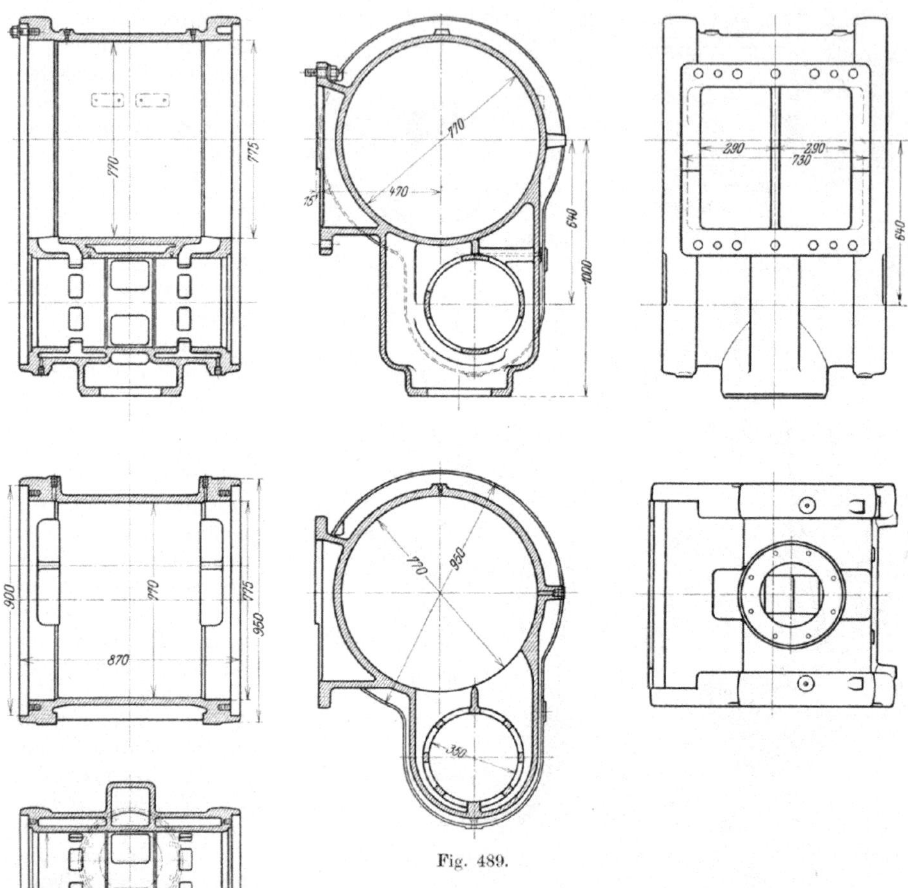

Fig. 489.

Hingegen werden bei den doppeltwirkenden Spülpumpen gewöhnlich Kolbenschieber vorgezogen, da sie größere Betriebssicherheit gewährleisten als selbsttätige Ventile. Die hier verwendeten Bauarten sind gewöhnlich leichte Plattenventile im Deckel, wie z. B. in den Fig. 412, 423 oder seitwärts eingebaut (Fig. 420, 427, 429, 481) oder auch Gutermuth-Ventile, wie in Fig. 486, die in ausnehmbaren zylindrischen Gehäusen oder plattenförmigen Sitzen untergebracht sind. Auch gesteuerte Ventile werden verwendet (Fig. 482). Fig. 496 gibt ein Plattenventil im Detail; auch die Konstruktion von Hoerbiger wird angewendet.

Die Schieberdurchmesser werden etwa mit 0,45 des Kolbendurchmessers gewählt, sie werden mit und ohne Kolbenringe, mit äußerer oder innerer Einströmung gebaut (vgl. Fig. 480, 479). Gewöhnlich werden keine besonderen Schieberbüchsen angewendet, die Schieber laufen unmittelbar am Zylinder. Der Schieberantrieb wird mittels Plungerführung (Fig. 479), aber auch unmittelbar von der Antrieb-stange aus bewirkt, wobei diese im Einsauge-rohr untergebracht ist. Hierdurch vermeidet man die Schieberspindel mit ihren Stopfbüchsen oder den Führungsplunger vollständig. Die Abdich-tung gegen den Kurbelraum wird in die Nabe des Schwinghebels verlegt, so daß keine Öldämpfe oder Nebel in die Spülpumpe gelangen können, was zu Spülluftexplosionen führen könnte (Fig. 480). Die Antriebsexzenter liegen entweder un-mittelbar auf der Hauptwelle angeordnet (Fig. 430) oder auch auf besonderen Zwischenwellen (Fig. 460). Wenn je zwei nebeneinander befindliche Kurbeln unter 180° stehen, reicht für die be-treffenden zwei Spülpumpen unterhalb der Arbeits-zylinder auch nur ein gemeinsamer Steuerschie-ber aus.

Die Hauptabmessungen der Spülpumpen wer-den recht verschieden gewählt, die Gründe hier-für sind bereits angegeben worden. Zu der Ver-schiedenheit der Widerstände in der Spülluftleitung kommt auch noch jene der schädlichen Räume hinzu.

Bei der Konstruktion der Verdichter sind die-selben Rücksichten maßgebend wie beim Viertakt, insbesondere mag auf den Schutz gegen das Ein-spritzen von Öl aus den Kurbellagern hingewiesen

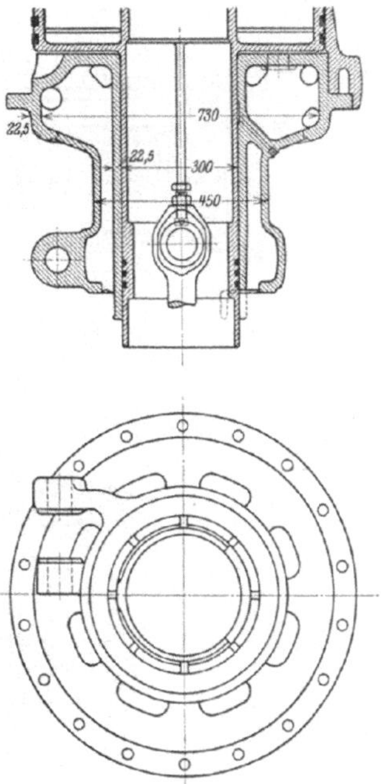

Fig. 490.

werden (z. B. Fig. 448) sowie auf die Anbringung von Sicherheitsventilen (Fig. 450). Ebenso ist es vorteilhaft, die Kühlschlangen derart zu verlegen, daß nur kühle Rohre freiliegen.

Durch Regelvorrichtungen im Spülluftaufnehmer kann meist der Spülvorgang beeinflußt werden.

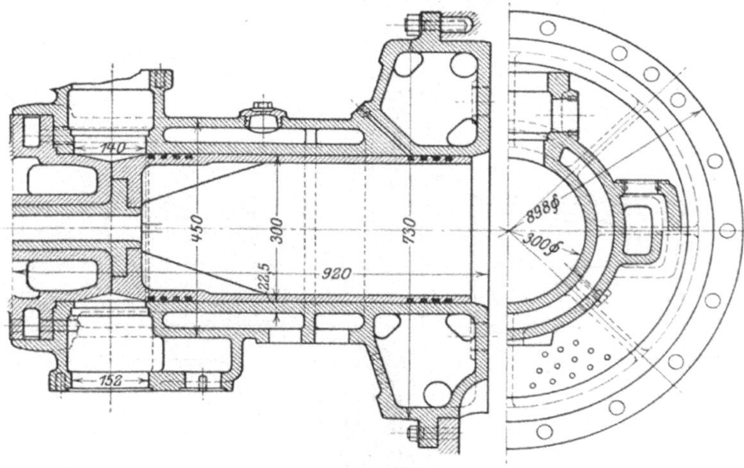

Fig. 491.

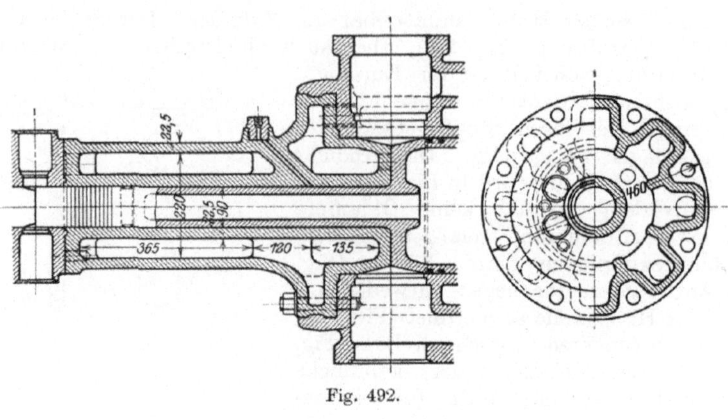

Fig. 492.

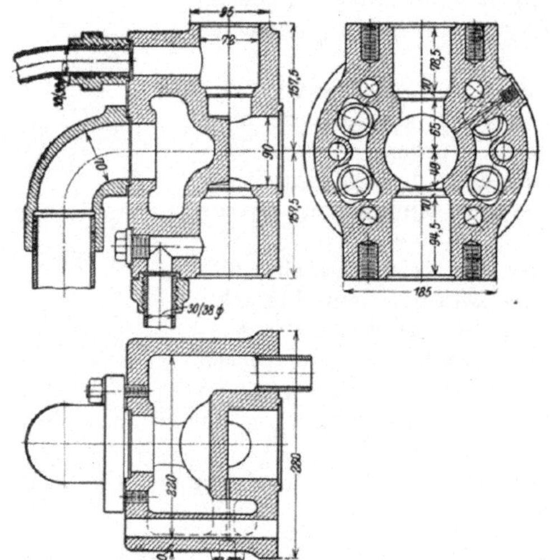

Fig. 493.

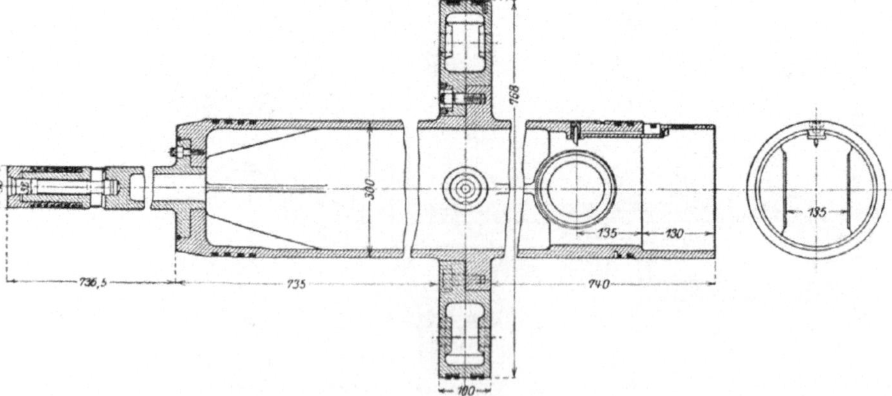

Fig. 494.

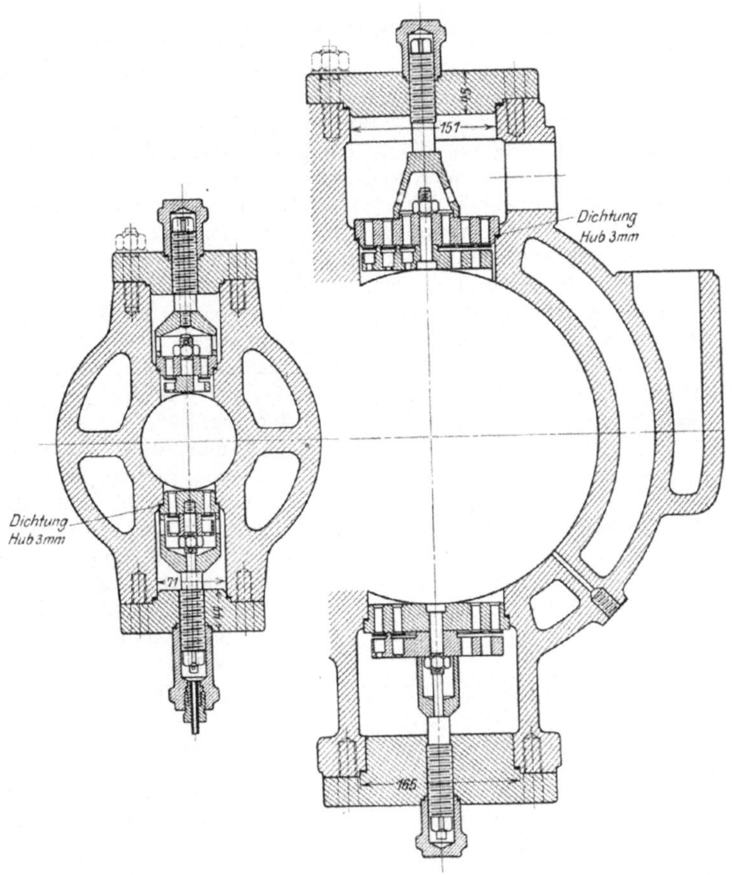

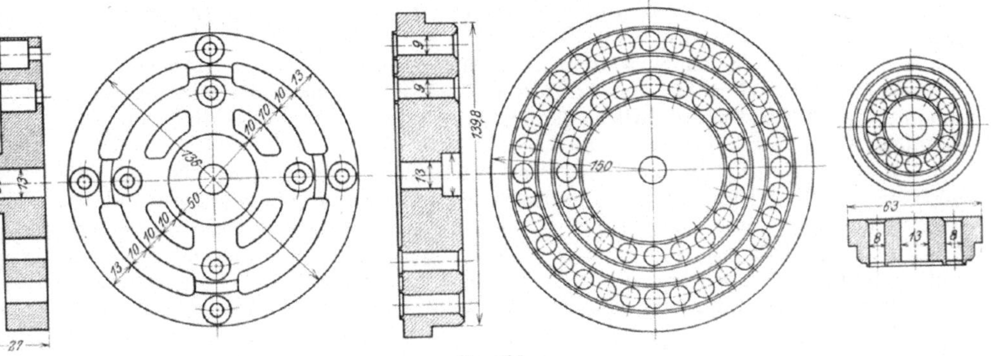

Fig. 495.

XI. Rohrleitungen.

Die Anlage und Ausführung der Rohrleitungen bei Zweitaktmaschinen entspricht jenen bei Viertaktmaschinen, soweit es sich um Druckluft- und Brennstoffleitungen, um die Schmierung und Kühlung handelt. Ein Beispiel für die Druckluftleitung am Kompressor bietet etwa Fig. 488, für die Kühlung Fig. 416, wo die Kühlrohre gesondert zum Zylindermantel und zum Auspuffrohr und von da zum Zylinderdeckel geführt werden. Hier ist auch die Zufuhr des Kühlwassers zum Kolben ersichtlich.

Die Anordnung der hierfür etwa nötigen Kühlwasserpumpen und bei Schiffsmaschinen auch der Lenzpumpen geht aus verschiedenen Figuren hervor, wie etwa Fig. 429, 431, 433, 449, 450, ferner Fig. 399, 408, 410.

Was den Auspuff der Abgase anbelangt, sind hier wegen der kürzeren Zwischenzeiten der Auspuffstöße die etwa auftretenden Schwingungen in den Rohren noch bedeutender, besonders wenn mehrere Zylinder in dasselbe Rohr auspuffen. Die einfachste Anordnung eines solchen gemeinsamen gekühlten Rohres ist beispielsweise aus den Fig. 402, 407 zu ersehen, ebenso auch bei den Fig. 409, 410, 448, 449, wo

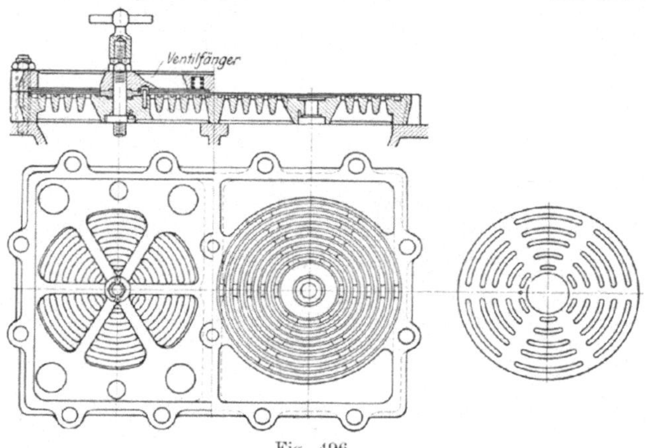

Fig. 496.

manchmal Ablenker an den Stellen des Eintritts angebracht sind, die das Auftreten von Wirbeln verhindern und den Widerstand vermindern sollen. Die Verbindungsstelle mit den Zylindern ist natürlich wegen der Formänderungen durch Temperaturverschiedenheiten stark beansprucht, weshalb in Fig. 448 dort die Doppelwand weggelassen ist. Häufig werden die Teile des Auspuffrohres untereinander und mit den Zylindern unter Vermittlung von Stopfbüchsen verbunden. Auch bei Junkers-Maschinen (Fig. 420, 497 und 419) werden solche längs der Maschine geführte Auspuffrohre verwendet.

Um die genannten Schwingungen, die sich auch noch in den Zylindern äußern können, abzuschwächen, läßt man auch je zwei nebeneinander liegende Zylinder in zwei getrennte Auspuffrohre auspuffen (Fig. 427, 428), manchmal werden auch die Auspuffrohre von je zwei Zylindern miteinander verbunden (Fig. 435) oder diese ganz gesondert geführt (Fig. 426).

Bei liegenden Maschinen werden die Abgase unmittelbar nach abwärts in das Souterrain geführt (Fig. 422 und 479); in Fig. 423 ist ein unter der Maschine angebrachter Auspuffkasten ersichtlich, der mit einem der Auspuffrohre durch ein Ausdehnungsstück verbunden ist.

Zu den bei Viertaktmaschinen vorkommenden Rohrleitungen kommt hier noch die Spülluftleitung hinzu. Die Ansaugeleitung ist gewöhnlich kurz und mit Schlitzen versehen, um das dabei aber doch unvermeidliche Geräusch zu mildern, werden auch Spülkanäle im Fundament oder Spülsaugrohre angewendet, die die Luft außerhalb des Maschinenraumes ansaugen lassen. Auch das Gestell wird als ein Saugraum ausgebildet (Fig. 412), die Luft wird hier durch kleine Löcher an einem Ende des Kastens angesaugt, durch den verhältnismäßig großen Luftkessel wird das Geräusch vermindert. Hier und auch in anderen Ausführungen wird die Einblaseluft nicht aus dem Spülluftdruckraum entnommen, sondern gesondert angesaugt, damit nicht von dem in der Pumpe verwendeten Schmieröl verunreinigte Luft in den Kompressor gelangt. Man kann im Falle erhöhter Maschinenleistung dann zeitweise auch aus dem Spülluftaufnehmer ansaugen, wodurch die gelieferte Luftmenge entsprechend erhöht wird. Die Leistungserhöhung wird in diesem Einzelfalle durch ein Zusatzventil für Anlaßluft erzielt, das nach Abschluß der Auspuffschlitze geöffnet wird und den Druck der Arbeitsluft vor der Verdichtung erhöht.

Die Spüldruckleitung wird gewöhnlich aus Gußeisen hergestellt, nur bei leichtgebauten Schnelläufern für Schiffe auch aus Schmiedeeisen oder Bronze. Meist wird sie längs der Maschine in der Nähe der Zylinder als Aufnehmer angebracht. Die Fig. 431—433 geben Beispiele für den Fall von am Rücken der Gestellsäulen angebrachten stehenden Spülpumpen mit Schwinghebelantrieb, die Fig. 427, 430 für solche Spülpumpen an den Grundplatten, während in den Fig. 407, 412, 426 ebensolche Luftbehälter in Verbindung mit Spülpumpen dargestellt sind, die nahe am Maschinenende von gesonderten Kurbeln angetrieben werden.

Für Stufenkolben wird gewöhnlich der Gestelloberteil als Luftbehälter ausgebildet, und zwar wird dieser entweder unmittelbar eingegossen oder gesondert angeschraubt. Von ihm aus gehen einfache Rohre zu den Zylinderdeckeln (vgl. Fig. 408, 409, 448—450). Wenn Hilfsspülventile neben Spülschlitzen verwendet werden, sind erstere unmittelbar in die Spülluftbehälter eingebaut.

Auch bei der Junkers-Maschine Fig. 420 bilden die beiden zusammengegossenen Spülpumpenzylinder mit dem daran anschließenden Gestelloberteil gleichzeitig den Spülbehälter, der unmittelbar einen Teil der Zylindermäntel umschließt.

Bei liegenden Maschinen zeigt Fig. 422 die Anordnung der Spülleitung; bei der liegenden Junkers-Maschine Fig. 423 werden zwei Rohre längs der Maschine zur Verbindung von Spülpumpe und Zylinder benützt, die zur Druckausgleichung untereinander ebenfalls verbunden sind. Fig. 497 endlich zeigt die Anordnung der Spülung bei einer großen Tandemmaschine. Die Leitung bildet unterhalb der Endzylinder einen Spülbehälter, von dem aus einzelne Rohre zu den Anschlüssen dieser Zylinder führen, während die Spülluft für die unteren Zylinder durch die hohlen Zwischenstücke geleitet wird.

XII. Schwungrad, Fundierung, Anordnungen.

Bei der Ausmittlung der Schwungradgewichte sind die in den Fig. 461—463 dargestellten Drehkraftdiagramme zu benützen, sowie die in der Tafel S. 303 eingetragenen verhältnismäßigen Überwuchtarbeiten. Im übrigen gelten die bei Viertaktmaschinen gegebenen Bemerkungen, bei Schiffsmaschinen kann man hier schon bei Drei- oder Vierkurbelmaschinen auf die Anbringung eines Schwungrades verzichten, bei Tandemanordnung noch eher.

Die Fundamente können bei stehenden Zweitaktmaschinen etwas leichter sein als beim Viertakt, da die nach oben gerichteten Beschleunigungskräfte aufgehoben werden, ganz besonders ist dies der Fall bei der nahezu vollkommenen Ausgleichung für Doppelkolben oder solcher Tandemmaschinen, aber auch stets dort, wo keine freien Kräfte und Drehmomente in der Ebene der Hauptwelle vorhanden sind. Gleiches gilt auch für liegende Junkers-Maschinen.

Die Anordnungen der Maschinen bieten mit Ausnahme der Junkers-Maschinen keinen wesentlichen Unterschied gegen Viertaktmaschinen, die Lage der Spülpumpen und Kompressoren läßt allerdings weitere Veränderungen zu.

Als Beispiele seien die Fig. 498 und 499 gegeben, eine größere Anlage eines Elektrizitätswerkes ist in Fig. 500 dargestellt.

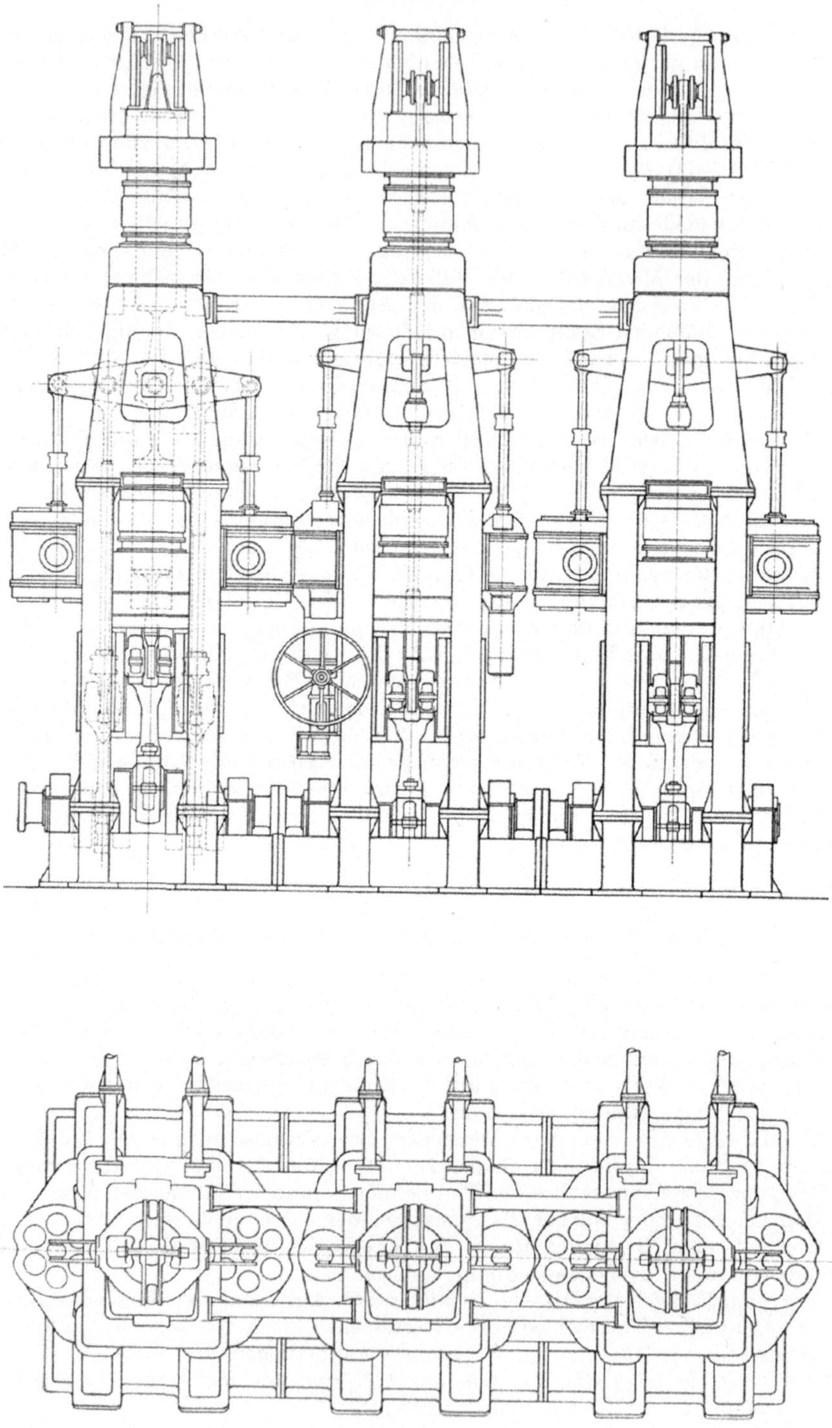

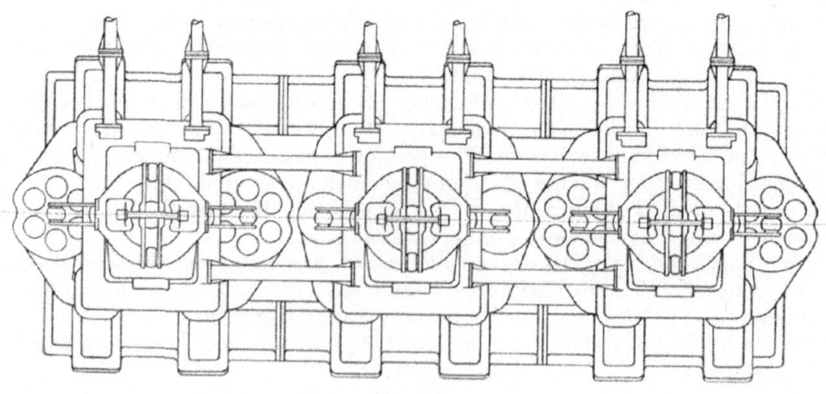

Fig. 497.

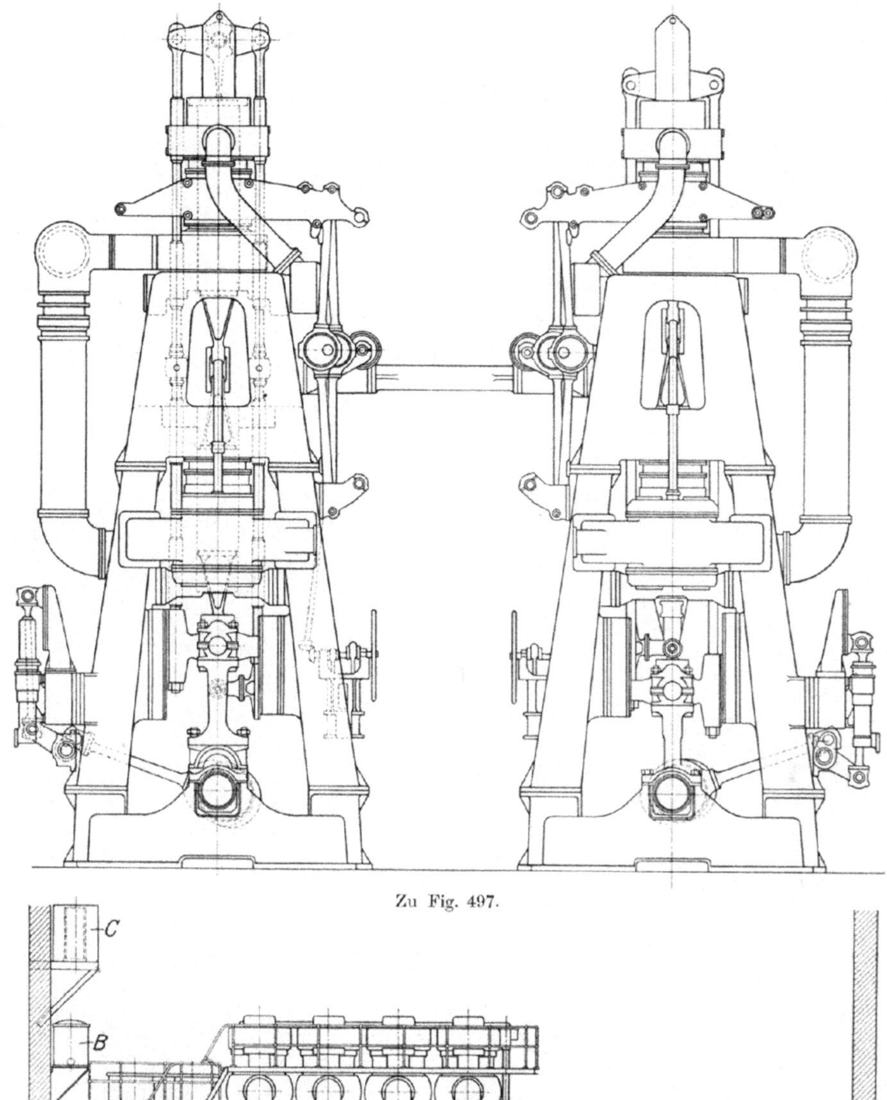

Zu Fig. 497.

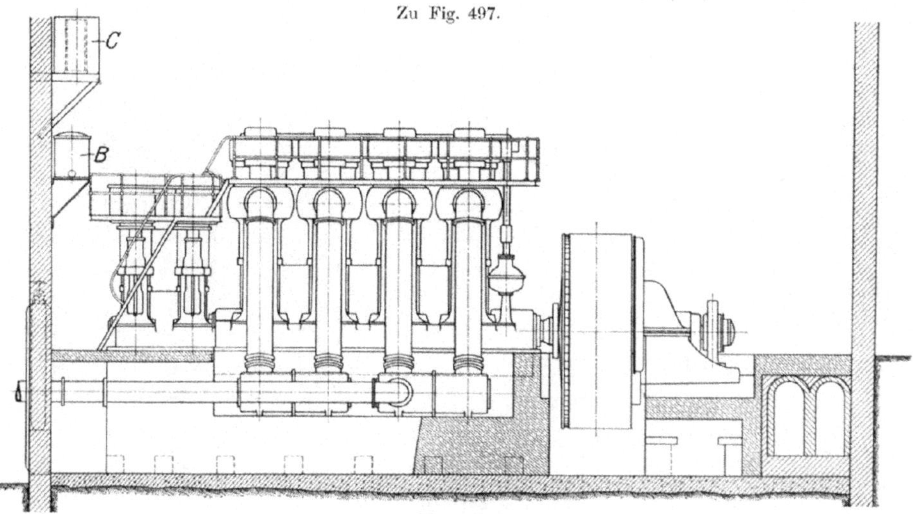

Fig. 498.

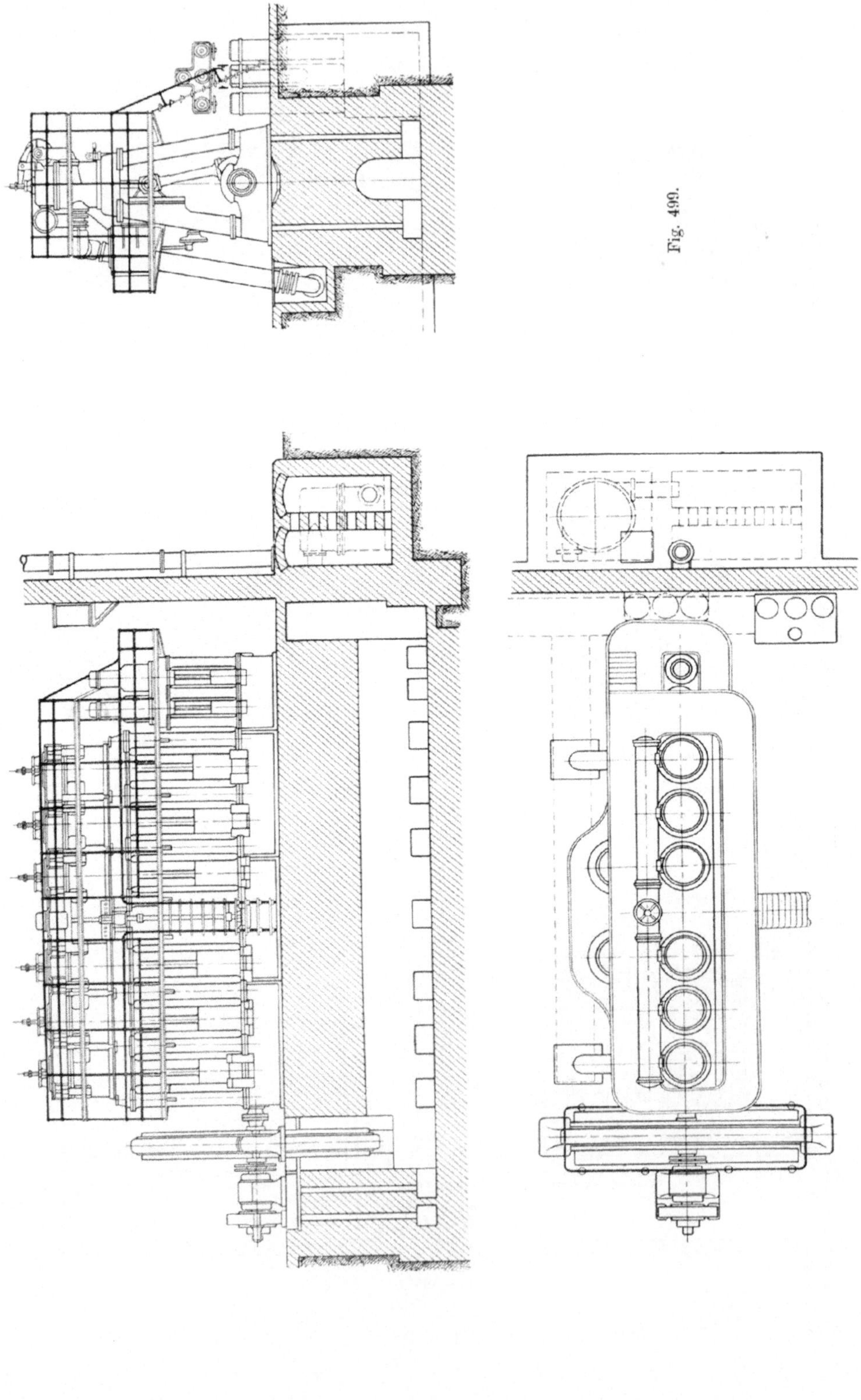

Zweitaktmaschinen.

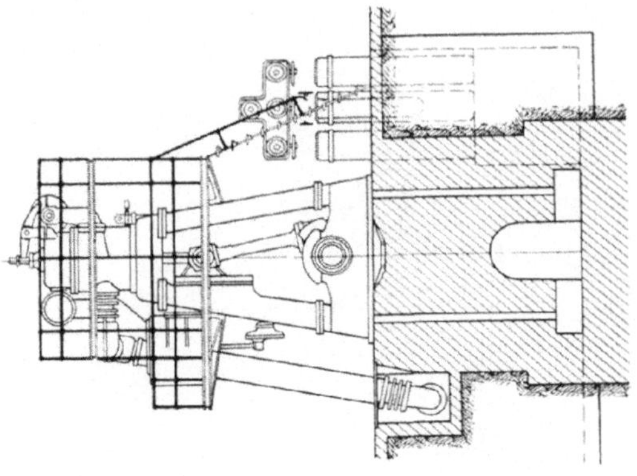

Fig. 499.

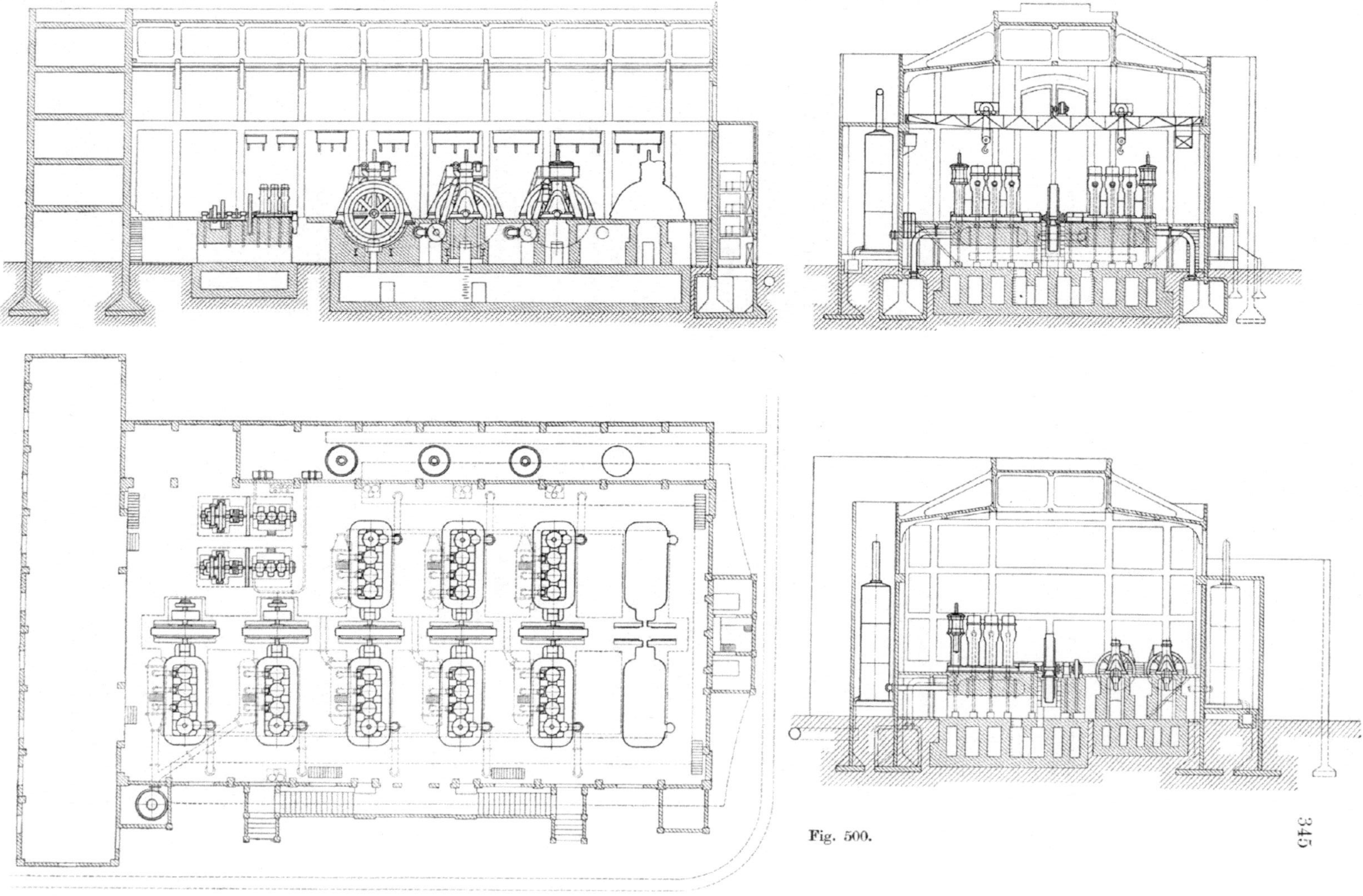

Fig. 500.

Verzeichnis der Abbildungen.

Im folgenden eine kurze Übersicht über die Abbildungen des Buches in ihrem Zusammenhange mit Angabe einiger Hauptausführungsdaten, insoweit die ausführenden Firmen deren Veröffentlichung gestatteten.

Abkürzungen.

AEG = Allgemeine Elektrizitätsgesellschaft, Union, Berlin.

Ak = Aktiebolaget Diesels Motorer, Stockholm.

BDC = Maschinenbau-A.-G. vorm. Breitfeld, Daněk & Co., Prag-Karolinental.

Bz = Benz & Cie., Rheinische Automobil- und Motorenfabrik A.-G., Mannheim.

Bl = Blohm & Voß, Hamburg.

Ca = Usines Carels Frères, Société anonyme, Gent.

Ch = Maschinenfabrik J. E. Christoph A.-G., Niesky (Oberlausitz).

DAC = Deutsche Automobil-Construktionsgesellschaft, Charlottenburg.

Dz = Gasmotorenfabrik Deutz, Cöln-Deutz.

Di = Dinglersche Maschinenfabrik A.-G., Zweibrücken (Pfalz).

Fr = Maschinenfabrik J. Frerichs & Co. A.-G., Einswarden (Oldenburg).

GMA = A.-G. Görlitzer Maschinenbau-Anstalt, Görlitz.

Gz = Grazer Waggon- u. Maschinenfabriks-A.-G. vorm. Joh. Weitzer, Graz.

$Gü$ = Güldner-Motoren-Gesellschaft, Aschaffenburg.

Hu = Maschinenfabrik Humboldt, Kalk bei Cöln.

Kt = Gebr. Körting A.-G., Körtingsdorf bei Hannover.

Kr = Friedrich Krupp A.-G. Germaniawerft, Kiel-Gaarden.

Lb = Leobersdorfer Maschinenfabriks-A.-G., Leobersdorf bei Wien.

Lz = Lietzenmeyersche Gleichdruckmotoren G. m. b. H., München.

Lk = Linke-Hofmannwerke A.-G., Breslau.

MAN = Maschinenfabrik Augsburg Nürnberg.

Ni = Schlick, Nicholson, Maschinen-, Waggon- und Schiffbau-A.-G., Budapest.

Pk = H. Pauksch A.-G., Landsberg a. W.

Rs = Reiherstieg, Schiffswerft und Maschinenfabrik, Hamburg.

Sa = Société des Moteurs Sabathé, Saint Etienne (Loire).

Sz = Gebr. Sulzer, Winterthur u. Ludwigshafen a. Rh.

Sw = Maschinenbau-A.-G. vorm. Ph. Swiderski, Leipzig-Plagwitz.

Tk = Joh. C. Tecklenborg A.-G., Geestemünde.

To = Franco Tosi, Legnano.

Wk = Nederlandsche Fabriek Werkspoor, Amsterdam.

We = A.-G. Weser, Bremen.

WM = Waffen- u. Maschinenfabriks-A.-G., Budapest.

D = Zylinderdurchmesser, s = Hub der Maschine, beide Maße in mm. n = Drehzahl in einer Minute. N = Leistung in PS.

Viertaktmotoren.

Fig. 1. Lk. $D = 480$, $s = 700$, $n = 170$, $N = 125$ in einem Zylinder, s. a. Fig. 81.

Fig. 2. Lz. $D = 310$, $s = 400$. Umsteuerbarer Schiffsmotor, s. a. Fig. 143.

Fig. 3. Kt. $D = 320$, $s = 430$, $n = 375$, $N = 450$. Sechs Zylinder, s. a. Fig. 258.

Fig. 4. Kr. $n = 500$, $N = 200$. Schiffsmotor.

Fig. 5. Dz. $D = 440$, $s = 620$, $n = 187$, $N = 100$ in einem Zylinder, s. a. Fig. 26, 27, 37.

Fig. 6. GMA. $D = 430$, $N = 100$ in einem Zylinder, s. a. Fig. 36, 127.

Fig. 7. Lk. $D = 415$, $s = 600$, $n = 175$, $N = 80$ (ein Zylinder), s. a. Fig. 11, 60—63, 66, 76, 109, 111—113, 131, 136, 172, 173, 175, 178, 237, 239, 251, 255, 261, 262, 318, 333, 335, 339, 343, 360, 375, 391.

Fig. 8. Lz. $D = 350$, $s = 500$, $n = 175$, s. a. Fig. 195, 197, 217, 365.

Fig. 9. Mirless s. „Engineer" 1911, S. 459.

Fig. 10. Sz. $D = 380$, $s = 560$, $n = 180$, $N = 250$.

Fig. 11. Lk. s. Fig. 7.

Fig. 12. Pk. $D = 320$, $s = 350$, s. a. Fig. 163, 300.

Fig. 13. Lk.

Fig. 14. Gz. $D = 500$, $s = 720$, $n = 140$, $N = 125$, s. a. Fig. 91, 92, 97, 128.

Fig. 15. Lb. $D = 335$, $s = 440$, $n = 230$, $N = 50$.

Zweitaktmotoren.